战略性新兴领域"十四五"高等教育系列教材

纳米材料与技术系列教材　　　总主编　张跃

光电信息功能材料与半导体器件

钱国栋　郁建灿　周述　赵典　编

机械工业出版社

本书系统地介绍了光电信息功能材料与半导体器件的基本概念和工作原理，分为基础理论、光电材料、制备工艺和半导体器件四篇。基础理论篇详细阐述了光电子学的基本原理，突出了器件性能与器件结构、材料物理性能间的联系；光电材料篇介绍了各类光电材料的组成、特性及应用；制备工艺篇展示了多种光电材料及器件的制备工艺；半导体器件篇分析讨论了各类信息半导体器件的结构、工作原理、性能指标和应用。

　　本书适用于高等院校光电信息科学与工程、材料科学与工程、电子科学与技术以及应用物理学等专业的本科生和研究生作为教材，同时也适合光电子器件领域的研究人员、工程师和研究生作为参考书使用。

图书在版编目（CIP）数据

光电信息功能材料与半导体器件 / 钱国栋等编.
北京：机械工业出版社，2024.12. -- (战略性新兴领域"十四五"高等教育系列教材) (纳米材料与技术系列教材). -- ISBN 978-7-111-77673-4

Ⅰ. TN204；TN303
中国国家版本馆CIP数据核字第2024LH9622号

机械工业出版社（北京市百万庄大街22号　邮政编码100037）
策划编辑：丁昕祯　　　　　　责任编辑：丁昕祯　韩　静
责任校对：王　延　丁梦卓　　封面设计：王　旭
责任印制：单爱军
北京中兴印刷有限公司印刷
2024年12月第1版第1次印刷
184mm×260mm · 30.5印张 · 757千字
标准书号：ISBN 978-7-111-77673-4
定价：98.00元

电话服务　　　　　　　　　网络服务
客服电话：010-88361066　　机 工 官 网：www.cmpbook.com
　　　　　010-88379833　　机 工 官 博：weibo.com/cmp1952
　　　　　010-68326294　　金 书 网：www.golden-book.com
封底无防伪标均为盗版　　机工教育服务网：www.cmpedu.com

编　委　会

主任委员： 张　跃

委　　员（排名不分先后）

总　序

　　人才是衡量一个国家综合国力的重要指标。习近平总书记在党的二十大报告中强调："教育、科技、人才是全面建设社会主义现代化国家的基础性、战略性支撑。"在"两个一百年"交汇的关键历史时期，坚持"四个面向"，深入实施新时代人才强国战略，优化高等学校学科设置，创新人才培养模式，提高人才自主培养水平和质量，加快建设世界重要人才中心和创新高地，为2035年基本实现社会主义现代化提供人才支撑，为2050年全面建成社会主义现代化强国打好人才基础是新时期党和国家赋予高等教育的重要使命。

　　当前，世界百年未有之大变局加速演进，新一轮科技革命和产业变革深入推进，要在激烈的国际竞争中抢占主动权和制高点，实现科技自立自强，关键在于聚焦国际科技前沿、服务国家战略需求，培养"向极宏观拓展、向极微观深入、向极端条件迈进、向极综合交叉发力"的交叉型、复合型、创新型人才。纳米科学与工程学科具有典型的学科交叉属性，与材料科学、物理学、化学、生物学、信息科学、集成电路、能源环境等多个学科深入交叉融合，不断探索各个领域的四"极"认知边界，产生对人类发展具有重大影响的科技创新成果。

　　经过数十年的建设和发展，我国在纳米科学与工程领域的科学研究和人才培养方面积累了丰富的经验，产出了一批国际领先的科技成果，形成了一支国际知名的高质量人才队伍。为了全面推进我国纳米科学与工程学科的发展，2010年，教育部将"纳米材料与技术"本科专业纳入战略性新兴产业专业；2022年，国务院学位委员会把"纳米科学与工程"作为一级学科列入交叉学科门类；2023年，在教育部战略性新兴领域"十四五"高等教育教材体系建设任务指引下，北京科技大学牵头组织，清华大学、北京大学、浙江大学、北京航空航天大学、国家纳米科学中心等二十余家单位共同参与，编写了我国首套纳米材料与技术系列教材。该系列教材锚定国家重大需求，聚焦世界科技前沿，坚持以战略导向培养学生的体系化思维、以前沿导向鼓励学生探索"无人区"、以市场导向引导学生解决工程应用难题，建立基础研究、应用基础研究、前沿技术融通发展的新体系，为纳米科学与工程领域的人才培养、教育赋能和科技进步提供坚实有力的支撑与保障。

　　纳米材料与技术系列教材主要包括基础理论课程模块与功能应用课程模块。基础理论课程与功能应用课程循序渐进、紧密关联、环环相扣，培育扎实的专业基础与严谨的科学思维，培养构建多学科交叉的知识体系和解决实际问题的能力。

　　在基础理论课程模块中，《材料科学基础》深入剖析材料的构成与特性，助力学生掌握材料科学的基本原理；《材料物理性能》聚焦纳米材料物理性能的变化，培养学生对新兴材料物理性质的理解与分析能力；《材料表征基础》与《先进表征方法与技术》详细介绍传统与前沿的材料表征技术，帮助学生掌握材料微观结构与性质的分析方法；《纳米材料制备方法》引入前沿制备技术，让学生了解材料制备的新手段；《纳米材料物理基础》和《纳米材料化学基础》从物理、化学的角度深入探讨纳米材料的前沿问题，启发学生进行深度思考；《材料服役损伤微观机理》结合新兴技术，探究材料在服役过程中的损伤机制。功能应用课程模块涵盖了信息领域的《磁性材料与功能器件》《光电信息功能材料与半导体器件》《纳米功能薄膜》，能源领域的《电化学储能电源及应用》《氢能与燃料电池》《纳米催化材料与电化学应用》《纳米半导体材料与太阳能电池》，生物领域的《生物医用纳米材料》。将前沿科技成果纳入教材内容，学生能够及时接触到学科领域的最前沿知识，激发创新思维与探索欲望，搭建起通往纳米材料与技术领域的知识体系，真正实现学以致用。

　　希望本系列教材能够助力每一位读者在知识的道路上迈出坚实步伐，为我国纳米科学与工程领域引领国际科技前沿发展、建设创新国家、实现科技强国使命贡献力量。

张跃

北京科技大学
中国科学院院士

序

在当今科技迅猛发展的时代，光电信息技术功不可没。它不仅推动了光通信、传感和显示技术的革新，还在物联网、大数据和智能化应用中扮演着重要角色。通过实现高速数据传输和高效信息处理，光电信息技术正引领着新一轮科技革命，深刻改变了我们的生活和工作方式。

信息光电子材料和器件是信息技术的基础，其研究和应用不仅是科技进步的重要标志，也是社会、经济发展的强大引擎。正如所言："没有物质，什么也不存在；没有能量，什么也不会发生；没有信息，任何事物都没有意义。"这句话生动地阐述了物质、能量和信息在现代科技中的基础性作用，而光电材料与器件在其中承担着能量转化和信息处理的关键角色。了解光电材料与器件的相关理论和应用，已成为现代科技工作者和研究人员的必备技能。这不仅为推动科技创新和产业深度融合奠定了坚实基础，也为发展新质生产力提供了有力支持。

目前，几乎所有综合性和理工类高校都开设了光电材料与器件这门课程。该课程一般应具备以下特征：

1）跨学科融合。课程将物理学、光学/光子学、电子学和材料科学等学科融会贯通，形成全面的光电子学知识体系。

2）理论与实践相结合。不仅注重基本理论的教学，还强调光电子器件的分析和设计能力的培养，理论知识与实践技能结合紧密。

3）前沿性。学科发展快，新理论不断涌现，知识体系不断更新，课程内容需涵盖光电材料与器件的前沿研究和最新动态。

这三个特征无疑为教材编写带来了诸多挑战。在教育部组织的战略性新兴领域"十四五"高等教育教材体系建设中，浙江大学钱国栋教授、中山大学郁建灿博士和周述博士、浙江师范大学赵典博士等编者大胆尝试，精心编写了《光电信息功能材料与半导体器件》一书。其创新主要体现在以下三方面：

1）结构分明，系统全面。本书分为四个部分，将不常出现在此类教材中的制备工艺纳入知识框架，全面呈现光电信息材料与器件的整体概貌。从基础材料到最终器件及其制备工艺和工作原理，构建了一个系统完整的知识体系。这种全方位的叙述不仅助于拓宽读者的视野，还使其能够全面、深入地理解光电信息材料与器件的一般特性，及其多样性和复杂性。

2）理论与仿真相结合。在光电子学仿真基础这章中，编者充分展现了本构关系、光电子学方程的作用，以及器件性能与结构参数及材料性质之间的联系。通过仿真示例和分析方法，读者不仅可以加深对理论知识的理解，还能掌握分析和研究实际器件的普遍方法。这种理论与实践的结合，不仅为读者提供了坚实的理论基础，还有助于培养他们应用仿真工具解决实际问题的能力，激发动手能力和创新思维。

3）前沿研究的融入。本书介绍了前沿研究中的超构材料和量子光源，拓展了读者对新兴光电子材料与器件领域的认知。使读者不仅了解最新的科学研究进展，还激发科研兴趣和探索精神，使其能够更好地理解和把握光电子学领域的未来发展方向。

总之，本书不仅系统全面地展现了光电信息材料与器件领域的丰富知识，还为读者提供了从基础到应用、从理论到实践的完整学习路径，助力本科生、研究生及科研人员迅速融入这一前沿领域。我们期待，这本教材能在光电材料与器件领域的教学和研究中发挥重要作用，成为广大学生和科研工作者的必备参考，同时推动该领域的持续进步与创新，为信息科技的高速发展注入新的动力与活力。

张跃

2024 年 8 月

前　言

　　光电信息技术因其在通信、传感、显示等领域的广泛应用，已经成为推动现代社会进步的重要力量。随着科学技术的迅猛发展，半导体器件在实际应用中扮演着愈发重要的角色。本书的编写初衷在于全面呈现光电信息材料与半导体器件的整体概貌，从基础材料到最终器件，以及它们的制备工艺和工作原理，形成一个系统的知识框架。本书旨在系统介绍光电信息材料与半导体器件的基本概念和工作原理，帮助读者深入理解典型的信息光电子材料与器件，并具备或了解该领域的研究前沿相关的知识和仿真技能。

　　本书共四篇，分别是基础理论篇、光电材料篇、制备工艺篇和半导体器件篇。基础理论篇详细阐述了光电子学的基本原理，最终从仿真的角度理解半导体器件性能与结构、材料物理性能之间的联系；光电材料篇则介绍了各类光电材料的组成、特性及其应用，从传统的半导体材料、电介质材料到新兴的电磁超构材料；制备工艺篇展示了多种光电材料及半导体器件的制备技术；半导体器件篇则分析讨论了各类半导体器件的结构、工作原理、性能指标和应用。需要向读者说明的是，为了知识体系的完整性，本书还涉及光波导、光调制器等非半导体器件，旨在全面呈现光电信息技术的全链条特征。本书力求内容翔实、条理清晰、深入浅出。希望本书能够为广大读者提供有价值的知识和启示，成为在光电信息材料与半导体器件领域学习和研究的得力助手。

　　本书不仅适合作为高等院校光电信息科学与工程、材料科学与工程、电子科学与技术、纳米科学与工程、应用物理学等专业本科生和研究生的教材，还适合光电子材料与半导体器件领域的研究人员、工程师和研究生作为参考书使用。作为教材，教师可以选择部分章节进行讲述，也可打破本书的原有框架，重构更合理的教学内容。我们也期待读者能借助光电子学仿真工具，加深对本构关系、光电子学方程、半导体器件性能与结构参数、材料性质之间联系的理解。

　　本书由钱国栋、郁建灿、周述和赵典编，其中钱国栋负责全书内容体系构建和质量把控，郁建灿编写第1~8章和第13、16、17章，周述编写第9~12章和第18章，赵典编写第14、15和19章。全书由钱国栋、郁建灿统稿。崔元靖、李鸿钧、郑豪等许多老师和同学在资料收集、图片绘制、公式校正中做了大量工作；在撰写本书的过程中，编者参阅了大量国内外的研究文献和资料，在此对这些文献的作者表示诚挚的感谢。由于本书涉及内容广泛，而编者水平有限，选材和内容组织上难免存在不足之处，恳请读者批评指正，并提出宝贵意见，以便在今后的修订中不断完善。最后，谨向所有为本书付出辛勤努力的同事、学生和编辑表示诚挚的感谢。

编　者

目　录

第1篇 基础理论篇

第 1 章

绪　　论

光和电作为能量和信息的载体，在人类社会扮演着至关重要的角色。光是一种具有波粒二象性的电磁波，能够传播能量和信息；电流由电荷定向流动产生，同样能够传输能量并携带信息。光和电场/电流之间的相互作用与转化，构成了光电信息技术的核心。

作为电子技术的代表，计算机在信息处理中扮演着大脑的角色。其他电子技术广泛应用于通信、传感等领域，极大地推动了信息技术的发展。目前，光在信息技术中的主要作用是信息传输。光通信技术是利用光作为传输介质，实现高速、大容量的信息传输，光电器件起关键作用。随着信息技术的飞速发展，人们对高性能、高速度、高密度的信息处理需求不断增加，光电信息器件在性能、尺度和集成度上不断超越传统器件。未来，光子计算机可能在一定程度上替代电子计算机，成为信息处理的新趋势。同时，电子器件、光子器件和光电器件都可能朝功能集成的量子器件方向发展。

在光电技术的发展过程中，材料选择和器件设计至关重要。器件的结构和光电材料的性质决定了其性能，根据特定应用需求选择合适的材料是设计高性能光电器件的前提。深入理解和研究这些材料，为创新设计提供了可能：人们可以根据需求剪裁材料微纳结构和改善其性能，以符合器件制造要求，满足信息技术发展的新需求。新型光电器件的发明将推动未来信息技术的变革，但离不开对传统高性能光电器件及其工作原理的深入理解，以及对新型材料体系的发展和性能调控技术。

本章将介绍光电材料与器件的基本概念、分类、应用及未来发展方向，旨在提供光电领域的相关基础知识，建立光电信息材料与器件的初步理论框架。

1.1　材料与器件的概念

1.1.1　器件的概念

器件是由材料制作而成的能独立对外界输入起控制、变换、转化功能的单元。如图 1-1 所示，器件总包含一种或几种形式的外界输入，也通过对外输出体现器件的功能。外界输入可以是各种形式的物理场和物质，归结起来可分为能量和信息两大类。具体来说，器件的输入和输出有电场（电压）、电流、磁场、电磁场（光）、热源、应力/应变、物质，器件对其控制、变换和转化主要体现在输入、输出的作用类型、分布、幅度、时间特性（如频率、相位）等。如果借用函数的描述方法，设器件的几个输入量用向量 x 表示，几个输出量用 y

表示，则

$$y = f(x) \qquad (1\text{-}1)$$

器件的控制、变换和转化的功能体现于对应法则 f。对于线性系统或在线性范围内工作的器件，则可用矩阵 M 来体现器件的变换功能：

$$y = Mx \qquad (1\text{-}2)$$

这种对器件抽象概念的理解，有助于把握器件的本质。那么，作为器件的物理实体承担者，材料是如何赋予器件以功能的呢？

图 1-1　器件的抽象结构

1.1.2　材料的概念

从功用上讲，材料是人类用于制造物品、器件、构件、机器或其他产品的物质。从性能上讲，材料是能对外场响应并改变外场的物质。在外场 F（或变化量）的作用下，材料通常会有一定的响应，则响应（感应）量可以用本构关系（Constitutive Relation）表示：

$$J = KF \qquad (1\text{-}3)$$

式中，K 为材料的性能张量。材料这种对外场的响应特性，赋予器件对外界输入能量和信息响应的功能。即器件的行为继承了材料对外场响应的特性，这种特性称为材料的性能，具体将在第 5 章展开。

材料是器件的基本组成要素，通过其特定的物理和化学性质赋予器件功能。由本构关系（式 1-3）与器件的线性响应关系（式 1-2）结构的相似性，可见材料本身可能就是一种简单的器件，但单一材料往往受本构关系的制约，功能有限。因此，在器件设计过程中，通常选择几种合适的材料来实现所需的控制、变换和转化功能。材料的导电性、磁性、光学性质等特征会影响器件对外界输入的响应和处理能力。此外，材料的稳定性、耐久性和可加工性也对器件的性能和可靠性起重要作用。因此，材料的选择和设计在器件功能实现中具有至关重要的作用，需要综合考虑材料的各种性质，以确保器件的高效运行和稳定性。

1.2　信息光电子器件

1.2.1　光电子器件的概念

光电子器件一般定义为一种能将光信号转换为电信号或者将电信号转换为光信号的器件。满足这一定义的有发光二极管（Light Emitting Diode，LED）和激光器（Laser）等光源、光电探测器（Photodetector）和太阳电池（Solar cell）等器件。发光二极管和激光器等光源把电能转化为光能，而光电探测器把光信号转化为电信号，太阳电池则把光能转化为便于利用的电能。这些器件都有光电或电光转化的过程。但实际上，光调制器、偏振器件和光波导之类的器件也常被认为是光电子器件。例如，电光调制器（Electro-optic Modulator）是一种利用电光效应的信号来调制光束传播性质的器件，可以把电信号加载在光波中来传输信息。光波导（Optical Waveguide）则是一种无源器件，它的作用在于将光束（光信号）进行限制并沿特定路径传输。因此，对于这类器件，必须把光电子器件的定义扩充为输入或输出中涉及光波。这种定义显然会将传统的光学元件纳入其中。事实上，我们不必过分强调定义的严谨性，因为这些传统光学元件在尺寸微缩或功能被光子超结构替代后，正逐渐在集成光子器件中扮演着越来越重要的角色。

1. 信息光电子器件的分类

信息光电子器件是指利用光学和电子技术，实现信息传输、处理和存储的器件，主要用于光信号的产生、传输、处理、检测和存储。它将光学和电子学的优势相结合，实现了光电信息传输和处理的高速、高效和高容量。光电信息器件通常可按功能和应用领域来分类，可分为五类：光源、光调制器、光波导、光电探测器和光存储器。

（1）光源　光源是光电信息器件中的关键组成部分，用于产生光信号。其中，发光二极管和激光器是最常见的两种光源类型。LED 以其低功耗、长使用寿命和快速的开关响应速度而著称，广泛应用于照明、显示技术和通信等领域。相比之下，激光器以其高能量输出、优良的单色性、出色的相干性以及明确的方向性而受到青睐，因此，在信息技术领域拥有广泛的应用前景。特别地，在通信行业，激光器作为光纤通信系统的光源，能实现高速的信息传输和宽阔的带宽，同时免受电磁干扰的影响。在光存储技术方面，激光技术已广泛应用于光盘、DVD、蓝光光盘等存储介质，提供了高密度、高效率的数据存储解决方案。此外，激光技术在测量学和激光雷达等领域也展现出了其无与伦比的应用价值，为精确测量和远距离探测提供了强大的技术支持。

（2）光调制器　光调制器用于调制光信号的特性，例如相位、频率、幅度或偏振。电光调制器是一种常见的光调制器，利用电光效应（在电场作用下材料的折射率或消光系数发生变化的现象）实现对光信号的调控，用于光通信领域。

（3）光波导　光波导是用于限制和传输光信号的无源器件，通常采用介质结构，如玻璃或塑料。光波导在光通信、传感技术和集成光学中起重要作用，用于控制光信号的传播路径。

（4）光电探测器　光电探测器用于将光信号转换为电信号，从而确定光强。常见的光电探测器包括光敏电阻、光电二极管（Photodiode）、光电晶体管（Phototransistor）、电荷耦合器件（Charge-coupled Device，CCD）、互补金属氧化物半导体图像传感器（CMOS Image Sensor，CIS）和光电倍增管（Photomultiplier Tube，PMT）等。它们在光通信、光传感、光谱分析和光学成像等领域发挥关键作用。

（5）光存储器　光存储器是一种利用光学技术进行数据存储和读取的设备，光盘是光存储器的一种常见形式。光盘作为一种传统存储介质，在过去几十年中发挥着重要作用，广泛应用于音频、视频、软件等领域。但是光盘的地位受到了新的存储技术的冲击，未来很难通过提升存储容量、提高读写速度、拓展应用领域等方式扩大应用范围。

2. 信息光电子器件的特点

信息光电子器件结合了光学和电子学的优势，为信息处理和通信技术带来了革命性的进步。这些设备通过光来传输信息，有效提升了数据传输的速度和效率，同时，其电子组件的集成增强了信息处理与控制的灵活性和效率。信息光电子器件的主要特点和优势如下：

（1）高速数据传输　光电子器件利用光信号进行数据传输，与传统电信号相比，能在更短时间内传输更多数据。这一优势使光电子器件在高速网络通信、大数据中心等领域表现突出。

（2）宽带宽和高容量　光信号具有极高的频率，这意味着它们可以携带比电信号更多的信息，从而实现更宽的带宽和更高的传输容量。

（3）低损耗和远距离传输　光纤通信中，光信号的衰减极低，使得信息能够在几乎无损的情况下传输数千公里，大幅提升了远程通信的效率与可靠性。

（4）灵活性和可扩展性　信息光电子器件能够轻松集成进现有的信息处理系统，提供了高度的灵活性和可扩展性。从消费电子到工业自动化，再到空间通信等多种环境，都能广泛应用。

光对光的相互作用和光子计算展现出信息光电子器件未来的发展方向。光子计算通过使用光子而非电子来处理信息和计算，有望实现更高的处理速度和更低的能耗。这项技术的进步可望进一步拓展信息光电子器件的应用范围，为社会带来新的技术变革。

1.2.2　光电子器件工作的基本过程

光电子器件是实现光电和电光转换的设备，通常涉及热学、电子学和光学这三个物理过程，如图 1-2 所示。其工作原理首先包含电子学和光子学过程。此外，在光电和电光转换过程中不可避免地会产生热量，因此还需考虑热学过程。因此，从光电子器件仿真的角度来看，器件可被视为一个光场、电场和热场耦合的模型。电子学过程中，电势分布由泊松（Poisson）方程控制，即

$$\nabla \cdot (\varepsilon_0 \varepsilon_r \nabla \phi) = -\rho \tag{1-4}$$

式中，ρ 是电荷密度；ε_0 和 ε_r 分别是真空介电常数和介质的相对介电常数。器件中光场 $\boldsymbol{E}$ 的分布是由麦克斯韦（Maxwell）方程组确定，并可以推导出波动方程：

$$\nabla \times \mu_r^{-1} (\nabla \times \boldsymbol{E}) - k_0^2 \left(\varepsilon_r - \frac{j\sigma}{\omega \varepsilon_0} \right) \boldsymbol{E} = 0 \tag{1-5}$$

式中，μ_r 和 σ 分别为相对磁导率和电导率；j 是虚单位。而温度 u 的分布则由热传导方程控制：

$$\frac{\partial u}{\partial t} - \kappa \nabla^2 u = 0 \tag{1-6}$$

式中，κ 为热导率。在电场、光电场和温度场的相互作用之下，最重要的量是电荷（载流子）、电势、电场、光电场和温度的分布。知道了这些物理量的分布，就可根据器件边界上的值求出器件的输出，即器件对输入能量和信息的变换能力。从这三个方程看，除未知函数和常数外，在泊松方程中只有介电常数 ε_r 这个参数，在波动方程中只有光频下的介电常数 ε_r 和磁导率 μ_r，在热传导方程中只有热导率 κ。这些参数，实际上都是材料的性能。由此可见，给定器件结构时，材料是决定器件行为和性能的关键因素。更准确地说，在给定的器件结构和输入下，材料性能决定了器件的工作状态（各种场分布）及对输入的改变能力，即器件的性能。由此可见，材料性能是研究器件的关键。

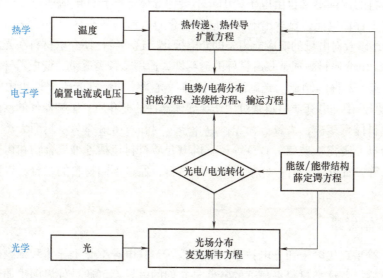

图 1-2 光电子器件工作涉及的物理过程

1.3　光电信息材料概述

光电信息材料以独特的光电特性在光电器件中扮演着不可或缺的角色。它们架起了光与电之间转化、传播和处理的桥梁。这些材料的作用体现在光电性质上，包括可调控的导电性、特定光谱的光吸收和光发射性质等。正是这些性质，使得光电信息材料在接收到光信号时能够产生电信号，或者在电信号的激励下发出光信号，从而高效完成信息的转换与传输任务。

导电性是评价光电材料的一个重要指标，根据其导电性的不同，光电信息材料被划分为三大类：半导体材料、电介质材料和导体材料。每一类材料都有一定的材料构成体系和独特的光电性质，发挥着特定的功能，以满足不同光电器件的需求。

1.3.1　导体材料

导体材料是指那些能够轻易允许电流通过的材料。这类材料的主要特性是它们拥有大量的自由电子，这些自由电子在电场的作用下能够自由移动，从而形成电流。导体材料具有高电导率，可在低电阻下传导电流；也具有良好的热导性，可有效传导热量。导体通常用于电子/光电子器件的电极和导线，也可用于器件的热管理、光反射和电磁屏蔽。

金属及合金是最常见的导体材料，如铜（Cu）、铝（Al）、金（Au）和银（Ag），它们都具有较高的电导率。此外，近年来随着纳米技术和新型合成方法的发展，一些碳基材料（如石墨烯、碳纳米管）也因其卓越的导电性能而成为导体材料的新选择。某些经过特殊处理的高分子材料（如 PEDOT：PSS）也能表现出较高的导电性，用于柔性电子和先进传感器等领域。

1.3.2　电介质材料

电介质材料，也常被称为绝缘材料，是一类不易导电但能在电场作用下产生极化现象的材料。这类材料的内部不含自由电子，因此不会像导体那样允许电流通过，但它们能够在外加电场的作用下存储电能，显示出电容效应。电介质材料的核心性质在于它们的高电阻和良好的绝缘特性，以及对电场的响应能力，即介电极化。这些特性使介电材料在光电子器件中发挥着重要作用。电介质材料通常具有良好的透明性，适用于各类透镜、偏振器件、光学窗口以及其他光学和光子器件的制造。光调制器、固体激光器、非线性光学器件也由电介质材料制造。在微电子器件中，电介质材料常被用作半导体器件的栅介质，影响器件的性能和稳定性。

电介质材料体系多样，大致分为无机电介质材料和有机电介质材料两大类。无机电介质材料则包括云母、陶瓷、玻璃、石英等；有机电介质材料包括各种聚合物和树脂，如聚酰亚胺、聚苯乙烯等。此外，还有一些复合电介质材料，通过不同材料的组合，以获得更优异的综合性能。

1.3.3 半导体材料

半导体材料是现代电子和光电技术领域的基石，其电导率介于导体和绝缘体之间，具有独特的电导性特点。这类材料最显著的特性是它们的电导率可通过外界因素如化学掺杂、温度变化、光照、应变以及电磁场的作用、采用结（Junction）结构或利用量子限域效应进行有效调控，使得半导体材料成为实现多种电子器件功能的理想选择。半导体材料能够吸收和发射特定波长范围内的光（紫外-可见-近红外光），这一特性使其在光电转换领域中有着重要应用。利用其导电性能的可调控性，主要用于晶体管、二极管、集成电路和存储器等电子器件。利用其独特的光电性质，可用于发光二极管、半导体激光器、光放大器和光电探测器等信息光电子技术领域，此外，还可用于太阳电池等绿色能源技术。

按组成分，半导体可分为元素半导体和化合物半导体。如硅（Si）、锗（Ge）等是最常用的元素半导体材料，尤其是硅，在集成电路制造中占据主导地位。化合物半导体主要有Ⅲ-Ⅴ族和Ⅱ-Ⅵ族化合物，如砷化镓（GaAs）、氮化镓（GaN）、磷化铟（InP）和硒化镉（CdSe）等，这些材料及合金在光电器件和高频器件中有着广泛应用。近期，以过渡金属硫属化合物为代表的二维半导体，以其超薄的形态和优异的电子性能，在纳米电子学和光电探测等领域受到关注。此外，有机半导体已在LED上广泛使用，并在柔性电子和有机光伏领域展现出潜力；有机-无机杂化钙钛矿材料在太阳电池、LED、光电和X射线探测上表现出诱人的应用前景。

总之，半导体材料、电介质材料和导体材料三大类光电信息材料，以其独特的物理和化学性质，在信息技术的各个领域发挥着各自的作用，是现代电子和光电设备不可或缺的基础材料。随着器件尺寸的缩小，材料性质表现出新的特点，也对各类材料提出了更严苛的性质要求。这就要求材料研究者深入研究微纳尺度材料的性质及本构关系，器件设计者重新考虑量子限域等效应引起的材料性质的变化。同时也要求材料学家不断拓展新的材料体系，发现高光电性能的新材料，并开发相应的材料制备工艺。

1.4　本书结构

本书分为基础理论、光电材料、制备工艺和半导体器件四个部分，为读者提供一个全面反映光电信息材料与器件概貌的框架。这4部分紧密联系，共同构成了光电材料与器件领域完整的知识体系，展示了从理论到材料，再到工艺与应用的全过程。建议读者在学习过程中，不必拘泥于本书的叙述的顺序，可根据兴趣在不同篇章中阅读相关内容。通过这种探索方式，逐步建立光电信息材料与器件的知识结构，并掌握相关技能。

习题与思考题

1. 解释"器件"的概念，并给出两个例子。
2. 描述"材料"的概念，并区分其与器件的不同。
3. 什么是光电子器件？请列举两种光电子器件并简述它们的功能。
4. 选择一种光电子器件，解释它如何利用半导体材料的特性来实现其功能。
5. 根据你对光电信息材料的了解，预测或想象未来可能出现的一种新型光电子器件，并描述其结构和潜在的应用。

第 2 章

光 学 基 础

光是一种电磁辐射，是我们感知世界、探索宇宙的介质，也是地球上最重要的能量来源之一。我们所见到的丰富多彩的世界，是无数巧合的结果。地球接收到的太阳辐射出的光经过长距离的传播，在大气层中只有一小部分被吸收，而大部分到达地球表面的光恰好落在我们肉眼可感知的波段，即可见光（波长为 $380\sim750\mathrm{nm}$，不同文献对于该波长的说法略有不同）。可见光的波段与众多物质电子跃迁的能量相对应，不同物质对光的吸收和反射表现出不同的颜色。植物通过吸收光能进行光合作用，从而制造有机物质。

研究光的传播、反射、折射、干涉等现象以及光的性质和应用的学科称为光学。光学经历了几何光学、波动光学、电磁光学和量子光学几个阶段。后续学科都是对前者认识的扩展和完善，目前任何光学现象均可以用量子光学的理论来解释。通常使用简化的模型来描述光，最常见的几种模型之一是几何光学，将光视为一组直线传播并在表面透过或反射时弯折的光线。波动光学是光的更全面的模型，可解释包括几何光学无法解释的衍射和干涉等波动效应。19 世纪电磁理论的进展揭示了光波是电磁辐射的本质。但像物质的吸收等看似常见的现象，却需要从光的粒子性角度来看。光是一种光量子，具有能量 $E=\hbar\omega$ 和动量 $p=\hbar k$，其中，$\hbar$ 为约化普朗克常数，ω 和 k 分别为光子的角频率和波矢大小。物质对光的吸收特性主要由电子结构决定。只有光子的能量大于等于电子所在能级之间的能隙时，电子才会从低能级跃迁至高能级，从而形成光的吸收过程。因此，光的波粒二象性是解释光学现象最常用的理论工具。

本章将重点介绍经典光学理论。首先，将讨论描述光波传播规律的麦克斯韦方程（第 2.1 节）。接着是波动方程的平面波解（第 2.2 节）和常见光束模型，如高斯光束（第 2.3 节）。随后，将探讨光的偏振特性、界面反射和透射现象以及菲涅耳公式的定量描述（第 2.4 节）。然后，介绍光在各向异性晶体和非线性光学晶体中传播时的现象，涉及晶体光学（第 2.5 节）和非线性光学（第 2.6 节）。最后，介绍光电器件中常用的光学元件（第 2.7 节）。

2.1　麦克斯韦方程组

2.1.1　光学简史

光学是一门历史悠久的学科。早在公元前 400 年，我国古代哲学家墨子和希腊哲学家亚里士多德从一些零散的光学现象中就初步探究了光的传播、反射和折射规律。在接下来的几个世纪里，人们陆续提出了很多光的理论，但都只是零碎的解释。经过几个世纪的理论积累，到 16 世纪中期，几何光学阶段开启，标志着对光线传播规律及折射、反射定律的系统研究。牛顿在这个时期提出了微粒学说，认为光是服从惯性定律沿直线飞行的微粒流。这一理论直接说明了光的直线传播特性，并能对光的反射和折射做一定的解释，但光的微粒模型无法解释干涉和衍射图案。和牛顿同时代的惠更斯（C. Huygens）提出了光的波动学说，认为光是在一种特殊弹性介质中传播的机械波。这一理论很好地解释了光的干涉和衍射。托马斯·杨（T. Young）和菲涅耳（A. J. Fresnel）等进行的实验验证了惠更斯的波动模型，并推动了波动理论的进展，初步测定了光的波长。波动学说最大的缺陷是认为波的传播依赖一种臆想介质"以太"，这种物质的性质充满矛盾：密度极小但弹性模量极大。这种为了使理论自洽引入不可思议的物质概念的方式，往往预示着假说存在极大的局限性。

19 世纪 60 年代，麦克斯韦（J. K. Maxwell）在前人电磁学的基础上，建立了麦克斯韦方程组，提出了光的电磁理论，预示了电磁波的存在。赫兹则在电磁波的实验研究中做出了重要贡献，他通过实验观察到了电磁波的存在。赫兹还发现了电磁波的传播速度，并证实这些波与光波具有相似性，只是波长不同而已。光的电磁理论结束了经典物理学中的光的微粒说和波动说之争。

1900 年，普朗克（M. Planck）提出的黑体辐射定律对波动模型提出了挑战。研究理想黑体辐射时，普朗克最初为了拓展维恩公式在短波段的适用范围，提出了黑体辐射的经验公式。这个公式的长波极限正是当年瑞利-金斯提出的公式。为了推导这一公式，普朗克做了一项非同寻常的假设：光的能量只能取离散化、等能量间隔的数值，类似于谐振子的能级。根据这一假设，他最终得到了与实验吻合的黑体辐射公式，可以覆盖不同波段的情况。随后，爱因斯坦在 1905 年解释了光电效应，引入了光子的离散能量概念。这两者都表明了光的粒子性质。尽管有多种实验证据支持，粒子的动量和能量的实验结果似乎与早期展示的光波干涉的研究相矛盾。直到 1922 年至 1924 年间，康普顿（A. Compton）进行了一系列散射实验证明了光的动量，从而逐渐平息了光子理论的争议。最后，德布罗意（L. de Broglie）物质波的统一概念促使人们接受光的"波粒二象性"的本质。

自 20 世纪 60 年代起，随着半导体技术的发展，光学便与之融合发展出了光电子学。随着纳米材料制备技术和微纳加工技术的发展，现代光学时期见证了光电子学、傅里叶光学和纳米光子学等领域的飞速发展，极大地推动了光学技术的进步与应用。

2.1.2 平面波表示

关于光及其传播规律的描述，最简单的方式是用带箭头的射线来表示，代表光线，如图 2-1 所示。这种方式形象地反映了光线的传播特性。例如，平面波可以用一族平行等间距的直线来表示，球面波用由球心出发的射线表示，其他光束也可以用沿其中一小部分光传播的方向画出相应的射线来代表光的传播。但是这种表示方式很难体现光波的波长、强度、相位、偏振态等信息。

根据光的波动性，通常用振荡的光电场分量的解析形式来表示光波，这样就可量化光波的波长、强度、相位、偏振态等信息参数。例如，沿 z 方向传播的光束，当光电场沿 x 方向振荡时，如图 2-2 所示，其具有随时间变化的电场和磁场，这两个场相互垂直且与传播方向垂直，可用光电场表示。

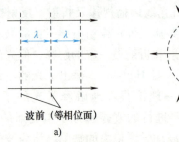

波前（等相位面）

a)　　　　　　　　　　b)　　　　　　　　　c)

图 2-1　用射线表示光的传播

a）平面波　b）球面波　c）一般发散光束

注：虚线代表波前。

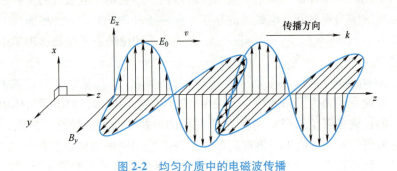

图 2-2　均匀介质中的电磁波传播

$$E(z,t) = E_0\cos(kz - \omega t + \phi_0) \tag{2-1}$$

式中，$E(z,t)$ 表示 t 时刻在 z 点处的电场；k 为波数或传播常数，$k = 2\pi/\lambda$，其中 λ 为光波波长；ω 为光波角频率；E_0 为光波的振幅；ϕ_0 为 $t = 0$ 时刻 $z = 0$ 处的光波初始相位。

在某一时刻（即 t 确定），考察与传播方向 k 正交的一个平面（z 确定），此时相位因子 $\phi = \omega t - kz + \phi_0$ 为常数，即平面上各点电场或磁场具有相同的值。这种光波相位相等的曲面称为光波的波前（Wavefront），也叫波阵面或相阵面。波前的概念便于我们定义光束类型，对理解和研究光的传播特性、干涉效应以及光学和光子器件设计都具有重要意义。如图 2-1 所示，不同类型的光束具有不同的波前。

那么，式（2-1）的表达式是怎么得到的呢？根据光的波动性，可以猜出具有三角函数形式的解，也可以根据描述光波运动规律的电磁波方程组-麦克斯韦方程组推导得出。

2.1.3　麦克斯韦方程组

麦克斯韦方程组是电磁学的基本方程组。首先由麦克斯韦于 1873 年提出，并由赫兹在 1888 年经实验验证。介质中的麦克斯韦方程组为

$$\nabla \cdot \boldsymbol{D} = \rho \quad \text{高斯定理} \tag{2-2}$$

$$\nabla \times \boldsymbol{E} = -\frac{\partial \boldsymbol{B}}{\partial t} \quad \text{法拉第定理} \tag{2-3}$$

$$\nabla \cdot \boldsymbol{B} = 0 \quad \text{高斯定理} \tag{2-4}$$

$$\nabla \times \boldsymbol{H} = \boldsymbol{J} + \frac{\partial \boldsymbol{D}}{\partial t} \qquad \text{安培定理} \tag{2-5}$$

式中，$\boldsymbol{E}$ 为电场强度；$\boldsymbol{H}$ 为磁场强度；$\boldsymbol{D}$ 为电位移矢量；$\boldsymbol{B}$ 为磁感应强度。利用矢量旋度的无散性，对式（2-5）两边求散度，再结合电场的高斯定理式（2-2），得非齐次项（可视作源）中的两项电荷密度 ρ 和电流密度 $\boldsymbol{J}$ 由连续性方程相联系：

$$\nabla \cdot \boldsymbol{J} + \frac{\partial}{\partial t}\rho = 0 \tag{2-6}$$

注意，此处忽略载流子的净产生或复合。

麦克斯韦方程中四个方程并非独立的，为了求解 $\boldsymbol{E}$、$\boldsymbol{H}$、$\boldsymbol{D}$ 和 $\boldsymbol{B}$ 这四个量，还需结合 $\boldsymbol{D}$ 与 $\boldsymbol{E}$ 以及 $\boldsymbol{B}$ 与 $\boldsymbol{H}$ 之间存在的电磁本构关系：

$$\boldsymbol{D} = \boldsymbol{\varepsilon}\boldsymbol{E}, \ \boldsymbol{B} = \boldsymbol{\mu}\boldsymbol{H} \tag{2-7}$$

式中，$\boldsymbol{\varepsilon}$，$\boldsymbol{\mu}$ 分别为介电常数张量和磁导率张量，即

$$\boldsymbol{\varepsilon} = \begin{bmatrix} \varepsilon_{xx} & \varepsilon_{xy} & \varepsilon_{xz} \\ \varepsilon_{yx} & \varepsilon_{yy} & \varepsilon_{yz} \\ \varepsilon_{zx} & \varepsilon_{zy} & \varepsilon_{zz} \end{bmatrix}, \ \boldsymbol{\mu} = \begin{bmatrix} \mu_{xx} & \mu_{xy} & \mu_{xz} \\ \mu_{yx} & \mu_{yy} & \mu_{yz} \\ \mu_{zx} & \mu_{zy} & \mu_{zz} \end{bmatrix} \tag{2-8}$$

本构关系体现了介质对外场的响应关系。这种本构关系更一般的理解将在第 5.1 节中再作更详细的介绍。对于各向同性的介质，$\boldsymbol{\varepsilon}$ 和 $\boldsymbol{\mu}$ 分别退化为标量 ε 和 μ。

对于光频下的电磁场，当 $\rho = 0$ 和 $\boldsymbol{J} = 0$ 时，麦克斯韦方程简化为

$$\nabla \cdot \boldsymbol{D} = 0$$
$$\nabla \times \boldsymbol{E} = -\frac{\partial \boldsymbol{B}}{\partial t}$$
$$\nabla \cdot \boldsymbol{B} = 0 \tag{2-9}$$
$$\nabla \times \boldsymbol{H} = \frac{\partial \boldsymbol{D}}{\partial t}$$

这一方程组描述了光波传播的一般规律。但要了解光在复杂结构等具体情形下的传播行为，还需结合麦克斯韦方程组的边界条件进行分析。

2.1.4 边值关系

对式（2-2）中的高斯定理应用微元法，可得下面的边界条件：

$$\hat{\boldsymbol{n}} \times (\boldsymbol{E}_1 - \boldsymbol{E}_2) = 0$$
$$\hat{\boldsymbol{n}} \times (\boldsymbol{H}_1 - \boldsymbol{H}_2) = \boldsymbol{J}_s \tag{2-10}$$
$$\hat{\boldsymbol{n}} \cdot (\boldsymbol{D}_1 - \boldsymbol{D}_2) = \rho_s$$
$$\hat{\boldsymbol{n}} \cdot (\boldsymbol{B}_1 - \boldsymbol{B}_2) = 0$$

式中，$\boldsymbol{J}_s$ 为面电流密度，单位为 A/m^2；ρ_s 为面电荷密度，单位为 C/m^2。

注意，单位法向矢量 $\hat{\boldsymbol{n}}$ 从介质 2 表面垂直指向介质 1。概括起来，电场的切向分量和磁感应强度的法向分量连续，电位移矢量的法向分量和磁场的法向分量分别与面电流密度和面电荷密度相关。特别地，当面电流密度和面电荷密度为 0 时，电位移矢量的法向分量和磁场的切向分量均连续。

2.2　平面电磁波

2.2.1　波动方程

光波是电场和磁场互相激发的电磁场，在 $J=0$、$\rho=0$ 的区域，电磁场的运动规律由齐次麦克斯韦方程组来描述：

$$\nabla \cdot D = 0 \tag{2-11}$$

$$\nabla \times E = -\frac{\partial B}{\partial t} \tag{2-12}$$

$$\nabla \cdot B = 0 \tag{2-13}$$

$$\nabla \times H = \frac{\partial D}{\partial t} \tag{2-14}$$

先讨论真空情形。在真空中，本构关系 $D=\varepsilon_0 E$，$B=\mu_0 H$。取式（2-12）的旋度并利用式（2-14）得

$$\nabla \times (\nabla \times E) = -\frac{\partial}{\partial t}\nabla \times B = -\mu_0 \varepsilon_0 \frac{\partial^2 E}{\partial t^2} \tag{2-15}$$

利用矢量恒等式（$\nabla \times (\nabla \times E) = \nabla(\nabla \cdot E) - \nabla^2 E = -\nabla^2 E$）及 $\nabla \cdot E = 0$（通常情况下成立），式（2-15）左侧式子可表示为

$$\nabla \times (\nabla \times E) = \nabla(\nabla \cdot E) - \nabla^2 E = -\nabla^2 E \tag{2-16}$$

根据式（2-15）和式（2-16），得

$$\nabla^2 E - \mu_0 \varepsilon_0 \frac{\partial^2 E}{\partial t^2} = 0 \tag{2-17}$$

即真空中关于电场 E 的波动方程。类似地，磁感应强度 B 的偏微分方程：

$$\nabla^2 B - \mu_0 \varepsilon_0 \frac{\partial^2 B}{\partial t^2} = 0 \tag{2-18}$$

令 $c=1/\sqrt{\mu_0 \varepsilon_0}$，则 E 和 B 的方程可以写为

$$\frac{\partial^2 u}{\partial t^2} - c^2 \nabla^2 u = 0 \tag{2-19}$$

式中，$u=E$ 或 B；c 是电磁波在真空中的传播速度，$c=3\times10^8 \mathrm{m/s}$。$c$ 是最基本的物理常量之一，在真空中，一切电磁波（包括各种频率范围的电磁波，如无线电波、光波、X 射线和 γ 射线等）都以速度 c 传播。形如式（2-19）的方程称为波动方程。

在各向同性的均匀介质中，本构关系为

$$D = \varepsilon E = \varepsilon_0 \varepsilon_\mathrm{r} E$$

$$B = \mu H = \mu_0 \mu_\mathrm{r} H \tag{2-20}$$

式中，ε_r 和 μ_r 分别为相对介电常数和相对磁导率。因此 D 总是平行于 E，B 总是平行于 H。类似式（2-19）的推导，可得到类似的方程：

$$\frac{\partial^2 u}{\partial t^2}-v^2\,\nabla^2 u=0 \tag{2-21}$$

式中，v 是电磁波在介质中传播的速度，$v=c/\sqrt{\mu_r\varepsilon_r}$。若定义 $1/\sqrt{\mu_r\varepsilon_r}=n$ 为折射率（Refractive Index），则介质中的光速 $v=c/n$。此外，定义 $\sqrt{\mu/\varepsilon}=\eta$ 为波阻抗（Wave Impedance），且 $\eta\approx377\sqrt{\mu_r/\varepsilon_r}\,\Omega$。这一方程在系数上是式（2-19）的更一般形式，因而具有类似形式的平面波解。

2.2.2　平面波解

1. 相量表示

可以验证，式（2-1）$E(z,t)=E_0\cos(kz-\omega t+\phi_0)$ 就是波动方程（2-21）的解。在任意时刻，该电磁波的波前是一个平面，这种波称为平面波，其解称为平面波解。平面波解是最为重要的代表性解，方程的其他解通常也可以由平面波解线性组合得到。

时域下，单色波更一般的电场表达式为

$$E(r,t)=E_x\cos(\phi_x-\omega t)\hat{x}+E_y\cos(\phi_y-\omega t)\hat{y}+E_z\cos(\phi_z-\omega t)\hat{z} \tag{2-22}$$

对于宽谱光，可由不同频率对应的电场叠加得到。对于单频电磁场，$E(r,t)$ 可以写成如下形式：

$$E(r,t)=\mathrm{Re}\left[E(r,\omega)\mathrm{e}^{-\mathrm{j}\omega t}\right] \tag{2-23}$$

根据欧拉方程，有 $\mathrm{e}^{-\mathrm{j}\omega t}=\cos\omega t-\mathrm{j}\sin\omega t$。频域下的复变函数 $E(r,\omega)$（或简写为 $E(r)$）称为相量（Phasor），可表示为

$$E(r,\omega)=E_x\mathrm{e}^{\mathrm{j}\phi_x}\hat{x}+E_y\mathrm{e}^{\mathrm{j}\phi_y}\hat{y}+E_z\mathrm{e}^{\mathrm{j}\phi_z}\hat{z} \tag{2-24}$$

在波动方程（2-21）中，分离变量后，光电场的空间函数通常用相量这一复变函数表示。采用相量表示可以方便地进行电磁波的描述、计算、分析和叠加。

平面电磁波也通常用式（2-23）右侧的复变函数来描述：

$$E(r,t)=E_0\exp\left[\mathrm{j}(k\cdot r-\omega t)\right] \tag{2-25}$$

2. 平面波的特征

对于频率为 ω 的时谐波，注意到 $\partial/\partial t=-\mathrm{j}\omega$，这样就得到频域下的麦克斯韦方程组：

$$\nabla\times E(r)=\mathrm{j}\omega B(r)$$
$$\nabla\times H(-r)=J(r)-\mathrm{j}\omega D(r)$$
$$\nabla\cdot D(r)=\rho(r)$$
$$\nabla\cdot B(r)=0 \tag{2-26}$$

在 $J=0$、$\rho=0$ 的区域中，麦克斯韦方程组变为

$$\nabla\times E(r)=\mathrm{j}\omega B(r)$$
$$\nabla\times H(r)=-\mathrm{j}\omega D(r)$$
$$\nabla\cdot D(r)=0$$
$$\nabla\cdot B(r)=0 \tag{2-27}$$

假设介质为均匀介质，因此可得到 $\exp(\mathrm{j}k\cdot r)$ 形式的平面波解。由于所有复值矢量场 E、H、B 和 D 均具有相同的空间相关性 $\exp(\mathrm{j}k\cdot r)$，因此，利用 $\nabla\mathrm{e}^{\mathrm{j}k\cdot r}=\mathrm{j}k\mathrm{e}^{\mathrm{j}k\cdot r}$ 可以得到在无源均匀介质中传输的平面波的基本关系为

$$k \times E = \omega B \tag{2-28}$$

$$k \times H = -\omega D \tag{2-29}$$

$$k \cdot B = 0 \tag{2-30}$$

$$k \cdot D = 0 \tag{2-31}$$

从式（2-30）和式（2-31）可以看出，波矢 k 总是垂直于 B 和 D，在各向同性介质中，$D = \varepsilon E$ 和 $B = \mu H$，因此，D 和 B 分别平行于 E 和 H；否则，称介质为各向异性。根据上面方程组式（2-28）~式（2-31），可得

$$k^2 = \omega^2 \mu \varepsilon \tag{2-32}$$

即各向同性介质中的色散关系，可得波数 $k = \omega \sqrt{\mu \varepsilon}$。真空中的色散关系为 $\omega = ck$，均匀介质中的色散关系为 $\omega = ck/n$，式中，n 为介质的折射率。光在各向异性的介质中传播时，无论是否均匀，D 和 B 都不一定平行于 E 和 H，将在 2.5 节讨论。

2.2.3 波印廷矢量

1. 波印廷矢量与时均辐照度（光强）

电磁波功率流密度可用波印廷（Poynting）矢量描述：

$$S = E \times H \tag{2-33}$$

式中，E 和 H 分别为电场和磁场强度，为时域下的实值矢量。波印廷矢量表示单位时间内通过单位面积的能量流，其方向由 $E \times H$（传播方向）确定。它的大小，即单位面积的功率流，称为辐照度（Irradiance），单位为 W/m^2。如果光波的电场 E_x 呈正弦变化，意味着能量流也呈正弦变化。式（2-33）中的辐照度是瞬时辐照度。假设光波是平面波，在各向同性的均匀介质中，如果将场写为 $E_x = E_0 \sin(\omega t)$，通过对一个时间周期内的波印廷矢量取均值，就可计算出时均辐照度：

$$I = S_{\text{average}} = \frac{1}{2} v \varepsilon_0 \varepsilon_r E_0^2 \tag{2-34}$$

式中，光在介质中的传播速度 $v = c/n$；$\varepsilon_r = n^2$。将相关常数代入式（2-34），就得到辐照度与电场间的关系：

$$I = S_{\text{average}} = \frac{1}{2} c \varepsilon_0 n E_0^2 = (1.33 \times 10^{-3}) n E_0^2 \tag{2-35}$$

时均辐照度通常也被称为光强。

如果时域场用复变函数 $E(t) = E_m e^{-j\omega t}$、$H(t) = H_m e^{-j\omega t}$ 表示，则波印廷矢量也可用相量表示：

$$S_m = \frac{1}{2} E_m \times H_m^* \tag{2-36}$$

注意，前面有系数 1/2。

2. 波印廷定理

利用矢量恒等式 $\nabla \cdot (E \times H) = (\nabla \times E) \cdot H - (\nabla \times H) \cdot E$ 的性质与麦克斯韦方程，可得

$$\nabla \cdot S = -\frac{\partial}{\partial t} \left(\frac{1}{2} \varepsilon_0 E^2 + \frac{1}{2} \mu_0 H^2 \right) - E \cdot \frac{\partial P}{\partial t} - \mu_0 H \cdot \frac{\partial M}{\partial t} \tag{2-37}$$

式（2-37）中等号右侧第一、二项分别代表电场和磁场的能量密度，第三、四项分别代表与极化和磁化（电偶极子和磁偶极子）相关的功率密度。这一方程称为波印廷定理，体现电

磁能量守恒，即从表面逸出的功率流等于存储在体内的能量随时间的变化率。

由波印廷定理，也可得到电磁波的连续性方程：

$$\nabla \cdot S = -\frac{\partial W}{\partial t} \tag{2-38}$$

式中，$W = \frac{1}{2}\varepsilon E^2 + \frac{1}{2}\mu H^2$ 为存储在介质中的能量密度。

2.2.4 光吸收与复折射率

光线通过材料时，通常会沿传播方向衰减。衰减系数 α 定义为传播方向 z 上单位距离内光强 I 的衰减率：

$$\alpha = -\frac{\mathrm{d}I}{I\mathrm{d}z} \tag{2-39}$$

这种衰减由吸收和散射两种现象引起，它们都导致沿传播方向上光强的减弱。吸收过程中，电磁波的功率损失由光能转化为其他形式的能量。例如，在光场驱动下，介质分子的极化、格波振动（热能）或电子从低能级跃迁到高能级。在半导体中，电子从价带激发到导带，或从杂质到导带的电子激发，都会吸收光辐射的能量。这些吸收现象将在 4.2 节详细讨论。散射是一种由折射率差异引起的现象，它使电磁波传播方向发生变化，能量以次级电磁波的形式向新的方向传播。

电磁波在介质中传播时，如果衰减仅由吸收引起，则衰减系数即为吸收系数通常可用复传播常数 $\tilde{k}$ 来表示，即

$$\tilde{k} = k' + \mathrm{j}k'' \tag{2-40}$$

式中，k' 和 k'' 分别是 $\tilde{k}$ 的实部和虚部。将式（2-40）代入式（2-1）中，得到以下形式的光电场，即

$$E = E_0 \exp(-k''z) \exp\left[\mathrm{j}\left(k'z - \omega t + \phi_0\right)\right] \tag{2-41}$$

沿 z 方向传播时，振幅呈指数衰减。复传播常数的实部 k' 描述了传播特性（例如相速度 $v = \omega/k'$），而虚部 k'' 描述了沿 z 方向的衰减速率。在任意处，光强 I 满足以下关系：

$$I \propto |E|^2 \propto \exp(-2k''z) \tag{2-42}$$

因此，光强随距离变化可表示为

$$\frac{\mathrm{d}I}{\mathrm{d}z} = -2k''I \tag{2-43}$$

其中，负号表示衰减。对比式（2-39）和式（2-43），则得到吸收系数与 k'' 之间的关系：

$$\alpha = 2k'' \tag{2-44}$$

定义复折射率 $\tilde{n}$ 为介质中复传播常数与真空中传播常数的比值：

$$\tilde{n} = n + \mathrm{j}K = \frac{\tilde{k}}{k_0} = \left(\frac{1}{k_0}\right)\left(k' + \mathrm{j}k''\right) \tag{2-45}$$

式中，k_0 是真空中的传播常数；实部 n 称为折射率，而虚部 K 称为消光系数。由式（2-45），得

$$n = \frac{k'}{k_0} \quad 和 \quad K = \frac{k''}{k_0} \tag{2-46}$$

在没有衰减的情况下，有

$$k'' = 0, \quad k = k', \quad 且 \quad \tilde{n} = n = \frac{k}{k_0} = \frac{k'}{k_0} \tag{2-47}$$

2.2.5 群速度与群折射率

光脉冲在色散介质中的传播对许多应用至关重要，包括光纤通信系统。色散指介质的折射率和消光系数随频率变化的现象，即不同频率的单色波以不同速度穿过介质，并经历不同程度的衰减。由于光脉冲由许多单色波叠加而成，每个单色波的响应各不相同，导致脉冲在传播过程中出现延迟和展宽（时间上的分散）。通常，脉冲的形状也会发生变化。

1. 群速度

假设沿 z 方向传播的脉冲平面波通过一个无损耗的色散介质（通过 5.1 节将看到色散意味着损耗，只是小到一定程度可以忽略）。假设在 $z=0$ 处的初始复波函数为 $E(0) = A(t)\exp(-j\omega_0 t)$，其中，$\omega$ 是中心角频率，A 是波的复包络。如果色散较弱，即在波的谱带宽度内折射率 n 变化缓慢，可以证明，在距离 z 处的复波函数近似为 $E(z,t) = A(z/v_g - t)\exp[j\omega_0(z/c - t)]$，式中，$c_V = c/n(\omega_0)$ 是介质在中心频率处的光速；v 是包络传播的速度。群速度 v_g 由下式给出：

$$v_g = \frac{d\omega}{d\beta} \tag{2-48}$$

式中，β 是频率相关的传播常数，$\beta = \omega n(\omega)/c$。群速度是色散介质的特征，通常随中心频率（波长）的变化而变化。式（2-48）中的导数也常用 $d\omega/dk$ 表示。下面推导群速度与折射率色散之间的关系。由于 $\omega = 2\pi c/\lambda$，则 $d\omega = -2\pi c/\lambda^2 d\lambda$。由于 $k = k_0 n = 2\pi n/\lambda$，折射率 n 是波长 λ 的函数，于是 dk 可表示为

$$
\begin{aligned}
dk &= 2\pi n(-1/\lambda^2)d\lambda + 2\pi/\lambda\left(\frac{dn}{d\lambda}\right)d\lambda \\
&= -2\pi/\lambda^2\left[n - \lambda \cdot \left(\frac{dn}{d\lambda}\right)\right]d\lambda
\end{aligned}
\tag{2-49}
$$

因而，群速度可表示为

$$v_g = \frac{d\omega}{dk} = \frac{c}{n - \lambda\left(\dfrac{dn}{d\lambda}\right)} \tag{2-50}$$

相速度 $v = c/n$ 可能大于真空光速 c，因为代表了相位的传播速度；而群速度 $v_g \leq c$ 总是成立，因为它反映了能量或信息的传播。

2. 群折射率

如果将式（2-50）中 $n - \lambda\left(\dfrac{dn}{d\lambda}\right)$ 定义为 N_g，则有

$$v_g = \frac{c}{N_g} \tag{2-51}$$

类似于相速度与折射率之间的关系 $v = c/n$，因此 N_g 称为群折射率。

2.3 光 束

在 2.2 节平面波解中提到，对于时谐波，波动方程的解通过分离变量法将时间函数分离之后，就得到空间的函数：

$$E(r) = E_0(r)\exp(j\boldsymbol{k} \cdot \boldsymbol{r}) \tag{2-52}$$

根据 $E_0(r)$ 的形式不同，光波场可分为平面波、球面波、高斯光束、柱面波和抛物面波等。

2.3.1　平面波

当光电场振幅在空间上恒定不变，即 $E_0(r) = A$ 为常数，方程（2-52）描述的是平面波（Plane Wave）。平面波传播时，波矢 $\boldsymbol{k}$ 为常数，波前为平面。平面波的光强在空间上是恒定值，且有

$$I(r) = \frac{1}{2}n\varepsilon_0 c \mid E_0(r) \mid^2 \propto \mid E_0(r) \mid^2 \propto A^2 \tag{2-53}$$

式中，n 为传播介质的折射率；c 为光速。

平面波是一种理想的数学模型。在物理现实中并不存在完美的平面波，因为这意味着平面波拥有无限的能量。理论上，这种波模型通常用于描述远离波源处的波动情况，此时波前可被近似视作平行的平面。为了分析和计算复杂的电磁场分布，常将实际的波视为多个平面波的叠加。尽管是一种理想化模型，平面波在物理学中仍然是分析和理解波动现象的重要工具。

2.3.2　球面波和柱面波

1. 球面波

将一个点光源放在各向同性、折射率为 n 的均匀介质中，从点光源发出的光波以相同的速度沿径向传播，某一时刻电磁波所达到的各点将构成一个以点光源为中心的球面，即球面波（Spherical Wave）。球面波可由式（2-52）中 $E_0(r) = \dfrac{A}{r}$ 来描述。球面波的波矢方向由球心指向远处，其波前是间距为 λ_0/n 的同心球面（λ_0 为光波在自由空间中的波长），波矢与波前互相垂直。球面波的光强与离光源距离的二次方成反比：

$$I(r) \propto \frac{1}{r^2} \tag{2-54}$$

2. 柱面波

一种无限长线光源发出的光波，光线可看作垂直光源径向发射，这种光波被称为柱面波（Cylindrical Wave）。柱面波的表示为式（2-52）中 $E_0(r) = \dfrac{A}{\sqrt{r}}$ 时的情形。柱面波的波矢垂直于光源，其波前呈间隔为 λ_0/n 的同心圆柱形，沿径向呈圆柱面形状传播。径向的光强为

$$I(r) \propto \mid E(r) \mid^2 = \frac{A^2}{r} \tag{2-55}$$

光强沿径向衰减，在轴向保持恒定。

2.3.3　高斯光束

高斯光束（Gaussian Beam）是一种描述在自由空间或其他均匀介质中传播的单模激光光束的光场分布的数学模型。它能够很好地近似许多实际的激光器输出。它的最基本特征是垂直传播方向（横向）的平面上电磁场呈高斯型分布。

平面波和球面波都是亥姆霍兹方程的特解，而高斯光束并不是亥姆霍兹方程的精确解，而是在缓变振幅近似下的一个特解。它是一种傍轴波，即轴上波前的法线与行进方向交角很小（基本平行）的波，满足傍轴亥姆霍兹方程

$$\nabla_T^2 A - j2k\frac{\partial A}{\partial z} = 0 \tag{2-56}$$

式中，∇_T^2 为二维拉普拉斯（Laplace）算子，$\nabla_T^2 = \partial^2/\partial x^2 + \partial^2/\partial y^2$；$A$ 为电场或磁场强度。式（2-56）的解具有以下表达式：

$$E(\rho,z) = A_0\frac{W_0}{W(z)}\exp\left[-\frac{\rho^2}{W^2(z)}\right]\exp\left[jkz + jk\frac{\rho^2}{2R(z)} - j\zeta(z)\right] \tag{2-57}$$

式中，ρ 是卷轴距离，$\rho = \sqrt{x^2+y^2}$；$W(z)$ 为 z 处高斯光束的半径：

$$W(z) = W_0\sqrt{1 + \left(\frac{z}{z_0}\right)^2} \tag{2-58}$$

式中，z_0 为瑞利（Rayleigh）长度；W_0 为束腰（Waist）半径，$W_0 = \sqrt{\lambda z_0/\pi}$；$R(z)$ 为等相位面的曲率半径，$R(z) = z\left[1 + \left(\frac{z_0}{z}\right)^2\right]$；$\zeta$ 为相位因子，$\zeta = \arctan(z/z_0)$。

1. 振幅（强度）分布特性

根据式（2-57），高斯光束在横向（x-y 平面内）的场振幅依高斯函数 $\exp\left[-\rho^2/W^2(z)\right]$ 分布，沿传播方向的轴向形成从中心向外平滑减小的分布，如图 2-3 所示。高斯光束的半径 $W(z)$ 是指 z 处振幅减小到轴上振幅值 $1/e$ 处的径向距离。对于光强，有类似的高斯分布关系：

$$I(\rho,z) = |E(\rho,z)|^2 = I_0\left[\frac{W_0}{W(z)}\right]^2\exp\left[-\frac{2\rho^2}{W(z)^2}\right] \tag{2-59}$$

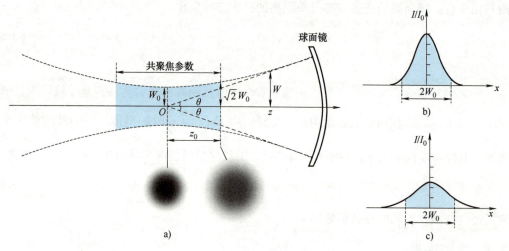

图 2-3　高斯光束

a）示意图　b）束腰处光强的径向分布　c）$z=z_0$ 处光强的径向分布

因此，在这半径范围内集中了 86% 的光功率。高斯光束在 $z=0$ 平面处达到最佳聚焦，即光

束宽度最小，光强最大，该处称为束腰。从束腰沿任何轴向方向上，光束逐渐"离焦"，光束不断发散。在光束宽度不大于其最小值 $\sqrt{2}$ 倍的轴向距离范围被称为焦深或共焦参数。实际焦深是瑞利长度的 2 倍：因为距离原点一定距离 z_0 处，光束直径变为 $\sqrt{2} \times 2W_0$。z_0 与束腰之间有以下关系：

$$\frac{\pi W_0^2}{\lambda} \tag{2-60}$$

由此可见，焦深与光束在其腰部的面积 πW_0^2 成正比，与波长 λ 成反比。因此，聚焦到小斑点尺寸的光束具有较短的焦深，确定焦平面需更加精细。例如，在 $\lambda_0 = 633\text{nm}$（HeNe 激光器的常见波长）处，斑点尺寸为 $2W_0 = 2\text{cm}$，对应于焦深 $2z_0 \approx 1\text{km}$；当斑点尺寸缩小到 $20\mu\text{m}$ 时，对应于较短的焦深为 1mm。相对而言，较短波长更易同时实现小斑点尺寸和长焦深。

2. 相位

根据式（2-57），高斯光束的相位为

$$\varphi(\rho, z) = kz - \zeta(z) + \frac{k\rho^2}{2R(z)} \tag{2-61}$$

在光轴上（$\rho = 0$），相位仅包括两个部分：

$$\varphi(0, z) = kz - \zeta(z) \tag{2-62}$$

第一部分 kz 为平面波的相位；第二部分 $\zeta(z)$ 代表相位延迟，根据 $\zeta(z)$ 的定义 $\zeta = \arctan(z/z_0)$，它在 $z = -\infty$ 时为 $-\pi/2$，在 $z = \infty$ 时为 $+\pi/2$。这种相位延迟对应于波前相对于平面波的额外延迟。当波从 $z = -\infty$ 行进到 $z = \infty$，累积的额外相位延迟总量仅为 π。

3. 波前

波前的曲率半径为

$$R(z) = z\left[1 + \left(\frac{z_0}{z}\right)^2\right] = z_0\left(\frac{z}{z_0} + \frac{z_0}{z}\right) \tag{2-63}$$

这是一个双曲函数，图像如图 2-4a 所示。当 $z = \pm z_0$ 时，取极小值 $2z_0$；当 $z = 0$ 时，$R(z) \rightarrow +\infty$，表明此时波前为平面；当 $z \ll z_0$ 时，$R(z) \approx z_0^2/z \rightarrow +\infty$，此时波前仍为平面，这与平面波的特征一致；当 $z \gg z_0$ 时，$R(z) \approx z$，此时波前为球面。

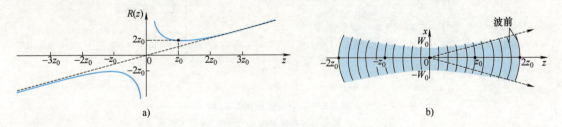

图 2-4 高斯光束的波前
a）波前的曲率半径随光束轴线位置的变化关系 b）波前分布

4. 远场发散角

对于高斯光束，其远场发散角可通过波长和束腰半径来计算。高斯光束的发散角与光束波长成正比，和束腰直径成反比，即

$$2\theta = \lim_{z \to \infty} \frac{2W(z)}{z} = \frac{4\lambda}{\pi(2W_0)} \tag{2-64}$$

在数量级上，束宽 W_0 与波长 λ 的比值满足 $W_0 \sim \lambda/\theta$，说明该光束已达到衍射极限。远场发散角的概念可帮助确定光束在远离源头时的扩散情况，这对于设计和优化激光器和光学系统来说非常重要，尤其在需要精确控制光束质量和聚焦特性的应用中。

5. M^2 值

为了比较实际激光光束与理想高斯光束之间的差异，通常引入 M^2 因子，即

$$M^2 := \frac{W_{0r} \cdot 2\theta_r}{W_0 \cdot 2\theta} = \frac{W_{0r}\theta_r}{\lambda/\pi} \tag{2-65}$$

式中，$2\theta_r$ 和 W_{0r} 分别是实际激光光束的发散角和束腰直径，理想高斯光束满足 $W_0\theta = \lambda/\pi$。实际情况下的激光，$W_{0r}\theta_r > W_0\theta$，因此，$M^2 > 1$；$M^2 = 1$ 表示理想的高斯光束波形。激光的方向性越差（即发散角越大），M^2 值越大。实际激光光束在 z 处的光束半径为

$$W = W_{0r}\left[1 + \left(\frac{z\lambda M^2}{\pi W_{0r}}\right)^2\right]^{1/2} \tag{2-66}$$

2.4 光在界面上的反射与折射

在这一节，考察任意偏振态的单色平面波入射到两个介质之间平面边界时的反射和折射现象。反射光与入射光确定一个平面，称为入射平面。如图 2-5 所示，定义 x-z 平面为入射平面，入射波、反射波和折射波分别用下标 i、r 和 t 标记。假设介质是线性、均匀和各向同性的，具有折射率 n_1 和 n_2，则相对折射率 $n = n_2/n_1$。为了计算透反射率的方便，通常将入射光分解为正交偏振的两部分光，然后叠加处理。下面首先介绍偏振的含义及其表示方法。

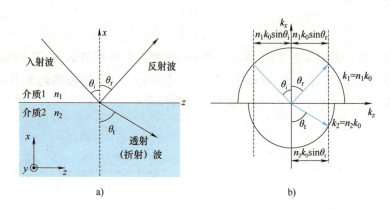

图 2-5 平面波的反射与折射
a）示意图 b）反射和透射光与入射光的相位匹配

2.4.1 光的偏振

偏振是电磁波特有的重要性质。考虑角频率为 ω 的单色平面波，沿 z 方向传播，电场位于 x-y 平面，通常可由以下式子描述：

$$E(z,t) = E_x\hat{x} + E_y\hat{y} \tag{2-67}$$

式中，

$$E_x = A_x\exp[\,\mathrm{j}(kz - \omega t + \varphi_x)\,]$$
$$E_y = A_y\exp[\,\mathrm{j}(kz - \omega t + \varphi_y)\,] \tag{2-68}$$

分别是电场矢量 $E(z,t)$ 的 x 和 y 复分量；A_x 和 A_y 为振幅。为了描述这个波的偏振，我们考察在每个位置 z，电场矢量分量的端点随时间变化的函数。

1. 线偏振

首先考虑相位差 $\varphi = \varphi_x - \varphi_y = 0$ 的简单情形，$E_x/E_y = A_x/A_y$ 为实常数，即电场矢量均在同一直线上振荡，此时称为线偏振（Linear Polarization，LP），如图 2-6a、b 所示。

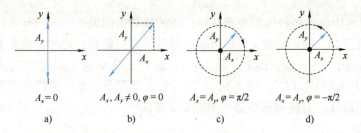

图 2-6 光的偏振态

a）电场沿 y 方向振荡的线偏振 b）x、y 方向均有分量的线偏振 c）右圆偏振 d）左圆偏振

2. 偏振椭圆

由式（2-68）易知，电场矢量 $E(z,t)$ 的分量满足椭圆的参数方程，即

$$\frac{E_x^2}{A_x^2} + \frac{E_y^2}{A_y^2} - 2\cos\varphi\frac{E_x E_y}{A_x A_y} = \sin^2\varphi \tag{2-69}$$

式中，$\varphi = \varphi_y - \varphi_x$ 是相位差。在固定的 z 值处，电场矢量的末端在 $x\text{-}y$ 平面内周期性旋转，轨迹为椭圆。在固定的时间 t 时，电场矢量的末端轨迹在空间中形成一个螺旋轨迹，位于一个椭圆柱的表面上（图 2-7）。电场随着波的传播而旋转，对应于每个波长 $\lambda = c/\nu$ 的距离周期性地重复其运动。波的偏振状态由偏振椭圆的方向和形状确定，但方程（2-69）代表椭圆主轴并不在 x 或 y 轴上，因此需要作一定的变换才能确定长轴与短轴之间的关系，具体的几何关系如图 2-8 所示。

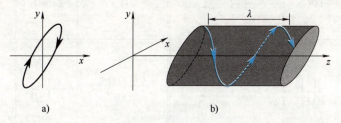

图 2-7 椭圆偏振光

a）在 z 处，电场矢量端点在 $x\text{-}y$ 平面上的旋转 b）电场矢量端点随着波传播的轨迹

如果其中一个分量为 0（例如 $A_x = 0$），则光的偏振只含另一个分量（y 方向），为线偏光。如果相位差 $\varphi = 0$ 或 π，则也是线偏光，因为 $E_y = \pm(A_y/A_x)E_x$，这是一条斜率为 $\pm A_y/A_x$

的直线方程（正负号分别对应于 $\varphi=0$ 和 π）。在这些情况下，图 2-8 中的椭圆柱体会塌缩成一个平面，如图 2-6a 或图 2-6b 所示。因此，该线偏波具有平面偏振特征。例如，如果 $A_x=A_y$，则偏振面与 x 轴成 45°（图 2-6b 的一种特殊情况）。另一方面，如果 $A_x=0$，则偏振面是 y-z 平面。

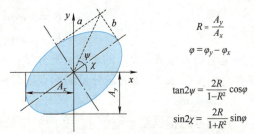

$$R=\frac{A_y}{A_x}$$

$$\varphi=\varphi_y-\varphi_x$$

$$\tan 2\psi=\frac{2R}{1-R^2}\cos\varphi$$

$$\sin 2\chi=\frac{2R}{1+R^2}\sin\varphi$$

图 2-8　偏振椭圆间的几何关系

3. 圆偏振

如果 $A_x=A_y=A_0$，$\varphi=\pm\pi/2$，则式（2-69）给出 $E_x=A_0\cos[\omega(z/c-t)+\varphi_x]$ 和 $E_y=\mp A_0\sin[\omega(z/c-t)+\varphi_x]$，从而得到 $E_x^2+E_y^2=A_0^2$，这是一个圆方程。图 2-8 中的椭圆柱体变成圆柱体，该波被称为圆偏光。$\varphi=+\pi/2$ 的情况下，当从波朝向的方向观察时，固定位置 z 处的电场呈顺时针方向旋转。此时，该光被称为右旋圆偏光（Right Circularly Polarized，RCP，图 2-6c）。$\varphi=-\pi/2$ 对应于逆时针旋转和左旋圆偏光（Left Circularly Polarized，LCP，图 2-6d）。在左旋的情况下，不同位置处的电场矢量末端轨迹是一个左旋螺旋线；右旋偏振则是一个右旋螺旋线。

4. 琼斯矢量

线偏振态可以用一个由两个实分量构成的列向量 $\boldsymbol{J}=\begin{pmatrix}A_x\\A_y\end{pmatrix}$ 来表示，这种表示电磁波偏振状态的矢量称为琼斯（Jones）矢量。这些不同的偏振状态均可以用琼斯矢量 $\boldsymbol{J}=\begin{pmatrix}A_x\\A_y\end{pmatrix}$ 表示，表 2-1 给出了一些典型偏振状态的琼斯矢量。若给定 $\boldsymbol{J}$，可以确定波的总强度 $I=(|A_x|^2+|A_y|^2)/2\eta$，并使用比率 $R=b/a=|A_y|/|A_x|$ 和相位差 $\varphi=\varphi_y-\varphi_x=\arg\{A_y\}-\arg\{A_x\}$ 来确定偏振椭圆的方向和形状。

表 2-1　线偏光（LP）及右旋和左旋圆偏光（RCP，LCP）的琼斯矢量

偏振态	琼斯矢量	示意图	偏振态	琼斯矢量	示意图
x 方向上的线偏光 LP	$\begin{bmatrix}1\\0\end{bmatrix}$		θ 方向上的线偏光 LP	$\begin{bmatrix}\cos\theta\\\sin\theta\end{bmatrix}$	
右旋圆偏光 RCP	$\frac{1}{\sqrt{2}}\begin{bmatrix}1\\j\end{bmatrix}$		左旋圆偏光 LCP	$\frac{1}{\sqrt{2}}\begin{bmatrix}1\\-j\end{bmatrix}$	

如果琼斯矢量 $\boldsymbol{J}_1$ 和 $\boldsymbol{J}_2$ 之间的内积 $(\boldsymbol{J}_1,\boldsymbol{J}_2)=A_{1x}A_{2x}^*+A_{1y}A_{2y}^*=0$（$A_{1x}$ 和 A_{1y} 是 $\boldsymbol{J}_1$ 的元素，A_{2x} 和 A_{2y} 是 $\boldsymbol{J}_2$ 的元素），则表示这两种偏振状态是正交的。例如，表示沿 x 方向和 y 方向的线偏光的两个琼斯矢量内积为 0，表明这两种偏振态是正交的；另一个常见例子是右旋和左旋圆

偏光。

2.4.2 菲涅耳公式

如图 2-5 所示，电场沿 y 方向的偏振模式称为横向电场（Transverse Electric，TE）偏振，因为此时电场与入射平面正交；磁场沿 y 方向的偏振模式称为横向磁场（Transverse Magnetic，TM）偏振，因为此时磁场与入射平面正交，电场与入射平面平行。TE 和 TM 偏振也分别称为 s（德文 "senkrecht"，意为 "垂直"）偏振和 p（Parallel）偏振。

1. 反射系数与透射系数

如图 2-5 所示，入射到界面的平面波的电场为

$$E_i = E_y \hat{\boldsymbol{y}} = E_0 \exp(-jk_{1x}x + jk_{1z}z)\hat{\boldsymbol{y}} \tag{2-70}$$

其磁场为

$$H_i = \frac{1}{j\omega\mu_1}\nabla \times E_i = \frac{-1}{\omega\mu_1}(k_{1z}\hat{\boldsymbol{x}} + k_{1x}\hat{\boldsymbol{z}})E_0 \exp(-jk_{1x}x + jk_{1z}z) \tag{2-71}$$

式中，k_1 为介质 1 中的波数，其波矢分量 k_{1x} 和 k_{1z} 满足 $k_{1x}^2 + k_{1z}^2 = k_1^2 = k_0^2 n_1^2$，$k_0$ 为自由空间中的波数，n_1 为材料的折射率。光频下，电介质材料通常有 $\mu_1 = \mu_0$。若无特殊说明，后续均约定为非磁介质。

若定义反射系数 r 为反射电场与入射电场之比，则反射场为

$$E_r = \hat{\boldsymbol{y}}rE_0 \exp(jk_{1x}^r x + jk_{1z}^r z)$$

$$H_r = \frac{1}{\omega\mu_1}(-k_{1z}^r \hat{\boldsymbol{x}} + k_{1x}^r \hat{\boldsymbol{z}})rE_0 \exp(jk_{1x}^r x + jk_{1z}^r z) \tag{2-72}$$

定义透射系数 t 为反射电场与入射电场之比，则透射场为

$$E_t = \hat{\boldsymbol{y}}tE_0 \exp(-jk_{2x}x + jk_{2z}z)$$

$$H_t = \frac{-1}{\omega\mu_2}(k_{2z}\hat{\boldsymbol{x}} + k_{2x}\hat{\boldsymbol{z}})tE_0 \exp(-jk_{2x}x + jk_{2z}z) \tag{2-73}$$

式中，k_2 为介质 2 中的波数，其波矢分量满足 $k_{2x}^2 + k_{2z}^2 = k_2^2 = k_0^2 n_2^2$。根据电场的切向分量（$E_y$）在 $x=0$ 处连续的边界条件，则有

$$E_0 \exp(jk_{1z}z) + rE_0 \exp(jk_{1z}^r z) = tE_0 \exp(jk_{2z}z) \tag{2-74}$$

式（2-74）对所有的 z 均成立，比较得

$$k_{1z} = k_{1z}^r \tag{2-75}$$

$$k_{1z} = k_{2z} \tag{2-76}$$

$$1 + r = t \tag{2-77}$$

根据式（2-75），以及 $k_{1z} = k_1\sin\theta_i$、$k_{1z}^r = k_1\sin\theta_r$、$k_{2z} = k_2\sin\theta_t$，得

$$\theta_i = \theta_r \tag{2-78}$$

$$k_1\sin\theta_i = k_2\sin\theta_t \tag{2-79}$$

而 $k_1 = k_0 n_1$、$k_2 = k_0 n_2$，根据式（2-78）和式（2-79），得

$$n_1\sin\theta_i = n_2\sin\theta_t \tag{2-80}$$

式（2-78）即为反射定律，式（2-80）为我们熟知的斯涅耳（Snell）定律，式（2-75）和式（2-79）称为相位匹配条件（图 2-5b），是斯涅尔定律的一般形式。

根据磁场切向分量（H_z）的连续性，得

$$1 - r = \frac{k_{2x}}{k_{1x}} t \tag{2-81}$$

联立关于 r 和 t 的式（2-77）和式（2-81），得到电场的反射系数，即

$$r_\perp = \frac{1 - \dfrac{k_{2x}}{k_{1x}}}{1 + \dfrac{k_{2x}}{k_{1x}}} = \frac{\cos\theta_i - (n^2 - \sin^2\theta_i)^{1/2}}{\cos\theta_i + (n^2 - \sin^2\theta_i)^{1/2}} \tag{2-82}$$

透射系数：

$$t_\perp = \frac{2}{1 + \dfrac{k_{2x}}{k_{1x}}} = \frac{2\cos\theta_i}{\cos\theta_i + (n^2 - \sin^2\theta_i)^{1/2}} \tag{2-83}$$

类似地，根据边界条件，可以得到 TM 模式下的反射和透射系数，即

$$r_\parallel = \frac{1 - \dfrac{n_1^2 k_{2x}}{n_2^2 k_{1x}}}{1 + \dfrac{n_1^2 k_{2x}}{n_2^2 k_{1x}}} = \frac{(n^2 - \sin^2\theta_i)^{1/2} - n^2\cos\theta_i}{(n^2 - \sin^2\theta_i)^{1/2} + n^2\cos\theta_i} \tag{2-84}$$

$$t_\parallel = \frac{2}{1 + \dfrac{n_1^2 k_{2x}}{n_2^2 k_{1x}}} = \frac{2n\cos\theta_i}{(n^2 - \sin^2\theta_i)^{1/2} + n^2\cos\theta_i} \tag{2-85}$$

式（2-82）~式（2-85）均称为菲涅耳（Fresnel）公式或菲涅耳方程。

2. 反射率与透射率

根据反射系数或透射系数，可得到界面的功率反射率：

$$R = \frac{\frac{1}{2}\mathrm{Re}(\boldsymbol{E}_r \times \boldsymbol{H}_r^*)_x}{-\frac{1}{2}\mathrm{Re}(\boldsymbol{E}_i \times \boldsymbol{H}_i^*)_x}\bigg|_{x=0} = |r|^2 \tag{2-86}$$

透射率：

$$T = \frac{-\frac{1}{2}\mathrm{Re}(\boldsymbol{E}_t \times \boldsymbol{H}_t^*)_x}{-\frac{1}{2}\mathrm{Re}(\boldsymbol{E}_i \times \boldsymbol{H}_i^*)_x}\bigg|_{x=0} = \mathrm{Re}\left(\frac{k_{2x}}{k_{1x}}\right)|t|^2 \tag{2-87}$$

将反射系数和透射系数的形式分别代入式（2-86）和式（2-87），即可验证功率守恒定律：$R + T = 1$。

3. 全内反射

根据菲涅耳公式来理解我们熟知的全内反射现象。折射率大的介质常称为光密介质，而折射率小的称为光疏介质。光波从光密介质 1 入射到光疏介质 2 产生反射的过程称为内反射。如图 2-5a 所示，随着入射角的增大，折射角逐渐增大到接近 90°。当入射角进一步增大，反射系数的模逐渐升到 1，发生全内反射，如图 2-9a 所示。折射角为 90° 对应的入射角为临界角 θ_c，其中 $\theta_c = \arcsin(n_2/n_1)$。当 $\theta_i > \theta_c$ 时，$k_{1z} = k_1\sin\theta_i > k_2$，因此有

$$k_{2x}^2 = k_2^2 - k_{2z}^2 = k_2^2 - k_{1z}^2 < 0 \tag{2-88}$$

故 k_{2x} 为纯虚数，定义 $k_{2x} = j\gamma_2$（$\gamma_2 > 0$），则电场

$$E_y = tE_0 \exp(\gamma_2 x + jk_{1z} z) \tag{2-89}$$

意味着电场强度沿 $-x$ 方向呈指数衰减。其中，γ_2 称为介质 2 中的衰减系数（Attenuation Coefficient），它不仅与相对折射率 n 有关，还与入射角有关。这种在介质 2 中电场强度沿 x 方向指数衰减，沿 z 轴传播的波称为倏逝波（Evanescent Wave）或消逝波。倏逝波对光学波导中光波传播的研究十分重要。倏逝波光强衰减至 $1/e$ 时对应的传输距离称为趋肤深度（Skin Depth）d_p，因此有 $d_p = 1/(2\gamma_2)$。全内反射时，由于 k_{2x} 为纯虚数，根据式（2-87）可知透射率为零。

对于 TE 模式，根据式（2-82），反射系数变为

$$r_\perp = \frac{1 - j\dfrac{\gamma_2}{k_{1x}}}{1 + j\dfrac{\gamma_2}{k_{1x}}} = \exp(-j2\phi_{12}^\perp) \tag{2-90}$$

式中，

$$\phi_{12}^\perp = \arctan\left(\frac{\gamma_2}{k_{1x}}\right) \tag{2-91}$$

表明全内反射时，电场经历了 $-2\phi_{12}^\perp$ 大小的相位变化，如图 2-9b 所示。由式（2-90），显然 $R = |r_\perp|^2 = 1$，即完全反射。

类似地，对于 TM 模式，$k_{2x} = j\gamma_2$，反射系数

$$r_\parallel = \exp(-j2\phi_{12}^\parallel) \tag{2-92}$$

式中，

$$\phi_{12}^\parallel = \arctan\left(\frac{n_1^2 \gamma_2}{n_2^2 k_{1x}}\right) \tag{2-93}$$

当入射角大于临界角 θ_c，反射电场经历大小为 $-2\phi_{12}^\parallel$ 的相位变化，如图 2-9b 所示。

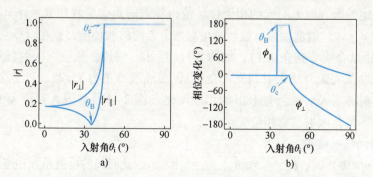

图 2-9 内反射（从介质入射到空气）时的反射系数和相位变化（$n_1 = 1.44$，$n_2 = 1$）

a）反射系数随入射角度变化的关系   b）相位变化随入射角度变化的关系

4. 光隧道效应

当光波从光密介质向光疏介质入射且入射角大于临界角时，会发生全反射，如图 2-10

所示。若减小介质 B 的厚度 d，当介质 B 足够薄，可在 C 处观察到衰减的光束，即光的波动性质导致其能部分穿透原本不允许穿过的介质。这种现象称为光隧道（Optical Tunneling）效应或受抑的全反射（Frustrated Total Internal Reflection，FTIR）。此时，介质 C 的接近导致全反射现象的减弱，导致 C 中出现一定强度的传输波。光隧道效应在分光镜的设计中得到应用。当光束进入玻璃棱镜 A 时，在玻璃与空气的界面处发生全反射并被偏转（图 2-10b），起反射镜的作用。如果在 A 的另一侧再加棱镜 C，并在两个棱镜 A 和 C 之间加入一层折射率较低的薄膜 B（图 2-10c），就可使一部分光通过这层薄膜隧穿到 C，并最终从立方体中射出，从而将入射光束分裂为两束。这两束光的能量分配取决于 B 的厚度和折射率。

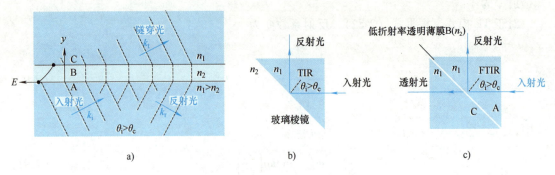

图 2-10　光隧道效应
a）示意图　b）利用全反射的反射棱镜　c）利用光隧道效应的立方块分束器

5. 布儒斯特角

对于 TM 偏振，由式（2-84）和图 2-9 可知，存在一个角度使反射波强度为 0，即 $r_{\parallel} = 0$。这个对应的角度称为布儒斯特角（Brewster）θ_B，由式（2-84）和斯涅尔定律，易知：

$$\theta_B = \arctan(n_2/n_1) \tag{2-94}$$

这个现象在实际应用中被用于控制光的偏振方向，将自然光或一般线偏光的 TE 偏振部分的光选择出来。例如，在激光器中，通常会引入一种被称为布儒斯特窗的光学元件，主要作用是为了加强特定偏振方向上的光的相干性。值得注意的是，临界角 $\theta_c = \arcsin(n_2/n_1)$ 只存在内反射（即 $n_2 < n_1$）情形，而布儒斯特角对两个方向的波传输都存在（既可以从介质 1 到介质 2，也可以从介质 2 到介质 1）。如图 2-11a 所示，例如，从空气入射到砷化镓晶体时，是一种外反射（从光疏介质入射到光密介质），布儒斯特角为 75.2°。对于这种外反射，垂直入射时，反射波与入射波总有 180° 的相位变化（图 2-11b）。当入射角大于 θ_B 后，TM 模式的反射波才不再与入射波有相位变化。

6. 正入射的特殊情况

正入射（$\theta_i = 0°$）时，$k_{2x} = k_2 = k_0 n_2$，$k_{1x} = k_1 = k_0 n_1$，此时场的反射系数和透射系数分别为

$$r_{12} = \frac{n_1 - n_2}{n_1 + n_2}, \quad t_{12} = \frac{2n_1}{n_1 + n_2} \tag{2-95}$$

当光子能量低于半导体带隙能量时，吸收通常很小或可以忽略；但当光子能量高于带隙能量时，光的吸收变得很重要。当平面波从空气正入射到半导体表面时，考虑吸收效应，功率反射率为

$$R=\left|\frac{n_0-\tilde{n}}{n_0+\tilde{n}}\right|^2=\frac{(n-1)^2+K^2}{(n+1)^2+K^2} \qquad (2-96)$$

式中，n_0 为空气的折射率，$n_0=1$；$\tilde{n}$ 为半导体材料的复折射率，$\tilde{n}=n+jK$。由式（2-96）可见，反射率是消光系数 K 的增函数，因此，较大的消光系数会导致介质表面较大的反射率。在长波长下金属通常具有较大的消光系数，因此其反射率通常也非常高。

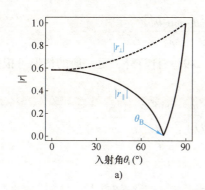 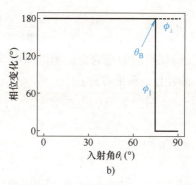

a)　　　　　　　　　　　b)

图 2-11　外反射（从空气入射到砷化镓）**时，反射系数和相位的变化**（$n_1=1$、$n_2=3.8$）

a）反射系数随入射角度变化的关系　　b）相位变化随入射角度变化的关系

2.5　晶　体　光　学

2.5.1　晶体的光学性质

1. 折射率椭球

复折射率是唯一的光学性质，是影响光传播的最重要因素。在非磁介质中，折射率只与相对介电常数 ε_r 相关，即 $\tilde{n}=\sqrt{\varepsilon_r}$。高频下，$\varepsilon_r$ 取决于电子极化，这涉及电子相对正原子核的位移。由于电子在某些晶体学方向上更容易位移，即电子极化能力取决于晶向，因此，晶体的折射率 n 取决于传播光束的电场振荡方向，即偏振方向。因而，晶体中光速取决于偏振状态。大多数如玻璃和液体等非晶态材料，以及所有立方晶体都是光学各向同性的，即在所有方向上折射率相同。光学各向异性的晶体称为双折射晶体（Birefringent Crystal）。

对于双折射晶体，折射率通常用折射率椭球（或称光率体，Index Ellipsoid）确定，即

$$\frac{x^2}{n_1^2}+\frac{y^2}{n_2^2}+\frac{z^2}{n_3^2}=1 \qquad (2-97)$$

式中，n_1、n_2 和 n_3 分别是沿以晶体三个相互正交的主轴方向偏振的折射率，如图 2-12a 所示。下面简述如何确定平面波在晶体中传播时的折射率。如图 2-12 所示，假设自由空间中的平面波波矢 $\boldsymbol{k}$ 已知，相位传播沿波矢方向，电场振荡方向与波矢垂直。通过椭球中心 O 作一个与波矢 $\boldsymbol{k}$ 垂直的平面，与折射率椭球相交。交线为一个椭圆（图 2-12b），其长半轴为 n_a，短半轴为 n_b，代表偏振方向沿这两个方向时的折射率。通常 $n_a \neq n_b$，但存在一个特殊的方向，当光沿这个方向传播时，各种偏振态的光的折射率相同，并以相同

的相速度传播，这一特殊方向称为光轴。当光沿光轴传播时，各种偏振态光的折射率均相同，称为寻常光（Ordinary，o 光）。当不沿光轴传播时，不同偏振方向光的折射率不同，称为非常光（Extraordinary，e 光）。这种情况下，仍可将光波分解为两束振荡方向互相垂直的线偏振光，其中某一偏振方向的光折射率与寻常光一致，另一偏振方向的光随入射方向的不同而异。当光沿其他方向偏振时，也可根据该椭圆（图 2-12b）来确定相应的折射率：

$$\frac{1}{n(\theta)^2} = \frac{\cos^2\theta}{n_2^2} + \frac{\sin^2\theta}{n_3^2} \tag{2-98}$$

除了 o 光正交偏振方向的光的折射率可以用式（2-98）计算外，更一般的情形可根据图 2-12c 进行求解，数学上，满足方程：

$$\frac{1}{n_\theta(\varphi)^2} = \frac{\cos^2\varphi}{[n(\theta)]^2} + \frac{\sin^2\varphi}{n_1^2} \tag{2-99}$$

式中，φ 为偏振方向。

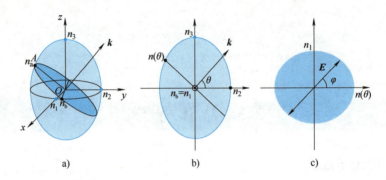

图 2-12 折射率椭球
a）用折射率椭球确定折射率　b）折射率椭圆（图 a 中的截面）
c）用于求一般偏振方向折射率的折射率椭球

2. 单轴与双轴晶体

根据晶体类型的不同，可能存在一个或两个光轴。具有三个不同主折射率的晶体也具有两个光轴，被称为双轴晶体。另一方面，两个主折射率相同的单轴晶体（$n_1 = n_2$）只有一个光轴。在单轴晶体中，若 $n_3 > n_1$（即 $n_e > n_o$），被称为正单轴晶体，如石英；若 $n_3 < n_1$（即 $n_e < n_o$），则被称为负单轴晶体，如方解石。像云母之类的晶体是双轴晶体，其折射率 $n_1 = 1.5601$、$n_2 = 1.5936$、$n_3 = 1.5977$。

2.5.2 晶体中的折射定律

现在讨论平面波在各向同性介质（比如空气，$n=1$）和各向异性介质（比如晶体）界面的折射。在这种情况下，波的折射需满足入射波和折射波的波前在边界处相匹配，即相位匹配。各向异性介质支持两种具有不同相速度（因为折射率不同）的模式，因此，入射波会产生两个具有不同方向传播和不同偏振态的折射波，这种现象称为双折射现象（Birefringence）。

考虑从空气入射到折射率为 n 的介质时，发生折射需满足相位匹配条件：

$$k_0 \sin\theta_i = k \sin\theta_r \qquad (2\text{-}100)$$

式中，θ_i 和 θ_r 分别是入射角和折射角。然而，各向异性介质中，波数 $k = n(\theta)k_0$ 本身也是入射角 θ_i 的函数，因此：

$$\sin\theta_i = n(\theta_a + \theta)\sin\theta \qquad (2\text{-}101)$$

式中，θ_a 是光轴与界面法线之间的夹角，因此 $\theta_a + \theta$ 是折射光线与光轴所成的角度，如图 2-13 所示。式（2-101）是斯涅尔定律的推广形式。

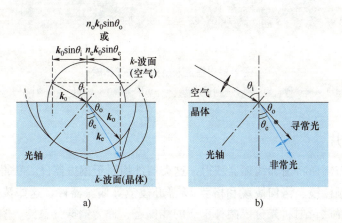

图 2-13 空气/单轴晶体界面的反射与折射
a）通过波矢匹配来确定折射角 b）光线在界面发生折射

为了求解式（2-101），以界面上的入射点为圆心在入射平面内作出 k-曲线（三维上是曲面，因此也称 k-波面，$k = nk_0$ 为波矢），设入射角为 θ_i。由于在单轴晶体中会有两条 k-曲线，一个圆和一个椭圆，分别对应 o 光和 e 光。满足相位匹配条件的两个折射光由式（2-101）确定。

1）寻常光。偏振方向与入射平面垂直（TE），折射角为 $\theta_r = \theta_o$，折射率为 n_o，满足相位匹配条件：

$$\sin\theta_i = n_o \sin\theta_o \qquad (2\text{-}102)$$

2）非常光。偏振方向与入射平面平行（TM），折射角为 $\theta_r = \theta_e$，满足相位匹配条件：

$$\sin\theta_i = n(\theta_a + \theta_e)\sin\theta_e \qquad (2\text{-}103)$$

式中，$n(\theta)$ 由式（2-98）给出。

从上面的分析可知，当光线由空气斜入射进入各向异性晶体时，不同偏振态光波的波矢方向及光线传播方向不同，充分展示了双折射效应。当光垂直入射进入一个与光轴既不平行也不垂直于晶体边界的单轴晶体时，更能体现与以往认知不同的现象。此时，入射波矢 k 垂直于边界。为了确保相位匹配，折射波也必须具有相同方向的波矢。与 k-曲线的交点得到对应于两种波的波矢。寻常光传播与 k 方向一致，而非常光传播指向 k-曲线外法线的方向，如图 2-14 所示。因此，法向入射会产生斜折射。值得注意的是，相位匹配原则仍应遵守：两种折射光的波前都与晶体边界和入射光的波前平行；只是此时波印廷矢量 S 与波矢 k 之间存在一个夹角 θ_s。从这个意义看，对于波矢，斯涅尔定律在各向异性的晶体中仍然成立。

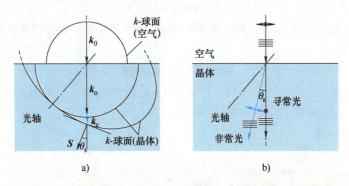

图 2-14 垂直入射到单轴晶体时

a) 相位匹配过程，相位均垂直向前传播 b) 光传播路径，e 光的传播方向发生偏折

2.5.3 晶体波片

线偏光可由布儒斯特窗和线偏器获得，这类器件均属于偏振器件。获得线偏光的方法还有经过如沃拉斯顿棱镜、洛匈棱镜和格兰-汤普逊棱镜等偏振器件，这些棱镜利用各向异性晶体在界面的选择性折射将光分成两种正交的线偏态，称为偏振分束器。偏振器件还有旋偏器和玻片，较为简单的是晶体玻片（Plate），玻片对入射波偏振态的控制可以用琼斯矩阵表示。

1. 琼斯矩阵

一般地，对于琼斯矢量为 $\boldsymbol{J}_1 = \begin{pmatrix} A_{1x} \\ A_{1y} \end{pmatrix}$ 的偏振态，经过偏振器件后，偏振态为

$$\boldsymbol{J}_2 = \begin{pmatrix} A_{2x} \\ A_{2y} \end{pmatrix} = \begin{pmatrix} T_{11} & T_{12} \\ T_{21} & T_{22} \end{pmatrix} \begin{pmatrix} A_{1x} \\ A_{1y} \end{pmatrix} = \boldsymbol{T}\boldsymbol{J}_1 \tag{2-104}$$

式中，$\boldsymbol{T} = \begin{pmatrix} T_{11} & T_{12} \\ T_{21} & T_{22} \end{pmatrix}$ 表征了偏振器件的特性，称为琼斯矩阵。线偏器对应的琼斯矩阵为

$$\boldsymbol{T} = \begin{pmatrix} 1 & 0 \\ 0 & 0 \end{pmatrix} \tag{2-105}$$

玻片或相位延迟器对应的琼斯矩阵为

$$\boldsymbol{T} = \begin{pmatrix} 1 & 0 \\ 0 & e^{-j\Gamma} \end{pmatrix} \tag{2-106}$$

式中，Γ 为玻片中沿快轴（相速度较大的偏振方向）和慢轴传播的光的相位差。若 o 光和 e 光的折射率分别为 n_o 和 n_e，则经过厚度为 d 的单轴晶体玻片后，不同偏振态的两束光之间的相位差为

$$\Gamma = n_o k_0 d - n_e k_0 d = \frac{2\pi d(n_o - n_e)}{\lambda_0} \tag{2-107}$$

因此，通过改变玻片的厚度，可以调节获得的相位差。旋偏器可以把线偏光偏振方向旋转一个角度，其琼斯矩阵为

$$T = \begin{pmatrix} \cos\theta & -\sin\theta \\ \sin\theta & \cos\theta \end{pmatrix} \tag{2-108}$$

式中，θ 为旋偏器对线偏波转动的角度。

2. 半波片

半波片（Half-wave Plate，有时也称二分之一玻片）是一种偏振光学元件，用于改变偏振光的偏振状态，而不改变其频率或相位。它通过引入一个 π 的相位差（对应 $\lambda/2$）来实现这一功能。对于一个特定的工作波长 λ_0，半波片厚度 d 可以通过下式计算：

$$d = \frac{(2m+1)\lambda_0}{2|n_o - n_e|} \tag{2-109}$$

式中，m 为整数。$m = 0$ 对应厚度的玻片称为零级半波片。根据式（2-107），引入的相位差为 $\Gamma = (2k+1)\pi$。因此，其琼斯矩阵可表示为

$$T = \begin{pmatrix} 1 & 0 \\ 0 & e^{-j\pi} \end{pmatrix} = \begin{pmatrix} 1 & 0 \\ 0 & -1 \end{pmatrix} \tag{2-110}$$

设入射的线偏平面波电矢量：

$$\boldsymbol{E}\exp[\mathrm{j}(kz-\omega t)] = E\boldsymbol{p}\exp[\mathrm{j}(kz-\omega t)] \tag{2-111}$$

$$= E(\cos\theta\,\hat{\boldsymbol{x}} + \sin\theta\,\hat{\boldsymbol{y}})\exp[\mathrm{j}(kz-\omega t)]$$

式中，θ 为偏振方向与快光轴的夹角。则入射光的琼斯矢量为 $\boldsymbol{J}_1 = \begin{pmatrix} \cos\theta \\ \sin\theta \end{pmatrix}$，出射光的琼斯矢量：

$$\boldsymbol{J}_2 = \begin{pmatrix} 1 & 0 \\ 0 & -1 \end{pmatrix}\begin{pmatrix} \cos\theta \\ \sin\theta \end{pmatrix} = \begin{pmatrix} \cos(-\theta) \\ \sin(-\theta) \end{pmatrix} \tag{2-112}$$

其效果相当于顺时针旋转 2θ。当与光轴 45° 入射时，可以将入射的线偏振光分成两束互相垂直且幅度相等的线偏振光。

3. 四分之一玻片

四分之一波片（Quarter-wave Plate）用于将线偏振光转换为圆偏振光，或反之。它通过引入 $\pi/2$ 的相位差（对应 $\lambda/4$）来实现这一功能。四分之一波片的厚度可通过下式计算：

$$d = \frac{\lambda_0}{4|n_o - n_e|}(4m+1) \tag{2-113}$$

式中，$m = 0, 1, 2, \cdots$。根据式（2-107），此时引入的相位差 $\Gamma = (4m+1)\pi/2$。因此

$$T = \begin{pmatrix} 1 & 0 \\ 0 & \exp(-\mathrm{j}\pi/2) \end{pmatrix} = \begin{pmatrix} 1 & 0 \\ 0 & -\mathrm{j} \end{pmatrix} \tag{2-114}$$

当入射光的琼斯矢量为 $\boldsymbol{J}_1 = \begin{pmatrix} E_x \\ E_y \end{pmatrix}$（$E_x$ 和 E_y 均为实数）的线偏光时，经过四分之一玻片后，出射光的偏振态可表示为

$$\boldsymbol{J}_2 = \begin{pmatrix} 1 & 0 \\ 0 & -\mathrm{j} \end{pmatrix}\boldsymbol{J}_1 = \begin{pmatrix} 1 & 0 \\ 0 & -\mathrm{j} \end{pmatrix}\begin{pmatrix} E_x \\ E_y \end{pmatrix} = \begin{pmatrix} E_x \\ -\mathrm{j}E_y \end{pmatrix} \tag{2-115}$$

可见，四分之一玻片可以将线偏光转化为椭偏光。反过来，也可将琼斯矢量为 $\begin{pmatrix} E_x \\ \mathrm{j}E_y \end{pmatrix}$ 的椭偏

光转化为线偏光：

$$J_2 = \begin{pmatrix} 1 & 0 \\ 0 & -\mathrm{j} \end{pmatrix} \begin{pmatrix} E_x \\ \mathrm{j}E_y \end{pmatrix} = \begin{pmatrix} E_x \\ E_y \end{pmatrix} \tag{2-116}$$

需要注意的是，由于材料的色散特性，四分之一玻片的性能可能会随波长的变化而变化。因此，半玻片或四分之一玻片通常是针对特定工作波长设计和使用的。

4. 马吕斯定律

线性偏振器用于选择性地透过沿特定方向振荡的光波，同时吸收或阻挡沿其他方向振荡的光波。通常用电气石、方解石等各向异性晶体、金属栅线和分子具有取向结构的聚合物或液晶材料制作而成。它对应的琼斯矩阵为 $T = \begin{pmatrix} 1 & 0 \\ 0 & 0 \end{pmatrix}$。自然光经线偏器，只有沿透射轴振荡的电场才能通过，因此透射光是线偏光，此处的线偏器通常被称为起偏器。

线偏光经过线偏片时，仍旧是沿透射轴方向振荡的电场才能通过。因此，当入射光偏振方向与线偏器透射轴夹角为 θ 时，电场强度将变为原来的 $\cos\theta$，因而光强衰减到原来的 $\cos^2\theta$，此处线偏器也被称为检偏器。这种出射光强与夹角 θ 间的关系由马吕斯（Malus）定律给出：

$$I(\theta) = I(0)\cos^2\theta \tag{2-117}$$

式中，$I(0)$ 为入射光偏振方向与透射轴一致时的光强。因此，马吕斯定律将通过检偏器的线偏光强度与透射轴和电场矢量之间的角度联系起来。

2.6 非线性光学

光学现象长期以来被认为是线性的。基于这一观点，有几个关键性的假设：

1）叠加原理普遍适用。

2）材料光学性质被认为与光的强度无关，这包括折射率和消光系数。

3）光的频率经过介质时保持不变。

4）在相同的区域内，两束光彼此不影响，即一束光不能被另一束光控制。

然而，随着 1960 年激光的发明，科学家们获得了高强度和高相干性的光源。1961 年，弗兰肯（P. A. Franken）等在石英晶体上发现了二次谐波产生的现象，揭开了非线性光学这一研究领域的序幕。非线性光学效应与先前理解的线性光学现象截然不同，主要表现为：

1）在非线性光学介质中，叠加原理不成立。

2）材料的光学性质与光强相关，包括折射率、消光系数、光速与光强相关。

3）光通过非线性光学介质时，频率可能会发生变化。

4）光与约束于非线性光学材料中的光作用，实现了用光来控制光的可能。

非线性光学的研究揭示了光与物质相互作用更加复杂和丰富的现象，开辟了光学科学的新纪元。这些发现不仅极大地扩展了人们对光学的理解，也为新技术的发展提供了理论基础，包括激光技术、光通信和光学信息处理等领域。

2.6.1 非线性光学效应

1. 介质的非线性极化

在自由空间中，光传播时不会出现非线性光学行为，或者说非线性效应无法在真空中观测到。非线性效应源于光传播的"介质"，而非光本身。通过光场与介质的相互作用，非线性效应被增强到可观测的程度。我们将非线性光学过程分为两个部分：光场调控介质的性质，反过来介质调控光的传播。

下面介绍材料的光学性质与光强相关性。一般来说，电极化强度 P 是电场强度 E 的线性函数。对于各向同性的介质，它们满足如下线性关系：

$$P = \varepsilon_0 \chi E \tag{2-118}$$

式中，χ 为介质的电极化率。但当电场较大时，介质极化偏离线性关系，此时，我们用 E 的幂级数展开的形式来修正介质的极化强度，即

$$P = \varepsilon_0 (\chi^{(1)} E + \chi^{(2)} E^2 + \chi^{(3)} E^3 + \cdots) \tag{2-119}$$

式中，$\chi^{(1)}$ 与式（2-118）中的 χ 具有相同含义，称为线性极化率；$\chi^{(n)}$（$n \geq 2$）为第 n 阶非线性极化率。

对于非磁介质（$\mu = \mu_0$），其复折射率只与相对介电常数 ε_r 相关：$\tilde{n} = n + \mathrm{j}K = \sqrt{\varepsilon_r}$。在线性介质中，相对介电常数是与外加电场无关的一个常量，$\varepsilon_r = 1 + \chi^{(1)}$。而在非线性介质中，比较式（2-118）和式（2-119），得到相对介电常数：

$$\varepsilon_r = 1 + \chi^{(1)} + \chi^{(2)} E + \cdots \tag{2-120}$$

为电场强度 E 的函数。表明在非线性光学的理论框架下，介质的基本光学性质——折射率将随光电场强度的变化而变化。这种折射率的变化进而也将影响光波在非线性介质中的传播。

2. 非线性波动方程

麦克斯韦方程组是描述光波及其传播规律的基本方程。下面将从麦克斯韦方程入手，讨论非线性极化如何产生丰富的非线性光学效应。2.2 节讲到，利用麦克斯韦方程组及本构关系，可以推导出波动方程，即

$$\nabla^2 E - \frac{1}{v^2(\boldsymbol{r})} \frac{\partial^2 E}{\partial t^2} = 0 \tag{2-121}$$

式中，$v(\boldsymbol{r})$ 为介质中的光速。这一齐次方程适用于线性介质。在非线性介质中，不同的是本构关系中出现非线性极化项：

$$D = \varepsilon E + P_{NL} \tag{2-122}$$

式中，非线性极化 $P_{NL} = \varepsilon_0 [\chi^{(2)} E^2 + \chi^{(3)} E^3 + \cdots] \varepsilon = \varepsilon_0 \varepsilon_r$。用类似方法，可以推导出非线性介质中的波动方程：

$$\nabla^2 E - \frac{1}{v^2(\boldsymbol{r})} \frac{\partial^2 E}{\partial t^2} = \mu_0 \frac{\partial^2 P_{NL}}{\partial t^2} \tag{2-123}$$

这是一个非齐次方程，非齐次项是产生非线性效应的源。令 $S = -\mu_0 \dfrac{\partial^2 P_{NL}}{\partial t^2}$，则有

$$\nabla^2 E - \frac{1}{v^2(\boldsymbol{r})} \frac{\partial^2 E}{\partial t^2} = -S \tag{2-124}$$

式（2-124）是构成非线性光学理论基础的基本方程，波在二阶非线性介质中的传播主要由这一基本方程决定。非齐次项 S 项被看作在非线性介质中存在的辐射源，因此为非线性效应的来源。

2.6.2 频率转换

1. 二次谐波产生

谐波产生是最基本的一类非线性效应，指产生频率为入射泵浦光频率整数倍的光波，其中二次谐波产生（Second Harmonic Generation）是指生成频率为基频波频率二倍的谐波。下面简要分析二次谐波是如何产生的。忽略二阶以上的非线性效应，极化强度可表示为

$$P = \varepsilon_0 [\chi^{(1)} E + \chi^{(2)} E^2] \tag{2-125}$$

设入射的单色光波的电场

$$E(t) = E_0 \cos \omega t \tag{2-126}$$

将式（2-126）代入式（2-125），极化强度可表示为

$$P = \varepsilon_0 \left(\frac{1}{2} \chi^{(2)} E_0^2 + \chi^{(1)} E_0 \cos \omega t + \frac{1}{2} \chi^{(2)} E_0^2 \cos 2\omega t \right) \tag{2-127}$$

根据式（2-124）计算出源项：

$$S = -\mu_0 \frac{\partial^2 P_{NL}}{\partial t^2} = 2\mu_0 \varepsilon_0 \omega^2 \chi^{(2)} E_0^2 \cos 2\omega t \tag{2-128}$$

可见，非齐次项是频率为 2ω 的源，它将振荡产生频率为基频波频率二倍的光场，这便是二次谐波产生的原因。同理，考虑更高阶的非线性光学效应时，倍频波频率为基频波频率的 n 倍，称为 n 次谐波。

2. 三波混频

考虑包含两个光频率 ω_1 和 ω_2 谐波分量的场 $E(t)$ 的情况，即

$$E(t) = \text{Re}(E_1(\omega_1) \exp(-j\omega_1 t) + E_2(\omega_2) \exp(-j\omega_2 t)) \tag{2-129}$$

非线性极化强度 $P_{NL} = \varepsilon_0 \chi^{(2)} E^2$ 将包含五个频率分量：0，$2\omega_1$，$2\omega_2$，$\omega_+ = \omega_1 + \omega_2$，$\omega_- = \omega_1 - \omega_2$，其振幅分别为

$$P_{NL}(0) = \frac{1}{2} \varepsilon_0 \chi^{(2)} [|E_1(\omega_1)|^2 + |E_2(\omega_2)|^2]$$

$$P_{NL}(2\omega_1) = \frac{1}{2} \varepsilon_0 \chi^{(2)} E_1(\omega_1) E_2(\omega_1)$$

$$P_{NL}(2\omega_2) = \frac{1}{2} \varepsilon_0 \chi^{(2)} E_1(\omega_2) E_2(\omega_2)$$

$$P_{NL}(\omega_+) = \varepsilon_0 \chi^{(2)} E_1(\omega_1) E_2(\omega_2)$$

$$P_{NL}(\omega_-) = \varepsilon_0 \chi^{(2)} E_1(\omega_1) E_2^*(\omega_2) \tag{2-130}$$

因此，二阶非线性介质可混合两个不同频率的光波，并产生差频（Difference Frequency Generation，DFG）或和频（Sum Frequency Generation，SFG）的第三波。前者称为频率下转换，而后者称为频率上转化。例如，波长分别为 $\lambda_1 = 1.06\mu m$ 的 Nd^{3+}:YAG 激光器和 $\lambda_2 = 10.6\mu m$ 的二氧化碳激光器的光进入非线性介质后，利用和频效应可产生波长为 $\lambda_3 = 0.96\mu m$ 的第三种波。倍频产生与和频产生的理论完全相同，前面提到的二次谐波（倍频）是和频的特例，对应于和频产生中 $\omega_1 = \omega_2 = \omega$、$\omega_3 = 2\omega$ 的情况。

以下对和频产生做一个简单的物理解释。当频率分别为 ω_1 和 ω_2 的波在非线性介质中发生相互作用时，将产生非线性极化强度 P_{NL}，它相当于一个频率为 $\omega_3 (= \omega_1 + \omega_2)$ 的辐射源。

该辐射源将向某一方向辐射出较强的和频波，该方向可通过相位匹配条件来确定。在这一方向上，和频最有效地产生，且满足能量守恒（$\omega_3 = \omega_1 + \omega_2$）和动量守恒（$\boldsymbol{k}_3 = \boldsymbol{k}_1 + \boldsymbol{k}_2$）。

3. 三波混频的形式

当角频率 ω_1 和 ω_2 的两束光波通过二阶非线性光学介质时，它们可混合产生具有不同频率分量的极化强度。如果相位匹配条件得到满足，那么这些频率分量中的一部分（如和频 $\omega_3 = \omega_1 + \omega_2$）可以有效地产生，其他不满足相位匹配条件的波则无法放大，乃至消失。

三波混频被认为是一种参数相互作用过程。如图 2-15 所示，三波混频有多种形式，这取决于哪些波作为输入以及哪些波需要被输出，即

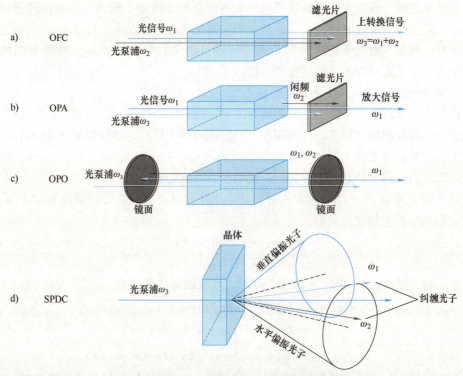

图 2-15　基于晶体或集成波导中的光参量器件
a）光频率转换器（OFC）　b）光参量放大器（OPA）
c）光参量振荡器（OPO）　d）自发参量下转换器（SPDC）

1）**光频率转换器**（Optical Frequency Converter，OFC）。频率 ω_1 和 ω_2 的两束光波在频率转化器中混合产生一个和频波 $\omega_3 = \omega_1 + \omega_2$，如图 2-15a 所示。二次谐波生成是 SFG 的一个特例。下转换变频或差频生成（DFG）是相反的过程，通过频率 ω_3 的波和频率 ω_1 的波相互作用来产生第二束波，其频率为差频 $\omega_2 = \omega_3 - \omega_1$。上转换和下转换频率转换器用于在没有合适激光器可用的波长上产生相干光，并在光通信系统中作为光混频器。

2）**光参量放大器**（Optical Parametric Amplifier，OPA）。频率为 ω_1 的波（信号波）和频率为 ω_3 的波（光泵浦）相互作用，使信号波增强。在此过程中产生一个辅助波，即频率为 ω_2 的闲频波（Idler Light，具有较低的光子能量）。该器件作为频率 ω_1 的相干放大器运行，被称为 OPA。泵浦波提供所需的能量，放大器的增益取决于泵浦波的功率。OPA 可用于放大微弱光信号，尤其在没有合适的敏感探测器可直接探测的波长范围内，并可借助其产生的

强激光来提高探测灵敏度。

3）光参量振荡器（Optical Parametric Oscillator，OPO）。引入适当的反馈机制（通常加谐振腔），光参量放大器可作为参量振荡器运行。在这种装置中，只需提供泵浦波，即可在连续的频率范围内产生相干光和锁模脉冲序列。OPO 的核心部件是放置在光学谐振腔内的非线性光学晶体。OPO 能够将泵浦波的频率转换为信号光和闲频光的相干输出，特别适用于可调谐激光源稀缺的频段，并实现宽频率范围的调谐。

4）自发参量下转换器（Spontaneous Parametric Down-converter，SPDC）。自发参量下转换将一个高能量的光波（即光泵浦）转换为两束低能量的光波，这个过程是自发产生的。从量子角度来理解，自发参量下转换是将一个高能量的泵浦光子转换为一对低能量的光子。当非线性介质为各向异性材料时，为了满足相位匹配条件，存在多个传播方向不同的可能的低能光子对，而每一对光子将产生两个光锥轨迹（图 2-15d），光锥相交处即为纠缠光子，这是量子光学中生成纠缠光子对的重要方法。

4. 三波混频时的相位匹配和相位失配

相位匹配是非线性光学最为重要的概念之一，在光学倍频中，实现相位匹配能够大大提高基频波向倍频波的转化效率。在和频产生的物理解释中提到，和频信号在某一方向上最有效地产生，并且在该方向上同时满足能量守恒（$\omega_3 = \omega_1 + \omega_2$）和动量守恒（$k_3 = k_1 + k_2$）。接下来，以二次谐波强度公式的推导为例，说明相位匹配的重要性。

假设有频率为 ω_1 和 ω_2 的两束波入射到某非线性介质，出射波的频率为 ω_3，且 $\omega_3 = \omega_1 + \omega_2$，设它们相应的电场强度：

$$E_1(\omega_1) = A_1 \exp(j\boldsymbol{k}_1 \cdot \boldsymbol{r})$$
$$E_2(\omega_2) = A_2 \exp(j\boldsymbol{k}_2 \cdot \boldsymbol{r}) \tag{2-131}$$

式中，A_1、A_2 为振幅；k_1、k_2 表示波矢。此时，非线性极化强度为

$$\begin{aligned} P_{NL}(\omega_3) &= 2\varepsilon_0 \chi^{(2)} E_1(\omega_1) E_2(\omega_2) \\ &= 2\varepsilon_0 \chi^{(2)} A_1 A_2 \exp[j(\boldsymbol{k}_1 + \boldsymbol{k}_2) \cdot \boldsymbol{r}] \\ &= 2\varepsilon_0 \chi^{(2)} A_1 A_2 \exp(j\Delta\boldsymbol{k} \cdot \boldsymbol{r}) \exp(j\boldsymbol{k}_3 \cdot \boldsymbol{r}) \end{aligned} \tag{2-132}$$

式中，$\Delta\boldsymbol{k} = \boldsymbol{k}_3 - \boldsymbol{k}_1 - \boldsymbol{k}_2$。该非线性极化提供了角频率 ω_3，波矢 $\boldsymbol{k}_3$ 和复振幅正比于 $\chi^{(2)} A_1 A_2 \exp(j\Delta\boldsymbol{k} \cdot \boldsymbol{r})$ 的源。可以证明，产生的和频波的强度与源振幅在相互作用体积 V 上的二次方积分成正比：

$$I_3 \propto \left| \int_V dA_1 A_2 \exp(j\Delta\boldsymbol{k} \cdot \boldsymbol{r}) d\boldsymbol{r} \right|^2 \tag{2-133}$$

相位失配情况下，$\Delta\boldsymbol{k} \cdot \boldsymbol{r}$ 代表位置依赖的相位。因为相互作用体积内不同点的贡献以相量形式叠加，处处不同的相位将导致总叠加强度显著降低。考虑 z 方向长度为 L 的一维相互作用体积的特殊情况：

$$I_3 \propto \left| \int_0^L \exp(j\Delta kz) dz \right|^2 = L^2 \text{sinc}^2(\Delta kL/2\pi) \tag{2-134}$$

式中，$\Delta k = k_3 - k_1 - k_2$；sinc 称为辛格函数，其二次方的图像如图 2-16 所示。相位匹配程度与 $\text{sinc}^2\left(\dfrac{\Delta kL}{2\pi}\right)$ 的取值相关。当 $\Delta k = 0$ 时，达到完美的相位匹配，$\text{sinc}^2\left(\dfrac{\Delta kL}{2\pi}\right) \approx 1$，和频波强度与通过介质的距离 L 成二次方关系。当然，不是所有的非线性晶体都存在完美的相位匹配的情

况。当 $\Delta k \neq 0$ 时，和频波的振幅会随传播距离而发生振荡，振荡周期为 $\dfrac{2\pi}{\Delta k}$。定义波混频的相干长度：

$$L_c = \frac{2\pi}{|\Delta k|} \tag{2-135}$$

相干长度是衡量参量相互作用过程有效的最大长度的尺度。

非线性光学不仅丰富了人们对光与物质相互作用的理解，还推动了光子器件和新型激光技术的发展，开启了新的研究和应用前景。非线性效应主要体现在非线性极化源丰富的混频特性，以及折射率和消光系数的场依赖性。因此，这些效应不仅在频率转换方面有着广泛的应用，而且还能调节材料的光学性质并控制光的传播行为。特别是，多光子吸收效应在超分辨率多光子成像和双光子三维（3D）打印技术中扮演了关键角色。在超分辨率多光子成像领域，多光子吸收效应使成像技术能够突破经典光学的分辨率极限，提

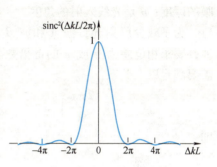

图 2-16　辛格函数平方的图像

供更高的成像深度和分辨率，这对生物医学研究尤为重要。而在双光子三维打印技术中，这一效应使得光固化材料能够在非常精确的位置发生固化，从而实现复杂三维结构的高精度打印。这些新颖而重要的应用展示了非线性光学在科学研究和技术领域中的巨大潜力。

2.7　基本光学元件

2.7.1　增透膜

以下介绍菲涅耳方程在光电子器件中常用的光学涂层设计和制造上的两个应用：抗反射（Anti-reflective，AR）涂层和介质镜。

当光线照射到半导体表面时，部分光会发生反射。这种反射对显微镜、相机的成像质量，屏幕的视觉效果和显示亮度，光电探测器、太阳电池板等光电器件的效率都有不良的影响。特别是，入射到折射率或消光系数很大的材料表面，反射率通常较高。典型例子是硅太阳电池或硅探测器。硅的折射率在波长为 $600 \sim 800\mathrm{nm}$ 时约为 3.5。因此，从空气入射到硅表面时，反射率为

$$R = \left(\frac{n_{Air}-n_{Si}}{n_{Air}+n_{Si}}\right)^2 = \left(\frac{1-3.5}{1+3.5}\right)^2 = 0.309 \tag{2-136}$$

式中，n_{Air} 和 n_{Si} 分别为空气和硅的折射率。这意味着 30% 的光被反射而无法转化为电能或电信号，这将显著降低硅太阳电池或硅探测器的转化效率。

实际上，我们常在硅表面涂覆一层薄的介质材料，例如 a-Si$_{1-x}$N$_x$:H（x 通常为 $0.4 \sim 0.6$ 的无定形氢化硅氮化物），其折射率介于空气与硅之间。这层薄的介质涂层具有抗反射效果，称为抗反射涂层或增透膜。

光线首先由空气到达抗反射涂层（以下简称"涂层"）表面，部分光线被反射，在图 2-17

中用波 A 表示。由于这是外反射，波 A 经历了 π 的相位变化。另一部分光线进入涂层并在涂层/半导体界面反射，用波 B 表示。波 B 同样经历了 π 的相位变化（外反射）。当波 B 与波 A 相遇时，它经历了相当于涂层厚度 d 的 2 倍延迟，导致相位差：

$$\Delta\phi = \frac{2\pi}{\lambda} n_2 (2d) \cos\theta \qquad (2\text{-}137)$$

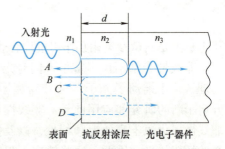

式中，λ 是光波的波长；n_2 是薄膜的折射率；d 是薄膜的厚度；θ 是光线入射的角度。

为了减少反射光，波 A 和波 B 必须产生相消干涉，要求相位差为 π 或 π 的奇倍数。当垂直入射时，需要满足以下关系：

$$\left(\frac{2\pi n_2}{\lambda}\right) 2d = m\pi \qquad (2\text{-}138)$$

图 2-17　抗反射膜原理的光路图

即

$$d = m\left(\frac{\lambda}{4n_2}\right) \qquad (2\text{-}139)$$

式中，$m = 1, 3, 5, \cdots$，为奇整数。因此，涂层的厚度必须是 1/4 涂层中波长的奇倍数。

为了实现波 A 和波 B 之间良好的相消干涉效果，它们的振幅必须相当。实际上，需将薄膜中由多重反射产生的所有反射波叠加。考虑多重反射，当抗反射膜厚度满足式（2-138）时，最小反射率 $R_{\min}$ 由以下公式给出：

$$R_{\min} = \left(\frac{n_2^2 - n_1 n_3}{n_2^2 + n_1 n_3}\right)^2 \qquad (2\text{-}140)$$

因此，当 $n_2 = (n_1 n_3)^{1/2}$ 时，在涂层和半导体之间两个界面上的反射系数相同，因此，只需要 $n_2 = 1.87$。薄膜沉积过程中，通过调整 $Si_{1-x}N_x:H$ 的组成，可以调整其折射率接近 1.87，因此，$Si_{1-x}N_x:H$ 是太阳电池上理想的抗反射涂层材料。注意，$R_{\min}$ 只在满足式（2-139）的一个波长上达到最小值。

2.7.2　介质镜

介质镜的作用是反射光，其设计原则与增透膜的不同之处是希望反射波相长干涉。如图 2-18 所示，介质镜由折射率分别为 n_1 和 n_2 的介质层交替堆叠组成，$n_1 > n_2$。这是一种有限周期的结构，每层的厚度为光在该层中波长的 1/4，即 $\lambda_{\text{layer}}/4$，或者是 $\lambda_0/4n$（λ_0 为镜子需要反射入射光的真空波长，n 是该层的折射率）。采用这个厚度是为了不同界面的反射波都能相长干涉，即相位为 2π 的整数倍。从界面反射的波相长干涉并在以 λ_0 为中心的波长范围内的显著反射光。介质镜是一种一维光子晶体，在其中存在某个禁带，能量落在禁带内的光子无法沿多层介质结构的 z 轴传播。

由于介质镜中折射率高低不同的层成对使用，这些双层的总数被表示为 N。随着 N 的增加，反射率也会增加（图 2-18b）。经过多个层（取决于 n_1/n_2 比率），透射强度将变得非常小，而反射率接近 1。

介质镜在光子学中被广泛应用，用于激光技术、光学仪器、光纤通信、天文望远镜等领域。例如，在激光谐振腔中，介质镜可选择特定波长的激光输出；在天文望远镜中，高反射率的介质镜可以提高观测到的星光亮度；在光纤通信中，介质镜可作为滤波器选择或分离不同波长的信号。介质镜的折射率具有周期性变化，类似于衍射光栅，有时被称为布拉格反射镜（Distributed Bragg Reflector，DBR）。这些介质镜通常采用真空沉积技术在衬底上逐层镀膜而成，也可直接沉积到光电子器件上。

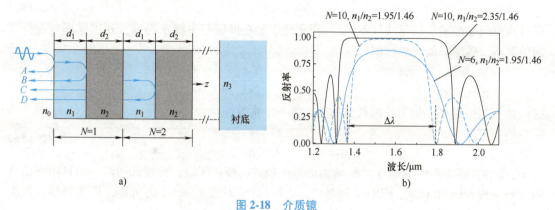

图 2-18　介质镜
a）结构及原理的光路图　b）不同结构介质镜的反射谱

2.7.3　光学谐振腔

电感电容（LC）电路是一种电学谐振器，仅允许在谐振频率 f_0（由电感 L 和电容 C 确定）附近的窄带宽内振荡。因此，LC 电路能够在特定频率处存储能量，同时也充当滤波器，这正是我们能够调到特定广播电台的原理。与之相对应，光学谐振腔是电学谐振器的光学类比物，它通过特定的结构来控制光波的传播，实现在共振频率处的能量存储或滤波。这些谐振腔可看作是含有反馈机制的光传输系统，其中光线在其边界内进行反射或循环。图 2-19所示为一种最简单的光学谐振腔——法布里-珀罗谐振腔（Fabry-Perot Resonator），它由两个平行的平面镜组成，光线在两个镜面之间反射。

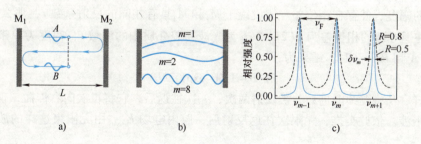

图 2-19　法布里-珀罗谐振腔
a）腔中反射波的相互干涉　b）仅允许某些波长的驻波模式存在于腔内　c）不同模式的强度与频率的关系

1. 共振条件

当两个反射镜平行且对齐放置时，它们之间会形成自由空间。自由空间中也可放置介质，称为腔介质。镜面 M_1 和 M_2 之间允许光波来回反射，从 M_1 反射向右传播的波与从 M_2 反射向左传播的波相遇时会相互干涉，这种来回反射在腔内产生了相长和相消的干涉效应。这样的相互作用在腔内形成了一系列允许的静止或驻波状态的电磁波。因此，腔长 L 必须满足

整数个半波长 $\lambda/2$ 的条件，即

$$m\left(\frac{\lambda}{2n}\right)=L\;;\quad m=1,2,3,\cdots \tag{2-141}$$

式中，m 为整数；n 为腔介质的折射率。满足式（2-141）的波长被称为共振波长：

$$\lambda_m=2nL/m \tag{2-142}$$

即自由空间中的波长满足式（2-142）的光波才能在谐振腔中稳定存在。利用频率与波长之间的关系，频率只能取离散值：

$$\nu_m=\frac{c}{\lambda_m}=\frac{mc}{2nL} \tag{2-143}$$

这些均为共振频率。相邻共振频率的间隔是一个常数频率差：

$$\nu_F=\frac{v}{2L}=\frac{c}{2nL} \tag{2-144}$$

式中，v 为在谐振腔中的速度，称 ν_F 为谐振腔模式的频率间隔，或模式间隔，或自由光谱范围（Free Spectral Range，FSR）。ν_F 是式（2-143）中对应于 $m=1$ 的情形，称为基模，是满足谐振条件的最低频率。此时，共振频率可以用模式间隔来表示：

$$\nu=m\nu_F \tag{2-145}$$

不同的 m 对应于不同的共振模式。

如果腔体没有损耗，即镜子完全反射且腔介质无散射或吸收，那么由式（2-143）定义的频率 ν_m 处的峰值将是尖锐的线。如果镜子不是完全反射，以至于一些辐射从腔体中逸出，那么模式峰值不会那么尖锐，而是具有有限的宽度。图 2-19c 描述了允许模式的强度随频率变化的关系。事实上，折射率较高或吸收系数较高的介质，端面反射率通常也很高，可用来反射光，直接形成法布里-珀罗谐振腔。为了提高端面的反射率，可以涂银等反射涂层或介电镜。

2. 损耗和谐振腔光谱

下面考虑镜子 M_1 和 M_2 不完全反射（即腔镜存在损耗）时，如何获得图 2-19c 的关系。假设一束向右传播的波 A，一次往返后这个波将再次向右传播，记作波 B。波 A 和波 B 之间具有不同的幅度，并存在相位差。假设镜子 M_1 和 M_2 具有相同的反射系数 r，那么相对于 A，B 有一个往返导致的相位差为 $k(2L)$（k 为光波在腔介质中的波数），幅度为原来的 r^2（两次反射）。A 和 B 干涉时，结果为

$$A+B=A+Ar^2\exp(\mathrm{j}2kL) \tag{2-146}$$

而像 A 一样，B 将继续前进，并被反射两次，一次往返后，它将再次向右传播，现在将有三个波相互干涉。依此类推，无限次往返反射后，腔内电场 E_{cavity} 由无限束这样的波叠加干涉而成，即

$$\begin{aligned}E_{\text{cavity}}&=A+B+\cdots\\&=A+Ar^2\exp(\mathrm{j}2kL)+Ar^4\exp(\mathrm{j}4kL)+Ar^6\exp(\mathrm{j}6kL)+\cdots\end{aligned} \tag{2-147}$$

求这个等比级数的和，得

$$E_{\text{cavity}}=\frac{A}{1-r^2\exp(\mathrm{j}2kL)} \tag{2-148}$$

一旦知道腔内的场，就可计算强度：

$$I_{\text{cavity}}\propto\left|E_{\text{cavity}}\right|^2 \tag{2-149}$$

用反射率 $R=r^2$ 来替代，腔内强度为：

$$I_{\text{cavity}}=\frac{I_0}{(1-R)^2+4R\sin^2(kL)}\qquad(2\text{-}150)$$

根据式（2-150），很容易看出，当 $kL=m\pi$ 时，即 $k=m\pi/L$，腔内强度取最大值 $I_{\max}=I_0/(1-R)^2$。因此，当频率

$$\nu_m=\frac{ck}{2\pi n}=\frac{c}{2\pi n}\frac{m\pi}{L}=\frac{mc}{2nL}\qquad(2\text{-}151)$$

时，腔内强度最大，与前面式（2-143）的结果一致。

3. 品质因子

由式（2-150）和图 2-19c 可知，较小的镜面反射率 $R=R_1R_2$（R_1、R_2 分别为两反射镜的反射率）意味着腔体中有更多的辐射损失，这会降低腔内的强度分布。较小的 R 值会导致模式峰更宽，以及腔内最小和最大强度之间的差更小。法布里-珀罗谐振腔的光谱宽度 $\delta\nu_m$ 是单个模式强度的半高全宽（FWHM），如图 2-19c 中的定义。将

$$\mathcal{F}=\frac{\pi R^{1/2}}{1-R}\qquad(2\text{-}152)$$

定义为谐振腔的精细度，精细度随损耗的减少（R 的增加）而增加。可以证明，当 $\mathcal{F}\gg1$（一般地，$R>0.6$）时，光谱的半高全宽为

$$\delta\nu_m=\frac{\nu_{\text{F}}}{\mathcal{F}}\qquad(2\text{-}153)$$

即精细度实际上是模式间隔 ν_{F} 与光谱宽度 $\delta\nu_m$ 的比值。总之，法布里-珀罗光学谐振腔的模式间隔 $\nu_{\text{F}}=c/(2nL)$ 和光谱宽度 $\delta\nu_m\approx\nu_{\text{F}}/\mathcal{F}$ 是表征其光谱响应的两个重要参数。

我们也可以类似于定义 LC 振荡器中品质因子 Q 的方式，将共振频率与该频率下的光谱宽度定义为光学谐振腔的品质因子：

$$Q=\frac{\nu_m}{\delta\nu_m}=m\mathcal{F}\qquad(2\text{-}154)$$

Q 因子是衡量谐振腔频率选择性的指标，Q 值越高，谐振腔的选择性越好，或者光谱宽度越窄。它的另一含义是每个振荡周期内，谐振腔存储的能量与因损耗（如反射面的损耗）而耗散的能量的比值。

习题与思考题

1. 对光的本质的认识过程中，你受到了什么启示？

2. 写出介质中的麦克斯韦方程组，并解释每个方程的物理意义。简述如何从麦克斯韦方程组推导出电磁波的波动方程。

3. 请给出一个平面波的数学表达式，解释波矢、振幅和相位的物理意义，讨论其在自由空间中传播的特点。

4. 简述当电磁波从一种介质进入另一种介质时，电场和磁场的边界条件是什么？

5. 解释群速度与相速度的区别，并讨论光纤通信中群速度的重要性。

6. 解释光的线偏振、圆偏振和椭圆偏振，并给出它们的数学表达式。

7. 介绍高斯光束的基本特性，并给出其电场分布的数学表达式。如何通过束腰直径和波长计算瑞利长度？

8. 当光波从空气入射到折射率为3.8介质的界面时，用菲涅耳公式编程计算反射系数和透射系数（包括模值和相位）随入射角变化的关系。

9. 简述光学参量振荡器（OPO）的工作原理，并讨论其如何实现频率转换。

10. 查阅资料，简述自发参量下转换器（SPDC）如何产生纠缠光子。

11. 解释晶体中光的传播与在各向同性介质中传播的区别，并讨论晶体各向异性如何影响光的传播路径。

12. 简述增透膜如何减少光学元件表面的反射并增加透过率。

13. 查阅资料，简述与金属镜相比，介质镜的优点和缺点。举例说明介质镜的一种应用场景。

14. 一个法布里-珀罗谐振腔由两个平行放置的反射镜组成，其反射率分别为 $R_1 = 0.95$ 和 $R_2 = 0.90$。反射镜之间的距离 L 为1cm，腔介质折射率为2.1。求：

（1）谐振腔的自由光谱范围（FSR）；

（2）共振条件；

（3）共振条件下，谐振腔的品质因数（Q 因子）。

第 3 章

半导体物理基础

在当今快速发展的光电子信息技术领域，半导体材料与器件的作用不可或缺。半导体物理作为光电材料与器件研究的基础，具有举足轻重的地位。半导体物理学在光电材料与器件中的重要性主要体现在以下几个方面：

1）材料选择与优化。理解半导体的晶体结构和键合方式，有助于选择和优化适合特定应用的光电材料。不同的半导体材料具有不同的能带结构和载流子特性，这些特性直接影响器件的性能。

2）能带理论与电子行为。能带理论是半导体物理的核心，决定了电子在材料中的行为。研究能带结构，可以预测和调控半导体材料的电学和光学性质。

3）载流子统计与浓度控制。半导体中的载流子统计分布和浓度控制是影响器件性能的重要因素。掌握载流子的来源和掺杂机制，能够精确控制载流子浓度，从而优化器件的电学性能。

4）载流子输运特性。了解载流子的漂移、扩散以及在强电场下行为，对于设计高性能半导体器件至关重要。

5）量子限域结构。利用量子效应调控能带和能级结构，有助于开发具有特殊性能的半导体器件。

本章将围绕上述内容进行展开，形成一个全面的半导体物理概念和理论框架。为读者后续学习半导体光过程、光电器件的设计和优化提供坚实的理论基础。

3.1 晶体结构与键合

固体的性质取决于晶体结构与原子间的键合方式。晶体结构和键合方式密切相关，前者主要涉及几何特征，而后者侧重于物理相互作用。晶体结构是指晶体中原子、离子或分子按照一定的规律排列，形成具有周期性和有序性的结构。它关注原子之间的空间排列和晶格的对称性，反映晶体内部原子排列的有序性和周期性，决定晶体外观。键合方式描述晶体中原子或分子之间的相互作用方式，包括离子键、共价键、金属键等。键合方式决定了晶体中原子之间的结合强度和能量传递方式，影响晶体结构和电子结构（能带结构），以及其他物理、化学和力学性质。

晶体结构和键合方式共同决定了固体材料的多种性质，是理解和设计新型材料的基础。研究晶体结构和键合方式，可以更好地预测和调控材料的性能，为光电材料的应用提供理论支持。

3.1.1 晶体结构

固体通常以无定形态、单晶和多晶三种主要形式存在。单晶和多晶形态在半导体材料中尤为重要，广泛应用于电子和光电器件中。半导体的晶体结构，如金刚石结构、闪锌矿结构和钙钛矿结构等，对其电子和光学性质有着决定性影响。近年来，具有二维拓扑结构的半导体材料也引起了广泛关注，这类材料在纳米电光子学和量子信息技术中展现出独特的潜力。半导体晶体结构的复杂程度一般介于金属和复杂的无机晶体之间，这也是半导体具有介乎两者之间输运性质（3.4节）的来源。

1. 金刚石结构

金刚石（Diamond）结构是一种在自然界和人造材料中广泛存在的晶体结构，因天然金刚石而得名。如图 3-1a 所示，在金刚石结构中，每个原子通过四个共价键与周围四个相同类型的原子相连，形成一个正四面体的几何结构。这种连接方式由原子的 s 态和 p 态电子轨道通过 sp^3 杂化形成的，这种杂化轨道使每个共价键之间的夹角都是 109°28′，保证了结构的高度对称性和坚固性。金刚石结构的空间群为 Fd$\bar{3}$m，属于立方晶系，是面心立方的布拉维格子。其基元为两个相同的原子，一个相对于另一个同类原子有着（1/4，1/4，1/4）的位移。这样的排列使得一个晶胞中含有 8 个原子，这些原子紧密填充在一起，形成了一种高填充密度的晶体结构。

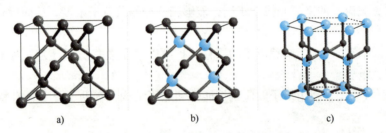

图 3-1　半导体材料最常见晶体结构

a）金刚石结构　b）闪锌矿结构　c）纤锌矿结构

硅（Si）、锗（Ge）和灰锡（Sn）等元素半导体采用金刚石结构，这对它们的电子性质有着重要影响。这种结构导致了这些材料具有特定的能带结构，使它们成为优良的半导体材料。例如，Si 和 Ge 作为最重要的半导体材料之一，在微电子和光电子领域有着广泛的应用。它们的金刚石结构不仅赋予了它们良好的电子和热传导性能，也使它们具有优异的强度和化学稳定性，这些特性使得它们在实际应用中表现出极高的可靠性和耐久性。

2. 闪锌矿结构

闪锌矿（Sphalerite）结构的半导体包括多种材料，如 ZnS、GaAs、InP、InSb、CdTe、ZnTe、HgCdTe 等。这些材料属于立方晶系，具有面心立方的布拉维点阵，其空间群为 F$\bar{4}$3m。如图 3-1b 所示，闪锌矿结构与金刚石结构类似，但区别在于闪锌矿结构由两种不同的原子组成，这两个原子沿空间对角线相对位移 1/4 的距离，形成一个结构基元。这样，闪锌矿结构就由两个面心立方晶格套构而成，形成双原子复式格子。从配位结构看，闪锌矿结构中，每个原子都被四个不同类型的原子所包围，形成正四面体结构。以Ⅲ-Ⅴ族半导体砷化镓为例，Ⅴ族 As 原子周围被四个Ⅲ族 Ga 原子包围，形成正四面体；类似地，Ⅲ族 Ga 原子也被四个Ⅴ族 As 原子包围，形成另一种正四面体。由于每个原胞中包含两种原子，闪锌矿的堆积方式形成了具有电偶极层特性的双原子层，其中每一个原子层都在一个（111）面。

闪锌矿结构的Ⅲ-Ⅴ族和Ⅱ-Ⅵ族化合物半导体通过共价键结合，但是，由于组成原子的电负性不同，这些化合物显示出一定程度的离子性。例如，在砷化镓中，共价键的电子并不是均等分布在 Ga 和 As 之间，而是更倾向于集中在电负性更强的 As 原子附近。这种电负性差异导致正负电荷之间的库仑作用，对结合能有一定贡献，因此也常称为混合键键合。

3. 纤锌矿结构

纤锌矿（Wurtzite）结构代表了另一类重要的半导体晶体结构。如 GaN、AlN、BN、ZnO、CdS 和 BeO 等，均属纤锌矿结构。如图 3-1c 所示，纤锌矿结构属于六方晶系，基于六方的布拉维点阵最密堆积构建而成，其空间群通常为 $P6_3mc$。纤锌矿结构由两种不同类型的原子以相同比例组成，这些原子在垂直方向上相对移动一半的距离，构成了特有的结构基元。在此结构中，每个原子被四个不同类型的原子环绕，形成了正四面体结构，例如，在Ⅱ-Ⅵ族半导体 ZnO 中，每个 O 原子都被四个 Zn 原子环绕，形成正四面体结构；反之亦然。这种由两个相互错位的六方最密堆积层构成的结构，形成了具有电偶极层特性的双原子复式格子，其中每个原胞包含一个Ⅱ族原子和一个Ⅵ族原子，共同形成了一个特定的晶体面。

纤锌矿结构与闪锌矿结构有着紧密的联系，主要的区别在于纤锌矿结构呈六方对称性，而闪锌矿结构则属立方晶系。纤锌矿结构的特点在于其高度的各向异性，这对材料的光学和电学性质有着显著影响。这些Ⅱ-Ⅵ族化合物半导体通过共价键结合，但同样，由于组成原子的电负性差异，表现出一定程度的离子性。例如，在 ZnO 中，由于 O 原子的电负性较强，共价键中的电子更倾向于集中在 O 原子附近。

4. 黄铜矿结构

如果闪锌矿结构中的金属原子可用两种不同价态的金属替代，就可能形成黄铜矿（Chalcopyrite）结构。三元化合物 $CuFeS_2$、$CuGaS_2$、$CuAlS_2$、$CuInSe_2$、$ZnGeP_2$ 等属于黄铜矿结构。在晶体学上，黄铜矿结构与闪锌矿结构密切相关。如图 3-2a 所示，黄铜矿结构由于由两种不同金属原子组成，其晶胞类似两个闪锌矿晶胞叠成，因而它的布拉维点阵不再是面心立方，而呈现体心四方结构，空间群为 $I\bar{4}2d$。在这种结构中，原子间的排列仍近似正四面体，不同的是非金属原子与两种不同的金属原子配位。以 $CuFeS_2$ 为例，与每个 S 原子配位的是两个 Cu 原子和两个 Fe 原子，对金属原子而言，均是四个 S 原子。

与闪锌矿结构类似，黄铜矿型化合物的键合方式也介于共价键和离子键的混合键，其电负性差异导致电荷分布的不均匀性，电子更倾向于在非金属原子附近聚集。由于结构的相似性，黄铜矿结构的半导体可具有与闪锌矿结构可媲美的输运性质。例如，黄铜矿结构的 $AgInSe_2$ 的电子迁移率可达到 $750cm^2 \cdot V^{-1} \cdot s^{-1}$。

5. 钙钛矿结构

目前太阳电池研究的热门材料 $CH_3NH_3PbI_3$（甲胺铅碘）等属于钙钛矿（Perovskite）结构，名称源自于同名矿物钙钛矿（$CaTiO_3$）。钙钛矿结构的特征不在于晶体结构的对称性，

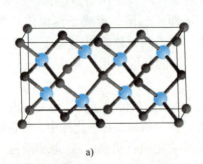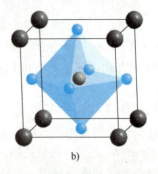

图 3-2　半导体材料常见晶体结构

a）黄铜矿结构　b）钙钛矿结构

而在于配位单元的连接方式。这些结构基于 ABX$_3$ 型的化学式，其中 A 为有机阳离子（如甲胺离子 $CH_3NH_3^+$ 等）、B 为金属阳离子（如 Pb^{2+}）、X 为卤素阴离子（如 I^-）。如图 3-2b 所示，钙钛矿结构中，B-X 之间通过离子键形成 BX_6 八面体，BX_6 八面体顶点连接构成立方、长方或平行六面体的框架结构，而较大的有机阳离子 A 填充于 BX_6 八面体框架的间隙，并通过静电力与八面体框架相互作用，从而保持整个结构的稳定。钙钛矿结构可属于立方晶系、四方晶系、单斜晶系，甚至是三斜晶系，因此空间群也是多样化的。

钙钛矿材料具有高的光吸收系数、可调的带隙和优异的输运性能，这主要归因于 BX_6 八面体框架。A 位阳离子主要是维持晶体结构的稳定性。

6. 二维材料结构

二维半导体材料，如石墨烯、过渡金属硫族化物（如 MoS_2、WS_2）、黑磷和二维钙钛矿等，构成了一类具有原子级厚度的前沿材料。这些材料在原子层面上展示出独特的结构特征，层内原子一般通过较强的共价键/离子键紧密相连，形成了稳定的二维网络，而相邻的原子层则通过相对较弱的范德华力相互作用。因此，二维材料的结构特性可从两个层面进行理解：①原子层内的结构；②原子层之间的堆叠方式。

在层内结构方面，二维材料主要表现为六方布拉维格子，如石墨烯展示的平坦蜂窝状网络结构；而过渡金属硫族化物等则呈现褶皱的蜂窝状网络（图 3-3a）。此外，还存在由五元环网络（如 $PdSe_2$，图 3-3b）和变形的六元环（如黑磷，图 3-3c）构成的长方形布拉维点阵，这些结构的二维材料在面内输运性质和光学性质上展现出明显的各向异性。

二维材料的原子层通过范德华力堆叠形成多层结构。周期性有序堆叠时，不同的堆叠方式能使材料呈现出不同的相态。以 MoS_2 为例，其堆叠方式的差异导致了 1T、2H 和 3R 三种不同的相（图 3-4）：1T 相采用 AA 堆叠，其中相邻层的原子直接对齐；2H 相则呈现 ABAB 堆叠，每一层原子相对下一层原子有 1/2 晶格常数偏移；而 3R 相展现出 ABCABC 的逐层堆叠方式。这些不同的堆叠方式及形成的相对二维材料的电子结构和物理性质有着重要影响。例如，3R 相的材料不具有对称中心，因而具有线性电光和二阶非线性光学等性质。

半导体材料种类极其丰富，因此还有一些其他的晶体结构类型。例如，NaCl 结构，包括用于近红外探测的 PbS、宽带隙半导体 MgO，甚至三元化合物 $AgSbSe_2$ 等也具有类似 NaCl 的结构。

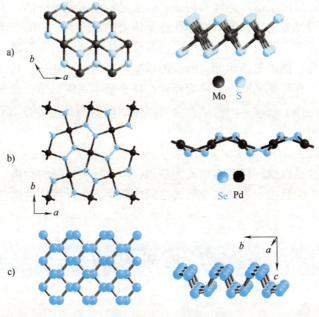

图 3-3　二维材料结构

a) MoS_2　b) $PdSe_2$　c) 黑磷

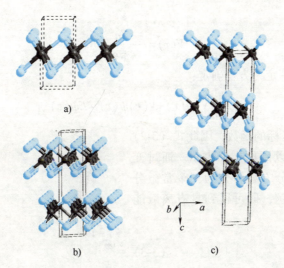

图 3-4　二维材料 MoS_2 的三种堆叠方式

a) 1T　b) 2H　c) 3R

3.1.2　固体材料的键合

　　晶体结构在几何上决定了材料性质的可能性，固体的键合则通过相互作用使材料具有某些性质。固体材料中主要存在四种基本的键合类型：离子键、共价键、金属键和分子键（或范德华力）。这些键合类型决定了固体的电学、光学和力学性质。

离子键形成于带有相反电荷的离子之间，通过静电吸引力相互结合。例如，食盐就是典型的离子固体，由正负离子的晶体阵列构成。这类材料通常是绝缘体，因为它们缺少自由电子来传导电流。在可见光谱中，离子固体往往是透明的，因为它们的带隙通常对应于紫外光的能量。共价键通过原子间共用价电子形成。共价固体如金刚石和石墨，展示出不同的光学性质，金刚石在可见光谱中是透明的，而石墨则是不透明的。此外，共价固体也可以是半导体，如硅和砷化镓，在可见光谱中不透明而在红外光谱中透明。金属键特征在于价电子的解离化，这些电子在正离子之间自由流动。金属固体因此具有高电导率和强烈的光反射能力，在可见光谱中不透明。分子固体或范德华固体由非极性共价分子通过范德华力相互结合，这种力相对于其他键合类型较弱。

实际固体的结合是以这四种基本形式为基础，可表现出复杂的性质。固体材料不仅可以具有多种结合形式，而且由于不同结合形式之间的联系，实际固体的结合可呈现出两种结合类型之间的过渡性质。

3.2 能带结构

3.2.1 原子的能级

晶体由紧密排列的原子或分子组成。首先考察孤立的类氢原子的能级。类氢原子由 $+Ze$ 电荷的原子核（Z 是原子序数，对于氢，$Z=1$）和具有 $-q$ 电荷和质量 m_0 的单个电子构成，其库仑势能可表示为

$$V(r) = -\frac{Zq^2}{4\pi\varepsilon_o r} \tag{3-1}$$

该体系的能级由稳态薛定谔方程确定：

$$-\frac{\hbar^2}{2m}\nabla^2\psi(\boldsymbol{r}) + V(\boldsymbol{r})\psi(\boldsymbol{r}) = E\psi(\boldsymbol{r}) \tag{3-2}$$

由于 $V(\boldsymbol{r})$ 仅为径向坐标的函数，因此式（3-2）中的拉普拉斯算子可以用球坐标表示。通过变量分离，可以将偏微分方程转化为三个常微分方程。求解本征值问题，即可得到具有离散能级的本征能量值：

$$E_n = -\frac{M_r Z^2 q^4}{(4\pi\varepsilon_o)^2 2\hbar^2}\frac{1}{n^2}, \quad n=1,2,3,\cdots \tag{3-3}$$

式中，原子的约化质量 M_r 替代了电子质量 m_0（9.1×10^{-31} kg），以适应原子核的有限质量；n 称为主量子数。这些类氢原子离散化的能级由唯一的量子数表征，如图 3-5 所示。原子中的电子可以在这些能级之间跃迁，并在跃迁过程中发射或吸收特定频率的电磁波，且频带非常狭窄。与本征能量对应的半径 r_n 值也是离散化的：

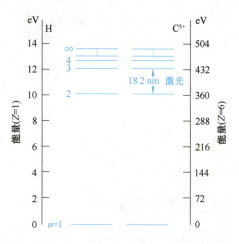

图 3-5 氢原子（$Z=1$；左纵坐标）和 C^{5+} 离子（具有 $Z=6$ 的类氢原子；右纵坐标）的能级

$$r_n = \frac{4\pi\varepsilon_0 \hbar^2 n^2}{m_0 Z q^2}, n = 1, 2, 3, \cdots \qquad (3\text{-}4)$$

对于氢原子，最低能级（$n=1$）对应的半径 $a_0 = r_{Z=1, n=1} \approx 0.053\text{nm}$，被称为玻尔（Bohr）半径。

3.2.2　晶体的能带

1. 能带的形成

晶体中，电子的行为与孤立原子中的电子表现出显著差异。孤立原子中，电子轨道是离散的（图 3-6a）。然而，当这些原子聚集成晶体时，它们最外层的电子轨道开始重叠，产生波函数的叠加效应。这种重叠允许原子间的电子自由迁移，甚至可以在整个晶体内部移动，这一现象称为电子的共有化。电子共有化的程度与电子所在的壳层密切相关，通常情况下，最外层电子的共有化运动最显著。根据泡利不相容原理，同一体系中不可能存在两个电子处于完全相同的量子态。因此，随着电子共有化，外层能级会分裂为两个不同的能级（图 3-6b）。

对于 N 个原子的体系，随着原子间距离的进一步缩小，这种分裂现象导致外层每个能级进一步细分为 N 个能级，最终形成一个准连续的能带。在这个过程中，由于内层电子受到较强的屏蔽效应，它们的能级相对保持离散和独立。但对于最外层电子，随着原子间距离减小和相互作用增强，原本孤立的尖锐能级会因为相互作用而发生展宽，形成更宽的能带（图 3-6c、图 3-6d）。这些能带构成了固体材料电子特性的基础，并决定了材料的导电性、光学性质等一系列物理特性。

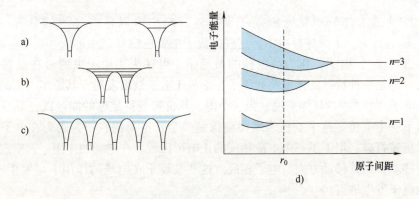

图 3-6　固体能级的分裂与能带的形成
a）两个孤立原子的示意能级　b）将相同的两个原子靠近接触后形成的双原子分子的示意能级
c）五个相同的原子靠近并形成了一个基本的一维晶体的示意能级　d）三个能级分裂成允许能带的示意图

晶体中实际的能带分裂比图 3-6d 要复杂得多。以硅晶体为例，Si 原子拥有 14 个电子，其中位于内层的主量子数 $n=1$ 和 $n=2$ 能级上的 10 个电子与原子核结合得非常紧密，占据了较低的能级。剩下的 4 个价电子与原子核的结合较弱，参与了成键过程。图 3-7a 显示了 Si 的 $n=3$ 的价电子能级的分裂。在这一主能级中，3s 态对应于角量子数 $l=0$，每个原子包含两个这样的量子态，容纳两个电子。3p 态对应于 $l=1$，每个原子包含六个量子态，这个态容纳 Si 原子剩余的两个电子。当原子间距减小时，3s 和 3p 态之间发生相互作用并开始重叠，使得 3s 和 3p 态不再可区分（即发生 sp^3 杂化），形成统一的能带。当原子间距进一步靠近到平衡间距时，能带分裂成两个不同的部分，每个原子中有四个量子态在较低的能带，另外四个量子态在较高的能带。在绝对零度时，所有电子占据最低可能的能级，因此这个所有的低能带状态都将被填满，这部分被价电子填充满的部分称为价带（Valence Band）。相反，所有的高能带状态都将是空的，称为导带（Conduction Band）。价带顶部（E_v）和导带底部（E_c）之间的部分称为禁带，其对应的能量 E_g 称为禁能宽度或带隙（Band Gap 或 Bandgap）。后面我们将看到，禁带宽度 E_g 在决定材料的电学和光学性质方面起重要作用。

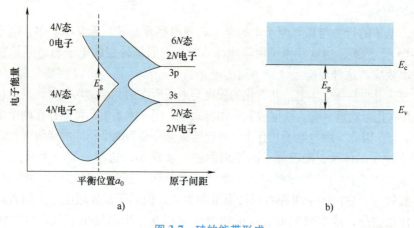

图 3-7 硅的能带形成

a）硅的 3s 和 3p 态杂化并分裂成允带和禁带　b）晶体硅的能带

2. 载流子

光电子器件的工作原理紧密依赖于半导体材料中可以自由移动的电荷——载流子（Carrier）的输运行为。半导体材料中，这些载流子主要包括导带中的电子（Electron）和价带中的空穴（Hole）。电子，作为负电荷的载流子，可在失去原子束缚后在材料中自由移动。而空穴，则是一种特殊的正电荷载流子，形成于电子被激发离开其原本占据的价带状态后，留下的电子"空位"。具体来说，当一个电子从价带获得足够的能量跃迁到导带时，它在价带中留下一个空位。这个空位表现得就像是一个正电荷的粒子，因为在电子离开的区域，电荷平衡被打破，留下了一个电荷相反的正电荷区域。在电场的作用下，空穴就像电子一样可定向移动，但其移动方向与电子相反。这些载流子在电场的作用下可发生定向移动，直到与其他电子发生散射。

3. 绝缘体、半导体和导体

尽管所有固体都含有大量电子，但它们的导电性能却存在显著差异，这使得人们将固体材料分为导体、半导体和绝缘体三类。这个基本事实长期以来从未得到严格的解释，直到能带理论的提出，才首次从理论上对其进行了严密的解释。

金属元素在周期表中占据较大比例，其形成的金属单质通常表现为导体。在导体中，导带中部分态被电子占据，但总有未被占据的态存在（图3-8a）。有空态存在时，导带中的电子就可以在外部电场的作用下从一个动量状态跃迁到另一个动量状态，从而形成电流。如果导带完全被填满，根据泡利不相容原理，每个可能的动量状态都已被电子占据，电子无法改变动量状态，因此无法形成定向移动的电流。导带中空态的存在是导体具有高电导率的根本原因。与此相对，半金属则表现出价带和导带之间的重叠，这种结构同样能支持电子的自由移动。

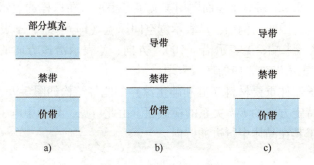

图 3-8　固体的能带示意图
a）导体　b）半导体　c）绝缘体

对于本征半导体（未掺杂的纯净半导体），绝对零度时，价带完全被占据，而导带则完全空置（图 3-8b），此时没有可移动的电荷。因此，绝对零度时的本征半导体电导率接近于零。然而，随着温度的升高，价带中的电子可获得足够的热能跃迁到导带，使导带出现电子，在价带中产生空穴，从而使材料具有一定的电导性。

在能带结构上绝缘体与半导体相似，都具有完全被占据的价带和空置的导带（图 3-8c）。然而，绝缘体与半导体的主要区别在于它们之间的带隙宽度通常大于 3eV。例如，作为半导体的 Si，其带隙宽度为 1.12eV，而作为绝缘体的金刚石，其带隙宽度高达 5.5eV。在绝对零度以上，绝缘体中的绝大多数电子由于热能不足以越过较宽的带隙，因此载流子浓度极低，电导率也非常低。

值得注意的是，半导体和绝缘体之间并没有本质的区别。一些传统上被认为是绝缘体的材料，如金刚石和碳化硅，由于其导电性质可以通过某些方法进行调控，现已被视为第三代半导体，并受到深入研究。

4. 能带结构

晶体中载流子的能量-动量（$E\text{-}k$）关系在与光子和声子（固体中的一种元激发，是晶格振动的量子）的相互作用中至关重要，因为跃迁过程中能量和动量必须守恒（见第 4.2 节）。能带的 $E\text{-}k$ 关系常被称为能带结构。根据薛定谔方程，电子在均匀势场区域（如自由空间）中的能量 E 和动量 p 满足关系式：

$$E = \frac{p^2}{2m_0} = \frac{\hbar^2 k^2}{2m_0} \tag{3-5}$$

式中，p 是动量 $\boldsymbol{p}$ 的大小；k 是波矢 $\boldsymbol{k} = \boldsymbol{p}/\hbar$ 的大小；m_0 是电子质量。因此，自由电子的能量-动量关系是一个简单的抛物线。

用倒易空间描述周期性结构中的电子波波矢 $\boldsymbol{k}$ 具有便利性。若在倒易格子中取某一倒易阵点为原点，并作所有倒格矢的垂直平分面，则倒易格子被这些面划分成一系列的区域，这些区域就是布里渊区（Brillouin Zone）。在晶体的周期性势场中，电子能量 E 是波矢 $\boldsymbol{k}$ 的分量（k_1，k_2，k_3）的周期函数，其周期为（π/a_1，π/a_2，π/a_3），a_1、a_2、a_3 是晶格常数。因此，最受关注的是单位倒格矢的垂直平分面围成的空间，称为第一布里渊区。落在其他布里渊区的波矢都可利用周期性在第一布里渊区内找到对应的点。布里渊区的形状取决于晶体格子的几何形状，其大小取决于晶格常数。描述布里渊区时，对于区域内对称点的标准符号是希腊字母（图3-9a），而对于表面则用英文字母表示。在这样的表示中，沿选定的晶体学方向描述能带结构。因此，例如，Γ 表示倒空间原点（即 $k=0$），Λ 表示沿 [111] 方向，L 表示沿该方向的区域末端；Δ 表示沿 [100] 方向，X 表示沿该方向的区域末端；Σ 表示沿 [110] 方向，K 表示沿该方向的区域末端。

两种制造光电子器件重要材料（硅和砷化镓）的能带结构如图3-9b、c所示。图中显示了沿波矢 k 的两个特定方向的 $E\text{-}k$ 关系的横截面。由此可见，导带中电子的能量不仅取决于动量大小，还取决于其在晶体中行进的方向。

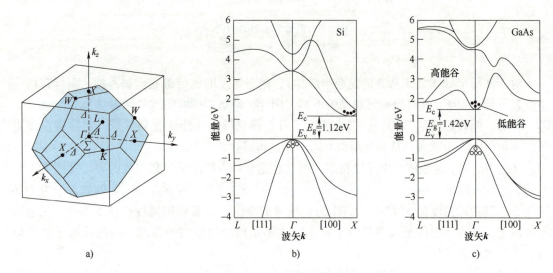

图 3-9   硅和砷化镓的能带结构
a）面心立方结构晶体的倒空间与第一布里渊区   b）硅的能带结构   c）砷化镓的能带结构

这两个重要半导体能带结构上的最显著区别是最低导带最小值相对于最高价带最大值的位置。在砷化镓中，最高价带最大值和最低导带最小值都位于同一点——Γ 点，这样的材料被称为直接带隙半导体。而在硅中，最高价带最大值位于 Γ 点，但最低导带最小值位于第一布里渊区 Δ（[100]）方向上靠近 X 点的边界附近。这种情况下，当最高价带最大值和最低导带最小值不在 k-空间中的同一点上时，这类材料被称为间接带隙半导体。砷化镓能带结构的另一个重要特征是在 L 和 X 点处存在导带极小值，分别称为 L-谷和 X-谷，这种特征会对高场输运性质产生重大影响。半导体的带隙类型在光学过程中非常重要。例如，直接带隙半导体中的电子-空穴对可直接复合发射出一个光子，因此大多数发光器件均采用直接带隙半导体（详见第4章）。

5. 有效质量

下面考察半导体中电子的运动学过程，对于受到电场力 f 的自由电子，假设满足经典力学定律，则其加速度：

$$a = \frac{f}{m_0} \tag{3-6}$$

但在半导体中，实际受到的外力不仅有电场力 f，还要受半导体内部原子及其他电子的势场作用，分析清楚外力显然是困难的。那么是否可以找到一种等效的质量 m^* 来替代惯性质量

m_0，使得当电子在外电磁场力 f 作用下，仍满足牛顿第二定律呢？形式上有

$$a = \frac{1}{m^*} f \tag{3-7}$$

式中，写成 $1/m^*$ 与 f 的乘积是为了与第 5 章本构关系保持一致的形式，即 $1/m^*$ 可以理解为材料的一种性质。在能带边缘附近，即 E_c 的底部和 E_v 的顶部，E-k 关系可以用类似于自由电子的抛物线来表示：

$$E(k) = \frac{\hbar^2 k^2}{2m^*} \tag{3-8}$$

式中，m^* 称为有效质量（Effective Mass）。

如图 3-9 所示，无论是硅还是砷化镓，在导带底附近，只有一条允许的能带；但在价带顶附近，Γ 点是简并点，需要由两条不同曲率的抛物线来近似价带：重空穴带（k 轴上较宽的带，具有较小的 $\partial^2 E/\partial k^2$）和轻空穴带（较窄的带，具有较大的 $\partial^2 E/\partial k^2$）。考虑到波矢方向的差异，有效质量通常具有张量性质，其张量元 m_{ij}^* 定义为

$$\frac{1}{m_{ij}^*} \equiv \frac{1}{\hbar^2} \frac{\partial^2 E(\boldsymbol{k})}{\partial k_i \partial k_j} \tag{3-9}$$

式中，i，j 代表 $\boldsymbol{k}$ 的不同方向。式（3-9）为有效质量简化形式 $m^* = \hbar^2 \left(\frac{\mathrm{d}^2 E}{\mathrm{d} k^2} \right)^{-1}$ 的一般形式。

有效质量的概念是描述电子在晶体中的运动动力学的一个重要考虑因素。在半导体中，周期性晶格势场的存在改变了电子的特性，导致电子质量与自由电子质量不同。有效质量通常需实验确定，并以自由电子质量 m_0 为参照，即 m^*/m_0。对于不同的半导体，这个比值可能略大于或略小于单位 1。几种重要半导体的有效质量见表 3-1。

表 3-1 硅、砷化镓和锗的有效质量、有效态密度、迁移率（300K）

半导体	有效质量					
	m_n^*/m_0	m_p^*/m_0	N_c/cm^{-3}	N_v/cm^{-3}	$\mu_n/(\mathrm{cm}^2 \cdot \mathrm{V}^{-1} \cdot \mathrm{s}^{-1})$	$\mu_p/(\mathrm{cm}^2 \cdot \mathrm{V}^{-1} \cdot \mathrm{s}^{-1})$
Si	1.08	0.56	2.8×10^{19}	1.04×10^{19}	1350	480
GaAs	0.067	0.4809	4.7×10^{17}	7.0×10^{18}	8500	400
Ge	0.55	0.37	1.04×10^{19}	6.0×10^{18}	3900	1900

3.3 半导体中的载流子统计分布

3.3.1 载流子的来源和掺杂

1. 载流子的产生机制

载流子的产生主要有两种机制：热激发和光激发。热激发是指在一定温度下，价带中的电子获得足够的能量而跃迁到导带，从而在价带留下空穴。在绝对零度（0K）时，价带是完全填满的，而导带则是空的。随着温度的升高，一些电子会获得足够的热能量，打破与原子间的共价键，跃入导带成为自由电子。光激发则是指能量大于半导体带隙 E_g 的光子被半导体吸收后，使得电子从价带跃迁到导带。此外，电场也能影响载流子的运动，使其发生漂

移，并可能导致载流子浓度的局部增加，但这个过程不会产生新的载流子。

半导体最重要的特性之一是电导率的可调控性。例如，像硅这样的半导体具有中等宽度的带隙，热激发只能产生少量载流子，具有一定的导电性。接下来将介绍利用掺杂（化学方法）精确调控半导体的载流子浓度和导电性。

2. 掺杂

掺杂（Doping）是半导体制造中的关键步骤，它是指向本征（纯净）半导体中引入特定的杂质原子，从而改变其电学性质。这些杂质原子，或称为掺杂剂（Dopant），被有意添加到半导体晶格中，其价电子数目与半导体本身的价电子数目不同。掺杂可产生两种导电类型的半导体：n 型和 p 型。

以硅为例，图 3-10 所示为半导体硅的三种基本键合方式。图 3-10a 为杂质含量极微至可以忽略的本征硅。每个硅原子与四个相邻原子共享四个价电子，形成四个共价键，没有额外的未成键电子。当磷原子（具有五个价电子）替代硅原子时（图 3-10b），由于磷原子拥有比硅原子多的价电子，它在成键时会多出一个带负电荷的电子，这个多余的电子被视为施主（Donor）电子。由于施主能级（接近导带底）较浅，热激发使得这个电子很容易从施主能级跃迁到导带，填充晶体的导带。在这种情况下，氮、磷、砷等 VA 族原子被称为施主杂质，而掺杂了施主杂质的半导体被称为 n 型半导体。n 型半导体中，主要的载流子是电子，它们可自由移动，从而增加了材料的导电性。类似地，当硼原子代替硅原子时（图 3-10c），由于硼原子比硅少一个价电子，当硼原子取代硅的位置时，会在晶格中留下一个空穴。硼原子引入的受主能级（接近价带顶）也较浅，热激发使价带中的电子容易跃迁到受主能级，留下一个空穴在价带。这里，硼、铝、镓等 ⅢA 族原子被称为受主（Acceptor）杂质，而掺杂了受主杂质的半导体被称为 p 型半导体。p 型掺杂中，主要载流子是空穴。通过掺杂，硅的电阻率可以由本征硅的 $10^5 \Omega \cdot cm$ 的量级降到重掺杂时的 $10^{-4} \Omega \cdot cm$ 的量级。这种通过掺杂调控电阻率的方法是制造半导体器件的基础。

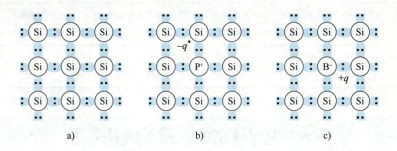

图 3-10　半导体硅的三种基本键合结构图

a）无杂质的本征硅　b）掺杂磷的 n 型硅　c）掺杂硼的 p 型硅

非掺入晶格的间隙型杂质通常不会提供载流子，因为它们并不直接参与半导体载流子的形成。化合物半导体中，化学计量比产生偏差会产生施主或受主，具体取决于是阳离子还是阴离子过量或缺失。例如，在氧化物半导体中，缺失的氧原子会形成一个氧空位，并因断键在晶体中留下一个电子。这使得空位成为一个施主。在碲化铅中，已经证明，决定材料是 n 型还是 p 型的不是过量离子，而是空位。在富碲的碲化铅中，铅空位使价带中两个电子态被移除，从而在价带中留下两个空穴，使得半导体呈 p 型。另一方面，铅富集材料中的碲空位会导致价带中的电子被移除，从而在导带中形成电子，使富铅的碲化铅呈 n 型。

　　还有一类掺杂不产生载流子。当取代杂质原子与原晶格原子具有相同的化合价时，它被称为等电子或等价中心。这种掺杂不会直接引入额外的载流子。例如，在硅中，碳原子可以替代硅原子的位置形成等电子中心（如 CSi）；在磷化镓中，氮原子可以替代磷原子的位置，形成等价中心（如 NP）。这些等价中心的引入虽然不像传统掺杂那样直接增加载流子的浓度，但它们可通过改变晶格的局部电子结构，间接影响材料的电子性质和光跃迁过程。从能带角度看，施主和受主杂质原子在带隙中引入新的能级。施主杂质通常在导带附近的禁带中引入新的局域态施主能级，而受主杂质通常在价带附近的禁带中引入新的局域态受主能级。如图 3-11 所示，热激发下，施主杂质电离时，给导带提供一个电子；受主杂质电离时，将接受一个价带中的电子，从而在价带中留下一个空穴。施主能级距离导带底和受主能级距离价带顶的能量称为电离能（Ionization Energy）。如果杂质的施主能级在导带底附近，或受主能级在价带顶附近，称为浅能级缺陷，浅能级杂质的电离能较小，因此热激发时容易电离产生载流子。如果杂质的施主（或受主）能级靠近禁带中心，称为深能级缺陷。由于电离能较大，不易电离产生载流子，半导体通常仍处于高阻态。

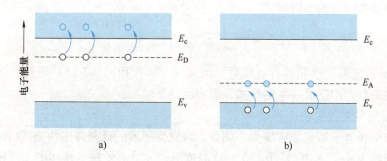

图 3-11　能带图中杂质能级及其电离
a）施主杂质　b）受主杂质

　　掺杂程度可根据掺杂工艺进行调整。轻度和中度掺杂的半导体被称为非简并半导体，其载流子分布可以用玻尔兹曼统计来描述。而在重掺杂的情况下，产生的自由载流子浓度非常高，此时半导体进入简并状态，其性质更接近金属，并且需要用费米统计来描述。这两种统计分布将在下一小节介绍。掺杂技术主要包括杂质扩散和离子注入两种方法。这些技术允许精确控制掺杂剂的类型和浓度，从而实现对半导体电阻率的精确调控。此外，掺杂也会在半导体内部产生电场和势垒，这对设计和制造如二极管和晶体管等各种电子器件至关重要。

3.3.2　载流子浓度

1. 态密度

　　在半导体的导带和价带中，存在大量不同的能级，这些能级能量间隔极小，可近似认为连续。因此，可将单位体积、单位能量间隔下能级（量子态）的数量定义为态密度（Density of State）：

$$g(E) = \frac{\mathrm{d}Z}{V\mathrm{d}E}$$

（3-10）

式中，dZ 指能量在 E 到 $E+dE$ 间量子态的数量；V 为晶体体积。态密度 $g(E)$ 描述了量子态依能量分布的关系，其单位为 m^{-3}。

态密度可根据 E-k 的色散关系来计算。例如，导带底附近 $E(k)$ 与 k 之间的关系为

$$E(k)=E_c+\frac{\hbar^2 k^2}{2m_n^*} \tag{3-11}$$

式中，m_n^* 为导带底电子的有效质量。在 k 空间中，可计算出 $E\sim(E+dE)$ 之间的量子态数为

$$dZ=\frac{2V}{8\pi^3}\times 4\pi k^2 dk \tag{3-12}$$

由式（3-11）求得

$$k=\frac{(2m_n^*)^{1/2}(E-E_c)^{1/2}}{\hbar} \tag{3-13}$$

因此，导带底附近的态密度：

$$g_c(E)=\frac{dZ}{VdE}=\frac{(2m_n^*)^{3/2}}{2\pi^2\hbar^3}(E-E_c)^{1/2} \tag{3-14}$$

类似，价带顶附近的态密度：

$$g_v(E)=\frac{(2m_p^*)^{3/2}}{2\pi^2\hbar^3}(E_v-E)^{1/2} \tag{3-15}$$

式中，m_p^* 为价带顶附近空穴的有效质量。由式（3-14）和式（3-15）可知，态密度随能量增加呈抛物线关系，即随着能量的增加，态密度显著增加。

2. 费米能级与载流子统计分布

在半导体中，电子数量非常庞大。例如，每立方厘米的硅晶体中约有 5×10^{22} 个 Si 原子，仅价电子数就约为 $4\times(5\times10^{22})$ 个。在一定温度下，大量电子在半导体中无规则热运动，电子既可从晶格热振动中获得能量，从低能级的量子态跃迁到高能级的量子态，也可从高能级的量子态跃迁到低能级的量子态，将多余的能量释放出来成为晶格热振动的能量。因此，尽管单个电子的能量不断变化，但在热平衡状态下，整体上具有一定的能量分布规律性。电子等费米子服从泡利不相容原理。例如，在多电子原子或半导体中，具有重叠波函数的电子，能量为 E 的态被占据的概率服从费米-狄拉克（Fermi-Dirac）统计（或费米-狄拉克分布，费米分布，费米函数）：

$$f(E)=\frac{1}{1+\exp[(E-E_F)/k_B T]} \tag{3-16}$$

式中，E_F 称为费米能级。费米能级 E_F 是系统的化学势，即将半导体中大量电子的集体看成一个热力学系统，则系统的化学势为

$$E_F=\mu=\left(\frac{\partial F}{\partial N}\right)_T \tag{3-17}$$

式中，F 是系统的自由能；N 为电子的量。因此，当具有不同费米能级的物质接触时，界面处的费米能级将连续。

根据式（3-16）的费米分布，占据概率随着 E 的增加而单调递减，并在费米能量 $E=E_F$ 处降至 $1/2$。满足 $f(E)=1$ 的状态表示已经被电子占据。然而，对于 $E\gg E_F$ 的情况，$\exp[(E-E_F)/k_B T]\gg1$，占据概率很低，式（3-16）分母中的 1 可以忽略，此时费米-狄拉克

分布退化为玻尔兹曼（Boltzmann）分布：

$$P(E) = \exp\left(\frac{E_F - E}{k_B T}\right) \propto \exp\left(-\frac{E}{k_B T}\right) \tag{3-18}$$

这种情况通常适用于原子和离子外层亚壳层中的价电子，以及半导体中远离费米能级的电子。需要注意的是，费米分布 $f(E)$ 和玻尔兹曼分布 $P(E)$ 均是一系列概率值，其值在 0 和 1 之间，但不是概率密度函数，因为其积分不为 1。

3. 载流子浓度的计算

导带中电子的浓度由态密度 $g_c(E)$ 乘以占据几率 $f(E)$，然后对导带的能量进行积分得到：

$$n = \int_{E_c}^{\infty} g_c(E) f(E)\, dE \tag{3-19}$$

单位是 m^{-3}，积分上限应该是允许的导带顶部能量，但由于费米概率函数随能量增加迅速趋近于零，可将积分的上限取为无穷大以便于计算。图 3-12 给出了能带、函数 $g_c(E)$、$f(E)$、$1-f(E)$、$g_v(E)$ 以及 $f(E)g_c(E)$ 和 $[1-f(E)]g_v(E)$ 等曲线。图 3-12 右侧用阴影区域表示导带或价带中能量 $E \sim (E+dE)$ 间的电子或空穴浓度，所以 $f(E)g_c(E)$ 曲线对能量的积分（即阴影部分面积）即导带中的电子浓度或价带中的空穴浓度。

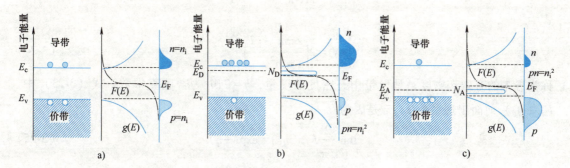

图 3-12 热平衡时，半导体中的能带、态密度、费米分布、载流子浓度示意图

a) 本征半导体   b) n 型半导体   c) p 型半导体

将式（3-14）和式（3-16）代入式（3-19），得

$$n = \int_{E_c}^{\infty} \frac{(2m_n^*)^{3/2}}{2\pi^2 \hbar^3} (E - E_c)^{1/2} \frac{1}{1 + \exp[(E - E_F)/k_B T]}\, dE \tag{3-20}$$

$$= \frac{(2m_n^* k_B T)^{3/2}}{2\pi^2 \hbar^3} \int_{E_c}^{\infty} \frac{[(E - E_F)/k_B T]^{1/2}}{1 + \exp[(E - E_F)/k_B T]} \frac{dE}{k_B T}$$

为了计算这一积分，通常引入费米-狄拉克积分 $F_{1/2}(\eta_F)$，如图 3-13 所示，费米-狄拉克积分随变量 $\eta_F \equiv (E - E_c)/k_B T$ 的变化为

$$F_{1/2}\left(\frac{E_F - E_c}{k_B T}\right) = F_{1/2}(\eta_F) \equiv \int_{E_c}^{\infty} \frac{[(E - E_c)/k_B T]^{1/2}}{1 + \exp[(E - E_F)/k_B T]} \frac{dE}{k_B T} = \int_0^{\infty} \frac{\eta^{1/2}}{1 + \exp(\eta - \eta_F)}\, d\eta \tag{3-21}$$

则式（3-20）变为

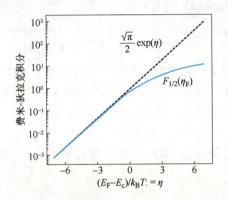

图 3-13　费米-狄拉克积分 $F_{1/2}(\eta_F)$ 作为费米能量的函数

注：虚线为玻尔兹曼统计近似的结果。

$$n = \frac{(2m_n^* k_B T)^{3/2}}{2\pi^2 \hbar^3} F_{1/2}(\eta_F) \tag{3-22}$$

或

$$n = N_c \left[\frac{2}{\sqrt{\pi}} F_{1/2}(\eta_F) \right] \tag{3-23}$$

式中，

$$N_c = 2 \left(\frac{2\pi m_n^* k_B T}{h^2} \right)^{3/2} \tag{3-24}$$

称为导带的有效态密度，是导带中态密度的度量，$h = 2\pi\hbar$ 为普朗克常数。式（3-23）中，$F_{1/2}(\eta_F)$ 前面出现系数 $2/\sqrt{\pi}$ 是因为

$$\lim_{\eta \to -\infty} \frac{2}{\sqrt{\pi}} F_{1/2}(\eta_F) = \exp(-\eta) \tag{3-25}$$

类似地，对于 p 型半导体，价带附近的空穴浓度为

$$p = N_v \left[\frac{2}{\sqrt{\pi}} F_{1/2}(\eta_F) \right] \tag{3-26}$$

式中，

$$N_v = 2 \left(\frac{2\pi m_p^* k_B T}{h^2} \right)^{3/2} \tag{3-27}$$

为价带的有效态密度。几种重要半导体的有效态密度见表 3-1。$T = 300K$ 时，硅在导带的有效态密度值为 $N_c = 2.8 \times 10^{19} \mathrm{cm}^{-3}$，价带的有效态密度值为 $N_v = 1.04 \times 10^{19} \mathrm{cm}^{-3}$，这是大多数半导体的 N_c 或 N_v 数量级。由式（3-23）和式（3-26）可知，半导体的费米能级与载流子浓度之间具有明确的一一对应关系。

4. 非简并半导体

半导体掺杂时，通常隐含地假设添加的杂质原子浓度相对于半导体原子的密度较小。当载流子浓度 $n \ll N_c$ 且 $p \ll N_v$ 时，玻尔兹曼分布才是有效的。这些类型的半导体被称为非简并半导体（Non-degenerate Semiconductor）。而掺杂浓度足够大，以至于当 $n \gtrsim N_c$ 或 $p \gtrsim N_v$ 时，费米能级靠近导带底或价带顶，甚至在导带或价带时，这种半导体称为简并半导体（Degen-

erate Semiconductor）。在非简并半导体中，导带中的状态数远超电子数，两个电子占据同
一状态的可能性几乎为零。这意味着可以忽略泡利不相容原理，而采用玻尔兹曼统计描
述电子统计分布。对于非简并半导体，费米能级远离导带底和价带顶，即（E_c-E_F）$\gg k_BT$
且（E_F-E_v）$\gg k_BT$。当（E_c-E_F）$\gg k_BT$ [即（E_F-E_c）/$k_BT \ll -1$]时，根据式（3-25），有
$\dfrac{2}{\sqrt{\pi}}F_{1/2}\left(\dfrac{E_F-E_c}{k_BT}\right)=\exp\left(-\dfrac{E_F-E_c}{k_BT}\right)$。因此，式（3-23）可简化为

$$n=N_c\exp\left(-\frac{E_c-E_F}{k_BT}\right) \tag{3-28}$$

当（E_F-E_v）$\gg k_BT$ 时，式（3-26）简化为

$$p=N_v\exp\left(\frac{E_v-E_F}{k_BT}\right) \tag{3-29}$$

此时，少数载流子和多数载流子的乘积为一固定值：

$$np=N_vN_c\exp\left(-\frac{E_c-E_v}{k_BT}\right)=N_vN_c\exp\left(-\frac{E_g}{k_BT}\right) \tag{3-30}$$

式（3-30）称为质量作用定律（Law of Mass Action）。对于非简并半导体，这种关系允许我
们在热平衡状态下，根据已知的空穴浓度来确定电子浓度，反之亦然。这表明，尽管电子-
空穴对不断产生和复合，但它们浓度的乘积保持恒定。浓度乘积 np 取决于半导体的有效导
带和价带态密度、能隙以及温度，与费米能级的位置、各自电子或空穴浓度无关。换言之，
在给定温度下，np 乘积是一个定值，与掺杂水平无关。

5. 本征半导体

纯净无掺杂的半导体称为本征半导体（Intrinsic Semiconductor），本征半导体显然属于非
简并半导体。在任何温度下的本征半导体中，由于热激发的电子和空穴总是成对产生的，因
此 $n=p=n_i$，n_i（i 指本征的意思）为本征载流子浓度。因此有

$$n=p=n_i=\sqrt{N_vN_c}\exp\left(-\frac{E_g}{2k_BT}\right) \tag{3-31}$$

300K 下，硅、砷化镓和锗的本征载流子浓度分别为 $1.5\times10^{10}cm^{-3}$、$1.8\times10^6cm^{-3}$ 和 $2.4\times10^{13}cm^{-3}$。对于电子和空穴有效质量相同的半导体，即 $m_p^*=m_n^*$，函数 $n(E)$ 和 $p(E)$ 也是
对称的，因此，本征半导体的费米能级 E_i 必须恰好位于禁带中间。在大多数本征半导体中，
费米能级确实位于禁带的中间（$(E_c+E_v)/2$）附近。

以本征半导体费米能级 E_i 作为参考能级，由式（3-28）、式（3-29）和式（3-31），对
于 n 型材料有

$$n=n_i\exp\left(\frac{E_F-E_i}{k_BT}\right)\ 或\ E_F-E_i=k_BT\ln\left(\frac{n}{n_i}\right) \tag{3-32}$$

对于 p 型材料有

$$p=n_i\exp\left(\frac{E_i-E_F}{k_BT}\right)\ 或\ E_i-E_F=k_BT\ln\left(\frac{p}{n_i}\right) \tag{3-33}$$

6. 费米能级的确定

前面提到半导体的费米能级与载流子浓度之间具有直接的一一对应关系。对于非本征半

导体，载流子浓度由掺杂浓度决定，但当杂质被引入半导体晶体时，不一定所有的掺杂物都会电离产生载流子。下面考察费米能级（或载流子浓度）与掺杂浓度之间的关系。

杂质原子的电离取决于杂质能级和晶格温度，施主离子化浓度可表示为

$$N_D^+ = \frac{N_D}{1 + g_D \exp\left[(E_F - E_D)/k_B T\right]} \tag{3-34}$$

式中，E_D 为施主能级；g_D 是施主杂质能级的基态简并度，$g_D = 2$，因为施主能级可以接受 2 种不同自旋态的一个电子。当受主杂质浓度为 N_A 时，半导体晶体中的受主离子化也有类似的表达式：

$$N_A^- = \frac{N_A}{1 + g_A \exp\left[(E_A - E_F)/k_B T\right]} \tag{3-35}$$

式中，受主能级的基态简并度因子 g_A 为 4。这个值是 4 是因为在大多数半导体中，每个受主杂质能级可以接受任意自旋的一个空穴，并且由于 $k = 0$ 处存在两个简并的价带，因此杂质能级是双重简并的。

以 n 型半导体为例，当掺杂浓度为 N_D 的施主杂质被加入到晶体中时，电中性条件为

$$n = N_D^+ + p \approx N_D^+ \tag{3-36}$$

式中，n、$N_D^+ + p$ 分别为负、正电荷浓度。因此，电子浓度具有以下表达式：

$$n = N_c \exp\left(-\frac{E_c - E_F}{k_B T}\right) \approx \frac{N_D}{1 + 2\exp\left[(E_F - E_D)/k_B T\right]} \tag{3-37}$$

对于给定的 N_D、E_D 和 T，费米能级 E_F 以超越方程的形式唯一确定。这一方程可通过数值计算的方式或作图的方式求解。E_F 求出后，就可计算载流子浓度 n。对于 p 型半导体，也可用类似的处理方法。

在较高的温度下，绝大多数施主和受主都被电离，称为强电离。对于非简并 n 型半导体，$N_D^+ \approx N_D$，应有 $E_D - E_F \gg k_B T$ 且 $\exp\left(\dfrac{E_F - E_D}{k_B T}\right) \ll 1$。因而，费米能级 E_F 位于 E_D 之下。在强电离时，式（3-37）简化为

$$N_c \exp\left(-\frac{E_c - E_F}{k_B T}\right) = N_D \tag{3-38}$$

费米能级 E_F 的表达式为

$$E_F = E_c + k_B T \ln\left(\frac{N_D}{N_c}\right) \tag{3-39}$$

可见，费米能级 E_F 仅由温度和施主杂质浓度决定。由于在非简并条件下 $N_c > N_D$，故式（3-39）中第二项是负的。在一定温度下，N_D 值越大，E_F 就越接近导带底；而当 N_D 一定时，温度越高，E_F 就越接近本征费米能级 E_i。

对于 p 型半导体，也有类似的结果：

$$E_F = E_v - k_B T \ln\left(\frac{N_A}{N_v}\right) \tag{3-40}$$

不同之处是式（3-39）中第二项是正的。在一定温度下，N_A 值越大，E_F 就越接近价带底；而在 N_A 一定时，温度越高，E_F 就越接近本征费米能级 E_i。

7. 简并半导体

半导体被重度掺杂杂质时，杂质浓度可能非常大，通常为 $10^{19} \sim 10^{20}\,\mathrm{cm}^{-3}$，载流子浓度可能与 N_c 或 N_v 相当。在这种情况下，泡利不相容原理在电子统计学中非常重要，不能简单地用玻耳兹曼统计分布来近似，而只能借用费米-狄拉克积分来求载流子浓度，如式（3-23）和式（3-26）。当 $\eta_F > -1$ 时，积分对载流子浓度的依赖较弱。需要注意的是，简并半导体的费米能级通常处于禁带之外的导带或价带内。关于载流子浓度的费米能级，有一个有用估计，对于 n 型半导体：

$$E_F - E_c \approx k_B T \left[\ln\left(\frac{n}{N_c}\right) + 2^{-3/2}\left(\frac{n}{N_c}\right) \right] \tag{3-41}$$

对于 p 型半导体：

$$E_v - E_F \approx k_B T \left[\ln\left(\frac{p}{N_v}\right) + 2^{-3/2}\left(\frac{p}{N_v}\right) \right] \tag{3-42}$$

此外，简并半导体在带边还存在带尾态，其平均态密度分布为

$$g(E) \propto \exp(E/E_0) \tag{3-43}$$

式中，E_0 取决于材料的性质，与温度和掺杂浓度相关。对于简并半导体，载流子浓度积 np 一般不再服从质量作用定律，满足 $np < n_i^2$ 的关系。

3.4　半导体中的载流子输运性质

半导体光电子器件的核心工作原理基于电子和空穴的净流动，这种流动产生了电流。在半导体中，带电粒子的移动过程称为输运（Transport）。载流子的输运现象是决定半导体器件电流-电压特性的关键因素。本节我们将专注于探讨半导体晶体内两种主要的输运机制：漂移和扩散。漂移（Drift）是指电场诱导的电荷运动，包括电子和空穴等载流子的定向移动。扩散（Diffusion）则指由于带电粒子的浓度梯度所引起的载流子的运动。在浓度不均匀的情况下，带电粒子会从高浓度区域向低浓度区域移动，直到达到浓度均匀或平衡状态。讨论半导体晶体内的输运机制时，我们假设电子和空穴的净流动满足热平衡条件。例如，对于非简并半导体的任何区域，载流子浓度积 np 值恒定。非平衡过程将在下一章中讨论。

3.4.1　载流子的漂移

导带中的电子和价带中的空穴在电场作用下将受到库仑力的作用，进而引起其净加速度和速度的变化。电荷的漂移产生漂移电流。

1. 迁移率

低电场下，平均漂移速度 $\bar{v}_d$ 与电场强度 $\mathscr{E}$ 成正比：

$$\bar{v}_d = \mu \mathscr{E} \tag{3-44}$$

式中，比例系数 μ 称为迁移率（Mobility），其单位通常为 $\mathrm{cm}^2 \cdot \mathrm{V}^{-1} \cdot \mathrm{s}^{-1}$。为了与能区分，电场均用花体的 $\mathscr{E}$ 表示。

载流子的迁移率与平均自由时间 τ_m 或平均自由路程 λ_m 有关：

$$\mu = \frac{q\tau_m}{m^*} = \frac{q\lambda_m}{\sqrt{3k_B T m^*}} \tag{3-45}$$

式中，m^* 为载流子的有效质量；q 为单位电荷。平均自由路程与平均自由时间之间的关系为

$$\lambda_m = v_{th}\tau_m \tag{3-46}$$

式中，v_{th} 为热运动速度，$v_{th} = \sqrt{3k_B T/m^*}$。

半导体中，晶格振动散射、电离杂质散射等多种散射机制均影响电子的平均自由时间，因此

$$\frac{1}{\tau_m} = \frac{1}{\tau_{m1}} + \frac{1}{\tau_{m2}} + \frac{1}{\tau_{m3}} + \cdots \tag{3-47}$$

式中，τ_{m1}，τ_{m2}，τ_{m3}，…为各种散射机制引起散射的平均自由时间。根据式（3-45）和式（3-46），迁移率的表达式具有类似式（3-47）的表达形式（马蒂森规则），即

$$\frac{1}{\mu_m} = \frac{1}{\mu_{m1}} + \frac{1}{\mu_{m2}} + \frac{1}{\mu_{m3}} + \cdots \tag{3-48}$$

不同散射机制具有不同的温度依赖性，其中电离杂质散射：

$$\mu_i \propto N_i^{-1} T^{3/2} \tag{3-49}$$

式中，N_i 为电离杂质的浓度。晶格振动散射中声学波和光学波散射对迁移率的影响有所不同。其中声学波散射对迁移率的影响：

$$\mu_s \propto T^{-3/2} \tag{3-50}$$

光学波散射对迁移率的影响：

$$\mu_0 \propto \left[\exp\left(\frac{\hbar\omega_l}{k_B T}\right) - 1 \right] \tag{3-51}$$

在硅、锗和砷化镓中，一般情况下的主要散射是电离杂质散射和晶格振动散射。除此之外，还存在其他因素引起的散射，这些散射包括谷间散射、中性杂质散射、位错散射、合金散射等，在高度简并半导体中可能还存在载流子间的散射。

2. 漂移电流与电导率

对于由电子和空穴作为载流子的半导体材料，施加电场后的漂移电流由以下公式给出：

$$J = J_n + J_p = \bar{v}_{d,n}qn + \bar{v}_{d,p}qp = q(\mu_n n + \mu_p p)\mathscr{E} \tag{3-52}$$

根据欧姆定律，有

$$J = \sigma\mathscr{E} \tag{3-53}$$

式中，σ 是电导率。比较式（3-52）和式（3-53），即可得到电导率或电阻率与迁移率和载流子浓度之间的关系：

$$\sigma = \frac{1}{\rho} = q(\mu_n n + \mu_p p) \tag{3-54}$$

式中，ρ 是电阻率。n 型半导体中（$n \gg p$），有

$$\sigma = q\mu_n n \tag{3-55}$$

或

$$\rho = \frac{1}{q\mu_n n} \tag{3-56}$$

p 型半导体也有类似的结果，即 $\sigma = q\mu_p p$ 或 $\rho = 1/(q\mu_p p)$。

电导率或电阻率通常由四探针法测量而得，但这一方法不能获取半导体材料的迁移率、载流子浓度及类型等重要参数。为此，通常利用霍尔效应（Hall Effect）测试系统来确定这

些参数。新型微纳材料的迁移率也常通过制作场效应晶体管来评估，获得所谓的场效应迁移率。

3.4.2　载流子的扩散

1. 扩散与扩散电流

前面假设载流子在空间上均匀分布，本小节讨论局部产生的过剩载流子造成的非均匀分布情况，例如，局部注入载流子或非均匀光照，一旦形成载流子浓度梯度，将导致载流子从高浓度区域向低浓度区域扩散，最终使系统趋向均匀状态。这种载流子的扩散遵循菲克（Fick）扩散定律，以电子为例：

$$\frac{\mathrm{d}n}{\mathrm{d}t} = -D_\mathrm{n}\frac{\mathrm{d}n}{\mathrm{d}x} \tag{3-57}$$

式中，浓度变化的速率与浓度梯度成正比，比例常数 D_n 称为电子的扩散系数，单位为 $\mathrm{m}^2/\mathrm{s}^{-1}$。这种载流子的流动形成扩散电流，可表示为

$$J_\mathrm{n} = qD_\mathrm{n}\frac{\mathrm{d}n}{\mathrm{d}x} \tag{3-58}$$

和

$$J_\mathrm{p} = -qD_\mathrm{p}\frac{\mathrm{d}p}{\mathrm{d}x} \tag{3-59}$$

式中，D_p 为空穴的扩散系数。由于扩散来源于载流子的无规则热运动和散射，因此扩散系数有

$$D = v_{\mathrm{th}}\tau_m \tag{3-60}$$

式中，v_{th} 和 τ_m 分别指热运动速度和平均自由时间。

2. 总电流与爱因斯坦关系

半导体中存在四种可能的独立电流机制，包括电子漂移和扩散电流以及空穴漂移和扩散电流，总电流密度是这四个组成部分的总和。对于一维情况，表达式为

$$J = qn\mu_\mathrm{n}\mathscr{E}_x + qp\mu_\mathrm{p}\mathscr{E}_x + qD_\mathrm{n}\frac{\mathrm{d}n}{\mathrm{d}x} - qD_\mathrm{p}\frac{\mathrm{d}p}{\mathrm{d}x} \tag{3-61}$$

推广到三维情形：

$$J = qn\mu_\mathrm{n}\mathscr{E} + qp\mu_\mathrm{p}\mathscr{E} + qD_\mathrm{n}\nabla n - qD_\mathrm{p}\nabla p \tag{3-62}$$

由上可见电场强度和载流子浓度梯度均是半导体中电流产生的驱动力。

电子迁移率表征了半导体中的电子在电场力作用下的移动能力。电子扩散系数则表征了半导体中的电子在浓度梯度作用下的移动能力。电子迁移率和扩散系数并非独立参数。同样，空穴迁移率和扩散系数也不是独立参数。扩散系数和迁移率存在密切的关系：

对于电子

$$D_\mathrm{n} = \frac{k_\mathrm{B}T}{q}\mu_\mathrm{n} \tag{3-63}$$

对于空穴

$$D_\mathrm{p} = \frac{k_\mathrm{B}T}{q}\mu_\mathrm{p} \tag{3-64}$$

这就是爱因斯坦关系（适用于非简并半导体）。利用爱因斯坦关系，迁移率 μ 和扩散系数 D 可以相互转换。

3.4.3 强电场特性

正如 3.4.1 节讨论的，低电场下，半导体中的漂移速度与电场成正比，其比例常数是与电场无关的迁移率。然而，电场足够大时，会观察到迁移率的非线性变化和漂移速度的饱和现象。在更大的电场下，还会发生碰撞电离。

1. 饱和速度

首先考虑非线性迁移率。在热平衡状态下，载流子发射和吸收声子的速率相等，能量交换为零，能量分布遵循麦克斯韦分布。电场存在时，载流子从电场中获得能量，通过发射更多声子将能量传递给晶格。中等电场下，发射声子是主要的散射方式，载流子获得的能量比热平衡状态下更多。随着电场的增加，载流子的平均能量也增加，并且它们获得了高于晶格温度 T 的有效温度 T_{eff}。根据从电场向载流子传递能量的速率和向晶格损失能量的速率平衡，可以修正半导体中载流子平均漂移速度为：

$$\bar{v}_{\text{d}} = \mu_0 \mathscr{E} \sqrt{\frac{T}{T_{\text{eff}}}} \tag{3-65}$$

此处，

$$T_{\text{eff}}/T = \frac{1}{2}\left[1 + \sqrt{1 + \frac{3\pi}{8}\left(\frac{\mu_0 \mathscr{E}}{c_{\text{s}}}\right)^2}\right]$$

式中，μ_0 为低电场迁移率；c_{s} 为声速。在中等场强（$\mu_0 \mathscr{E}$ 与 c_{s} 可比时）下，载流子平均漂移速度 $\bar{v}_{\text{d}}$ 开始偏离线性关系，偏离因子为 $\sqrt{T/T_{\text{eff}}}$。最后，在足够高的场强下，载流子与光学声子相互作用，式（3-65）不再适用，漂移速度对施加场的依赖性越来越小，并逐渐接近饱和速度。对于 Si 和 Ge，饱和速度

$$v_{\text{s}} = \sqrt{\frac{8E_{\text{ph}}}{3\pi m^*}} \approx 10^7 \text{cm/s} \tag{3-66}$$

式中，E_{ph} 为光学声子的能量。对于硅，$E_{\text{ph}} = 0.063\text{eV}$；对于砷化镓，$E_{\text{ph}} = 0.035\text{eV}$，但其饱和漂移速度大于硅，$v_{\text{s}} \approx 2 \times 10^7 \text{cm/s}$。

随着电场强度增加，平均漂移速度逐渐趋于饱和，电流密度与外电场的关系开始偏离欧姆定律。此外，砷化镓等材料在场强增加时，低能谷中的电子可以被激发到通常未占据的高能谷中（图 3-9），而上能谷电子的迁移率仅为低能谷的一半，使得砷化镓在高电场下呈现负微分电阻效应。

2. 弹道输运

到目前为止，我们讨论的漂移速度主要集中在稳态条件下，即假设载流子经历了足够多的散射事件以达到它们的平衡漂移速度。然而，在现代微型和纳米尺度的半导体器件中，载流子所穿越的临界尺寸变得越来越小，有时甚至与载流子的平均自由程相当或更短。在这种情况下，载流子遭遇第一次散射之前就已经穿越了整个区域，即弹道输运（Ballistic Transport）效应。在弹道输运中，载流子的运动更类似于在无碰撞的情况下直线行进，而不是经过多次散射后达到平衡状态。图 3-14 展示了不同电场下漂移速度随距离的变化关系。

高电场下，载流子能够迅速加速，在极短的距离（平均自由程）和时间（平均自由时间）内达到超过稳态漂移速度的峰值，这种现象被称为速度过冲。相比之下，在低电场下，由于加速过程较慢，当发生散射事件时，载流子的速度并不足够高，因此不会出现速度过冲现象。弹道输运和速度过冲现象对现代纳米光电子器件的设计和性能有重要影响。它们不仅揭示了在极小尺寸下载流子输运的独特行为，也为开发高速、低功耗的电子器件提供了新的机遇和挑战。

3. 碰撞电离

当载流子穿越高场区域时，它们被加速而获得更大的动能，并与价带中的束缚电子发生碰撞，将多余的能量转移到这些电子上，将其激发到导带中，产生新的电子-空穴对。这个过程称为碰撞电离（Impact Ionization），图 3-15 描述了这一过程。产生的电子-空穴对也可能具有较高的能量，进而继续撞击价带中的电子，产生新的电子-空穴对。重复这一过程，将触发雪崩效应，导致载流子浓度急剧增加。

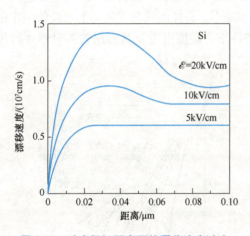

图 3-14　硅中极短距离下的漂移速度过冲　　　图 3-15　碰撞电离导致的载流子雪崩产生的过程

碰撞电离产生是一种三粒子产生过程，类似于前面讨论的俄歇过程逆过程。然而，热电子碰撞电离过程通常与注入电流密度相关，而不是与载流子浓度相关。这一过程中，产生速率：

$$G_n = \alpha_n \frac{|J_n|}{q}, \quad G_p = \alpha_p \frac{|J_p|}{q} \tag{3-67}$$

式中，α_n 和 α_p 分别为电子和空穴的碰撞电离系数，也称离化系数或电离率，单位为 m^{-1}。α_n 等于由注入电子引起的单位距离上产生的电子-空穴对数：

$$\alpha_n = \frac{1}{n} \frac{dn}{d(tv_n)} = \frac{1}{nv_n} \frac{dn}{dt} \tag{3-68}$$

式中，v_n 是电子速度，因此 $dn/d(tv_n)$ 表示单位距离内产生的载流子数量。

α_p 具有类似的含义，等于注入空穴引起的单位距离上产生的电子-空穴对数。总的净复合率为

$$R = -G_n - G_p = -\alpha_n \frac{|J_n|}{q} - \alpha_p \frac{|J_p|}{q} \tag{3-69}$$

电离率 α_n 和 α_p 与电场强度密切相关，物理表达式为

$$\alpha(\mathscr{E}) = \frac{q\mathscr{E}}{E_I}\exp\left\{-\frac{\mathscr{E}_I}{\mathscr{E}\left[1+(\mathscr{E}/\mathscr{E}_{ph})\right]+\mathscr{E}_T}\right\} \quad (3\text{-}70)$$

式中，E_I 是高场有效电离阈值能量，$\mathscr{E}_T$、$\mathscr{E}_{ph}$ 和 $\mathscr{E}_I$ 分别是载流子克服热散射、光学声子和电离散射等减速效应所需的阈值电场。对于硅，电子的 E_I 值为 3.6eV，空穴的 E_I 值为 5.0eV。在有限的电场范围内，式（3-70）可以简化为

$$\alpha(\mathscr{E}) = \frac{q\mathscr{E}}{E_I}\exp\left(-\frac{\mathscr{E}_I}{\mathscr{E}}\right), \quad (\mathscr{E}_{ph}>\mathscr{E}>\mathscr{E}_T) \quad (3\text{-}71)$$

$$\alpha(\mathscr{E}) = \frac{q\mathscr{E}}{E_I}\exp\left(-\frac{\mathscr{E}_I\mathscr{E}_{ph}}{\mathscr{E}^2}\right), \quad (\mathscr{E}>\mathscr{E}_{ph}且\mathscr{E}>\sqrt{\mathscr{E}_{ph}\mathscr{E}_T}) \quad (3\text{-}72)$$

图 3-16 为锗、硅、碳化硅、氮化镓以及砷化镓等其他二元和三元化合物的测得电离率。需要注意，对于某些半导体，例如砷化镓，电离速率是晶体取向的函数。最后，我们给出两个普遍趋势：①随着带隙增大，电离速率减小，因此带隙较大的材料通常具有更高的击穿电压；②在给定的电场下，随着温度升高，电离率减小。碰撞电离与雪崩光电二极管工作密切相关，这将在第15章进行介绍。在强场工作条件下，碰撞电离及其雪崩效应对器件行为具有显著的影响，因此需要在器件仿真模型中考虑碰撞电离过程。

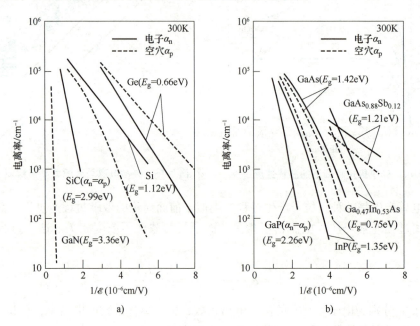

图 3-16 300K 下常见半导体的电离率
a）硅、锗、碳化硅和氮化镓　b）砷化镓等Ⅲ-Ⅴ化合物半导体

3.4.4 其他输运过程

1. 热电子发射

固体材料中，电子吸收热能后，其能量增加至足以克服物质界面的势垒，从而跃迁到另一侧的空穴能级，导致电流的产生，这种现象称为热电子发射（Thermionic Emission）。需要

注意的是，这里的热电子发射并不是电子由于热能克服材料的功函数而从加热材料中发射出来的过程，而是指一种在界面势垒间的输运行为。这一过程对光电二极管等光电子器件的工作至关重要。

在费米-狄拉克统计的理论框架内，我们可以观察到，在 n 型半导体中，随着电子能量超过导带边缘，电子浓度呈指数级下降。在高于绝对零度的温度条件下，载流子密度永远不会完全降至零，即便在较高势垒能量水平上也是如此。这意味着在势垒之上始终存在一定数量的载流子，这些载流子不受势垒约束，能够对热电子发射电流做出贡献。势垒以上的热电子总电流可通过理查森-杜什曼（Richardson-Dushman）定律描述：

$$J = A^* T^2 \exp\left(-\frac{q\phi_B}{k_B T}\right) \tag{3-73}$$

式中，ϕ_B 是势垒高度，而

$$A^* \equiv \frac{4\pi q m^* k_B^2}{h^3} \tag{3-74}$$

被称为有效理查逊（Richardson）常数。这个常数涉及基本的物理常数，并与材料有效质量有关，对于理解和计算热电子发射现象至关重要。

2. 隧穿

隧穿（Tunneling）效应，也称为量子隧穿效应，是量子力学中的一种现象。它描述了载流子（如电子或空穴）穿越一个宽度较大势垒的过程，无须克服整个势垒的能量。这一过程源自载流子的波动性。当载流子以波的形式接近势垒时，波的一部分可能被反射，而另一部分则有一定概率穿透势垒，继续向前传播。

电子波透射的概率取决于载流子的能量和势垒的形状（高度与宽度）。极限情形下，如果势垒足够薄，那么穿透的概率会显著增加，使得电子波的一部分能够成功穿越。对于简单形状的势垒，如矩形势垒，存在解析解。但对于任意形状的势垒，则需通过数值方法求解薛定谔方程以获取隧穿透射率，并据此计算隧穿的电流密度。

隧穿电流通常较小，具体影响规律在此不详细讨论。但值得注意的是，隧穿效应在现代半导体器件中的应用非常广泛，包括隧穿二极管、多量子阱/超晶格器件以及某些类型的场效应晶体管等。隧穿效应对于理解和设计新型半导体器件具有重要意义。

3.5　量子限域结构

量子阱的发现引发了半导体器件的革命。20 世纪 70 年代以前，只能依靠液相外延（LPE）法制备多层薄膜结构以获得导体器件，因此很难减小薄膜的厚度以研究量子效应。当层厚与电子的德布罗意波长相当或更小时，必须考虑电子的量子化能量，此时体半导体材料的能量-动量关系将不再适用。1970 年，美国 IBM 实验室的江崎和朱兆祥提出了超晶格结构的概念，超晶格结构是指两种晶格匹配的材料薄层（几到几十纳米）交替生长而成的周期性结构。1971 年，苏联科学家卡扎里诺夫（R. Kazarinov）和苏里斯（R. Suris）进一步预期超晶格有量子隧道效应。1973 年，贝尔实验室的丁格尔等开发了能够控制薄膜生长厚度的分子束外延设备，并基于此成功制备了 AlGaAs/GaAs 超晶格结构。目前，利用分子束外延（MBE）、液相外延（LPE）和气相外延（VPE）等方法，可以在半导体材料的薄层上生长异质结构。异质外延是指在基底材料上生长成分不同的材料，这种方法能够精确控制各层的组成和掺杂，并且这些层可以薄至单层。

量子阱、量子线和量子点是三种在光电子学中具有独特性质和重要应用的量子限域结构，下文将推导这些结构的能量-动量关系和态密度。

3.5.1 量子阱结构

当带隙较小的半导体薄膜夹于其他半导体材料之间时，电子或空穴在一个维度上的运动会被限制，这种量子限域结构称为量子阱（Quantum Well）。例如，图 3-17a 中，当一层薄薄的 GaAs 被 AlGaAs 包围，就形成了这种夹心结构。在这个结构中，导带和价带分别形成了一维的矩形势阱，限制了电子和空穴的运动：电子被限制在导带的势阱中，而空穴被限制在价带的势阱中。如果势阱足够深，它可近似为一个无限深的矩形势阱。设质量为 m（电子的有效质量为 m_n^*，空穴的质量为 m_p^*）的粒子被限制在宽度为 d 的一维无限矩形势阱中时，其能级 E_q 可通过求解稳态薛定谔方程得出，本征能级为

$$E_q = \frac{\hbar^2 (q\pi/d)^2}{2m}, \quad q = 1,2,3,\cdots \tag{3-75}$$

例如，在宽度为 $d=10\text{nm}$ 的无限深 GaAs 阱中（$m_n^* = 0.07m_0$），电子的前三个允许能级分别为 $E_q = 54\text{meV}$、216meV 和 486meV。根据式（3-75），势阱的宽度越小，相邻能级之间的间隔越大。

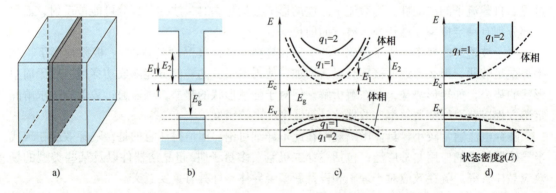

图 3-17　量子阱结构

a）几何结构示意图　b）阱中电子和空穴的能级　c）在 k_2 或 k_3 方向上的 E-k 关系

d）量子阱结构和块状半导体的态密度

然而，半导体量子阱实际上是三维结构。如图 3-17a 所示的量子阱结构中，电子（和空穴）在 x 方向上被限制在距离 d_1（阱的厚度）内，但它们在限制层的平面内扩展到更大的尺寸（d_2、$d_3 \gg d_1$）。因此，在 y-z 平面内，它们表现得如同在体半导体中一样。量子阱中，电子的能量-动量关系为

$$E = E_c + \frac{\hbar^2 k_1^2}{2m_n^*} + \frac{\hbar^2 k_2^2}{2m_n^*} + \frac{\hbar^2 k_3^2}{2m_n^*} \tag{3-76}$$

式中，$k_1 = q_1\pi/d_1$；$k_2 = q_2\pi/d_2$；$k_3 = q_3\pi/d_3$；且 q_1、q_2、$q_3 = 1$，2，3，$\cdots$。由于 $d_1 \ll d_2$，d_3，参数 k_1 取离散的明显分开的值，而 k_2 和 k_3 则有密集分布的离散值，可近似为连续值。

因此，量子阱中导带电子的能量-动量关系为

$$E = E_c + E_{q1} + \frac{\hbar^2 k^2}{2m_n^*}, \quad q_1 = 1, 2, 3, \cdots \tag{3-77}$$

式中，k 取 y-z 平面内二维向量 $\boldsymbol{k} = (\boldsymbol{k}_2, \boldsymbol{k}_3)$ 的值。每个量子数 q_1 对应一个子带，其最低能量为 $E_c + E_{q1}$。因此，k_2 和 k_3 的近连续值，使得导带中的电子形成二维自由电子气体。类似式（3-77）的关系也适用于价带。

对于体半导体，能量-动量关系由式（3-11）给出：

$$E(k) = E_c + \frac{\hbar^2 k^2}{2m_n^*} \tag{3-78}$$

式中，k 从三维向量 $\boldsymbol{k} = (k_1, k_2, k_3)$ 取值。体半导体材料导带的态密度由式（3-14）给出：

$$g_c(E) = \frac{(2m_n^*)^{3/2}}{2\pi^2 \hbar^3} (E - E_c)^{1/2}, \quad E > 0 \tag{3-79}$$

对于量子阱结构，主要区别在于 k_1 取明显分开的离散值。因此，与体材料的态密度不同，量子阱结构的态密度是从二维向量 $(\boldsymbol{k}_2, \boldsymbol{k}_3)$ 中选取不同的值来确定的。因此，对于每个量子数 q_1，态密度在 y-z 平面内单位面积为 $g(k) = k/\pi$，因此每单位体积为 $k/\pi d_1$。态密度 $g_c(E)$ 和 $g(k)$ 的关系为 $g_c(E)\mathrm{d}E = g(k)\mathrm{d}k = (k/\pi d_1)\mathrm{d}k$。最后，使用 E-k 关系式（3-77），得到 $\mathrm{d}E/\mathrm{d}k = \hbar^2 k/m_n^*$，即

$$g_c(E) = \begin{cases} \dfrac{m_n^*}{\pi \hbar^2 d_1}, & E > E_c + E_{q1} \\[2mm] 0, & E < E_c + E_{q1}, \end{cases} \quad q_1 = 1, 2, 3, \cdots \tag{3-80}$$

因此，对于每个量子数 q_1，当 $E > E_c + E_{q1}$ 时，每单位体积的态密度恒定。总体态密度是所有 q_1 值的态密度之和，因此呈现如图 3-17d 所示的阶梯分布。阶梯的每一级对应一个不同的量子数 q_1，可看作导带中的一个子带（图 3-17b、c）。这些子带的底部随着量子数的增加而逐渐升高。将 $E = E_c + E_{q1}$ 代入式（3-79）并使用式（3-75），可以发现，在 $E = E_c + E_{q1}$ 时，量子阱的态密度与体材料的态密度相同。价带中的态密度也具有类似的阶梯分布。与块状半导体相比，量子阱结构在其最低允许导带能级和最高允许价带能级处表现出显著的态密度。这些特性使得量子阱结构在许多应用中非常有用，特别是在光电子器件和激光器中。由于量子阱可以控制电子和空穴的能级分布，从而提高器件的效率和性能。例如，量子阱激光器利用这些离散能级实现低阈值电流和高效光发射。此外，量子阱的态密度分布对增强材料的吸收和发射特性也有显著作用，从而在光电探测器和发光二极管（LED）中得到广泛应用。

3.5.2 多量子阱和超晶格

多量子阱（Multiquantum-well，MQW）结构是由交替的半导体材料构成的多层结构，如图 3-18a 所示。例如，GaAs 和 AlAs 具有接近的晶格常数（分别为 5.653Å 和 5.661Å），可在广泛的成分范围内实现晶格匹配，并且它们的禁带宽度差异较大（见附表），提供了显著的载流子限制效应。这些特定材料通常用来制备多量子阱结构，在光电子器件中，常用的多量子阱材料组合包括：①AlInAsSb/GaSb；②AlInAs/InGaAs；③AlInGaP/InGaP；④GaN/InGaN；⑤$Al_x Ga_{1-x} N / Al_y Ga_{1-y} N$ 等。

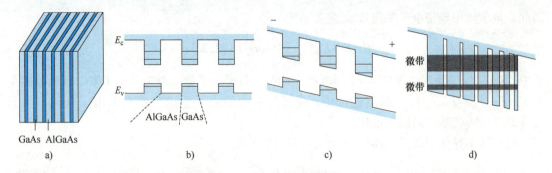

图 3-18　AlGaAs/GaAs 多量子阱结构

a）几何结构示意图　b）无偏压时，MQW 结构的能级分布　c）偏压下，MQW 结构的能级分布
d）偏压下，具有微带和微带隙的超晶格结构的能带分布

多量子阱结构的层数可以从几层到数百层不等。例如，包含 100 层的多量子阱结构，每层厚度约为 10nm，包含大约 40 个原子平面，总厚度约为 1μm。这种结构可实现能带和能隙随位置变化。如果相邻阱之间的势垒足够薄，电子可以轻易地通过隧穿效应跨越这些势垒，那么离散能级将展宽成微带，此时多量子阱结构被称为超晶格（Superlattice）结构。从多量子阱的子能级到超晶格微带的变化，类似于原子中的离散能级向固体中能带的转变，因为不同原子被带到更近的距离从而产生相互作用。此外，量子阱和超晶格还可通过空间上掺杂的方式来构建，从而在空间电荷区形成势垒（这种现象将在 pn 结部分介绍）。

图 3-18b 和 c 展示了无偏压和偏压下多量子阱以及超晶格结构的能带图。无偏压情况下，多量子阱结构中的能级和势垒保持相对稳定，电子被限制在特定的量子阱中。施加偏压后，量子阱倾斜并改变能级的相对位置。在正向偏压的情况下，一端的子能级与导带之间的势垒降低，电子可以更容易地通过隧穿效应跨越这些势垒。在超晶格结构中，原本离散的能级因相邻阱之间的势垒变薄而展宽成微带，这种现象增强了电子的输运能力。超晶格结构的能带调制使其在不同电压条件下表现出优异的电子传输特性。多量子阱及超晶格结构被广泛应用于各种光子器件中，例如，发光二极管的有源区域、半导体光放大器和激光二极管，它们还用作光电探测器（18 章）和调制器（19 章）。与掺杂、合金化调控半导体材料与结构的方法类似，多量子阱及超晶格结构等方法也用来调控半导体材料的输运特性，已成为现代光子技术的重要组成部分。

3.5.3　量子线

如图 3-18c 所示，当半导体量子阱的另一维度也被压缩，形成细线状结构，被称为量子线（Quantum Wire）。量子线结构中的材料被包围在具有较宽带隙的材料中。电子和空穴在 x 和 y 方向上都被紧紧地约束在电势阱中。假设线具有面积 $d_1 d_2$ 的矩形横截面，则导带中的能量-动量关系为

$$E = E_c + E_{q1} + E_{q2} + \frac{\hbar^2 k^2}{2m_n^*} \tag{3-81}$$

式中，

$$E_{q1} = \frac{\hbar^2 (q_1 \pi / d_1)^2}{2m_n^*}, \quad E_{q2} = \frac{\hbar^2 (q_2 \pi / d_2)^2}{2m_n^*}, \quad q_1, q_2 = 1, 2, 3, \cdots \tag{3-82}$$

k 是在 z 方向（沿着线轴）的矢量分量。

量子线中，每一对量子数（q_1，q_2）对应一个具有恒定态密度 $g(k) = 1/\pi$ 的能量子带，即每单位长度的态密度为 $g(k) = 1/\pi$，因此每单位体积的态密度为 $1/(\pi d_1 d_2)$。相应的量子线的态密度（每单位体积）随能量的函数关系为

$$g_c(E) = \begin{cases} \dfrac{(1/d_1 d_2)(\sqrt{m_n^*}/\sqrt{2}\,\pi\hbar)}{\sqrt{E - E_c - E_{q1} - E_{q2}}}, & E > E_c + E_{q1} + E_{q2} \\ 0, & \text{其他} \end{cases} \tag{3-83}$$

其中，q_1，$q_2 = 1$，2，3，…。这一函数在同一能级范围内，都是能量的递减函数，如图 3-19c 所示。

图 3-19 展示了半导体材料在不同限域状态下的态密度函数。随着电子运动受到更多维度的限制，导带和价带分裂成子带，这些子带变得越来越窄，当三个方向都受到约束时，变成类似原子的分立能级（图 3-19d）。

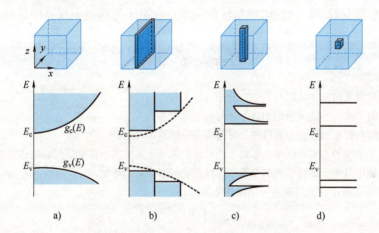

图 3-19　不同限域状态下的结构和态密度
a) 体相材料及其态密度　b) 量子阱结构及其台阶状的态密度
c) 量子线结构及其态密度　d) 量子点结构及其能级结构

3.5.4　量子点

量子点结构是将电子在三个方向上严格限制在一个体积为 $d_1 d_2 d_3$ 的盒子内（图 3-19d）。这种严格的空间限制导致能量水平的量子化，即

$$E = E_c + E_{q1} + E_{q2} + E_{q3} \tag{3-84}$$

式中，

$$E_{q1} = \frac{\hbar^2 (q_1 \pi / d_1)^2}{2 m_n^*}, \quad E_{q2} = \frac{\hbar^2 (q_2 \pi / d_2)^2}{2 m_n^*}, \quad E_{q3} = \frac{\hbar^2 (q_3 \pi / d_3)^2}{2 m_n^*}$$

$$q_1, q_2, q_3 = 1, 2, 3, \cdots \tag{3-85}$$

量子点允许的能级是离散的，因此图 3-19d 中示意的在允许的能量处的态密度由一系列德尔塔（δ）函数表示，即

$$g(E) = \sum_i \delta(E - E_i) \tag{3-86}$$

由于量子点的能级是离散的，这使得它们类似于人工原子。尽管量子点包含大量相互作用的自然原子，原则上量子点的离散能级可以通过适当设计实现灵活调控。量子点在诸多领域具有重要应用，例如量子点 LED、量子点激光二极管、量子光源和生物成像等。通过对其尺寸和形状的精确控制，量子点的独特性质被充分利用，使其成为现代信息技术中的重要半导体结构。量子点的性质表现出强烈的尺寸依赖性，调节量子点的尺寸，可以控制其光学和电子特性，这些特性高度依赖于尺寸。

（1）光学性质　量子点的能级间距和带隙与其尺寸相关。较小的量子点具有较大的能级间距和带隙，导致其吸收和发射光的波长较短。由于这种尺寸依赖性，量子点可以吸收和发射特定波长的光。通过改变量子点的尺寸，可以精确控制其光学性质。这些特性使得量子点在发光二极管（LED）、激光器和显示器中具有重要应用。

（2）电学性质　量子点的离散能级使其在电子器件中表现出独特的电学性质，例如单电子转移和库仑阻塞效应。这些电学特性使量子点在电子学和量子计算中具有潜在应用。

习题与思考题

1. 半导体材料常见的晶体结构有哪些？分别有什么特点？
2. 能带是如何形成的？能带理论如何解释材料的导电性质？
3. 半导体中的载流子统计分布有哪些？并简述各自的适用范围。
4. 影响载流子浓度的因素有哪些？如何求半导体中载流子的浓度？掺杂如何影响载流子浓度？
5. 解释半导体中载流子的漂移和扩散过程，以及它们对电流的影响。
6. 当质量为 m 的电子在无限深的一维矩形势阱

$$V(x) = \begin{cases} 0 & 0<x<d \\ +\infty & 其他 \end{cases}$$

中时，求解薛定谔方程

$$-\frac{\hbar^2}{2m}\nabla^2 \psi(X) + V(X)\psi(X) = E\psi(X)$$

证明允许的本征能量为 $E_q = \hbar^2 (q\pi/d)^2/2m$，其中 $q = 1, 2, 3, \cdots$。

第 4 章

半导体中的光过程

半导体材料中的光学过程，如光的吸收、发射和传播，构成了发光二极管（LED）、激光器、光电探测器等关键应用的基础。这些光学行为和特性与半导体的本征电子结构及缺陷状态紧密相关。大多半导体的能隙为零到 6eV 之间，大于带隙的光子能量能够将价带中的电子激发至导带。激发态的电子也可能返回至未完全被电子占据的价带，并通过发射光子的方式释放能量。这一特点使得半导体的光谱成为探究其电子结构的关键手段。此外，光子与晶格振动及局域于缺陷处的电子的相互作用，使得光谱技术成为研究缺陷状态的强有力工具，尤其是荧光光谱，它为分析半导体材料中的缺陷提供了重要信号。光吸收是光电探测器工作的基础，而发光过程则是发光二极管和激光器工作的关键。因此，深入理解半导体中的光学过程对于设计和优化光电器件至关重要。

随着薄膜制备技术、微纳加工技术和材料科学的发展，设计和可控制备具有特定光电性能的半导体材料和微纳结构已成为可能。例如，量子点和二维材料等新型半导体材料，由于其独特的量子尺寸效应和表面效应，展现出卓越的光电性能，为开发新一代光电器件铺平了道路，并为光电器件结构创新提供了新的构筑单元。本章将探讨光激发下半导体产生非平衡载流子的过程及其复合动力学（4.1 节）。接下来，介绍光跃迁的基本理论，讨论半导体中光吸收和发光这两个相反过程，介绍各种光吸收机制和复合类型（4.2~4.3 节）。最后，将简要介绍速率方程，以便于后续分析光电子器件的工作过程（4.4 节）。

4.1　非平衡载流子

本节将探讨载流子的产生与复合过程，图 4-1 示意了电子和空穴的产生和复合过程。载流子的产生（Generation）是指在半导体材料中，由于外部能量的作用，电子被激发至导带，同时在价带留下一个空穴的过程。这一过程涉及电子从价带跃迁至导带的行为。相对地，复合（Recombination）是指电子与空穴相遇并重新结合的过程，这一过程导致它们互相湮灭并释放能量。载流子的产生与复合是半导体物理中两个基本而重要的过程，它们直接影响着半导体器件的工作性能和效率。

产生过程发生在半导体材料内部或表面，当材料受外部能量（如光照、电场）作用时，电子获得足够的能量从价带跃迁到导带。这种跃迁不仅增加了导带中的自由电子数量，同时也在价带中产生了相应的空穴，即电子和空穴成对出现。而复合过程则是电子和空穴相遇后的重新结合，这一过程中，电子和空穴同时湮灭，并伴随能量的释放。这种能量可能以光子的形式释放，如在发光二极管（LED）中观察到的那样，或者以热量的形式释放，依赖于复合的具体机制和材料的性质。

电子-空穴
产生

电子-空穴
复合

E_c

E_v

图 4-1　电子和空穴的产生与复合

4.1.1　热平衡状态

处于热平衡状态的半导体，载流子浓度是一定的。这种处于热平衡状态下的载流子浓度，称为平衡载流子浓度。用 n_0 和 p_0 分别表示平衡电子浓度和空穴浓度，非简并情况下，它们的乘积满足质量作用定律：

$$n_0 p_0 = N_v N_c \exp\left(-\frac{E_g}{k_B T}\right) = n_i^2 \tag{4-1}$$

式中，本征载流子浓度 n_i 只是温度的函数，与时间无关。热过程表现出随机性质，电子不断地从价带中被热激发到导带中。同时，在导带中随机运动的电子可能会接近空穴并"掉入"价带中的空位。这种复合过程会消灭电子和空穴。由于热平衡中净载流子浓度与时间无关，产生电子和空穴的速率以及复合速率必须相等。

设 G_{n0} 和 G_{p0} 分别为电子和空穴的热产生速率（单位：$cm^{-3}s^{-1}$），由于电子和空穴是成对产生的，所以有

$$G_{n0} = G_{p0} \tag{4-2}$$

设 R_{n0} 和 R_{p0} 分别为电子和空穴的复合速率，对于带间复合，电子和空穴成对复合，因此有

$$R_{n0} = R_{p0} \tag{4-3}$$

热平衡状态下，电子和空穴的浓度与时间无关。因此，产生速率和复合速率相等，即

$$G_{n0} = G_{p0} = R_{n0} = R_{p0} \tag{4-4}$$

任何热平衡状态的偏离都会改变半导体中电子和空穴的浓度。例如，温度突然升高会增加电子和空穴的热产生速率，使它们的浓度随时间增加（根据式（4-1）），直到达到新的平衡值。此外，在外部激励下，也可引起区域载流子浓度的变化。例如，高能光子（光子能量 $h\nu > E_g$）照射到半导体时，半导体可同时产生电子和空穴，电子和空穴浓度同时增加，最终形成新的平衡条件。这种多余的电子和空穴被称为过剩电子（Excess Electron）和过剩空穴（Excess Hole），统称过剩载流子。电流的注入也会改变局域载流子浓度。一旦温度恢复或外部激励停止，半导体的载流子浓度又将恢复到原来的热平衡状态。为了理解这些情形下载流子的产生和复合过程，首先考虑能带到能带的直接产生和复合，然后再考虑能带间允许的电子能级状态（称为陷阱（Traps）或复合中心）的影响。

4.1.2　直接产生与复合

过剩电子和空穴是在外部激励下以特定速率产生的。设 G'_n 为过剩电子的产生速率，G'_p 为过剩空穴的产生速率。对于带间的直接产生，过剩电子和空穴是成对生成的，因此有

$$G'_n = G'_p \tag{4-5}$$

当过剩的电子和空穴产生时，导带中电子和价带中空穴的浓度会增加到超过它们的热平衡值，可以写成：

$$n = n_0 + \delta n$$
$$p = p_0 + \delta p \tag{4-6}$$

式中，δn 和 δp 是过剩电子和空穴的浓度。图 4-2a 展示了过剩电子-空穴产生过程及结果。外部激励扰动了平衡条件，因此半导体不再处于热平衡状态。从式（4-6）可以看出，非平衡状态下，$np \neq n_0 p_0 = n_i^2$。

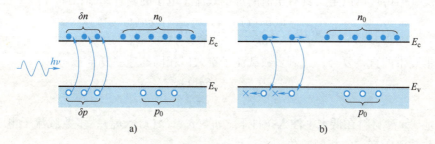

图 4-2　过剩载流子的产生与复合
a）在光的作用下产生的过程　b）复合恢复平衡态的过程

稳态下的过剩电子和空穴的产生不会持续增加载流子浓度。与热平衡情况类似，导带中的电子可能会回到价带中，使过剩电子-空穴复合。图 4-2b 展示了这个过程。过剩电子和过剩空穴的复合速率分别用 R_n、R_p 表示，这两个参数的单位都是 $\mathrm{cm}^{-3}\mathrm{s}^{-1}$。过剩电子和空穴会成对复合，因此复合速率必须相等，可以写成：

$$R_n = R_p \tag{4-7}$$

在带间直接复合（Direct Recombination）过程中，复合是独立自发发生的；因此，电子和空穴复合的概率随时间保持不变。电子复合的速率与电子浓度成正比，同时也与空穴浓度成正比。电子浓度的净变化速率（净复合速率）可以写成：

$$R_n = \frac{\mathrm{d}n(t)}{\mathrm{d}t} = \alpha_r \left[n_i^2 - n(t)p(t) \right] \tag{4-8}$$

式中，系数 α_r 为直接复合系数（单位为 m^3/s）；$n(t) = n_0 + \delta n(t)$；$p(t) = p_0 + \delta p(t)$；式（4-8）右侧第一项 $\alpha_r n_i^2$ 为热平衡时的产生速率。由于过剩电子和空穴是成对产生和复合的，因此有 $\delta n(t) = \delta p(t)$。过剩电子和空穴的浓度相等，可以简单地使用"过剩载流子"一词来表示两者。热平衡参数 n_0 和 p_0 与时间无关，式（4-8）可以简化为

$$\frac{\mathrm{d}(\delta n(t))}{\mathrm{d}t} = \alpha_r \left[n_i^2 - (n_0 + \delta n(t))(p_0 + \delta p(t)) \right] \tag{4-9}$$

$$= -\alpha_r \delta n(t) \left[(n_0 + p_0) + \delta n(t) \right]$$

在低注入水平下，过剩载流子浓度远小于热平衡多数载流子的浓度（即$\delta n \ll n_0$或$\delta p \ll p_0$），上述关于时间t的常微分方程（4-9）很容易求解。相反，当过剩载流子浓度变得可比拟或大于热平衡多数载流子浓度时，就会发生高水平注入。考察低水平注入条件下的p型材料（$\delta n(t) \ll p_0$），式（4-9）变为

$$\frac{\mathrm{d}(\delta n(t))}{\mathrm{d}t} = -\alpha_r p_0 \delta n(t) \tag{4-10}$$

该方程的解为

$$\delta n(t) = \delta n(0)\exp(-\alpha_r p_0 t) \tag{4-11}$$

表现为从初始过剩浓度开始的指数衰减。若定义$\tau_{n0} = (\alpha_r p_0)^{-1}$，则

$$\delta n(t) = \delta n(0)\exp(-t/\tau_{n0}) \tag{4-12}$$

在这里，过剩载流子浓度呈指数分布，而τ_{n0}为该指数分布的期望。因此，通常定义τ_{n0}为过剩电子的寿命。

利用式（4-10）可以定义具有正值的过剩载流子电子的复合速率，即

$$R'_n = \frac{-\mathrm{d}(\delta n(t))}{\mathrm{d}t} = \alpha_r p_0 \delta n(t) = \frac{\delta n(t)}{\tau_{n0}} \tag{4-13}$$

对于带到带的直接复合，过剩多数载流子空穴以相同的速率复合：

$$R'_p = R'_n = \frac{\delta n(t)}{\tau_{n0}} \tag{4-14}$$

类似地，n型材料在低水平注入条件下（$n_0 \gg p_0$，$\delta n(t) \ll n_0$），多数载流子电子的复合速率与少数载流子空穴的相同：

$$R'_n = R'_p = \frac{\delta n(t)}{\tau_{p0}} \tag{4-15}$$

式中，$\tau_{p0} = (\alpha_r n_0)^{-1}$为过剩少数载流子空穴的寿命。注意，过剩载流子的产生速率不是电子或空穴浓度的函数，而是过剩载流子浓度的函数，且一般可能是空间坐标和时间的函数。

4.1.3　间接复合

能级处于禁隙中的缺陷又称为陷阱，它们可能充当复合中心。缺陷态或声子辅助的载流子的复合过程称为间接复合（Indirect recombination）。在硅、锗等间接带隙半导体中，通过深能级缺陷态辅助的载流子间接复合过程，通常称为肖克利-里德-霍尔（Shockley-Read-Hall，SRH）复合。此外，俄歇复合也是重要的间接复合形式。

SRH理论假设在能带隙内存在能级为E_t的复合中心。由于最有效的复合中心位于接近本征费米能级E_i处，通常假设$E_t = E_i$。假设这个陷阱是一种受体型陷阱，即当它含有电子时，带负电荷，不含电子时，是中性的。此时，可能发生的四个基本过程如图4-3所示：

1）电子俘获。最初复合中心呈中性（空态），从导带中俘获一个电子。

2）电子发射。过程1）的逆过程，最初占据陷阱能级的电子向导带发射。

3）空穴俘获。陷阱中含有一个电子，从价带中俘获一个空穴，或理解为从陷阱向价带发射电子。

4）空穴发射。过程3）的逆过程，从一个中性陷阱向价带发射一个空穴，或者可以将

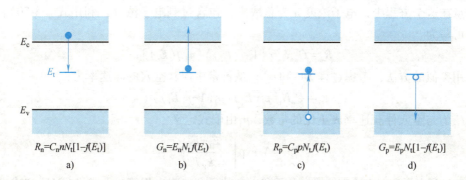

图 4-3 SRH 复合过程中产生、复合的四个过程
a）电子俘获 b）电子发射 c）空穴俘获 d）空穴发射

这个过程视为从价带俘获一个电子。

过程 1）中，从导带中俘获电子到陷阱的速率与导带中电子的密度、空陷阱态的密度成正比。因此，电子俘获速率（单位：$\mathrm{cm^{-3} \cdot s^{-1}}$）为

$$R_n = C_n N_t [1 - f(E_t)] n \tag{4-16}$$

式中，C_n 是电子俘获系数，与俘获截面成正比；N_t 为复合中心的浓度；n 为电子浓度；$f(E_t)$ 为在陷阱能级处的费米分布函数，$1 - f(E_t)$ 代表陷阱为空的概率。在这里，均假设简并因子为 1。若简并因子不为 1，后续分析时可吸收到其他常数中。

对于过程 2），从陷阱向导带发射电子的速率与陷阱中电子的填充量成正比，因此电子产生速率

$$G_n = E_n N_t f(E_t) \tag{4-17}$$

式中，E_n 为常数。

为了得到系数 E_n 与 C_n 之间的关系，考虑热平衡状态，复合中心从导带中俘获电子的速率和向导带发射回电子的速率必须相等。因此

$$R_n = G_n \tag{4-18}$$

从而，根据式（4-16）和式（4-17），有以下关系：

$$E_n N_t f_0(E_t) - C_n N_t [1 - f_0(E_t)] n_0 \tag{4-19}$$

式中，f_0 表示热平衡时的费米函数。请注意，在热平衡状态下，俘获速率项中电子浓度的值是平衡值 n_0。费米函数用玻尔兹曼近似后，系数 E_n 与 C_n 之间有以下关系：

$$E_n = n_1 C_n \tag{4-20}$$

式中，n_1 定义为

$$n_1 = N_c \exp\left(- \frac{E_c - E_t}{k_B T}\right) \tag{4-21}$$

对比式（3-28），参数 n_1 相当于陷阱能级 E_t 与费米能级 E_F 一致时导带中的电子浓度。

下面考虑非平衡状态下的情况。此时，存在过剩电子，从导带中俘获电子的净速率即为电子俘获速率和发射速率之差：

$$R = R_n - G_n \tag{4-22}$$

将式（4-16）和式（4-17）代入式（4-22），得净复合速率为

$$R_n = [C_n N_t (1 - f(E_t)) n] - [E_n N_t f(E_t)] \tag{4-23}$$

注意在这个方程中，电子浓度 n 为总浓度，包含过剩电子浓度。利用式（4-20），净复合速率可写为

$$R_n = C_n N_t \left[n\left(1 - f(E_t)\right) - n_1 f(E_t) \right] \tag{4-24}$$

采用类似的方法，考虑过程 3）和 4），从价带中俘获空穴的净速率为：

$$R_p = C_p N_t \left[p f(E_t) - p_1 \left(1 - f(E_t)\right) \right] \tag{4-25}$$

式中，C_p 为与空穴俘获速率成正比的常数；p_1 由下式定义：

$$p_1 = N_v \exp\left[-\frac{E_t - E_v}{k_B T} \right] \tag{4-26}$$

由于过剩电子和空穴浓度相等，电子和空穴的复合速率也相等。由式（4-24）和式（4-25）相等，即可解出费米函数：

$$f(E_t) = \frac{C_n n + C_p p_1}{C_n (n + n_1) + C_p (p + p_1)} \tag{4-27}$$

将费米函数式（4-27）代入式（4-24）或式（4-25），并利用 $n_1 p_1 = n_i^2$，得到复合速率：

$$R_n = R_p = \frac{C_n C_p N_t (np - n_i^2)}{C_n (n + n_1) + C_p (p + p_1)} \equiv R \tag{4-28}$$

空穴和电子的寿命与俘获截面和缺陷浓度成反比，即 $\tau_p = 1/C_p N_t$ 和 $\tau_n = 1/C_n N_t$。因此，复合速率可用其寿命 τ_n 和 τ_p 的形式来表示：

$$R = \frac{np - n_i^2}{\tau_p (n + n_1) + \tau_n (p + p_1)} \tag{4-29}$$

在低水平注入条件下，净复合率可以用简单的形式表示：

$$R = \frac{\delta n}{\tau_0} \tag{4-30}$$

式中，$\tau_0 = \dfrac{\tau_p (n + n_1) + \tau_n (p + p_1)}{n_0 + p_0}$。

特别地，在热平衡条件下，由于 $np = n_0 p_0 = n_i^2$，因此 $R_n = R_p = 0$。

4.1.4 俄歇复合

俄歇复合（Auger Recombination）是半导体中一种重要的非辐射复合机制。该复合过程中，一个电子和一个空穴复合时，其能量不是以光子的形式释放，而是直接传递给另一个电子或空穴，使其被激发到更高的能级，而不是跃迁到另一个能带。俄歇复合之后，第三个载流子多余的能量通常会以热振动的方式耗散。由于俄歇复合是三粒子过程，因此，在高载流子浓度的情况下才会显著表现出来。如图 4-4 所示，俄歇复合可分为带间俄歇复合和缺陷参与的非本征俄歇复合两类。图 4-4a 表示 n 型半导体导带内一个电子和价带内一个空穴复合时，多余能量被导带中的另一个电子吸收，从而激发到更高能级上；图 4-4b 则表示 p 型半导体中的情形。这些都属于本征俄歇复合。此外，还存在非本征俄歇复合，这些过程与局域于杂质处的载流子有关。例如，未电离的施主与价带中的空穴复合，或受主原子与导带中的电子复合时，将产生的能量直接转移给电子或空穴。

热平衡状态下，俄歇复合速率 R_0^A 和热产生速率 G_0 相等，即

$$R_0^A = G_0 = C_n n_0^2 p_0 + C_p n_0 p_0^2 \tag{4-31}$$

式中，C_n 和 C_p 分别是电子和空穴的俄歇俘获系数。稳态条件下，非平衡俄歇复合的净速率为：

$$R_n^A = R_p^A = (C_n n + C_p p)(np - n_i^2) \tag{4-32}$$

对于硅，$C_n \approx 1.1 \times 10^{-30}\,\mathrm{cm^6/s}$，$C_p \approx 0.3 \times 10^{-30}\,\mathrm{cm^6/s}$。对于砷化镓，$C_n \approx 1.9 \times 10^{-31}\,\mathrm{cm^6/s}$，$C_p \approx 12 \times 10^{-31}\,\mathrm{cm^6/s}$。这些系数对温度和掺杂水平的依赖性很弱。

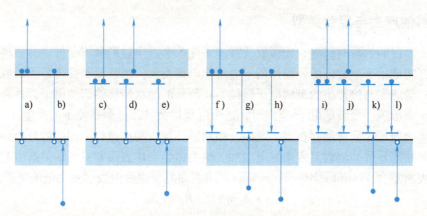

图 4-4　俄歇复合的种类

a)、b) 带间俄歇复合　c)~l) 缺陷参与的非本征俄歇复合

4.1.5　准费米能级

热平衡时，电子和空穴浓度是费米能级的函数。我们可以写作：

$$n_0 = n_i \exp\left(\frac{E_F - E_i}{k_B T}\right) \tag{4-33}$$

和

$$p_0 = n_i \exp\left(\frac{E_i - E_F}{k_B T}\right) \tag{4-34}$$

式中，E_F 和 E_i 分别是费米能级和本征费米能级；n_i 是本征载流子浓度。

如果在半导体中产生了过剩载流子，系统就不再处于热平衡状态，严格来说，费米能级的概念就不再适用。然而，我们可以为电子和空穴分别定义一个准费米能级来描述非平衡状态的载流子浓度。如果 δn 和 δp 分别是过剩的电子和空穴浓度，则可以写作：

$$n_0 + \delta n = n_i \exp\left(\frac{E_{Fn} - E_i}{k_B T}\right) \tag{4-35}$$

以及

$$p_0 + \delta p = n_i \exp\left(\frac{E_i - E_{Fp}}{k_B T}\right) \tag{4-36}$$

式中，E_{Fn} 和 E_{Fp} 分别是电子和空穴的准费米能级。非平衡状态下，电子浓度和空穴浓度是准费米能级的函数，费米能级的分离程度 $E_{Fn} - E_{Fp}$ 体现系统偏离平衡状态的程度，且有

$$np = n_i^2 \exp\left(\frac{E_{Fn} - E_{Fp}}{k_B T}\right) \tag{4-37}$$

特别地，$E_{Fn} - E_{Fp} = 0$ 时，材料处于平衡状态，且 $np = n_i^2$。

准费米能级可视为非平衡态下费米能级的推广，用于描述不同载流子类型（电子和空穴）的非平衡态分布。在这种情况下，准费米能级代表了各种载流子在非平衡态下的分布情况，更好地描述了材料或器件中的载流子行为。

4.1.6 其他产生与复合类型

除了上面提到的瞬时高温、光激发或载流子注入会产生过剩载流子外，另一种产生过剩载流子的方式是第3章讨论的强场作用下的碰撞电离现象。当载流子穿越高场区域时，它们获得更大的动能，与价带中的束缚电子碰撞，将额外的能量转移给这些电子，并将它们激发到导带，从而形成一个新的电子-空穴对，这个过程也会导致过剩载流子的产生。

半导体表面或界面可能存在很多缺陷，如周围环境或制作过程中产生的悬挂键和吸附的杂质。这些缺陷导致非辐射复合率显著增加。这类由半导体表面和界面缺陷态引起的非辐射复合称为表面复合（Surface Recombination）。净表面复合率可由表面复合电流密度表征：

$$\hat{\boldsymbol{n}} \cdot \boldsymbol{J}_n = -qR_s, \quad R_s = S_n \delta n$$

$$\hat{\boldsymbol{n}} \cdot \boldsymbol{J}_p = qR_s, \quad R_s = S_p \delta p \tag{4-38}$$

式中，S_n 为电子的表面复合系数（单位：$cm \cdot s^{-1}$），δn 为过剩电子浓度；同样，S_p 为空穴的表面复合系数，δp 为过剩空穴浓度。单位矢量由半导体内部指向表面的法线方向，表明由表面态、悬挂键或其他类型的俘获载流子的表面缺陷引起的电流损耗是由表面复合造成的。

载流子表面复合通常与体内复合同时发生。为了区分两者各自的效应，通常假设这两种复合过程是同时但独立发生的：用 τ_v 来表示体内复合的寿命，$1/\tau_v$ 则对应于体内复合的概率；用 τ_s 表示表面复合的寿命，$1/\tau_s$ 表示表面复合的概率。因此，总的复合概率可表示为

$$\frac{1}{\tau_{eff}} = \frac{1}{\tau_v} + \frac{1}{\tau_s} \tag{4-39}$$

式中，τ_{eff} 被称为有效寿命。由此可见，表面复合的存在会显著缩短载流子的寿命。

在体缺陷浓度较低的高质量半导体材料中，表面复合在实际应用器件中常占主导地位。因此，为了提升器件性能，通常需构建晶格匹配良好的界面或增加表面钝化层来减少表面复合。

4.2 半导体中的光吸收

首先讨论直接带隙半导体中的三类光跃迁过程，如图4-5所示。当半导体吸收适当能量的光子（$h\nu > E_g$）时，可引起电子从价带到导带的激发，并产生一个电子-空穴对，如图4-5a所示。这一过程又称受激吸收（Stimulated Absorption）过程，其结果增加了可移动的载流子浓度，并提高了材料的导电性。材料表现出光电导性质，其导电性与照射其上的光子通量成正比。这一效应在光电探测技术中得到了广泛应用。当电子从导带返回到价带（即电子-空穴复合）时，可能会发生两种情况：①可能产生能量大于带隙能量 E_g 的光子，从而发生自发辐射（Spontaneous Emission，图4-5b）；②存在能量大于 E_g 的光子时，可能导

致光子的受激辐射（Stimulated Emission，图 4-5c）。自发辐射是发光二极管工作的基本原理，而受激辐射则是半导体光放大器和激光二极管工作的关键。

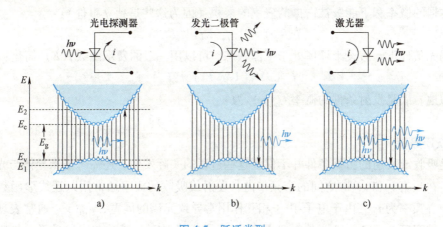

图 4-5　跃迁类型
a）受激吸收　b）自发辐射　c）受激辐射

4.2.1　光跃迁的基本理论

在吸收边附近，直接带隙半导体的吸收系数与光子能量的关系均可以类似的形式表示：
$$\alpha \propto (h\nu - E_{\mathrm{g}})^{\gamma} \tag{4-40}$$
式中，γ 为一个常数。带间跃迁可分为两种类型：允许跃迁和禁止跃迁（禁止跃迁考虑了光子微小的动量，因此有较小的发生可能性）。允许的直接跃迁可以在所有 k 值下发生，但禁止的直接跃迁只能在 $k \neq 0$ 时发生。在单电子近似中，对于允许和禁止的直接跃迁，γ 分别为 1/2 和 3/2。下面从光吸收或发射的基本条件着手，介绍影响半导体吸收和发射概率的三个因素，简单推导 γ 取值的原因。

1. 光吸收或发射的条件

（1）能量守恒　在吸收或发射过程中，参与的两个态的能量差（图 4-5）必须等于光子的能量 $h\nu$。例如，为了使占据于能级 E_2 的电子和占据于能级 E_1 的空穴复合发生光子发射，必须满足能量守恒：
$$E_2 - E_1 = h\nu \tag{4-41}$$

（2）动量守恒　在光子的发射/吸收过程中，动量也必须保持一致，因此，满足 $|\boldsymbol{p}_2 - \boldsymbol{p}_1| = h\nu/c = h/\lambda$，或者 $|\boldsymbol{k}_2 - \boldsymbol{k}_1| = 2\pi/\lambda$。在半导体 $E\text{-}k$ 图中，k 值约为 $2\pi/a$ 的量级，其中晶格常数 a 远小于波长 λ，因此 $2\pi/\lambda \ll 2\pi/a$。这意味着光子动量 h/λ 相对于电子和空穴可能具有的动量范围非常小。因此，为了实现跃迁，电子和空穴的动量必须近似相等，即 $\boldsymbol{k}_2 \approx \boldsymbol{k}_1$。这一条件被称为 $\boldsymbol{k}$ 选择定则，在 $E\text{-}k$ 图中用垂直线表示遵守选择定则。

半导体吸收和发射必须同时满足能量守恒和动量守恒这两个条件。光吸收或发射的概率受以下三个因素影响：①占据概率；②跃迁概率；③光学联合态密度。下面将讨论半导体材料在直接带间跃迁过程中吸收或发射能量为 $h\nu$ 光子的概率密度。

2. 占据概率

光子吸收和发射的占据条件取决于能级 E_2 和 E_1 的状态。对于光子发射，要求导带态 E_2

被占据，而价带态 E_1 未被完全占据。准平衡状态下，能级 E_2 和 E_1 上的占据概率可通过费米函数 $f_c(E_2)$ 和 $f_v(E_1)$ 来表示。因此，光子能量为 $h\nu$ 时满足吸收条件的概率 $f_{abs}(\nu)$ 是上能级未被占据的概率和下能级被占据的概率的乘积（因为这些是独立事件）：

$$f_{abs}(\nu) = [1 - f_c(E_2)] f_v(E_1) \qquad (4\text{-}42)$$

在弱光条件下，假设半导体处于平衡状态，可以用一般的费米函数 $f(E)$ 简化：

$$f_{abs}(\nu) = [1 - f(E_2)] f(E_1) \qquad (4\text{-}43)$$

类似地，满足发射条件的概率 $f_{em}(\nu)$ 为

$$f_{em}(\nu) = f_c(E_2) [1 - f_v(E_1)] \qquad (4\text{-}44)$$

3. 跃迁概率

满足吸收或发射的占据条件并不保证这些过程的实际发生，还需考虑半导体与光场的相互作用。在频率 ν 和 $\nu+d\nu$ 之间的窄频带内，发射或吸收的概率通常用跃迁线形函数 $g_{\nu 0}(\nu)$ 表示，中心频率为 ν_0。由于电子-声子相互作用常导致光谱的展宽，$g_{\nu 0}(\nu)$ 通常表现为洛伦兹线形，其宽度 $\Delta\nu \approx 1/\pi T_2$，其中 T_2 是电子-声子碰撞时间，通常在皮秒量级。与碰撞展宽相比，能级的辐射寿命导致的展宽通常可忽略。

两个离散能级 E_1 和 E_2 之间的辐射跃迁可通过跃迁截面 $\sigma(\nu)$ 表示：

$$\sigma(\nu) = \frac{\lambda^2}{8\pi\tau_r} g(\nu) \qquad (4\text{-}45)$$

式中，在半导体中，电子-空穴辐射复合的寿命 τ_r 替代自发辐射寿命 t_{sp}。

如果满足发射的占据条件，那么在频率为 ν 和 $\nu+d\nu$ 之间的窄频带内，自发辐射一个光子的概率密度（单位：s^{-1}）为

$$P_{sp}(\nu) d\nu = \frac{1}{\tau_r} g(\nu) d\nu \qquad (4\text{-}46)$$

如果满足发射的占据条件，并且在频率 ν 处存在平均光子通量密度 ϕ_ν（单位：$s^{-1} \cdot cm^{-2} \cdot Hz^{-1}$），那么在频率为 ν 和 $\nu+d\nu$ 之间的窄频带内，受激发射一个光子的概率密度（每单位时间）为

$$W_i(\nu) d\nu = \phi_\nu \sigma(\nu) d\nu = \phi_\nu \frac{\lambda^2}{8\pi\tau_r} g(\nu) d\nu \qquad (4\text{-}47)$$

如果满足吸收的占据条件，并且在频率 ν 处存在平均光子通量密度 ϕ_ν，那么在频率为 ν 和 $\nu+d\nu$ 之间的窄频带内吸收一个光子的概率密度也由式（4-47）给出。

4. 光学联合态密度

能量和动量的守恒要求频率为 ν 的光子与具有特定能量和动量的电子和空穴相互作用，这些能量和动量由半导体的 $E\text{-}k$ 关系确定。在直接带隙半导体的带边附近跃迁时，电子和空穴的能量差可以用波数的平方关系近似表示：

$$E_2 - E_1 = \frac{\hbar^2 k^2}{2m_n^*} + E_g + \frac{\hbar^2 k^2}{2m_p^*} = h\nu \qquad (4\text{-}48)$$

由此得到

$$k^2 = \frac{2m_r}{\hbar^2}(h\nu - E_g) \qquad (4\text{-}49)$$

式中，m_r 为约化质量（Reduced Mass）或折合质量，$m_r = \left(\dfrac{1}{m_n^*} + \dfrac{1}{m_p^*} \right)^{-1}$；$m_n^*$ 和 m_p^* 分别是电子和空穴的有效质量。

由式（4-49）确定的态密度与光子能量相关，这种与能量为 $h\nu$ 的光子相互作用且满足能量和动量守恒条件的电子或空穴的态密度 $\varrho(\nu)$ 称为光学联合态密度（Optical Joint Density of States），单位为 $(\mathrm{m}^{-3} \cdot \mathrm{Hz})^{-1}$。根据 k 与 ν 的一一对应关系，可得到光学联合态密度：

$$\varrho(\nu) = \frac{1}{4\pi^3} \frac{\mathrm{d}}{\mathrm{d}\nu} \left(\frac{4\pi}{3} k^3 \right) = \frac{(2m_r)^{3/2}}{2\pi^2 \hbar^3} \sqrt{h\nu - E_g}, h\nu \geqslant E_g \tag{4-50}$$

5. 吸收、发射跃迁的总速率

对于间隔 $E_2 - E_1 = h\nu_0$ 的一对能级，吸收、自发辐射或受激辐射能量为 $h\nu$ 的光子的速率（单位：$\mathrm{s}^{-1} \cdot \mathrm{cm}^{-3}$）为占据概率 $f_{abs}(\nu_0)$ 或 $f_{em}(\nu_0)$，与跃迁概率密度 $P_{sp}(\nu)$ 或 $W_i(\nu)$（式（4-46）和式（4-47））和光学联合态密度 $\varrho(\nu_0)$ 这三者的乘积。并对 ν_0 积分来计算所有允许频率的总跃迁速率。例如，频率 ν 下的自发辐射的速率由下式给出：

$$r_{sp}(\nu) = \int \left[(1/\tau_r) g_{\nu 0}(\nu) \right] f_{em}(\nu_0) \varrho(\nu_0) \mathrm{d}\nu_0 \tag{4-51}$$

当碰撞展宽宽度 $\Delta\nu$ 远小于乘积 $f_{em}(\nu_0) \varrho(\nu_0)$ 的宽度时（通常情况），线形函数 $g_{\nu 0}(\nu)$ 可近似为 δ 函数 $\delta(\nu - \nu_0)$。根据 δ 函数的选择性质，跃迁速率简化为 $r_{sp}(\nu) = (1/\tau_r) \varrho(\nu) f_{em}(\nu)$。自发辐射、受激辐射和吸收的速率可由类似的方式获得：

$$r_{sp}(\nu) = \frac{1}{\tau_r} \varrho(\nu) f_{em}(\nu) \tag{4-52}$$

$$r_{st}(\nu) = \phi_\nu \frac{\lambda^2}{8\pi\tau_r} \varrho(\nu) f_{em}(\nu) \tag{4-53}$$

$$r_{abs}(\nu) = \phi_\nu \frac{\lambda^2}{8\pi\tau_r} \varrho(\nu) f_{abs}(\nu) \tag{4-54}$$

对于原子/离子体系中的发射和吸收过程，如果上、下离散能级跃迁的线形函数为 $g(\nu)$，则线形函数和原子数密度的乘积 $g(\nu)N_2$ 和 $g(\nu)N_1$（N_1 和 N_2 分别为上、下能级电子占有的密度），与针对半导体连续能级情形的式（4-52）~式（4-54）中的 $\varrho(\nu)f_{em}(\nu)$ 和 $\varrho(\nu)f_{abs}(\nu)$ 具有类似的意义。

6. 准平衡增益系数

宏观上，净增益系数 $G(\nu)$ 定义为单位长度内光通量的变化率：

$$G(\nu) = \frac{\text{单位体积增加的光子数}}{\text{单位面积通过的光子数}} = \frac{\mathrm{d}\phi(z)}{\phi(z)\mathrm{d}z} \tag{4-55}$$

通常取单位面积、增量长度 $\mathrm{d}z$ 的圆柱体来计算，并假设光子通量密度沿其轴线方向传播。如果 $\phi_\nu(z)$ 和 $\phi_\nu(z) + \mathrm{d}\phi_\nu(z)$ 分别是进入和离开圆柱体的光子通量密度，其中 $\mathrm{d}\phi_\nu(z)$ 是从圆柱体内部产生的光子通量密度。单位时间单位面积单位频率的光子增加数量可以简单地表示为单位时间单位体积单位频率的光子增益数量 $\left[r_{st}(\nu) - r_{abs}(\nu) \right]$ 乘以圆柱体的厚度 $\mathrm{d}z$，即 $\mathrm{d}\phi_\nu(z) = \left[r_{st}(\nu) - r_{abs}(\nu) \right] \mathrm{d}z$。将式（4-53）和式（4-54）代入式（4-55），得净增益系数：

$$G(\nu) = \frac{\lambda^2}{8\pi\tau_r} \varrho(\nu) f_g(\nu) \tag{4-56}$$

式中，

$$f_g(\nu) \equiv f_{em}(\nu) - f_{abs}(\nu) = f_c(E_2) - f_v(E_1) \qquad (4\text{-}57)$$

称为费米反转因子。费米反转因子 $f_g(\nu)$ 的符号和频谱形式由准费米能级 E_{Fn} 和 E_{Fp} 决定，而这些非平衡状态的能级取决于半导体中载流子的激发水平。实际上，当 $E_{Fn} - E_{Fp} > h\nu$ 时，该因子是正的（对应于布居数反转和净增益）。当半导体被外部功率源抽运到足够高的载流子浓度水平时，这个条件可能会得到满足并实现净增益，满足半导体光放大器和激光二极管运作背后的物理条件。

对于原子/离子体系中的发射和吸收过程，需要用线形函数 $g(\nu)$ 替代光学联合密度 $\varrho(\nu)$，若高能级与低能级原子数密度差 $N = N_2 - N_1$，那么净增益系数

$$G(\nu) = N\sigma(\nu) = N \frac{\lambda^2}{8\pi t_{sp}} g(\nu) \qquad (4\text{-}58)$$

$N > 0$，即粒子数反转时，净增益系数 $G(\nu)$ 大于 0。通常把式（4-58）中的 $\lambda^2 g(\nu)/(8\pi t_{sp})$ 定义为吸收截面 σ_{abs}，则有

$$G(\nu) = N\sigma_{abs}(\nu) \qquad (4\text{-}59)$$

7. 吸收系数

吸收过程是半导体材料实现器件功能的重要过程，是光电转化的必要环节。吸收性质除了用 2.2 节中提到的宏观消光系数 K 表示外，还常用吸收系数 α 来表示。从式（4-56）可以看出，吸收系数依赖于光子的能量 $h\nu$，是光子能量 $h\nu$ 的函数。宏观上，该系数被定义为光强度 $I(\nu)$ 沿其传播路径的相对减小速率，即

$$\alpha(\nu) = -\frac{1}{I(\nu)} \frac{d[I(\nu)]}{dz} \qquad (4\text{-}60)$$

吸收系数与光子能量的函数关系是吸收光谱的常用表示方式。图 4-6 展示了几种重要半导体材料的光吸收光谱，包括间接带隙材料和直接带隙材料。在半导体中，有丰富的跃迁形式：带间跃迁，带到激子、子带之间的跃迁，杂质和带之间的跃迁，带内自由载流子的跃迁，以及晶格和杂质的振动态引起的共振。这些跃迁形式对总吸收系数都有贡献，这节主要考虑各类跃迁形式对吸收系数的影响规律。

前面介绍了占据概率、跃迁概率和光学联合态密度这三个因素对半导体吸收、发射的影响，并推导出了吸收和发射速率。值得注意的是，吸收和发射同时存在，是动态的过程，这个过程又称为光子循环（Photon Recycling）。净增益是这两个过程共同作用的结果，可由增益系数表示。吸收系数实际上是和增益系数类似的概念，它们相差一个负号：

$$\alpha(\nu) = -G_0(\nu) = \frac{\lambda^2}{8\pi\tau_r} \varrho(\nu) [f_v(E_1) - f_c(E_2)] \qquad (4\text{-}61)$$

式（4-61）表示带间之间跃迁时的吸收系数。实际上，只要对式（4-61）略作推广，就可适用不同能级之间的跃迁。例如，对于原子/离子发生在离散能级之间的跃迁，只需将 $\varrho(\nu)f_v(E_1)$ 和 $\varrho(\nu)f_c(E_2)$ 分别改为 $g(\nu)N_1$ 和 $g(\nu)N_2$，其中 N_1 和 N_2 分别是处于 E_1 和 E_2 能级的粒子数，$g(\nu)$ 为线形函数。

热平衡状态下，半导体具有统一的费米能级，即 $E_F = E_{Fn} = E_{Fp}$。因此，价带和导带服从相同的统计分布：

$$f_c(E) = f_v(E) = f(E) = \frac{1}{1 + \exp\left[(E - E_F)/k_B T\right]} \qquad (4\text{-}62)$$

费米反转因子 $f_g(\nu) = f_c(E_2) - f_v(E_1) = f(E_2) - f(E_1) < 0$，因此增益系数 $G_0(\nu)$ 始终为负值，吸收系数为正值。即处于热平衡状态的半导体，无论是本征还是掺杂，都会对光产生吸收。

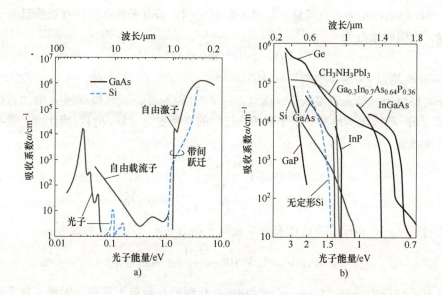

图 4-6　吸收光谱
a）硅和砷化镓（覆盖紫外和中远红外波段）　b）几种重要半导体

如果 E_F 位于带隙中且远离带边，离带边的能量 $\gg k_B T$，那么 $f(E)$ 退化为玻尔兹曼分布，即 $f(E) = \exp\left[(E_F - E)/k_B T\right]$ 且 $f(E_1) \approx 1$、$f(E_2) \approx 0$。此时 $-f_g(\nu) = f(E_1) - f(E_2) \approx 1$，并将式（4-50）代入式（4-61），得出直接带间跃迁贡献的吸收系数：

$$\alpha(\nu) \approx \frac{\sqrt{2}\, c^2 m_r^{3/2}}{\tau_r} \frac{1}{(h\nu)^2} \sqrt{h\nu - E_g} \qquad (4\text{-}63)$$

在直接带隙半导体中，带边附近的吸收应该遵循 $(h\nu - E_g)$ 的 1/2 次方的关系。然而，在 $h\nu = E_g$ 处，吸收急剧起始代表的是一种理想化的情形。如图 4-6a 所示，直接带隙半导体通常表现出指数级衰减的吸收尾巴，称为乌尔巴赫（Urbach）带尾。这与晶体中声子辅助吸收、掺杂分布的随机性或成分起伏导致的热和静态无序有关。

4.2.2　本征吸收

带间跃迁或带到激子态的跃迁吸收通常称为本征吸收，其最重要的特征是成对地产生自由电子和空穴。带间吸收只能在光子能量 $h\nu$ 大于带隙 E_g 时才会发生。此类跃迁所需的最小光子频率 $\nu_g = E_g/h$，对应的最大波长为 $\lambda_g = c/\nu_g = hc/E_g$。如果带隙能量以 eV 给出，则带隙波长（以 nm 为单位）

$$\lambda_g = \frac{1240\,\mathrm{nm}}{E_g/\mathrm{eV}} \qquad (4\text{-}64)$$

式中，λ_g 又称为截止波长。

1. 直接带隙

对于直接带隙半导体，允许的带边跃迁的吸收系数已在上一节式（4-63）给出。如果已知电子的有效质量，可以用另一种形式来表示吸收系数：

$$\alpha(\nu) = \frac{q^2(2m_r)^{3/2}}{nch^2 m_n^*}(h\nu - E_g)^{1/2} \tag{4-65}$$

式中，n 为折射率；m_r 为折合质量。如果折射率 $n = 4$，若电子和空穴的有效质量等于自由电子的质量，则吸收系数为

$$\alpha(\nu) \approx 2 \times 10^4 (h\nu - E_g)^{1/2} \text{cm}^{-1} \tag{4-66}$$

式中，$h\nu$ 和 E_g 均以 eV 为单位。

对于某些材料，禁止直接跃迁，而允许在 $k \neq 0$ 时跃迁，跃迁概率随 k^2 增加。这意味着跃迁概率与 $h\nu - E_g$ 成比例增加。由于直接跃迁中的态密度与 $(h\nu - E_g)^{1/2}$ 成比例，吸收系数具有如下的依赖性：

$$\alpha(\nu) = \frac{4}{3} \frac{q^2 \left(\dfrac{m_p^* m_n^*}{m_p^* + m_n^*}\right)^{5/2}}{nch^2 m_n^* m_p^* h\nu}(h\nu - E_g)^{3/2} \tag{4-67}$$

若折射率 $n = 4$，电子和空穴的有效质量等于自由电子，则吸收系数为

$$\alpha(\nu) = 1.3 \times 10^4 \frac{(h\nu - E_g)^{3/2}}{h\nu} \text{cm}^{-1} \tag{4-68}$$

请注意，分母中的 $h\nu$ 与 $(h\nu - E_g)^{3/2}$ 相比变化缓慢且数值大得多。因此，禁止跃迁的吸收系数会比允许跃迁的小得多。

2. 间接带隙

在半导体物理中，间接能谷之间的电子跃迁涉及两个过程：能量变化和动量调整。由于光子本身几乎不能提供足够的动量改变，动量守恒需通过与声子相互作用来实现，通常只有纵向声子和横向声子才能被利用。如图 4-7 所示，设每个声子都有特征能量 E_{ph}，为了完成从 E_1 到 E_2 的跃迁，需要发射或吸收一个声子。

这两个过程分别由以下方程给出：

$$\left.\begin{array}{l} h\nu_{em} = E_2 - E_1 + E_{ph} \\ h\nu_{abs} = E_2 - E_1 - E_{ph} \end{array}\right\} \tag{4-69}$$

式中，ν_{em} 和 ν_{abs} 分别为伴随声子发射和吸收时吸收光子的频率。间接跃迁过程中，价带中的每一个被占据态都可通过声子辅助的方式跃迁到导带中的一个空态。能量 E_1 处的初始态密度为

$$g(E_1) = \frac{1}{2\pi^2 \hbar^3}(2m_p^*)^{3/2}|E_1|^{1/2} \tag{4-70}$$

在 E_2 处态密度为

$$g(E_2) = \frac{1}{2\pi^2 \hbar^3}(2m_n^*)^{3/2}(E_2 - E_g)^{1/2} \tag{4-71}$$

将式（4-69）代入，得

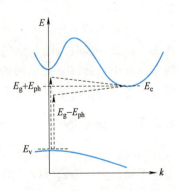

图 4-7　间接半导体中，伴随声子吸收和发射的间接跃迁

$$g(E_2) = \frac{1}{2\pi^2\hbar^3}(2m_n^*)^{3/2}(h\nu - E_g \mp E_{ph} + E_1)^{1/2} \tag{4-72}$$

吸收系数与式（4-70）给出的初态密度和式（4-72）给出的终态密度的乘积成正比，还与电子和声子相互作用的概率 $f(N_p)$ 成正比。函数 $f(N_{ph})$ 是能量为 E_{ph} 的声子数 N_{ph} 的函数。声子数由玻色-爱因斯坦统计给出，即

$$N_{ph} = \frac{1}{\exp[E_{ph}/(k_B T)] - 1} \tag{4-73}$$

因此，吸收系数可表示为

$$\alpha(\nu) = Af(N_{ph})\int_0^{-(h\nu - E_g \mp E_{ph})}|E_1|^{1/2}(h\nu - E_g \mp E_{ph} + E_1)^{1/2}dE_1 \tag{4-74}$$

式（4-74）积分后，将式（4-73）代入，则对于伴随着声子吸收的跃迁，当 $h\nu > E_g - E_{ph}$ 时，吸收系数为

$$\alpha_{abs}(\nu) = \frac{A(h\nu - E_g + E_{ph})^2}{\exp[E_{ph}/(k_B T)] - 1} \tag{4-75}$$

对于伴随着声子发射的跃迁，当 $h\nu > E_g + E_{ph}$ 时，吸收系数为

$$\alpha_{em}(\nu) = \frac{A(h\nu - E_g - E_{ph})^2}{1 - \exp[E_{ph}/(k_B T)]} \tag{4-76}$$

当 $h\nu > E_g + E_{ph}$ 时，声子发射和声子吸收都是可能的，那么吸收系数为

$$\alpha(\nu) = \alpha_{abs}(\nu) + \alpha_{em}(\nu) \tag{4-77}$$

在高度掺杂的间接带隙半导体中，可通过电子-电子散射过程（例如电子-电子散射或杂质散射）来保持动量守恒。在这些情况下，散射概率与散射体浓度 N 成正比，不需要声子辅助。此时，对于 n 型半导体，吸收系数可写成：

$$\alpha(\nu) = AN(h\nu - E_g - \xi_n)^2 \tag{4-78}$$

式中，A 是一个常数；ξ_n 为相对于价带底的费米能级，即 $\xi_n = E_{Fn} - E_c$。

4.2.3 激子及其吸收

1. 激子

激子的概念最早由弗伦克尔（Y. Frenkel）于 1931 年提出，当时他描述了原子晶格的激发，并考虑了现在称为紧束缚模型的能带结构的描述。在他的模型中，由库仑相互作用束缚的电子和空穴位于晶格的同一位置或最近邻位置，但作为复合准粒子，它能在晶格中传播而不传输净电荷。这种电子与空穴之间因库仑力作用而形成的准粒子被称为激子（Exciton）。激子是一种电中性的复合玻色子，由两个费米子——电子和空穴组成，广泛存在于固体材料，如绝缘体、半导体，以及特定的分子结构中。尽管激子中的电子与空穴在物理上是分离的，但它们通过库仑力紧密相连，形成了一个稳定的相互作用系统。这种相互作用在某种程度上与氢原子中电子与质子之间的关系相似，其中，电子可在空穴周围的轨道上运动，类似于它在围绕氢原子核时的行为。这种类氢系统的电离能量可表示为

$$E_n = -\frac{m_r q^4}{2h^2 \varepsilon_r^2}\frac{1}{n^2} \tag{4-79}$$

式中，$n = 1$，2，3，$\cdots$，表示不同的激子态；m_r 是约化质量。

为了方便，常把导带边缘作为参考能级，并将这个边缘作为连续态（$n=\infty$），激子的各种态如图 4-8 所示。激子解离形成自由的电子和空穴所需的能量，称为激子结合能（Binding Energy）或激子束缚能，记作 E_b。激子结合能的大小实际上是图 4-8 中第一激子能级 E_1（$n=1$）到导带底能级 E_c 的能量差。在杂质原子中，比如施主原子或氢原子，核的有效质量非常大，因此，折合质量约等于电子的质量。但在激子中，折合质量比电子的有效质量要小，因为 m_n^* 和 m_p^* 的量级接近。因此，激子的结合能可能低于施主或受主的电离能。

激子通常在两种极限情况下进行考察。在离子晶体和分子晶体中，由于强烈的电子-空穴吸引作用，电子和空穴相互紧密地被束缚于同一个或紧邻单胞中。这些紧密束缚的激子称为弗仑克尔激子，弗仑克尔激子的结合能通常较大，可以大到数百 meV。在大多数半导体中，由于介质具有较大的介电常数，价电子的库仑相互作用被有效屏蔽。因此，电子和空穴间的束缚较弱，这种激子被称为万尼尔-莫特（Wannier-Mott）激子或简称万尼尔激子。万尼尔激子的典型结合能值在几到数十 meV。图 4-9a 为万尼尔激子在空间上跨越多个晶格的相互作用。尽管激子的行为不再适合用单电子模型来近似，但它们在

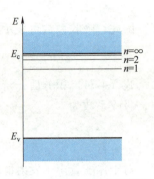

图 4-8　半导体中的激子能级

半导体中的能量与动量之间仍具有类似的色散关系，如图 4-9b 所示，只是用折合质量替代本来电子或空穴的有效质量。

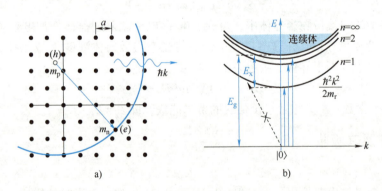

图 4-9　万尼尔激子

a）二维晶格中的万尼尔激子　b）色散关系

2. 直接和间接激子的吸收

在直接带隙半导体中，激子的形成通常表现为吸收边附近出现窄峰，而在间接带隙半导体中则表现为吸收边的台阶。直接带隙材料中，自由激子对应的峰出现在光子能量为 $h\nu = E_g - E_b$ 时。图 4-10a 是砷化镓吸收谱。室温下，激子吸收与带边吸收通常难以区分，如图 4-10b 所示。随着温度的降低，激子吸收特征逐渐明显，并出现分立的激子吸收峰。对于激子结合能较大的半导体及量子点，激子吸收特征在室温下也可能明显观察到。由于激子可以伴随一定的动能产生，因此很明显它们也可以由高能光子产生，从而对带间跃迁区域的吸收系数产生贡献。

在间接带隙材料中，需要声子参与来保持动量守恒。因此，在伴随声子吸收的跃迁中，

吸收系数增加到 $h\nu = E_g - E_{ph} - E_b$，而在具有声子发射的跃迁中，则增加到 $h\nu = E_g + E_{ph} - E_b$。在各声子谱支中有两个横向和一个纵向声子的贡献。多个声子可参与跃迁，并且它们可以以各种组合方式被吸收或发射。因此，在吸收边上可得到大量台阶，图 4-10b 所示为间接半导体磷化镓的吸收谱。

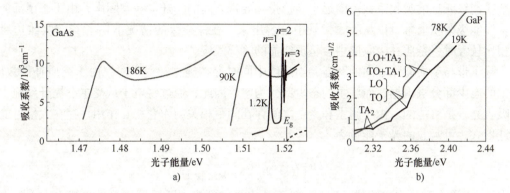

图 4-10　直接和间接半导体中的激子吸收

a）砷化镓的吸收谱示意图，$T = 186K$，$90K$，$1.2K$　b）磷化镓的吸收谱

4.2.4　非本征吸收

半导体的非本征吸收包括以下几种类型：①杂质从缺陷能级到带或缺陷态能级间的吸收；②自由载流子的带内吸收；③晶格振动吸收；④量子阱和超晶格结构中的子带间的跃迁吸收。这些非本征吸收通常是由材料中的杂质、缺陷或微结构等外部因素引起的。

1. 杂质吸收

中性施主与导带之间或价带与中性受主之间的跃迁可通过吸收低能量光子实现（图 4-11a）。在这种吸收过程中，光子能量必须不小于杂质的电离能 E_i，这种能量通常对应于光谱的远红外区域。以硼掺杂的硅为例，其吸收现象便是此类情况的典型代表（图 4-11b）。图中几个吸收峰反映了由于受主中的空穴从基态到激发态的跃迁而引起的光吸收现象。紧随这些吸收峰的是较宽的吸收带，这表明杂质已完全电离，空穴从受主的基态跃迁至价带。此外，图中的杂质电离吸收带还展示了随着光子能量的增加，吸收系数降低的现象，这是因为空穴跃迁至价带顶下方的状态时，其跃迁概率急剧减少所致。

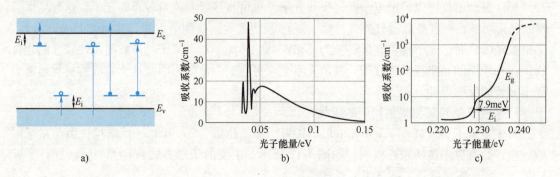

图 4-11　杂质吸收

a）杂质与带之间的吸收跃迁　b）硼掺杂的硅的吸收光谱　c）锑化铟中的杂质吸收

价带与电离施主之间的跃迁（需要是空态以允许跃迁）或电离受主与导带之间的跃迁发生在光子能量 $h\nu > E_g - E_i$。与发生在离散的能级（激子能级）和带边之间的激子吸收不同，杂质与带之间的跃迁涉及整个能带。因此，杂质与带之间的跃迁通常在吸收边缘上表现为一个肩峰，其能量比能隙低 E_i，如图 4-11c 所示。由于杂质态的密度远低于带中态的密度，涉及杂质能级跃迁的吸收系数范围远小于价带和导带之间的跃迁。在实际中，由于态尾部的跃迁，浅能级杂质通常难以从吸收背景中分辨出来。在深能级的情况下，当 E_i 与吸收边缘宽度相比较大时，杂质在吸收谱中会呈现明显的阶梯效应。

除了带与杂质能级之间的跃迁，当晶体中同时存在施主和受主时，由于杂质补偿效应，受主的态少部分被占据，而施主的态少部分为空。因此，通过将电子从受主态提升到施主态来吸收光子是可能的。由于施主和受主之间存在间距相关的库仑相互作用，存在大量可能的跃迁形式。可吸收的光子能量为

$$h\nu = E_g - E_D - E_A + \frac{q^2}{4\pi\varepsilon_0\varepsilon_r r} \tag{4-80}$$

式中，r 为施主和受主之间的距离。请注意，由受主到施主跃迁导致的吸收结构应该与由等电子陷阱（无净电荷）引起的吸收结构有本质显著区别。表面态包括施主和受主，它们之间的能量略低于能隙能量。通过激发一个电子从受主到施主，可以测量它们之间的能量差异。然而，由于表面态位于极薄层中，它们的吸光度非常低，难以直接检测。通常需采用反射谱，并借助特定的增强方法进行分析。

2. 自由载流子的吸收

自由载流子吸收是指当材料吸收光子时，电子或空穴等自由载流子跃迁至同一能带内更高能级的过程。这种吸收发生在能带内部，这通常是由于光子能量不够大，不足以引起能带间的吸收。自由载流子吸收波长范围宽，不需要光子能量与特定电子跃迁能量匹配，只需光子能量足够电子从一个能级跃迁到更高能级即可，通常在红外波段。根据德鲁德（Drude）模型，自由载流子的吸收与光波长的二次方成正比。作为一种非本征吸收，吸收系数与材料中的自由载流子（电子和空穴）浓度成正比；它随光子能量的减小而按幂律函数减小。在导体中，自由电子载流子跃迁至带内高能级后，会有两种过程：①热化过程，即电子弛豫到导带底部的同时释放声子能量；②发射光子，即高能级电子弛豫到低能级过程中发射与能级差一致的光子。这两种过程可能同时存在。

3. 晶格振动吸收

晶格振动不仅可以辅助电子跃迁吸收光子，也可直接吸收能量较小的光子。这种晶体吸收的光谱通常在中红外和远红外区，称为晶格振动吸收，或剩余射线（Reststrahlen）吸收。晶格振动吸收时，光子能量直接转换为晶格振动的热能。对于离子晶体或离子性较强的化合物，存在较强的晶格振动吸收带，其消光系数常可达到个位数，因此这个波段的材料通常表现出显著的反射特性。

4. 多量子阱和超晶格结构中的吸收

对于多量子阱（Multiquantum-well，MQW）和超晶格（Superlattice）结构，由于量子限域效应，会有更丰富的跃迁机制。如图 4-12 所示，主要的跃迁方式有：①带间跃迁；②激子跃迁；③子带间跃迁；④微带间跃迁。

带间发射和吸收发生在价带和导带之间的状态，这与体半导体中的情况类似。然而，由

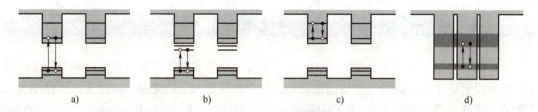

图 4-12　多量子阱和超晶格结构中的光子吸收与发射
a）带间跃迁　b）激子跃迁　c）子带间跃迁　d）微带间跃迁

于量子限制，光学联合态密度必须被量子阱结构的态密度分布所替代，即

$$\varrho(\nu)=\begin{cases}\dfrac{hm_r}{m_c^*}\dfrac{m_c^*}{\pi\hbar^2 l}=\dfrac{2m_r}{\hbar l}, & h\nu>E_g+E_q+E_q'\\[2mm] 0, & \text{其他}\end{cases}\tag{4-81}$$

式中，$E_q=\hbar^2(q\pi/l)^2/2m_n^*$，$E_q'=\hbar^2(q\pi/l)^2/2m_p^*$，$q=1$，2，…。包括所有子带 $q=1$，2，…之间的跃迁，可以得到一个具有阶梯分布的态密度 $\varrho(\nu)$。带间跃迁是多量子阱发光二极管、超晶格二极管和激光二极管等发光器件，以及 MQW 电吸收调制器工作的基础。

MQW 结构中，一维载流子限域作用导致激子结合能显著增加。这种效应使得即便温度达到 $T=300℃$ 时，仍能观察到强烈的激子跃迁现象。在包括 MQW 电吸收调制器在内的众多量子限域器件中，激子跃迁发挥至关重要的作用。

在 MQW 结构中，当半导体的一维尺寸变得与电子的德布罗意波长可比时，电子的运动在该方向上受到限制，导致能量只能取特定的值，这就形成了量子化的能级，即子带。MQW 结构的单一带内部能级之间发生的跃迁被称为子带间跃迁（图 4-12c）。在超晶格中，MQW 中离散的能级进一步扩展成微带，这些微带由微隙分隔（图 4-12d）。量子阱量子级联激光器和量子阱红外光、太赫兹波电探测器等器件的工作均基于子带间或微带间的跃迁。在这些电探测器中，光子被吸收后，导致束缚能级向连续态跃迁，从而产生载流子和电流信号。子带或微带系统载流子的特征寿命在皮秒级，允许器件工作在较大的带宽。

5. 吸收系数的测量

半导体材料吸收系数的测定通常可通过吸收光谱来实现。需要注意的是，吸收光谱通常无法直接测量获得，通常是通过测量反射率 R 和透射率 T 计算得到吸收率：

$$A=1-R-T\tag{4-82}$$

一旦材料厚度已知，就可以计算出吸收系数。然而，需要注意的是，为了简化计算，很多情况下会忽略材料的反射率。然而，对于高折射率或高吸收系数的材料，这种假设往往是不合理的。在这种情况下，考虑材料的反射率对于准确计算吸收系数至关重要。

除了简单地用吸收光谱评估吸收系数，目前最常用的是用椭圆偏振法。椭圆偏振法是一种测量材料厚度和光学常数的方法，光学常数包括折射率 n 和消光系数 K。在椭圆偏振法中，一束已知偏振状态的光以一定入射角度照射到材料表面。根据菲涅尔公式，这束光在反射后，其偏振状态会发生变化。这种变化依赖于样品的光学性质，如复折射率（$\tilde{n}=n+\mathrm{j}K$），而消光系数 $\alpha=2k_0K$。

4.3 半导体中的发光

半导体材料受光激发或者载流子注入时，会处于局部非平衡状态，存在过剩载流子。此时，半导体中电子从高能级向较低能级跃迁，复合时释放一定的能量。如跃迁过程伴随着发出光子，这种跃迁称为辐射跃迁（Radiative Transition）或辐射复合（Radiative Recombination）；而某些跃迁过程不辐射光子而将能量转移给晶格或载流子，这种称为非辐射跃迁（Non-radiative Transition）或非辐射复合（Non-radiative Recombination）。通常，电子从高能级 E_2 跃迁到低能级 E_1，并以随机方向发射一个能量为 $h\nu = E_2 - E_1$ 的光子。这种跃迁是自发的，称为自发辐射。

4.3.1 辐射跃迁

第 4.2 节介绍了吸收过程中电子从低能级向高能级跃迁的类型，而从高能级向低能级跃迁则是上述过程的逆过程。主要包括：①带间跃迁，通常涉及电子-空穴的复合或激子复合；②杂质参与的跃迁，包括导带电子跃迁到未电离的受主能级、中性施主能级上的电子跃迁到价带、中性施主能级上的电子跃迁到中性受主能级；③热载流子在带内跃迁。其中，第一类为本征跃迁，后两类为非本征跃迁，这些过程通常都可能产生自发辐射。

1. 本征跃迁

在半导体物理中，本征跃迁是指导带电子跃迁到价带，与价带的空穴相复合，并伴随着光子的发射。这种过程是带与带之间的电子跃迁引起的发光过程，是本征吸收的逆过程。对于直接带隙半导体，导带和价带极值都位于 k 空间原点，本征跃迁为直接跃迁。由于直接跃迁的发光过程只涉及一个电子-空穴对和一个光子，其辐射效率较高。直接带隙半导体，如Ⅲ-Ⅴ族（如 GaAs、GaN 等）和Ⅱ-Ⅵ族（CdSe 等），是常用的发光材料。带与带之间的跃迁发射的光子能量与 E_g 直接相关。对于直接跃迁，发射光子的能量至少应满足

$$h\nu = E_c - E_v = E_g \tag{4-83}$$

在近热平衡状态下，半导体仅具有一个费米函数，因此满足发射条件的概率 $f_{em}(\nu) = f(E_2)[1 - f(E_1)]$。如果费米能级位于能隙内，远离带边至少几倍于 $k_B T$，则可以用玻尔兹曼分布近似费米分布，即 $f(E_2) \approx \exp[-(E_2 - E_F)/k_B T]$ 和 $1 - f(E_1) \approx \exp[-(E_F - E_1)/k_B T]$，从而得到 $f_{em}(\nu) \approx \exp[-(E_2 - E_1)/k_B T]$，即

$$f_{em}(\nu) \approx \exp\left(-\frac{h\nu}{k_B T}\right) \tag{4-84}$$

将式（4-50）的 $\varrho(\nu)$ 和式（4-84）的 $f_{em}(\nu)$ 代入式（4-52）中，可得自发辐射跃迁的速率

$$r_{sp}(\nu) \approx D_0 \sqrt{h\nu - E_g} \exp\left(-\frac{h\nu - E_g}{k_B T}\right), \quad h\nu \geqslant E_g \tag{4-85}$$

式中，

$$D_0 = \frac{(2m_r)^{3/2}}{2\pi^2 \hbar^3 \tau_r} \exp\left(-\frac{E_g}{k_B T}\right) \tag{4-86}$$

是一个随着温度呈指数增长的参数。

如 Si、Ge 等间接带隙半导体，导带和价带极值处于不同的波矢（图 3-9），这时发生的带与带之间的跃迁是间接跃迁。间接跃迁过程中，除了发射光子外，还需要有声子参与。因此，这种跃迁比直接跃迁的概率要小得多。因此，它们的发光相对微弱。对于间接跃迁，在发射光子的同时，还发射或吸收一个声子，光子能量应满足

$$h\nu = E_{\mathrm{c}} - E_{\mathrm{v}} \pm E_{\mathrm{ph}} \tag{4-87}$$

式中，E_{ph} 是声子能量。

对于间接型辐射跃迁，自发辐射跃迁的速率可表示为

$$I_{\mathrm{sp}}^{\mathrm{in}}(\nu) \approx \left[h\nu - (E_{\mathrm{g}} - E_{\mathrm{ph}}) \right]^2 \exp\left[-\frac{h\nu - (E_{\mathrm{g}} - E_{\mathrm{ph}})}{k_{\mathrm{B}}T} \right] \tag{4-88}$$

2. 非本征跃迁

对于间接带隙半导体，本征跃迁是间接跃迁，概率很小。此时，非本征跃迁起主要作用。热载流子在带内跃迁是自由载流子吸收的逆过程，通常伴随着将能量转移给晶格，也可能产生光子。杂质参与的跃迁对间接带隙半导体发光有重要影响。以施主与受主之间的跃迁为例，这种跃迁效率高，基于磷化镓等间接带隙半导体的发光二极管属于这种跃迁机理。当半导体材料中同时存在施主和受主杂质时，两者之间的库仑作用力使激发态能量增大。当电子从施主向受主跃迁时，如果没有声子参与，发射光子能量为

$$h\nu = E_{\mathrm{g}} - E_{\mathrm{D}} - E_{\mathrm{A}} + \frac{q^2}{4\pi\varepsilon_{\mathrm{r}}\varepsilon_0 r} \tag{4-89}$$

式中，E_{D} 和 E_{A} 分别代表施主和受主的电离能。

4.3.2　非辐射复合

1. 本征量子产率

材料发光的本征量子产率指材料吸收的光子转化为发射光子的比例。量子产率的计算公式为

$$\Phi = \frac{\text{产生的光子数}}{\text{吸收的光子数}} \tag{4-90}$$

在光电器件中，量子产率也指注入材料的载流子转化为发射光子的比例。实际上，前者也是通过光激发产生非平衡载流子，进而辐射复合产生光子。下面从载流子复合的角度讨论量子产率。

考虑 n 型半导体（$n \gg n_0 + p_0$），净复合速率可表示为

$$R = An + Bn^2 + Cn^3 = \frac{n}{\tau(n)} \tag{4-91}$$

式中，系数 A、B 和 C 分别为单分子、双分子和三分子复合过程，载流子寿命为

$$\tau(n) = (A + Bn + Cn^2)^{-1} \tag{4-92}$$

假设这里双分子过程均产生光子辐射，而单分子和三分子过程不产生光子。因此，可以定义辐射和非辐射复合寿命为

$$\tau_{\mathrm{r}} = \frac{1}{Bn}, \quad \tau_{\mathrm{nr}} = \frac{1}{A + Cn^2} \tag{4-93}$$

本征量子效率的另一种表述是辐射复合速率与总复合速率之比，即

$$\varPhi = \frac{1/\tau_r}{1/\tau_r + 1/\tau_{nr}} = \frac{\tau_{nr}}{\tau_r + \tau_{nr}} \tag{4-94}$$

需要注意的是，尽管辐射和非辐射复合寿命未必都具有式（4-93）的形式，而式（4-94）是普适的形式。量子产率是发光材料的重要性能参数。当述及发光二极管或激光二极管等发光器件时，还会引入外量子效率来表征器件的性能，此时本征量子产率一般被称为内量子效率。

2. 非辐射复合的主要机制

发光量子产率几乎永远不会达到 $\varPhi = 1$。即使量子产率达到 1，由于斯托克斯位移（激发光子和发射光子的能量差）的存在，激发提供的能量的一部分并不会转化为发光辐射，而是在系统返回基态的过程中转化为其他形式的能量。另一种能量损失的通道是前面提及的非辐射复合。根据激发能量耗散的形式，半导体中主要有三种基本的非辐射复合类型：①当激发能量转化为热量（声子）时的复合；②晶格中新点缺陷产生的复合；③将激发能量转化为材料的光化学变化的复合。第一种类型的非辐射复合通常会略微提高样品温度。在这种情况下，可区分多声子跃迁和俄歇复合。由激发辐射引起的光化学变化仅限于少数化合物，如银和铊的卤化物。类似地，晶格缺陷的形成相当罕见，主要发生在一些宽带隙材料中。当然，即使是窄带隙半导体，如果辐照的光子能量远超材料的损伤阈值，或者辐照时间过长，也可能出现晶格缺陷。

与辐射复合过程相比，非辐射复合的具体机制并不那么受重视。晶体缺陷和杂质通常是引起非辐射复合的主因。俄歇过程是另一个导致非辐射复合的重要机制，尤其在高载流子浓度下。由于非辐射复合产生的热量往往会加速器件的退化，同时也会影响光电器件的性能。本征的俄歇过程无法避免，但通过减少杂质可抑制非本征俄歇复合过程。因此，控制晶体的质量和减少杂质的含量，可以有效提升器件的性能。

4.4 速率方程

速率方程是描述半导体光电子器件中载流子（电子和空穴）和光子密度随时间变化的数学模型。这些方程对于理解和设计光电子器件至关重要，因为它们建立了半导体材料载流子与光子间转化的规律。通过速率方程，可以提取半导体材料寿命等参数，预测器件的稳态工作状态和瞬态行为。特别是在理解半导体激光器的行为时，速率方程起关键作用，包括阈值条件、稳态工作点以及动态响应等。

4.4.1 典型的速率方程

速率方程通常包括载流子的产生、复合以及输运过程，光子的产生及吸收过程。首先，考虑半导体中载流子的速率方程。在复合过程中，电子和空穴成对减少。如果仅考虑本征复合，根据式（4-13），速率方程可表示为

$$\frac{\mathrm{d}n}{\mathrm{d}t} = \frac{\delta n}{\tau_n} \tag{4-95}$$

式中，n 是电子的浓度；τ_n 为电子的寿命；δn 为过剩载流子浓度。考虑复合过程包括辐射复

合和非辐射复合，载流子浓度变化的一般表达式为

$$\frac{\mathrm{d}n}{\mathrm{d}t} = G - R_{\mathrm{rad}} - R_{\mathrm{nrad}} \tag{4-96}$$

式中，G 表示载流子产生的速率；R_{rad} 和 R_{nrad} 分别表示辐射复合与非辐射复合的速率。各种类型的非辐射复合均可以体现于 R_{nrad} 这一项。通常，带间辐射复合速率 $R_{\mathrm{rad}} = Bnp$，非辐射复合只考虑俄歇复合速率，则 $R_{\mathrm{nrad}} = R^A = (C_{\mathrm{n}}n + C_{\mathrm{p}}p)(np - n_{\mathrm{i}}^2)$（式中，$B$ 是辐射复合系数，C_{n} 和 C_{p} 分别是电子和空穴的俄歇复合系数），而且无载流子产生的过程，此时电子浓度随时间变化：

$$\frac{\mathrm{d}n}{\mathrm{d}t} = -Bnp - (C_{\mathrm{n}}n + C_{\mathrm{p}}p)(np - n_{\mathrm{i}}^2) \tag{4-97}$$

辐射复合引起光子的产生。因此，还应包括体现光子密度变化的方程：

$$\frac{\mathrm{d}N_{\mathrm{ph}}}{\mathrm{d}t} = \Phi Bnp \tag{4-98}$$

式中，N_{ph} 为光子密度；Φ 为荧光量子产率。

4.4.2　半导体激光器中的速率方程

半导体激光器是一种将注入的载流子转化为相干光子，并实现放大输出的器件。如图 4-13 所示，在这个过程中，电流源源不断或间歇性地注入半导体激光器产生载流子，载流子复合产生随机光子，而后载流子在光子的作用下产生受激辐射。随后，光子又在激光介质和腔镜上发生损耗等过程，并再次转化为载流子，载流子再次经历上述过程。经过这些相互影响、相互制约的过程，最终实现相干光子的放大。这种过程的复杂性和相互制约性需精确控制和优化，半导体激光器的速率方程则提供了理解载流子和（相干）光子产生和演化过程的工具。

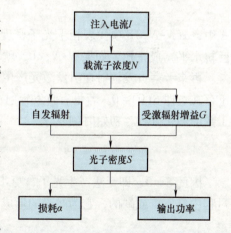

图 4-13　半导体激光器中的载流子和光子的产生、湮灭与转化

半导体激光器中，存在载流子和光子随时间的演化过程。载流子浓度的速率方程可表示为三个过程之和：

$$\frac{\mathrm{d}N}{\mathrm{d}t} = \frac{I}{qV} - \frac{N}{\tau_{\mathrm{N}}} - GS \tag{4-99}$$

式中，N 和 τ_{N} 分别为载流子浓度和寿命；G 是以 N 为变量的净增益系数，为高能级粒子数 N 的函数。式（4-99）等号右边第一项 $I/(qV)$ 表示单位时间注入的载流子，即载流子的产生速率，电流 I 可以是稳恒电流，也可以是脉冲电流；第二项 N/τ_{N} 反映载流子的复合，包括辐射复合与非辐射复合；第三项 GS 代表受激辐射造成的载流子的复合。

光子密度的速率方程也包含三个过程：

$$\frac{\mathrm{d}S}{\mathrm{d}t} = GS - \frac{S}{\tau_{\mathrm{ph}}} + \frac{\beta_{\mathrm{sp}}N}{\tau_{\mathrm{N}}} \tag{4-100}$$

式中，S 和 τ_{ph} 分别为光子密度和光子腔内寿命；β_{sp} 为自发辐射速率。式（4-100）等号右边第一项 GS 代表受激辐射产生相干光子增益，第二项 S/τ_{ph} 为光子在腔内的损耗，第三项 $\beta_{sp}N/\tau_N$ 为非相干光子产生的速率。

如果要了解半导体激光器中载流子与光子的转化演化过程，需求解速率方程式（4-99）和式（4-100）。由于寿命等参数通常是载流子浓度的函数，常微分方程组一般是非线性的。因此，用解析的方法求解一般比较困难，通常采用数值的方法。以下通过速率方程简单分析粒子数反转和自发辐射在产生激光过程中的必要性。

在阈值条件下，净增益与腔损耗相同，因此

$$G(N_{th}) = \frac{1}{\tau_{ph}} \tag{4-101}$$

根据式（4-58），增益系数具有 $G=a(N-N_1)$ 的形式，即

$$\frac{1}{\tau_{ph}} = G(N_{th}) = a(N_{th}-N_1) \tag{4-102}$$

式中，N_1 为低能级的粒子数。因此，有

$$\begin{aligned}\frac{dS}{dt} &= GS - \frac{S}{\tau_{ph}} + \frac{\beta_{sp}N}{\tau_N} \\ &= \left(G - \frac{1}{\tau_{ph}}\right)S + \frac{\beta_{sp}N}{\tau_N} \\ &= a(N-N_{th})S + \frac{\beta_{sp}N}{\tau_N}\end{aligned} \tag{4-103}$$

式中，$a(N-N_{th})S$ 项代表相干光子密度。可见，相干光子的浓度与（$N-N_{th}$）（体现粒子数反转水平）成正比。如果 $N-N_{th}<0$，就不会有持续的相干光子产生。

再来考察自发辐射在引发激光产生过程中的作用。在激光器腔中，如果初始时刻没有光子存在，即 $S(0)=0$。若没有自发辐射或随机噪声，即自发辐射速率 $\beta_{sp}=0$。那么，根据光子数的演化方程，初始时刻

$$\frac{dS}{dt} = 0 \tag{4-104}$$

因此 $S\equiv 0$。即无法产生光子，更不用说实现激光的产生。因此，自发辐射在激光产生过程中是不可或缺的，它为激光的形成和放大提供了初始激励。

习题与思考题

1. 在热平衡状态下，为什么电子的产生速率和复合速率相等？

2. 过剩载流子浓度的时间依赖性是什么？载流子复合速率的影响因素有哪些？为什么用过剩载流子浓度和寿命来表示过剩载流子复合速率？

3. 阐述电子、空穴的准费米能级的定义。为什么要引入这一定义？

4. 解释为什么半导体中存在陷阱会增加过剩载流子的复合速率。

5. 解释半导体中光生载流子的形成机制，并讨论光生载流子在半导体中输运和复合过程，包括辐射复合和非辐射复合，以及影响复合速率的因素。

6. 简述半导体中光吸收和光发射的影响因素。

7. 讨论直接带隙和间接带隙半导体在光吸收和光发射方面的区别，并解释其在光电器件中的应用。

8. 简述半导体中的激子（束缚态电子-空穴对）形成机理，讨论激子吸收与带间吸收的区别。查阅资料总结半导体中激子的性质，以及激子在光电器件中的作用。

9. 简述非辐射复合的机制，并讨论它对半导体器件性能的影响。

第 5 章

光电器件仿真基础

光电子技术正以前所未有的速度迈向各个应用领域，从高速通信网络到先进传感系统，其影响越来越广泛。光电子器件的性能直接影响着整个系统的效率和可靠性。光电子学方程集中体现了光电子器件工作的物理过程，其中方程的系数通常是材料的性质参数，因此，材料性质对器件性能具有决定性作用。

本章从材料性质的基本概念出发，揭示材料各类性质的实质（第 5.1 节）。随后，汇总光电器件工作涉及的电子学过程的方程，简要介绍了泊松方程、载流子输运方程等关键方程，以及边界条件在光电子器件分析中的作用（第 5.2 节）。此外，还将探讨光电子器件的仿真原理、方法与步骤，并通过实例展示仿真在光电子器件设计中的应用（第 5.3 节）。以上内容将提供全面理解光电子器件工作原理的视角和实践分析工具。

5.1　材料物理性能

5.1.1　材料性能的概念与本构关系

1. 材料性能的概念

材料科学中，经常提及材料的四要素：组成、结构、制备工艺与性能。性能作为其中一个要素，它如此普遍，以至于我们往往不会特意思考其意义。除了性能（Performance），还有一个与之十分接近的概念——性质（Property）。就器件而言，我们通常用性能这个词，而不用性质。描述材料时，我们有时使用性质，有时则使用性能，两者的整体含义非常接近，无须过于区分。它们之间的微妙差异在于，性质更侧重于材料的基本特性，更反映其内在本质；而性能则更加强调材料因具有某些性质而使器件具备特定功能，更凸显其应用的实际效果。

无论是性质还是性能，都包含两层含义。第一层含义是指材料在给定外界场（或外界变化）作用下产生响应行为或表现。例如，在电场作用下，介质会产生极化或产生电流，这类响应称为电学性能；在光场作用下的响应称为光学性能；在应变场作用下的响应称为力学性能。第二层含义则是指用于表征材料响应行为发生程度的参数，通常称为性能指标。在这种情况下，材料性能是一个量化的概念。例如电导率、介电常数、折射率、扩散系数、杨氏模量等均是材料的性能，体现了在不同类型外场作用下材料响应的显著程度。

为了更好地理解材料性能的概念，首先看两个熟悉的例子。例如，导体在电场 E 作用下会产生电流，其电流密度 $J=\sigma E$。电流密度与电场是正比关系，其比例常数（斜率）σ 是电导率，是材料电学性能的一种。在这里，材料对外电场 E 的响应属于材料电学性能，体现材料性能的第一层含义；而电导率 σ 这一量化概念则体现了材料性能的第二层含义。又如，结构材料受到应变时会产生应力。在应变 ε 较小的弹性范围内，应力与应变之间也呈正比关系。

2. 本构关系

无论是电学性能还是力学性能，材料对外场的响应与外场均表现出正比关系。将这种关系进一步推广，可引出材料性能的概念。如果材料对外场 F（或变化量、作用量）的响应量（感应量）与外场之间具有如下关系：

$$J = KF \tag{5-1}$$

那么，K 为材料的性能，通常用张量的形式表示。

材料对外场的这种响应，与器件对外界输入的响应 $y=Mx$ 具有类似的形式。在这里，K 为性质张量。张量可以看作矢量的推广，具体含义可参考《张量分析》或《晶体物理学》等教材。在作用场下不同类型的响应对应性质张量具有不同阶数，其中 0 阶张量即为标量，1 阶张量就是向量，2 阶张量是矩阵，而 n 阶张量可以视为 $n-1$ 阶张量在另一维度的堆积。

表 5-1 列出了一些重要的物理定律。可以发现，这些物理定律实际上就是材料对外场或外界变化量的响应，而这种响应充分体现于本构关系中。

表 5-1　常见物理定律中的本构关系

物理定律	表达方式	性质张量
胡克定律	$\sigma = C\varepsilon$	C 为弹性模量
欧姆定律	$J = \sigma E$	σ 为电导率
傅里叶定律	$q = -\kappa \nabla T$	κ 为热导率
菲克定律	$q = -D \nabla c$	D 为扩散系数
电磁学 本构方程	$B = \mu H$	μ 为磁导率
	$D = \varepsilon E$	ε 为介电常数

3. 性质的线性

材料性能是材料本身固有的属性，与外场的存在与否无关，通常也与外场强度无关。这种与外场无关的性能常称为线性性质。但值得强调的是，即使在线性性质下，材料的响应矢量与作用矢量未必平行。例如，当各向异性材料沿非晶体主轴方向的外电场 E 作用时，假设材料的介电张量和外电场分别为

$$\boldsymbol{\varepsilon} = \begin{pmatrix} \varepsilon_1 & 0 & 0 \\ 0 & \varepsilon_1 & 0 \\ 0 & 0 & \varepsilon_2 \end{pmatrix}, \boldsymbol{E} = \begin{pmatrix} E_1 \\ 0 \\ E_1 \end{pmatrix} \tag{5-2}$$

此时，引起的电位移矢量

$$\boldsymbol{D} = \begin{pmatrix} \varepsilon_1 & 0 & 0 \\ 0 & \varepsilon_1 & 0 \\ 0 & 0 & \varepsilon_2 \end{pmatrix} \begin{pmatrix} E_1 \\ 0 \\ E_1 \end{pmatrix} = \begin{pmatrix} \varepsilon_1 E_1 \\ 0 \\ \varepsilon_2 E_1 \end{pmatrix} \tag{5-3}$$

显然，无法表示为 $D = \varepsilon E$（ε 为标量）的形式，即电位移矢量 D 与电场矢量 E 不平行。

4. 非线性性质

当外场强度较大时，材料对外场的响应往往会偏离线性关系，这种响应称为非线性效应（Nonlinear Effect）或非线性性能。非线性性能实际上是任何物质都具有的性质，但通常这种响应极其微弱，以至于很难检测出来。外场强度较大时，性质张量是外场 F 的函数，并可用级数的形式表示：

$$K(F) = \sum_{1}^{\infty} K_n F^{n-1}, F^n = \underbrace{F : F \cdots : F}_{n\uparrow} \tag{5-4}$$

式中，$F : F$ 表示并矢。显然，级数收敛要求其系数 K_n 随 n 的增大而显著变小。K_n 为 $(n+1)$ 阶张量，对应于 n 阶非线性效应，此时

$$J_n = K_n \underbrace{F : F \cdots : F}_{n\uparrow}$$

特别地，当 $J = P$ 时为极化强度，$F = E$ 为光电场，$n \geq 2$ 时，对应的效应称为非线性光学效应。其中 $(n+1)$ 阶张量 K_n，对应于 n 阶非线性光学效应。在第 2 章已经提到，利用非线性光学效应，可以极大地拓展激光的工作频段。

5.1.2 性质张量与结构对称性的关系

材料的性质张量与结构对称性密切相关。这一特性可以用纽曼（Neumann）原理来描述：物理性能包含材料点群的对称，即在对称操作下，性能保持不变。这一原理建立了物理性质对称性与几何关系之间的联系，即材料的对称性决定的性质张量 K 的形式。换言之，材料结构的不对称性是性能各向异性的来源。以二阶的介电张量为例，如图 5-1 所示，对于高对称性的立方晶系晶体，只需一个分量表示介电张量，此时介电张量可简化为标量。然而，低对称性的三斜晶系，考虑到性质张量的对称性，一般需用六个分量来完整描述介电张量。

$$\begin{pmatrix} \varepsilon_{11} & 0 & 0 \\ 0 & \varepsilon_{11} & 0 \\ 0 & 0 & \varepsilon_{11} \end{pmatrix} \quad \begin{pmatrix} \varepsilon_{11} & 0 & 0 \\ 0 & \varepsilon_{11} & 0 \\ 0 & 0 & \varepsilon_{33} \end{pmatrix} \quad \begin{pmatrix} \varepsilon_{11} & \varepsilon_{12} & \varepsilon_{13} \\ \varepsilon_{12} & \varepsilon_{22} & \varepsilon_{23} \\ \varepsilon_{13} & \varepsilon_{23} & \varepsilon_{33} \end{pmatrix}$$

立方晶系　　　　　四方、六方晶系　　　　三斜晶系

图 5-1　不同晶系晶体的介电张量的形式

根据纽曼原理，可推导出奇数阶张量性质只存在于非中心对称的结构中。根据材料在电场下极化行为的差异，可分为介电材料、压电材料、热释电材料和铁电材料。其中，介电材料对晶体结构无特殊要求，压电材料要求非中心对称（如表 5-2 中分类）的要求，热释电（Pyroelectric）材料要求是极性点群，而铁电（Ferroelectric）材料不仅要求晶体类型属于极性点群，还要求材料具有自发极化行为。这些材料之间的包含关系为：介电材料 $\supseteq$ 压电材料 $\supseteq$ 热释电材料 $\supseteq$ 铁电材料。这是因为这些效应对应于不同类型的性质张量。例如，热释电效应指极化强度随温度改变而释放电荷，热释电系数属于一阶张量，因此只存在于非中心对称结构中。二阶非线性光学极化率、线性电光系数属于三阶张量，也只存在于非中心对称结构中。

表 5-2　点群的分类

点群（32 种）	中心对称点群（11 种）		$\bar{1}$, 2/m, 2/mmm, $\bar{3}$, $\bar{3}$m, 4/m, 4/mmm, 6/m, 6/mmm, m$\bar{3}$, m$\bar{3}$m
	非中心对称点群（21 种）	极性点群（10 种）	1, 2, 3, 4, 6, m, mm2, 3m, 4mm, 6mm
		非极性点群（11 种）	222, 32, $\bar{4}$, $\bar{4}$2m, 422, $\bar{6}$, $\bar{6}$m2, 622, 23, 432, $\bar{4}$3m

5.1.3　光电材料的性能

如前所述，光电器件的性能主要取决于其所用材料的电学、光学和热学特性。然而，在器件的加工与应用过程中，还需考虑其他一些性质，包括力学性能、化学性能和工艺性能等，如图 5-2 所示。这些性质直接影响到器件加工的便捷性、使用体验以及器件的稳定性，对于光电器件的实际运用和性能展现至关重要。如果任何一项性能未能达到器件的需求标准，那么该材料便不适合作为器件的组成部分。因此，在光电器件的设计和制造过程中，综合考虑这些非功能性能是不可或缺的。

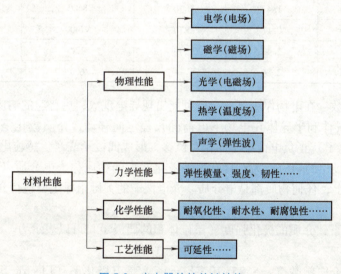

图 5-2　光电器件的关键性能

1. 电学性能

（1）导电性能　光电器件工作与电学过程密切相关，其中导电性能及调控尤为关键。这是因为器件的输入或输出信号通常以电流的形式。大多情况下，我们将光电材料的导电性能视为各向同性。然而，需要注意的是，在二维材料、量子阱或多量子阱结构中，导电性能呈现出明显的各向异性。在这些情况下，电导率和介电常数张量需以矩阵形式表达。

根据欧姆定律（本构关系），电导率可表示为

$$\sigma = \frac{J}{E} \tag{5-5}$$

式中，J 为电流密度，$J = nzq\bar{v}$，其中 $\bar{v}$ 为平均漂移速度，n 为载流子浓度，z 为载流子电荷

数，q 为单位电荷。根据迁移率的定义 $\mu = \bar{v}/E$，则 $\sigma = nzq\mu$。可见电导率与载流子浓度及迁移率的乘积相关。根据载流子的种类差异，电导的贡献可分为离子电导和电子电导两类。当多种导电机制共存时，有

$$\sigma = \sum_i n_i z_i \mu_i q \tag{5-6}$$

式中，n_i、z_i 和 μ_i 分别为第 i 种电荷的浓度、粒子所带电荷数和迁移率。在离子导电机制中，载流子为离子（正离子、负离子和空位），这在电化学器件和生命体中起重要的作用。然而，在光电材料中，通常不考虑离子电导，主要考虑电子和空穴在导电过程中的作用。

电子电导率的大小受载流子浓度和迁移率这两个关键因素的影响。这些在第 3 章中已有详细的讨论。表 5-3 列出了几种常见半导体的本征电导率。

表 5-3 室温时本征半导体的禁带宽度、电导率、电子与空穴的迁移率

材料		禁带宽度 /eV	电导率 /$\Omega^{-1} \cdot m^{-1}$	电子迁移率 /$cm^2 \cdot V^{-1} \cdot s^{-1}$	空穴迁移率 /$cm^2 \cdot V^{-1} \cdot s^{-1}$
元素半导体	Si	1.12	4×10^{-4}	1350	480
	Ge	0.67	2.2	3900	1900
III-V族 半导体	GaP	2.25	—	400	30
	GaAs	1.42	1×10^{-6}	8500	400
	InSb	0.17	2×10^{-4}	77000	400
II-VI族 半导体	CdS	2.40	—	120	
	ZnTe	2.26	—	600	200

（2）介电常数 在电场作用下，介质可能出现导电现象，更普遍的响应是极化（Polarization）。不同于导体和半导体在电场下电荷的长程定向移动，介质极化是由于组成的质点（原子、分子、离子）正负电荷中心的相对位移，形成偶极子或产生感应电荷。介电性能指电场作用下介质极化的响应行为。具有这种极化能力的物质称为电介质（Dielectric Media）或介电质。实际上，任何物质都是电介质。介电性能的关键指标主要包括介电常数、介电损耗和介电强度。

在外电场 E 下，介质的极化强度（单位体积的偶极矩）可以表示为

$$P = \varepsilon_0 \chi E$$

式中，ε_0 为真空介电常数（$\approx 8.85 \times 10^{-12}$ F/m）；χ 是电极化率（Electric Susceptibility）。习惯上，常引入电位移矢量来描述介质的响应，即

$$D = \varepsilon_0 E + P = \varepsilon_0 E + \varepsilon_0 \chi E = \varepsilon_0 \varepsilon_r E \tag{5-7}$$

其中，

$$\varepsilon_r = 1 + \chi \tag{5-8}$$

被称为相对介电常数，而 $\varepsilon = \varepsilon_0 \varepsilon_r$ 为介电常数。在非晶、多晶或立方晶系等各向同性介质中，相对介电常数是标量。在其他情形下，相对介电常数则需要用二阶张量的形式来表示。

微观层面上，相对介电常数与固体中每个分子（或原子）的极化率（Polarizability）α 有关（单位外加电磁场下感应的电偶极矩），相对介电常数一个简单近似表达式为

$$\varepsilon_r \approx 1 + \frac{N\alpha}{\varepsilon_0} \tag{5-9}$$

式中，N 为单位体积的分子个数。这个公式直接关联了介电常数与原子（离子或分子）极化率，并未考虑局域电场的效应，即忽略了其他偶极子场的影响。这种局域电场被称为洛伦兹场，其影响可以通过克劳修斯-莫索提（Clausius-Mossotti）方程更精确地描述：

$$\frac{\varepsilon_r-1}{\varepsilon_r+2}=\frac{N\alpha}{3\varepsilon_0} \tag{5-10}$$

（3）介电损耗　介电材料在交变电场下，极化 P 随时间周期性变化，电位移矢量 D 也是如此。总体而言，P 和 D 会落后于施加的电场 E。以余弦型电场为例，外加电场

$$E=E_0\cos\omega t \tag{5-11}$$

则电位移

$$D=D_0\cos(\omega t-\sigma) \tag{5-12}$$

式中，σ 表示落后的相位。因此

$$\begin{aligned}D&=D_0\cos\omega t\cos\sigma+D_0\sin\omega t\sin\sigma\\&=D_1\cos\omega t+D_2\sin\omega t\end{aligned} \tag{5-13}$$

其中，$D_1=D_0\cos\sigma$，$D_2=D_0\sin\sigma$。对于大多数介电材料，D_0 与 E_0 的比值具有频率依赖性。我们可以引入频率依赖的介电常数：

$$\varepsilon'(\omega)=\frac{D_1}{E_0}=\frac{D_0}{E_0}\cos\delta$$

$$\varepsilon''(\omega)=\frac{D_2}{E_0}=\frac{D_0}{E_0}\sin\delta \tag{5-14}$$

复介电常数：

$$\tilde{\varepsilon}(\omega)=\varepsilon'(\omega)+j\varepsilon''(\omega) \tag{5-15}$$

式中，ε' 描述材料在频率 ω 时的介电性质，而 ε'' 则代表损失因子。$\tan\delta=\dfrac{\varepsilon''}{\varepsilon'}$ 被称为损耗正切，指介质中的能量损耗与介质存储能量之比。

（4）极化机制与色散关系　介电常数表征介质在电场作用下极化的能力，而这一特性与应用电场的频率密切相关，这种关系称为色散关系（Dispersion Relation），如图 5-3 所示。这是因为介电极化包括多种机制，如电子位移极化、离子位移极化、弛豫极化、电偶极子转向极化和空间电荷极化等。这些极化机制的响应时间各不相同，从而决定了介质对不同频率电场的响应能力。在低频率下，由于响应时间相对较长的极化机制（如离子位移极化、电偶极子转向极化和空间电荷极化）有足够的时间发

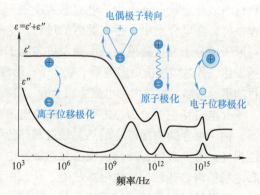

图 5-3　不同极化机制响应频率范围

生作用，因此各种极化机制都能对介电响应做出贡献。然而，当频率增加到接近或超过 100THz 时，只有响应速度极快的电子位移极化能够跟上电场变化的速度，为主导极化机制。此时，其他较慢的极化过程由于无法在短时间内完成，因此对介电响应的贡献减小。

因此，介电材料的介电常数随频率的变化反映了不同极化机制的参与程度和响应速度。

这一特性对于理解和设计使用特定频率范围内的电子和光学器件至关重要，能够帮助我们选择合适的材料以满足特定应用的需求。

（5）克拉默斯-克勒尼希关系　电极化率的实部和虚部之间服从克拉默斯-克勒尼希（Kramers-Kronig）关系，又称 KK 关系：

$$\begin{cases} \chi'(\omega) = \dfrac{1}{\pi}\mathcal{P}\displaystyle\int_{-\infty}^{+\infty}\dfrac{\chi''(\omega')}{\omega'-\omega}\mathrm{d}\omega' \\ \chi''(\omega) = -\dfrac{1}{\pi}\mathcal{P}\displaystyle\int_{-\infty}^{\infty}\dfrac{\chi'(\omega')}{\omega'-\omega}\mathrm{d}\omega' \end{cases} \tag{5-16}$$

式中，$\mathcal{P}$ 表示求广义积分的柯西主值。根据相对介电常数与极化率之间的关系式（5-8），相对介电常数满足类似的 KK 关系：

$$\begin{cases} \varepsilon_r'(\omega) - 1 = \dfrac{1}{\pi}\mathcal{P}\displaystyle\int_{-\infty}^{+\infty}\dfrac{\varepsilon_r''(\omega)}{\omega-\omega'}\mathrm{d}\omega' \\ \varepsilon_r''(\omega) = -\dfrac{1}{\pi}\mathcal{P}\displaystyle\int_{-\infty}^{+\infty}\dfrac{\varepsilon_r'(\omega)-1}{\omega-\omega'}\mathrm{d}\omega' \end{cases} \tag{5-17}$$

这个关系表明，极化率或介电常数的频率色散与其导致的损耗密切相关。换言之，存在频率色散的情况下必然伴随着吸收，而在有吸收的频段则一定存在频率色散。值得注意的是，克拉默斯-克勒尼希关系是一组数学公式，适用于描述任何线性响应函数（特别是任何满足式（5-1）的线性性质）的实部与虚部之间的关系。在物理上，频率总是正数。利用这些性质，可以推导出在正频域下色散关系的积分形式：

$$\varepsilon_r'(\omega) - 1 = \dfrac{2}{\pi}\mathcal{P}\int_0^\infty \dfrac{\omega'\varepsilon_r''(\omega')}{\omega'^2-\omega^2}\mathrm{d}\omega'$$

$$\varepsilon_r''(\omega) = \dfrac{2\omega}{\pi}\mathcal{P}\int_0^\infty \dfrac{\varepsilon_r'(\omega')}{\omega^2-\omega'^2}\mathrm{d}\omega' \tag{5-18}$$

（6）介电击穿与介电强度　介电击穿（Dielectric Breakdown）是指在高电场作用下，介质材料从绝缘状态突变为导电状态的现象。正如第 3 章描述的强场下半导体发生碰撞电离过程一样，在电介质中也存在类似的过程。这一过程通常开始于少数自由电子在电场的加速下与原子或分子发生碰撞，从而激发更多电子从价带跃迁至导带。这些新激发的电子同样被电场加速，并继续撞击更多的原子或分子，形成一种连锁反应，即所谓的电子雪崩。随着电子数目的迅速增加，材料内部电流急剧上升，最终导致电击穿发生，此时介质的绝缘性质被破坏。

介电击穿主要分为热击穿和局部放电击穿两种类型。热击穿发生在介电损耗较高的情况下，由于电介质内部产生的热量超过其热传导能力，导致材料温度不断升高，最终引发永久性损坏。另一方面，局部放电击穿通常发生在介电材料内部存在缺陷（如气泡）的情况下，高电场使得这些区域发生电弧放电，从而引起局部击穿。

当电场强度超过介质所能承受的临界值时，就会发生击穿，这一临界电场强度被称为介电强度（Dielectric Strength）。介电强度是衡量介质抗击穿能力的重要指标，对于设计电气和电子设备的绝缘体系具有重要意义。

2. 光学性能

光学性能指材料在光场（电磁场）下的响应，光学性质只有复折射（Complex Refractive Index）一个。而复折射率 $\tilde{n}$ 与相对介电常数 ε_r 和相对磁导率 μ_r 相关：

$$\tilde{n} = \sqrt{\mu_r \varepsilon_r} \tag{5-19}$$

而复折射率一般可表示为

$$\tilde{n} = n + jK \tag{5-20}$$

式中，复折射率的实部 n 为（相）折射率；K 为消光系数（Extinction Coefficient）。对于非磁介质（$\mu_r = 1$），复折射率 $\tilde{n}(\omega) = n(\omega) + jK(\omega) = \sqrt{\varepsilon_r}$，如果其中 $\varepsilon_r = \varepsilon_r' + j\varepsilon_r''$，则有

$$n^2 = \frac{1}{2}\left[\varepsilon_r'(\omega) + \sqrt{\varepsilon_r^2(\omega) + \varepsilon_r''^2(\omega)}\right] \tag{5-21}$$

$$K^2 = \frac{1}{2}\left[-\varepsilon_r'(\omega) + \sqrt{\varepsilon_r'^2(\omega) + \varepsilon_r''^2(\omega)}\right] \tag{5-22}$$

由式（5-22）可知，消光系数 K 可以取正负两个值。K 前正号是国际上最广泛接受的符号约定，但也要注意，有些文献将复折射率写成 $\tilde{n} = n - jK$。

与复介电常数类似，复折射率的实部和虚部之间也不是独立的，同样，根据折射率与介电常数的关系以及克拉默斯-克勒尼希关系，可得到类似式（5-18）的色散关系：

$$\begin{cases} n(\omega) - 1 = \dfrac{2}{\pi}\mathcal{P}\displaystyle\int_0^\infty \dfrac{K(\omega')\omega' - K(\omega)\omega}{\omega'^2 - \omega^2}\mathrm{d}\omega' \\ K(\omega) = -\dfrac{2\omega}{\pi}\mathcal{P}\displaystyle\int_0^\infty \dfrac{n(\omega')}{\omega'^2 - \omega^2}\mathrm{d}\omega' \end{cases} \tag{5-23}$$

式（5-23）的关系是椭偏仪测量计算材料折射率和消光系数的理论依据。这种关系表明，材料折射率的色散（折射率与波长的依赖关系）意味着存在吸收。强烈的吸收通常伴随显著的色散，如图 5-4 所示。

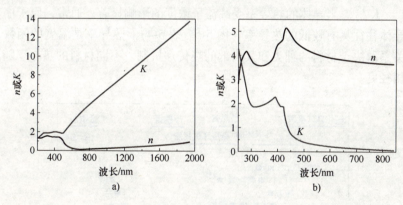

图 5-4　色散关系

a）金　b）砷化镓

折射率 n 的色散关系可用理论和经验公式来表示，常见的经验公式有

（1）柯西（Cauchy）色散方程（缩略版）

$$n = A + \frac{B}{\lambda^2} \tag{5-24}$$

（2）柯西色散方程（一般形式）

$$n = A + \frac{B}{\lambda^2} + \frac{C}{\lambda^4} + \cdots \tag{5-25}$$

（3）塞耳迈耶尔（Sellmeier）方程

$$n^2 = 1 + \frac{A_1}{\lambda^2 - \lambda_1^2} + \frac{A_2}{\lambda^2 - \lambda_2^2} + \frac{A_3}{\lambda^2 - \lambda_3^2} \tag{5-26}$$

目前，在光学和光子学仿真中，设置材料折射率很少使用经验公式，而更多地采用插值的方法。这种方法能够更准确地描述材料的复杂色散特性，提高仿真模型的精度和可靠性。

3. 热学性能

在光电器件的制造和工作过程中，热学过程无处不在。热传递包括热传导、热对流、热辐射三种基本类型。热辐射不依赖介质，而热对流依赖于气体和液体等流体的流动来传递热量。热传导则是固体中的主要热传递方式，它通过电子和声子两种导热机制进行。对于固态光电子器件，热传导对其工作性能的影响尤为显著。由于过高的温度会导致器件性能降低，甚至失效，因此，在材料选择和器件结构设计时，热管理是一个不可忽视的因素。热传导过程可由傅里叶（Fourier）定律（也称热传导定律）来描述：

$$q = -\kappa \nabla T \tag{5-27}$$

式中，q 为热流密度，表示单位时间通过单位面积的热量；∇T 为温度梯度，比例系数 κ 为热导率（Thermal Conductivity），单位为 $W \cdot m^{-1} \cdot K^{-1}$ 或 $W \cdot cm^{-1} \cdot K^{-1}$；负号表示热流方向与温度梯度方向相反。傅里叶定律表明热通量与温度梯度和热导率之间的关系，是描述热传导过程的本构关系。

如图 5-5 所示，具有大量自由电子的金属、石墨烯等导体，具有较高的热导率，而绝缘体通常热导率较低。在绝缘体中，金刚石因具有优异的声子导热机制，具有超高的热导率（2000$W \cdot m^{-1} \cdot K^{-1}$）。半导体的热导率受载流子浓度的影响显著。通常，原子序数较大、带隙较窄的半导体往往具有较低的热导率（图 5-5、表 5-4）。热导率是温度的函数，热导率与温度之间的关系取决于材料的种类和其内部的热传递机制。不同材料的热导率随温度变化的趋势可能大相径庭。

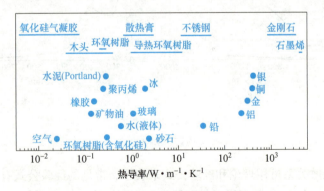

图 5-5　代表性材料的热导率实验值

（1）金属　对于大多数金属，热导率随温度升高而降低。这是因为金属的热传导主要依赖于自由电子的移动，而温度升高会导致电子散射的增加，从而降低热导率。

（2）半导体　半导体的热导率与温度的关系更为复杂。低温下，热导率可能随温度的升高而增加，这主要是由于低温下声子（晶格振动）的散射减少。然而，在一定温度范围内，随着温度的进一步升高，热导率可能开始下降，这是因为声子-声子的散射作用开始占据主导。

（3）绝缘体和非金属　对于许多绝缘体和非金属材料，如陶瓷、玻璃等，它们的热导率通常随温度的升高而降低。这些材料的热传导主要依赖于声子的传递，而温度升高会导致声子之间的散射增加，从而降低热导率。

（4）特殊材料　某些特殊材料，如金刚石，在特定温度范围内，其热导率随温度升高，这主要是由于其独特的晶格结构和声子传输机制。然而，当温度超过一定阈值时，热导率也会因为声子散射的增加而开始下降。

材料的热膨胀特性与光电器件的制备过程密切相关。半导体薄膜的外延生长通常需在较高温度下进行，而外延薄膜与衬底之间往往存在热胀系数的差异。这种温度变化和热胀系数的不匹配可能会在材料中引入残余应力，进而影响器件的稳定性和性能。热胀系数有两类，分别为线胀系数和体胀系数：

（1）体胀系数

$$\alpha_V = \frac{1}{V}\left(\frac{\partial V}{\partial T}\right)_p \tag{5-28}$$

式中，V 为材料的体积；T 为温度；下标 p 代表恒压。

（2）线胀系数

$$\alpha_L = \frac{1}{L}\frac{\partial L}{\partial T} \tag{5-29}$$

式中，L 为材料横向的线度。两者中，线胀系数对器件潜在失效的影响更为显著。因为器件通常制作在衬底，在横向尺度上受衬底制约。在设计和制造光电器件时，全面考虑热学过程和材料的热特性至关重要。这不仅涉及热管理措施的实施，以保持器件在最佳工作温度下运行，还包括对材料热胀特性的考量，以确保器件的结构稳定性和长期可靠性。

表 5-4　几种重要半导体的热导率与热胀系数

半导体	热导率/ $(W \cdot cm^{-1} \cdot K^{-1})$	热胀系数/ $(10^{-6}K^{-1})$	半导体	热导率/ $(W \cdot cm^{-1} \cdot K^{-1})$	热胀系数/ $(10^{-6}K^{-1})$
Si	1.56	2.59	AlP	0.9	
Ge	0.65	5.5	AlAs	0.91	5.2
SiC	0.2/4.9（六方）	2.9	AlSb	0.56	4.88
GaAs	0.455	5.75	InN	38.4	$\alpha_\perp$ 2.6 $\alpha_\parallel$ 3.6
GaN	1.3	$\alpha_\perp$ 3.17 $\alpha_\parallel$ 5.59	InP	0.7	4.75
GaP	0.77	4.65	InAs	0.26	4.52
GaSb	0.35	7.75	PbS	0.03	
AlN	3.19	$\alpha_\perp$ 5.27 $\alpha_\parallel$ 4.15	PbSe	0.017	
InSb	0.18	5.37	PbTe	0.017	

5.1.4 光调制性能

1. 电光效应

电光效应（Electro-optic Effect）指介质折射率因外加电场而发生变化的现象。电光介质的折射率是施加的准静电场 E 的函数 $n(E)$，该电场相对于光频率是恒定的（或者缓慢变化）。函数 $n(E)$ 随 E 变化很小，可以在 $E=0$ 处展开泰勒级数：

$$n(E) \approx n + a_1 E + \frac{1}{2} a_2 E^2 + \cdots \tag{5-30}$$

式中，展开系数为 $n = n(0)$，$a_1 = (\mathrm{d}n/\mathrm{d}E)|_{E=0}$，$a_2 = (\mathrm{d}^2n/\mathrm{d}E^2)|_{E=0}$。$a_1$ 是与 E 成正比的函数，与线性电光效应相关，又称普克尔（Pockels）效应；a_2 是与 E 的二次方成正比关系的函数，与二阶电光效应相关，又称克尔（Kerr）效应。习惯上用两个新的系数 $r = -2a_1/n^3$ 和 $s = -a_2/n^3$ 来表示式（5-30），因此有

$$n(E) \approx n - \frac{1}{2} r n^3 E - \frac{1}{2} s n^3 E^2 + \cdots \tag{5-31}$$

该级数的二次及更高次的项通常比 n 小几个数量级，因此，比三次更高的项可以忽略。

为了与各向异性介质的光学性质相关联，用电光介质的逆介电张量 $\beta = \varepsilon_0 \varepsilon^{-1}$ 与 E 的关系是一种简便的方法。先看各向同性的情形，此时逆介电常数 $\beta = \varepsilon_0 \varepsilon^{-1}$ 的增量为

$$\Delta\beta \approx \frac{\mathrm{d}\beta}{\mathrm{d}n} \Delta n = (-2/n^3)\left(-\frac{1}{2} r n^3 E - \frac{1}{2} s n^3 E^2\right) = rE + sE^2 \tag{5-32}$$

因此，

$$\beta(E) \approx \beta(0) + rE + sE^2 \tag{5-33}$$

式（5-33）是一种非线性的本构关系，其中系数 r 和 s 是式（5-32）中 E 和 E^2 的比例系数，分别为线性（一阶）电光系数和二阶电光系数。这也解释了式（5-31）中看似奇怪的 r 和 s 的定义。

对于各向异性的晶体，其折射率一般用折射率椭球（光率体）描述：

$$\sum_{ij} \beta_{ij} x_i x_j = 1 \tag{5-34}$$

式中，β_{ij} 是逆介电张量的分量形式，满足 $\beta_{ij} = 1/n_{ij}^2$。由电磁本构关系可知，晶体中光波的 $\boldsymbol{E}$ 矢量和 $\boldsymbol{D}$ 矢量满足

$$E_i = \frac{1}{\varepsilon_0} \beta_{ij} D_j \tag{5-35}$$

因此，电光效应可以用逆介电分量的变化直观表示为

$$\Delta\beta_{ij} = \beta_{ij} - \beta_{ij}^0 = r_{ijk} E_k + s_{ijpq} E_p E_q \tag{5-36}$$

式中，线性电光系数 r_{ijk} 为三阶张量；二阶电光系数 s_{ijpq} 为四阶张量。

电光系数均是高阶张量，下面以磷酸二氢钾（KH_2PO_4，KDP）晶体为例，讨论其线性电光效应。KDP 晶体属于四方系 $\overline{4}2m$ 点群，为单轴晶体。未加电场时，折射率椭球以 z 轴为旋转轴，其方程为

$$\beta_1^0 (x^2 + y^2) + \beta_3^0 z^2 = 1 \tag{5-37}$$

当晶体受外加电场 $E(\Omega) = (E_x, E_y, E_z)$ 作用时，线性电光效应矩阵为

$$\begin{pmatrix} \Delta\beta_1 \\ \Delta\beta_2 \\ \Delta\beta_3 \\ \Delta\beta_4 \\ \Delta\beta_5 \\ \Delta\beta_6 \end{pmatrix} = \begin{pmatrix} \beta_1 - \beta_1^0 \\ \beta_2 - \beta_2^0 \\ \beta_3 - \beta_3^0 \\ \beta_4 \\ \beta_5 \\ \beta_6 \end{pmatrix} = \begin{pmatrix} 0 & 0 & 0 \\ 0 & 0 & 0 \\ 0 & 0 & 0 \\ r_{41} & 0 & 0 \\ 0 & r_{41} & 0 \\ 0 & 0 & r_{63} \end{pmatrix} \begin{pmatrix} E_x \\ E_y \\ E_z \end{pmatrix} \tag{5-38}$$

由此，可得

$$\beta_1 = \beta_1^0 = \frac{1}{n_0^2}, \quad \beta_2 = \beta_2^0 = \frac{1}{n_0^2}, \quad \beta_3 = \beta_3^0 = \frac{1}{n_0^2}, \quad \beta_4 = r_{41}E_x, \quad \beta_5 = r_{41}E_y, \quad \beta_6 = r_{63}E_z \tag{5-39}$$

折射率椭球方程为

$$\beta_1^0(x^2 + y^2) + \beta_3^0 z^2 + 2r_{41}(E_x yz + E_y xz) + 2r_{63}E_z yx = 1 \tag{5-40}$$

式（5-40）表明，由于线性电光效应，椭球的主轴不再是 x，y，z 轴，而是有所偏转并产生了新主轴，记为 x'，y'，z' 轴，又称感应主轴。未加电场时，KDP 晶体折射率满足 $n_x = n_y = n_o$，$n_z = n_e$（n_o、n_e 分别为寻常光和非常光的折射率）。在外加电场作用下，KDP 晶体由单轴变成双轴。其线性电光效应是由 r_{63} 和 r_{41} 两个系数决定，外加电场垂直于光轴方向的分量对应的电光效应只与 r_{41} 有关，而平行于光轴方向的分量对应的电光效应只与 r_{63} 有关。本节主要讨论在外加电场平行和垂直光轴两种情况下，KDP 晶体的折射率变化，并定义当入射光波矢方向与外加电场方向平行时的电光效应为纵向电光效应，而当入射光波矢方向与外加电场方向垂直时的电光效应为横向电光效应。

(1) 基于 r_{63} 的纵向电光效应　　KDP 晶体常用的是 z-切片（即沿垂直于 z 光轴方向切割），当外加电场平行于光轴，即 $E(\Omega) = (0, 0, E_z)$ 时，晶体折射率将发生变化，称该现象为 r_{63} 的纵向电光效应。此时折射率椭球为

$$\beta_1^0 x^2 + \beta_2^0 y^2 + \beta_3^0 z^2 + 2r_{63}E_z xy = 1 \tag{5-41}$$

式中出现了交叉项，意味着新折射率椭球的主轴绕 z 轴发生了转动。设新主轴坐标系为 $x'y'z'$，则折射率椭球方程变为

$$(\beta_1^0 + r_{63}E_z)x'^2 + (\beta_2^0 - r_{63}E_z)y'^2 + \beta_3^0 z'^2 = 1 \tag{5-42}$$

KDP 晶体变为双轴晶体，折射率椭球发生"形变"，此时 $\beta_1' = \beta_1^0 + r_{63}E_z$，$\beta_2' = \beta_2^0 - r_{63}E_z$，$\beta_3' = \beta_3^0 = \dfrac{1}{n_e^2}$，则有

$$\Delta\beta_1 = \beta_1' - \beta_1^0 = r_{63}E_z$$

$$\Delta\beta_2 = \beta_2' - \beta_2^0 = -r_{63}E_z$$

$$\Delta\beta_3 = \beta_3' - \beta_3^0 = 0$$

由 β 与 n 的关系式可得，外加电场后的折射率变化为

$$n_x' = n_o - \frac{1}{2}n_o^3 r_{63}E_z, \quad n_y' = n_o + \frac{1}{2}n_o^3 r_{63}E_z, \quad n_z' = n_e \tag{5-43}$$

$$\Delta n_x = -\frac{1}{2}n_o^3 r_{63}E_z, \quad \Delta n_y = \frac{1}{2}n_o^3 r_{63}E_z, \quad \Delta n_z = 0 \tag{5-44}$$

式中，Δn 值称为电致折射率变化，与电场成正比。

假设一沿 x 轴振动的简谐光沿 z 轴垂直入射到 KDP 晶体时，将分解为沿 x' 和 y' 方向的两个垂直偏振分量。未加电场时，两者相位差 $\Delta\varphi = 0$。当外加电场（方向平行于光轴）后，由于晶体折射率发生变化，通过晶体后，两线偏振光将产生相位延迟而产生相位差：

$$\Delta\varphi = \frac{2\pi}{\lambda}d(n_y' - n_x') = \frac{2\pi}{\lambda}n_o^3 r_{63}E_z d = \frac{2\pi}{\lambda}n_o^3 r_{63}V_z \qquad (5\text{-}45)$$

式中，$V_z = E_z d$ 表示沿 z 轴加的电压，这说明纵向电光效应产生的相位差 $\Delta\varphi$ 与晶体厚度 d（沿外加电场方向的晶体长度）无关。电光晶体和光波长确定后，相位差的变化仅取决于外加电压，即只要改变电压，就能使相位成比例变化。当纵向电压 V_z 达到某一数值时，使 r_{63} 的纵向电光效应产生的延迟恰好是 $\Delta\varphi = \pi$，这个纵向电压 V_π 称为半波电压（Half-wave Voltage），即

$$V_\pi = \frac{\lambda}{2n_o^3 r_{63}} \qquad (5\text{-}46)$$

半波电压 V_π 值直接反映了电光调制器的调制效率。半波电压小，意味着调制器能够在较低的电压下实现较大的相位调制，从而具有更高的调制效率和更低的能耗。对于以上情况，线性电光效应系数 r_{63} 越大，所需 V_π 越低。由此可通过测量 V_π 值来测定晶体的电光系数 r_{63}，即

$$r_{63} = \frac{\lambda}{2n_o^3 V_\pi} \qquad (5\text{-}47)$$

（2）基于 r_{63} 的横向电光效应 在垂直于 KDP 晶体 z-45° 切片 z 光轴方向施加电场 $E = (0,0,E_z)$，$E_z = V_z/d$，沿［110］方向通光，晶体折射率发生变化的现象称为 r_{63} 的横向电光效应。

与纵向电光效应类似，横向电光效应中，三个主折射率 n_x'，n_y'，n_z' 与 r_{63} 纵向电光效应的相同，即

$$n_x' = n_o - \frac{1}{2}n_o^3 r_{63}E_z, \quad n_y' = n_o + \frac{1}{2}n_o^3 r_{63}E_z, \quad n_z' = n_e \qquad (5\text{-}48)$$

在 r_{63} 的横向电光效应中，将沿 z-45° 切片［110］方向的长度设为 L。此时，在晶体中产生的振动方向互相垂直的两线偏振光，通过 KDP 晶体后，两束光将产生相位延迟，此时相位差为

$$\begin{aligned}
\Delta\varphi &= \frac{2\pi}{\lambda}L(n_y' - n_z') = \frac{2\pi L}{\lambda}(n_o - n_e) + \frac{2\pi L}{\lambda}\left(\frac{1}{2}n_o^3 r_{63}E_z\right) \\
&= \frac{2\pi L}{\lambda}(n_o - n_e) + \frac{\pi}{\lambda}\left(\frac{L}{d}\right)n_o^3 r_{63}V_z
\end{aligned} \qquad (5\text{-}49)$$

式（5-49）等号右侧第一项表示自然双折射（$n_o - n_e$）所引起的相位延迟；第二项由外加电场 E_z 引起的相位延迟，其不仅与外加电场有关，而且也与 KDP 晶体的尺寸有关，这是 r_{63} 纵向电光效应的相位延迟不具备的特点，由此通过改变晶体尺寸来降低 r_{63} 的横向电光效应的 V_π。

2. 声光效应

光弹性（Photoelasticity）指材料在机械变形下介电常数或折射率发生变化，一般称为光弹效应，偶尔也称弹光效应。当声波（一种机械波）在晶体中传播时，晶体内产生弹性应力，使晶体折射率发生周期性变化形成光栅，而光栅对入射光具有衍射效应。这种效应称为声光效应（Acousto-optic Effect），是光弹性的一种表现形式。光弹性可以用以下本构关系描述：

$$\Delta(\varepsilon^{-1})_{ij} = p_{ijk\ell} \partial_k u_\ell \tag{5-50}$$

式中，$p_{ijk\ell}$ 是四阶光弹性张量；u_ℓ 是相对平衡位置的线性位移；∂_k 表示对笛卡儿坐标 x_k 的偏导数。式（5-50）中介电张量逆的变化 $\Delta(\varepsilon^{-1})_{ij}$ 与应变（位移梯度 $\partial_k u_\ell$）成正比，比例系数 $p_{ijk\ell}$ 为光弹性张量。对于各向同性材料，该定义简化为

$$\Delta\beta_{ij} = p_{ijk\ell} s_{k\ell} \tag{5-51}$$

式中，$s_{k\ell}$ 是线性应变。

由声波作用介质形成的光栅具有不同的衍射特性，衡量材料声光性能的主要参数包括材料的衍射效率 η、声光品质因数 M_2 和超声衰减 α。衍射效率一般表征器件对光束性质调制能力的大小，定义为

$$\eta = \frac{I_1}{I_2} = \frac{\pi^2 P_0 L M_2}{2\lambda^2 H} \tag{5-52}$$

式中，I_1 为一级衍射光强；I_2 为入射光强；λ 为入射波长；L 为声光相互作用长度；H 为声束高度；P_0 为声光单元中的超声功率。在一定的超声功率范围内，随着超声功率的增加，衍射效率呈增加趋势。然而，在实际应用中，需综合考虑材料的热稳定性。因此，为了提高衍射效率（η 值），寻找具有高 M_2 值的声光材料是最有效的途径。声光品质因数 M_2 是衡量声光材料性能的重要指标之一，定义为

$$M_2 = \frac{n^6 p^2}{\rho v^3} \tag{5-53}$$

式中，n 为材料折射率；p 为材料的光弹系数；ρ 为材料的密度；v 为声速。为得到高 M_2 值，一般选择具有高折射率、低密度和低声速的材料作为声光介质，但通常较高的折射率和较低的密度不可兼得，且随着光波长的增加，声光材料的 M_2 值趋于降低，因此，在应用中要折中选择。

超声衰减的主要原因是声吸收，即热声子分布向平衡方向弛豫导致的阿希泽尔（Akhiezer）损耗。伍德拉夫（Woodruff）等给出了超声衰减 α 的表达式

$$\alpha = \frac{\gamma^2 \omega^2 \kappa T}{\rho v^5} \tag{5-54}$$

式中，γ 为格临爱森（Grüneisen）常数；ω 为频率；κ 为热导率；T 为温度。因此可知，超声衰减 α 与频率 ω 的二次方成正比，损失的声能将以热的形式消散，易造成器件在工作时温度过高，导致声光元件的光学输出失真的不良后果。因此，采用高声速和低 α 值的声光材料更加合适。

3. 磁光效应

磁光效应（Magneto-optic Effect）是指电磁波经过受准静磁场改变的介质传播时发生的一类现象。在这种介质中，左旋和右旋的椭圆偏振光可以以不同的速度传播，导致许多重要现象。包括法拉第效应、磁光克尔效应、塞曼效应、磁致双折射效应，以及后来发现的磁圆振二向色性、磁线振二向色性、磁激发光散射、磁场光吸收、磁离子体效应和光磁效应等。

磁光材料中，电介质张量 ε 会因施加的静磁场 H 而改变，使得 $\varepsilon = \varepsilon(H)$。这种效应源于材料中电子对光电场 E 的响应运动与静磁场的相互作用。磁光介质可用以下本构方程描述：

$$D = \varepsilon E + j\varepsilon_0 G \times E \tag{5-55}$$

式中，$G = \xi k$ 是一个被称为旋转矢量（Gyration Vector）的伪矢量，其中，ξ 是一个伪标量，k 为波矢。在这样的介质中，电位移矢量 D 显然不平行于 E，因为式（5-55）中的矢量 $G \times E$

垂直于 E。旋转矢量 G 与磁场强度或磁感应强度也可用本构方程来描述，即

$$G = \gamma_B B \tag{5-56}$$

这里，$B = \mu H$ 是磁感应强度，系数 γ_B 称为旋磁系数（Gyromagnetic Ratio）。

法拉第效应（Faraday Effect）是应用最广的磁光效应之一。它是指当一束线偏振光沿外加磁场的方向穿过置于磁场中的介质时，透射光的偏振方向相对于入射光的偏振方向产生一定角度的现象。设线偏光经过长度为 L 的样品后，偏振面旋转角度称为法拉第转角 θ_F，它与样品和磁感应强度 B 之间存在以下关系：

$$\theta_F = VBL \tag{5-57}$$

式中，费尔德（Verdet）常数

$$V \approx -\frac{\pi \gamma_B}{\lambda_0 n} \tag{5-58}$$

体现单位磁感应强度的旋转能力，费尔德常数显然是波长 λ_0 的函数，其单位为 $\mathrm{rad \cdot T^{-1} \cdot m^{-1}}$。注意，有些文献上式（5-57）写作 $\theta_F = VHL$，则费尔德常数会相差磁导率 μ。

在一些物质中，无论光是沿磁场方向还是沿逆磁场方向传播，振动面的转向都一样，仅由磁场方向决定。若转向与磁场方向呈右手螺旋关系，该物质的 V 取为正值（$\gamma_B < 0$），即 $\theta > 0$。这样，光往返传播同样距离后，其振动面的转角等于单程转角的两倍。$V > 0$ 为左旋，$V < 0$ 为右旋。对于绝大多数物质，磁致旋光方向都是右旋的（沿磁场方向观察），这种物质称为正旋体。反之，称为负旋体。

磁致旋光方向与光的传播方向无关，这与天然旋光不同。天然旋光介质的旋光方向与光的传播方向有关，光束返回通过天然旋光介质时，旋光角度与正向入射相反，因而往返通过介质的总效果是偏转角为零；磁致旋光材料的旋光方向与光的传播方向无关，仅与外加磁场的方向有关，光束返回，通过法拉第旋光介质时，旋转角度增大一倍，利用这一特性可以使光波在两反射镜之间多次穿越磁场以增强磁光效应。

5.2　半导体电子学方程组

麦克斯韦方程组是描述电磁场的基本规律，对于理解和研究光学、电子学和光电子学现象至关重要，是光电子器件设计、仿真和优化的基础理论工具。本节中，我们将简要给出基本的半导体电子学方程组。

5.2.1　泊松方程

对于无外加磁场的电子器件，麦克斯韦方程组可表示为

$$\nabla \times E = 0$$
$$\nabla \cdot D = \rho \tag{5-59}$$

对于直流或低频偏置下的器件，视其处于静电场中，此时静电场可用标量函数 ϕ 的梯度表示：

$$E = -\nabla \phi \tag{5-60}$$

式中，ϕ 实际上为静电势。在均匀各向同性的介质中，$D = \varepsilon E$，因此可以得到：

$$\nabla \cdot (\varepsilon \nabla \phi) = -\rho \tag{5-61}$$

式（5-61）即为泊松方程。这是一个电势 ϕ 所满足的偏微分方程，其中电荷密度 ρ 受空穴浓度 p、电子浓度 n、电离施主浓度 N_D^+、电离受主浓度 N_A^- 影响，即

$$\rho = q(p - n + N_D^+ - N_A^-)\qquad(5\text{-}62)$$

式中，q 为元电荷。

5.2.2　连续性方程组

根据安培定律，磁场强度的旋度可表示为

$$\nabla \times \boldsymbol{H} = \boldsymbol{J}_p + \boldsymbol{J}_n + \frac{\partial}{\partial t}\boldsymbol{D}\qquad(5\text{-}63)$$

其中，$\boldsymbol{J}_p$、$\boldsymbol{J}_n$ 分别为空穴电流密度和电子电流密度，其和值即为传导电流密度。

假设电离施主浓度与电离受主浓度的变化稳定（$N_O^+ - N_A^-$ 与时间无关），对式（5-63）求散度可得

$$\nabla \cdot (\boldsymbol{J}_p + \boldsymbol{J}_n) + q\frac{\partial}{\partial t}(p - n) = 0\qquad(5\text{-}64)$$

如果将式（5-64）分解为电子和空穴两个方程，并用产生速率和复合速率之差表示净复合速率，可以得到

$$\begin{cases}\dfrac{\partial n}{\partial t} = G_n - R_n + \dfrac{1}{q}\nabla \cdot \boldsymbol{J}_n \\[3mm] \dfrac{\partial p}{\partial t} = G_p - R_p - \dfrac{1}{q}\nabla \cdot \boldsymbol{J}_p\end{cases}\qquad(5\text{-}65)$$

式中，G、R 分别表示产生和复合速率。式（5-65）即为载流子的连续性方程组。

5.2.3　载流子输运方程

载流子在电场作用下发生漂移运动，产生漂移电流。另一方面，假设载流子浓度随空间位置变化，存在浓度梯度，则载流子会由浓度较大的地方向浓度较小的方向扩散，产生扩散电流。我们可以用遵从玻尔兹曼分布的载流子输运方程统一描述漂移电流和扩散电流。

载流子输运方程又称为电流密度方程，包含电子电流密度和空穴电流密度方程两部分：

$$\begin{cases}\boldsymbol{J}_n = q\mu_n n\boldsymbol{E} + qD_n\nabla n \\[2mm] \boldsymbol{J}_p = q\mu_p p\boldsymbol{E} + qD_p\nabla p\end{cases}\qquad(5\text{-}66)$$

式中，μ_n、μ_p 分别为电子、空穴迁移率；D_n、D_p 分别为电子、空穴扩散系数。将载流子输运方程组（5-66）与泊松方程式（5-61）、连续性方程组（5-65）联立，即可得到仅含 3 个未知量的方程组：

$$\begin{cases}\dfrac{\partial n}{\partial t} = G_n - R_n + \dfrac{1}{q}\nabla \cdot (-q\mu_n n\nabla\phi + qD_n\nabla n) \\[3mm] \dfrac{\partial p}{\partial t} = G_p - R_p + \dfrac{1}{q}\nabla \cdot (-q\mu_p p\nabla\phi + qD_p\nabla p) \\[3mm] \nabla \cdot (\varepsilon\nabla\phi) = -q(p - n + C_0)\end{cases}\qquad(5\text{-}67)$$

式（5-67）表明，当载流子的迁移率和扩散系数确定后，漂移电流取决于载流子浓度和电场强度（为静电势的负梯度）；而扩散电流只取决于载流子浓度梯度。该方程组包含电子浓度 n、

空穴浓度 p 和电势 ϕ 三个未知量，在合适的边初值条件下，可以唯一地确定这三个未知量及其随时间演化的过程。从器件的视角看，方程组（5-67）的各项物理参数和性质张量都是空间函数，这意味着它们在空间上有分布。从空间分布的角度去理解这些参数，对于深入了解器件的结构和工作状态极其重要。

5.2.4 辅助关系

在第 3 章，我们提到，载流子浓度与费米能级之间具有一一对应关系：

$$n(\boldsymbol{r})=n_i\exp\left[\frac{E_{\mathrm{Fn}}(\boldsymbol{r})-E_i(\boldsymbol{r})}{k_{\mathrm{B}}T}\right]$$

$$p(\boldsymbol{r})=n_i\exp\left[\frac{E_i(\boldsymbol{r})-E_{\mathrm{Fp}}(\boldsymbol{r})}{k_{\mathrm{B}}T}\right] \tag{5-68}$$

式中，n_i 为本征载流子浓度；E_i 为本征能级；E_{Fn}、E_{Fp} 分别为电子和空穴的准费米能级。式（5-68）中 n_i 直接由材料确定，而本征能级与静电势之间具有以下关系：

$$E_i(\boldsymbol{r})=-q\phi(\boldsymbol{r})+E_{\mathrm{ref}} \tag{5-69}$$

式中，E_{ref} 为参考能量，是一常数。因此，方程组（5-67）中其中两个变量 n 和 p 可以用其对应的准费米能级 E_{Fn} 和 E_{Fp} 来替代，在合适的初始条件和边界条件下求解。

此外，结合式（5-67）和式（5-68），可得到适用玻尔兹曼统计的非简并半导体的一组辅助关系：

$$E_{\mathrm{Fn}}(\boldsymbol{r})=-q\phi_n(\boldsymbol{r})+E_{\mathrm{ref}}$$
$$E_{\mathrm{Fp}}(\boldsymbol{r})=-q\phi_p(\boldsymbol{r})+E_{\mathrm{ref}} \tag{5-70}$$

式中，ϕ_n 和 ϕ_p 分别为电子和空穴的准费米势。

5.2.5 边界条件

方程组（5-67）中，包含空穴浓度 p、电子浓度 n 和电势 ϕ 三个未知量。理论上，只要给定初始条件和边界条件，即可求得半导体电子学方程组的确定解。下面给出常用的边界条件。

在理想欧姆接触的表面，有：

$$\phi=\phi_0+V$$
$$n=n_0$$
$$p=p_0 \tag{5-71}$$

式中，V 为施加的偏压。欧姆接触处的准费米势满足：

$$\phi_n=\phi_p \tag{5-72}$$

对于存在表面复合的界面，载流子会发生损耗，有

$$\hat{\boldsymbol{n}}\cdot\boldsymbol{J}_n=-\hat{\boldsymbol{n}}\cdot\boldsymbol{J}_p=-q\boldsymbol{R}_s \tag{5-73}$$

式中，$\boldsymbol{R}_s$ 为表面复合率，单位矢量由体内指向表面。若无表面复合存在，$\boldsymbol{R}_s$ 值为零。

5.3 光电子器件的仿真

光电子器件的仿真是指使用计算机模拟技术分析和预测光电子器件在设计、制造和操作过程中的行为和性能。这涉及对器件中电、光、热等多种物理过程的建模和数值求解。光电

子器件仿真主要基于电磁理论、半导体物理、量子力学等物理基础。通过仿真，研究人员可以在实际制造器件之前，预测器件的响应特性、优化器件结构、评估材料选择等。

5.3.1　光电子器件的仿真的意义

光电子器件的仿真在现代器件设计和研发中扮演着至关重要的角色。主要有以下作用：

（1）性能预测与应用开发　仿真技术能够精确预测光电子器件在不同工作条件下的性能指标，如光电探测器的光谱响应、光响应度和比探测率等。这一能力不仅对于设定性能标准，也对于针对特定应用开发定制化器件至关重要。

（2）设计优化与材料选择　通过仿真，设计师能在实际制造前对多种设计方案进行评估和优化，有效选择合适的材料和设计最优的器件结构。这一过程不仅指导了实验中的材料选择和器件制造，还大幅提高了设计效率和成功率。

（3）成本控制与研发加速　与传统基于实验的研究方法相比，仿真显著降低了研发成本，减少了对实验材料和设备的依赖。同时，仿真的应用加速了光电子器件的研发进程，使企业和研究机构能够快速响应市场变化，保持竞争优势。

（4）深层物理机制揭示与结构创新　仿真工具帮助研究人员深入理解器件工作的基本物理机制，并揭示了影响器件性能的关键因素。仿真使得研究人员能够探索和验证新型结构的性能，如光场分布、载流子传输路径等，从而发现性能瓶颈和优化空间。这些发现促进了创新性结构的设计，如光子结构耦合光电子器件和半导体器件控制的集成光子光路等，这些不但有望提升器件的性能和效率，还有望拓展信息光电子器件的新功能。

总之，光电子器件的仿真不仅是现代器件设计和研发不可或缺的工具，它还深化了人们对物理机制的理解，促进了材料科学和器件工程的进步，加速了技术创新和应用开发的步伐。

5.3.2　光电子器件仿真的基本原理

如图 5-6 所示，光电子器件仿真的原理主要基于对器件中电、光、热等物理过程的数学建模和数值求解，并对计算结果进行分析。光电子器件工作涉及光与物质的作用，载流子的产生、复合和输运，以及热量的产生和热传递过程，涉及电磁学/光学理论、半导体物理学和热学，涉及的方程及参数之间的关系多分布于第 2~5 章。此外，各类光调制器涉及如电光效应、声光效应和磁光效应等效应，并不引入新的光电子学原理或微分方程，只体现在新的本构关系上。

第 1 章提到，器件是对外界输入起控制、变换、转化功能的单元。在仿真中，输入一般体现于边界条件，输出则通常需要对模型的解在边界上进行积分获得。光电子器件仿真的核心是构建光电子器件的物理模型。光电子器件模型包含三个层面：几何模型、材料模型和物理模型。

（1）几何模型　几何模型描述光电子器件的结构和形状，包括器件的尺寸、形状、布局等信息。通过几何模型，可以确定器件的外部形貌和内部结构，为后续仿真和分析提供了基本的几何信息。

（2）材料模型　材料模型描述了光电子器件不同区域所采用的材料及性质。器件之所以由不同材料组成，是因为不同材料具有不同的光学、电学、热学等性质。某种意义上讲，器件是在不同区域赋予不同材料性质的组装体。

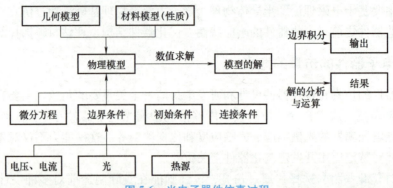

图 5-6　光电子器件仿真过程

（3）物理模型　物理模型是对器件工作原理的数学抽象和描述，主要由描述涉及物理过程的常/偏微分、边界条件、初始条件、连接条件及参数之间的联系构成。器件的变换功能是由以材料性质为参数的微分方程决定。

5.3.3　光电子器件仿真的方法与步骤

光电子器件仿真的方法与步骤通常包括以下几个步骤：

1. 问题的定义

在光电子器件仿真过程中，首先需明确定义要解决的问题或仿真的目标。这包括确定仿真的具体目的、需要分析的器件类型、仿真所涉及的物理过程等。问题定义阶段的准确性和清晰性对后续仿真步骤的顺利进行至关重要。

2. 仿真方法和软件的选择

在光电子器件仿真技术中，常用的数值计算方法包括时域有限差分法（Finite-difference Time-domain，FDTD）、有限元法（Finite Element Method，FEM），此外还有一些针对特殊场景的半解析方法等。FDTD 法通过在时域下对空间离散化，直接求解含时间变量的麦克斯韦方程，可以模拟光在复杂结构中的传播和散射过程。它适用于分析具有复杂几何形状和材料特性的光子器件。有限元法是一种广泛应用的数值计算方法，它将连续的求解区域离散为一组有限个且按一定方式相互连接在一起的单元的组合体。这种方法可分析光电子器件中的电磁场分布、光传输特性、载流子分布、电势分布以及温度分布等问题。

以上方法均可以借助开源软件包直接进行编程计算，但对研究者编程能力要求较高。常用的商用软件包括 Synopsys 公司的 Sentaurus TCAD（Technology Computer Aided Design）、Silvaco 公司的 TCAD、Ansys 公司的 Lumerical Device 和 COMSOL Multiphysics 等，可用于对材料与器件的光学、电学和电磁学特性的模拟计算。这些软件通常采用不同的数值计算方法，软件的选择与算法类型选择直接相关。不同的仿真工具或软件的适用性、建模习惯、计算效率、案例和预设常常不同，因此要针对常用的仿真对象选择合适的仿真软件。

3. 模型的构建

在光电子器件仿真中，模型的建立至关重要，主要包括几何建模、材料定义、物理定义和边界条件、初始条件设定等过程。

几何建模是构建光电子器件仿真模型的第一步，其目的是在仿真软件中精确重现实际器件的几何形状。这一步骤需根据器件的实际尺寸和结构设计模型，包括长度、宽度、高度以及复杂结构的细节。几何模型的精确性直接决定了仿真结果的可靠性，因此，在设计模型时需要认真考虑，并尽量减少简化对结果的影响。

几何模型建立后，下一步是定义模型中各部分的材料属性。这包括材料的光学特性（如折射率、吸收系数）、电学特性（如电导率、介电常数）、热学特性（如热导率、比热容）等，这些属性应基于实验数据或文献值准确设定。材料属性的准确定义对于模拟器件在不同条件下的行为至关重要。

物理定义涉及选择适用于模拟的物理模型和相关方程，这些模型描述了光电子器件中的物理过程，如电磁波的传播、电荷载流子的生成和复合、热效应等。正确的物理模型能确保仿真过程中各种物理现象被准确考虑，从而提高仿真结果的真实性和准确性。

最后，需要为仿真模型设定边界条件和初始条件。边界条件定义了模型边界的行为，如施加光场、电压等，这对模拟器件的实际工作环境非常重要。初始条件则描述了仿真开始时系统的状态，例如初始温度分布、电场分布等。这些条件的准确设定是有效仿真的前提，能够确保仿真过程从一个真实的出发点开始，更接近实际器件的工作状态。

4. 数值计算与仿真

根据器件的特性和仿真需求，选择最适合的数值计算方法是确保仿真结果准确性和效率的关键，现在基本上由软件直接确定。光电子器件计算仿真时还需注意网格的优化与收敛性。合理的网格划分是确保仿真准确性的基础。对于复杂的几何结构，需细化网格以捕捉细节；对于相对平缓的区域，则可以使用较粗的网格以提高计算效率。此外，还应考虑使用自适应网格技术，根据仿真过程中的物理场变化动态调整网格密度。仿真过程中，需定期检查解的收敛性。如果发现仿真结果随着迭代次数的增加而趋于稳定，那么可认为仿真结果开始收敛。否则，可能需要调整仿真参数，如网格密度、时间步长等，以确保结果的收敛性。

此外，还需进行参数敏感性分析：通过改变关键参数来观察仿真结果的变化，可以帮助识别哪些参数对仿真结果影响最大，进而进行针对性的器件性能优化。

5. 结果分析、验证

仿真过程中，获取到的数据和结果需进行深入的分析。首先需要分析求得的解，如电场分布、光场分布、温度分布等。根据这些结果，可以对器件性能参数、电学特性、光学特性等方面进行定量分析和比较。通过结果分析，可以更好地理解器件的行为和性能表现，为后续优化和改进提供参考。

验证是确保仿真结果准确性和可靠性的关键步骤。通过与实验数据的对比、与已有文献的比较、与不同仿真工具的交叉验证等方式来验证仿真结果，确保仿真模型和方法的有效性和可靠性，以提高仿真结果的可信度。根据结果分析和验证的反馈，可对仿真模型和参数进行调整和优化，以提高仿真的准确性和可靠性。在验证的基础上，不断改进仿真方法和模型，以更好地模拟和预测光电子器件的行为和性能。

6. 参数扫描和优化

优化光电子器件的性能通常涉及明确关键性能指标，如转换效率、响应速度和波长范围，并通过模型结构优化或参数扫描实现。参数扫描过程中，首先确定关键参数，包括材料和结构参数，设定其扫描范围和步长，全面覆盖所有潜在的参数组合。通过对扫描结果的分析，识别这些参数如何影响器件性能，从而指导后续的优化工作。若性能未达预期，需反复调整参数并进行仿真，直到满足性能要求。

通过这一系统化的方法，可探索光电子器件的设计空间，找到最佳的参数和结构配置，实现性能的最优化。这个过程需运用仿真工具和专业知识进行综合分析，确保设计和性能符合预期目标。

5.3.4 光电子器件仿真的实例

有限元法在光电子器件仿真中具有准确性高、灵活性强、能够处理多物理场耦合、支持优化设计以及提供直观的可视化结果等优势，成为研究人员和工程师设计和优化光电子器件的重要工具。以下采用有限元法展示光电子器件仿真在 pn 结和 GaN 发光二极管两个例子上的应用。

1. pn 结二极管

pn 结是最简单的半导体器件之一，是众多其他电子和光电子器件的基本构建单元。本例选用一维 pn 结模型来展示电子学仿真的具体过程。

（1）问题的定义 假设 pn 结由 p 型硅层和 n 型硅层组成。器件所需的输入量一般为偏压，输出参数通常是电流密度。pn 结模型属于电子学问题，只需用电子学方程组即可。

（2）仿真方法和软件的选择 可选用一般的差分方法，也可以选用有限元法。很多商用光电子器件仿真软件就有 pn 结的案例，便于直接上手使用。

（3）模型的构建 首先设置几何模型，由于 pn 结由无限大的 p 型层和 n 型层构成，沿层平面材料性质不变，施加的场不变，因此，可以简化为一维 pn 结模型，如图 5-7 所示。选择硅作为 pn 结的材料，需设置以下性质参数：相对介电常数 ε_r、带隙 E_g、亲合能 χ、导带和价带的有效态密度 N_c 和 N_v、电子和空穴的迁移率 μ_n 和 μ_p，以及与 SRH 复合相关的电子和空穴寿命 τ_n、τ_p。另外，需要设置 p 型区和 n 型区杂质的类型和浓度分布，可以考虑均匀掺杂，在界面处存在浓度突变。

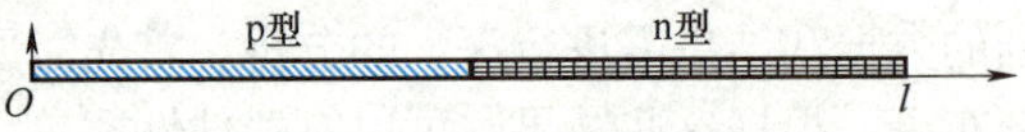

图 5-7 pn 结一维模型

考虑在偏压 V_a 下，稳态情形时 pn 结的状态（包括电势分布、载流子分布等）和输出电流，即达到漂移和扩散过程，以及复合与产生过程达到平衡时，那么输运方程组（5-65）左侧载流子浓度随时间的变化为 0，即

$$\begin{cases} G_n - R_n + \dfrac{1}{q}\nabla \cdot J_n = 0 \\ G_p - R_p - \dfrac{1}{q}\nabla \cdot J_p = 0 \end{cases} \tag{5-74}$$

可以看出，载流子形成的电流由复合和产生速率决定，即

$$\begin{cases} \nabla \cdot J_n = q(R_n - G_n) \\ \nabla \cdot J_p = -q(R_p - G_p) \end{cases} \tag{5-75}$$

式中，

$$J_n = qn\mu_n\nabla\phi_c + qD_n\nabla n$$

$$J_p = qp\mu_p \nabla \phi_v - qD_p \nabla p \tag{5-76}$$

器件工作时需要在 p 型区域一端加上偏压 V_a，因此边界条件为

$$\phi_c \big|_{x=0} - \phi_c \big|_{x=l} = V_a \tag{5-77}$$

由于该 pn 结为同质结（p 区和 n 区的材料相同），因此，$\phi_v \big|_{x=0} - \phi_v \big|_{x=l} = V_a$。假设表面无复合，则

$$\hat{n} \cdot J_n = -\hat{n} \cdot J_p = 0 \tag{5-78}$$

在硅等间接带隙半导体体内以 SRH 复合占主导，因此式（5-75）中的复合速率可表示为

$$R_n = R_p = \frac{np - n_i^2}{\tau_p(n + n_1) + \tau_n(p + p_1)} \tag{5-79}$$

式中，n_1 和 p_1 满足：

$$n_1 = n_i \exp\left(\frac{\Delta E_t}{k_B T}\right), \quad p_1 = n_i \exp\left(-\frac{\Delta E_t}{k_B T}\right) \tag{5-80}$$

式中，$\Delta E_t = E_t - E_i$，E_t 为复合中心能级。联立式（5-75）~式（5-80），运用合适的求解方法，即可求出载流子浓度 n、p 的分布和电势 ϕ_c 或 ϕ_v 的分布。

（4）结果分析　如采用有限元法，对模型进行计算后，便可得到三个型函数（Shape Function）n、p 的分布和电势 ϕ_c 的分布。根据式（5-76），就可计算 pn 结端点处的电流密度。图 5-8 为 pn 结的电流电压特性曲线，呈现明显的整流特性。关于 pn 结更多的特性，将在第 14 章介绍。

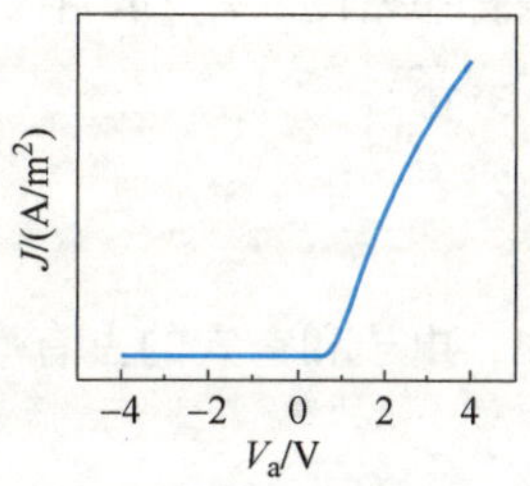

图 5-8　pn 结的电流电压特性

2. GaN 双异质结发光二极管

发光二极管（LED）通常比传统的白炽灯技术更加高效且耐用，LED 能够在非常窄的波长范围内发光。虽然红光、绿光和黄光 LED 已经推出几十年，但直到蓝光 LED 的发明，高效、高亮度白光 LED 照明才成为现实。蓝光 LED 的发明使得光子可以激发 LED 灯壳周围的荧光层，获得宽谱的白光发射。然而，LED 的结构和所用材料仍需不断优化，以获得更高的流明效率（第 15 章）。下面以 GaN（氮化镓）双异质结为例，简单介绍其仿真模型。

基于氮化镓的双异质结通常包括宽带隙材料（GaN 或 AlGaN）和窄带隙材料（如 InGaN），形成量子阱结构。在这里选用 p-AlGaN/InGaN/n-AlGaN 的双异质结结构，如图 5-9 所示。p 型和 n 型的 AlGaN 均采用 $Al_{0.15}Ga_{0.85}N$ 的组成，本征 InGaN 为 $In_{0.06}Ga_{0.94}N$。AlGaN 和 InGaN 的禁带宽度分别为 3.7eV 和 2.759eV，形成量子阱结构，电子和空穴在量子阱（本征 InGaN）内复合，发出光子。我们仍把该问题简化为一维模型，在电子学部分，几乎和 pn 结的仿真相同。不同之处在于，这里除考虑 SRH 复合，还考虑俄歇复合，俄歇复合的速率

$$R_n = R_p = (C_n n + C_p p)(np - n_i^2) \tag{5-81}$$

式中，电子和空穴的俄歇复合因子 $C_n = C_p = 1.7 \times 10^{-30} \mathrm{cm}^6/\mathrm{s}$。

作为光电子器件，一般需考虑光场的分布。这里只简单地考虑 LED 在正向偏压下，载流子复合产生光子的量及能量分布。对其有源发光区进行建模，研究发光性能与驱动电流的关系，并计算发射效率。通过有限元等计算，首先得到静电势、电子浓度和空穴浓度或静电

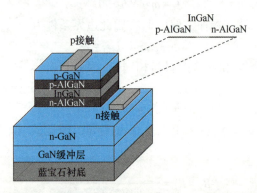

图 5-9 双异质结 LED 的几何结构和一维模型

势、电子和空穴的准费米能级。由式（4-44）和式（4-52），自发辐射的发射速率

$$r_{em} = \frac{f_c(1-f_v)\varrho(\nu)}{\tau_{spon}} \tag{5-82}$$

式中，f_c 和 f_v 分别为电子在导带或空穴在价带的占有率；τ_{spon} 为自发跃迁的寿命；$\varrho(\nu)$ 为光学联合态密度。τ_{spon} 取自发辐射复合寿命 $\tau_n = \tau_p = 2ns$。因此，发射光子功率的能量分布可由下式表示：

$$\frac{dP}{dE} = \frac{f_c(1-f_v)\varrho(\nu)}{\tau_{spon}} h\nu \tag{5-83}$$

式中，电子和空穴的占有率可根据准费米能级计算：

$$f_c = \frac{1}{1+\exp\left(\dfrac{E_{1c}-E_{Fn}}{k_B T}\right)}$$

$$f_v = \frac{1}{1+\exp\left(\dfrac{E_{1v}-E_{Fp}}{k_B T}\right)} \tag{5-84}$$

在非平衡态，电子和空穴的准费米能级与其浓度之间具有一一对应关系。因此，计算出载流子浓度分布，即可求出相应区域的准费米能级，以及非平衡态时电子和空穴的占有率 f_c 和 f_v（式（5-84））。由式（5-83），即可得到发射光子功率与光子能量之间的关系，如图 5-10a 所示。由于不同电流注入水平下，电子和空穴占有率 f_c 和 f_v 有所差异，因此，可以发现，随着注入电流增加，高光子能量的光的比例略有增加。把不同能量的光进行积分，与注入的电子数量相比，即可计算出发光量子效率：

$$\eta = \frac{A \cdot d \displaystyle\int_{E_g}^{\infty} \frac{1}{\tau_{spon}} f_c(1-f_v)\varrho(\nu)dE}{I/q} \tag{5-85}$$

式中，A 为器件的截面积；d 为发光区域的长度。如图 5-10b 所示，该 LED 的内量子效率随注入电流的增加先升高，从 $350A/cm^2$ 后再进一步提高电流密度，内量子效率将逐步降低。

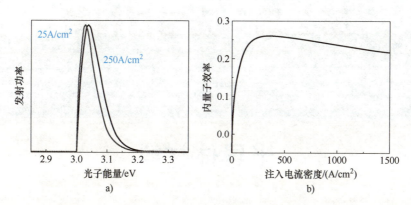

图 5-10　异质结 LED

a）归一化发射光谱　b）内量子效率与注入电流间的关系

习题与思考题

1. 解释什么是材料的本构关系，它如何帮助我们理解材料性能？

2. 与光电器件相关的材料性能主要有哪些？查阅相关资料，简述影响这些性能的因素。

3. 载流子输运方程用于描述哪些物理过程？影响这些过程的主要因素有哪些？

4. 解释边界条件在半导体器件仿真中的重要性，给出一个具体应用的例子。

5. 选择一种光电子器件，建模进行光电子学仿真，并分析结果。

第2篇 光电材料篇

第 6 章

半导体材料

在光电信息时代的宏伟蓝图中，半导体材料以其独特的特性和广泛的应用成为科技进步的关键。从最初的发现到现代的高度发展，半导体材料的研究不仅深化了人们对物质世界的理解，还极大地推动了信息技术、能源技术和材料科学的发展。

自 1833 年法拉第发现硫化银的负电阻率温度效应以来，半导体材料逐渐进入人们的视野。目前，半导体材料体系主要由三代材料构成。第一代半导体材料主要包括硅和锗。20 世纪 50 年代，锗主导了半导体市场，主要用于低电压、低频率和中等功率晶体管及光电探测器。然而，锗半导体器件在高温和抗辐射方面性能较差，至 20 世纪 60 年代末逐渐被硅器件取代。硅材料制成的半导体器件具有耐高温和抗辐射的特性，因此，硅成为最广泛使用的半导体材料，超过 95% 的半导体器件和超过 99% 的集成电路由硅材料制成。然而，硅材料的物理特性限制了其在光电和高频、高功率器件中的应用。第二代半导体材料主要包括：①砷化镓（GaAs）、锑化铟（InSb）等化合物半导体材料；②AlGaAs、GaAsP、InGaAsP 等三元、四元合金化合物半导体；③Ge-Si 等一些固溶体半导体；④玻璃态半导体（也称为非晶态半导体），如非晶硅、玻璃态氧化物半导体；⑤有机半导体等。它们主要用于制造高速、高频、高功率光电子器件，也是制造高性能微波、毫米波器件和发光器件的优秀材料。第三代半导体材料是指带隙较宽（$E_g \geq 2.3\text{eV}$）的材料，代表性材料包括碳化硅（SiC）、氮化镓（GaN）、氧化锌（ZnO）、金刚石和氮化铝（AlN）。在应用方面，第三代半导体材料主要用于半导体照明、功率电子、激光器和探测器等领域。

本章对半导体材料进行了简单分类介绍。详细介绍元素半导体、III-V 族半导体和 II-VI 族半导体的晶体结构、能带结构、物理性质以及在实际器件中的应用，简单介绍氧化物半导体和有机半导体。此外，从带隙的角度，对宽禁带和窄禁带半导体材料进行介绍，探讨了它们的特性和应用潜力。最后，简要介绍近期备受关注的二维半导体材料的材料体系、特点和一些重要的二维材料。

6.1 元素半导体材料

元素半导体由单种元素组成的具有半导体特性的材料。在元素周期表中，金属和非金属元素之间有多种元素，如硼（B）、金刚石（C）、硅（Si）、锗（Ge）等，均具有半导体性质，其导电性能容易受到微量杂质和外界条件变化的影响。这些元素半导体在周期表中的位置反映了他们的性质与物质结构。它们通常位于周期表的 A 族，其中典型的元素半导体如硅和锗属于ⅣA族，以金刚石型结构结晶，均为共价晶体，属于四面体键合的半导体。元素半导体的带隙宽度随原子序数的增加而递减，其原因是键合能随电子层数的增加而减小。周期表中第Ⅴ和第Ⅵ族元素中的一些元素，如磷（P）、硫（S）、硒（Se）和碲（Te）等也表现出半导体特性。这些元素的键合具有多样性，原子间可以形成三重键合（如磷）、双重键合（如硫、硒、碲）或四重键合。因此，这些元素能够存在于多种晶体结构中，并且是良好的玻璃形成剂。例如，Se可以以单斜晶体、三角晶体结构形式存在，或者作为玻璃（也可以被视为一种聚合物）存在。

6.1.1　ⅣA族元素半导体

最重要的元素半导体是Ⅳ族材料，如硅（Si）、锗（Ge）和金刚石（C），这些Ⅳ族元素材料都具有金刚石晶体结构。具有这种结构的另一个Ⅳ族元素半导体是α-Sn（E_g = 0.08eV），又称为灰锡。由于其特殊的电子结构，ⅣA族元素半导体广泛应用于光电子器件、太阳电池和集成电路等领域。与其他半导体材料相比，ⅣA族元素半导体具有较高的电导率和较低的能带间隙，使其在电子器件中具有更高的性能和效率。硅和锗是ⅣA族中应用最为广泛的元素半导体材料，二者主要物理性质见附表1。

1. 硅

硅（Silicon）半导体材料是金刚石结构，晶体中几乎没有多余的电子或者空穴，因此本征半导体的导电性很差，但是当掺入极微量的电活性杂质，如硼时，其电导率会显著增加。并且其电导率和导电类型对杂质和外界环境（光、热、磁等）高度敏感，目前主要用于电子器件，也可应用于太阳电池和光电探测器等光电子器件。

硅具有以下优势：

1）表面钝化处理便捷。可控氧化、自然氧化，降低表面复合的速率。

2）力学性质。硬、强，利于大尺寸晶片的安全可靠操作。

3）热学性质。耐温可达1100℃，允许扩散、氧化、退火等高温过程。

4）价格相对低廉。

当然，硅也有其局限性：

1）硅为间接带隙半导体，不适用于发光器件。

2）在可见光和近红外光波段，吸收系数较小（10^{-3}cm^{-1}左右），不适用于薄膜太阳电池，只能用一定厚度单晶硅制造太阳电池。

3）禁带宽度略窄（1.12eV），用于太阳电池时影响其理论效率。

4）与GaAs等相比，相对低的载流子迁移率（硅的电子迁移率为1400cm^2·V^{-1}·s^{-1}，GaAs的电子迁移率为8500cm^2·V^{-1}·s^{-1}），不适合超高速器件。

硅的间接带隙特性限制其在发光器件中的应用。然而，纳米晶硅表现出相对高效的发光性能，比晶体硅高几个数量级。在硅的纳米结构中，认为载流子的量子限域效应会产生以下两个显著变化：①增加了电子-空穴波函数的重叠，从而提高了光子发射效率；②发射峰向高能量方向偏移，即出现蓝移。因此，通过气相法或溶液法制备的硅量子点能有效提高其发光性能。除此之外也可在水溶性氢氟酸溶液中对结晶硅进行阳极蚀刻制备多孔硅，形成包含几纳米大小孔隙和晶粒的结构。

2. 锗

锗（Germanium）作为一种重要的半导体材料，其晶体结构与硅相同，均为金刚石结构。尽管锗和硅在结构上相似，但在半导体应用领域，锗的使用远不及硅广泛。锗的主要性质见附表 1。与硅相比，锗主要有以下特征：

1）室温下，锗的禁带宽度为 0.67eV，而硅的禁带宽度为 1.12eV。锗的电学性质对温度变化更加敏感。这意味着锗在操作温度的变化下更容易发生性能波动，相比之下，硅能够承受更高的操作温度和更大的杂质掺杂范围。例如，锗的最高工作结温约为 85℃，远低于硅的 150℃，晶体结构更容易因过热而损坏，这使得锗在高温应用中处于劣势。

2）室温下，锗晶体中的自由电子比硅晶体要多。这意味着锗比硅具有更大的集电极截止电流（即基极开路时，集电极与发射极之间的漏电流），使得锗在某些电学应用中不如硅有效。

3）锗的资源相对稀少，生产成本较高，且生产技术的成熟度不如硅高。相比之下，硅资源丰富，生产成本较低，且其生产工艺已经非常成熟和简便。这些因素使得硅在半导体制造领域占据了更大的优势。

4）锗的迁移率比硅大，具有更低的导通电压。例如，用作二极管时，导通电压为 0.2V。在低噪声放大器中，输入射频信号被匹配网络转化为电压并放大，同时尽量减少自身噪声的引入，导通电压越低，输出信号的范围越广泛，因此锗的低导通电压特性在低噪声放大器等特定器件中发挥着重要作用。

3. 锡

锡有很多种同素异形体，包括白锡、灰锡、脆锡等。低于 -13.2℃ 时，稳定相是金刚石结构的 α-锡，也称灰锡，具有近零带隙（$E_g = 0.08\text{eV}$），当温度高于 -13.2℃ 时，开始转变为 β 相的金属性锡，也称白锡。相变温度过低使得灰锡难以实际应用。近期蒋（Chiang）等报道，当灰锡生长在铟锑化物等衬底上的薄膜中，相变温度升至 200℃，α-锡能够在远高于室温的温度下保持稳定。

4. 硅锗合金

硅锗合金由硅元素和锗元素以一定比例互溶形成的无限固溶体，通常表示为 $Si_{1-x}Ge_x$（$x = 0 \sim 1$）。通常情况下，硅锗合金具有类金刚石结构，属于面心立方晶系，是一种间接带隙半导体。然而，在特定条件下，通过改变沿 〈111〉 晶体方向的对称性，可将其从立方结构转变为六方结构，从而成为直接带隙半导体。

硅锗合金具有广泛的应用前景，可通过外延生长于硅衬底。然而，随着锗组分含量的增加，晶格常数也会相应增大，如图 6-1 所示。因此，一般而言，我们选择在硅上先生长锗含量较低的薄膜，然后逐渐增加锗含量，形成性质多层具有含量梯度的硅锗合金结构。在硅中引入锗可以有效减小禁带宽度，使其在可见到近红外波段范围内具有良好的吸收性能。这使得硅锗合金在制备可见光到近红外波段的探测器时显得更为适用。由于吸收系数的增加，吸光层的厚度可以减少，从而减少了载流子渡越时间，使其在高速探测器方

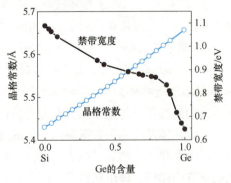

图 6-1　硅锗合金的晶格常数、禁带宽度随锗含量的变化

面表现更加出色。另一个有趣的特性是，在适宜的衬底或者纳米晶种上生长出较稳定的直接带隙的六方相结构。这一特性为拓展硅锗合金在发光二极管甚至激光二极管等器件上的应用提供了新的可能。因此，硅锗合金不仅在探测器领域有着重要应用，还具备了在光电子学器件方面的潜在应用前景。

6.1.2　ⅥA 族元素半导体

ⅥA 族元素包括氧、硫、硒、碲、钋等，常用的半导体材料有硒和碲。其中，钋为金属，硫有 50 多种同素异形体存在，最稳定的是基于八硫环（S_8）的正交相 α-硫，带隙为 3.8~4.2eV，具有较高的电阻率。下面主要介绍硒和碲两种半导体材料。

1. 硒

硒（Selenium）单质存在三种同素异形体：灰色的六方晶型硒、红色的单斜晶型硒和非晶态（即玻璃态）硒。其中以六方晶型的灰色硒在自然界中最为稳定，它由平行的一维螺旋硒原子链组成，具有半导体特性；红色单斜晶型硒由 Se_8 环组成。灰硒的禁带宽度较窄，$E_g = 1.7~2.3eV$，具有一定的导电和导热性，电导率随光照强弱而急剧变化，可增强 1000 倍以上，是一种光导材料，可用作光敏器件。

除了两种晶体之外，还有一种非晶硒，其禁带宽度为 2.2eV，电阻率高（为 $10^{12}\Omega \cdot cm$），介电常数小（为 6.6），能在良好地吸收 X 射线的同时不会受到 X 射线的损伤，因此常被用于 X 射线探测器，且空间分辨率高，与 TFT 构成大面积 X 射线平板探测器。相较于其他半导体，非晶硒被选择用于这一应用，因为它具有有利的技术和物理特性的综合优势：

1）非晶硒具有较低的熔点、高的蒸汽压和均匀的结构。这三种特性使得非晶硒可以以 $1~5\mu m \cdot min^{-1}$ 的速率快速且轻松地沉积出厚度高达 1mm 的大面积均匀薄膜，它们的均匀性和缺乏晶界（多晶材料固有的特征）提高了 X 射线的图像质量。与此同时，大面积对于扫描人体或行李物品至关重要。

2）电子和空穴的迁移率都足够高。以至于在典型的 0.2mm 厚的器件中，约 98% 由 X 射线产生的电子和空穴都能在电极处被收集，而不被各种缺陷束缚。因此，基于非晶硒的 X 探测器的灵敏度很高。

2. 碲

碲（Tellurium）单质具有两种同素异形体，一种是晶体碲，晶体结构属六方晶系，原子排列呈螺旋形，具有银白色金属光泽；另一种是无定形粉末状碲，呈暗灰色。晶体碲的禁带宽度为 0.34eV，是一种带隙较窄的半导体材料，但电导率极低，0℃ 时的电阻率为 $1.6 \times 10^5 \mu\Omega \cdot cm$。当有微量杂质存在时电导率上升，光照也可使它的电导率略有上升。

6.2　Ⅲ-Ⅴ族半导体材料

6.2.1　Ⅲ-Ⅴ族半导体材料体系

Ⅲ-Ⅴ族半导体材料是一类重要的半导体材料。其中，ⅢA 族元素是硼族元素，如硼、铝、镓、铟等，而ⅤA 族元素是氮族元素，如氮、磷、砷等。这两族元素按 1:1 的化学计量比任意化合形成Ⅲ-Ⅴ族半导体。见表 6-1，Ⅲ-Ⅴ族半导体多为直接带隙，例如砷化镓、砷化铟、磷化铟、氮化镓、氮化铟、锑化镓和锑化铟等，也有相当一部分是间接带隙，例如磷化镓、磷化硼、磷化铝、砷化硼、砷化铝、锑化铝。Ⅲ-Ⅴ族半导体通常具有优良的电学性能和宽广的带隙范围。如图 6-2 所示，锑化铟的带隙宽度仅为 0.17eV，对应的光波长范围在红外区域；而氮化铝的带隙宽度为 6.3eV，对应的光波长范围在深紫外区域。Ⅲ-Ⅴ族半导体材料的直接带隙特性和广泛的带隙范围，使其在光电子器件中广泛应用，是发光二极管、激光器和光电探测器等光电器件的材料基础。这些材料不仅在光吸收和发射方面表现出色，还在高频和高功率电子器件中有显著优势。

表 6-1　典型的Ⅲ-Ⅴ族半导体材料的主要信息

材料	晶体结构（D/Z/W）[①]	禁带类型（I/D）[②]	禁带宽度 E_g/eV	禁带波长 λ_g/μm
AlN	W	D	6.02	0.206
AlP	Z	I	2.45	0.506
AlAs	Z	I	2.16	0.574
AlSb	Z	I	1.58	0.785
GaN	W	D	3.39	0.366
GaP	Z	I	2.26	0.549
GaAs	Z	D	1.42	0.873
GaSb	Z	D	0.73	1.70
InN	W	D	0.65	1.91
InP	Z	D	1.35	0.919
InAs	Z	D	0.36	3.44
InSb	Z	D	0.17	7.29

① Z 和 W 分别指闪锌矿和纤锌矿结构。
② I 和 D 分别指直接带隙和间接带隙。

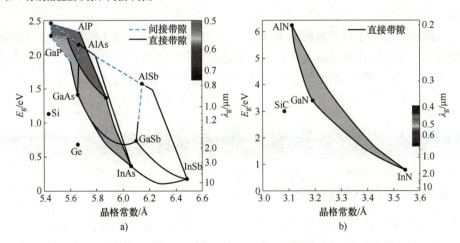

图 6-2　常见的Ⅲ-Ⅴ族化合物半导体禁带宽度和晶格常数之间的关系
a) 闪锌矿结构化合物　b) 纤锌矿结构化合物

Ⅲ-Ⅴ族半导体材料体系可以分为氮化物、磷化物和砷化物等，后文将对这几种材料体系进行简单的介绍。

6.2.2 Ⅲ-Ⅴ族半导体材料的基本特性

1. Ⅲ-Ⅴ族半导体材料的晶体结构

从表6-1可以看出，大多数Ⅲ-Ⅴ族化合物半导体属于闪锌矿结构，少数属于纤锌矿结构，其中纤锌矿的Ⅲ-Ⅴ族化合物主要是氮化物。晶体结构的特征已在3.1节介绍。在闪锌矿结构中，Ⅲ族元素原子与Ⅴ族元素原子的价电子数是不等的，关于它们之间价键的形成机制有几种解释。一种观点认为，Ⅴ族原子的5个价电子中拿出一个给Ⅲ族原子，然后它们相互作用产生 sp^3 杂化，形成类似金刚石结构的共价键。例如，GaAs 的 Ga 原子得到一个价电子变成 Ga^-，As 原子给出一个价电子变成 As^+。虽然这种键合主要是共价键，但由于 Ga^- 和 As^+ 离子的电荷作用，具有一定的离子键性质。另一种观点认为，在闪锌矿型晶体结构中，除 Ga^- 和 As^+ 形成的共价键外，还有 Ga^{3+} 和 As^{3-} 形成的离子键，因此Ⅲ-Ⅴ族化合物的化学键属于混合型。由于离子键作用，电子云的分布是不均匀的，偏向于Ⅴ族原子，即产生极化。这样导致在Ⅴ族原子处出现负的有效电荷，而Ⅲ族原子处出现正的有效电荷。无论采用哪种解释，Ⅲ-Ⅴ族半导体中的闪锌矿结构和纤锌矿结构，原子间的键都具有介于共价键和离子键之间的混合键性质，电子云偏向Ⅴ族元素。

2. Ⅲ-Ⅴ族半导体材料的极性

1）非中心对称性。首先，在晶格的对称性方面，与金刚石型不同，闪锌矿型结构具有非中心对称性，即没有反演中心。从垂直 [111] 的方向上看，GaAs 晶体的原子排列投影如图6-3所示，呈现一系列由镓原子和砷原子组成的双原子层。因此，晶体 [111] 和 [$\bar{1}$11] 方向是不等价的，在物理性质上是不相同的。沿 [111] 方向观察，双原子层中的镓原子层在砷原子层的后面，沿 [$\bar{1}\bar{1}$1] 方向上则相反。对于Ⅲ-Ⅴ族化合物，将Ⅲ族原子称为 A 原子，表面为 A 原子的 {111} 面，称为 A 面或 （111）A 面；Ⅴ族原子称为 B 原子，表面为 B 原子的 {$\bar{1}\bar{1}$1} 面，称为 B 面或 （$\bar{1}\bar{1}$1）B 面。图6-3中 A 边上为镓原子，而 B 边上为砷原子，因此在 A 边和 B 边的电学和化学性质也有很大差异，通常将这种不对称性称为极性，而 [111] 轴是一极性轴。

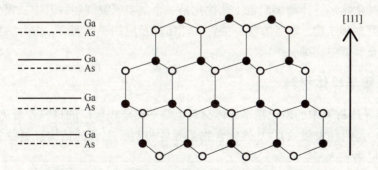

图6-3 GaAs 晶体的原子排列投影（在 [110] 面的投影）

2）极性对解理性的影响。在锗、硅等具有金刚石结构的材料中，（111）面的间距最大，因此（111）面是其主要的解理面。然而，对于具有闪锌矿结构的Ⅲ-Ⅴ族化合物，尽管（111）面的间距大于（110），但（111）面的两侧分别是 A 原子和 B 原子，因极性作用在（111）面间存在较强的库仑引力。相比之下，（110）面的间距虽比（111）面小，但（110）面由相同数目的 A、B 原子组成，因此，除了 A、B 原子间的库仑引力外，相同原子间还存在一定的斥力。特别是当相邻的两层（110）面沿<211>方向移动一定距离时，会使两层间的Ⅲ族或Ⅴ族原子上下对齐，产生更大的斥力，使晶面更容易沿此面断裂。因此，闪锌矿晶体的解理主要沿（110）面发生。基于这一特性，通常在Ⅲ-Ⅴ族化合物的（100）晶面上制作器件，然后通过解理法将其制成垂直的方形或条形芯片。

3. Ⅲ-Ⅴ族半导体材料的能带结构

Ⅲ-Ⅴ族化合物半导体与硅、锗具有同一类型的能带结构，化合物之间具有一些共同特征：

1）闪锌矿结构与金刚石结构类似，第一布里渊区也是截角八面体的形式。

2）其价带在布里渊区中心是简并的，具有一个重空穴带和一个轻空穴带，还有一个由自旋-轨道耦合而分裂出来的第三个能带。

3）价带的极大值均恰好在布里渊区中心。

同时，不同化合物的能带结构特征也不同，尤其是导带，Ⅲ-Ⅴ族半导体材料在［100］、［111］方向和布里渊区中心都有导带极小值，但是在平均原子序数高的化合物中，最低的极小值是在布里渊区的中心，而在平均原子序数较低的化合物中，最低的极小值是在［100］或［111］方向。

6.2.3 氮化物半导体材料

Ⅲ-Ⅴ族氮化物半导体材料，包括氮化镓（GaN）、氮化铝（AlN）、氮化铟（InN）等，具有广泛的应用前景。氮化物半导体因其优异的物理性质在光电子领域展现出广泛应用。例如，氮化镓因其高亮度和长寿命被广泛用于 LED 和激光器。基于氮化镓材料体系（GaN、InGaN 和 AlGaN）的激光器可将半导体激光器的波长扩展到可见光和紫外光范围，特别是蓝绿光和紫外光波段。氮化铝因其大禁带宽度、高击穿场强、优异的热导率及稳定的物理化学性质，常用于深紫外 LED、深紫外激光器和大功率微波器件。然而，氮化物半导体材料的生长制备工艺复杂且成本高，并且，在缺陷工程和界面性能方面面临挑战，制约了其大规模应用。因此，氮化物半导体薄膜制备工艺优化是一个重要研究课题。其中，氮化镓和氮化铝的应用最为广泛，其结构、制备方法、关键性能指标及应用见附表 2。作为一类宽带隙半导体，具体将在 6.6 节中详细介绍。

6.2.4 磷化物半导体材料

Ⅲ-Ⅴ族半导体材料中的磷化物半导体材料也是一类应用较广的材料。磷化铟（InP）和磷化镓（GaP）是两种重要的Ⅲ-Ⅴ族化合物半导体材料，二者的结构、制备方法、关键性能指标及应用见附表 3。

1. 磷化铟

磷化铟是一种直接带隙的半导体材料，其常作为Ⅲ-Ⅴ族光电子器件的基底材料，禁带宽度 1.35eV，常温下的电子迁移率为 $4200 \sim 5400 cm^2 \cdot V^{-1} \cdot s^{-1}$。磷化铟可作为光电子器件的衬底，也在光通信、高频毫米波器件、光电集成电路和外层空间用太阳电池等领域中广泛应用。其较窄的禁带宽度使其在红外光范围内具有优良的光电特性，适用于光通信中的激光器和探测器。此外，由于其高电子迁移率（$4600\,cm^2 \cdot V^{-1} \cdot s^{-1}$），磷化铟材料中的电子可以以非常高的速度通过，因此，基于磷化铟的卫星信号接收器和放大器能够在 100GHz 以上的极高频率下工作，并且具有宽带宽和高稳定性，受外界干扰较小。

2. 磷化镓

磷化镓也常作为Ⅲ-Ⅴ族光电子器件的基底材料，它是一类间接带隙的半导体。相较于磷化铟，磷化镓具有较宽的禁带宽度，为 2.27eV，使其在可见光范围内具有良好的光吸收能力，但其迁移率相对较低。磷化镓被广泛应用于光电子学和半导体器件制造中，尤其是在廉价高效的 LED（发光二极管）制造中。

6.2.5　砷化物半导体材料及锑化物半导体材料

砷化物半导体材料包括砷化镓（GaAs）和砷化铟（InAs）。GaAs 是直接带隙半导体，禁带宽度为 1.42eV；作为第二代半导体，GaAs 具有比硅更高的载流子迁移率。因此，GaAs 在高频、高温、低温条件下表现优异，在高频条件下工作时，产生更低的噪声。GaAs 还可制成电阻率比硅和锗高三个数量级以上的半绝缘材料，用于集成电路衬底。GaAs 常用于制造集成电路、红外探测器、γ 光子探测器及发光器件。InAs 也是一种直接带隙半导体，禁带宽度为 0.34eV。它适用于红外波长范围，因此广泛用于制造红外探测器。InAs 具有较高的电子迁移率，是制造霍尔器件的理想材料。在 InAs 衬底上可以生长晶格匹配的 InGaAsSb、InAsPSb 和 InAsSb 多元外延材料，用于制造 2~4μm 波段的光纤通信激光器和探测器。它们的结构、制备方法、关键性能指标及应用归纳在附表 5 中。

锑化物半导体材料包括锑化镓（GaSb）和锑化铟（InSb）等，它们在光通信和红外探测方面具有重要应用。GaSb 的禁带宽度为 0.75eV，适用于长波长应用。因此，GaSb 常用于制造红外激光器、光电探测器和高频器件。它也是长波 LED 及光纤通信器件的重要衬底材料，具有体积小、重量轻、能耗低的优势。InSb 的禁带宽度极窄（0.17eV）、电子迁移率极高（$5.25\times10^5\,cm^2 \cdot V^{-1} \cdot s^{-1}$），因此广泛应用于中波红外探测和成像领域。InSb 在高速电子设备和高频器件中也具有独特优势。

然而，砷化物和锑化物半导体的生长和加工成本较高，材料脆性大，易受机械应力影响。这些因素限制了其在低成本应用中的竞争力。因此，制备技术的创新与优化对提高成晶率和降低成本至关重要，以推动这些材料在更广泛的领域实现商业化应用。

6.2.6　Ⅲ-Ⅴ族半导体合金

由两种Ⅲ族元素与一种Ⅴ族元素（或由一种Ⅲ族元素与两种Ⅴ族元素）形成的化合物是重要的三元半导体。例如，$Al_xGa_{1-x}As$ 是一种性质介于 AlAs 和 GaAs 之间的化合物，其性质取决于组成混合比 x。该材料的禁带宽度 E_g 随着 x 值的变化在 GaAs 和 AlAs 的线上连续变化，从 1.42eV（对应于 GaAs）到 2.16eV（对应于 AlAs）。如图 6-2 所示，由于这条线基本上垂直于横坐标，$Al_xGa_{1-x}As$ 与 GaAs 晶格匹配。因此，以 GaAs 作为衬底，可以在不拉伸晶格的情况下，在衬底上外延生长任意不同组成的 $Al_xGa_{1-x}As$。其他有用的Ⅲ-Ⅴ族三元化合物，如 $GaAs_{1-x}P_x$，也在图 6-2 中显示了禁带宽度与晶格常数的变化。由于 GaP 是间接带隙半导体，随着 x 值的增加，带隙类型由直接带隙变成间接带隙。类似地，Al_xGa_{1-x} 和 $In_xGa_{1-x}N$ 是在紫外光、蓝光和绿光光谱区工作的光子器件的重要三元半导体。$In_xGa_{1-x}As$ （IGA）广泛用于光子源和近红外光谱区的探测器。$In_xGa_{1-x}As/InP$ 异质结双极晶体管既能发光，又能用作高速开关。

由两种Ⅲ族元素与两种Ⅴ族元素（或三种Ⅲ族元素和一种Ⅴ族元素）化合可以形成四元Ⅲ-Ⅴ族化合物半导体。与三元半导体相比，四元半导体额外的组成自由度提供了更多制备具有所需性质的材料的灵活性。例如，$In_{1-x}Ga_xAs_{1-y}P_y$ 随着组成的混合比 x 和 y 在 0 和 1 之间变化时，禁带宽度为 0.36eV （InAs）~ 2.26eV （GaP）。多元半导体的晶格常数通常随着混合比线性变化（Vegard 定律）。在图 6-2 中，点线区域表示该化合物涵盖的带隙能量和晶格常数范围。当混合比 x 和 y 满足 $y = 2.16(1-x)$ 时，$In_{1-x}Ga_xAs_{1-y}P_y$ 与 InP 具有相同的晶格常数，即实现晶格完美匹配。因此，InP 可以用作合适的衬底。这种四元化合物可用于制造发光二极管、激光二极管和光电探测器，特别是在 1550nm 光纤通信波长附近。另一个类似的例子是 $Al_xIn_yGa_{1-x-y}P$，以 GaAs 作衬底，该化合物在红光、橙光和黄光谱区提供高亮度发射（图中的阴影区域）。还有一个重要的四元材料是Ⅲ-氮化物化合物 $Al_xIn_yGa_{1-x-y}N$，它在绿光、蓝光和紫外光谱区工作。Ⅲ-氮化物通常是纤锌矿结构，常用的衬底是蓝宝石、SiC 和 Si，尽管这些衬底与Ⅲ-氮化物的晶格常数存在一定的失配。

Ⅲ-Ⅴ族半导体材料的研究和应用已有几十年历史。通过分子束外延、金属有机化学气相沉积等成熟技术，可获得高质量的Ⅲ-Ⅴ族半导体薄膜。这些材料已广泛应用于 LED、激光器、光电探测器和太阳电池等光电子器件。未来的研究将致力于拓展这些Ⅲ-Ⅴ族材料的应用领域。除了传统的光电信息器件外，其宽带隙和高电子迁移率特性也使其在射频和功率电子器件中展现出广阔前景。此外，Ⅲ-Ⅴ族量子结构材料在量子信息技术的前沿应用也引起了广泛关注。同时，利用Ⅲ-Ⅴ族材料与其他半导体的异质结构集成，可以实现器件功能的集成和性能提升。总之，Ⅲ-Ⅴ族半导体材料凭借其独特的物理化学特性，正在从传统光电子领域向射频、功率电子和量子信息等新兴应用领域拓展，成为当今半导体技术发展的重要增长方向。

6.3 Ⅱ-Ⅵ族半导体材料

6.3.1 Ⅱ-Ⅵ族半导体材料体系

Ⅱ-Ⅵ族半导体材料，即由周期表中ⅡB 族元素（如 Zn、Cd、Hg）和ⅥA 族的硫族元素（如 S、Se、Te）组成的化合物，也是应用广泛的半导体。这类材料包括 ZnS、ZnSe、ZnTe、CdS、CdSe、CdTe、HgS、HgSe 和 HgTe 等。与Ⅲ-Ⅴ族合金不同，Ⅱ-Ⅵ族化合物在自然界中广泛存在。除 HgSe 和 HgTe 外，这些材料均具有闪锌矿结构并且是直接带隙半导体，而 HgSe 和 HgTe 是带隙较小的负带隙半金属。如图 6-4 所示，众多Ⅱ-Ⅵ族半导体材料具有合适的衬底材料。ZnSe 的一个特别的优点是它可以在 GaAs 衬底上沉积，因为两种材料的晶格常数相似，产生的缺陷密度相对较低。三元Ⅱ-Ⅵ族半导体 $Hg_xCd_{1-x}Te$ 可以在 CdTe 衬底上无应力生长，因为 HgTe 和 CdTe 的晶格常数几乎匹配，这种材料广泛用于光电探测器。然而，由于这些材料制备的探测器价格高昂，限制了其广泛的民用市场。宽禁带的 ZnS、ZnSe、

CdS 和 ZnTe 都是重要的蓝-绿光半导体器件材料，用这些材料掺杂或形成固溶体后已制出蓝光发光二极管和电注入蓝光激光器，这些材料还具有光学双稳态性质，在光开关、光计算机等领域也有广泛的应用。CdS、CdSe 等曾是制备太阳电池的热门半导体材料。目前研究更为广泛的是像 CdSe 这样的Ⅱ-Ⅵ族半导体材料，它们可以很容易地制成具有可调发光波长的量子点，并用于量子点发光二极管。

与Ⅲ-Ⅴ族化合物半导体材料相比，Ⅱ-Ⅵ族化合物有如下几个特点：

1）Ⅱ族元素和Ⅵ族元素在周期表中的位置相距比Ⅲ族和Ⅴ族大，故Ⅱ-Ⅵ族化合物的电负性差值大，其离子键成分比Ⅲ-Ⅴ族化合物大。

2）Ⅱ-Ⅵ族化合物多为闪锌矿结构，能带结构上多为直接带隙结构，适用于光电应用，例如发光二极管（LED）和激光器。例外的是 HgSe 和 HgTe，它们表现出半金属的特性。

3）Ⅱ-Ⅵ族化合物熔点较高，在熔点下具有一定的气压，且组成化合物的单质蒸气压也较高。

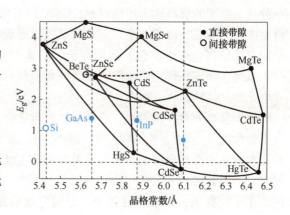

图 6-4　常见的Ⅱ-Ⅵ族化合物半导体禁带宽度和晶格常数之间的关系

氧也是ⅡA族元素，但由于其氧化物独特的键合方式和结构，以及其与其他Ⅱ-Ⅵ族半导体截然不同的性质，通常不作为Ⅱ-Ⅵ族化合物半导体来讨论，将在第 6.4 节详细讨论。在接下来的部分中，将按硫化物、硒化物和碲化物材料的顺序进行简要介绍。

6.3.2　Ⅱ-Ⅵ族半导体材料的基本特性

1. Ⅱ-Ⅵ族半导体材料的晶体结构

Ⅱ-Ⅵ族二元化合物的晶体结构分为两类，一类是只具有闪锌矿结构，如 ZnSe、HgSe、ZnTe、CdTe、HgTe 等；另一类除具有闪锌矿结构外还具有纤锌矿结构，即有两种晶体结构类型，这类Ⅱ-Ⅵ族化合物包括 ZnS、CdS、HgS、CdSe 等。Ⅱ-Ⅵ族二元化合物的晶体结构信息见表 6-2。

表 6-2　Ⅱ-Ⅵ族二元化合物的晶体结构信息

	S	Se	Te
Zn	Z, W	Z	Z
Cd	Z, W	Z, W	Z
Hg	Z, HgS 结构	Z	Z
Cu（IB）	CuSe 结构	CuSe 结构	

注：Z 为闪锌矿，W 为纤锌矿。

2. 自补偿现象

使用Ⅱ-Ⅵ族半导体材料制作发光器件时，通常的掺杂方式很难获得低阻两性掺杂晶体。例如，ZnS、CdS、ZnSe、CdSe只能制备成n型，而碲化锌只能制备成p型。仅有CdTe（碲化镉）既可实现n型掺杂，也能实现p型掺杂。这是因为晶体中存在电荷不同的杂质和晶格缺陷，它们之间发生补偿。掺入的杂质被相反电荷类型的缺陷中心补偿，即自补偿。只有一种导电类型的材料称为单性材料，CdTe则是两（双）性材料。这一现象在Ⅱ-Ⅵ族半导体材料中尤为明显，由于非金属元素的蒸汽压比较大，在合成和制备晶体时，将产生较大的化学剂量比偏离，产生空位、间隙原子、杂质引起的缺陷。当掺入易电离的杂质（如施主）时，总是伴随相反作用的缺陷（如受主型空位），施主电子被受主捕获而不能进入导带，对导电无效，使掺杂"失效"。

根据经典的自补偿理论，自补偿程度与化合物材料的禁带宽度E_g、空位的生成能E_V以及空位浓度n_V有关。E_g越大，E_V越小，n_V越大，自补偿越严重。此外，化合物的化学键和元素的离子半径也影响自补偿。共价键成分大的化合物自补偿程度轻，如Ⅲ-Ⅴ族化合物材料；而离子键成分大的化合物自补偿程度重，如Ⅱ-Ⅵ族化合物材料。空位生成能与元素的离子半径有关，离子半径越小，空位生成能越小，易生成空位。对于ZnTe，由于$r_{Zn^{2+}} < r_{Te^{2-}}$，易生成锌空位，电离出空穴，$V_{Zn} \Longleftrightarrow V''_{Zn} + 2h$，掺入施主杂质时会被补偿，所以ZnTe为p型单性材料。CdTe材料的禁带宽度E_g较小，正负离子半径相近，自补偿弱，为两性材料。

在传统掺杂工艺（如高温扩散）中，材料需在高温下达到热平衡状态。此时，杂质原子通过热运动扩散进入晶格，但高温也促使本征缺陷（如空位、间隙原子）形成。这些缺陷可能作为补偿中心，与掺杂剂相互作用，中和其电活性（如施主杂质被受主缺陷抵消），因此，采用非平衡掺杂工艺（如离子注入等）可以缓解自补偿现象。离子注入法使所引入的杂质仅取决于注入离子的能量和束流的强度，避免了受杂质溶解度限制的影响。此外，掺杂过程可在低温下进行，避免补偿中心的形成。

3. 点缺陷引起导电类型变化

Ⅱ-Ⅵ族化合物晶体比Ⅲ-Ⅴ族化合物晶体更容易产生点缺陷，这些点缺陷会导致化学计量比偏离。例如，在MX晶体中，如果X间隙原子X_i和M的空位原子V_M的浓度较高，X的含量将超过M，导致化学计量比正偏离；相反，当M的含量过剩，即M_i和V_X的浓度较高时，会发生化学计量比负偏离。由于不同点缺陷在晶体中具有不同的电学作用，正、负偏离会使材料表现出不同的导电类型。这种因组分变化而显示不同导电类型的半导体称为两性半导体。碲化镉、硫化铅、硒化铅等都是典型的两性半导体，它们的导电类型会随气相中平衡分压的变化从n型转变为p型。

6.3.3 硫化物半导体材料

硫化物半导体材料主要包括硫化锌（ZnS）、硫化镉（CdS）、硫化汞（HgS）、硫化铅（PbS）等，其中硫化锌和硫化镉的结构、制备方法、关键性能指标及应用见附表7。

硫化物半导体材料有着独特的光学性能和电学性能，广泛应用于光催化、光电二极管、光导探测器、太阳电池等方面。例如，硫化铅的激子玻尔半径（18nm）较大，有着非常强的量子效应，且禁带宽度较小（$E_g \approx 0.41eV$），广泛应用于场效应晶体管和红外光电探测器。硫化镉是一种直接带隙半导体，禁带宽度为 2.45eV，波长范围接近于黄光区，因此常被用于制作黄色发光二极管和激光器，并且由于光敏性比较强，也被用于制作光敏器件和光电探测器。

6.3.4　硒化物和碲化物半导体材料

硒化物是一类由硒元素和金属元素组成的化合物，主要包括硒化锌（ZnSe）、硒化镉（CdSe）等。它们的结构、制备方法、关键性能指标及应用见附表 8。硒化镉是一种直接带隙半导体，具有两种晶体结构。其中，纤锌矿结构的硒化镉禁带宽度为 1.75eV，较大的带隙宽度可以降低由于热涨落引起的噪声。硒化镉是一种良好的光电导材料，对可见光有良好的光响应，因此广泛用于制作发光二极管、光电池或可见光探测器等光电子器件。此外，硒化镉纳米晶（量子点）是当前研究最为广泛的量子结构材料之一，具有较强的发光量子效率，在量子点 LED、太阳电池以及生物标记等领域有着诱人的应用前景。硒化锌是一种直接带隙半导体材料，其闪锌矿结构的禁带宽度为 2.70eV，对应于 459nm 的波长。在 Ⅱ-Ⅵ 族发光二极管和激光器制造中，硒化锌应用广泛，主要用于蓝光发射的器件。掺铬的硒化锌（Cr:ZnSe）可作为红外激光介质，在约 2.4μm 处产生激光。硒化锌在 0.5～20μm 有较好的红外透明性，因此，可用于红外光学元件和相应器件的窗口。例如，用于红外光谱仪的分束器、CO_2 激光器（10.6μm）和新型"入耳式"体温计的窗口。硒化锌还可用作 X 射线和 γ 射线探测器中的闪烁体。其中，掺碲的硒化锌（Te:ZnSe）发射峰值为 640nm，适合与光电二极管匹配。

碲化物半导体材料也是一类重要的半导体材料，是由碲元素和金属元素组成的化合物，包括碲化锌（ZnTe）、碲化镉（CdTe）、碲化汞（HgTe）等，它们的结构、制备方法、关键性能指标及应用见附表 9。碲化镉是一种直接带隙半导体材料，其带隙宽度为 1.5eV。碲化镉的应用主要集中在太阳电池和探测技术领域。在太阳电池方面，碲化镉与太阳光谱的匹配性良好，使得碲化镉太阳电池的理论光电转换效率可达到 30% 左右。其中，First Solar 公司的碲化镉薄膜太阳电池实现的最高转换效率约为 22.1%。除了太阳电池，碲化镉在探测技术领域也发挥着重要作用，它可以与少量锌合金化以制成优秀的固态 X 射线和 γ 射线探测器（CdZnTe）。掺氯化的碲化镉也被用作 X 射线、γ 射线、β 粒子和 α 粒子的辐射探测器，其操作温度可达室温，因此可用于核能谱学等各种应用。此外，碲化镉在接近 1μm，一直到大于 20μm 的波段内都表现出良好的透明性，因此广泛用作光学窗口和透镜等红外光学元件。碲化镉还是Ⅱ-Ⅵ族半导体中电光系数最大的材料，其电光系数 $r_{41} = r_{52} = r_{63} = 6.8 pm \cdot V^{-1}$，适用于红外波段工作的电光调制器。

碲化汞（HgTe）是一种直接带隙半导体材料，其禁带宽度常被认为是负值，这意味着在理论上它能够吸收任何能量的光子。与碲化镉相同，碲化汞也呈现闪锌矿结构，且两者的晶格常数极为接近，碲化汞为 6.46Å（1Å=0.1nm），而碲化镉则为 6.48Å。在实际应用中，通常将碲化汞与碲化镉合金，形成碲镉汞（HgCdTe Mercury Cadmium Telluride，MCT）三元化合物。这种化合物带隙可以通过调节镉和汞的比例，而在接近 0～1.5eV 之间变化，特别适用于中红外波段的光探测。目前，基于碲镉汞的探测器及其阵列因其优异的性能在高端红外探测与成像领域得到广泛应用。这些探测器具有高灵敏度、高分辨率和快速响应等优点，广泛用于军事、安全监控、医疗诊断和科学研究等领域。

6.4 氧化物半导体材料

氧化物半导体材料是一类由金属与氧形成的化合物半导体。与元素半导体相比，氧化物半导体的结构多为离子晶体，其禁带宽度通常较大（约 3eV），而迁移率较低，化学性质也更为复杂。由于金属和氧化物之间存在电负性差异，即使微小的化学计量比偏差也能使材料的电学性质发生变化。此外，通过掺杂或形成晶格缺陷，可以在氧化物材料的禁带中形成额外的能级，从而改变其电学性质，这一过程称为金属氧化物的半导化。经过半导体化处理的氧化物材料表现出半导体的性能。氧化物半导体可按照其电导率随氧化气氛的变化而增加的情况进行分类。电导率随氧化气氛增加的氧化物被称为氧化型半导体，导电类型通常表现为 p 型。而电导率随还原气氛增加的氧化物则称为还原型半导体，导电类型表现为 n 型。另一种情况是导电类型随气氛中氧分压的大小而变化，导电类型可表现为 p 型或 n 型，这种半导体称为两性半导体。

重要的二元氧化物半导体材料包括 Cu_2O、ZnO、SnO_2、Fe_2O_3、TiO_2、ZrO_2、CoO、WO_3、In_2O_3、Al_2O_3、Fe_3O_4 等，大多呈 n 型导电。图 6-5 展示了几种常见金属氧化物的能级示意图。其中，ZnO、CdO、SnO_2 和 Fe_2O_3 等常被用作气敏半导体材料，其制成的气敏元件对某些气体表现出高度灵敏性。使用 CoO 制成的敏感元件对氧分压和温度也表现出极高的灵敏性，其在特定温度下，随着氧分压的增加，元件的电导率增大；而在相同氧分压下，温度升高则导致元件的电导率增大。Fe_3O_4、Cr_2O_3、ZnO、Fe_2O_3、Al_2O_3 等也属于湿敏半导体材料的一类，利用其表面吸附水蒸气时电导率发生明显变化的特性，可制成湿敏半导体元件。此外，许多氧化物半导体材料还可用作热敏电阻，而 ZnO 则可用于制造压电半导体。

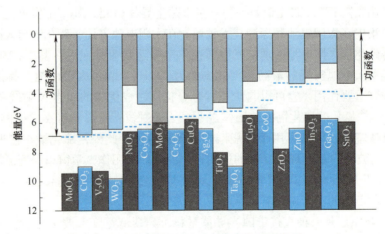

图 6-5 几种常见的金属氧化物能级示意图

注：下部阴影区域代表价带，上部阴影区域表示导带。虚线表示每种氧化物的费米能级位置。费米能级接近价带的氧化物是 p 型半导体，费米能级接近导带的氧化物是 n 型半导体。

6.4.1 氧化物半导体的特性

1. 氧化物半导体的导电类型形成机理

根据点缺陷的平衡理论，本征点缺陷的存在会使一些氧化物表现出电子导电性，形成 n

型半导体。这些氧化物包括：ZnO、CdO、CuO、Pb_3O_4、Fe_2O_3、ThO_2、SnO_2、CeO_2、V_2O_5 和 Nb_2O_5 等。金属氧化物 MO 中的金属间隙原子和氧空位一旦电离，将提供电子，导致材料呈现 n 型特性。因此，当将氧化物置于高温下热解或者在还原性气氛中时，氧化物中的氧逸出，导致材料的导电类型变为 n 型。相反，如果氧化物中存在过量的氧或金属离子空位 V_M，它们电离会产生空穴 h，使材料呈现 p 型半导体性质。

2. 原子价控制原理

除了晶格缺陷，还可通过掺杂不同化学价的原子来实现氧化物的半导化。这些掺杂引入的杂质离子能够提供自由电子或自由空穴，从而改变材料的电导率。这种控制氧化物材料电导率的原理称为原子价控制原理。

对于 n 型氧化物半导体，用高价离子代替低价离子会引入额外的自由电子，从而提高材料的电导率；反之，如果用低价离子代替高价离子，则会消耗自由电子，导致电导率降低。对于 p 型氧化物半导体，用低价离子代替高价离子会产生额外的空穴，材料的电导率变大；而用高价离子代替低价离子会减少空穴，导致电导率降低。此外，半导体材料电导率的变化与掺入杂质的含量密切相关。

以 NiO 为例，掺入 Li 时，未掺杂的 NiO 中的空穴浓度为 p_0（对应的电导率为 σ_0），$p_0 = 2[V''_{Ni}]$（每个镍空位电离产生两个空穴）。掺入 Li 后，材料的空穴浓度变为 p（对应的电导率为 σ），$p = 2[V''_{Ni}] + [V'_{Li}]$。因此，掺杂前后材料的电导率之比为

$$\frac{\sigma}{\sigma_0} = \frac{p}{p_0} = \frac{2[V''_{Ni}] + [V'_{Li}]}{2[V''_{Ni}]} \tag{6-1}$$

对于掺杂半导体，杂质浓度通常远大于本征点缺陷浓度，因此

$$\frac{\sigma}{\sigma_0} = \frac{[V'_{Li}]}{2[V''_{Ni}]} \tag{6-2}$$

即材料电导率的变化与杂质掺入量成正比。

6.4.2 几种重要的氧化物半导体

1. 二氧化钛

二氧化钛（TiO_2）作为一种重要的氧化物半导体，拥有多种晶体结构，其中最常见的是金红石型和锐钛矿型。这些结构的不同导致了二氧化钛在性能上的差异。其禁带宽度通常为 3.0~3.3eV，使其在可见光波段具有高透明度，而在紫外光波段则表现出较强的吸收能力。TiO_2 最为人熟知的是其出色的光催化活性，这使其在环境净化和水处理等领域备受关注。此外，TiO_2 还可用于气敏传感器，用于检测环境中的气体成分，如氧气和气态有机化合物等。在光电子器件领域，TiO_2 常作为电子传输层使用，特别是在染料敏化太阳电池和钙钛矿太阳电池中。

2. 氧化锌

氧化锌（ZnO）具有多种晶体结构，通常以六方纤锌矿结构为主，也存在其他晶体结构，如闪锌矿。纤锌矿结构的氧化锌是一种直接带隙半导体，禁带宽度约为 3.4eV，激子结合能约为 60meV。此外，ZnO 还具有压电性。ZnO 半导体材料因其稳定且丰富多样的纳米结构、优异的室温激子稳定性和易于掺杂调控的电学性能，在第三代半导体材料体系研究中独具特色，其结构、制备方法、关键性能指标及应用见附表 6。

ZnO 具有由阳离子和阴离子形成的非中心对称结构，因此，在外力作用下产生的压电势可以与其半导体输运性能耦合，实现以应变为"门"调控晶体管输运性能的压电电子学效应，以及调控异质结光电响应的压电光电子学效应。这一方法成功建立了应变与界面载流子输运行为调控的有效联系，从器件构筑和性能调控等方面打开了全新的研究领域。在发光器件研究领域，六角纤锌矿结构的氧化锌端面与侧面以及随机散射形成的光学反馈，使低维氧化锌具有天然的谐振腔结构，可实现多种振荡方式的激光发射。然而，实现单模激光低阈值高效输出仍然是氧化锌激光器面向实际应用的主要挑战。氧化锌的激子结合能比氮化镓（28meV）大得多，原则上可用于制造 LED，但实现稳定的 p 型掺杂的氧化锌是公认的国际难题，而氮掺杂被认为是解决这一难题的可能途径，但尚无重大突破。在透明导电薄膜研制方面，氧化锌在可见-近红外波段的透过率超过 90%。掺杂 B 和 Al 可以显著提高载流子浓度，获得高电导率的 BZO（硼掺杂氧化锌）和 AZO（铝掺杂氧化锌），使其成为替代目前普遍使用的透明导电材料氧化铟锡（ITO）的重要候选材料。如何通过有效掺杂获得高电导率和高透光率的高质量氧化锌薄膜，是该领域的重要发展方向。

3. 氧化铟

氧化铟（In$_2$O$_3$）主要有两种晶体结构：立方铁锰矿结构和六方刚玉结构，立方铁锰矿结构是室温下 In$_2$O$_3$ 的热力学稳定相。立方相 In$_2$O$_3$ 是一种具有间接带隙的材料，尽管某些实验和计算表明它可能表现出直接带隙的特性，但总体上间接带隙的特性更为显著。其光学带隙约为 3.75eV，而本征带隙约为 2.9eV。氧化铟是典型的 n 型半导体，纯氧化铟的电子迁移率可以达到 200cm$^2 \cdot$ V$^{-1} \cdot$ s^{-1} 以上。通常通过进一步的 n 型掺杂来提高其导电性，包括锡掺杂氧化铟（ITO）、钨掺杂氧化铟（IWO）、锆掺杂氧化铟（IZrO）和铈掺杂氧化铟（ICO）等。目前，氧化铟基透明导电氧化物（TCO）广泛应用于太阳电池、平板显示器和有机发光二极管等光电子器件中。此外，氧化铟在气体传感器领域也得到了广泛应用。

4. 氧化镓

氧化镓（Ga$_2$O$_3$）是一种超宽、直接禁带的半导体材料，禁带宽度约为 4.9eV。它具有 α、β、γ、δ、ε 五种晶体结构，其中单斜结构的 β-Ga$_2$O$_3$ 最为稳定，是研究最广的氧化镓结构。氧化镓具有高电子迁移率，通常在 150~200cm$^2 \cdot$ V$^{-1} \cdot$ s^{-1} 之间，最优条件下甚至可超过 300cm$^2 \cdot$ V$^{-1} \cdot$ s^{-1}，在氧化物半导体中较为罕见。由于其超宽禁带特性，氧化镓在可见光和近紫外波段仍保持高透过率。其带隙对应的吸收边在 253nm，正处于日盲波段（太阳光被地球大气层中的臭氧层几乎完全吸收，无法到达地表的紫外光波段），这使得氧化镓非常适合用于制造日盲紫外探测器。日盲紫外探测器在火灾探测、电网监测、军事跟踪和生物安全等领域有着广泛的应用。

5. 氧化铟镓锌

铟镓锌氧化物（Indium Gallium Zinc Oxide，IGZO）是一种重要的新型多元氧化物半导体材料。它是由 In$_2$O$_3$、Ga$_2$O$_3$ 和 ZnO 均匀混合而成，禁带宽度约为 3.2eV，在可见光范围内基本上是全透明的，这一特性使其成为真正的透明半导体薄膜，同时也具有优异的电学性能，在半导体材料研究和应用中备受关注。IGZO 是一种非晶材料，但是也可以制备成多晶形式。非晶 IGZO 相比传统的非晶硅（a-Si），其原子排列无序性对电子迁移率的影响较小，电子迁移率显著高于非晶硅，这是因为 IGZO 的导带底主要由铟离子的 5s 轨道组成，这些轨道是球形的，具有各向同性的空间分布，较大的主量子数和离子半径增加了其空间分布范围，即使在非晶状态下，这些轨道之间仍有较大的交叠。因此，IGZO 的导带展宽较大、电子有效质量较小的特性，使电子迁移率较大。非晶 IGZO 中带尾态密度低，费米能级钉扎效应较弱，这使得费米能级容易超过迁移率边，使扩展态导电成为主要导电机制，从而实现较高的电子迁移率。

IGZO 薄膜的制备工艺相对简单，有多种方法。例如，磁控溅射技术常用于制备均匀、致密的 IGZO 薄膜，适合大规模生产。而脉冲激光沉积技术则可精确控制薄膜的厚度和成分，适用于研究和高端应用。此外，溶液法成膜技术，如旋涂和喷墨印刷技术，通过溶液在基片上成膜，具有成本低、工艺简单的优势，适合制造柔性电子器件。这种简便的薄膜制备工艺使 IGZO 在多种电子器件中广泛应用。IGZO 广泛应用于薄膜晶体管液晶显示器和有机发光二极管显示器中，作为驱动电路材料。非真空制备技术的应用使 IGZO 适用于柔性基板上的电子器件，推动柔性显示器和可穿戴设备的发展。

6.4.3 透明导电氧化物

透明导电氧化物（Transparent Conductive Oxide，TCO）薄膜主要包括铟（In）、锑（Sb）、锌（Zn）和镉（Cd）的氧化物及其复合多元氧化物薄膜材料。从物理性能上看，TCO 薄膜是一种半导体光电材料，可通过掺杂等手段增加载流子数量，使系统达到简并状态。TCO 薄膜在可见光区具有较高的透射率和低电阻率等优异的光电性能，因此广泛应用于各种光电器件中，例如太阳电池、LED 芯片、平板液晶显示器、薄膜晶体管以及抗静电涂层等技术领域。不同应用领域对透明导电薄膜的要求有所不同，例如，平板显示技术要求薄膜具有尽可能高的透射率，而光伏产业则更注重薄膜的热稳定性和低电阻率。因此，综合考虑，对于透明导电薄膜，一般要求其在可见光范围内的平均透射率大于 80%，电阻率小于 $10^{-4}\Omega \cdot cm$。表 6-3 列出了几种典型的透明导电氧化物薄膜在室温下的主要特性。

1. 铟锡氧化物

目前触摸屏和显示领域的主流透明导电材料是 ITO 薄膜（氧化铟锡），其典型组成是 90%氧化铟（In_2O_3，质量分数）和 10%氧化锡（SnO_2）。ITO 薄膜具有高透射率和低电阻率，是一种宽禁带高简并 n 型半导体，禁带宽度大于 3.5eV，电阻率低至 $10^{-4}\Omega \cdot cm$，可见光透过率高达 85%以上，同时具有高红外反射率（大于 80%）和紫外截止特性（紫外吸收率大于 85%）。在晶体结构方面，氧化铟薄膜是一种复杂的立方结构多晶体，掺杂 Sn 后不会改变其晶体结构，但是会影响晶格常数，这是因为 In^{3+}、Sn^{2+} 和 Sn^{4+} 的离子半径不同，高温退火处理后的 ITO 薄膜晶格常数会小于未处理的晶格常数，这种晶格收缩主要源于 Sn^{4+} 的替位掺杂。低温制备的 ITO 薄膜通常为非晶体，热处理后会转变为多晶结构，并在某些方向上择优生长。

在制备方法上，ITO 薄膜制备多采用磁控溅射法，常用于大规模生产，具有膜层厚度均匀、易控制、膜重复性好、稳定性高等优点，适合连续生产和大面积镀膜。ITO 薄膜广泛应用于太阳电池、平板显示器、有机发光二极管、低辐射玻璃、特殊功能窗涂层、透明薄膜晶体管及柔性电子器件等领域。

2. 氟掺杂氧化锡

氟掺杂氧化锡（FTO）是一种透明导电材料，广泛应用于染料敏化太阳电池和钙钛矿太阳电池中，作为透明电极。FTO 由氧化锡（SnO_2）掺杂少量氟（F）元素组成，其中氟掺杂能提高材料的导电性和化学稳定性。其晶体结构为四方晶系，掺杂的氟原子替代部分氧原子，从而增大载流子浓度，提高导电性能。

在性能上，FTO与ITO（氧化铟锡）有一些显著的区别。FTO的载流子迁移率通常比ITO低得多，因此，ITO通常具有更低的电阻率和更高的可见光透过率，FTO常需制备成较厚的薄膜以满足电导率要求，而在化学稳定性和热稳定性方面表现更为优异，这使得FTO在某些光伏应用中更具优势。FTO能够在更宽的温度范围内保持稳定，且在某些腐蚀性环境中表现出更强的抗化学侵蚀能力。此外，FTO的制备方法包括化学气相沉积法（CVD）和喷雾热分解法，这些方法可生产出大面积、高质量的薄膜，确保其在光伏设备中的可靠性和性能。总体而言，FTO凭借其良好的导电性、光学性能和化学稳定性，成为光伏应用中的重要材料之一。

3. 铝掺杂氧化锌（AZO）

铝掺杂氧化锌（AZO）也是一种透明导电材料，主要应用于液晶显示器、太阳电池、防静电膜等领域。AZO由氧化锌（ZnO）掺杂少量铝（Al）元素组成。AZO的晶体结构为六方纤锌矿结构，掺杂的铝原子替代部分锌原子，从而增大了自由载流子浓度，提升其导电性能。常见的AZO制备方法包括磁控溅射法、化学气相沉积法、溶胶凝胶法、脉冲激光沉积法和电子束蒸发法等，这些方法可生产出高质量的薄膜，适用于大规模工业生产。

在性能上，AZO在电学性能和可见光透过率方面均不如ITO，但AZO作为一种低成本的透明导电材料，具有更高的经济性。AZO在高温和湿度条件下表现出较好的稳定性，并且其资源丰富，制备成本远低于稀有金属铟基的ITO材料。尽管AZO的电导率和光学性能稍逊于ITO，但通过优化制备工艺和掺杂浓度，AZO可在许多应用中有效替代ITO。

表6-3 几种典型的透明导电氧化物薄膜在室温下的主要特性

材料	SnO_2	In_2O_3	ITO（In_2O_3/SnO_2）	Cd_2SnO_4	ZnO
结构	金红石	正立方	混合物	正交	纤锌矿
晶格常数/nm	$a=0.4737$ $c=0.3186$	$a=1.0117$		$a=0.55684$ $b=0.98871$ $c=3.19330$	$a=0.32426$ $c=0.51948$
电阻率/$\Omega \cdot cm$	$10^{-2} \sim 10^{-4}$	$10^{-2} \sim 10^{-4}$	$10^{-3} \sim 10^{-4}$	$10^{-3} \sim 10^{-4}$	$10^{-1} \sim 10^{-4}$
禁带宽度/eV	$3.70 \sim 4.60$	$3.50 \sim 3.75$	$3.50 \sim 4.60$	$2.70 \sim 3.00$	$3.10 \sim 3.60$
介电常数	12 ($\varepsilon_r // a$) 9.4 ($\varepsilon_r // c$)	8.9	—	—	8.5
折射率	$1.80 \sim 2.20$	$2.00 \sim 2.10$	$1.85 \sim 1.90$		$1.80 \sim 2.10$

掺杂氧化锌的另一种变体是掺硼氧化锌（BZO），但B掺杂对提高氧化锌的电导性不如Al掺杂有效。铝的电子结构（$3s^2 3p^1$）更利于提供额外的电子，相比之下，硼（$2s^2 2p^1$）不太容易提供额外的电子。因此铝更容易向氧化锌晶格提供电子，增加其电导率。与硼离子（B^{3+}）相比，铝离子（Al^{3+}）与锌离子（Zn^{2+}）的大小更接近。这种尺寸的相似性有助于铝更容易地替代氧化锌晶格中的锌，从而减少晶格缺陷，并更好地将掺杂离子纳入晶格，导致电导率显著增加。硼掺杂可能导致缺陷的形成，如受主能级，这些缺陷可以捕获电荷载体并

降低整体电导性。总体而言，铝掺杂倾向于产生较少的缺陷，甚至在某些情况下，还能钝化现有的缺陷，从而增强电导率。

6.5 有机半导体材料

半导体领域的发展始于对无机材料，如硅、锗和砷化镓等的研究，而有机材料长期以来被视为绝缘体。然而，在1953年，井口（H. Inokuchi）在多种缩合多核芳香族化合物和氮杂芳香化合物中发现了光电导效应，首次提出了"有机半导体"的概念。有机半导体材料主要由碳、氢以及其他一些杂元素（如氧、氮、硫等）组成，具有半导体性质，其分子结构呈现交替的 π 共轭结构，使其电导率介于金属和绝缘体之间，并表现出热激活电导率，在 $10^{-10} \sim 100 S \cdot cm^{-1}$ 的范围内变化。

有机半导体材料主要分为两类：小分子半导体和聚合物半导体。聚合物半导体具有链间和链内双重输运特性，一旦充分功能化，其溶液处理相对容易，并具有丰富的化学修饰空间。但聚合物的合成复杂，提纯困难，且其分子量和多分散度对产品性能有显著影响，因此，聚合物半导体更适用于器件的大面积制造，不仅可实现高性能的单组分器件，还可通过混合不同组分来实现不同功能的器件制造。与之相比，小分子有机半导体的合成与提纯更为容易，具有良好的批次重复性，在形成有序分子结构堆积的基础上，可获得更高的载流子迁移率等优异性能。这两类材料构建了丰富多样的有机半导体研究领域。接下来将简要介绍几种有机半导体材料体系。

6.5.1 小分子有机半导体材料

这类有机半导体材料由小分子有机化合物组成，最显著的特点是具有良好的分子对称性和刚性，同时具备良好的溶解性和易加工性。通常，这些分子具有共轭体系，因此它们更容易形成分子排列有序的薄膜结构，从而利于载流子的传输。根据载流子传输类型的不同，这些材料通常被分为 p 型有机小分子和 n 型有机小分子两类。

1. p 型有机小分子

在 p 型有机小分子中，稠合芳香体系是研究最多的，其中包括红荧烯和各种并五苯衍生物。单晶红荧烯制备的有机场效应晶体管展示了高达 $20 \sim 40 cm^2 \cdot V^{-1} \cdot s^{-1}$ 范围的高空穴迁移率。6,13-双（三异丙基硅烷基乙炔基)-并五苯（TIPS-并五苯）通过刚性炔烃间隔基团与并五苯核心的中心隔开（基团结构如图 6-6a 所示），成功将不溶性小分子半导体转化为溶液可加工小分子，同时保持了高性能电荷传输的堆积结构（空穴迁移率 $\mu_p \approx 1 cm^2 \cdot V^{-1} \cdot s^{-1}$），为后续分子设计合成新型材料奠定了基础。噻吩基材料从早期的简单结构发展到更复杂的结构，在 p 型有机小分子中起重要作用。例如，苯并噻吩并［3,2-b］苯并噻吩（BTBT）是一种合成过程复杂的多功能小分子半导体，对外围取代基表现出很高的耐受性，并具有溶液可加工性，基团结构如图 6-6b 所示。

2. n 型有机小分子

大多数 n 型材料在环境条件下不够稳定，因此种类不如 p 型有机小分子丰富。富勒烯及衍生物是最广为人知的 n 型有机材料，也是一类输运性能远高于其他 n 型材料的传输材料。富勒烯的载流子迁移率可达 $0.1 cm^2 \cdot V^{-1} \cdot s^{-1}$ 以上。然而，它们倾向于无定形堆积。研究人

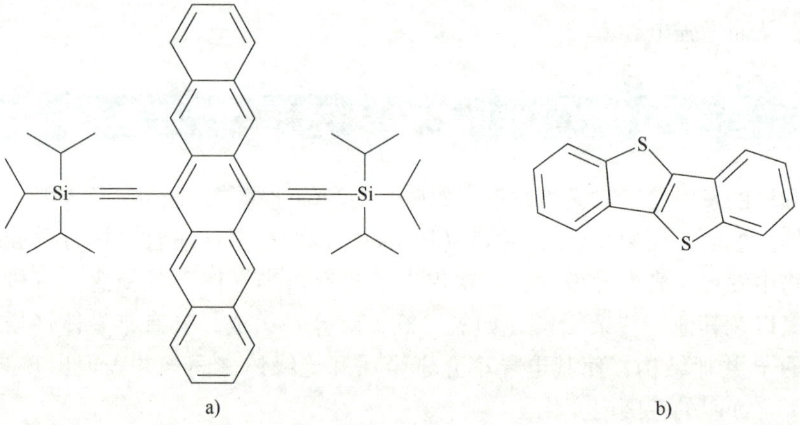

图 6-6 p 型有机分子结构基团

a）TIPS-并五苯的基团　b）BTBT 的基团

员提出了多种方法来改善这些缺陷，例如引入并五苯单分子对 C_{60} 进行非共价修饰，以改善润湿性，并提高 C_{60} 的结晶度。对共价修饰的 C_{60} 衍生物，可通过平衡富勒烯尺寸、沉积方法、共价改性等因素，进一步获得兼具高性能和高稳定性的器件。大部分材料不具备高迁移率或良好的空气稳定性。例如，1,4,5,8-萘四甲酰基二酰亚胺（NTCDI）是稳定性相对较高的 n 型半导体（基团结构如图 6-7 所示），但载流子迁移率一般只在 $10^{-3} \sim 10^{-2} cm^2 \cdot V^{-1} \cdot s^{-1}$ 数量级。

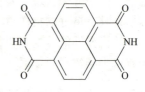

图 6-7 NTCDI 的基团结构

6.5.2 聚合物有机半导体材料

这类材料是最早发现的有机半导体材料，由含有碳、氢、氮、氧等元素的大分子的重复单元构成长链状分子，如聚噻吩、聚苯乙烯、聚苯胺酚等。分子内属于共轭体系，拥有贯穿于整个聚合物分子的离域大 π 键，具有良好的柔韧性和可塑性，适用于柔性电子器件和光电子器件。此外，聚合物材料还有较好的可溶性和可加工性，可通过旋涂、喷涂等简单的工艺制备成薄膜，适用于大面积制备和柔性器件的制备。

根据导电类型的不同聚合物有机半导体材料可分为 p 型有机聚合物、n 型有机聚合物和双极性有机聚合物。

1. p 型有机聚合物

p 型有机聚合物半导体具有良好的空穴迁移率和相对良好的稳定性。基于 p 型聚合物的场效应晶体管通过优化分子设计和制备工艺，最高空穴迁移率可以达到 $92 cm^2 \cdot V^{-1} \cdot s^{-1}$。p 型有机聚合物半导体包括二酮吡咯并吡咯（DPP）类聚合物、茚二噻吩（IDT）类聚合物、环戊二噻吩（CDT）类聚合物、异靛蓝（IID）类聚合物。其中，DPP 单元因其高平面度和极性而被广泛引入有机聚合物骨架中，例如以噻吩和噻唑单元为连接单元的新型 DPP 聚合物 PNDPP4T，其旋涂薄膜具有高结晶度，空穴迁移率高达 $3.05 cm^2 \cdot V^{-1} \cdot s^{-1}$。刚性 IDT 单元由于 sp^3 碳原子的桥连作用而构成的聚合物通常具有优异的溶液加工能力。由融合环状噻吩衍生物组成的 CDT 基材料可以降低重组能，而重组能被认为可以影响分子间跃迁速度，进而影响有机半导体中电荷载流子迁移率。IID 单元具有共轭长度长、偶极矩大和平面性良好等优点，并且基于 IID 共聚物的场效应晶体管显示出高达 $0.79 cm^2 \cdot V^{-1} \cdot s^{-1}$ 的空穴迁移率和在高湿度环境条件下的良好稳定性。

2. n 型有机聚合物

n 型有机聚合物的电荷输运性能通常不如 p 型聚合物。与有机小分子类似，精心的分子设计可以提高电子输运性能。n 型聚合物半导体包括萘二酰亚胺（NDI）类聚合物、DPP 类聚合物、苯并二呋喃二酮（BDOPV）类聚合物。NDI 单元常作为构建高性能 n 型有机聚合物的材料核心。例如，NDI 基聚合物（PNDI2OD-T2）表现出 $0.85 cm^2 \cdot V^{-1} \cdot s^{-1}$ 的高电子迁移率以及优越的环境稳定性。通过控制亚稳态的凝固速度，可以获得具有独特的纤维状结构和有利于电荷输运的有序排列方式的 p 型 NDI2OD-T2 薄膜，将器件迁移率提升至 $3.99 cm^2 \cdot V^{-1} \cdot s^{-1}$。DPP 聚合物一般作为 p 型半导体，但可以引入强吸电子基团实现从 p 型到 n 型的转变。例如，氟取代 DPP 基给体-受体共轭聚合物 DPPPhF4，可以改善薄膜的取向，进而实现 p 型和 n 型的转化。研究表明，IID 基聚合物可通过化学修饰改善电子输运性能。例如，受体-受体型氮杂异靛蓝-苯并噻二唑共聚物（PAIIDBT）通过引入高度缺电子的氮杂异靛蓝核降低了结构单元之间的空间位阻，使迁移率表现出高达 $1 cm^2 \cdot V^{-1} \cdot s^{-1}$ 的优异性能。

3. 双极性有机聚合物

双极性共轭聚合物兼具空穴和电子输运特性。DPP 类聚合物、IID 类聚合物、BDOPV 类聚合物等属于双极性聚合物，而迄今为止大多数报道的双极性聚合物都是基于强吸电子基团来改变材料的输运性能。DPP 作为典型的双极性聚合物之一，其吸电子部分的取代或两侧带有 DPP 单元的强吸电子基团的共聚为双极性聚合物的合成提供了有效途径。例如，基于 2-吡啶基取代的高度共面结构的 DPP 共聚物制作的薄膜器件，其电子迁移率高达 $6.3 cm^2 \cdot V^{-1} \cdot s^{-1}$，空穴迁移率高达 $2.78 cm^2 \cdot V^{-1} \cdot s^{-1}$。IID 基聚合物作为双极性材料时，主要受到氟原子数以及给体单元取代位置的控制。例如，在受体 IID 单元中引入吸电子苯并二呋喃二酮（BDF），合成的聚合物 PIBDF-BTO 具有强分子间相互作用和良好的共面结构，获得的薄膜器件空穴和电子迁移率分别计算为 $0.27 cm^2 \cdot V^{-1} \cdot s^{-1}$ 和 $0.22 cm^2 \cdot V^{-1} \cdot s^{-1}$。

6.5.3　有机-无机杂化钙钛矿

有机-无机杂化钙钛矿材料，或简称杂化钙钛矿，是一类具有 ABX_3 通式的钙钛矿材料，A 通常是有机阳离子（如甲铵、甲脒离子等），B 是过渡金属阳离子（如铅或锡），X 则是卤素阴离子（如氯、溴或碘）。有机-无机杂化钙钛矿材料具有许多优异的电学特性和光学特性，例如：较高的吸收系数、载流子迁移率高、载流子扩散长度大、缺陷容忍度高以及能带结构可调等特点，在太阳电池、发光二极管（LED）、光电探测器和 X 射线探测器等领域受到广泛关注。

钙钛矿器件常因稳定性问题限制了其发展。钙钛矿材料结构的稳定性主要体现于两个层次，首先是 B 位阳离子与 X 位阴离子之间相互作用形成 BX_6 八面体的稳定性，而后是八面体顶点形成的框架与 A 位原子相互作用的稳定性，前者通常用八面体因子（μ）来评价：

$$\mu = \frac{r_B}{r_X} \tag{6-3}$$

式中，r_B 和 r_X 分别为 B 和 X 离子的有效半径。理想的八面体因子值为 0.414~0.732，过高或过低的值会导致八面体变形，而影响结构稳定性。后者通常用戈尔德施密特（Goldschmidt）许容因子来描述：

$$t = \frac{r_A + r_X}{\sqrt{2}(r_B + r_X)} \tag{6-4}$$

式中，r_A、r_B 和 r_X 分别为 A、B 和 X 离子的有效半径。当 $t = 0.9 \sim 1$ 时，可得到稳定的立方相，而当 $t > 1$ 时，往往获得六方或四方结构；而当 $0.71 < t < 0.9$ 时，得到正交（也称斜方）或菱方相。

钙钛矿材料的带隙主要取决于卤素元素，例如，MAPbI$_3$（MA 为甲铵离子）的带隙为 1.55eV，而 MAPbCl$_3$ 的带隙宽达 2.8eV，A 位离子不同也会一定程度影响带隙，比如 FAPbI$_3$（FA 为甲脒离子）的带隙约为 1.5eV，比甲铵离子的略窄，更匹配太阳光谱而获得更高的电池效率。钙钛矿纳米晶常具有优异的发光效率，量子效率可达 90%，因此，目前多种颜色的钙钛矿 LED 的外量子效率均超过 20%，这种高效能使得钙钛矿材料在显示技术领域具有巨大潜力，目前其稳定性有待明显提高。此外，杂化钙钛矿在光电探测、X 射线探测上也表现出优异的性能。其高灵敏度和高分辨率使其在医疗成像、安全检查和科学研究等领域具有重要应用前景。钙钛矿材料因其可调控的带隙、优异的光电性能以及在多种应用中的潜在优势，正引起广泛关注。从钙钛矿材料本身的相稳定性、化学稳定性、器件界面结构（包括与钙钛矿的化学作用）以及器件封装等方面分析钙钛矿器件失效的原因，并提出相应的改进措施以提高其稳定性，是钙钛矿器件走向实际应用的必经之路。

6.6 宽禁带和窄带隙半导体

半导体的带隙是光电子器件性能的关键因素，它决定了器件能够吸收和发射光子的能量范围。合适的带隙可以使半导体材料在特定波长下高效工作，如用于光电二极管、太阳电池和激光器。带隙较大的材料适合紫外线和蓝光应用，而带隙较小的材料则适合红外线和长波长应用。通过选择和调控半导体的带隙，可以优化光电子器件的效率和功能。本节将介绍几种重要的宽禁带半导体和窄带隙半导体。

6.6.1 宽禁带半导体

一般把禁带宽度等于或大于 2.3eV 的半导体材料归类为宽禁带半导体材料，属于第三代半导体。主要包括碳化硅、氮化镓、氧化锌、氧化镓、金刚石和氮化铝等。这类材料具有禁带宽度大、热导率高、电子饱和漂移速度高等特性，这些特性使得这些材料适用于特定的应用场景，主要表现在以下几个方面：

1）禁带宽度大使这些材料能够发射和探测短波长区域的光，如蓝光和紫外光，同时禁带宽度大还允许各种电子器件可以在相对非常高的温度（大于 600℃）下运行，而不会因高温而失效。

2）热导率高的特性使得宽禁带半导体材料在运行期间产生的多余热量能够更容易地被消散，这有助于保持器件的稳定性。这也意味着宽能隙半导体器件可以在高功率水平下工作，而不会因过热而损坏。

3）高饱和电子漂移速度的特性意味着宽能隙半导体器件可以在高频（即射频和微波）

下工作，因为电子能够更快地响应外界电场的变化。

4）高击穿电场意味着宽禁带半导体材料可以承受较高的电场强度而不会发生击穿，这对于实现高功率电子器件至关重要。同时，高击穿电场还允许集成电路具有较高的器件封装密度，因为它们能够更紧密地集成在一起而不会出现击穿和漏电的问题。

第三代半导体的制备工艺比前两代要困难得多。目前，研究重点是碳化硅、氮化镓、氧化镓和金刚石等单晶及外延薄膜的生长。其中，碳化硅单晶生长技术正从 6in 向 8in 迈进。接下来，将重点介绍碳化硅和氮化镓这两种宽禁带半导体材料。

1. 氮化镓

氮化镓（GaN）是最重要的 III-V 族半导体之一。它有闪锌矿和纤锌矿结构两种，器件中以纤锌矿结构为主。它也是一种直接能隙半导体，纤锌矿结构的氮化镓的带隙为 3.4eV，能带结构如图 6-8 所示。这种宽带隙使得氮化镓在高温、高频和高功率应用中表现出色。

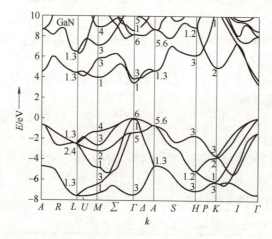

图 6-8　GaN 的能带结构（经验赝势方法计算）

本征氮化镓呈 n 型，主要是因为存在大量的氮空位，因此最低电子浓度一般不低于 $4 \times 10^{16} cm^{-3}$。GaN 的 p 型掺杂曾是困扰很多科学家的难题。目前，在器件应用中唯一有效的 p 型掺杂剂是替代 Ga 位点的 Mg。尽管实验观察到的 Mg 受主电离能相对较高（150～200meV），在室温下，由于自补偿效应（氮空位补偿空穴）及 MOCVD 工艺中氢残留形成的 Mg-H 钝化复合体，只有一小部分 Mg 受主能够提供 p 型导电性。然而，尽管掺杂效率较低，Mg 仍然是氮化镓中最常用的可行 p 型掺杂剂。相比之下，尽管 Be 在氮化镓中的最低电离能为（113±5）meV，但在 Be:GaN 中无法实现室温 p 型导电性，可能是因为 Be 间隙原子的强补偿效应。此外，Zn 曾长期被认为是氮化镓中另一种可能的受主，但其在纤锌矿结构的氮化镓中的电离能超过 260meV，这也限制了其在室温下掺杂的有效性。中村修二（S. Nakamura）通过 700～900℃氮气退火解离 Mg-H 键（氢逸出激活 Mg 受主），结合低能电子束辐照（LEEBI）进一步提升空穴浓度至 $3 \times 10^{17} cm^{-3}$，攻克 p 型 GaN 制备难题。该技术为蓝光 LED 的 p-n 结构建奠定了基础，推动了 GaN 基光电器件的商业化，并加速其在功率电子领域的应用，确立 GaN 作为第三代半导体的核心地位。

氮化镓在多个领域具有重要的应用。首先，在光电子器件方面，氮化镓广泛应用于 LED、激光器和紫外光二极管中，其直接能隙特性使其在显示屏、照明、光通信、激光打印机、紫外消毒和生物医学成像等领域非常高效。其次，氮化镓在高频和高功率电子器件中表现优异，被用于高频射频功率放大器、微波器件和射频开关等应用中，这些器件在5G通信基站、雷达系统、卫星通信、高频无线网络和高功率微波武器等领域有重要作用。最后，氮化镓器件还用于制造高效的电源转换器和逆变器，应用于数据中心电源管理、可再生能源系统（如太阳能逆变器和风能转换器）、电动汽车充电站、消费电子设备（如笔记本计算机和手机充电器）以及工业电源系统，可实现高效的能量转换和供电。

2. 碳化硅

碳化硅（SiC）大约有250种晶型，其中以3C（β）、4H、6H（α）这三种晶型为主。碳化硅的多晶型特性表现为一大类相似的晶体结构，称为多型。这些多型是相同化合物的变体，在两个维度上相同而在第三个维度上不同，因此，可以看作是按照某种顺序堆叠的层。α型碳化硅（α-SiC）是最常见的多晶型，在高于1700℃的温度下形成，具有六方晶体结构（类似于纤锌矿结构）。β型碳化硅（β-SiC）在低于1700℃的温度下形成，具有闪锌矿晶体结构。

几种结构的碳化硅晶体结构参数和主要半导体性能见表6-4。SiC具有第三代半导体的典型特性，包括高击穿电场（4×10^{8}V/m）、高饱和电子速度（2×10^{7}cm·s^{-1}）和高热导率。此外，迁移率高达400cm^{2}·V^{-1}·s^{-1}，热导率接近金属铜水平。4H-SiC相的禁带宽度约为3.2eV，可通过掺杂氮或磷得到n型半导体，通过掺杂铍、硼、铝或镓得到p型半导体，重掺杂硼、铝或氮可实现金属导电性。SiC作为衬底是氮化镓异质外延的优选材料，在蓝光LED、激光器和微波领域具有重要的应用前景。相较于蓝宝石（14%）和硅（16.9%）的晶格失配，碳化硅与氮化镓的晶格失配仅有3.4%（在c面上晶格匹配）。碳化硅的超高热导率使其制备的高能效LED、激光器和氮化镓高频大功率微波器件在雷达、高功率微波设备和5G通信系统等方面具有极大的优势。

表6-4　碳化硅主要多晶型的性质

结构	3C（β）	4H	6H（α）
晶体结构	闪锌矿	六方	六方
空间群	$F\bar{4}3m$	$P6_3mc$	$P6_3mc$
晶格常数/Å	4.3596	3.0730；10.053	3.0810；15.12
带隙类型	间接	间接	间接
带隙/eV	2.36	3.23	3.05
模量/GPa	250	220	220
热导率/(W·m^{-1}·K^{-1}) @300K	320	348	325
线热胀系数/(10^{-6}K^{-1}) @300K	—	2.28（$\perp c$） 2.49（$/\!/c$）	2.25

6.6.2　窄带隙半导体

一般将禁带宽度小于0.26eV（相当于10倍室温声子能，$10k_BT$）的半导体材料称为窄带隙半导体。窄带隙半导体主要包括Ⅳ-Ⅵ族化合物，如 PbS、PbSe、PbTe、SnTe 等，以及一些Ⅱ-Ⅴ族化合物，如 HgTe、HgSe，以及Ⅲ-Ⅴ族化合物，如 InAs、InSb 及其多元合金。由于其禁带宽度较小，这些材料对外界条件的变化非常敏感，因此，适用于制作传感器件和探测器件。目前，窄带隙半导体已广泛应用于红外光电探测、红外二维成像、窄带可调激光器、霍尔器件、磁阻器件、热电和热磁器件等领域。其中，Ⅳ-Ⅵ族窄禁带化合物的一些物理参数见表 6-5。在中红外探测领域具有重要价值的 HgTe 和 HgCdTe 材料已在 6.3 节中介绍。

表 6-5　Ⅳ-Ⅵ族窄禁带化合物半导体的主要物理参数

化合物	晶体结构	熔点/℃	密度/kg·m^{-3}	晶格常数/Å	禁带宽度/eV	热膨胀系数/($\times 10^5$)
PbS	立方	1127	7500	5.29	0.286	2.027
PbSe	立方	1081	8100	6.117	0.156	1.940
PbTe	立方	924	8160	6.443	0.190	1.980
SnSe	正交-三角	874	6179	$\begin{cases} a=4.46 \\ b=4.14 \\ c=11.47 \end{cases}$	—	—
SnTe	立方	780	6445	6.327	0.20	—
GeTe		724	5300		0.23	—
HgTe	立方	673	8120	6.46	−0.15	

6.7　二维半导体材料

　　二维材料是指在一个维度上具有纳米级尺度的材料，这种材料通常由单层或数层原子或分子组成，具有二维拓扑结构和独特的性质。2004 年，诺沃肖洛夫（Novoselov）等人利用透明胶带成功剥离出原子层厚度的石墨烯，并证明了其优异的电学性质。此后，人们对具有原子层厚度的二维材料产生了浓厚的研究兴趣，发现了成千种二维材料。这些材料展示出许多独特的物理和化学性质，使其在基础研究和应用领域都具有广阔的前景。二维材料不仅是研究材料量子特性的理想平台，其层状结构也使得在与其他材料集成时无须考虑晶格匹配的问题。这一特性赋予设计和制造新型电子和光电子器件更大的自由度和创新空间，使其在信息和传感等技术领域具有广泛的应用前景。

6.7.1　二维材料的分类与特点

1. 二维材料的分类

　　自然界中存在大约一千多种易剥离的层状晶体。在过去的几年里，科学家们以这些晶体为基础，成功合成了大量二维材料。除石墨烯和 Mxene 等少数材料是导体外，大部分二维材料均是半导体。以下根据元素组成对这些二维材料进行了大概的分类：

　　1）元素二维材料。包括石墨烯、硅烯、锗烯、锡烯、硼烯和黑磷等。

2）过渡金属硫属化合物。包括硫化物，如 MoS_2、WS_2、NbS_2、TaS_2、TiS_2、ZrS_2、HfS_2、ReS_2、PdS_2 和 PtS_2 等；硒化物，如 $MoSe_2$、WSe_2、$NbSe_2$、$TaSe_2$、$ZrSe_2$、$HfSe_2$、$ReSe_2$、$PdSe_2$ 和 $PtSe_2$ 等；碲化物，如 $MoTe_2$、WTe_2、$NbTe_2$、$TaTe_2$、$ZrTe_2$、$HfTe_2$、$ReTe_2$、$PdTe_2$ 和 $PtTe_2$ 等。这些硫属化合物在层间堆叠形成晶体时，由于堆叠方式的不同而呈现不同的晶相。

3）主族金属硫属化合物。包括 SnS_2、$SnSe_2$、$BiTe$、Bi_2Se_3、Bi_2Te_3、GaS、$GaSe$、$GaTe$、GeS、$GeSe$ 和 In_2Se_3 等。

4）氧化物。包括 MoO_3、V_2O_5、$h\text{-}TiO_2$ 和 CeO_2 等。此外一些过渡金属氢氧化物也是二维层状结构。

5）氮化物、磷化物和砷化物。包括 $h\text{-}BN$、$g\text{-}C_3N_4$、$\beta\text{-}AsP$ 和 $GeAs$ 等。

6）卤化物。包括 PbI_2、CrI_3、BiI_3、SnI_2、NiI_2、$CdCl_2$、VCl_3、$FeCl_2$ 和 $NiCl_2$ 等。

7）MXene 类化合物。包括 Ti_2CT_x、$Ti_3C_2T_x$、$Ta_4C_3T_x$、V_2CT_x、Cr_2CT_x 和 Mn_2CT_x（T 是表面末端基团，如—OH、—F、—O 等）等。

8）多元化合物。包括 Bi_2O_2Se、$NbOCl_2$、$FePS_3$、$MnPS_3$、$NiPS_3$、$CdPS_3$、$FePSe_3$、$MnPSe_3$、$CdPSe_3$、$GaTeI$、Fe_3GeTe_2、$SnPS_3$、$In_2P_3S_9$ 和 $BiTeI$ 等。此外，还包括多元氧化物 $LiLaTa_2O_7$、$LiCa_2Ta_3O_{10}$、$KTiNbO_5$ 和 KTi_2NbO_7 等。

9）二维钙钛矿材料。包括 M_2PbX_4、M_2SnX_4、$(M_2PbX_4)_m$（$APbX_3$）$_n$ 和 $(M_2SnI_4)_m$（$ASnPbI_3$）$_n$（$M = C_4H_9NH_3^+$、PEA^+ 等，$A = MA^+$、FA^+ 和 Cs^+ 等，$X = I^-$、Br^- 和 Cl^-，m、n 为整数）等，以及其他金属卤化物/氧化物钙钛矿。

2. 范德华异质结

这些化合物都具有层状晶体结构，层内的键结构通常是共价的，而层间的结合则由于范德华力较为薄弱。因此，可通过剥离获得单层或少层的二维材料。将这些单层或少层晶体通过堆叠便形成范德华异质结（Van der Waals Heterostructure）。在范德华异质结中，不同层的二维材料具有不同的电子结构和性质，例如，导电性、光学性质和磁性等。精确选择和堆叠这些层，可以设计出具有特定功能和性能的结构。这种精确的控制使得范德华异质结成为研究新型电子器件、光电器件和量子器件的重要平台。

当范德华异质结中的两层二维材料之间存在小角度错位时，会形成莫尔（Moiré）图样，这种错位导致一个周期性的莫尔势场。莫尔势场的周期性和形状取决于两层材料的晶格参数和错位角度。莫尔势场对二维材料的电子结构和物理性质产生了深远影响。在低能电子结构中，莫尔势场可显著地调制费米速度，形成新的远程耦合和拓扑态。例如，它可导致电子能带的重构，产生新的狄拉克点（Dirac Point）或调制狄拉克点的能量和费米速度，这对于电子的量子输运行为的控制具有重要意义。此外，莫尔势场还可以影响二维材料的光学性质，例如，局域化光子模式的形成和调控，以及调制光学吸收和发射谱线。

范德华异质结的制备通常通过机械剥离法或化学气相沉积等技术实现，这些技术能够在原子级别上堆叠和控制不同层之间的排列顺序。因此，范德华异质结不仅提供了一种理想的实验平台来研究二维材料的相互作用和新奇现象，还为开发下一代纳米电子器件和量子技术提供了潜在的解决方案。

3. 二维材料的特点

二维材料的层状结构特点使得这类材料展现出许多奇特的性质:

1) **量子尺寸效应。**在二维材料中,电子被限制在一个或几个原子厚度的平面内,这种限域效应引起显著的量子尺寸效应,这种效应使得二维材料能带结构和态密度函数发生显著变化,例如石墨烯中的狄拉克锥结构和单层 MoS_2 的直接带隙特性。这些特征在电子输运和光吸收过程中起关键作用,影响载流子的迁移率、光电转换效率等。

2) **多体相互作用。**在二维极限下,由于介电屏蔽效应的减弱,电荷间的库仑相互作用得到了显著的增强,这导致了丰富的多体效应。例如,在二维单层 TMDs 中,电子与空穴的强相互作用产生室温下稳定的激子态,且这些激子态具有很高的结合能。通过光电手段,可以高效地产生和操控这些激子。此外,当粒子间的相互作用远大于其动能时,这种强关联效应能够引发莫特绝缘态、超导态和费米液体等新奇的量子相。

3) **层间依赖的物理性能。**二维材料与块体材料最大的区别在于二维材料可以很轻易地调控不同层的相互作用。通过调控层间耦合,不同层数、层间旋转角度、堆叠方式以及不同堆叠的材料会显著改变材料的电子结构、光学性质和磁性。例如,扭曲双层石墨烯在 1.1° 的扭转角下会形成平带结构,从而导致非常规超导和莫特绝缘态的出现。此外,层间耦合作用还可调控激子的扩散和复合行为,以及材料的热导率和力学性能。

这些特性使得二维材料成为研究凝聚态物理中非常规电、光、磁学性质的理想平台,为新型量子器件的开发和器件微型化、集成化提供了广阔的应用前景。下面简要介绍几种在光电子领域中具有重要潜在应用前景的主流二维材料。首先介绍种类最丰富的过渡金属硫属二维化合物,然后介绍其他新型二维材料,如石墨烯、六方氮化硼、二维钙钛矿、三碘化铬和二卤氧化铌等。

6.7.2　过渡金属二硫化物

过渡金属二硫化物的化学通式可写作 MX_2,其中,M 代表过渡金属元素,包含 Mo、W、V、Ta、Re 等,X 表示硫属元素原子 S、Se、Te 等。这类材料种类丰富,表现出一些独特的性质和有趣的物理现象,极大地丰富了对材料量子特性的探索。例如,单层 MoS_2 和 WSe_2 表现的谷极化的现象、TaS_2 在低温下呈现的电荷密度波相等。

二硫化钼(MoS_2)作为 TMDs 材料的典型代表,在光电子学中得到广泛的研究。本小节以 MoS_2 为例子来介绍 TMDs 材料共同表现的晶体结构、能带结构以及物理化学特性等。

1. 晶体结构

在第 3 章提到,根据层间堆垛方式的不同,块体的 MoS_2 具有三种不同的相:八面体配位的四方晶系(1T)、钼原子三棱柱配位的六方对称晶系(2H)和三方对称晶系(3R)。其中,最稳定且最常见的是六方对称结构的 2H 相。单层二硫化钼由 S-Mo-S 三层原子构成,夹层中的每个 S 原子与中间层的三个 Mo 原子通过共价键结合,中间层的每个 Mo 原子通过共价键与两个夹层的六个 S 原子结合。这种强大的平面化学键确保了二维材料的稳定性。2H 相中,每一层由 AB 堆叠的二维 S-Mo-S 六角蜂窝晶格结构组成。由于二硫化钼层之间通过范德华力结合,层间距约为 0.65nm,耦合作用非常弱,因此,很容易被分离成独立的单层材料。对于块体或多层二硫化钼材料,即使施加很小的剪切力也能使分子层间发生滑动,因此它常被用作高级固体润滑剂。

2. 能带结构

二硫化钼块体和单层二硫化钼薄膜能带结构如图6-9所示。二硫化钼块体材料的禁带宽度为1.2eV，表现出典型的间接带隙半导体特性。其价带顶和导带底对应的波矢 k 值不同，即具有不同的动量（$\hbar k$），这意味着电子在跃迁过程中不仅发生能量的变化，还伴随动量的变化，这种动量的变化以释放或吸收声子（即晶格振动）的形式体现。

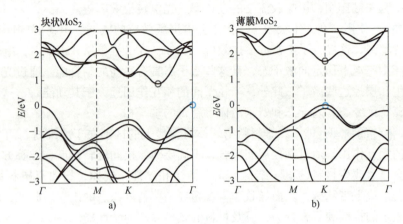

图6-9　二硫化钼的能带结构
a）块体　b）单层薄膜

当二硫化钼块体材料逐层减薄至小于几nm时，层间耦合效应不断减小。由于量子限域效应，带隙逐渐增大，并最终转变为直接带隙。在单层二硫化钼中，带隙宽度为1.9eV。相比于石墨烯，单层 MoS_2 有很多独特的特性：

（1）直接带隙半导体　对于单层 MoS_2，S原子的空间反演对称性被破坏，导致布里渊区边界存在不等价的点 K 和 K'（图6-10）。Mo原子d轨道的杂化在布里渊区边界 K/K' 处实现了带隙的打开，为直接带隙半导体材料。在光的激发下，材料的光学跃迁过程发生在布里渊区边界 K/K' 附近。

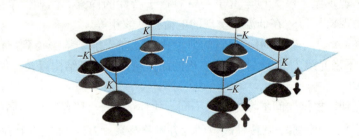

图6-10　单层 MoS_2 的布里渊区及能隙附近的能带结构示意图

（2）能谷物理　能谷间跃迁是单层 MoS_2 的一个关键特征。在单层 MoS_2 中，能带结构中的导带极小值和价带极大值都位于布里渊区的 K 点和 K' 点。这些点是晶格对称性所决定的高对称性点，形成了所谓的"能谷"（Valley）。在这些能谷中，电子和空穴的动量相反，能量却相同。在不同能谷中的电子具有不同的自旋态，能谷间跃迁受光学选择规则的限制。例如，右旋圆偏振光（σ^+）主要激发 K 点的跃迁，而左旋圆偏振光（σ^-）则主要激发 K' 点的跃迁。由于自旋-谷耦合和光学选择规则，单层 MoS_2 中的光电导具有谷选择性，通过选择性激发或探测，可控制特定能谷中的电子，实现信息的编码和传输，从而在自旋电子学和谷电子学中有重要应用。

（3）**强激子效应**　在单层条件下，由于电子库仑相互作用的增强，MoS_2 以及其他 TMDs 材料中都能产生室温稳定的激子态，且其激子结合能达到几百个 meV 以上，比一般的 III-V 半导体要大 1~2 个量级。

（4）**层依赖的能带结构**　随着层数的增加，由于层间耦合作用，MoS_2 的能带结构开始由直接带隙变为间接带隙，且带隙宽度逐渐减小。这些特性使 MoS_2 在高响应度的光电探测器、自旋和谷光电子器件以及宽带光电调制器方面具有显著的优势和广泛的应用前景。

6.7.3　重要二维材料举例

1. 石墨烯

石墨烯是最早发现和被研究的二维材料，具有优异的电学和力学性能。它是由碳原子以 sp^2 杂化轨道组成六角形蜂窝状晶格，如图 6-11a 所示。在一个原胞里具有两个不等价的碳原子，晶格常数约为 0.142Å，单层厚度约为 0.335nm。

石墨烯的能带结构非常有趣。在低能近似下，如图 6-11b 所示，其导带底和价带顶在布里渊区的边界相交，交点处的态密度为零，这个点被称为狄拉克点。在三维能带图中，如图 6-11c 所示，狄拉克点形成的狄拉克锥结构，使得电子在该点附近表现出线性色散关系，从而导致高迁移率和优异的导电性。石墨烯的电子迁移率可达 $20000cm^2 \cdot V^{-1} \cdot s^{-1}$，电阻率仅为 $10^{-6}\Omega \cdot cm$；此外石墨烯也具有高透光性，对光的吸收率仅（2.3±0.1）%，反射率几乎可以忽略不计（<0.1%）。石墨烯的力学性能也十分优异，是迄今为止测量到的强度最强的材料。

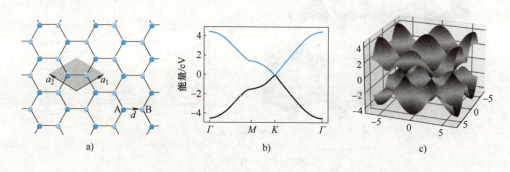

图 6-11　石墨烯
a）晶格结构　b）二维能带结构　c）三维能带结构

石墨烯凭借其能够吸收宽频率范围内的光、高度透明以及电子高迁移率等特性，广泛应用于光电子器件中，包括光电探测器、调制器、发光二极管和饱和吸收体等。例如，石墨烯光电探测器没有传统材料的长波限制，具有高速响应特性，还可以通过与等离子纳米结构相结合来增强光吸收。石墨烯光调制器具有高带宽和低损耗的优点，能实现快速的光信号处理和传输。石墨烯饱和吸收体在超快激光技术中表现优异，能实现高效的脉冲激光产生。此外，石墨烯还被用于制造透明导电电极，在太阳电池和显示技术中展现出巨大的应用潜力。

为了将导电的石墨烯改性为半导体，可采用多种方法。首先，通过将石墨烯切割成窄的纳米带或尺寸在几纳米范围内的量子点，可以在其结构中引入带隙。这是利用微纳结构的特点，打开石墨烯的带隙，使其具有半导体的特性。其次，化学掺杂也是一种有效的方法。通过掺杂杂原子（如氮、硼、磷等）或分子吸附（如氟化、氢化或氧化石墨烯），可改变石墨烯的骨架结构及电子结构，从而引入带隙。此外，外部场调制和界面效应也是常用手段。例如，外部场调制可在双层石墨烯中施加垂直电场，或通过机械应变（如拉伸或压缩）引入带隙。界面效应则通过将石墨烯与其他半导体材料结合形成异质结，或通过化学修饰或表面改性在石墨烯表面附着有机分子或聚合物，也能诱导出带隙。通过这些方法，可以有效地将石墨烯改性为半导体，拓展其在电子器件和光电子器件中的应用前景。

2. 六方氮化硼

氮化硼（Boron Nitride）是一个非常广泛的材料家族，包括非晶体氮化硼（a-BN）、立方氮化硼（c-BN）、六方氮化硼（h-BN）、纤锌矿氮化硼（w-BN）等。最受关注的是六方氮化硼，它是二维材料中罕见的绝缘体，带隙为 6.0eV 左右。它的晶体结构也和石墨烯类似，呈六角蜂窝结构，硼原子和氮原子通过 sp^2 轨道杂化成键，不同于石墨烯的 AB 层间堆垛结构，h-BN 是 AA′ 堆垛，上层的氮原子对准下层的硼原子，如图 6-12a 所示。由于硼原子和氮原子大于 0.4eV 差别的电负性，使得 B-N 化学键的离子性较强，电子无法进行有效的离域迁移，这导致了 h-BN 十分宽的带隙（图 6-12b）。

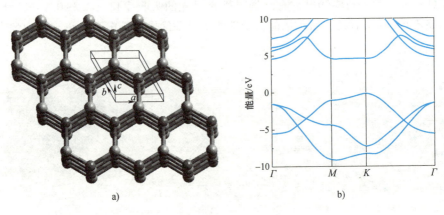

a)   b)

图 6-12　六方氮化硼
a）晶体结构　b）能带结构

在过去的十年里，h-BN 因其独特的光学和电学性质、原子级平坦度等优势，广泛应用于光学/光电子原型器件的研究。首先，h-BN 具有宽带隙和间接带隙的特性，但却展现了接近 40% 的深紫外波段内量子效率，可用于极薄的深紫外发光器件。此外，宽带隙能够很好地保护材料的发光缺陷，使得 h-BN 成为单光子源的理想材料。其次，h-BN 具有高电阻率和本征击穿电场，具备掺杂能力和强抗高能粒子的特性，使得由 h-BN 制备的深紫外光电探测器能够在高温、外太空等恶劣环境中工作。最后，h-BN 具有原子级平坦度和优异的绝缘性，常被用作其他二维材料的衬底或保护层。

3. 二维钙钛矿

钙钛矿是一个种类广泛的材料家族，其中，氧化物钙钛矿大多为宽带隙半导体或绝缘体，广泛应用于铁电、介电、压电、能量存储及转换设备中。卤素钙钛矿是另一类重要的钙钛矿材料，具有优异的光电性质，例如，长的载流子迁移长度和寿命、强的光吸收、高的光致发光量子产率和可调谐的光学带隙等。其化学通式为 ABX_3，其中，A 代表一价阳离子，B 一般由二价金属阳离子或多种金属阳离子占据，X 代表卤素阴离子。钙钛矿最标志性的结构是顶点共享的 BX_6 八面体组成的晶格，其中，A 位离子位于八面体的体心，如图 6-13a 所示。

当 A 位阳离子逐渐增大，例如引入有机官能团时，许容因子 $t>1$，钙钛矿的三维结构向二维层状结构转变。层状钙钛矿由单个或多个顶点共享的金属卤化物八面体 BX_6 与阳离子交错的无机板组成，最具代表性的是 RP（Ruddlesden-Popper）相 $A_2'A_{n-1}B_nX_{3n+1}$ 和 DJ（Dion-Jacobson）相 $A'A_{n-1}B_nX_{3n+1}$ 两种堆叠构型，如图 6-13b、图 6-13c 所示。RP 型钙钛矿通常有机间隔层较厚，可以有效阻挡载流子在有机层内的传输、局域载流子输运过程，同时较厚的有机间隔可以有效隔绝外界水氧分子入侵，提升器件的稳定性能。DJ 相钙钛矿有机层相对较薄，性质上更接近三维钙钛矿。

与传统二维无机材料不同，单层钙钛矿由柔性可动态变化的晶格组成，这使它们特别容易受到外部影响，例如，界面形变、温度、压力和电场等的影响，具有多样的可调谐性。在电学性质方面，其能带结构具有特殊的周期性排列，是天然的多量子阱系统，具有显著的量子和介电限域效应；另外，与其他具有各向异性的二维材料（石墨烯、二硫化钼等）相比，由于二维钙钛矿晶胞存在各向异性，在块体材料中就可表现出各向异性，不需要减薄到几个原子层。重要的是，在具有铁电性质的钙钛矿单层中，反转对称性的破坏可以增强 Rashba 自旋分裂，通过这个效应可以操控载流子寿命、材料磁性和电子结构等。

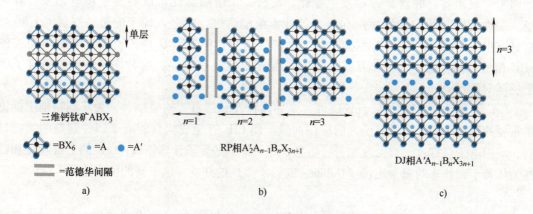

三维钙钛矿 ABX_3

◆ $=BX_6$ ● $=A$ ● $=A'$

▤ =范德华间隔

$n=1$ $n=2$ $n=3$

RP 相 $A_2'A_{n-1}B_nX_{3n+1}$

$n=3$

DJ 相 $A'A_{n-1}B_nX_{3n+1}$

a) b) c)

图 6-13 层状钙钛矿种类的示意图

a）非层状的三维钙钛矿 b）RP 型的二维钙钛矿 c）DJ 型的二维钙钛矿

4. 三碘化铬

三碘化铬（CrI_3）具有两种晶体结构。体块晶体在低温下具有三方晶格（也称菱面体）结构，空间群为 $R\overline{3}$；在高温下具有单斜晶格结构，空间群为 $C\frac{2}{m}$，结构相变发生在 200K

温度附近。三方相的 CrI_3 晶体结构如图 6-14 所示，相邻的 Cr 原子之间形成蜂窝状六方结构，每个 Cr 原子与六个 I 原子配位，形成八面体排列，这些八面体通过共享边形成二维结构。这些层沿 c 轴堆叠，通过范德华力相互作用，使这些层易于剥离，形成单层或少层的二维材料。

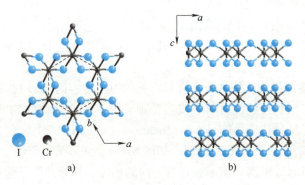

I   Cr

a)   b)

图 6-14   三方相 CrI_3 的晶体结构

a）俯视图   b）侧视图

CrI_3 是最早被发现的磁性二维材料之一。2017 年，徐（X. Xu）等发现单层 CrI_3 是一种具有面外自旋取向的伊辛（Ising）铁磁体。与其他铁磁性二维晶体不同，单层 CrI_3 仍保持铁磁有序，其居里温度为 45K，而其体相材料的居里温度为 61K，表明层间耦合似乎较弱。然而，后续研究发现少层 CrI_3 表现出复杂的磁响应。例如，双层 CrI_3 存在较强的层间交换耦合，表现出反铁磁性，而三层 CrI_3 则恢复了体晶体中观察到的层间铁磁性。有研究者认为，这种复杂的磁响应可能源于少层时三方铁磁结构和单斜反铁磁结构共存的结果，只是各自的含量占比发生变化。此外，CrI_3 的磁性可以容易地被电掺杂、静电场、手性光场（圆偏光脉冲）和应变等外界激励调控。更令人惊奇的是，双层 CrI_3 的晶格具有中心对称性，理论上不会产生二次谐波信号，但实验观测到较强且被磁场调控的 SHG 信号。研究者将这种非互易的 SHG 归结于层状反铁磁序，这种序结构同时打破了时空反演对称性。

CrI_3 因其独特的铁磁性/反铁磁性、半导体特性和强自旋轨道耦合，为基础物理学提供了重要的研究平台，也具有诱人的应用前景。使 CrI_3 有望成为自旋电子器件制造的关键材料，利用电子自旋这一自由度来进行信息处理。特别是量子计算领域，CrI_3 的二维特性和磁性为依赖于磁状态的量子比特（Qubits，或量子位）的开发提供了新的可能性。

5. 二卤氧化铌

二卤氧化铌是一种新兴二维材料，其化学通式为 $NbOX_2$（X＝Cl，Br，I），具有各向异性的铁电性质，能应用于忆阻器等电学器件中。另外，铁电性破坏了材料的反演对称性，能产生显著的二阶非线性光学效应。下面以 $NbOCl_2$ 为例，展示二卤氧化铌材料的晶体结构性质及其在非线性光学中的潜在应用价值。

$NbOCl_2$ 块体晶体属于 C2 点群，如图 6-15a 所示，它沿着 a 方向堆叠，层间距约为 0.65nm。Nb 原子表现一维皮尔斯畸变（Peierls Distortion），导致沿 b 轴的极化和沿 c 轴两个交替且长度不等的 Nb-Nb 键，晶体结构呈非中心对称的特性。更重要的是，层间几乎没有分布电荷，这使得 $NbOCl_2$ 晶体的层间耦合作用十分微弱。具有非中心对称的晶体结构以及微弱的层间耦合作用，使得 $NbOCl_2$ 能通过简单的层数堆叠来有效产生非线性光学效应。其二次谐波产生强度 $NbOCl_2$ 层数（厚度）的二次方增加。而对于非线性极化率很大的 WS_2，这种效果却很难实现。在如此薄的二卤氧化铌材料中实现如此高效的二阶非线性光学效应，使得二卤氧化铌材料在片上的非线性和量子光学器件中具有广阔的应用前景。

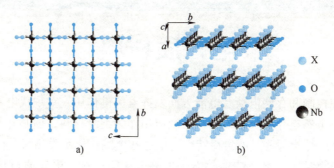

图 6-15　$NbOX_2$ 的晶体结构

a）俯视图　b）侧视图

习题与思考题

1. 试比较 GaAs 与 Si 各自的优缺点。
2. 为什么硅半导体器件的工作温度比锗半导体器件的工作温度高？你认为在高温下工作的半导体应满足什么条件？
3. 请阐述Ⅲ-Ⅴ族半导体合金化的意义。
4. 为何Ⅱ-Ⅵ族半导体材料更容易发生自补偿？并简述自补偿程度的影响因素。
5. 块状二硫化钼与层状二硫化钼在结构和性能上有何区别？
6. 请简述如何设计用于光电子器件的透明导电氧化物薄膜。
7. 与无机半导体材料相比，简述有机半导体材料的优点和缺点。

第 7 章

电介质材料

电介质材料在控制和存储电荷及电能方面发挥着关键作用，对现代电子和电力系统具有重要的战略意义。虽然电介质长期以来被广泛应用作为绝缘材料，但其并非简单等同于绝缘体。实际上，电介质是指那些具有绝缘特性、能够在电场作用下发生极化的材料，而绝缘体特指在高电场下仍能保持其绝缘特性而不发生电击穿的材料。电介质材料内部没有自由电子，仅存在束缚电荷。它们通过极化传递和表达电子信息，不可避免地伴随着能量损耗。因此，电介质通过感应而非传导的方式传递电磁场信息。

鉴于电介质材料的种类繁多、应用广泛，可根据功能和用途分类为多个类别，如介电材料、光纤材料、激光材料、光调制材料和非线性光学材料等。每种类别的电介质材料都拥有丰富的材料体系、其独特的结构和性质，展示了电介质材料在科技和工业领域中的广阔应用前景。本章将按电介质材料的功能与应用分类，依次介绍这些材料的体系、关键性质和代表性材料。

7.1 介 电 材 料

介电材料是一类在电场中能够极化，并对电磁场产生响应的材料，广泛应用于电子学、通信、储能和电力系统等领域。它们可根据介电性能、形态和性质进行分类：按性能分为高介电常数和低介电常数材料；按形态分为气态、液态和固态介电材料；按组成分为有机介电材料和无机介电材料。这些分类有助于更好地理解介电材料的特性和应用领域。

7.1.1 无机材料

电子工业中常用的无机介电材料主要包括陶瓷、玻璃、云母等。无机介电材料一般有较高的耐热性和热稳定性，且因其良好的抗环境变化能力以及易于取材、加工和制造的特点，广泛应用于电子领域。下面以陶瓷和玻璃为例，分别介绍电子陶瓷和玻璃电介质。

1. 电子陶瓷

电子陶瓷指用于电子技术的各种陶瓷材料。根据用途可分为介电陶瓷、压电陶瓷、光电和电光陶瓷、磁性陶瓷和微波陶瓷等。电子陶瓷种类多样，涉及周期表中的大多数元素，其中氧化物型应用最为广泛。在结构组成上，电子陶瓷通常可按氧离子密堆积方式，并由正离子填充堆积间隙来考虑。根据正离子半径尺寸、价位与种类的不同，可构成不同的结构，常见的晶体组成类别有 AB、AB_2、A_2B_3、ABO_3、AB_2O_4。表 7-1 给出了几种常见电子陶瓷的主要性能。

表 7-1　几种常见电子陶瓷的主要性能

材料种类	介电常数（1MHz，室温）	$\tan\delta$（1MHz，室温，单位：10^{-4}）	介电强度/$kV \cdot mm^{-1}$
滑石瓷	5.9~6.1	8~35	7.9~13.8
AlO_3 瓷	8.2~10.2	3~20	9.9~15.8
MgO 瓷	约 8.2	约 10	8.5~11
ZrO_2 瓷	约 12	约 100	约 5.0
$BaTiO_3$ 瓷	12~600	<8	100~1000
金红石瓷	65~80	2~4	10~16
$CaTiO_3$ 瓷	140~170	2~4	10~12
$MgTiO_3$ 瓷	16~18	1~3	12~16
石英玻璃	3.8~5.4	约 3	15~25

以介电陶瓷为例，目前陶瓷电容器约占整个电容器市场的 40%，相当于铝电解电容器和钽电解电容器的总和。介电陶瓷具有以下四个显著特点：①介电常数高且变化范围大；②拥有较小的串联电感和低介质损耗，并在较高频段内仍有优越的电容特性；③具有高的电阻率和介电强度；④陶瓷电介质和高稳定导电电极在高温烧结后形成高强度结构，具有高可靠性。根据工作频率的不同，介电陶瓷可分为低频、中频、高频及微波陶瓷。主要包括三类：钛酸钡（$BaTiO_3$）系、钛酸锶（$SrTiO_3$）系和反铁电系。

钛酸钡系是最主要的高介电常数材料之一，因其在特定温度范围内表现出自发极化特性，且当外加电场超过某一临界值（矫顽场强）时，其极化方向会发生反转，类似于铁磁材料的磁滞回线，又称为铁电体。相比之下，钛酸锶类材料具有更优越的介电特性，在常温下呈顺电体结构。钛酸锶系介质的居里点极低，约为 $-250℃$，即使在 $30kV \cdot cm^{-1}$ 以下电场强度下仍能保持电畴的稳定，依旧符合 $P = \varepsilon E$ 的线性关系。因其在较高的直流电场下能保持稳定的 $\tan\delta$ 值，是中高压高介电材料的理想选择。反铁电体材料与铁电体在某些方面相似。例如，晶体结构与同型铁电体相近，且在相变温度以上，介电常数与温度遵循居里-外斯（Curie-Weiss）定律等。一般而言，反铁电体在高温下为顺电相，在相变温度以下则转变为对称性较低的反铁电相。

2. 玻璃电介质

玻璃是一种无定形物质，通过高温熔融后快速冷却而成，没有明显的晶态结构和固定的熔点，主要由多种无机氧化物组成。其良好的介电绝缘性能使其成为装置零件和电容器介质的理想选择。无机玻璃通常有以下主要特性：各向同性、介稳性和性质的连续性。各向同性指其在任何方向上的性质均相同，类似于液体；介稳性表示玻璃是一种介于液态和固态之间的介稳状态，具有较高的内能，难以自发结晶；性质的连续性则表现为玻璃由液态到固态的性质变化是连续和可逆的，不会形成新的物相。

电子工业中，广泛使用的玻璃介质可大致分为三类：装置绝缘玻璃、电容器介质玻璃和通信光纤玻璃。装置绝缘玻璃常用作绝缘支架和结构零件，常见种类包括石英玻璃、钙钠硅酸盐玻璃、铅硅酸盐玻璃和无碱硅酸盐玻璃等。电容器介质玻璃通常需具备高介电系数、稳定的温度系数、较小的损耗角正切值、大电阻率和击穿电场强度，以满足体积缩小、电容值稳定、不发热和承受高工作电压的要求。尽管玻璃配方多样，但每种都有局限性。例如，引入如 Pb、Ti、Bi、Ba、Sr 等金属的氧化物可将相对介电常数 ε 提高到 $30\sim60$，但可能会增加损耗正切值。对于高频率应用，要求 $\tan\delta$ 在 10^{-4} 数量级，通常使用无碱或高铅玻璃，此时 ε 可以保持在 $7\sim11$。

7.1.2 有机材料

自 20 世纪初人类获得第一个合成聚合物——酚醛树脂，合成聚合物材料经历了快速发展。在绝缘材料领域，出现了聚氯乙烯、聚苯乙烯、聚甲基丙烯酸甲酯、聚乙烯、聚四氟乙烯、氯丁橡胶、丁苯橡胶以及尼龙 66 等。20 世纪 60 年代后，随着航空航天技术的进步，耐高温聚合物材料的研究和制造迎来了高潮，包括聚酰亚胺、聚芳酰胺、二苯醚树脂、聚芳砜、加聚型聚酰亚胺、酚醚树脂、聚海因、聚苯并咪唑等。如今，聚合物工业不仅向大型工业化迈进，还着重于对现有材料进行改性，以满足科技发展对绝缘材料的高介电性能、高力学性能、高耐热性能和阻燃等要求，这标志着绝缘材料迈向新的发展阶段。

尽管有机介电材料具有良好的柔韧性，但在高温、辐射、抗菌、电弧和化学稳定性方面通常不如无机介电材料。由于碳氢共价键的特性，聚合物的相对介电常数受到限制，往往为 $2\sim5$，远低于无机介质的介电常数。本节将简要介绍几种代表性的有机介电材料及其特点和应用场景。

1. 聚合物介电材料

这类材料通常具有良好的柔韧性、加工性和稳定性，同时具有较低的介电常数和损耗。它们广泛应用于柔性电子、有机场效应晶体管（OFET）、有机光电子器件等领域。典型的聚合物介电材料包括聚酰亚胺（Polyimide，PI）、聚苯乙烯（PS）、聚四氟乙烯（PTFE）等。表 7-2 列举了常见的几种有机聚合物的介电性能。

表 7-2　常见的几种有机聚合物的介电性能

聚合物介电材料	相对介电常数	体电阻率 ρ_v（室温，单位：$\Omega\cdot cm$）	$\tan\delta$（室温，单位：10^{-4}）
聚酰亚胺	$3.3\sim3.5$	$10^{15}\sim10^{17}$	$10\sim15$
聚四氟乙烯	~2	$\sim10^{17}$	~2
聚碳酸酯	$2.6\sim3.1$	$\sim10^{14}$	~30
聚氯乙烯	$3.4\sim3.6$（250℃，50Hz）	$10^{10}\sim10^{12}$	$100\sim300$（25℃，50Hz）
聚对苯二甲酸乙二酯	$3.1\sim3.2$	$10^{14}\sim10^{15}$	$20\sim30$

以聚酰亚胺为例，聚酰亚胺在工业应用的迅速发展始于 20 世纪 60 年代初。目前，除了均苯型聚酰亚胺，还涌现多种类型的聚酰亚胺和改性聚酰亚胺。聚酰亚胺的一般结构如图 7-1 所示。这类环链聚合物在耐热性和热稳定性方面表现出色，同时其整体的物理性能和化学性能也优于线型聚合物。

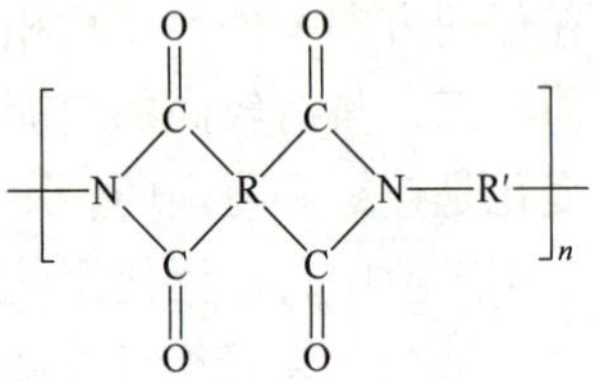

聚酰亚胺的相对介电常数 ε 在 $3.3\sim3.5$ 范围内，对温

图 7-1　聚酰亚胺的结构式，R、R′为芳环或其他耐热基团

度和频率的依赖性较小。在室温下，其体积电阻率 ρ_v 为 $10^{15} \sim 10^{17} \Omega \cdot cm$；当温度升至 200℃ 时，其体积电阻率降低至 $10^{12} \Omega \cdot cm$。然而，超过 200℃ 后，温度对其薄膜的体积电阻率的影响变得不明显。即使改变聚酰亚胺链的结构，其在室温下的介电损耗角正切值实际上并不会发生变化，其数值为 $(1 \sim 1.5) \times 10^{-3}$。聚酰亚胺具有出色的耐电晕性，性能优于聚酰胺酰亚胺和聚有机硅氟烷，但其抗电弧能力较差。

2. 有机小分子介电材料

有机小分子介电材料通常具有良好的热稳定性和电绝缘性，易于通过蒸发或溶液加工成薄膜。这些材料主要应用于有机薄膜晶体管、有机发光二极管、太阳电池等领域。典型的有机小分子介电材料包括五聚氰酸酯（PTCDA）、三苯胺衍生物等。

3. 有机-无机杂化介电材料

有机-无机杂化介电材料结合了有机材料的柔韧性和无机材料的高介电性能，能够同时展现出良好的力学性能和介电性能。这些材料主要用于高性能电容器、晶体管、光电器件等应用领域。典型的有机-无机杂化介电材料包括聚合物-无机纳米复合材料和有机硅材料。由于其独特的性质，这些有机介电材料在电子、光电子、能源存储和转换等多个领域都得到了广泛应用。随着材料科学的进步，未来这些材料的性能有望进一步提升，其应用范围也将进一步扩展。

7.2　光纤材料

光纤，又称光学纤维，是重要的光波导元件，其原理是基于透明介质中光线的传播规律。尽管这一概念源远流长，现代光纤技术起源于 20 世纪 50 年代。1970 年，美国康宁公司成功研制出首批低损耗光纤，这一突破性成果使光纤通信技术得以实用化，开启了新时代。随着技术的不断进步，光纤通信领域持续革新。近年来，空分复用（Space Division Multiplexing，SDM）技术的引入进一步提高了光纤系统的传输容量，展示光纤通信技术向更高传输效率和容量的突破。SDM 技术通过在单根光纤中引入多个传输通道，实现了传输容量的线性扩展，有效解决了日益增长的数据传输需求。

光纤结构通常比较简单，主要由三部分组成：纤芯、包层和外套。纤芯是折射率较大的中心部分，通常由二氧化硅制成，并通过掺杂微量元素来提高其折射率。包层包围在纤芯外部，材料包括石英玻璃、多组分玻璃或塑料，折射率低于纤芯。外套则起保护作用，增强光纤的强度和耐用性。

光纤的导光能力取决于纤芯和包层的性质。根据纤芯折射率的分布，常用通信光纤主要分为阶跃型光纤和梯度型光纤。按材质分类，光纤可分为石英光纤、多组分玻璃光纤、全塑料光纤、塑料包层光纤和红外光纤。红外光纤包括卤化物光纤、硫属玻璃光纤和重金属氧化物光纤。由于石英光纤低衰减和宽频带的优点，在研究和应用中占据主导地位。

光纤的传输损耗是评估其性能的重要指标，常用衰减系数 α 表示：

$$\alpha = -\frac{10}{L} \lg \frac{P_{out}}{P_{in}} \tag{7-1}$$

式中，L 表示光纤长度；P_{in} 为光纤输入功率；P_{out} 为光纤输出功率。光纤的衰减系数（或称传输损耗）主要由材料的吸收损耗和散射损耗决定，衰减系数通常是吸收损耗和散射损耗的总和：

$$\alpha = \alpha_{abs} + \alpha_{scat} \tag{7-2}$$

式中，α_{abs} 为吸收损耗；α_{scat} 为散射损耗。

本节将根据光纤的原材料分别介绍玻璃光纤、聚合物光纤和晶体光纤。

7.2.1 玻璃

广义上讲，玻璃光纤可视为一种多组分复合的玻璃材料，由高折射率的玻璃纤芯和低折射率的玻璃包层组成。这两者成分相近，利用光在纤芯和包层界面的全反射来实现光的传输。玻璃光纤根据组分的不同主要分为石英玻璃光纤、氟化物玻璃光纤和硫系玻璃光纤。

1. 石英玻璃光纤

石英玻璃因其优良的理化性能，广泛应用于半导体、电光源、光纤通信和光学仪器等领域。玻璃的非晶态结构由 SiO_2 构成，基本结构呈 $[SiO_4]^{4-}$ 四面体排列。石英玻璃是一种无色透明材料，在可见光区（390～770nm）几乎没有吸收，只有少量的损失是散射产生的。在近红外波段，石英玻璃基本上也是透明的，但在 2700nm 处有一吸收带，这是由于其溶解在玻璃中的结合水而引起的。图 7-2 和图 7-3 分别展示了石英光纤的损耗和石英光纤的折射率及群折射率随波长的变化曲线。

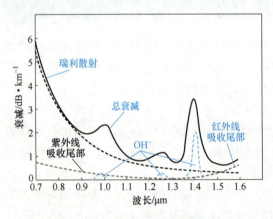

图 7-2　石英材料光纤总损耗谱

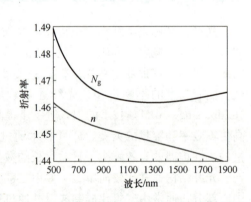

图 7-3　石英玻璃的折射率和群折射率的色散关系

根据石英玻璃光纤掺杂元素的不同可分为以下几类：纯石英玻璃光纤、稀土掺杂石英玻璃光纤、掺氟石英玻璃光纤以及掺氮石英玻璃光纤。纯石英玻璃光纤具有较大的数值孔径，适用于紫外光的刑侦指纹识别和近红外光的激光传输。稀土掺杂石英玻璃光纤是通过稀土元素的掺杂，具有窄范围光波长和较长的亚稳态寿命，例如，掺镱光纤的激光输出波长在 $1.01～1.162\mu m$ 可调谐。掺氟石英玻璃光纤通过掺氟解决了材料应力增大和中心缺陷等问题，虽然氟易挥发，但通过溶胶-凝胶法低温合成取得了进展。掺氮石英玻璃光纤在感生损耗方面略高于纯石英光纤，但低于掺锗石英光纤，同时能增大石英折射率而不引起额外色心。

2. 氟化物玻璃光纤

氟化物玻璃光纤主要由重金属氟化物玻璃熔融拉制而成，在 $1.6～5.0\mu m$ 的红外光谱范围内表现出超低本征损耗特性，损耗可低至 $10^{-3} dB \cdot km^{-1}$。目前，ZBLAN（由 $ZrF_4 \cdot BaF_2 \cdot LaF_3 \cdot AlF_2 \cdot NaF$ 组成）多组分氟化物玻璃光纤的最低损耗在 $2.55 \mu m$ 附近仅为 $0.03 dB \cdot km^{-1}$，比 $1.55 \mu m$ 石英玻璃光纤损耗约小 7 倍，为超长距离、长途通信系统提供了更为理想的传输介质。

氟锆酸盐玻璃光纤是重金属氟化物玻璃光纤的典型代表，具有广阔的透光范围。由于氟化物玻璃中 F 的相对原子质量较大，玻璃网络中正负离子间键力常数较小，其透红外性能比氧化物玻璃更优越，透光范围可达 $0.5 \sim 0.4 \mu m$。此外，氟化物玻璃光纤的理论损耗较低。光纤的最低损耗波长通常位于瑞利散射和多声子吸收谱的交点，而氟化物玻璃的多声子吸收边向长波段移动，导致这类光纤的最低损耗波长相对较长，理论损耗为 $10^{-10} \sim 10^{-3} dB \cdot km^{-1}$，比石英玻璃光纤低 100 倍。由于玻璃没有严格的化学组成配比，光纤的折射率和色散等性质可根据玻璃化学组成的调整在较大范围内进行调整。目前，氟化物玻璃光纤的最低损耗已经达到 $0.65 dB \cdot km^{-1}$。

3. 硫系玻璃光纤

硫系玻璃是以硫（S）、硒（Se）、碲（Te）等周期表中第六主族元素为基础，并掺入少量其他金属或非金属元素（如锗（Ge）、砷（As）、锑（Sb）、镓（Ga）、铝（Al）、硅（Si））而形成的。这些玻璃可以与硫系单质和卤素结合形成硫卤素玻璃，或掺入稀土类元素（如 Pr^{3+}、Er^{3+}、Nd^{3+}）制成功能性玻璃。利用这些硫系玻璃拉制而成的光纤称为硫系玻璃光纤。相比于其他透红外的玻璃（如卤化物玻璃、多晶玻璃），硫系玻璃光纤具有优越的透红外性能、高强度、良好的耐化学性能以及低生产成本的特点。根据硫系玻璃的基础元素组成，可以将其分为三类：S 玻璃、Se 玻璃和 Te 玻璃。图 7-4 展示了石英玻璃、其他硫系与氟化物玻璃的光学透过率对比。其中，BIG 玻璃是一种多组分氟化物玻璃，主要成分包括 BaF_2、InF_3 和 GaF_3；2SG 玻璃是一种硒基材料，含有 Se、Sb、Ge 和 Ga 等元素；TeX 玻璃由 Te、Se 和 X（X=Cl、Br、I）组成，而 TeXAs 则是类似玻璃，添加了 As 元素。

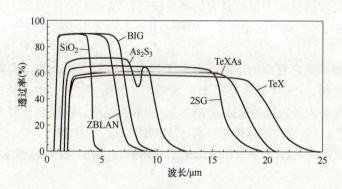

图 7-4 各种红外玻璃的光学透过率

硫系玻璃的红外吸收主要受红外光的频率与玻璃中分子振动的本征频率相同或相近引起的共振吸收影响。由于硫系单质的相对原子质量较大，其力常数较小，导致硫系玻璃的红外吸收极限波长超过氧化物玻璃（SiO_2 的极限波长为 $2.2 \mu m$）。硫系玻璃的透过波长区间一般为 $1 \sim 7 \mu m$，Se 玻璃为 $3 \sim 9 \mu m$，Te 玻璃为 $5 \sim 12 \mu m$。随着硫系玻璃中硫系单质相对原子质量的增大，其红外极限波长向长波方向位移。

避免引入杂质对硫系玻璃的光学性能尤为关键。针对不同的硫系玻璃单质原料，可采用多种提纯方法以确保材料的纯度和透明度，从而显著提升其在红外波段的光学性能和传输效果。

7.2.2 聚合物

聚合物光纤，又称塑料光纤（Plastic Optical Fiber，POF），是一种由导光芯材与包层包覆而成的高科技纤维。POF 的研究始于 20 世纪 60 年代后期，最初由美国杜邦公司开展。与玻璃光纤相比，POF 的光传输损耗较大，因此通常不能用于远距离光信号传输，但在 100m 以内的近距离应用却非常广泛。随着 POF 材料制造的优化和传输损耗降低技术的进步，POF 现在还可用于办公区域内的光通信网络配线。根据制造所用的材料，POF 可分为几种类型，包括聚甲基丙烯酸甲酯（Polymethyl Methacrylate，PMMA）、全氘化聚甲基丙烯酸甲酯、氟聚合物、聚苯乙烯（Polystyrene，PS）、聚碳酸酯（Polycarbonate，PC）等。

1. 聚甲基丙烯酸甲酯

聚甲基丙烯酸甲酯是一种无规聚合物，通常通过自由基引发聚合制备。其相对分子质量为 $50 \sim 10 \times 10^5$。PMMA 根据聚合机理不同，可形成不同的构型：无规立构、全同立构、间同立构，各自具有特定的性能特点，其分子结构如图 7-5 所示。

PMMA 具有非对称的分子结构，由于连接到碳原子上的两个取代基的体积差异，因此呈无规立构，属于典型的无定形聚合物。其透明性能接近光学玻璃，折射率为 1.49，几乎无色差，表面反射率不超过 4%。波长为 $0.3 \sim 0.6\mu m$ 时，PMMA 的光损耗最低。特别是，全氘化 PMMA 在 $0.65 \sim 0.68\mu m$ 波长范围内的损耗可降低至 $20dB \cdot km^{-1}$。PMMA 具有质轻而强韧的特点，相对密度为 1.19，仅为无机玻璃的一半，但其表面硬度较低，容易被划伤。在加热或长时间自然暴露下，PMMA 几乎不会发生变色或褪色。

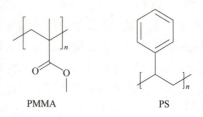

图 7-5 PMMA 和 PS 的结构式

2. 聚苯乙烯

聚苯乙烯（PS）是广泛应用于电工和电子设备的材料之一，其结构式如图 7-5 所示。作为常用的透明材料，PS 具有非晶态无定形结构，折射率为 1.591，透光率通常不低于 90%。因此，PS 作为光纤包层的选择范围较广，一般折射率只需低于 1.55 即可。PS 光纤在波长为 $0.55 \sim 0.78\mu m$ 范围内的总损耗可高达 $114dB \cdot km^{-1}$，在波长 672nm 处的极限损耗为 $69dB \cdot km^{-1}$。高频条件下，PS 表现出较低的功率因数，因此，在高频绝缘材料中得到广泛应用。

PS 在化学环境中展现出良好的耐蚀性，能抵抗一些矿物油、有机酸、碱、盐、低级醇的侵蚀。然而，它对烃类、酮类、高级脂肪酯的侵蚀较为敏感，并能溶于芳烃和氯代烃。PS 的缺点包括耐热性差、不耐沸水、性脆，其冲击强度较低，且制品内部存在内应力，容易开裂。

3. 含氟塑料

降低传输损耗是光纤材料选择的重要标准。氟化和氘化是两种用于减少可见光区域衰减损耗的有效方法。氘化可降低 C-H 键振动引起的损耗，而氟化也是减少 C-H 键振动吸收的有效手段。氟化处理不仅有助于降低瑞利散射引起的损耗，还可以改善光学窗口，防止湿气在高分子中的渗透。例如，在高湿度环境下（90% 相对湿度，45℃），氟化处理的材料即使放置 2 天后仍不表现 C-H 键振动吸收。氟化 POF 可在长途通信下工作，其衰减低于 $10dB \cdot km^{-1}$，可制成传输速率大于 $3Gb \cdot s^{-1}$ 的大芯径耐用光纤。目前常用的氟化物塑料光纤包括杜邦（DuPont）公司的特氟龙（Teflon，四氟乙烯）AF 无定形氟化聚合物系列和赫斯特（Hoechst）公司的 THV 系列。

7.2.3　晶体材料

晶体光纤是一种利用晶体材料制成的光导纤维，具有独特的光学性质和电学性质。相较于传统的玻璃光纤，晶体光纤的光学特性主要由晶体结构决定。根据所选用的晶体材料不同，晶体光纤可分为单晶光纤和多晶光纤。近年来，光子晶体光纤因其独特的导光机制而引起广泛的关注。

1. 单晶光纤

单晶光纤，又称为纤维单晶或晶体纤维，是一种由单晶材料制成的光学纤维。它结合了晶体的物理和化学特性以及纤维的导光性，使其在光电子、光通信技术等领域有着广泛应用。

目前，单晶光纤已经涵盖了多达 50 种以上的种类，包括各种掺杂和不掺杂的氧化物、卤化物、磷酸盐等材料。根据应用领域的不同，单晶光纤可进一步分为激光单晶光纤和非线性光学单晶光纤等。常用的单晶光纤包括掺钕钇铝石榴石（Nd：$Y_3Al_5O_{12}$，Nd：YAG）、钛蓝宝石（Ti：Al_2O_3）、红宝石（Cr：Al_2O_3）、Eu：Y_2O_3、$LiNbO_3$、KBr、BaF_2 等。单晶光纤可通过导模法、毛细管固化法和激光加热基座法制备，其直径可以从几微米到数百微米不等。

2. 多晶光纤

多晶光纤一般用于传输红外光谱信号，又称多晶红外光纤，由多晶材料制成。与单晶光纤不同，它的晶体结构呈现多个晶粒的状态，而不是整体单一的晶体结构。多晶光纤通常通过拉拔或其他制备方法将多晶材料制成纤维状。相较于单晶光纤，多晶光纤的制备成本较低，因为多晶材料的获取和处理相对容易。然而，由于晶粒之间存在晶界，晶体结构中可能存在一些畸变和缺陷，因此，多晶光纤的光学性能可能略逊于单晶光纤。

卤化银多晶光纤 $[AgCl_xBr_{(1-x)}]$ 是一种常用的传输中红外光谱信号的光纤。它具有较宽的传输红外光谱，范围为 $2 \sim 20\mu m$，无毒，不易潮解，且具有良好的柔韧性。因此，广泛用于中红外光谱信号传输、红外成像以及激光医疗等领域。

7.2.4　新型光纤材料

近年来，科研人员也在探索使用新型材料来制造光纤，以期获得更优异的性能。例如，他们利用钙钛矿材料和二维材料（如石墨烯和过渡金属硫化物）作为光纤的掺杂材料，以提升光纤的非线性效应、光放大和光电转换效率。在光纤材料领域，科研人员和工程师们取得了一系列重要进展，这些进展不仅显著提升了光纤的传输效率和质量，还广泛拓展了应用范围。以下是一些值得关注的最新进展。

1. 光子晶体光纤

光子晶体光纤（Photonic Crystal Fiber，PCF）又称为多孔光纤或微结构光纤，由 Russell 等于 1992 年首次提出。它是一种具有二维光子晶体结构的特殊光纤，其包层由规则分布的空气孔组成，形成三角形或六边形的微结构。PCF 纤芯由石英或空气孔构成线缺陷，利用这种线缺陷的局域光传播能力，可以将光限制在缺陷内传播。相比于传统光纤，PCF 的设计更加灵活，引入空气孔可实现大折射率差。通过调整空气孔的大小和排列，可灵活控制光纤的光学特性。

根据纤芯成分的不同，PCF 可分为实芯 PCF 和空芯 PCF，它们具有不同的导光机制。实芯 PCF 采用改进的全内反射（Modified Total Internal Reflection，MTIR）机制，类似于传统光纤，利用 PCF 包层的有效折射率低于纤芯的折射率而实现全内反射效应。而空芯 PCF 则利用光子带隙效应，这是在光子晶体材料中通过具有适当大小和间距的空气孔形成周期性排列而产生的效应。由于需精确的空气孔规则排列来产生光子带隙效应，因此其制备相对较复杂。

2. 高非线性光纤材料

随着对高速、大容量通信系统需求的增加，高非线性光纤材料备受瞩目。这些材料在光纤放大器、光开关和光波长转换等领域发挥着重要作用，利用材料的非线性效应（如四波混频、自相位调制等），能实现高效的信号处理。例如，高非线性硅基光纤和铌酸锂光纤在这一领域展现出巨大的潜力。

3. 空芯光纤

空芯光纤通过在光纤的中心引入一个空气隙，显著减少了光在材料中的传播损耗，因而提高了传输效率。这种光纤对于高功率激光传输、精确的光谱测量以及低损耗通信具有重要的意义。近年来，科研人员通过改进空芯光纤的设计和材料，显著提升了其性能。

4. 多芯和多模光纤

为了进一步提高光纤通信系统的传输容量，多芯光纤（Multi-core Fiber，MCF）和多模光纤（Multi-mode Fiber，MMF）技术应运而生。这些技术通过在单根光纤中引入多个传输核心或模式，显著扩展了传输容量。特别是，空分复用技术的应用使得这些光纤在未来高容量通信网络中扮演了关键角色。

这些进展不仅为光纤通信技术的发展注入了新的动力，也为光纤在传感、医疗和新型光源等领域的应用打开了新的可能性。随着材料科学和光电技术的不断进步，可以期待光纤技术在未来展现出更加广阔的应用前景。

7.3　激 光 材 料

激光材料是一类能够在受到外部能量激发后产生激光的材料。这类材料包括激活离子和为激活离子提供适宜环境的基质材料。当激活离子受外部能量激发时，它们从低能级跃迁至高能级，即激发态能级。激活离子从激发态能级返回低能级时，会释放能量并产生发光现象。外部能量的激发可通过光、电、热或高能辐射等方式实现。

在晶体中，由于激活离子周围环境的不同，其跃迁性质也各异，从而影响发光的波长和强度。基质材料的作用包括为激活离子提供适宜的晶体场、保持材料结构的稳定性，以及影响激光的性能参数。通常，决定激光材料性能的关键因素有：

（1）**吸收截面**　用来表示吸收泵浦光能力的大小，显然，材料吸收的能量越多，产生的激光能量也就越高。通常，吸收截面与衰减系数之间具有如下关系：

$$\sigma_{abs} = \frac{\alpha}{C_n} \tag{7-3}$$

式中，C_n 为单位体积激活离子数，表达式为

$$C_n = \frac{McN_A}{\rho} \tag{7-4}$$

式中，M 为相对分子质量；c 为激活离子质量分数；N_A 为阿伏伽德罗常数；ρ 为晶体密度。

（2）**发射截面**　将激光介质中的每个发光离子视为一个小光源，其发光强度即为该粒子所在位置的光强，发射截面则表示此小光源的横截面积，通常用以下公式进行计算：

$$\sigma_{em} = \frac{\lambda^2}{4\pi n^2 \tau \Delta\nu} \left(\frac{\ln 2}{\pi} \right)^{1/2} \tag{7-5}$$

式中，λ 为发射中心波长；n 为晶体折射率；τ 为荧光寿命；$\Delta\nu$ 为荧光峰半峰宽。

（3）**荧光寿命**　若荧光寿命较短，可降低光泵辐射的阈值能量，但会限制振荡能量的提升。在光泵水平较低且接近阈值的情况下，较短的荧光寿命助于实现较低的光泵阈值能量和更大的振荡输出能量。相反，在光泵水平较高的情况下，需要较长的荧光寿命，以实现更多的粒子数反转，从而获得更大的振荡能量。较长的荧光寿命利于激光的产生，并可通过调 Q、锁模等方式提高功率密度，从而实现超短脉冲输出。

最重要的激光材料包括以下几类：①固体激光材料。这是最常用的激光材料类型之一，包括激光晶体和激光玻璃。例如，掺钕钇铝石榴石（Nd：YAG）、掺钛蓝宝石（Ti：Al$_2$O$_3$）、掺铒磷酸盐玻璃和掺钕玻璃等。②气体激光材料。气体激光器使用的是气体作为工作介质，常见的气体激光材料包括二氧化碳（CO$_2$ 激光器）、氩离子（Ar$^+$ 激光器）和氦（He-Ne 激光器）等。③液体激光材料。液体激光器主要使用染料作为工作介质，这些染料可以被调谐以产生不同波长的激光。染料激光器因其宽波段调谐能力而重要。④半导体激光材料。半导体激光器又称为激光二极管，是通过电流注入半导体材料产生激光。常见的半导体激光材料包括 GaAs、InGaP 和 GaN 等。

这些激光材料因其各自独特的特性和应用领域而具有重要意义。例如，Nd：YAG 激光器因其高功率和高效率广泛应用于工业和医疗领域；CO$_2$ 激光器因其在红外波段的高功率输出，被用于切割、焊接和材料加工；钛蓝宝石激光器因其宽的调谐范围和超短脉冲输出在科研领域非常重要。本节将主要介绍固体激光材料（第①类）并将其进一步分为激光晶体和激光玻璃两大类进行介绍。

7.3.1　激光晶体

激光晶体作为最早应用的激光工作物质，由两个关键组成部分构成：基质晶体和发光中心。基质晶体是构成晶格的主体，提供适当的晶格场以支持激活离子。发光中心是指掺杂的激活离子，其内部能级结构决定激光的波长。激活离子受晶格场的影响，其光谱性质发生变化，从而影响激光波长。离子在晶格场中经历分裂，导致精细光谱的出现。同时，激活离子

与晶格声子的相互作用也会影响光谱线宽和非辐射弛豫过程。基质晶体决定了材料的物理化学性质，而掺杂的激活离子则对结构稳定性和晶体热学性质产生重要的影响。

常见激光晶体材料有以下几种。

（1）红宝石　红宝石激光器是一种典型的三能级激光器，采用氧化铝晶体作为基质，并掺杂了约百分之几的氧化铬。其主要优点包括出色的物理化学性能、高硬度、大的抗损失阈值，以及对泵浦光的高吸收性能。室温条件下，红宝石激光器能产生波长为 694.3nm 的可见激光。

红宝石的发光过程是一个三能级两步过程。能级示意图如图 7-6 所示。$^4A_2$ 为基态，为激光下能级，简并度 $g_1=4$；^2E 能级（14400cm^{-1}）为亚稳态，是激光上能级，由能量差为 29cm^{-1} 的两个子能级 $2\bar{A}$ 和 $\bar{E}$ 组成，简并度均为 2。$\bar{E}\rightarrow{}^4A_2$ 和 $2\bar{A}\rightarrow{}^4A_2$ 的跃迁称为 R_1 和 R_2 线，室温下，每条线宽约 0.5nm，分别位于可见光 694.3nm 与 692.9nm 处。R_1 线荧光强度比 R_2 线高，其荧光寿命为 3ms，荧光线宽为 11cm^{-1}。荧光量子效率为 0.5 ~ 0.7。$^4F_1$（25000cm^{-1}）和 $^4F_2$（18000cm^{-1}）是两个泵浦光吸收能级。

此外，红宝石晶体激光器的激光发射波长位于可见光的红光波段。这一波段的光不仅对人眼可见，而且对大多数光敏材料和光电探测元件都易于探测和定量测量。因此，红宝石激光器在激光器基础研究、强光（非线性）光学研究、激光光谱学研究、激光照相和全息技术，以及激光雷达与测距技术等领域都得到广泛应用。然而，它的主要缺点是其属于三能级结构，导致激光产生的阈值相对较高。

（2）钛蓝宝石　掺钛蓝宝石晶体简称为"钛蓝宝石"，是在蓝宝石基质中掺入 Ti^{3+} 形成的单晶材料，化学式为 Ti：Al$_2$O$_3$。钛蓝宝石晶体属于三方晶系，其结构是 Ti^{3+} 取代基质 Al$_2$O$_3$ 中具有三角对称位上的 Al^{3+}，位于一个八面体的中心。Ti^{3+} 的电子组态为 ［Ar］3d^1，外层仅有一个未配对的 3d 电子，该唯一的价电子决定着 Ti^{3+} 的吸收和发射特性。图 7-7 展示了钛蓝宝石晶体的吸收和荧光光谱。

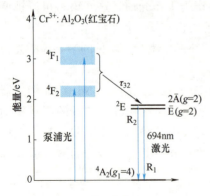

图 7-6　红宝石中 Cr^{3+} 能级示意图

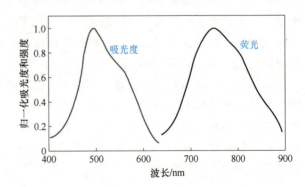

图 7-7　钛蓝宝石晶体中 Ti^{3+} 的吸收和荧光光谱

钛蓝宝石激光器具有较宽的发射范围，通常从约 660nm 延伸到 1200nm 左右。通过倍频技术，其波长范围可扩展到 330~600nm，这使得钛蓝宝石激光器成为所有已知激光器类型中调谐范围最宽的一种。这一特性源于蓝宝石晶体中钛离子的宽吸收和发射光谱特性，因此，钛蓝宝石被视为制造飞秒激光器的理想选择。

（3）**掺钕钇铝石榴石** 在未掺杂的情况下，钇铝石榴石为无色晶体，而引入 Nd^{3+} 后的激光晶体呈现粉紫色。相较于红宝石，该晶体的荧光寿命较短，荧光谱线较窄，工作粒子在激光跃迁的高能级时不易积累大量能量，因此激光储能相对较低。脉冲运转时，受到了输出激光脉冲能力和峰值功率的限制，通常不适用于单次脉冲运转。然而，由于 Nd:YAG 晶体属于四能级体系，具有较低的阈值、较大的增益系数以及较高的热导率，因此更适合于重复脉冲运转。

目前，Nd:YAG 晶体被认为是激光工作物质中表现最优秀的之一。石榴石激光器是唯一能够在常温下连续工作且具有较大功率输出的固体激光器。作为连续波激光器，最大输出功率已经超过 1kW；在重复频率为 5000Hz 时，每次输出功率都能超过 1kW；而在重复频率为 30Hz 时，脉冲输出功率可达到 10kW。由于其较大的输出功率，应用领域更为广泛。该激光器能在多个波段实现输出，最典型的激光波长是 1064nm，此外还可输出波长 946nm、1120nm、1320nm 和 1440nm 附近的激光。图 7-8 展示了 Nd^{3+} 的能级结构，其中，$^4F_{3/2}$ 为亚稳能级，是激光上能级；$^4I_{13/2}$、$^4I_{11/2}$ 和 $^4I_{9/2}$ 都可作为激光下能级，其中，$^4I_{9/2}$ 为 Nd:YAG 的基态。当以 $^4I_{11/2}$ 和 $^4I_{13/2}$ 作为激光下能级时，Nd:YAG 为四能级系统；若以 $^4I_{9/2}$ 作为激光下能级时，则 Nd:YAG 为三能级系统。

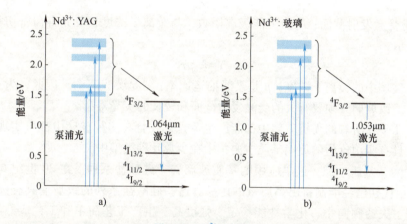

图 7-8 Nd^{3+} 能级图
a）在 YAG 晶体中 b）在玻璃中

（4）**掺镱激光晶体** 在掺杂的激光晶体中，Yb^{3+} 离子是电子能级结构中较为简单的。Yb 离子仅有两个电子态：基态 $^2F_{7/2}$ 和激发态 $^2F_{5/2}$。在晶体场的影响下，这两个能级会发生分裂，因此掺入 Yb 的激光器通常被归类为准三能级系统。相较于掺 Nd 离子，掺 Yb 离子在相同基质中具有多个优点：首先，Yb 离子的荧光寿命较长，特别是高浓度时，没有发生淬灭现象；其次，激光器的量子效率较高，一般来说，掺钕的量子效率约为 76%，而 Yb 离子的量子效率可达 90% 以上；此外，Yb 离子在基质材料中基本上不存在上转换效应和激发态吸收等现象，这有助于显著减小激光工作物质中的热效应。这些特点使掺镱材料成为产生高功率激光输出的候选材料。此外，Yb 离子在波长为 900~980nm 时的吸收峰能够与 InGaAs 激光二极管的波长相匹配。掺 Yb 材料还因其较宽的发射谱而适用于调谐激光和超快激光应用。因此，近年来，掺 Yb 的激光材料除掺 Nd 以外，研究和应用领域最广。

7.3.2　激光玻璃

激光玻璃由基质玻璃和激活离子组成。激光玻璃中，激活离子的行为与激光晶体中的行为有显著差异。这是因为晶体基质对激活离子的影响主要取决于晶格场的作用，而玻璃基质对激活离子的作用主要由玻璃介质的极化效应决定，这导致它们在光谱特性上产生差异。本节将根据掺杂元素的不同，以掺钕激光玻璃和掺铒磷酸盐激光玻璃为例，介绍激光玻璃的特性。

1. 掺钕激光玻璃

激光玻璃中，钕玻璃是最重要且应用最广的类型。钕离子属于典型的四能级结构的稀土离子。光谱计算显示，钕离子从上能级$^4F_{3/2}$跃迁到下能级$^4I_{11/2}$的自发辐射几率最高。在氙灯或半导体激光的泵浦下，通过离子在这两个能级间的迁移，产生的激光振荡波长约为1053nm（见图7-8），这是由于玻璃材料中，Nd^{3+}离子周围的环境是无序的，玻璃的非晶态结构导致了不同的局部晶体场效应。这种无序和变动的环境使能级位置发生微小变化。

在激光器中，为了实现激光振荡，必须确保激光增益大于激光损耗。损耗主要来自激光材料和激光腔体的吸收和反射。在损耗固定的前提下，激光材料——激光玻璃的增益系数（G）需满足以下表达式：

$$G = \sigma_{em} N \tag{7-6}$$

式中，σ_{em}是受激发射截面；N为上能级离子数，与钕离子浓度、荧光寿命密切相关，通常可用下式表示：

$$N = N_0 p\tau \tag{7-7}$$

式中，N_0是玻璃中的钕离子浓度；p是泵浦抽运速率；τ是荧光寿命。因此，为了获得更大的增益系数，钕玻璃必须要有大的受激发射截面和较长的荧光寿命。

钕离子几乎在所有的无机玻璃中都能产生荧光，并且在多种玻璃中都可实现受激发射。然而，目前具有实用价值的玻璃基质主要集中在少数几种类型中。

（1）硅酸盐基质玻璃　最早应用的基质玻璃属于硅酸盐系列，在20世纪60年代末和20世纪70年代初已经能制备出高质量的产品。这些硅酸盐系列的钕玻璃具有荧光寿命长、量子效率高、失透倾向小、化学性能稳定、强度高、生产工艺简单和工艺成熟等优点。因此，它们成为当前使用范围最广的激光玻璃材料之一，主要用于高功率输出激光器。举例而言，1971年，美国Owens-Illinois公司成功研制的Li_2O-CaO-Al_2O_3-SiO_2体统的ED_2激光玻璃，将受激发射截面从一般钡冕玻璃的$1 \times 10^{-20} cm^2$提高到约$3 \times 10^{-20} cm^2$，使硅酸盐激光玻璃达到一个新的水平。

（2）磷酸盐基质玻璃　磷酸盐基质玻璃具有受激发射截面大、非线性折射率低、热光系数小等优点，因此广泛用于激光核聚变装置和高重复频率器件中。一般而言，磷酸盐玻璃的荧光寿命较短，荧光谱线较窄，并且，Nd^{3+}在近红外区域的吸收较为显著，有利于"光泵"能量的充分利用。然而，这类玻璃的工艺性较差，制备也较为困难，在光均匀性方面也不够理想。

（3）硼酸盐和硼硅酸盐基质玻璃　硼酸盐和硼硅酸盐基质玻璃通常具有较短的荧光寿命，但其量子效率较高，并且其中的Nd^{3+}在吸收系数上表现较出色。实际应用中，这类玻璃表现出与荧光寿命成正比的低阈值能量，这归功于其短荧光寿命和高吸收系数的特性。此外，含硼玻璃的热胀系数较低，因此主要用于高重复频激光器。

（4）氟磷酸盐和氟化物基质玻璃　氟磷酸盐和氟化物玻璃具有较低的非线性折射率，同时保持相对较高的受激发射截面和良好的热光性能。这类基质玻璃的化学组成主要以氟化物为主，包括 MgF_2、CaF_2、SrF_2、BaF_2 等成分，并加入一定量的磷酸盐，然而，这类基质玻璃的制造较为困难，其抗激光破坏能力相对较弱，损伤阈值大约只有硅酸盐玻璃的一半，因此在应用上存在一定的限制。

2. 掺铒磷酸盐激光玻璃

由于硼酸盐玻璃与铒离子的强烈相互作用导致铒离子的发射寿命较短，虽然硅酸盐玻璃在强度和化学稳定性方面有优势，但其能量转移效率不如其他基质，因此，磷酸盐玻璃因其高效的能量转移速率和较长的铒离子发射寿命，成为掺铒激光玻璃较合适的基质，能够在近红外波段提供优良的激光发射性能。Nd^{3+} 和 Er^{3+} 的能级结构如图 7-9 所示，其中 $^4I_{13/2}$ 亚稳能级是获得 $1.5\mu m$ 激光的上能级，$^4I_{13/2}$ 跃迁至 $^4I_{15/2}$ 的跃迁发射波长在 $1.53\mu m$ 附近，可用于第 3 通信窗口和作为眼安全激光增益介质。对于掺铒激光玻璃，最重要的激光波长位于近红外区的 $1.5\sim1.6\mu m$。近年来，随着半导体激光器（LD）的广泛应用，以 940nm 或 980nm 波长的 LD 泵浦的掺 Er^{3+} 光波导放大器和微片激光器引起了人们极大的关注，其发光波长为 $1.5\mu m$。

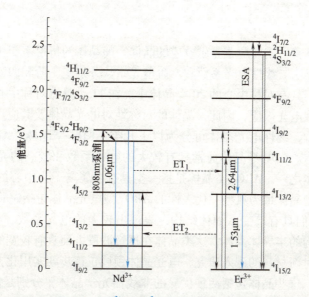

图 7-9　Nd^{3+} 和 Er^{3+} 的能级结构示意图

与 Nd^{3+} 离子不同，Er^{3+} 离子属于典型的三能级系统，这意味着要较高的泵浦功率才能实现粒子数反转。同时，Er^{3+} 离子在波长为 $940\sim980nm$ 附近的吸收截面相对较小，这限制了 Er^{3+} 离子对泵浦光的有效吸收。因此，为提高泵浦效率，对 Er^{3+} 离子进行敏化非常必要。Yb^{3+} 离子在波长范围为 $800\sim1100nm$ 内有很强的吸收能力，并且其发射谱与 Er^{3+} 离子的吸收谱有很大的重叠，这保证了从 Yb^{3+} 到 Er^{3+} 的能量传递效率较高。因此，磷酸盐激光铒玻璃中通常采用共掺 Yb^{3+} 离子，利用这种能量传递机制来提高泵浦效率。此外，磷酸盐玻璃基质具有较大的声子能隙，这有助于增加从 $^4I_{11/2}$ 到 $^4I_{13/2}$ 能级的跃迁概率，并有效阻止从 Er^{3+} 到 Yb^{3+} 的能量反向传递。因此，在磷酸盐玻璃中可实现高的 Yb^{3+} 到 Er^{3+} 的能量转移效率，从而显著提高铒离子的激光性能。

7.4　光调制材料

光调制是指通过电光、声光和磁光等效应调控光波的某些属性，如振幅、相位、频率等，实现对光信号的调节和控制的技术过程。在信息传输和光信号处理过程中，需对光信号进行精确的控制和调制。光调制技术允许我们在光信号中引入信息、实现调制解调、频率变换等操作，从而满足不同应用对光信号的需求。这种技术在现代光纤网络中被广泛使用，用于数百到数千公里范围内的传输数据。

光调制器是一种用于实现光信号调制的设备，关键组成部分是光调制材料。根据调制原理的不同，光调制材料可分为电光、声光、磁光、热光和全光等类型。随着光通信、光计算和光学成像等领域的迅速发展，光调制材料的研究也取得了显著进展。2023 年，王兴军等人成功研发出全球首个电光带宽达 110GHz 的纯硅调制器。这一成果标志着自 2004 年第一个 1GHz 硅调制器问世以来，国际上首次将纯硅调制器的带宽提升到 100GHz 以上，本节主要介绍电介质类的光调制材料。

7.4.1　电光晶体

电光晶体指具有普克尔效应或克尔效应的晶体，即晶体的折射率变化量与外加电场成正比或与其二次方成正比。线性电光系数和二阶电光系数分别是三阶和四阶张量，因此线性电光效应只能存在于不具有对称中心的 20 类晶体中。在 11 类具有对称中心的晶体以及 432 晶体中不可能存在线性电光效应，因此，晶体的对称性对电光晶体及其应用具有重要影响。从晶体的结构和组分看，线性电光晶体可分为以下几类：KDP 型晶体、ABO_3 类晶体、AB 型晶体和其他新型晶体。KDP 型晶体通常具有较大的电光系数和较高的光损伤阈值，是目前应用最广的电光晶体之一。ABO_3 类晶体是指一类具有金属离子为中心的配位氧八面体结构的晶体，以钙钛矿型晶体最为典型。代表性的 ABO_3 型电光晶体包括铌酸锂（$LiNbO_3$）和钽酸锂（$LiTaO_3$），它们具有畸变八面体结构，表现出较大的电光系数。AB 型晶体主要包括具有立方或六方结构的半导体晶体，这类晶体在透过波段方面具有较宽的范围。

近年来，随着对新材料的深入研究，电光晶体领域正逐步朝实用化方向迈进，其中三种晶体尤为引人注目。这些晶体包括两种优异的非线性光学晶体，分别是偏硼酸钡（β-BBO）和磷酸钛氧铷（$RbTiOPO_4$，Rubidium Titanyl Phosphate，RTP）晶体。另外一种是具备旋光性质的电光晶体硅酸镓镧（$LaGa_5SiO_{14}$，LGS），这种新型电光晶体成功克服了旋光性对其性能的影响，为其应用提供了新的可能。

1. 偏硼酸钡

偏硼酸钡（β-BBO）晶体是我国科学家于 1985 年发明的第一个"中国牌"晶体，是应用最广的非线性光学晶体之一。BBO 属于三方晶系，3m 点群，其透过波段范围广泛，可达 189nm～3.5μm，其线性电光系数可达 $2.2pm \cdot V^{-1}$。在 1064nm 激光照射下，BBO 晶体的单程光损伤阈值达到 $50GW \cdot cm^{-1}$，且由于 BBO 晶体的压电效应对电光效应的干扰较小，因此，BBO 晶体作为电光 Q 开关插入损耗较小，适合使用横向效应制作电光 Q 开关。然而，由于 BBO 晶体的生长采用熔盐法，为了生长晶体质量和长度符合电光 Q 开关的要求，晶体生长要求非常高。相对于其他商用电光 Q 开关，BBO 晶体价格较高，因此通常只在高功率和超快激光体系中选择使用。

2. 磷酸钛氧铷

磷酸钛氧铷和磷酸钛氧钾（$KTiOPO_4$，KTP）晶体都是 20 世纪 70 年代末发展出的优秀非线性光学晶体，同时也是出色的电光晶体。在 20 世纪 80 年代初期，我国研究人员首次在国际上开发了熔盐法生长 KTP 晶体的技术，从而使其在中小功率激光器倍频、光参量振荡等领域得到广泛应用。尤其近年来，随着 $Nd:YVO_4$/KTP 晶体光胶技术的发展，KTP 晶体成为应用最广的倍频晶体之一。

RTP 晶体和 KTP 晶体同属正交晶系，属于 mm2 点群，透过波段分别为 $0.35 \sim 5.1\mu m$（RTP）和 $0.35 \sim 4.5\mu m$（KTP）。KTP 晶体的最大非线性光学系数 d_{33} 为 $14.6pm \cdot V^{-1}$，电光系数 r_{23} 为 $15.7pm \cdot V^{-1}$，r_{33} 为 $36.3pm \cdot V^{-1}$。KTP 晶体的最大非线性光学系数 d_{33} 为 $15.8pm \cdot V^{-1}$，电光系数 r_{23} 为 $17.5pm \cdot V^{-1}$，r_{33} 为 $40.5pm \cdot V^{-1}$。通过熔盐法生长的 KTP 晶体在 c 轴（极轴）方向电导率比其他两个方向要大 2~3 个数量级，因此，在电光应用时容易发生加电压后的击穿现象。此外，在较强激光照射下，KTP 晶体容易形成灰迹，限制了该晶体在电光器件中的广泛应用。相比之下，RTP 晶体在 c 轴方向的电导率较低，不易产生灰迹，常被选用于制作电光 Q 开关。近年来，RTP 晶体作为一种新型的电光晶体材料逐渐崭露头角，商用的 RTP 晶体电光 Q 开关也已经面市。

3. 硅酸镓镧

硅酸镓镧是一种多功能的人工晶体。1982 年，苏联科学家卡明斯基（A. A. Kaminski）首次报道了掺钕 LGS 晶体（Nd:LGS）及其同系物的光学、激光、弹性和压电等性质。随后研究显示，LGS 晶体具有零温度系数的切型弹性振动。1986 年，首次利用 LGS 制造了声体波滤波器和声表面波滤波器，拓展了其压电应用领域。

从晶体物理学的角度看，具有压电性质的晶体通常也具有电光和非线性性质。一些具有特定点群结构的晶体，如三方晶系的 R32 空间群和立方晶系 T23 点群等，还可表现出旋光性。在设计电光 Q 开关时，旋光性的存在可能导致入射光的偏振面发生旋转，从而增加了电光 Q 开关设计的复杂性。长期以来，人们未曾考虑将这类旋光晶体用于电光应用。实际上，只要在电光开关的设计中采取适当的措施来消除旋光性对晶体电光应用的影响，这类晶体就可成功用于电光器件。

7.4.2　声光晶体

现代声光材料主要是固体材料，种类繁多，主要分为晶体和玻璃两大类。根据它们的工作波长不同，声光晶体通常可分为两类：可见光波段的二氧化碲、石英和钼酸铅等；以及红外波段的砷化镓、锗和氯化亚汞等材料。以下简要介绍几种常见的声光晶体材料。

1. 二氧化碲晶体

二氧化碲（TeO_2）是目前应用最为广泛的声光晶体材料之一，具有极高的品质因数（见 5.1 节中的定义），沿<110>方向的 M_2 值为 $793 \times 10^{-15} s^3 \cdot kg^{-1}$。二氧化碲晶体通常呈无色，结构为四方晶系，透光性良好，特别是在 632.8nm 波长处透光率超过 70%，晶体的折射率为 $n_e = 2.411$ 和 $n_o = 2.258$，使得它在声光器件中表现出色，广泛应用于声光调制器、声光偏转器、激光调 Q 开关的制造。

2. 石英晶体

石英晶体具备出色的导热性、高度光学均匀性以及相对较低的超声衰减特性。早在1941年，阿塔纳索夫（J. V. Atanasoff）等就对石英晶体的弹性进行深入的研究，测量得到的 M_2 值为 2.38×10^{-15} $s^3 \cdot kg^{-1}$，声速为 $5.72 \times 10^5 cm \cdot s^{-1}$。值得注意的是，石英晶体具有低超声衰减，在 $3dB \cdot cm^{-1} \cdot GHz^{-2}$ 的范围内，这使得它在声光器件领域得到了广泛的应用。在可见光波段，石英晶体的衍射效率 η 高达85%以上。

3. 钼酸铅晶体

钼酸铅（$PbMoO_4$）晶体具有不溶于水、低光损耗和易于生长的特点。早在1969年，美国贝尔实验室的平诺（D. Pinnow）等对 $PbMoO_4$ 晶体进行了详尽的研究，涵盖了其弹性、光学和热学性质。研究结果显示，钼酸铅晶体在488nm波长下的 M_2 值为 56.47×10^{-15} $s^3 \cdot kg^{-1}$，并且具有相对较低的超声衰减（$15dB \cdot cm^{-1} \cdot GHz^{-2}$）。采用该材料制备的声光偏转器具有80MHz的带宽，在1W的电驱动功率下，其衍射效率 η 可达50%。

除了上述常见的声光晶体，近年来还出现了许多新型声光晶体材料：

（1）新型铁电声光晶体　强激光作用下，铁电材料表现出较强的声光效应。目前，诸如 $LiNbO_3$、$LiTaO_3$ 和 KH_2PO_4 等常见的铁电晶体已被广泛应用于激光器的调Q开关。

（2）高 M_2 中远红外声光晶体　近年来，声光器件在红外波段内光束的分析和调制得到了广泛应用。然而，由于一些环保因素的存在，限制了像 Tl_3AsSe_3、Tl_3AsS_4、Hg_2Cl_2 和 Cs_2HgCl_4 等红外晶体的实际应用。为了克服这些限制，研究者们开始转向具有更广泛透过窗口（$0.60 \sim 16\mu m$）的 $AgGaGe_3Se_8$ 晶体。

7.4.3　磁光晶体

当光波进入具有固有磁矩的物质内部，并在物质界面传输或反射时，光的传播特性，如偏振面、相位或散射特性将发生变化，这一物理现象称为磁光效应。磁光材料是指在紫外到红外波段具有磁光效应的光信息功能材料。

磁光材料的种类繁多，包括磁光晶体、磁光透明陶瓷、磁光薄膜、磁光玻璃、稀磁半导体等。近年来，磁光陶瓷和磁光晶体成为研究热点。磁光陶瓷主要通过粉末烧结制备，因此，相对容易获得较大的尺寸，其热导率接近磁光晶体，制备成本也较低，在大口径磁光器件领域展现出潜在的应用价值。已经研发出多种磁光陶瓷材料，如铽铝石榴石（$Tb_3Al_5O_{12}$，Terbium Aluminum Garnet，TAG）、铽镓石榴石（$Tb_3Ga_5O_{12}$）、氧化铽等，但磁光陶瓷的透光率难以提高，因此其应用受到一定限制。

随着晶体生长理论的不断发展和制备技术的进步，磁光晶体领域取得了显著的研究突破。一些磁光晶体，如钇铁石榴石（Yttrium Iron Garnet，YIG）、铽铝石榴石、稀土正铁氧体、稀土钼酸盐和稀土钨酸盐等，具备较高的费尔德常数，展现出独特的磁光性能优势和广泛的应用前景。因此，以磁光晶体为核心的晶体生长技术、材料性能与器件开发研究引起了广泛关注。在这一领域，大尺寸磁光晶体的制备及性能研究成为研究的重要内容和发展方向。

1. 稀土正铁氧体晶体

稀土铁酸盐（$ReFeO_3$，其中 Re 为稀土元素），又称正铁氧体，是最早被发现的磁光晶体之一，于 1950 年由福雷斯蒂尔（Forestier）等首次发现。这类晶体属于正交晶系，具有畸变的钙钛矿结构。稀土正铁氧体晶体具有高居里温度（可达 643K）的特性，其磁滞回线呈矩形，但矫顽力较小（常温下约 0.2emu·g^{-1}）。然而，由于其熔体对流强烈、非稳态振荡严重，以及表面张力大，使得提拉法进行定向生长很困难。水热法和助溶剂法获得的晶体纯度较差。目前，较为有效的生长方法是光学浮区法。

2. 稀土钼酸盐晶体

稀土钼酸盐体系中，受到广泛研究的包括白钨矿型两倍钼酸盐（ARe(MoO$_4$)$_2$，其中，A 为非稀土金属离子）、三倍钼酸盐（Re$_2$(MoO$_4$)$_3$）、四倍钼酸盐（A$_2$Re$_2$(MoO$_4$)$_4$）和七倍钼酸盐（A$_2$Re$_4$(MoO$_4$)$_7$）。这类稀土钼酸盐晶体大多为同成分熔融化合物，可通过提拉法生长。然而，在生长过程中，MoO$_3$ 的挥发问题需要优化温度场和制料工艺以减弱其不良影响。至今，针对稀土钼酸盐在大温度梯度下生长中的缺陷问题尚未得到有效解决，从而限制了其实现大尺寸晶体的生长，进而限制了在大尺寸磁光隔离器中的应用。在可见到红外波段，这类晶体的费尔德常数与透过率相对较高（达到 75% 以上），因此适用于小型化磁光器件。

3. 钇铁石榴石磁光晶体

钇铁石榴石磁光晶体是一类早期被发现、广泛研究且应用历史较长的磁光晶体。它属于立方晶系，具有石榴石结构，每个单位晶胞包含 8 个 Y$_3$Fe$_5$O$_{12}$，其中 64 个金属离子均处于间隙位置。在 1064nm 波长下，YIG 单晶的法拉第旋转角为 280deg·cm^{-1}，1550nm 波长下为 174deg·cm^{-1}，在红外波段有极优异的磁光性能和光学性能。由于 YIG 晶体为非同成分熔融化合物，不适合使用提拉法生长，多年来其晶体尺寸一直难以突破。由于晶体尺寸受到限制，一般不适用于大尺寸磁光隔离器的应用。然而，由于 YIG 具备出色的磁学性能，在红外波段具有极高的透过率和费尔德常数，因此适用于小型磁光隔离器等领域。

4. 含铽石榴石晶体

含铽石榴石晶体包括铽铝石榴石、铽镓石榴石（Terbium Gallium Garnet，TGG）和铽钪铝石榴石（Terbium Scandium Aluminum Garnet，TSAG），均属于立方晶系。这些晶体目前在磁光晶体领域的研究和应用非常广泛，主要用于可见到近红外波段。

TGG 和 TSAG 晶体是磁光晶体中研究最广、产业价值最大的两种材料。TSAG 晶体在波长 1064nm 处的费尔德常数约为 47rad·m^{-1}·T^{-1}，可见波段透过率可达 599rad·m^{-1}·T^{-1}，在室温（300K）下比热容为 0.4233J·g^{-1}·K^{-1}。TGG 晶体在 450~1100nm 波段的透过率高于 85%，室温下热导率约为 7.4W^{-1}·m^{-1}·K^{-1}，而在 1064nm 波长处的费尔德常数可达 42rad·m^{-1}·T^{-1}。这两种晶体因其相对优异的磁光性能和热学性能，尤其在可见到近红外波段透过率较高，被认为是理想的磁光隔离器和旋光器件材料。

7.4.4 有机光调制材料

相较于无机材料，有机聚合物材料具有一系列优越特性。表 7-3 展示了电光类有机材料与其他材料的参数对比，包括高电光系数、快速电光响应、低介电常数、良好可塑性以及低加工温度等。这使得它们成为制备低功率、高速、宽带电光调制器的理想选择。此外，有机聚合物光学材料的优势还包括较低的材料加工成本、简单的制备工艺、可调控的折射率以及强大的抗电磁干扰性能。目前，研发高电光系数的聚合物电光材料和器件已经成为当前集成光子器件领域的重要研究方向。

表 7-3　电光材料性能对比

电光材料	LiNbO$_3$	GaAs	有机极化聚合物
电光系数/pm·V^{-1}	32	1.7	典型值160
介电常数	30	12.53	典型值4
折射率	2.29	3.3	典型值1.6
晶体生长温度/℃	1000	>800	无
波导制作温度/℃	1000	>800	典型值150
器件制备工艺	复杂	复杂	简单

有机聚合物光调制材料有以下几种。

（1）有机聚合物光波导材料　聚合物波导材料是电光波导材料掺杂或键连的主体。有机聚合物种类繁多，但真正适合制备光波导器件的聚合物材料却相对较少。聚合物作为光波导材料须满足如下要求：①光学损耗低。在光通信波长（1310nm 和 1550nm）下的光学传输损耗应小于 1dB·cm^{-1}。②物理化学稳定性和成膜性良好。具备良好的耐蚀性、耐高温性，并且在制备过程中具有良好的加工性，以与半导体工艺兼容。③稳定的折射率可调性。通过结构修饰实现折射率的稳定可调，从而实现大尺寸光路的集成。

传统的聚合物光波导材料涵盖了多种类型，包括环氧树脂、聚甲基丙烯酸甲酯、聚碳酸酯、聚苯乙烯、苯并环丁烯、聚喹啉类体系、聚醚醚酮、聚乙烯醇、聚乙烯苯、聚硅氧烷、聚芳醚砜、聚酰亚胺和聚氨酯等。尽管这些材料的光学损耗通常相对较大，但通过氟化改性可以有效降低光学损耗。在用于有机聚合物光波导的材料中，氟化聚合物光波导材料具有重要地位。这是因为氟化聚合物不仅能满足减小光损耗的要求，同时还具备作为波导材料的其他必要优点。

（2）有机聚合物电光波导材料　有机聚合物电光波导材料，又称为二阶非线性光学聚合物材料，是一类专用于制备电光波导器件的光波导材料。相较于非电光波导材料，这类材料在化学组成上含有生色分子（生色团）。根据生色分子与聚合物主体骨架的结合方式不同，电光聚合物主要分为两种类型：主-客体掺杂型（Host-guest）和键合型。主-客体掺杂型指生色分子与聚合物简单混合，而键合型则是生色分子通过化学键与聚合物主体骨架紧密结合。有机聚合物电光波导材料巧妙地将具有高非线性光学性质的有机生色团与光学品质良好的聚合物基体相结合，从而既获得了出色的非线性光学性能，又具备卓越的光学品质。这使得它们有望实现真正的光电混合集成，为高速、低功耗、体积小的调制器提供理想的解决方案。

7.5　非线性光学材料

非线性光学材料是在外部电场、光场、应变场等的影响下，其原有频率和相位发生改变，从而导致光吸收、光散射和折射率等光学性质发生变化的材料。非线性光学现象是指当激光束作为光源时，激光与介质相互作用，引起谐波生成，并导致光能倍频、差频、参量等变化。利用非线性光学材料的倍频和三倍频能力，可优化通信光纤、有线电视等信号转换器的质量，并应用于放大器、倍频器等实际应用中。此外，通过非线性光学材料的混频现象，可以有效强化弱光信号，利用材料的非线性响应功能实现光记录和光计算等应用，进一步拓展非线性光学材料在激光、医疗、通信等行业的应用。

根据组成，非线性光学材料可分为无机非线性材料、有机非线性材料、无机/有机杂化材料以及金属有机非线性光学材料。本节将对各类非线性光学材料的性质和应用作简要介绍。

7.5.1　无机晶体

无机非线性光学晶体按透光范围划分，可分为三类：红外波段晶体、可见到红外波段晶体、紫外波段晶体。部分重要非线性光学晶体的非线性系数展示在表 7-4 中。

表 7-4　重要非线性光学晶体的非线性系数　　　　　　　　（单位：$pm \cdot V^{-1}$）

立方 $\bar{4}3m$（闪锌矿结构）			四方 4mm（铁电氧化物）		
	波长/μm	d_{14}		波长/μm	d_{31}
GaP	10.6	51	$BaTiO_3$	1.06	20
GaAs	10.6	119	$PbTiO_3$	1.06	52
GaSb	10.6	345	$SrBaNb_4O_{12}$	1.06	5.9
ZnS	10.6	27	四方 $\bar{4}2m$		
ZnSe	10.6	71		波长/μm	d_{36}
ZnTe	10.6	80	KH_2PO_4	1.06	0.56
CuCl	1.06	8.6	$NH_4H_2PO_4$	1.06	0.68
CuBr	1.06	9.2	$AgGaSe_2$	10.6	60
CuI	1.06	5.6			
六方 6mm（纤锌矿结构）					
	波长/μm	d_{31}	d_{33}	d_{15}	
CdS	10.6	23	39	26	
CdSe	10.6	26	49	28	
ZnO	1.06	2.4	8.0	2.7	

1. 红外波段晶体

目前，红外波段的变频晶体主要适用于可见光、近红外和紫外波段，而在 5μm 以上的红外波段，能实际应用的频率转换晶体相对较少。过去研究的红外波段晶体主要是黄铜矿结构型，例如 $AgGaS_2$、$AgGaSe_2$、$CdGeAs_2$、$AgGa(Se_{1-x}S_x)_2$、Ag_3AsSe_3 和 Tl_3AsSe_3 等。尽管这些晶体有较大的非线性光学系数，但其能量转换效率受晶体光学质量、尺寸和损伤阈值的限制，因此应用范围较窄。

在已有的红外非线性光学晶体中，Tl_3AsSe_3 和 $CdGeAs_2$ 晶体有较高的非线性光学品质因子（χ^2/n^2，χ 为非线性光学系数，n 为晶体的折射率）较大。因此，对这些晶体的深入研究尤为重要。尽管非线性光学材料在光谱的许多波段都已取得显著进展，但在红外波段，非线性光学晶体仍然是一个相对薄弱的领域。

2. 可见到红外波段晶体

在这个波段内，频率转化晶体的研究相当活跃，目前已有许多备选材料，包括磷酸盐晶体、碘酸盐晶体、铌酸盐晶体等非线性光学晶体。

（1）磷酸盐晶体　常见的磷酸盐类非线性光学晶体主要包括 KDP 晶体和磷酸钛氧钾（$KTiOPO_4$，KTP）晶体。

KDP 型晶体包括磷酸二氢铵（$NH_4H_2PO_4$，ADP）、磷酸二氢钾、磷酸二氢铷（RbH_2PO_4，RDP）；砷酸二氢铵（$NH_4H_2AsO_4$，ADA）、砷酸二氢钾（$KHZAsO_4$，KDA）；以及氘化的 KDP 型晶体，如磷酸二氘钾（$K(D_{1-x}H_x)_2PO_4$，DKDP）等晶体。这些 KDP 型晶体通常通过水溶液法或重水溶液法生长，具有出色的压电、电光和频率转换性能，非线性光学系数 $d_{36}=0.39\mathrm{pm\cdot V^{-1}}$。尽管出现了许多新型的频率转换晶体，但 KDP 型晶体仍是综合性能优异的选择。通过水溶液法可轻松生长出高光学质量和特大尺寸的 KDP 晶体，其透光波段从紫外到近红外，并且具有中等激光损伤阈值、100mW 以上的倍频阈值功率、容易实现相位匹配等优点。因其倍频系数大、透光波段宽、损伤阈值高、转换效率高、化学稳定性好等优点，KDP 型晶体被誉为频率转换的"全能冠军"材料。

（2）碘酸盐晶体　碘酸盐晶体包括 α 碘酸锂（α-$LiIO_3$）、碘酸（HIO_3）、碘酸钾（KIO_3）等，这些晶体通常采用水溶液法生长。应用最广的是 α 碘酸锂晶体。α 碘酸锂晶体具有宽广的透光波段、高能量转换效率，以及易于从水溶液中生长出优质大尺寸晶体的优点。美国贝尔实验室于 1968 年首次发现这种非线性光学晶体。自 20 世纪 70 年代后期，中国科学院物理研究所对 α 碘酸锂晶体的生长、相变、性能和生长机制等方面进行了系统研究，取得了丰硕的成果。同时，该所还实现了该晶体的批量生产，所生长出的晶体在尺寸、重量和质量方面均达到了当时的世界最高水平，最大尺寸达 95mm，重量超过 2kg。

（3）铌酸盐晶体　铌酸盐晶体包括铌酸锂、铌酸钾、铌酸锶钡（$Sr_{1-x}Ba_xNb_2O_6$）、铌酸钡钠（$Ba_2NaNb_5O_{15}$）、钽酸锂等晶体，这些晶体通常采用熔体提拉法生长。其中，铌酸锂晶体的研究最为深入，应用也最为广泛。

在过去的 40 多年里，人们对铌酸锂晶体进行了广泛而深入的研究，主要涵盖以下几个方面：①晶体生长、晶体结构及缺陷、掺杂离子在晶体中的占位研究；②掺杂对铌酸锂晶体性能的影响；③铌酸锂作为基片的光波导器件；④铌酸锂晶体的光折变性能及相关器件；⑤掺杂稀土元素的铌酸锂晶体的发光及相关器件；⑥铌酸锂晶体中聚边多畴的研究；⑦不同 Li/Nb 比对铌酸锂晶体性能的影响；⑧化学计量比铌酸锂晶体的生长及性能。这些研究使得人们对铌酸锂晶体有了更全面的了解，推动该晶体在实际应用中的广泛使用，如光纤通信中的光隔离器、环形器、光调制器，以及激光器、放大器、光开关和光学全息存储器件等。

铌酸锂晶体具有氧八面体结构，表现出电光效应、声光效应、压电效应、非线性光学效应和光折变效应等特性。作为一种功能多、用途广的人工晶体，铌酸锂晶体能通过掺入几乎所有金属元素来改变其性能，从而扩大其应用范围。为了增强铌酸锂晶体在倍频、Q 开关、电光调制和光波导等领域的应用，常见做法是引入抗光折变的杂质，如氧化镁、氧化锌、氧化铟或氧化钪等。当掺入 Mg^{2+}、Zn^{2+}、In^{3+} 和 Sc^{3+} 等离子达到一定浓度时，这些杂质能显著提升晶体的抗光折变能力，比纯铌酸锂晶体提高两个数量级。此外，研究人员也常向铌酸锂晶体中引入光折变敏感的杂质，如 Fe^{2+}、Cu^{2+}、Mn^{2+} 和 Ce^{3+} 等离子，以进一步扩展其在全息存储、位相共轭和全息关联存储等领域的应用潜力。这些掺杂改善了晶体的光学性能，使其更适合复杂的光学应用和高性能光学器件的制备。

现今，通过改进的提拉法成功生长了接近化学计量比的铌酸锂晶体。这些晶体的 Li_2O 含量已经接近 50mol%，晶格完整，消除了晶体本征缺陷对性能的不良影响，从而显著改善了其性能。具体而言，矫顽力减小，电光系数、倍频系数以及光折变灵敏度等性能均得到了显著提高。这一进展有望为铌酸锂晶体在新的应用领域开辟更广阔的前景。

铌酸钾晶体以其卓越的非线性光学性能、电光性能和光折变性能而闻名。早在激光倍频和光折变领域，铌酸钾晶体就受到了广泛关注。近年来的研究发现，铌酸钾晶体不仅具有卓越的非线性光学特性，还表现出优异的压电特性，其声光 Q 值比铌酸锂晶体和石英（α-SiO_2）高出一个数量级。尽管铌酸钾晶体的激光损伤阈值并不高（$350MW \cdot cm^{-2}$），但其倍频系数非常显著。当波长 λ 为 825nm 时，$d_{33} = 33.3pm \cdot V^{-1}$，$d_{32} = 20.5pm \cdot V^{-1}$，$d_{31} = 16.1pm \cdot V^{-1}$。因此，铌酸钾晶体在半导体激光器发射的毫瓦级激光倍频领域表现出色。与著名的非线性光学晶体，如 KTP、偏硼酸钡（β-BaB_2O_4，BBO）等相比，铌酸钾晶体对毫瓦级激光的转换效率高 3~4 个数量级，凸显其作为变频材料独特的优势，这是其他无机晶体无法比拟的。

3. 紫外波段晶体

紫外波段变频晶体最早的研究对象是五硼酸钾（$KB_5O_8 \cdot H_2O$）。尽管该晶体的透光波段可达真空紫外区，但其倍频系数非常小，仅为 ADP 晶体的 1/10，因此，在应用上受到了很大的限制。直到 20 世纪 80 年代，中国科学院福建物质结构研究所对硼酸盐系列晶体展开了系统的研究，包括结构、相图以及晶体生长等方面。他们成功地发现了性能优良的紫外频率转换材料，如偏硼酸钡（β-BaB_2O_4）和三硼酸锂（LiB_3O_5），这些成果在国际学术界引起巨大的反响。

（1）偏硼酸钡晶体　偏硼酸钡以其卓越的非线性光学性能而闻名。其主要优势包括极大的非线性光学系数（$d_{11} = 5.8 \times d_{36}$（KDP），$d_{22}$ 为 $2.6pm \cdot V^{-1}$）、高激光损伤阈值（$5GW \cdot cm^{-2}$，10ns，$\lambda = 1069nm$）、较宽的透光范围（190~3500nm）、宽广的相位匹配区间（406~3500nm）以及高度均匀的光学性质。BBO 晶体能有效实现对 Na:YAG 和 Nd:YLF 激光的二、三、四和五次谐波产生，是 213nm 光五倍频的最佳选择。二倍频的转换效率大于 70%，三倍频的转换效率大于 60%，四倍频的转换效率大于 50%，213nm 光五倍频的输出功率可达 200mW。因此，在紫外非线性光学领域被广泛应用，并成为首选材料之一。

（2）三硼酸锂晶体　三硼酸锂（LiB_3O_5）晶体，简称 LBO 晶体。LBO 晶体有宽广的透光范围、高的光学均匀性和高激光损伤阈值（$18.9GW \cdot cm^{-2}$），以及宽的接收角和小离散角。在宽波段范围内，LBO 晶体能够实现 I 型和 II 型非临界相位匹配，可应用于 Nd:YAG、Nd:YLF 激光的二倍频和三倍频过程。此外，LBO 晶体是一种出色的宽带可调谐光参量振荡和光参量放大材料。近年来，结合激光半导体二极管泵浦 Nd：YAG、Nd：YVO₄、Nd：YLF 晶体，以及腔内倍频技术和 LBO 倍频晶体，实现了瓦级红、绿、蓝（RGB）三基色的相干光输出。这些进展使得 LBO 晶体成为目前最为重要的非线性光学晶体材料之一。

（3）三硼酸铯和三硼酸铯锂晶体　三硼酸铯（CsB₃O₅）晶体，简称 CBO 晶体，是一种在 20 世纪 90 年代初发现的新型紫外非线性光学晶体。其非线性光学系数仅有一个非零值，即 $d_{14}=2.7×d_{36}$（KDP），透光范围涵盖 167～3000nm，可实现Ⅰ型和Ⅱ型 1064nm 的倍频和三倍频，但相比 LBO 晶体，CBO 晶体更容易潮解。

三硼酸铯锂（CsLiB₆O₁₀）晶体，简称 CLBO 晶体，是在研究 LBO 和 CBO 两种晶体的基础上发现的新型硼酸盐紫外非线性光学晶体。CLBO 晶体的截止波长为 180nm，比 BBO 晶体的 190nm 更短，可实现对 Nd：YAG 激光的四倍频和五倍频。CLBO 晶体采用熔体提拉法生长，可获得大尺寸透明单晶，展现出良好的发展前景。然而，CLBO 晶体存在严重的潮解问题，如何有效解决潮解性是影响其广泛应用的关键因素。

（4）氟代硼铍酸钾晶体　氟代硼铍酸钾（KBe₂BO₃F₂）晶体，简称 KBBF 晶体。是继 BBO、LBO 之后的又一类国产非线性光学晶体。KBBF 晶体是唯一一种能够直接通过倍频产生深紫外激光和真空紫外激光的非线性光学晶体，能将激光转化为史无前例的 176nm 波长（深紫外），因而可制造出深紫外固体激光器。该晶体属于 32 点群，为负单轴晶体，双折射适中（例如在 1064nm 处的折射率差为 0.08），其透光范围广泛，从 147nm 延伸至 3660nm，最短的二倍频波长为 161nm。然而，KBBF 晶体含有剧毒的铍元素，并且其晶体层状生长性明显，很大程度上限制了其高功率输出性能。

（5）四氟硼酸胍晶体　2023 年，潘世烈等在四氟硼酸胍（C(NH₂)₃BF₄，GFB）晶体中实现了 193.2～266nm 紫外/深紫外激光输出，验证了该晶体在紫外全波段双折射相位匹配能力。这使得 GFB 晶体成为首例实现全波段双折射相位匹配的紫外/深紫外倍频晶体材料。在应用方面，GFB 晶体能够高效地将 1064nm 激光器的二倍频、三倍频、四倍频和五倍频转换为紫外光，并实现大能量输出，预计能满足半导体晶圆检测等领域的重要需求。此外，GFB 晶体生长容易、成本低、效率高，并且具有抗激光损伤阈值高等优势。

7.5.2　有机晶体

迄今为止，实际应用中的非线性光学材料主要集中在无机晶体，如磷酸二氢钾、偏硼酸钡等。随着对非线性光学与材料的深入研究，以及分子非线性光学学科的兴起，有机非线性光学材料的研究也日益受到关注。相对于无机材料，有机材料具有较大的非线性光学系数、高损伤阈值、低介电常数和快速光学响应等特点。已经研究过的有机非线性光学晶体包括有机盐类、酰胺类、苯衍生物类、烯炔类、吡啶类和酮类等。在这些材料中，有机离子盐晶体尤其引人注目，下面将对其进行简要介绍。

相较于有机中性分子晶体，有机离子型晶体材料具有更高的熔点和更好的光热稳定性。近年来，涌现出的非线性有机离子型晶体主要包括氨基酸类和类苯乙烯盐类。在氨基酸类晶体中，主要包括 L-吡咯啉酮-2-羧酸（L-PCA）、L-组氨酸四氟硼酸盐（HFB），以及丝氨酸晶体。这些晶体的非线性光学特性接近于无机非线性晶体。图 7-10 展示了常见氨基酸晶体的分子结构。

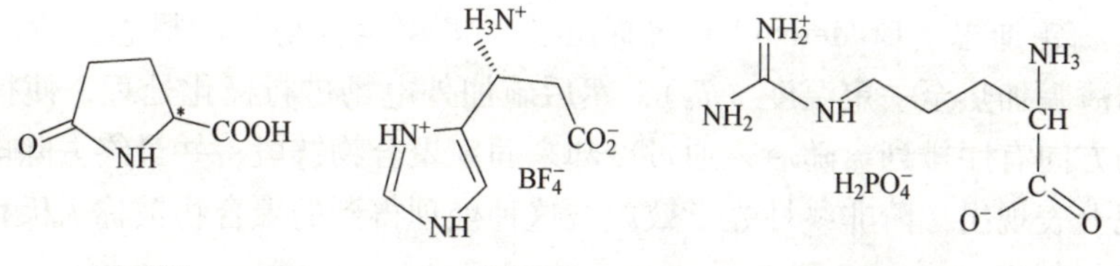

图 7-10 常见氨基酸晶体的分子结构

目前，有机离子型晶体最具代表性的是 4-[2-(4-二甲氨基苯基)乙烯基]-N-甲基吡啶鎓甲苯磺酸盐（DAST）及衍生物（图 7-11）。这类晶体由日本东北大学的中西八郎（H. Nakanishi）发现，并由马德尔（S. Marder）等首次报道，是首例具备优异非线性光学特性的有机离子型晶体。DAST 的熔点高达 259℃，表现出良好的热稳定性和显著的非线性光学特性（在 1907nm 处，$d_{11} = 210$pm·V^{-1}），同时具有较小的介电常数（$\varepsilon = 6.4$）。其品质因数超过 300pm·V^{-1}，远高于传统无机晶体。这类晶体因其巨大的非线性效应而备受关注，研究者们对 DAST 及其类似物的分子非线性光学特性进行了深入评估，实验结果显示，4-[2-(4-二甲氨基苯基)乙烯基]-N-甲基吡啶鎓阳离子具有目前已知的最大二阶非线性光学活性。

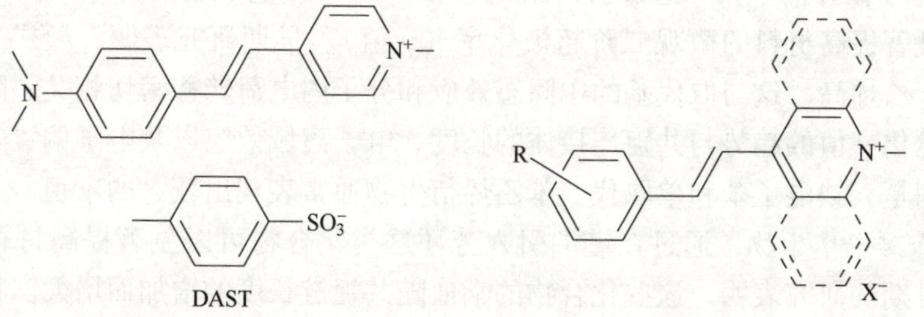

图 7-11 DAST 及其衍生物的结构

近年来，冈特（P. Günter）等学者研究了改变 DAST 的甲基苯磺酸阴离子对二次谐波性能的影响，并考察了不同阴离子结构的作用。研究结果表明，当甲基苯磺酸阴离子被 β-萘磺酸阴离子替代时，所得晶体的粉末 SHG 活性是 DAST 的 1.5 倍。此外，马德尔和科（B. Coe）等研究人员也对 DAST 衍生物晶体进行了深入探索，讨论给电子基团和吸电子基团等在晶体结构中的调控效应。古洛伊（A. Guloy）等则通过调控 DAST 阳离子的排列方式，利用无机配位离子成功增强了晶体粉末的二次谐波产生强度，达到磷酸钽钾晶体的 15 倍。南京大学游效增团队利用杂多酸阴离子成功调控了 DAST 阳离子在晶体结构中的排列，进而获得具有较大二阶非线性效应的晶体，其粉末的 SHG 强度是无机 KDP 晶体的 1.2 倍。

7.5.3 其他

除了上述提到的非线性光学晶体材料，还有一些受到广泛研究的聚合物非线性光学材料，主要包括有机高分子非线性光学材料、三阶非线性光学有机材料和双光子吸收分子与材料等。

1. 有机高分子非线性光学材料

1982 年，梅雷迪思（G. Meredith）等提出了"极化聚合物"的概念。所谓极化聚合物是指将聚合物薄膜加热至一定温度（T_g），然后施加外电场进行极化处理，使得其中的生色团分子按电场方向有序排列。随后，通过冷却来固定聚合物链段，并最终去除电场，从而使聚合物在宏观上表现出二阶非线性光学效应。这种处理得到的聚合物被称为极化聚合物，其薄膜则称为极化薄膜。

极化聚合物相比于晶体有许多优点。例如，色团的取向可通过外加电场来精确控制，避免了晶体生长过程中可能遇到的困难。由于聚合物种类繁多且易于化学修饰，可以方便地调节其折射率，从而更容易实现相位匹配条件。此外，聚合物具有优异的可加工性和良好的力学性能。因此，除晶体外，目前几乎所有的有机二阶非线性光学材料都以极化聚合物为主。当前研究最为深入的有机高分子非线性光学材料主要是线型高分子材料，包括主客体型、侧链型、主链型和交联型等。

2. 三阶非线性光学有机材料

有机三阶非线性光学材料主要分为有机小分子材料和有机高分子材料两类。有机小分子材料通常具有 π 共轭体系，在紫外可见区域表现出吸收特性。相比之下，拥有长 π 共轭链的有机高分子材料，便于加工成型，并具备更高的实际应用潜力。基于有机化合物的分子结构特点，以下是几类常见的有机三阶非线性光学材料的介绍：

（1）苯环及稠环衍生物　通过引入给电子和（或）吸电子基团对苯环及稠环衍生物进行修饰，可显著提高材料的微观二阶超极化率（γ 值）。早期研究表明，顺式二苯乙烯的 γ 值比反式二苯乙烯高，这与取代基的中间态效应和分子内电荷转移密切相关。随后的研究进一步表明，优化 γ 值的趋势与共轭连接体的长度、电子离域效应以及电子偏置效应等因素密切相关。特别是，缺电子苯和单取代二苯乙烯衍生物通常表现出较大的 γ 值。

（2）共轭多烯衍生物　通过在链端引入芳环这类化合物可以显著提高材料的三次谐波产生效应。早期的研究表明，这些化合物的 γ 值随共轭链长度的增加而增大。特别是在长的推拉结构类胡萝卜素中，观察到了特别大的 γ 值（$\gamma = 5.66 \times 10^{-32}$ esu）。

（3）偶氮化合物　偶氮化合物由于其较长的 π 电子共轭体系和良好的电子离域性，在两端引入吸电子和给电子基团后，分子在电场作用下产生分子内电荷转移，提高电荷迁移性，降低电子激发态能量，展现出较高的三阶非线性光学特性。通常，γ 值在 10^{-31} esu 量级。

（4）卟啉和酞菁等金属有机化合物　这类金属有机化合物由金属原子（离子）和有机分子配位体通过化学键连接而成，融合无机化合物和有机化合物的特点。其特殊之处在于具有二维平面的大环共轭体系，使得这些配合物展现较大的三阶非线性系数和较快的非线性响应速度。这种大环结构不仅利于引入多种金属原子和不同的官能团取代基，还能够通过分子修饰调整配合物的化学性质和物理性质。

3. 双光子吸收分子与材料

双光子吸收是指在强激光作用下光与物质相互作用引起的三阶非线性光学现象，其中物质同时吸收相同或不同频率的两个光子，从低能态跃迁至高能态。这种效应具有独特的三维处理能力和极高的空间分辨能力，在双光子荧光显微和成像、三维光信息存储、光学微加工、光学限幅材料等方面展现出极好的应用价值。相比于无机双光子吸收材料，有机双光子吸收材料具有几个显著的优势，包括大的非线性光学系数、可"裁剪性"和可设计性、高光学损伤阈值以及快速的非线性光学响应速度。因此，设计和合成具有大的双光子吸收截面的有机材料成为该领域的主要研究目标。

　　有机双光子吸收化合物通常由电子给体（D）和受体（A）通过 π 体系连接形成大的共轭体系。它们在基态时表现出极化特征；在光激发下，分子偶极矩增强了这种极化效应。通过引入强 D/A 功能基团、增加 π 共轭链长度、调控电子分布的共面性和分子偶极的空间排布等策略，可显著增强双光子吸收效率。目前报道的有机双光子吸收材料种类繁多，其结构和性能各异。常见的有机双光子材料主要包括：①有机小分子体系，具有偶极、四偶极和八偶极等分子结构特征；②共轭高聚物和枝状聚合物；③纳米量子点；④类卟啉衍生物；⑤有机框架化合物等。目前，基于这些材料的双光子吸收效应已广泛应用于双光子光刻技术，能实现三维微加工，制备复杂的二维和三维结构，极大地推动了微纳加工领域的发展。可见，双光子吸收分子与材料在未来具有巨大的潜力。

习题与思考题

1. 玻璃电介质引入添加剂的原则和作用是什么？
2. 作为无机电介质材料，玻璃和陶瓷各有什么特点？
3. 常用的光纤材料有哪些？其纤芯和包层材料分别采用何种材料？
4. 什么是光子晶体光纤？它与普通光纤有何不同？
5. 激光玻璃需要满足的条件有哪些？
6. 激光陶瓷相较于激光玻璃和单晶的优点是什么？
7. 什么是电光效应？电光晶体有什么特性？常见的电光晶体有哪些？
8. 声光材料需具备什么特性？
9. 通过资料查询，请问常用的磁光晶体主要有哪些？各自的优缺点是什么？
10. 非线性光学材料可分为哪些类型？分别有什么样的性能和特点？
11. 针对非线性光学材料的应用，请理性推测非线性材料通常需要考虑哪些性能因素？

第 8 章

电磁超构材料

近年来，微纳制备技术的发展使得制造具有特殊结构和超常物理特性的人工材料成为可能。这种新型材料被称为超构材料（Metamaterials）。尽管超构材料这一科学概念早在20世纪60年代就已提出，但其真正的发展和应用是在21世纪初才实现的。目前，各种科学文献对其定义不尽相同，一般认为超构材料是一类通过精心设计特定尺寸的金属或介质几何结构，并将这些结构作为基本功能单元，与传统材料相结合，从而实现自然界中无法获得的特殊物理性质的材料。

具有特殊光学响应的电磁超材料在过去十几年引起了广泛关注，包括左手材料、双曲超材料、光子晶体、零折射率材料以及二维超表面等。通过微纳米级的精细加工，能够精确控制超构材料的电磁性质，表现出自然界中不存在的奇异特性，如负折射率。超材料在长波条件下（波长远大于单元结构尺寸）应用等效介质理论描述其物理性质和材料参数，产生了许多新奇的光学现象，如负折射、电磁隐身和变换光学。这些发现不仅突破了传统材料的性质和功能限制，还在谐振器、滤波器、激光器、探测器和光学隐身等领域得到广泛应用，为光学、电磁学以及通信技术带来了革命性的变化。

与前面章节描述的光在大于波长的体块介质材料中传播不同，本章讨论光与纳米尺度结构及其组装结构的相互作用，属于纳米光子学范畴。本章首先介绍由于不同符号的介电常数和磁导率引起的单负和双负介质，分析电磁波在几类材料中的传输特性；接着介绍由受激发的金属基本单元受激产生的元激发——表面等离激元和局域表面等离激元，并拓展到负折射率材料和超构表面等超构材料。

8.1　超构材料的光学特性

8.1.1　单负和双负介质

麦克斯韦方程组描述了电磁波的传播特性，而电磁本构关系体现了材料对电磁波的响应，它由介电常数 ε 和磁导率 μ 决定。如第5章所描述，ε 和 μ 是频率依赖的复数，在特定频率下，ε 和 μ 的实部和虚部决定了电磁波的传播常数 β、速度 v、衰减系数 γ 和波阻抗 η 等重要光学参数。

为了简化讨论，考虑各向同性的均匀介质，电磁波为具有复振幅（E_0，H_0）的时谐单色平面波。麦克斯韦方程组可改写成以下形式：

$$k \times E_0 = \omega \mu H_0 \tag{8-1}$$

$$k \times H_0 = -\omega \varepsilon E_0 \tag{8-2}$$

式中，k 是波矢，对应的波数大小 $k = \omega\sqrt{\varepsilon\mu}$；波阻抗为 E_0 与 H_0 之比，即 $\eta = E_0/H_0 = \sqrt{\mu/\varepsilon}$；$k$、$E_0$ 和 H_0 三个矢量两两垂直，k 垂直于 E_0 和 H_0 组成的正交平面。k 的方向和数值由材料常数 ε 和 μ 决定。在存在损耗的介质中，可以将波矢写成 $k = \beta + j\gamma = \omega\sqrt{\varepsilon\mu}$ 的形式，其中波矢的实部 $\beta = \omega/c$ 为传播常数，决定了波速 $c = c_0/n$ 和折射率 n；虚部 γ 为衰减系数，表示场在传播过程中的损耗。

从上述分析可以看出，介电常数 ε 和磁导率 μ 是描述电磁场在介质中传播特性的重要物理量。因此，可以根据 ε 和 μ 的符号对材料进行分类。在不考虑损耗和增益的情况下，即在远离介电和磁共振处，ε 和 μ 是可正可负的实数。那么，介电常数 ε 和磁导率 μ 的组合可分布在四个象限中（图 8-1）。

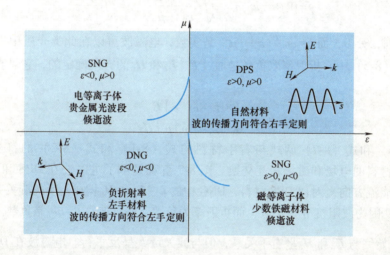

图 8-1　实数 ε 和 μ 的符号定义的双正（DPS）材料、单负（SNG）材料和双负（DNG）材料

1. 双正材料

第一象限代表常规的双正（Double-positive，DPS）材料，也称作右手材料，一般是具有正折射率的透明材料。自然界中，绝大部分材料均属于这一类。由于 ε 和 μ 都大于零，因此其光学参数

$$\gamma = 0, \beta = nk_0, n = \sqrt{\frac{\varepsilon}{\varepsilon_0}\frac{\mu}{\mu_0}}, \eta = \sqrt{\frac{\mu}{\varepsilon}} \tag{8-3}$$

DPS 材料中的波矢 k 和波阻抗 η 都是实数，支持电磁波传播，如图 8-2a 所示，k、E_0 和 H_0 构成右手系统，满足右手螺旋关系，坡印廷矢量 S 与波矢量 k 方向相同。

2. 单负材料

第二象限和第四象限对应于单负（Single-negative，SNG）材料，一般是不透明的。例如，金或银之类的电单负材料，在可见光和红外波段具有负数的介电常数 ε；如铁氧体之类的磁单负材料可以在微波频率下具有负数的磁导率 μ。由于 ε 或 μ 其中之一为负数，其光学参数

$$\gamma = \omega \sqrt{|\varepsilon||\mu|}, \beta = 0, n = j\sqrt{\frac{|\varepsilon|}{\varepsilon_0}\frac{|\mu|}{\mu_0}}, \eta = j\sqrt{\frac{|\mu|}{|\varepsilon|}} \qquad (8-4)$$

传播常数 $\beta = 0$ 表明电磁波不能在 SNG 材料中传播。折射率 n 和波矢 k 都为虚数，电磁波是在介质中以 $\exp(-\gamma z)$ 指数迅速衰减的倏逝波，趋肤深度 $d_p = 1/2\gamma = \lambda_0/4\pi\sqrt{|\varepsilon/\varepsilon_0||\mu/\mu_0|}$。由于阻抗 η 为纯虚数，表明电场和磁场之间存在 $\pi/2$ 的相移，因此，坡印廷矢量 $\boldsymbol{S} = \frac{1}{2}\boldsymbol{E}_0 \times \boldsymbol{H}_0^*$ 也是纯虚数，因此光强 $I = \mathrm{Re}(\boldsymbol{S}) = 0$，没有能量能够通过这种介质。

3. 双负材料

第三象限指自然界中不存在的双负（Double-negative，DNG）材料，又称为负折射率材料。因为 ε 和 μ 都小于零，因此有

$$\gamma = 0, \beta = nk_0, n = -\sqrt{\frac{|\varepsilon|}{\varepsilon_0}\frac{|\mu|}{\mu_0}}, \eta = \sqrt{\frac{|\mu|}{|\varepsilon|}} \qquad (8-5)$$

可以看到，$\gamma = 0$，而 $k = \omega\sqrt{|\varepsilon||\mu|}$ 是实数，电磁波可以在此类介质中没有任何衰减地传输。式（8-5）中，折射率取负号是通过 $\boldsymbol{k}$、$\boldsymbol{E}_0$ 和 $\boldsymbol{H}_0$ 的方向确定的，它可直接由麦克斯韦方程得到：

$$\boldsymbol{k} \times \boldsymbol{H}_0 = \omega|\varepsilon|\boldsymbol{E}_0 \qquad (8-6)$$

$$\boldsymbol{k} \times \boldsymbol{E}_0 = -\omega|\mu|\boldsymbol{H}_0 \qquad (8-7)$$

式（8-6）和式（8-7）两式与右手材料的式（8-1）和式（8-2）的符号恰好相反，相当于两种材料的电场和磁场相互交换。图 8-2 直观显示了电磁波在 DPS 和 DNG 材料中的传播以及能流方向，对比 DPS 材料，DNG 中的 $\boldsymbol{k}$、$\boldsymbol{E}_0$ 和 $\boldsymbol{H}_0$ 构成左手螺旋关系，因此又称为左手材料。因为波阻抗 η 是正数，而折射率为负数，所以波数 $k = nk_0$ 是负数。坡印廷矢量 $\boldsymbol{S} = \frac{1}{2}\boldsymbol{E}_0 \times \boldsymbol{H}_0^*$ 始终与 $\boldsymbol{E}_0$ 和 $\boldsymbol{H}_0$ 呈右手关系，但与波矢量 $\boldsymbol{k}$ 呈反平行。电磁波在 DNG 材料中表现为反向传播，即此时波的能量正向传播，而波的相位负向传播。电磁波的群速度与相速度相反的关系造成了光在左手材料传输时呈现出许多奇异的物理效应，如逆多普勒（Doppler）效应、逆切伦科夫（Cherenkov）效应、逆古斯-亨琴（Goos-Hanchen）位移效应等。

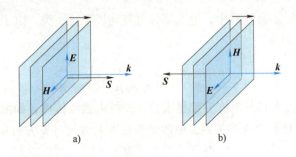

图 8-2　平面波在介质中传播

a）在常规双正介质中　b）在双负介质中

事实上，在特定的频率下实现材料的 ε 和 μ 同为负实数的条件相当苛刻。这是因为如果 ε 和 μ 在某个频率范围内实部为负数，根据克拉默斯-克勒尼希关系，它们的虚部必不能为

零，这使得负折射率的实现需依赖材料的吸收。在吸收介质中，介电常数和磁导率均为复数，可写成 $\varepsilon=\varepsilon'+\mathrm{j}\varepsilon''$、$\mu=\mu'+\mathrm{j}\mu''$ 的形式，其中，虚部 ε'' 和 μ'' 都是正数（代表损耗）。下面我们说明当实部 ε' 和 μ' 都是负数，而虚部不为零时可以实现左手材料。

考虑一束传播和衰减都沿 z 方向的平面电磁波，根据复波矢与材料常数的关系 $k^2=(\beta+\mathrm{j}\gamma)^2=\omega^2(\varepsilon'+\mathrm{j}\varepsilon'')(\mu'+\mathrm{j}\mu'')$，可以得到 $2\gamma\beta=\omega^2(\mu''\varepsilon'+\varepsilon''\mu')$。由于 ε' 和 μ' 都是负数，那么传播常数 β 也为负数，随之有效折射率也为负数，使得波前沿 $-z$ 方向运动，与衰减的方向相反。又因为无源介质中阻抗 η 的实部一般为正数，$E_0=\eta H_0$，使得能流必须流向 z 方向。另外，我们也可通过 $\arg(\eta)=\dfrac{1}{2}(\arg(\mu)-\arg(\varepsilon))$ 解释 $\mathrm{Re}(\eta)>0$：若 ε'' 和 μ'' 为正，则 $\pi/2<\arg(\varepsilon)<\pi$，$\pi/2<\arg(\mu)<\pi$，即 $-\dfrac{1}{2}\pi<\arg(\eta)<\dfrac{1}{2}\pi$，$\mathrm{Re}(\eta)>0$。综上所述，波矢 k 方向与能流 S 方向相反，即介质中电磁波的 k、E_0 和 H_0 呈左手关系。

虽然 ε 和 μ 为负实数是实现左手性的充分条件，但并非必要。在吸收介质中，ε' 或 μ' 其中之一为负数也可实现左手材料，这表明左手材料的类别不仅限于 DNG 介质。可以证明，左手材料的充分必要条件是：

$$\frac{\varepsilon'}{\varepsilon}+\frac{\mu'}{\mu}<0 \tag{8-8}$$

显然，当 ε 和 μ 都是实数但仅其中之一为负数时，不满足式（8-8）。同样，对于 ε 和 μ 中一个参数是实的正数，无论另一个实部或虚部如何，也不是左手材料，这使得非磁性材料不可能是左手材料。

8.1.2 超构材料中的电磁波传播

左手材料的出现迅速成为国际研究的热点，并成功预言了一系列奇特的电磁效应，为当今超构材料和超构表面的研究提供了基础理论支撑。在对不同材料进行分类后，需简要分析这些非常规材料对电磁波传输的影响，特别关注 DPS-SNG 边界上支持的表面波，以及在 DPS-DNG 边界处的负折射现象。通过深入研究这些现象，可以更好地理解非常规材料在电磁波传输中的独特行为及潜在应用。特别是在 DPS-SNG 边界上，表面波的存在揭示了特殊的电磁特性，这些特性在传感器、滤波器和其他微纳器件中具有重要应用。而在 DPS-DNG 边界处，负折射行为展现了独特的光学现象，如逆斯涅尔定律和电磁隐身。这些现象不仅扩展了我们对电磁波传播规律的理解，也推动新型光学和电子器件的发展。

1. DPS-SNG 界面

对于常见的两个双正介质 DPS 的边界，如图 8-3a 所示，只有当入射角大于临界角 θ_c 时会发生全反射。而在 DPS-SNG 界面上，情况则有所不同，因为 DPS 介质的阻抗是实数，而 SNG 介质的阻抗是虚数。当光从普通 DPS 介质传输至 SNG 边界时，会被完全反射，反射系数为 1。这种全反射并不依赖于入射角，在任意入射角下都能发生全反射，如图 8-3b 所示，表现出完美反射镜的特性。

当入射光在 DPS-SNG 边界达到掠入射（入射角接近 90°）时，将产生一个沿边界传播而向两边消失的表面波，如图 8-4a 所示。为简化说明，考虑入射和出射介质均无源、无损耗，且其磁导率 μ 都是正值而介电常数 ε_1 和 ε_2 为一正一负。考虑横磁（TM）波入射，边界

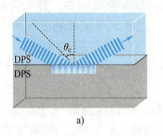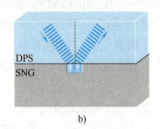

a)   b)

图 8-3 界面处的全反射

a）在两个 DPS 边界处，当入射角大于临界角 θ_c 时发生全反射

b）在 DPS-SNG 边界，所有入射角都能发生全反射

上下两介质的场分量 H_x、E_y 和 E_z 分别依据以下形式来进行传播，即

$$\exp(-\gamma_1 y)\exp(j\beta z), y>0 \quad 介质 1 \tag{8-9}$$

$$\exp(+\gamma_2 y)\exp(j\beta z), y<0 \quad 介质 2 \tag{8-10}$$

式中，β 是传播常数；γ_1 和 γ_2 分别是两介质的衰减系数。由动量守恒，得

$$-\gamma_1^2+\beta^2=\omega^2\mu\varepsilon_1, \quad -\gamma_2^2+\beta^2=\omega^2\mu\varepsilon_2 \tag{8-11}$$

两介质中的电磁场各场分量振幅由麦克斯韦方程联系，并由连续性边界条件所确定。由于 H_x 是连续的，它在两介质中的振幅相同，设为 H_0。根据式（8-1）的边界条件，介质 1 和介质 2 中的 E_y 分量分别是 $(-\beta/\omega\varepsilon_1)H_0$ 和 $(-\beta/\omega\varepsilon_2)H_0$。$E_z$ 在两介质中大小分别是 $(-\gamma_1/\omega\varepsilon_1)H_0$ 和 $(-\gamma_2/\omega\varepsilon_2)H_0$，在边界上连续，有

$$-\frac{\gamma_1}{\varepsilon_1}=\frac{\gamma_2}{\varepsilon_2} \tag{8-12}$$

因为 γ_1 和 γ_2 均为正数，ε_1 和 ε_2 必须符号相反才可在两介质边界存在表面波。$D_y=\varepsilon E_y$ 在边界处连续，但是 ε 符号相反，所以 E_y 的幅值也必须在边界处反转符号，如图 8-4b 所示。这意味着在光学频率 ω 处，存在着以纵波形式振荡的表面电荷，相应的电场线和电荷分布如图 8-4c 所示。这种表面电荷密度和入射光的耦合而组成的新的元激发被称为表面等离激元（Surface Plasmon Polariton，SPP）。SPP 表面波的性质可以根据式（8-12）中的 γ_1 和 γ_2 推导出来：

$$\beta=n_b k_0, \quad n_b=\sqrt{\frac{\varepsilon_b}{\varepsilon_0}}, \quad \varepsilon_b=\frac{\varepsilon_1\varepsilon_2}{\varepsilon_1+\varepsilon_2} \tag{8-13}$$

$$\gamma_1=\sqrt{\frac{-\varepsilon_1^2}{\varepsilon_0(\varepsilon_1+\varepsilon_2)}}k_0, \gamma_2=\sqrt{\frac{-\varepsilon_2^2}{\varepsilon_0(\varepsilon_1+\varepsilon_2)}}k_0 \tag{8-14}$$

式中，n_b 和 ε_b 分别是 SPP 的折射率和介电常数（下标"b"表示"边界"）。表面波是一个行波，β 必须是实数，这要求 ε_b 是正数，即只有在 $|\varepsilon_2|>\varepsilon_1$ 时才能实现。其传播波速为 c_0/n_b，传播波长 λ_0/n_b，称为等离子体波长，其传播特性主要受 $|\varepsilon_2|/\varepsilon_1$ 比值的影响。如果 $|\varepsilon_2|\approx\varepsilon_1$，则 $\varepsilon_1+\varepsilon_2$ 较小，n_b 很大，使波速很慢，等离子体的波长比自由空间的波长 λ_0 要小得多，两介质内的隧穿深度都明显小于真空波长，SPP 就高度局域在边界上，利用这一显著特性可产生许多应用。而当 $|\varepsilon_2|/\varepsilon_1$ 远大于 1 时，SNG 的衰减系数 γ_2 则远大于 DPS 的衰减系数 γ_1，SNG 中的趋肤深度 $d_2=1/2\gamma_2$ 就远小于 DPS 的趋肤深度 d_1。

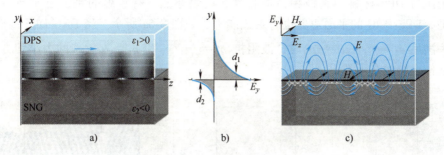

图8-4　掠入射正介电常数介质和负介电常数介质界面时的表面波

a) 示意图（浅蓝色：表面电荷密度振荡；深蓝色：入射光）　b) E_y 分量与距离边界 y 的关系

（在 DPS 和 SNG 介质中分别隧穿了 d_1 和 d_2）　c) 电场、磁场以及表面电荷分布

对于表面波的能流，由于 H_x 和 E_z 分量相差 $\pi/2$ 相位，使其在 y 方向上没有能流。但它可以在 DPS 和 SNG 介质中的 $+z$ 和 $-z$ 方向上流动，强度大小为

$$I_1(y) = \frac{\beta}{2\omega\varepsilon_1}|H_0|^2 \exp(-2\gamma_1 y) , I_2(y) = \frac{\beta}{2\omega|\varepsilon_2|}|H_0|^2 \exp(2\gamma_2 y) \tag{8-15}$$

两介质中的光功率分别是（$I_1(y)$ 和 $I_2(y)$ 分布的面积）：

$$P_1 = \frac{\beta}{4\omega\varepsilon_1\gamma_1}|H_0|^2 , P_2 = \frac{\beta}{4\omega|\varepsilon_2|\gamma_2}|H_0|^2 \tag{8-16}$$

此时，净功率流 P_1-P_2 与 $\left[(\varepsilon_1\gamma_1)^{-1}-(\varepsilon_2\gamma_2)^{-1}\right]$ 成正比，$|\varepsilon_2| \approx \varepsilon_1$ 时趋于零。

2. DPS-DNG 界面

光在两常规的 DPS 介质界面折射时，根据边界条件要求两波矢 $\boldsymbol{k}_1$ 和 $\boldsymbol{k}_2$ 沿界面的切向分量匹配（图 8-5a），得到通常折射情况下的斯涅尔定律：$n_1\sin\theta_1 = n_2\sin\theta_2$。若出射介质是具有负折射率 n_2 的 DNG 介质，同样要满足相同的边界条件（图 8-5b），但斯涅尔定律需改写为 $n_1\sin\theta_1 = -|n_2|\sin\theta_2$，称为逆斯涅尔定律。这表明，折射率为负值时，折射角是负的，入射光与折射光位于法线同一侧。

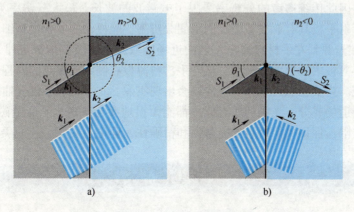

图8-5　界面的折射现象

a) 两正折射率介质的界面　b) 正负折射率介质的界面

显然，当 DNG 介质取代 DPS 介质时，折射会发生显著变化。对于透镜，DNG 材料的凸

透镜表现出与 DPS 材料凹透镜相似的特性，反之亦然。有意思的是，当 $n_1 = -n_2$，使得 $\theta_1 = -\theta_2$ 时，DPS-DNG 的平面边界也有聚焦能力，如图 8-6a 所示。当 DNG-DPS 的介电常数和磁导率满足 $\varepsilon_2 = -\varepsilon_1$、$\mu_1 = -\mu_2$ 时，波阻抗 $\eta_1 = \sqrt{\mu_1/\varepsilon_1}$ 和 $\eta_2 = \sqrt{\mu_2/\varepsilon_2}$ 的大小和方向相同，电磁波在任意偏振态下都不会发生反射。

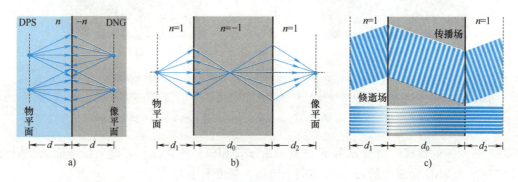

图 8-6　负折射率材料的成像
a）光线经 DPS-DNG 界面在 DNG 材料中聚焦　b）光线经 DNG 层后成像
c）完美透镜对倏逝场的近场汇聚作用

3. 负折射率材料的成像系统

如图 8-6b 所示，光学参数 $\varepsilon = -\varepsilon_0$、$\mu = -\mu_0$、$n = -1$ 的负折射率平板对传播波（远场）具有二次汇聚的作用。一个点光源进入左手材料后会汇聚成像，最终在右侧形成一个正立、等大的实像。若负折射平板厚度为 d_0，成像关系 $d_1 + d_2 = d_0$。此外，左手材料平板透镜没有固定的光轴，不受光轴条件的限制，对于图 8-6b 所示的远场传播系统，在左手材料研究领域被称为"完美透镜"。

彭德里（J. Pendry）对左手材料二次汇聚现象做了进一步研究，如图 8-6c 所示。他发现，左手材料不仅能汇聚远场的传播波，还能汇聚近场的倏逝波，这是一个惊人的成果。传统右手材料制成的透镜只能汇聚远场的电磁波分量（传播波），而由于倏逝波按指数衰减，无法参与成像，因此传统透镜的分辨率受限于电磁波的波长，最大分辨率为 $\Delta = \lambda/2$。作为成像系统，负折射平板具有亚波长级别的空间分辨率，能提供比波长更精细的成像细节。如图 8-6c 所示，在光源到左手材料薄板左侧的近场区域，电磁波按指数规律衰减；接着，倏逝场在左手材料薄板中被放大；最后，从左手材料薄板右侧到成像点的路程中，倏逝场再次按指数规律衰减。当实物靠近平板时，同样会出现实像。左手材料不仅能捕获光场的传播部分，还能捕获倏逝场成分。光场的所有成分都能无损地参与成像，不受电磁波波长的限制，从而突破衍射极限，保证成像信息的完整性和精确性，理论上实现了"完美透镜"的效果。

8.2　典型电磁超构材料

8.2.1　（局域）表面等离激元

1. 德鲁德模型

导电介质如金属、半导体、掺杂介质和电离气体等具有自由电荷的材料，需在旋度方程中保留源项：

$$\nabla \times H = j\omega D + J \tag{8-17}$$

假设介质是线性响应，欧姆定律可表示为 $J = \sigma E$，电位移矢量为 $D = \varepsilon E = \varepsilon_0(1+\chi)E$。把 D 和 J 代入式（8-17）的右边，然后将其改写成：

$$\nabla \times H = j\omega \varepsilon_e E \tag{8-18}$$

式中，ε_e 表示有效介电常数，

$$\varepsilon_e = \varepsilon\left(1+\frac{\sigma}{j\omega\varepsilon}\right) \tag{8-19}$$

有效介电常数 ε_e 代表材料的总体介电性能。经过有效折射率为 ε_e 的介质时，电磁波的波矢 $k = \beta + j\gamma = \omega\sqrt{\varepsilon_e\mu_0}$，阻抗 $\eta = \sqrt{\mu_0/\varepsilon_e}$，复折射率为 $n + j\dfrac{\gamma}{k_0} = \sqrt{\dfrac{\varepsilon_e}{\varepsilon_0}} = \sqrt{\dfrac{\varepsilon}{\varepsilon_0}}\sqrt{1+\dfrac{\sigma}{j\omega\varepsilon}}$。

当 J 和 E 之间的关系为动态而不是静态时，电导率 σ 与频率相关，具有有限的带宽和响应时间。忽略电子间相互作用，将传导电子看作独立自由移动的理想气体，用德鲁德模型（Drude Model），又称为德鲁德-洛伦兹模型（Drude-Lorentz Model），来描述复电导率为：

$$\sigma = \frac{\sigma_0}{1+j\omega\tau} \tag{8-20}$$

式中，σ_0 为低频电导率；τ 为电子-电子散射时间（或碰撞时间）。当频率足够低（$\omega \ll 1/\tau$）时，$\sigma \approx \sigma_0$ 是与频率无关的实数。

若介质具有类似自由空间中的介电特性，而没有其他损耗（$\varepsilon = \varepsilon_0$）时，将式（8-20）代入式（8-19）则可以得到相对有效介电常数：

$$\frac{\varepsilon_e}{\varepsilon_0} = 1 + \frac{\omega_p^2}{-\omega^2+j\omega/\tau} = 1 + \frac{\omega_p^2}{-\omega^2+j\omega\zeta} \tag{8-21}$$

式中，ζ 是散射率（碰撞频率），$\zeta = 1/\tau$；ω_p 定义为等离子体频率（严格称作等离子体角频率）：

$$\omega_p = \sqrt{\frac{\sigma_0}{\varepsilon_0\tau}} \tag{8-22}$$

对应的自由空间等离子体波长：

$$\lambda_p = \frac{2\pi c}{\omega_p} \tag{8-23}$$

若无损介质表现出不同于自由空间的介电特性，需考虑与频率无关的相对极化率 χ，此时式（8-21）的相对有效介电常数：

$$\frac{\varepsilon_e}{\varepsilon_0} = 1 + \chi + \frac{\omega_p^2}{-\omega^2+j\omega\zeta} \tag{8-24}$$

如果德鲁德模型的角频率足够高，即 $\omega \gg 1/\tau$（$\omega \gg \zeta$），则相当于洛伦兹振子模型中忽略阻尼（$\zeta \to 0$）的情况。在这样的条件下，式（8-20）中，$\sigma \approx \sigma_0/j\omega\tau$，是个纯虚数，式（8-24）中 $\chi = 0$，则简化的德鲁德模型有效介电常数为实数：

$$\varepsilon_e \approx \varepsilon_0 \left(1 - \frac{\omega_p^2}{\omega^2}\right) \tag{8-25}$$

式中，$\omega_p = \sqrt{Nq^2/\varepsilon_0 m_n}$，其中，$N$ 是电子密度，m_n 是电子质量。从式（8-25）可以看出，介质中电导率的存在使有效介电常数低于 ε_0，并与频率的二次方成反比。金属的简化德鲁德模型是洛伦兹模型的一种特殊情况，它既没有恢复力，也没有阻尼（$\zeta = 0$），可用于描述金属在近红外和可见光区域的光学行为。

电磁波在简化的德鲁德模型描述的介质中传播时的传播常数为 $\beta = nk_0 = \sqrt{\varepsilon_e/\varepsilon_0}\,(\omega/c)$，对应色散关系：

$$\beta = \frac{\omega}{c_0}\sqrt{1 - \frac{\omega_p^2}{\omega^2}} \tag{8-26}$$

如图 8-7 所示，简化的德鲁德模型所描述的金属中，电磁波在等离子体频率 ω_p 以上/下两部分表现出明显不同的传播行为：

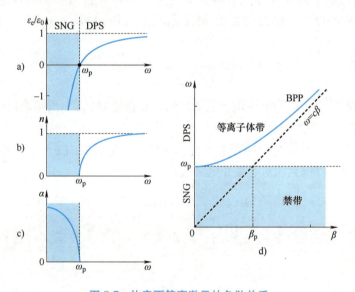

图 8-7　体表面等离激元的色散关系
a）相对介电常数　b）折射率　c）吸收系数　d）色散关系

1）在频率低于等离子体频率（$\omega < \omega_p$）的谱段，有效介电常数为负数，金属表现出具有虚数波数 $k = j\omega\sqrt{|\varepsilon_e|\mu_0}$ 的 SNG 性质，这段光谱区域看作是一个禁带。吸收系数 $\alpha = 2k_0\sqrt{\omega_p^2/\omega^2 - 1}$，随频率的增加而单调递减，并在等离子体频率处消失。自由电子发生纵向的集体振荡，以等离激元的形式出现。

2）在频率高于等离子体频率（$\omega > \omega_p$）的谱段，有效介电常数为正数，此时介质表现为无损耗的介电材料。它的传播常数 $\beta = \sqrt{\omega^2 - \omega_p^2}/c$（即 $\omega = \sqrt{\omega_p^2 + c^2\beta^2}$），对应的折射率 $n = \sqrt{1 - \omega_p^2/\omega^2} < 1$，并在等离子体频率 ω_p 时最小。这段频率范围称为等离子体带，穿过金属的电磁波可称为体等离激元（Bulk Plasmon Polaritons，BPP）。

2. 表面等离激元（Surface Plasmon Polaritons，SPP）

金属在频率低于等离子体频率（$\omega < \omega_p$）时表现出 SNG 介质的特性，因此可以在与 DPS 组成的边界处产生表面等离激元波。SPP 支持纵向电子密度波的表面波，它与边界紧密结合增强了局部场强度，可以在纳米尺度空间上进行控制和操纵，这些性质赋予它许多应用潜质。在 DPS-SNG 界面处，用式（8-25）表示金属的有效介电常数 $\varepsilon_2 = \varepsilon_0(1 - \omega_p^2 / \omega^2)$。如图 8-8 所示，当 $|\varepsilon_2| > \varepsilon_1$，相当于频率 $\omega < \omega_s$ 时，边界支持 SPP 波，式中

$$\omega_s = \frac{\omega_p}{\sqrt{1 + \varepsilon_{r1}}} \tag{8-27}$$

式中，ε_{r1} 表示电介质的相对介电常数，$\varepsilon_{r1} = \varepsilon_1 / \varepsilon_0$。结合上两小节的分析，可以得到类似的结果：

$$\beta = n_b k_0, \quad n_b = \sqrt{\frac{\varepsilon_b}{\varepsilon_0}}, \quad \varepsilon_b = \varepsilon_1 \frac{1 - \omega^2 / \omega_p^2}{1 - \omega^2 / \omega_s^2} \tag{8-28}$$

$$\gamma_1 = \sqrt{\frac{-\varepsilon_1^2}{\varepsilon_0(\varepsilon_1 + \varepsilon_2)}} k_0, \quad \gamma_2 = \sqrt{\frac{-\varepsilon_2^2}{\varepsilon_0(\varepsilon_1 + \varepsilon_2)}} k_0 \tag{8-29}$$

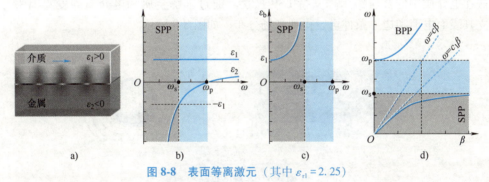

图 8-8　表面等离激元（其中 $\varepsilon_{r1} = 2.25$）

a）光表面波传播的示意图　b）介电常数 ε_1 和金属 ε_2 的频率色散

c）表面等离激元 SPP 波的有效折射率的频率色散　d）体等离激元波 BPP 和表面等离激元 SPP 的色散关系

注：其中，$\varepsilon_{r1} = 2.25$，$\omega_s = \omega_p / \sqrt{1 + \varepsilon_{r1}} = 0.55 \omega_p$，蓝点线分别表示电磁波在自由空间和介质 ε_1 的角频率，c_1 为在介质中的光速。

1）频带 $\omega < \omega_s$ 范围内支持 SPP 波，它位于金属的禁带 $0 < \omega < \omega_p$ 内，电磁波不能在金属内传播。SPP 波的性质由 $|\varepsilon_2| / \varepsilon_1$ 决定，$|\varepsilon_2| / \varepsilon_1$ 是 ω / ω_s 的单调减函数，并在 $\omega = \omega_s$ 处达到临界值 1。由图 8-8c 的色散曲线可以看出，SPP 波的 $\beta > \omega / c_1$，波速 c / n_b 更小，波长 λ_0 / n_b 更短，趋肤深度 $d_2 = 1/2\gamma_2$ 小于 $d_1 = 1/2\gamma_1$。在 $\omega < \omega_s$ 范围内，随着频率增大，SPP 速度减慢，对应的波长减小，SPP 变得更加局部，在金属和电介质中都表现出更小的趋肤深度。当 $\omega / \omega_s = 1$ 时，金属和电介质的介电常数大小相等、符号相反，$\varepsilon_1 + \varepsilon_2 = 0$，因此 SPP 的速度为零。

2）当 $\omega_s < \omega < \omega_p$ 时，简化德鲁德模型的金属依然是 SNG 介质，但因为 $|\varepsilon_2| < \varepsilon_1$，边界不再支持 SPP 波，电磁波在任意入射角下都将发生全反射。

3）随频率增大到 $\omega > \omega_p$，金属演变为 DPS 介质，在 DPS-DPS 边界不能支持 SPP 波。金属就像电介质一样，支持体等离激元波（Bulk Plasmon Polariton，BPP）传播。在高频条件下，电磁波符合两种 DPS 介质的常规规律，只有在入射角大于临界角时才会发生全反射。

3. 局域表面等离激元

如果将金属制备成亚波长尺寸的颗粒，例如金属纳米球、纳米盘和其他纳米颗粒，电子会在特定波长处发生集体振荡，并与其激发的电磁场耦合而产生局域表面等离激元（Localized Surface Plasmon，LSP）。这种共振现象称为表面等离激元共振（Surface Plasmon Resonance，SPR）。

需要注意的是，LSP 与 SPP 有所不同。SPP 使自由电子局域在金属与电介质的边界，并形成可以传播的 SPP 波，而 LSP 的自由电子则被局域在金属颗粒表面附近，如图 8-9a 所示。此外，尽管表面等离激元共振频率与金属固有的等离子体频率相关，但它们之间存在本质区别。金和银纳米颗粒的等离激元共振频率位于可见光区域，而这些金属的等离子体频率则位于紫外波段。

利用纳米粒子的曲面特性，SPR 可以被直接光照激发。这些纳米颗粒在透射和反射中则表现出强烈的颜色，这主要归因于共振增强的散射和吸收。金属纳米球的 LSP 共振频率位于可见光和紫外波段，通过其波长选择性地吸收和散射共振，以及伴随的局域场增强，在当前等离子体研究领域中具有重要的应用价值。这些应用包括等离激元共振传感器、表面等离激元激光和光开关器件等。

嵌在电介质中的金属纳米球支持 LSP 振荡。通过求解金属和电介质的麦克斯韦方程，并联立其表面电荷和边界条件可以得到光场分布，如图 8-9 所示。

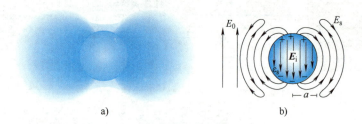

a)   b)

图 8-9　金属纳米球

a）表面等离共振时的球外光场分布　　b）由平面波入射激发的等离子体电场线

金属纳米球是一种共振散射体，根据瑞利散射理论：平面波入射到小球产生一个平行的内部电场 E_i，进而产生一个振荡的电偶极子，辐射出一个散射场 E_s。散射功率 $P_s = \sigma_s I_0$，其中，σ_s 是散射截面；I_0 是入射光强度。当周围环境介质（ε）中的纳米金属（介电常数为 ε_s）半径与波长比满足 $a/\lambda \ll 1$，具有以下关系：

$$\sigma_s = \pi a^2 Q_s, \quad Q_s = \frac{8}{3}\left|\frac{\varepsilon_s - \varepsilon}{\varepsilon_s + 2\varepsilon}\right|^2 \left(2\pi \frac{a}{\lambda}\right)^4 \tag{8-30}$$

$$E_i = \frac{3\varepsilon}{\varepsilon_s + 2\varepsilon} E_0 \tag{8-31}$$

式中，Q_s 为散射效率因子；分母 $\varepsilon_s + 2\varepsilon$ 可正可负，并在 $\varepsilon_s = -2\varepsilon$ 处 σ_s 和 E_i 变得无限大。结合简化的金属德鲁德模型 $\varepsilon_s = \varepsilon_0(1 - \omega_p^2/\omega^2)$，LSP 的共振频率在 $\varepsilon_0(1 - \omega_p^2/\omega^2) = -2\varepsilon$ 条件下建立，对应的表面等离子共振频率有

$$\omega_0 = \frac{\omega_p}{\sqrt{1 + 2\varepsilon_r}} \tag{8-32}$$

注意区分表面等离子共振频率 ω_0 与金属固有的等离子体频率 ω_p 和 SPP 可以存在的最大频率 ω_s，尽管这三者具有一定的联系。

在共振频率附近，散射截面 σ_s 和内电场 E_i 都会大幅度增强，它们随频率的依赖关系如图 8-10 所示。在共振频率以下（$\omega<\omega_0$），入射场与偶极子同向，由于 E_i/E_0 是负数，内部场指向相反的方向，而共振频率以上（$\omega>\omega_0$）的情况则截然相反。

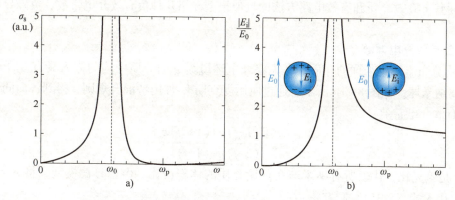

图 8-10　在空气中的金属纳米球（由简化德鲁德模型描述）
a）散射截面 σ_s　b）内场 E_i 的共振特性

图 8-10 中简化的德鲁德模型没有考虑金属的吸收，这种理想化导致在共振频率有无限的散射截面和内场增强。通过介电常数的复数形式（$\varepsilon_s = \varepsilon_s' + j\varepsilon_s''$）引入金属吸收，当式（8-30）和式（8-31）中的分母仅有虚部 $j\varepsilon_s''$，即 $\varepsilon_s' = -2\varepsilon$ 时发生共振，此时散射截面和散射效率趋于有限值，即

$$\sigma_s = \pi a^2 Q_s, \quad Q_s = \frac{8}{3}\left(2\pi \frac{a}{\lambda}\right)^4 \frac{\varepsilon_s''^2 + 9\varepsilon^2}{\varepsilon_s''^2} \tag{8-33}$$

当然，金属纳米球除了是一种共振散射体外，也是一种共振吸收体。当具有复介电常数 ε_s 的金属纳米球周围有实数介电常数 ε 的介质时，入射光的瑞利散射伴随着吸收。吸收和散射都导致了入射光的衰减。类比散射截面和散射效率的讨论，吸收效率因子为

$$Q_{abs} = -4\left(2\pi \frac{a}{\lambda}\right) \mathrm{Im}\left\{\frac{\varepsilon_s - \varepsilon}{\varepsilon_s + 2\varepsilon}\right\} = \left(2\pi \frac{a}{\lambda}\right) \frac{-12\varepsilon\varepsilon_s''}{(\varepsilon_s' + 2\varepsilon)^2 + \varepsilon_s''^2} \tag{8-34}$$

在共振 $\varepsilon_s' = -2\varepsilon$ 处，吸收效率有最大值 $Q_{abs} = -(2\pi a/\lambda)(12\varepsilon/\varepsilon_s'')$。金属电阻率越大，对应吸收的 ε_s'' 越大，共振峰越宽，吸收截面 σ_{abs} 和散射截面 σ_s 的峰值就越小。

8.2.2　负有效介电常数/磁导率超构材料

光学超构材料是一种合成复合材料，具有精心设计波长尺寸大小的空间图案。本小节描述的超材料利用了亚波长尺寸的金属颗粒、金属棒或环作为"人工原子"，这些人工原子的光学特性归因于它们与波长相当的几何尺度。将它们嵌入介质中，并在亚波长空间尺度上周期或随机地组合，可精确调节介电常数 ε 和磁导率 μ 参数正负。

三维超材料中，对于嵌入在电介质中的金属有效电磁参数 ε 和 μ，可通过近似模型、复杂的解析解或数值方法来确定。近似模型包括有效介质方法和有效电路方法。有效介质方法

是基于麦克斯韦-加内特（Maxwell-Garnett）公式，但严格来说，它只适用于纳米球；而等效电路方法适用于亚波长尺寸任意形状的金属元件。等效电路方法将超构材料中的每个组成元素都视为由电或磁偶极子组成的瑞利散射体。为了确定其电偶极矩和磁偶极矩，通常将亚波长尺寸的金属结构看作电路元件来处理，这种方法称为点偶极子近似（Point-dipole Approximation，PDA）。

下面基于有效介质和有效电路方法的近似模型介绍几种负有效介电常数、负磁导率的超构材料。

1. 负有效介电常数

（1）分布金属纳米球的介质　考虑在介电环境为 ε 的介质中均匀嵌入具有复介电常数 ε_s 的金属纳米球，如图 8-11b 所示。通过应用麦克斯韦-加内特混合规则，得到各向同性复合介质的有效介电常数：

$$\varepsilon_e \approx \varepsilon \frac{2(1-f)\varepsilon + (1+2f)\varepsilon_s}{(2-f)\varepsilon + (1-f)\varepsilon_s} \tag{8-35}$$

式中，f 是填充比，代表所有纳米球在环境介质的体积占比。由德鲁德模型，将 $\varepsilon_s = \varepsilon_0(1-\omega_p^2/\omega^2)$ 代入式（8-35），则有：

$$\varepsilon_e \approx \varepsilon_L \frac{1-\omega^2/\omega_1^2}{1-\omega^2/\omega_0^2} \tag{8-36}$$

式中，

$$\omega_0 = \frac{\omega_p}{\sqrt{1+\varepsilon_{r0}}}, \quad \omega_1 = \frac{\omega_p}{\sqrt{1+\varepsilon_{r1}}} \tag{8-37}$$

$$\varepsilon_L = \frac{1+2f}{1-f}\varepsilon, \quad \varepsilon_{r0} = \frac{2+f}{1-f}\varepsilon_r, \quad \varepsilon_{r1} = \frac{2(1-f)}{1+2f}\varepsilon_r \tag{8-38}$$

式中，ε_r 为环境的相对介电常数，与频率无关；ω_p 是金属的共振频率。如图 8-11c 所示，有效介电常数在 ω_0 处有一个奇点，在 ω_1 处为零。由于 $\varepsilon_{r0} > \varepsilon_r$，共振频率 ω_0 低于单个纳米球的共振频率（见式（8-32））。另外 $\varepsilon_{r1} < \varepsilon_{r0}$，那么 $\omega_1 > \omega_0$，ε_e 在 ω_0 到 ω_1 频率范围内是负值，并位于金属的等离子体频率 ω_p 以下。在 μ 为正的情况下，这种是电单负超构材料，就像低于其等离子体频率的金属。

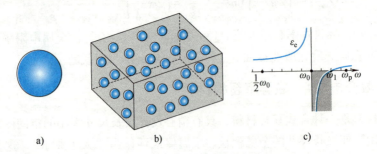

图 8-11　负介电常数超构材料

a）金属纳米球　b）纳米球单元均匀分布在介质中　c）有效介电常数

（2）分布金属棒的介质　均匀介质中分布长为 a、半径为 w 的圆柱形金属棒（$a \gg w$），可以看作电感器，其电感 L 可以由 $L \approx (\mu_0 a / 2\pi)[\ln(2a/w) - 3/4]$ 给出，如图 8-12a 所示。平行的金属棒间隔距离为 a，它们构成介质的有效介电常数可通过观察沿棒两端产生的电压 $V = aE$ 来确定。首先，电压在金属棒内产生电流 $I = V/j\omega L$，它对应的电荷 $q = I/j\omega$ 和电偶极矩 $p = qa$。若单位体积的杆数是 $N = 1/a^3$，那么极化强度 $P = Np = p/a^3$。最终介质的有效极化率 $\chi_e = P/\varepsilon_0 E$，有效介电常数是 $\varepsilon_e = \varepsilon_0(1 + \chi_e)$。结合这些方程，可得到有效介电常数的表达式，它与金属的德鲁德模型有相同形式：

$$\varepsilon_e \approx \varepsilon_0\left(1 - \frac{\omega_p^2}{\omega^2}\right), \omega_p = \frac{1}{\sqrt{\varepsilon_0 aL}} = 2\pi\frac{c}{a}\frac{1}{\sqrt{2\pi\ln(2a/w) - \frac{3}{2}\pi}} \tag{8-39}$$

式中，等离子体频率 ω_p 由金属杆的尺寸 a 和 w，以及通过其电感 L 决定。由于 μ 为正数，这种超构材料是单负材料 SNG。

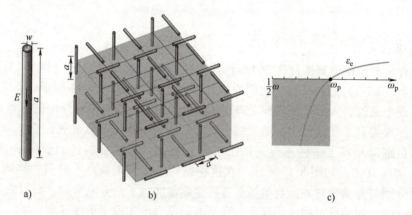

图 8-12　负介电常数超构材料

a）长度为 a、半径为 w 的细金属棒单元　b）金属棒在三个方向正交组成超构材料

c）由简化德鲁德模型给出的有效介电常数的频率依赖特性

（3）分布金属开口环的介质　金属环单元（图 8-13a）由金属部分电感 L 与开口部分电容 C 串联建成，形成共振频率为 $\omega_0 = 1/\sqrt{LC}$ 的谐振电路。当开口环的尺寸 ≤100nm、开口间隙 ≤10nm 时，共振频率位于光学光谱范围内。

由图 8-13b 所示的开口环排列组成的超构材料，其有效磁导率可通过计算沿着垂直于环平面的轴施加的磁场 H 所引起的磁偶极矩 m 来确定。环中的感应电压 V 等于磁通量的变化速率，$V = -j\omega\mu_0 AH$，A 是环的面积。电压产生的电流 $I = V/Z$，其中，阻抗 $Z = j\omega L + 1/j\omega C$。在电流的作用下产生的磁偶极矩 $m = AI$。假设单位体积中有 N 个分裂环，引发的磁化强度可表示为 $M = Nm$，那么由 $\mu_e = \mu_0(H + M)/H$ 计算出有效磁导率：

$$\mu_e \approx \mu_0\frac{1 - \omega^2/\omega_1^2}{1 - \omega^2/\omega_0^2}, \quad \omega_0 = \frac{1}{\sqrt{LC}}, \quad \omega_1 = \frac{\omega_0}{\sqrt{1 - \mu_0 NA^2/L}} \tag{8-40}$$

式中，谐振环的电感为 $L \approx \mu_0 b[\ln(8b/a) - 7/4]$，$b$ 和 a 分别为环和导线的半径（$b \gg a$）。如图 8-13c 所示，μ_e 在频率 ω_0 处共振，在 ω_1 处值为零，在两频率之间维持负值。对于正的介电常数 ε，结构表现为磁单负超构材料。图 8-13c 中磁导率 μ_e 的频率依赖性与图 8-12c 所述的金属纳米球特性 ε_e 相同。

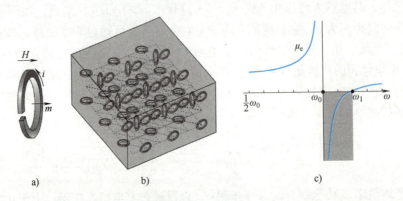

图 8-13　负磁导率超构材料

a）金属开口环单元激发磁偶极矩 *m*　b）在立方晶格顶点上的三个方向放置开口环组成超构材料

c）有效磁导率随频率变化特性

2. 负有效折射率

利用负介电常数的金属棒（图 8-12a）与负磁导率的金属开口环（图 8-13a）相结合，可望形成双负（DNG）超构材料。它们的单元结构及组合体如图 8-14 所示。要实现 DNG 超构材料，需要电磁波斜入射，使表面等离子体共振（SPR）能够被面外电磁场激发。该设计首次在微波频段得到了实验证明，随后缩小尺寸，使其能够在光学频率下工作。

研究人员继而开发了一种不仅适用于可见光范围内且更易制备的金属-介质多层"渔网"结构来实现 DNG，如图 8-15 所示。在这种结构中，当光垂直入射到"渔网"表面时，电场和磁场分别与金属带对齐。与电场对齐的金属带实现了负介电常数，而与磁场对齐的金属带通过耦合带之间的反对称谐振模式，在共振频率以上实现了负磁导率。

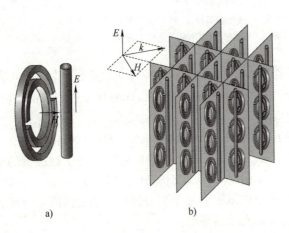

图 8-14　负折射率超构材料

a）金属棒和双开口环组合的单元　b）图 a 中所示的
DNG 超构材料单元阵列沿两个正交方向组合

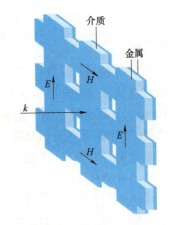

**图 8-15　交叉的亚波长等离子体
波导网形成"渔网"的金属-
介质复合 DNG 超构材料**

8.2.3　超构表面

具有三维结构的超构材料需要相对较大的厚度，制备难度较大，尤其是在太赫兹和光学波段，获得 3D 超构材料变得非常困难。为了克服这一限制，卡帕索（F. Capasso）等提出了电磁超构表面（Metasurface）的概念，将传统的超构材料从三维降至二维。超构表面由亚波长尺寸的人工单元在二维平面或曲面上进行周期或非周期性排列，其纵向尺寸远小于波长，因此大大减轻了重量和体积，且成本低、损耗小，便于系统集成设计。

超构表面的人工单元的形状及其在表面上的几何布局赋予其独特的光学性质，可以人为地调制电磁波的振幅、相位、偏振和波前。这种灵活性使得基于超构表面的新型器件得以开发，如新颖的光束生成器、超构透镜、偏振转换器和全息成像等。

1. 超构表面相位调制器

当电磁波沿 z 方向传播，通过 x—y 平面上固定厚度为 d、折射率为 $n(x,y)$ 的介质平板时，波前将发生 $\varphi(x,y)=n(x,y)k_0 d$ 相移。超构表面中，金属部件的功能就像改变光波前的光学天线，谐振天线作为散射体，引入与频率相关的 $-\pi/2 \sim \pi/2$ 相移。空间变化的相移 $\varphi(x,y)$ 可通过超表面单元的大小和几何形状来实现。如图 8-16 所示，对固定频率的入射波进行空间变化的相移，因为超表面极薄（$d \to 0$），可在数学上认为在空间上引入一个不连续的光学相位，从而使超表面充当相位调制器。

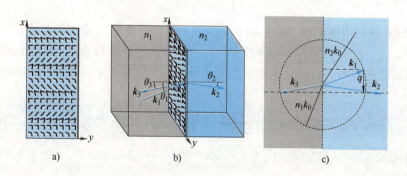

图 8-16　超构界面的反射和折射

a）超构表面的几何结构　b）超表面导致 n_1 和 n_2 边界发生负反射和负折射

c）反射波和折射波与入射波的相位匹配

这种方法的一个优势是当波进入极小而薄的超构表面时只经历很小的空间衍射。例如，沿超表面入射的电磁波相位 $\varphi(x,y)$ 是以速率 q 线性变化的，即 $\varphi=qx$，那么入射波的复振幅大小由 $\exp(jqx)$ 调制，且振幅是空间频率 $\nu_x=q/2\pi$ 的周期函数。如图 8-16c 所示，为确保超表面两侧的相位匹配，透射波矢 $\boldsymbol{k}_2$ 沿超表面的分量必须与 $\boldsymbol{k}_1+\boldsymbol{q}$ 的分量匹配，其中，q 是指向 x 方向矢量 $\boldsymbol{q}$ 的大小。同样，反射矢量 $\boldsymbol{k}_3$ 沿表面的分量要与 $\boldsymbol{k}_1+\boldsymbol{q}$ 的分量匹配。因此，如果超表面两侧的折射率分别是 n_1 和 n_2，传统折射和反射的斯涅尔定律将改成以下形式，称为广义斯涅尔定律，即

$$n_2 k_0 \sin\theta_{t2} = n_2 k_0 \sin\theta_i + q \tag{8-41}$$

$$n_1 k_0 \sin\theta_{r1} = n_1 k_0 \sin\theta_i + q \tag{8-42}$$

式中，θ_i、θ_{t2} 和 θ_{r1} 分别为入射角、折射角和反射角。若适当选择 q 的大小和符号，超表面会导致边界处的负反射和负折射，如图 8-16c 所示。当 $q=0$ 时，式（8-41）和式（8-42）退化为传统斯涅尔定律。

当不连续相位 $\varphi(x)$ 随空间位置 x 缓慢变化时，导数 $q=\mathrm{d}\varphi/\mathrm{d}x$ 可看作是 x 处的局域空

间频率，这个量决定了入射波前的局部倾斜，从而决定了反射角和折射角作为 x 的函数。这种方法可推广到二维相位不连续 $\varphi(x,y)$ 的超表面，此时矢量 $q = \nabla\varphi$ 表示相位调制的局部空间频率的大小和方向。超表面也可设计成引入位置相关的振幅调制，这是由局部单元的形状赋予的。结合相位调制和振幅调制可作为具有复透射比的全息图，用于模拟物体产生的光的波前。

2. 超构表面的异常透射

金属薄膜上的周期性亚波长孔洞阵列在特定波长和入射角下可表现出极高的光透射效应。透射率 $T(\lambda,\theta)$ 随波长 λ 和入射角 θ 变化有明显的尖峰，其值超过传统衍射理论预测。例如，如果 J_h 是薄膜单位面积的总孔面积，则在与薄膜正交方向上传播的平面波透射率峰值 $T(\lambda,0)$ 可能会超过 J_h 几个数量级。

这种现象归因于孔产生的 SPP 波以及金属膜中振荡电荷伴随的光辐射。因此，应将金属薄膜中的亚波长孔阵列视为有源辐射元件，而不是光通过的无源几何孔径。最大透射发生在入射光和 SPP 波的相位匹配的频率。对于周期为 a_0 的正方形晶格周期孔阵列，相位匹配条件为

$$\beta = k_\perp \pm m_x g_x + m_y g_y \tag{8-43}$$

式中，β 是 SPP 波的传播常数，$\beta = (\omega/c)\sqrt{\varepsilon_b/\varepsilon_0}$；$k_\perp$ 是入射波在阵列面内的波矢分量，$k_\perp = (2\pi/\lambda)\sin\theta$；$g_x$、$g_y$ 是周期阵列空间频率，$g_x = g_y = 2\pi/a_0$；整数 m_x 和 m_y 表示散射阶数。作为入射角函数的透射率 $T(\lambda,\theta)$ 也表现出光子带隙，类似在光子晶体中看到的现象一样。

习题与思考题

1. 考虑电磁波进入一个放置在空气中折射率为 $n = -2$ 的平板时的成像过程，若考虑负折射率材料有损耗，其衰减过程如何？

2. 解释表面等离激元和局域表面等离激元的区别，查阅相关资料，举例两者在超构材料中的功能与应用。

3. 一个双正材料和有损耗的单负材料组成的 DPS-SNG 边界中，$\mu_1 = \mu_2 = \mu_0$，ε_1 是正的，$\varepsilon_2 = \varepsilon_2' + j\varepsilon_2''$ 的实部是负数，给定 $|\varepsilon_2''| \ll |\varepsilon_2'|$，证明等离子体波长 λ_0/n_b 和传播长度 d_b 可通过以下近似公式计算：

$$n_b \approx \sqrt{\frac{\varepsilon_b}{\varepsilon_0}}, \quad \varepsilon_b \approx \frac{\varepsilon_1 \varepsilon_b'}{\varepsilon_1 + \varepsilon_2}, \quad d_b \approx \frac{\lambda_0}{2\pi} \frac{1}{n_b^3} \frac{\varepsilon_2'^2}{\varepsilon_0 \varepsilon_2''}$$

4. 对于由简化的德鲁德模型公式（8-20）描述的金属有效介电常数，证明相速度和群速度的乘积是 c^2。

第3篇 制备工艺篇

第 9 章

单晶生长技术

单晶生长的目的，主要在于抑制晶体生长过程中晶界、位错等无序状态的形成，以获得高度有序、均匀的晶体结构。在过去的一个多世纪，单晶生长技术不断进步，极大地降低了晶体中的缺陷和杂质浓度，实现了大尺寸、高纯度半导体单晶（如硅和锗）的制备，构成了微电子、集成电路和现代信息技术的基础。本章节将介绍两种重要的大尺寸单晶的生长方法，主要包括单晶生长的设备与装置、生长原理与工艺流程以及单晶生长技术的优化与改进等内容。

9.1　Czochralski 法

Czochralski 法最早可追溯到 1916 年波兰科学家 J. Czochralski 在一次实验中的意外发现，从而发明的一种测量金属结晶速率和生长单晶的方法，又称"切氏法"。在 20 世纪 50 年代，Dash 提出"缩颈"技术来改良晶体的质量。经过长期的经验积累，Czochralski 法逐步发展为当前制备金属、半导体以及高熔点卤化物单晶的主流方法。例如，利用 Czochralski 法制备的单晶硅具有直径大、位错少等优点，是微电子、集成电路以及太阳电池单晶硅的主要来源。

9.1.1　Czochralski 法单晶生长设备

根据生长单晶材料的熔点、尺寸大小、生长气氛以及适合特定氧化物的温度梯度，需设计不同样式的单晶炉。

利用 Czochralski 法生长单晶的单晶炉示意图如图 9-1 所示。主要包括以下基本结构：

1. 炉体

炉体提供了晶体生长的物理空间，最外层为炉壁、绝热材料组成的保温层，炉体内部放置石墨加热器、石墨坩埚和石英坩埚。其中，石墨加热器的热电元件产生热场，热量向内部坩埚传输，原料在坩埚中被加热熔化并进一步生长为单晶。内部石英坩埚被放置在石墨坩埚中，石墨坩埚下部安装一石墨托，用于控制坩埚的垂直移动和旋转。所有的石墨和石英元件都是高纯材料，以避免对生长晶体产生污染。

2. 机械传动系统

机械传动系统主要负责晶体生长过程中，晶杆、坩埚上下移动和旋转的执行和控制。晶杆上方连接有秤，用于称量晶体的重量，以控制晶体的生长直径。

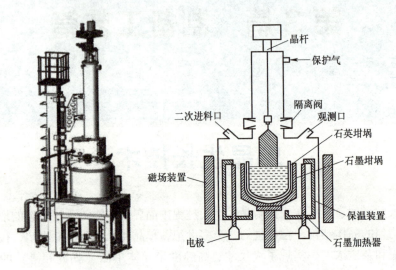

图 9-1　Czochralski 法单晶炉示意图

3. 气氛控制系统

气氛控制系统由炉内生长室与气氛气源以及真空泵相连构成，晶体生长通常是在惰性气体的保护气氛下进行的，防止生长过程中杂质气体的影响。此外，在高温条件下，部分不稳定的熔体容易发生分解并产生大量反应气体，这些气体很容易从熔体表面挥发，受到炉壁和氩气的冷凝作用时会重新凝结形成固态颗粒，当积累到一定量后会重新落入熔体当中，大大增加了晶体中位错的形成几率，从而影响所生长单晶的质量。为了减少挥发气体的产生和凝结，通入氩气并配合真空泵的排气作用能够将挥发气体带出炉腔。对于部分高温条件下的氧化物，还可通过在气氛中引入一定的氧分压以抑制熔体的分解速率，提高生长晶体水平。

4. 程序控制系统

程序控制系统的主要功能在于控制晶体生长过程中的制程参数，采用闭环式执行和反馈程序。这一方面可以实时监测炉内晶体棒的直径以及生长速率的变化，将读取的数据传输至控制系统；另一方面可针对所读取的信号及时调整温度、气氛、拉速等制程参数对晶体的生长进行调控。控制系统中还包含记录系统，方便后续对数据进行分析，并为下一次的生产提供数据参考。

9.1.2　Czochralski 法单晶生长原理及工艺流程

晶体凝固的热力学条件表明，实现液相到固相的转变需有一定的过冷度。Czochralski 法利用熔体和籽晶接触所形成的温度差，作为液相向固相转变的驱动力。此外，由于熔体与籽晶接触界面周围熔体的温度恰好等于多晶的熔点，其临界形核半径（r^*）与过冷度（ΔT）有如下关系：

$$r^* = \frac{2\sigma T_{\mathrm{m}}}{L_{\mathrm{m}}\Delta T}$$

(9-1)

式中，σ 是晶胚表面自由能；L_{m} 是熔化热，代表固相向液相转变吸收的热量；T_{m} 是熔点；ΔT 是过冷度，是实际温度与熔点的差值。σ 随温度变化较小，同 L_{m} 均可视为定值。当熔体的温度恰好等于熔点时，过冷度 $\Delta T = 0$，此时熔体中任何晶胚都不能自主形成晶核，熔体只能以籽晶作为晶核最后生长形成单晶。

Czochralski 法生长单晶的制备工艺示意图如图 9-2 所示，包括以下几个步骤：多晶原料的装料及熔化、引晶、缩颈、放肩、等径和收尾。

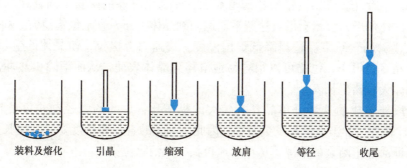

装料及熔化　　引晶　　　缩颈　　　放肩　　　等径　　　收尾

图 9-2　Czochralski 法生长单晶的制备工艺示意图

1. 多晶原料的装料及熔化

装料前需将多晶原料粉碎至合适的大小，以增大原料受热面积，加快原料熔化。原料粉碎后，需使用适当的酸进行表面清洗，去除可能残留的金属杂质，然后放入石英坩埚中。由于原料熔化时坩埚中存在温度梯度，底部的原料优先熔化，底部过多的空隙会导致上方来不及熔化的原料落入熔体中引起熔体飞溅，因此装料时要注意尽可能将原料均匀填充且填满坩埚底部。同时要避免在坩埚上沿残留原料，避免熔化时原料在上沿黏结而不能熔化到熔液中。装料完毕后将石英坩埚放入石墨坩埚中，关闭单晶炉并抽至真空状态，随后通入一定流量和压力的保护气体，待炉内气压稳定后加热至略高于原料熔点温度，使原料熔化。

2. 引晶

多晶原料完全熔化后，需保温一段时间使熔体温度和流动到达稳定，然后再进行晶体的生长。单晶生长时，首先要将单晶籽晶固定于籽晶杆，缓慢下降至熔体液面附近 3~4mm 处，暂停片刻使籽晶缓慢升温接近熔体温度，以减小热冲击对晶体生长的影响。然后将籽晶的一端缓慢浸入熔体，籽晶头部与熔体熔接形成固-液界面。随后将籽晶缓慢上提，界面处熔体温度降低并逐渐形成单晶，该阶段称为引晶。籽晶与熔体形成的固-液界面稳定后，会呈现明亮的光圈，通过光圈的明亮程度判断生长温度是否适合。当熔接温度过高时，籽晶发生熔断；而当温度过低时，熔体尚未充分接触籽晶便开始形核，从而引起多晶生长。因此，引晶过程需要对熔体温度严格把控。

籽晶良好的结构质量对晶体生长至关重要，它应该不具有任何的低角度晶界、孪晶或者位错结构，因为这些缺陷在生长过程中会转移到晶体中。此外，还需要注意选用籽晶的晶体取向，通常来说晶体中存在一个或者多个易裂解的晶面，应该避开这些平面选择合适的晶体取向，以保证籽晶在生长过程中良好的机械稳定性。选用充当籽晶的原料通常以粉末的形式出现，其中可能含有水分和碳酸盐，通过高温煅烧的方式去除。为了使粉末更加致密，可以冷压成盘状圆片。籽晶制备后还需化学抛光去除表面损伤，避免表面损伤层中的缺陷延伸到生长的晶体中，同时化学抛光还可减少籽晶可能带来的金属污染。

3. 缩颈

通过严格选种、化学抛光等方式，避免了籽晶本身在新生长晶体中引入位错，但由于籽晶与熔体液面接触时，受到热冲击的作用会在晶体中诱发新位错形成，这些位错会进一步延伸，并扩散到整个晶体当中。

由于晶体中存在着可供位错滑移的滑移面，而选用籽晶的生长方向往往垂直于这些平面，在外力的作用下，位错会沿着这些平面运动到晶体表面，直至位错消失。利用位错的运动机制，在"引晶"结束后适当降低炉内温度，快速向上提拉，使晶体的生长速度加快，新结晶的单晶直径很小，位错可以很容易地滑移到晶体表面，从而消除由热冲击诱发的位错，保证晶体无位错生长。

缩颈阶段新形成的这部分单晶具有较大的纵横比，单晶的直径与长度的比值通常为1：10左右，在外力冲击下容易发生断裂。因此，晶颈的直径和长度要受到生长单晶重量的限制，在保证晶颈不断裂的情况下尽可能地拉长，以消除位错。

4. 放肩

"缩颈"完成后，将晶体的生长速度放缓，使晶体有充分的时间与熔体接触，此时晶体直径迅速增大到所需的尺寸，形成一个接近180°的夹角。随着晶体直径的增大，晶体与熔体间的固-液界面也随之增大，二者之间的热交换速率更频繁，倘若晶体的直径增长速率过快，熔体液面很容易出现过冷。此时，肩部的形状会因直径快速增长变成方形，甚至在晶体内部再次引入位错而破坏单晶结构。

5. 等径

当晶体放肩至预定的直径后，晶体保持固定的直径和速率径直生长的阶段，称为"等径"。单晶等径生长时，不仅要保持固定直径生长，同时也要避免晶体中新位错的形成。其中存在两个影响单晶无位错生长的重要因素，其一是单晶径向生长的热应力，其二是挥发气体凝聚形成的小颗粒。

晶体等径生长过程中，由于坩埚内部热场由周围的石墨加热器提供，不同位置的热场并不均匀，而是存在一定的温度梯度。坩埚侧壁附近熔体的温度要高于中心熔体的温度，所以，在这种条件下生长单晶的边缘和中心也存在一定的温度梯度，从而导致中心热应力的形成。此外，当单晶棒离开固-液界面开始冷却，由于晶体表面的冷却速度要高于中心的冷却速度，中心热量来不及释放，在一定程度上会进一步加剧热应力。当热应力增大到超过形成位错的临界应力时，位错会在中心形成并延伸，严重影响晶体的质量。其次，熔体和晶体表面挥发的气体如果不能及时排出，接触到冷氩气或者坩埚壁会迅速凝固形成颗粒。这些固态颗粒撞击晶体造成表面损伤，落入熔体后最终又会进入晶体，破坏晶体的周期性生长，导致位错的形成。

等径生长阶段一旦形成位错，会引起单晶外形的改变，俗称"断苞"。若晶体保持连续生长，可在表面观察到规则且连续的棱线，位错的出现会使棱线中断，这一现象可作为判断晶体是否发生无位错生长的依据。

6. 收尾

晶体生长到一定的尺寸和重量后，需要进一步提高熔体的温度缩小晶体的生长直径，晶体会逐渐收缩至圆锥形，当圆锥与液面只有一接触顶点时，晶体可以完全离开熔体，等待单晶棒冷却，至此晶体生长完成。

晶体生长完成后，如果直接离开液面，晶体生长突然中断，其中大面积的断处会受到热应力的作用，远超晶体中形成位错的临界应力，从而引入大量的位错。收尾工序通过减小晶体的直径，使尾部所受的热应力的面积减小，防止晶体离开液面时由于热应力诱发大量位错的形成。

9.1.3　单晶生长工艺参数及热场控制

上述内容简要地介绍了 Czochralski 法生长单晶的基本原理和工艺，实际上单晶的生长过程十分复杂。受到坩埚加热方式的影响，靠近坩埚热壁的熔体接受大量的热量，因此该处温度最高。受熔体热对流的影响，坩埚 W 和 E 侧熔体从坩埚热壁上升，热量被传递到表面，坩埚 N 侧和 S 侧对流强度较弱，熔体流向坩埚底部。熔体中央区域远离加热器，该处为低温区域，并且与籽晶熔接后过冷，固-液界面附近熔体释放结晶潜热，使温度进一步降低，从而形成轴向和径向上均呈温度梯度分布的熔体热场，如图 9-3 所示。根据晶体生长控制 Voronkov 缺陷 V/G 控制理论，原生单晶硅生长质量取决于晶体生长固-液界面法向生长速度（v）及晶体生长固-液界面温度梯度（G）。其中，固-液界面温度梯度又受熔体流动的强烈影响，包括晶体旋转/坩埚旋转产生的强制对流、熔体内部由于温差产生的自然对流及熔体表面由于温差导致的表面张力变化而产生的马兰格尼（Marangoni）对流等。充分认识工艺参数对热场分布的影响，对改进工业制备工艺水平以及提高晶体质量具有深远的意义。

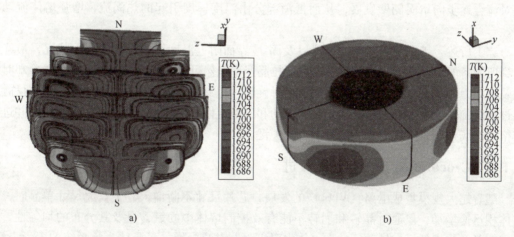

图 9-3　熔体流线及温度分布
a）截面　b）三维

1. 拉晶速率

单晶生长伴随固-液界面附近熔体的过冷以及结晶潜热的释放，当拉晶速率过快时，结晶潜热来不及释放会导致熔体温度略微升高，在一定程度上减小了温度梯度。但拉晶速率对熔体整体热场分布规律而言，作用并不明显，仅对界面附近小范围的温度变化有影响。

拉晶速度与晶体的生长速率密切相关，进而影响晶体的结构质量。晶体表面的散热速度会随着表面面积的快速增长而加快，而晶体内部由于晶体直径较大未能充分冷却，造成晶体内部和表面冷却速度不同，导致晶体内部和表面的温度梯度增大，进一步加剧晶体内部的热应力。过大的热应力会很容易形成位错或裂纹，从而降低晶体质量。

2. 晶转速率

晶体旋转会带动籽晶下方的熔体以相同的方向旋转，晶体下方熔体受离心力作用由中心向外侧流动，坩埚底部更多的高温熔体上流补充晶体生长的消耗，形成自坩埚底部到固-液界面的柱形涡流。晶体转速对熔体整体流动的影响并不大，但由晶体旋转引起的强制对流，对籽晶下方熔体的温度场分布以及杂质传输有一定影响。随着晶转速率增大，晶体下方熔体的流动加剧，增强了熔体与外界的热量交换，使中心轴向上的温度梯度分布更加均匀，结晶潜热也能更加快速释放，缓解了晶体内部热应力的作用。同时，籽晶下方熔体由于温度更高，与石英坩埚底部相互作用而富含氧，受晶转强制对流作用，这部分氧会随熔体而传输到固-液界面，使氧浓度在径向分布变得更均匀。

3. 埚转速率

坩埚旋转引起的离心力将在一定程度上削弱晶转离心力对熔体流动的驱动作用，使得固-液界面下移，并减弱界面的上凸趋势，利于固-液界面的平坦化。平坦的固-液界面可避免熔体浓度径向分布不均匀以及晶体内核的产生和小面生长，降低晶体中的溶质偏聚和气泡形成几率，减少晶体的热应力以及微观缺陷。

当埚转速率较低时，坩埚侧壁熔体受到浮力的作用，温度的最高点分布于熔体的自由表面附近。随着埚转速率增大，固-液界面下方的熔体向下流动的趋势增强，熔体温度最高点下移，使熔体自由表面径向温度分布更均匀。当坩埚保持高速旋转时，由坩埚旋转引起的强制对流会逐步向坩埚侧壁发展，从而抵消部分由温度梯度引起的热涡流，增强熔体流动稳定性。

综上所述，工艺参数能改变熔体以及固-液界面附近温度场和流场的分布状况，最终反映到所制备的单晶质量上。例如，高速的拉晶速率虽然可以提高生产效率，但会受冷却时间以及热应力的严格限制；籽晶与坩埚的相对旋转可以有效改善生长系统中熔体的热对称性，但过高的旋转速率也会加剧晶体生长的振动和不稳定性。因此，选择合适的工艺参数并进行严格的热场控制是实现单晶高质量制备的关键。

9.1.4 Czochralski 法的优化及改进

随着超大规模集成电路（VLSI）的发展，芯片尺寸不断增大，生长大尺寸单晶时，熔体体积迅速增加，仅通过晶转和埚转不能有效控制熔体中的氧含量及其分布的均匀性，相反，籽晶和坩埚的反向转动还会在熔体中引入强制对流，增加了晶体生长系统的不稳定性。此外，通常情况下，单晶生长结束后需在炉膛等待冷却，等温度降低至室温才能转移取出，而在坩埚内剩余的熔体由于热胀冷缩作用，会导致坩埚破裂。每次生长需频繁更换坩埚，这无疑增加了消耗成本和时间成本。传统的 Czochralski 法已然不能满足大规模集成电路及器件发展的要求，人们开始在原有的基础上对单晶生长技术进行改进。

1. 磁场在单晶生长的应用

受热对流或者外力场的影响，熔体容易产生不稳定的对流，引起熔体温度起伏或振荡，干扰生长界面的稳定性，从而使晶体出现生长条纹，降低晶体的质量和性能。Chedzey 和 Hurle 为了克服这些不稳定因素对晶体生长的影响，提出了磁控生长技术，利用磁场抑制晶体生长中的熔体流动以减少条纹，但当时并未引起人们的重视。直到 20 世纪 70 年代末人们发现磁场对晶体生长中氧浓度的影响很大，而氧含量及分布会直接决定晶体的强度以及缺陷的形成，对器件性能有很大影响，才逐渐引起人们的关注。1980 年，索尼公司将磁控技术应用于商业化，在氧含量范围很宽的情况下控制单晶的生长，晶体的电阻率达到 $5000\Omega \cdot cm$。

磁场影响单晶生长的机制是通过洛伦兹力与热对流相互作用，在导电熔体流动过程中，会以一定的垂直于磁场方向的速度切割磁力线，产生感应电流。感应电流与外加磁场相互作用，形成了与该流动方向相反的洛伦兹力

$$F_{洛} = qvH \tag{9-2}$$

式中，q 为电荷；v 为运动速度；H 为磁场强度。由公式可知，导电性熔体的运动受反方向的作用力而受到抑制，并且随着运动速度以及磁场强度的增强，热对流受到的阻碍越大。从而可以降低熔体波动，生长无生长条纹和旋转条纹的单晶。

根据施加磁场的方向，可分为横向磁场、纵向磁场和勾型磁场三种构型。横向磁场是在炉体水平放置磁极，产生的洛伦兹力将抑制垂直温差引起的对流，而水平方向上的熔体对流不受影响。在横向磁场中，随着磁场强度增加，由晶转引起的富氧熔体向生长界面流动受到抑制，生长单晶中的杂质氧含量浓度单调下降。由热对流引起的晶体生长条纹有所减少，而由晶转和坩埚转引起的晶体生长条纹有所增多，可能是因为横向磁场破坏了熔体的热对称性。纵向磁场通过在炉体周围设置螺线管来实现，限制水平方向上的熔体对流，径向温度分布更均匀，而纵向熔体不受影响。生长单晶氧的径向分布和电阻率受到磁场影响，氧浓度在轴向增大，而径向电阻率均匀性减小。这两种磁场在应用中仍存在局限性，为克服它们的缺点，在 Czochralski 法中引入非均匀轴对称磁场——勾型磁场。其结构示意图如图 9-4 所示，两组螺线管简化为线圈，线圈半径为 R_{cl}，两线圈距离 $2H_c$。与坩埚同轴对称位置放置两组相互平

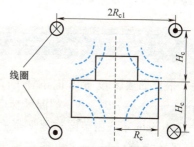

图 9-4　勾型磁场结构示意图

行的螺线管，分别通以大小相同、方向相反的电流，坩埚内部磁场由两组线圈产生的磁场合成，形成一个以线圈轴线和中心面对称、兼具径向和轴向磁分量的圆柱形非均匀发散磁场。在单晶生长过程中，对热对流熔体施加"勾型磁场"，熔体在不同方向上的热对流均会受磁场强度的抑制，提供了从坩埚底部到自由表面更加有效的对流传热，同时获得更加平坦的生长界面。

2. 装料技术的改进

晶体生长过程中，熔体液面会随多晶原料被消耗而水平下降，熔体的流动模式以及热场分布发生变化，晶体生长界面的温度以及熔体的稳定性更难保持。此外，剩余熔体中的杂质以及掺杂物质的含量随结晶比的增加显著提高，大大加剧了晶体生长的不稳定性，导致晶体结构质量恶化。

如果在晶体生长过程中持续向熔体中加入多晶原料以及所需的掺杂剂，控制适当的加料速度，就可基本保持熔体液面的位置不变，从而保持晶体生长所需热场条件的稳定。晶体生长完成后，将单晶棒移出炉外，重新在晶杆上连接新的籽晶，又可进行下一轮的单晶生长。通过这种连续加料的方式，能够减少晶体冷却而导致的坩埚破裂，大大减少更换高纯度石英坩埚的频率，既减少了成本消耗，也提高了生产的效率。

连续加料技术可分为几种类型。一是连续固态加料，在晶体生长过程中直接在熔体中加入多晶颗粒，补充原料的消耗。二是双炉体液态加料，这种加料方式通常设有两个炉体，一个用于晶体生长的生长炉，另一个用于多晶原料加料和熔化的熔料炉，两个炉体之间通过压力控制，通过相连的输送管将熔料炉中的熔体持续向生长炉输送，保持生长炉内熔体液面的高度。三是双坩埚液态加料，与前者加料方式类似，只是在生长设备中设有外坩埚和内坩埚，内坩埚底部带洞并放置于外坩埚，外坩埚用于多晶原料熔化，内坩埚用于晶体生长，两者保持相同，使内坩埚的液面始终保持不变。连续加料技术在一定程度上可以节约时间、减少消耗，但设备成本也会大大增加，所以应用并不广泛。

重装料单晶生长是另一种加料方式的改进，单晶生长结束后迅速转移，在晶杆上连接多晶棒，将多晶棒缓慢浸入熔体中熔化，为下一步生长增加熔体，待多晶原料完全熔化，熔体稳定后，重新安装籽晶开始下轮生长。相较于连续加料技术，这种加料方式对设备要求不高，并且能达到与前者相同的目的，也能大幅度减少生产成本，在太阳电池单晶硅的生产中得到了广泛的应用。但随着生产次数的增加，石英坩埚的腐蚀加剧，更多的杂质特别是杂质氧会溶入熔体当中，最终进入晶体，降低单晶的质量。所以重装料生长单晶的次数受到一定的限制。

9.2 Bridgman 法

根据加热区设置方向的不同，Bridgman 法可划分为垂直 Bridgman 法（VB）和水平 Bridgman 法（HB），VB 的温度梯度与重力场相互平行，HB 的温度梯度与重力场相互垂直。垂直 Bridgman 法由美国物理学家 P. W. Bridgman 在 1925 年提出的一种单晶生长方法，1936年苏联学者 Stockbarger 也独立提出类似的办法，这种方法又称为 Bridgman-Stockbarger 法。水平 Bridgman 法最早由 Kapitza 应用于单晶 Bi 的生长，20 世纪 50 年代，Chalmers 等人对贵金属及重金属的水平定向凝固开展大量研究，进一步促进该项技术的发展。接下来将对两种类型 Bridgman 法的生长装置以及工艺原理进行简要介绍。

9.2.1 垂直 Bridgman 法

1. 垂直 Bridgman 法的生长装置

垂直 Bridgman 法的生长装置如图 9-5 所示，包括炉体、机械传动系统、程序控制系统。VB 法生长装置的炉体主要由中央装载熔体的坩埚、外侧绝热材料、加热线圈以及电热偶组成。其中，坩埚作为晶体生长原料的载体，通常由耐高温的贵金属合金制造而成，需要满足耐高温、耐蚀等特点，同时相较于熔体具有较低的膨胀系数。除了坩埚的材质外，坩埚的形状与结构设计也至关重要，合适的坩埚设计有利于获得理想的温度场，有效控制晶体的生长应力。外侧的绝热材料能够阻止热量的散失，从而维持单晶炉内部温度场的稳定。加热线圈外接电源，通电后以热传递的方式对坩埚中的原料进行加热，配合热电偶等测温元件可以对炉内温度进行实时监测。

机械传动系统包括与坩埚底部连接的坩埚轴、支撑减震结构。坩埚轴与电动机相连，将电动机的转动转换为垂直方向的平移运动，从而控制坩埚与温度场的相对移动，通过控制相对移动的速度可以实现晶体生长的控制。同时，坩埚轴在上下平移的同时，还可以以适当的速度带动坩埚进行旋转，从而保证坩埚内部熔体界面的稳定。支撑减震结构主要用于稳定炉体以及整个传动系统，减小晶体生长过程中单晶炉不稳定运动对晶体生长的影响，保证晶体生长的稳定性。

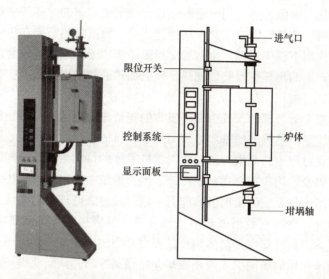

图 9-5　垂直 Bridgman 法的生长装置

　　程序控制系统可以对晶体生长过程中的温度、气氛以及生长速率进行实时监测和调控。通过温度控制单元可以实现单晶炉不同分区的温度各自进行调节，配合热电偶提供的温度信息，可以获得适合晶体生长的最佳温度。晶体的生长通常是在惰性气氛中进行的，炉内的气压也会影响晶体的生长。气氛控制系统主要由气体质量控制器以及气压计组成，可以根据不同晶体的生长需求，调节炉内的气氛环境。程序控制系统对晶体生长速率的调控是通过机械传动单元实现的，对电动机转速进行控制能够实现对坩埚平移以及旋转速度的控制。

　　2. 垂直 Bridgman 法的生长原理及工艺

　　VB 法单晶生长原理示意图如图 9-6 所示。垂直 Bridgman 法生长单晶可以分为加热区、过渡区和冷却区三个温区，其中加热区的温度略高于多晶原料的熔点，过渡区的温度接近多晶原料的熔点，而冷却区的温度要低于多晶原料的熔点。晶体生长是通过坩埚与温度场的相对移动来实现的，多晶原料首先在加热区升温并熔化，随着坩埚不断下降，坩埚底部的熔体优先到达过冷状态，这种过冷度导致结晶界面形成，坩埚继续保持下降即可实现单晶的自下而上生长。在坩埚保持适当速度下降的同时，还会以一定的速度旋转来保持熔体液面的稳定性。

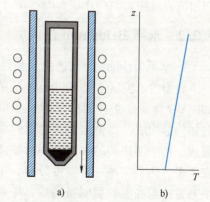

图 9-6　VB 法生长晶体
a）原理示意图　b）垂直方向温度变化

　　（1）温度场控制　在实际晶体的生长过程中存在多种相界面，比如熔体与生长晶体形成的固-液界面、气相与生长晶体的气-固界面、气相与熔体的气-液界面以及气相或液相与坩埚之间的界面等，这些界面之间普遍存在热传输作用，温度场的控制对晶体生长至关重要。垂直 Bridgman 法中温度场的控制主要是通过对加热区、冷却区以及过渡区的温度控制来实现。

加热区的热量来源可通过多种能量的输入方式来实现，常见的加热类型有电阻加热、感应加热以及辐射加热。电阻加热利用电流通过具有一定电阻率的导体产生焦耳热使导体自身升温，再通过热辐射、热传导等方式向坩埚传递热量。感应加热需要在坩埚周围放置感应线圈，在交变电流的作用下感应线圈产生磁场，当磁场作用于导电物质时会进一步形成感应电流，利用感应电流产生的焦耳热对物质加热。辐射加热通常采用高密度、高能量的电子束或激光直接照射物料进行加热，激光束（电子束）照射在物料表面时，其能量密度可分解为透射、反射和吸收三个能量部分，其中用于吸收的能量作为有效部分使物料温度升高。

冷却区的温度控制以热传递的基本原理为基础，目的在于增强生长系统与外部冷区的热交换，加快晶体生长过程中结晶潜热的释放以维持晶体的持续生长。冷却区的温度控制方法包括改变环境温度以及采用冷却介质强制冷却。生长系统主要以辐射散热的形式向环境释放热量，在给定温度下生长系统的辐射散热能力一定，通过降低环境温度从而增大生长系统与环境之间的温度梯度，能够有效增强辐射热流导热，最直接的方法就是将坩埚移出保温系统。此外，利用流体进行冷却也是晶体生长过程中常用的冷却方式，由于自然对流的导热能力有限，可以人为地在坩埚周围引入液相冷却介质强制冷却，从而获得一定梯度的温度场。

（2）生长速率的控制　在垂直 Bridgman 法中，晶体的生长速率可通过控制坩埚与温度场的相对移动来实现。坩埚与温度场间的相对移动速度即抽拉速率，当二者反向运动时，抽拉速率为二者运动速率之和，可获得较大的生长速率，当二者同向运动时，抽拉速率为二者运动速率之差，可以获得较小的生长速率，这种低速率的运动对于晶体生长过程中的减速阶段尤为重要。

实际的晶体生长速率与抽拉速率并不同步，还涉及体系中的传热和传质过程。垂直 Bridgman 法生长过程包含导热、对流散热、辐射散热传热过程，与抽拉速率共同决定了液相和固相中的温度梯度。同时，液相中存在的对流以及固相的扩散也会影响晶体生长界面的均匀性，进而影响晶体生长的质量。

9.2.2　水平 Bridgman 法

1. 水平 Bridgman 法的生长装置

典型的三温区水平 Bridgman 法单晶生长装置如图 9-7 所示。炉体由一个耐热石英管以及周边的加热器构成，每个加热器均由镍铬合金线制备而成，每个加热器的加热功率可独立控制，从而在水平方向上实现一维温度分布。中央区域的坩埚通常由耐高温玻璃制备而成，坩埚的一端通过耐热玻璃杆与传动装置连接，通过电动机带动玻璃坩埚由高温区向冷却区移动，促进籽晶以适当的速率生长。冷热区的两端安置隔热层，以保持该区域的温度恒定。由于受空气对流的影响，单晶炉顶壁的温度往往高于底壁，必要时可在炉底

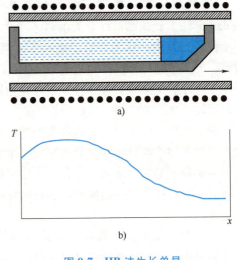

图 9-7　HB 法生长单晶

a) 原理图　b) 横向温度变化

增加保温材料，避免由于垂直方向上温度分布不均匀而导致的晶体异常生长。

2. 水平 Bridgman 法单晶生长原理及工艺流程

水平 Bridgman 法单晶生长的一个突出特点是熔体和生长的晶体具有大面积的自由表面，这种自由表面不与坩埚内表面接触，与界面没有化学、机械、热力以及动力学作用，可以作为结晶发生的理想界面。HB 法与 VB 法相同，也是利用坩埚与炉膛相对移动实现晶体的生长。在水平 Bridgman 法生长单晶的过程中，将籽晶固定在坩埚顶部温度最低的区域，这种相对简单的方法尤其适用。固体原料放置于坩埚中，在加热器的作用下将其完全熔化。随着坩埚向冷却区缓慢移动，生长界面处的熔体优先达到过冷并开始结晶。值得一提的是，晶种也可以在垂直 Bridgman 法中使用，特别广泛地用于光学和金属材料的生长。但是，将晶种装入石英坩埚顶部的制备过程是困难的，在大规模生产时将会产生问题。

3. 水平 Bridgman 法单晶生长工艺控制

在水平 Bridgman 法生长单晶的过程中，温度分布、熔体的对流以及反应气氛等因素都对生长单晶的质量产生显著影响。

晶体生长的生长界面受温度分布的影响，当界面处温度梯度过大会使界面弯曲，从而导致晶界的生长，破坏了晶体的生长结构。因此，可以适当调节温度控制生长界面尽可能保持线性，并使生长界面的等温线向熔体稍微倾斜，这种液-固界面有利于在不润湿的熔体中排除外来成核的影响，在自由表面开始成核和生长。

熔体对流在液相向固相转变生长晶体的过程中普遍存在，对晶体生长的影响是相对的。对流对熔体中的溶质起到混合的效果，增强了熔体成分分布的均匀性，但由对流引起的不稳定或振荡会影响晶体生长的稳定性，并且溶解的坩埚或保护膜材料在对流的作用下通过熔体向液-固界面高度密集地传输，在晶体中引入大量杂质。此外，对流改变了相边界的形态，并产生了远离熔体的反向界面倾角，但不是完全排除对流，通过在熔体上保持永久的温度平台或者施加恒定的磁场实现。

自由熔体表面越大，熔体与周围介质与坩埚的接触空间也就越多，挥发性的成分蒸发并在坩埚温度较低位置的冷凝作用越显著，这种强烈的升华-冷凝作用将导致化合物破坏以及化学计量上的偏差。目前有三种常用的方法可以限制熔体的蒸发和解离：①使用惰性气体建立反压；②使用额外的蒸发源；③采用非化学计量原料输入。

第一种方法是在冷态下疏散空气后用高纯度的惰性气体填充，气体压力取决于用于密封保护坩埚的方法。当熔体的温度为 $950 \sim 1250℃$ 时，会出现大气压的反压，这是由于温度和气压之间满足一定的线性关系，体系中的实际压力为 $p = p_0 T / T_0$，其中，T_0 为初始温度（通常为 300K），p_0 为 T_0 温度条件下对应的大气压强，T 为体系中晶体生长的实际平均温度。

在第二种方法的情况下，挥发性组分的饱和蒸气压是通过保持该组分的源处于恒定温度来控制的。此时，该热源的温度应与化合物熔点处熔体上的蒸气压相对应，并且这个额外的源需放置在一个额外的炉中或在温度恒定的炉段中。在使用移动坩埚的水平 Bridgman 法中，因为坩埚舟和炉膛的相对运动会导致温度变化，所以热源的温度往往很难保持恒定。因此，生长所用的舟必须相对较长。

第三种方法根据生长条件建立的气体气氛，按一定比率加入微挥发性组分，从而为晶体的生长提供必要的压力条件。这种方法广泛用于 GaAs 晶体的水平 Bridgman 生长。

习题与思考题

1. 描述 Czochralski 法的工艺流程和生长参数控制。
2. 对比 Czochralski 法和 Bridgman 法在单晶生长中的相似点和不同点。
3. 列举单晶炉中温度场（热场）的控制方法。
4. 解释磁场影响单晶生长的原理，并列举磁场在单晶生长中的应用。
5. 列出 Bridgman 法的优化和改进技术。

第 10 章

薄膜制备技术

半导体材料是现代信息和能源产业的基础。半导体薄膜是新型光电子器件和超大规模集成电路的核心材料。高质量半导体薄膜的实现得益于薄膜制备技术的快速发展。本章节主要介绍半导体薄膜的各种制备技术（如物理气相沉积、化学气相沉积、外延生长、溶液制程等），主要内容包括物理基础和原理、设备与工艺流程及其相关联的应用。其中，真空沉积技术（如原子层沉积）与液相涂布技术（如弯月面涂布）的详细讲解是本章节的一个特色。

10.1 物理气相沉积

物理气相沉积（PVD）是在真空条件下，采用物理方法，将材料源表面气化或电离成等离子体，并在衬底表面沉积成薄膜的技术。PVD 主要分为真空蒸发镀膜、真空溅射镀膜和真空离子镀膜三类。PVD 具有加工温度低、薄膜纯度高、附着力好、环境影响小、处理速度快等优点，在芯片制造、光学镀膜、装饰性镀膜中运用十分广泛。

10.1.1 蒸发镀膜

蒸发镀膜是在高真空条件下，加热蒸发镀膜材料，使之升华为蒸气，气态分子直接射向基片，然后在较低温度的基底上凝结，形成均匀的薄膜。采用真空蒸发工艺制备薄膜的历史可追溯到 19 世纪 50 年代。早在 1857 年，法拉第就开始了真空镀膜的尝试，在氮气中蒸发金属丝形成薄膜。由于当时的真空技术很差，用这种方法制备薄膜耗时较长，不具备实用性。直到 1930 年，油扩散泵-机械泵联合抽气系统建立后，真空技术得以迅猛发展，才使蒸发和溅射镀膜成为实用化的技术。尽管真空蒸发是一种古老的薄膜沉积技术，但它却是实验室和工业领域使用最多、最普遍的一种方法。蒸发镀膜可用于沉积包括金属、半导体和部分绝缘材料在内的多种不同类型材料。由于蒸发过程在高真空中进行，镀膜材料能够保持较高的纯度。再加上操作简单、沉积参数易于控制，蒸发镀膜已经发展成为一种多用途、能够制造高纯度薄膜的先进技术。

1. 蒸发镀膜的原理

当材料在真空腔室中被加热到一定温度时，其原子或分子就会从表面逸出，这种现象叫热蒸发。热蒸发镀膜的过程实际上是一个非平衡过程，但它要求在恒定反应条件下进行，以制备出高品质、性能稳定的薄膜。蒸发镀膜的过程可分成以下三个步骤：

（1）源材料受热熔化蒸发　蒸发材料的原子或分子要想逸出材料表面，必须具有足够高的热动能。在一定温度下，真空室中蒸发材料的蒸气在与固体或液体平衡过程中表现出的压力称为该温度下的平衡蒸气压（又称为饱和蒸气压）。平衡蒸气压 P_v 与气化温度之间存在一定关系，这种关系可通过克劳修斯-克拉佩龙（Clausius-Clapeyron）方程推导得到：

$$\frac{\mathrm{d}P_v}{\mathrm{d}T} = \frac{\Delta H}{T(V_G - V_L)} \tag{10-1}$$

式中，ΔH 是摩尔气化热；T 是绝对温度；V_G、V_L 分别为气相和液相的摩尔体积。低压下蒸气符合理想气体定律，即

$$\Delta V = V_G - V_L \approx V_G = \frac{RT}{P_v} \tag{10-2}$$

式中，R 为气体普适常数。由于摩尔气化热 ΔH 随温度变化很小，可视为常数。将式（10-2）代入式（10-1），积分后得

$$\ln P_v = A - \frac{\Delta H}{RT} = A - \frac{B}{T} \tag{10-3}$$

式中，A、B 均为常数。由此可见，平衡蒸气压对温度有很强的依赖关系。图 10-1 为不同材料的平衡蒸气压。对于所有材料，平衡蒸气压随温度的升高迅速增大。不同的材料达到同一平衡蒸气压所需的温度不同。一般情况下，熔点越高的介质，所需的温度也越高。

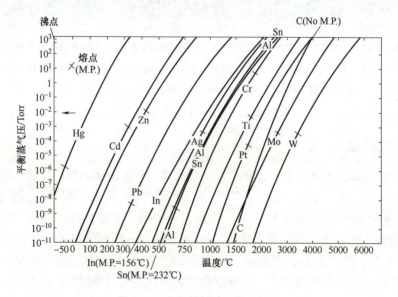

图 10-1　不同材料的平衡蒸气压

注：1Torr = 133.322Pa。斜线表示材料的熔点（MP）。

（2）蒸气从源材料传输到衬底　根据气体分子运动理论，蒸发粒子的平均动能和速度分别为

$$\overline{E_m} = \frac{1}{2}mv_m^2 = k_B T \tag{10-4}$$

$$\sqrt{\overline{v_m^2}} = \sqrt{\frac{3k_B T}{m}} = \sqrt{\frac{3RT}{M}} \tag{10-5}$$

将式（10-5）代入式（10-4），得

$$\overline{E_{\mathrm{m}}}=\frac{3}{2}k_{\mathrm{B}}T \tag{10-6}$$

式中，m 是一个蒸发分子的质量；M 是摩尔质量；T 是绝对温度；k_{B} 是玻尔兹曼常数；R 是气体普适常数。当蒸发温度为 $1000\sim2500℃$ 时，蒸发粒子的平均速度约为 $10^{5}\mathrm{cm/s}$，平均动能 $\overline{E}=0.1\sim0.2\mathrm{eV}$。

在热平衡条件下，由蒸发源平均每单位面积、单位时间射出的粒子数就是蒸发速率。利用气体分子运动理论计算得蒸发速率 R_{e} 为

$$R_{\mathrm{e}}=\frac{\mathrm{d}N}{A\mathrm{d}t}=\alpha_{\mathrm{e}}\left[(P_{\mathrm{v}}-P_{\mathrm{h}})/\sqrt{2\pi mk_{\mathrm{B}}T}\right] \tag{10-7}$$

式中，$\mathrm{d}N$ 是蒸发粒子数；α_{e} 是蒸发系数；A 是蒸发面积；P_{v} 是饱和蒸气压；P_{h} 是液体静压；m 为蒸发分子（原子）的质量。当 $\alpha_{\mathrm{e}}=1$，$P_{\mathrm{h}}=0$ 时，R_{e} 具有最大值：

$$R_{\mathrm{e}}=P_{\mathrm{v}}/\sqrt{2\pi mk_{\mathrm{B}}T} \tag{10-8}$$

实际上蒸发材料表面常有污染存在，如碳、氧化物等，会使蒸发速率下降，因此，式（10-8）应乘以一个小于 1 的修正系数。

（3）蒸气在衬底表面凝结成固体薄膜　蒸发的粒子到达温度较低的衬底表面，会发生凝结并沉积，沉积速率 R_{d} 与蒸发速率 R_{e} 成正比。假设蒸气从蒸发源到衬底是直线运动，不发生碰撞散射，且蒸发面积 A 与源-靶间距 r 相比很小，那么就可将蒸发源当作点源处理，由此得出沉积速率 R_{d} 的表达式为

$$R_{\mathrm{d}}=\frac{P_{\mathrm{v}}A\cdot\cos\theta}{\pi\rho r^{2}\sqrt{2\pi k_{\mathrm{B}}T/m}} \tag{10-9}$$

式中，θ 是粒子运动方向与蒸发表面法线之间的夹角；ρ 是膜层的密度。

利用真空蒸发得到的薄膜，一般为多晶或非晶膜，薄膜以岛状生长为主，包括形核和成膜两个过程。当蒸发的原子（或分子）碰撞到衬底时，一部分永久附着在衬底，一部分吸附后通过再蒸发离开衬底，还有一部分会直接从衬底表面反射回去。黏附在衬底表面的原子（或分子）由于热运动沿表面移动，如碰上其他原子便积聚形成团簇。为了使吸附原子的自由能最小，团簇最容易发生在衬底表面应力高的地方，或在晶体衬底的解理阶梯上，即成核过程。进一步的原子（分子）沉积使上述岛状的团（晶核）不断扩大，直至延展成连续的薄膜。因此，真空蒸发多晶薄膜的结构和性质，与蒸发速率、衬底温度有密切关系。一般来说，衬底温度越低，蒸发速率越高，膜的晶粒越细、越致密。

2. 设备与工艺流程

根据蒸发源不同，蒸发镀膜又可分为电阻加热蒸发、电子束蒸发、激光束蒸发、反应蒸发等类型。

（1）电阻加热蒸发镀膜　电阻加热蒸发采用的是电阻式加热，如图 10-2 所示。选用的电阻材料应满足以下条件：在所需的蒸发温度下不会软化且在高温下饱和蒸气压较小，不与被蒸发材料发生化合或合金化反应，无放气现象和其他污染，具有合适的电阻率等。满足上述条件的一般是高熔点的金属，如钨、钼、钽等。

把这些难熔金属制成适当形状（图 10-3），把蒸发材料置于其上，通强电流，对蒸发材

料进行直接加热蒸发，或者将蒸发材料放入坩埚中进行间接加热蒸发。当蒸发材料（如铝）容易与电阻材料发生浸润时，可以把电阻材料加工成丝状加热体；当难与电阻材料发生浸润时，可以把电阻材料加工成各种器皿形状，如箔状加热体；当蒸发材料直接升华时，可以把电阻材料加工成特殊的加热体，如加盖舟形或篮形线圈。

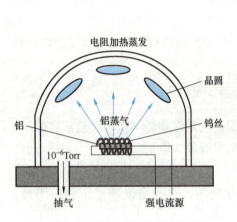

图 10-2　电阻加热蒸发腔体示意图

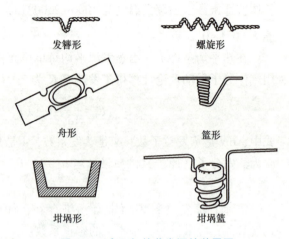

图 10-3　电阻加热蒸发源的装置图

电阻热蒸发法的优点是镀膜机构造简单、造价便宜、使用可靠，可用于熔点不太高的材料的蒸发镀膜，尤其适用于对膜层质量要求不太高的大批量生产。电阻加热的缺点是加热所能达到的最高温度有限，蒸发速率较低，蒸发面积小、蒸发不均匀，加热过程中易飞溅，以及来自电阻材料、坩埚和各种支撑部件的可能污染。

（2）电子束蒸发镀膜　电子束蒸发镀膜是蒸镀技术中一种成熟且主要的镀膜方法，它与其他类型的蒸发镀膜的区别在于蒸发方式上。电子束蒸发是使用电子枪生成和加速电子，然后被电磁透镜聚焦成细小的束流（图 10-4）。这个高能电子束随后被用来加热并蒸发坩埚中的目标材料，产生的蒸气在设备上方的晶圆表面形成薄膜。与电阻加热蒸发相比，电子束可以蒸发高熔点材料，实现对蒸发速率的精细调节，是制造高纯度和均匀薄膜的极佳选择。

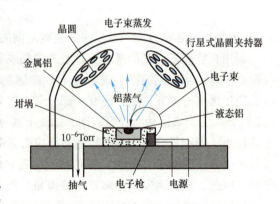

图 10-4　电子束蒸发腔体示意图

电子束蒸发的优点主要有：①可以直接对蒸发材料加热，减少了热损耗，热效率较高；②电子束产生的能量密度大，可以蒸发高熔点（大于 3000℃）的材料，且具有较高的蒸发速度；③装蒸发材料的坩埚是冷的或是用水冷却的，可以避免蒸发材料与容器材料的反应和容器材料的蒸发，从而提高薄膜的纯度。但是，电子束蒸发的加热装置较复杂，真空室内的残余气体分子和部分蒸发材料的蒸气容易被电子束电离，会对薄膜的结构和物理性能产生影响。

（3）激光束蒸发镀膜　激光束蒸发就是采用激光束作为蒸发材料的热源，通过聚焦大幅提高激光束的功率密度（$>10^6\,W\cdot cm^{-2}$），高能的激光束透过真空室窗口，对蒸发材料进行加热蒸发。激光加热可在局部产生很高的温度，此时蒸发材料吸收的能量

$$E_A(吸收) = E_I(入射) - E_T(透射) - E_R(反射) - E_s(散射)$$

由此可见，要使材料蒸发，必须吸收足够的能量，即应尽量减少透射、反射和散射发生的几率，使能量损失降到最低。

目前，常用的激光源有红宝石激光器、钕玻璃激光器、钇铝石榴石激光器、CO_2激光器等，其中前三种激光器的工作方式是脉冲输出，产生的脉冲使材料瞬间蒸发，即具有"闪蒸"的特点。一个脉冲就足以产生几百纳米厚的薄膜，因而薄膜的沉积速率高、附着力强，但膜厚控制困难且易引起化合物过热分解和喷溅。相比之下，CO_2激光器采用连续激励方式工作，输出功率连续可调，具有"缓蒸"的特点，可以克服脉冲激光器沉积薄膜的缺点。

激光蒸发的优点主要有：①功率密度大，可蒸发高熔点材料；②热源在真空室外，简化了真空室的结构；③非接触加热，对薄膜无污染；④较高的蒸发速率。但是，激光蒸发并非所有材料均能适用，特别是在一些高反射光学薄膜的制备上不具有优势。

利用激光束作为能量源的另一种镀膜技术是脉冲激光沉积。目前，这种技术广泛用于金属、半导体、绝缘体、超导体、有机物甚至生物材料薄膜的制备。关于脉冲激光沉积技术的内容将在 10.1.3 节中详细阐述。

（4）反应蒸发镀膜　反应蒸发是指在蒸发沉积的同时，将一定比率的反应气体通入真空室内，蒸发材料的原子在沉积过程中与反应气体结合而形成化合物薄膜。Auwärter（1952年）和 Brinsmaid（1953年）等首次提出反应蒸发技术。因为反应所需的气体压力导致气相成核和超细颗粒随蒸发材料沉积，早期的反应蒸发并不能产生致密的薄膜。1971 年，Heitmann 等通过低压氧等离子体蒸发材料，结合反应蒸发技术沉积致密氧化物薄膜，这种技术现在被称为活性反应蒸发（ARE）。这种方法是真空蒸发镀膜方法的一种改进。在真空室中产生一个等离子体区域，使通过该区域的蒸发材料和反应气体电离活化，从而提高二者的反应效率，促进其在衬底上形成化合物。制备高熔点，如氧化物和氮化物薄膜（如氧化铝、氮化钛等）常采用此种方法，如

$$2Ti(激活蒸气) + N_2(激活氮气) === 2TiN$$
$$2SiO + O_2(激活氧气) === 2SiO_2$$

反应蒸发过程中，可能发生反应的地方有蒸发源表面、蒸发源到衬底的空间以及衬底表面。其中，衬底表面是发生反应的主要位置，反应气体分子或原子碰撞衬底，被衬底表面吸附并扩散结合到薄膜的晶格中。相比之下，在蒸发源与衬底之间发生反应的概率很小，而蒸发源表面的反应会降低蒸发速率，应尽可能避免。

以反应蒸发沉积金属氧化物膜为例，衬底表面金属氧化物的生成经历了以下三个过程：①金属原子和氧分子入射到衬底表面；②入射到衬底上的金属原子或氧分子一部分被吸附，另一部分可能被反射或短暂停留后解吸，吸附能越小，或衬底温度越高，解吸越快；③吸附的金属原子或氧分子表面迁移，通过氧的离解、化学吸附发生化学反应，形成氧化物。

3. 应用

下面简要介绍蒸发镀膜在金属薄膜、金属合金薄膜中的应用。

（1）金属薄膜　许多元素在加热时会蒸发，但有些元素，如铬（Cr）、镉（Cd）、镁（Mg）、砷（As）和碳（C）等，会直接升华，还有一些元素，如锑（Sb）、硒（Se）和

钛（Ti）等，则处于蒸发和升华之间的边缘。例如，铬的蒸气压为 10^{-2} Torr，低于其熔点 600℃时，一般会升华气化。除非在很高的静水压力下，碳是不能熔化的。像铝、锡、镓和铅这类材料，在温度刚高于它们的熔点时，蒸气压非常低。例如，当温度高于熔点 1000℃时，锡的蒸气压约为 10^{-2} Torr，铝和铅温度在熔点以上，约 500℃时的蒸气压为 10^{-2} Torr。

大多数元素以原子的形式蒸发，但有些元素，如 Sb、Sn、C 和 Se，以原子簇的形式蒸发。对于以团簇形式蒸发的材料，可以使用特殊的汽化源，以确保沉积的蒸气以原子的形式存在。需要注意的是，材料被加热时，首先挥发的材料是高蒸气压表面污染物、吸附的气体和杂质。这些会在薄膜沉积开始之前污染干净的表面。

当蒸发的物质离开表面而不与表面碰撞时，物质就会从表面自由蒸发。自由表面汽化速率与蒸气压成正比，由 Hertz-Knudsen 汽化方程给出：

$$dN/dt = C(2\pi m k_B T)^{-\frac{1}{2}}(p^* - p)\sec^{-1} \tag{10-10}$$

式中，dN 为每平方厘米表面积上蒸发的原子数；C 为常数，取决于液体和蒸气中旋转自由度；p^* 为材料的蒸气压；p 为表面蒸气的压力；k_B 为玻尔兹曼常数；T 为绝对温度；m 为蒸发物质的质量。当 $p=0$，$C=1$ 时，汽化速率最大。在真空蒸发中，由于表面以上蒸气的碰撞（即 $p>0$ 和 $C\neq1$）、表面污染和其他影响，实际蒸发速率将只能达到最大速率的 $1/3 \sim 1/10$。

（2）合金薄膜　合金和混合物的成分按照与其蒸气压成正比的比例蒸发（即蒸气压高的组分比蒸气压低的组分蒸发得快），这种关系称为拉乌尔定律，它可以用于通过选择性蒸发/冷凝来净化材料。当合金从熔体中蒸发时，较高蒸气压的材料与熔体中较低蒸气压的材料成比例地稳定减少。例如，当 Al-Mg（6.27%，原子分数）合金在 1919K 下蒸发时，Mg 在总汽化时间的 3% 左右就完全汽化了。

当合金材料选择性汽化时，会引起薄膜组分的梯度变化。例如，当通过蒸发在聚合物上沉积 Cu-Au（铜-金）合金薄膜时，Cu 具有比 Au 更高的蒸气压，所以 Cu 会以高于 Au 的初始速率沉积。这导致 Cu 在界面富集，利于沉积膜与聚合物之间的良好粘附。当一种材料的汽化速度比另一种材料快时，可以通过补充熔体中耗尽的材料，来改变沉积薄膜中的组分。

在某些情况下，一种元素的汽化性质可通过与另一种材料合金化来改变。例如，容易升华的 Cr（熔点 1863℃）可以与 Zr（熔点=1855℃）合金化，形成液态熔体。Zr:Cr 共晶合金（14%Cr，质量分数）在 1332℃ 时形成熔体，此时 Cr 的蒸气压为 10^{-2} Torr，Zr 的蒸气压约为 10^{-9} Torr。而当 Zr:Cr 合金中 Cr 组分增加时（72% Cr，质量分数），熔点也相应增加到 1592℃。

10.1.2　溅射镀膜

溅射是一种常见的 PVD 技术。溅射过程中，通入腔室的惰性气体被电离成正离子和自由电子。在电场的作用下，这些高能粒子高速撞击靶材表面，将靶材原子溅射出来，并最终沉积在衬底上，形成所需的薄膜。

从溅射现象的发现到在制膜技术中的应用，经历了一个漫长的发展过程。溅射沉积薄膜是由 Wright 在 1877 年首次报道。1902 年，Goldstein 证明金属沉积来自离子轰击阴极溅射出来的物质，并且开展了第一次人工离子束溅射实验。爱迪生于 1904 年申请了一项溅射沉积工艺的专利，用于在照相圆筒上沉积黄金。直到 1950 年，溅射技术才开始用于实验室薄膜制备的研究，并逐步应用于工业生产。1965 年，IBM 公司研究出了射频溅射，实现了绝缘薄膜的制备。1971 年，Clarke 等首次将磁控原理与溅射技术相结合，使得高速、低温溅射镀膜成为现实。平面磁控溅射利用磁场将二次电子的运动限制在平面靶表面附近，是目前应用最广的一种溅射方式。溅射装置和工艺不断地发展和完善，极大地促进了薄膜科学技术领域的研究和应用。

1. 溅射镀膜的原理

溅射是一个复杂的过程。图 10-5 展示的是高能粒子轰击固体表面，发生在表面、表面区域和近表面区域各种现象和过程。部分轰击粒子在固体表面被反射，另一些可以物理穿透固体表面，被注入到表面区域，产生碰撞级联，部分能量和动量被转移到表面原子，这些原子可能被射出。在入射粒子的高速碰撞下，放射出的大部分粒子为中性原子或分子，这是薄膜沉积的基本条件。放射出的粒子中还包括二次电子，这是维持辉光放电的基本粒子，其能量与靶材电位相等。此外，还有少部分以离子或者二次离子的形式放出。在 1kV 的离子能量下，溅射出的中性粒子、二次电子和二次离子之比约为 100∶10∶1。如果溅射的是纯金属，气体为惰性气体，则不会产生负离子。但在溅射化合物或反应溅射时，会产生负离子，其作用和二次电子相似。在溅射过程中，常伴随气体解吸、加热、扩散、结晶变化和离子注入等现象。因此，溅射过程中的粒子能量大部分（约 95%）以热的形式在表面和近表面区域被损耗掉，仅有 5% 的能量传递给二次发射的粒子。

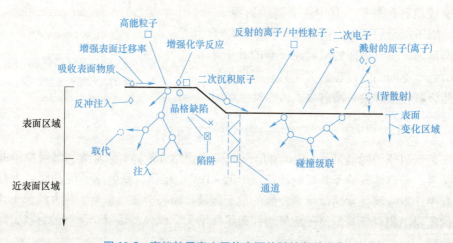

图 10-5　高能粒子轰击固体表面伴随的各种现象

关于溅射现象的机理解释，最早出现的理论模型是热理论，该理论认为溅射过程本质上是一种热蒸发过程。为了与实验观测的结果相符，后来又提出动量理论，又称级联碰撞理论，逐渐被广泛接受。入射离子进入靶材时与靶材原子发生弹性碰撞，入射离子的一部分动能会传给靶材原子，当后者的动能超过由其周围存在的其他靶材原子所形成的势垒（对于金属为 5~10eV）时，这种原子会从晶格阵点被碰出，产生离位原子，并进一步和附近的靶材原子依次反复碰撞，产生所谓的级联碰撞。当这种级联碰撞到达靶材表面时，如果靠近靶材表面的原子的动能超过表面结合能（对于金属为 1~6eV），这些表面原子就会逸出靶材，成为溅射粒子。这种理论现已成为研究溅射的基础。

表征溅射过程的参数主要有溅射阈值、溅射产额、溅射粒子的速度和能量，以及溅射速率和沉积速率等。

（1）溅射阈值　溅射阈值是指将靶材原子溅射出来，入射离子需要具备的最小能量水平。溅射阈值与离子质量之间没有明显的依赖关系，主要取决于靶材。靶材的原子序数越大，其溅射阈值越小。对于大多数金属，其溅射阈值为 10~40eV，约为升华热的数倍。

（2）溅射产额　溅射产额又称溅射产率或溅射系数，表示平均每个正离子轰击靶材时，能够从靶材中溅射出的原子个数。溅射产额与入射离子的种类、能量和角度有关。同时，靶材的类型、温度、表面状态、晶格结构等也会对溅射产额有显著影响。各种材料在具有不同质量和能量的离子轰击下的溅射产率，可利用第一性原理计算得到。图 10-6 为计算得到的不同元素的 Ar 离子溅射产额。可以看到，随着入射离子的能量增加，溅射产额也快速增加。在 100eV 的轰击能量下，溅射产率通常小于 1，这表明溅射过程中原子逃离靶材需要大量的能量。

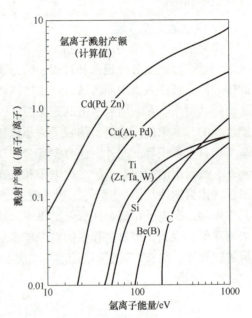

图 10-6　通过计算得到的不同元素的 Ar 离子溅射产额

（3）溅射粒子的速度和能量　靶表面受离子轰击会放出各种粒子，其中主要是溅射原子。随着入射离子能量的增加，构成溅射粒子的原子数也逐渐增加。脱离表面的溅射原子有的处于基态，有的处于不同的激发态，因而具有不同的能量。按照级联碰撞理论，溅射原子的能量分布为

$$N(E_0,\theta)=AE_0\frac{\cos\theta}{(E_0+U_s)^2} \tag{10-11}$$

式中，E_0 是溅射原子的能量；θ 是入射角；U_s 是表面结合能；A 是常数。溅射原子的角分布呈余弦关系。与热蒸发原子具有的动能（0.01~1eV）相比，溅射原子的动能要大得多。在溅射过程中，重金属元素通常得到较高的粒子能量，而轻金属元素得到较大的粒子速度。溅射粒子的能量随靶材元素的原子质量增加而线性增大。此外，溅射产额高的材料，溅射粒子的能量较低。

（4）溅射速率和沉积速率　溅射淀积速率由靶材原子的迁移决定，主要涉及三个过程：靶材表面的溅射、由靶材表面到衬底表面的扩散以及衬底表面的沉积。这三个过程相对应的速率分别为溅射速率（R_s）、扩散速率（R_D）和沉积速率（R_d），分别由以下公式计算得到：

$$R_s=NYM/N_A \tag{10-12}$$

式中，N 是单位时间内碰撞在靶材单位面积上的粒子数；Y 是溅射产额；M 是靶材原子的相对原子质量；N_A 是阿伏伽德罗常数。

$$R_D=\frac{DM}{RT}\times\frac{P_2-P_1}{d} \tag{10-13}$$

式中，D 是扩散系数；R 是气体普适系数；T 是绝对温度；P_2 为靶附近的靶材物质蒸气压；P_1 为衬底附近的靶材物质蒸气压；d 是靶至衬底的距离。

$$R_\mathrm{d} = \alpha_1 P_1 \sqrt{\frac{M}{2\pi R T_1}}$$

(10-14)

式中，α_1 是衬底表面凝结系数；T_1 是衬底温度。

因此，为了提高溅射沉积速率，需选择较高的阴极电压和电流密度、较重的惰性气体和较低的溅射气压。在实际中，可通过改变电极配置（如三极溅射）和施加适当的磁场（如磁控溅射）等来实现。

2. 设备与工艺流程

按照溅射类型的不同，溅射镀膜又可细分为直流溅射、射频溅射、磁控溅射、离子束溅射等。因此，需根据不同的制备需求，选择适当的溅射技术。

（1）二极溅射　最早获得应用的是阴极溅射，它由阴极和阳极两个电极组成，故又叫二极溅射或直流溅射。这种装置采用平行板电极结构，靶材为阴极，支持衬底的基板为阳极，安装在溅射室内，如图 10-7 所示。在抽真空至 $10^{-3} \sim 10^{-4}$ Pa 后，向溅射室内充入惰性气体至 $1 \sim 10^{-1}$ Pa，两极间通以数千伏的高压，形成辉光放电，建立等离子区。离子轰击靶材，通过动量传递，靶材原子被打出并淀积在衬底上。

二极溅射的优点是结构简单，操作方便，可长时间溅射。但同时也存在许多缺点：①二极溅射辉光放电的离化率低，只有 $0.3\% \sim 0.5\%$ 的气体被电离，因而阴极溅射的沉积速率比较低；②二极溅射采用直流电源，所使用的靶材为金属靶材，不能制备绝缘介质材料；③离子轰击阴极，产生的电子直接轰击衬底，具有较高的温度，使不能承受高温的衬底的应用受到限制，而且高能离子轰击又会对衬底造成损伤；④工作气压高，溅射气体会对薄膜造成污染，影响沉积速率，而降低工作气压又容易使辉光放电熄灭。

目前，二极溅射已不作为独立的镀膜工艺使用，但仍可以作为其他工艺的辅助手段。例如在磁控溅射镀膜中，沉积薄膜前先用二极溅射清洗衬底，这时衬底为阴极，受离子轰击，清除表面吸附的气体和氧化物等污染层，以增加薄膜和衬底的结合强度。

（2）三极/四极溅射　三极/四极溅射是在二极溅射基础上的一种改进，主要是通过增加额外电子源，来提高放电区电子密度，获得高离化率，进而提高薄膜质量和沉积速率。二极溅射利用冷阴极辉光放电，阴极本身兼作靶材。而在三极溅射中，阴极与靶材不同，需另外设置，称之为热阴极。因此，这里的"三极"指的是热阴极、阳极和靶电极。四极溅射是在"三极"的基础上再增加辅助电极，以稳定辉光放电，又称为稳定电极（图 10-8）。

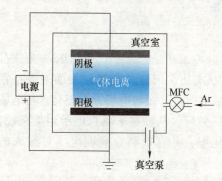

图 10-7　二极溅射系统的装置示意图

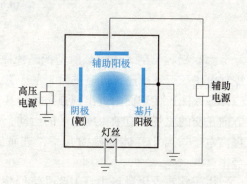

图 10-8　四极溅射的装置结构示意图

三极/四极溅射的特点是，轰击靶材的离子电流和离子能量可以完全独立地控制，而且在比较低的压力下（如 10^{-1}Pa）也能维持放电，因此，溅射条件的可变范围大。由于真空度较高，靶工作电压显著降低，对衬底的辐射损伤减小。但是，三极/四极溅射的装置结构复杂，难以获得大面积、密度均匀的等离子体，而且灯丝消耗严重。和二极溅射相比，虽然沉积速率有所提高，但提升仍然有限（从 80nm·min^{-1} 提高到 2μm·min^{-1}），目前已很少使用。

（3）**射频溅射** 射频溅射又称高频溅射，它是为解决不具导电性的非金属材料（绝缘介质材料）溅射镀膜问题而设计的。溅射绝缘介质材料时，正离子打到靶材上产生正电荷积累而使表面电位升高，使正离子不能继续轰击靶材而终止溅射。如果在绝缘靶背面安装金属电极，并施加频率为 5~30MHz 的高频交变电场（通常采用 13.56MHz），靶材表面形成周期性负电荷富集，溅射便可持续。

图 10-9 为利用绝缘靶材进行射频溅射的原理图。图中等离子体电位为零电位，绝缘靶材料的电压为 V_r，靶背面金属电极的交流电压为 V_M。假设在绝缘体靶上所加的是正弦波，正半周时，因为电子很容易运动，V_r 和 V_M 很快被充电；负半周时，离子运动相对于电子要慢得多，故被电子充电的电容器开始慢慢放电。若使衬底为正电位时到达衬底的电子数等于衬底为负电位时到达衬底的离子数，则靶材在绝大部分时间内呈负性，这就相当于自动给靶材施加了一个负偏压 V_b，于是靶材能在正离子轰击下溅射。因此，在高频交流电场作用下，绝缘靶被离子和电子交替轰击，保证了溅射过程的持续进行。另外，如果在靶电极的接线端串联电容器，射频溅射同样可用于溅射金属和半导体材料。由于电子在高频交变电场中的振荡增加了电离几率，故射频溅射的溅射速率要高于阴极溅射。

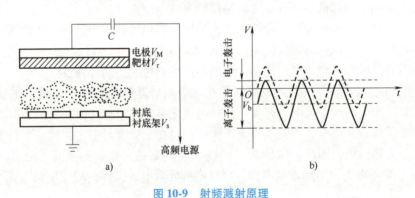

a）   b）

图 10-9 射频溅射原理

a）系统示意图 b）高频交流电场下离子和电子交替轰击靶材

（4）**磁控溅射** 磁控溅射是把磁控原理与普通溅射技术相结合，利用磁场的特殊分布控制电场子运动轨迹，以改进溅射的工艺。具体实现方式是在靶材（阴极）表面附近布置磁体或线圈，使靶面附近出现强磁场，其方向与靶面基本平行，而与电场方向正交。与电场方向正交的磁场可有效束缚电子的运动，形成"磁笼"效应，从而显著延长电子运动路径，提高电子与离化气体的碰撞几率，进而提高气体离化率，并有效防止高能电子对衬底的轰击。

电子在正交电磁场中，主要受洛伦兹力（$F_{洛}$）和库仑力（$F_{库}$）的作用。如图 10-10 所示，$F_{洛}$ 形成的加速度垂直于电子瞬时速度，使其不断改变运动方向；$F_{库}$ 形成的加速度不变，且永远指向阳极表面。在横向上，受 $F_{洛}$ 水平分量作用，电子不断漂移；而在纵向上，受

$F_{洛}$垂直分量和 $F_{库}$联合作用，周期性加速、减速和振荡。于是，电子的运动轨迹方程为

$$x = \frac{Et}{B}\left(1 - \frac{\sin\omega t}{\omega t}\right) \tag{10-15}$$

$$y = \frac{qE}{m\omega^2}(1 - \cos\omega t) \tag{10-16}$$

式中，$\omega = \frac{q}{m}B$，m 为电子质量。由运动轨迹方程可看出，电子将会被束缚在靶材表面附近区域，进行长程振荡运动，这大大增加了与气体分子碰撞的几率，使得离化率大幅提高。

与普通直流溅射相比，磁控溅射具有许多优点：首先，磁控溅射的真空度更高（<0.5Pa），薄膜污染的几率更小。其次，磁控溅射可使用直流和交流两种不同类型的电源，且放电电压更低（600V 以下）。此外，由于引入了正交电磁场，磁控溅射的离化率提高到 5%~6%，因而具有更高的离子电流密度（>20mA·cm^{-2}）和沉积速率（>10μm·min^{-1}）。对于许多材料，溅射速率甚至达到了电子束的蒸发速率。同时，磁控溅射还可以有效避免二次电子对衬底的轰击，使其保持接近冷态（<100℃），这对于单晶和聚合物衬底具有重要意义。

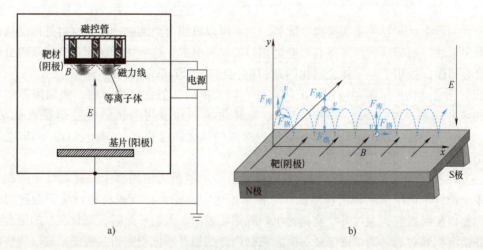

图 10-10　磁控溅射原理
a）系统示意图　b）磁约束的实现

（5）离子束溅射　离子束溅射沉积，又称二次离子束沉积，是由惰性气体（通常为 Ar 气）产生的高能离子束轰击靶材引起溅射，沉积到衬底表面成膜。离子束溅射系统主要包括入射离子产生系统、离子束引出极和溅射沉积系统三部分。其中，离子产生系统与溅射沉积系统是分离的，两者具有不同的气压。离子产生系统工作于较低真空度（10^{-2}~10^{2}Pa），主要目的是维持辉光放电，获得高荷电密度的等离子体。而沉积系统则工作于更高真空度（<10^{-3}Pa），以避免溅射气体对薄膜的污染，保证薄膜沉积质量。

入射离子的产生系统实际上是一个独立的离子源，又称为离子枪，其作用是提供一定电流（I = 10~50mA）和电压（500~2000eV）的 Ar$^+$ 束流。离子枪发射出的 Ar$^+$ 流由离子引出极引出，经加速聚焦成具有一定能量的离子束。离子束进入沉积室，以一定角度轰击靶材，溅射出靶材粒子，并在更高真空度下输运并沉积到衬底上成膜。整个溅射过程如图 10-11

所示。

与普通溅射相比，离子束溅射具有以下优点：首先，溅射系统的真空度远高于一般溅射装置，这对于降低气体和杂质污染、提高薄膜纯度十分有利；其次，等离子体环境远离基片衬底，能有效避免荷电粒子轰击基片，从而降低衬底温度，以及薄膜内部因遭受轰击引起的损伤、缺陷；最后，入射离子束流（能量水平、入射方向）和溅射物质束流高度可控，可以精细控制薄膜的成分与结构，以获得性能更好的薄膜。但是，离子束溅射设备结构复杂，离子枪成本很高，薄膜的沉积速率也有限。

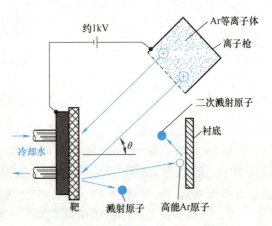

图 10-11　离子束溅射装置和示意图

3. 应用

下面简要介绍溅射镀膜在金属或者金属合金薄膜、化合物薄膜以及层状薄膜中的应用。

（1）金属或者金属合金薄膜　溅射是沉积金属薄膜的重要方法。在芯片制造中，溅射可用于在晶圆上沉积各种金属薄膜。此外，它还可以沉积合金薄膜。因为材料是逐层从靶材上溅射出来的，沉积后的薄膜保有与靶材相似的材料组成，这可用于沉积具有复杂组分和结构的合金薄膜，如用于半导体金属化的 W:Ti 合金和 Al:Si:Cu 合金等。

（2）化合物薄膜　溅射可用于沉积多种不同类型的功能化合物薄膜，例如用作半导体电极的导电薄膜（如 WSi_2、$TaSi_2$、$MoSi_2$ 等硅化物）和透明金属氧化物薄膜（如 ZnO、InO_2、SnO_2、ITO、AZO 等），用作光学反射涂层的氧化物薄膜（如 MgO、TiO_2、ZrO_2 等），以及用作耐磨涂层的氮化物薄膜（如 TiN、ZrN 等）。

（3）层状薄膜　具有层状结构或垂直梯度组分的薄膜可使用多个溅射靶材来沉积。此外，单个靶材也可用于沉积层状结构。一种常用的方法是将待沉积材料预涂到溅射靶材表面。例如，在溅射前，通过升华将铬预沉积到钼靶表面。溅射开始时，靶材表层的铬会先离开，并被沉积到衬底。当铬逐渐耗尽时，靶材内部的钼开始沉积到铬层表面。底层的铬可以增强钼膜在衬底表面的附着力，防止钼膜从衬底表面脱落。此外，通过改变反应气体，也可以改变薄膜组成。如溅射 Ti 薄膜时，将等离子体由 Ar 变为 Ar/N_2 时，可以形成 Ti-TiN-Ti 的多层薄膜。

10.1.3　脉冲激光沉积

脉冲激光沉积（PLD）又称脉冲激光烧蚀，是一种真空物理沉积方法。PLD 技术来源于人们对激光和物质相互作用的研究，可用于沉积多晶薄膜、外延薄膜、多层异质结构薄膜、超晶格结构薄膜以及纳米粉末和量子点等。20 世纪 80 年代，脉冲宽度在纳秒级、瞬时功率达 GW 级的准分子激光器的出现，使得利用激光沉积高质量薄膜成为可能。1987 年，美国贝尔实验室 Dijkkamp 等人利用 PLD 首次制备出具有高温超导特性的高质量 $YBa_2Cu_3O_{7-x}$ 薄膜，促进了 PLD 在薄膜制备领域的广泛运用。

为了制备更高质量薄膜，已经发展出了多种 PLD 技术。多光束 PLD 技术主要是通过多个光束照射不同靶材，以混合多个等离子体羽流来沉积薄膜。在同轴基板上发展起来的离轴 PLD 技术，通过将基板与等离子体羽流平行放置，可以在基板上沉积更薄、更均匀的薄膜。扫描多组分脉冲激光沉积，通过围绕目标几何形状移动扫描线，来沉积包含不同材料的靶材组合，实现多组分薄膜的大面积和均匀沉积。基质辅助脉冲激光蒸发（MAPLE）是一种利用聚合物或生物材料制成的冷冻靶材沉积薄膜的方法。靶材中的挥发性溶剂可以吸附高能激光束并防止对材料分子的损坏。目标分子通过与溶剂分子的碰撞被加热并转化为气相，而具有较低粘附系数的溶剂蒸汽被直接泵出。将 PLD 和磁控溅射技术相结合，可以在较低的压力下，以更高的沉积速率实现原子团簇的直接沉积。

1. PLD 的原理与工艺

图 10-12 为 PLD 系统的示意图。真空腔室中有两个主要组件：安装靶材的旋转台和安装衬底的样品台。这两个组件间隔一定距离，使得靶材表面面向样品台上的衬底。样品台支架可加热和旋转。脉冲激光束透过石英窗口（对入射激光波长透明）照射到靶材上，加热烧蚀靶材，使其熔化、汽化，直至变成等离子体（通常在气氛气体中）。等离子体向衬底膨胀，形成"等离子体羽流"，产生的烧蚀物由靶材向衬底传输，最后在衬底上凝聚、成核

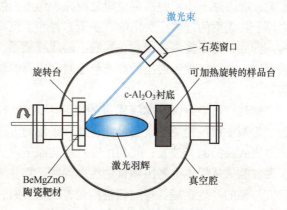

图 10-12　PLD 系统和原理图

直至形成薄膜。通过控制脉冲数，可以精确控制薄膜厚度，实现原子单层的生长。与其他溅射技术相比，PLD 需要的靶材较小，并且能够通过对各种靶材进行顺序烧蚀来制备不同材料的多层薄膜。

PLD 工艺过程的机理比较复杂，主要包括四个阶段（图 10-13）：

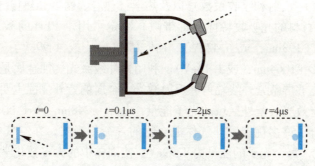

图 10-13　PLD 在单脉冲周期内生长的四个阶段

（1）激光与靶材之间的相互作用　当高能量密度和短脉冲持续时间的激光照射到靶材上时，会使靶材表面快速升温至其蒸发温度，表面原子通过碰撞、热和电子激发以及剥落与靶材分离，并以与靶材相同的化学计量被瞬间烧蚀。

（2）烧蚀和等离子体羽流形成　在 PLD 制备薄膜时，往往有一定压强的气氛气体存在。烧蚀材料依据气体的动力学规律向衬底移动，并呈现前向峰值现象，产生等离子体羽流。当

激光能量密度达到一定阈值时，每次激光脉冲都会使材料汽化或烧蚀，形成等离子体羽流（$t=0.1\mu s$）。

(3) **烧蚀物在气体中的传输**　经过烧蚀的物质以羽流的形式从靶体中喷出，具有明显的方向性（$t=2\mu s$）。等离子体羽流中的高能物质在传输过程中将经历诸如碰撞、散射、激发以及气相化学反应等一系列过程，而这些过程又影响和决定了高能粒子到达衬底时的状态、数量和动能等，从而最终影响和决定了薄膜的晶体质量、结构及性能。

(4) **烧蚀物在衬底上的成膜**　衬底上薄膜的形成包括原子在衬底表面的吸附、扩散以及成核生长过程（$t=4\mu s$）。原子在衬底表面的吸附受衬底、冷凝材料和蒸气之间界面能的影响。吸附原子固定到稳定位置之前在表面上扩散，速度依赖于衬底温度。薄膜的生长速率由原子在表面的迁移率决定的。在低温衬底上沉积薄膜，可能会导致结晶不良形成无定形结构。因此，为了提高烧蚀物在衬底上的成膜质量，通常需对衬底升温（几百K）。同时，还需克服从靶材表面喷射出的高速粒子对已成膜的影响、易挥发元素的损失以及颗粒物污染等问题。

颗粒物污染是影响薄膜质量的主要因素之一。颗粒物的大小和多少强烈依赖于沉积参数。为减少颗粒物的密度与尺寸，通常采用的方法有：①使用高致密度的靶材，同时选用对靶材吸收高的激光波长；②利用颗粒物与原子、分子之间的速率差异，使用机械屏蔽技术减少颗粒物。从根本上解决颗粒物污染问题，需从激光与靶材相互作用的物理过程入手，深入研究液滴的产生机理，进而调整激光等沉积参数，如采用超快脉冲（ps和fs）激光器。

2. PLD 的影响参数

PLD 沉积要控制激光波长、能量密度、光斑大小等与激光相关的参数，反应气氛、气压等与气体环境相关的参数，晶格参数、取向等与衬底相关的参数，以及材料组成、表面质量等与靶材相关的参数。

(1) **激光**　在 PLD 中，激光束的特性是最重要的，因为它决定了烧蚀机制。脉冲激光照射靶材的热过程，取决于激光的参数（波长、脉冲能量密度、脉冲持续时间）和材料具有温度依赖性的光学（反射和吸收系数）以及热学（热容、密度和热传导）性质。

1) **激光波长**。材料的光吸收特性（即带隙）决定了用于 PLD 的激光波长。PLD 选择的激光波长有 ArF（193nm，或 6.42eV）、KrF（248nm，或 4.99eV）、XeCl（308nm，或 4.03eV）和 Nd∶YAG（1064nm，或 1.16eV）。利用紫外线激光烧蚀金属是很困难的，因为金属导带的自由电子能够屏蔽紫外线辐射并反射激光。金属的紫外烧蚀主要是光热过程，效率很低。氧化物则能有效吸收紫外区域的光子能量，其中，248nm（KrF 准分子）是最常用的波长。这种波长结合了许多优点，即气体混合物的寿命相当长，在空气中的吸收很少（不像 ArF 激光），并且，每个光子的能量为 4.99eV，使固体中的大多数化学键能够通过单光子吸收而解离。只有少数氧化物的波长比 248nm 短，例如 MgO、Al_2O_3 或 SiO_2（石英）。

2) **脉冲宽度和能量**。在激光与固体靶材相互作用的初始阶段，脉冲的能量密度起重要作用，它由脉冲长度和脉冲能量决定。物质喷射和羽流形成所需的时间跨度取决于能量。此外，激光与等离子体羽流中的物质之间还需进一步的相互作用。同样重要的是，如果材料的去除发生在烧蚀阈值以下或高于烧蚀阈值，这是去除材料所需的最小激光强度。如果低于这个阈值，大部分激光能量转化为热能，将会很少有物质从目标中射出。

3) **光斑大小**。为了使靶材表面达到足够高的能量密度以诱导等离子体形成，激光必须聚焦到靶材上的一个斑点上。聚焦光斑的形状一般为正方形或长方形，面积约为几平方毫米。光束的聚焦使得能量密度增大，高于许多材料的烧蚀阈值。被激光烧蚀的靶材面积与光斑大小直接相关，它决定了每次脉冲烧蚀的物种数量。

(2) 气体环境　从目标到基体的飞行过程中，在等离子体羽流中会发生烧蚀物质的碰撞。这种碰撞发生在羽流和周围气体的接触前沿，靠近基底表面。在沉积过程中，可以使用背景气体，不仅可以调整薄膜的组成，而且可以调节到达的物种的动能。有几个参数影响飞行时物质碰撞和化学反应的程度，包括压力和背景气体的化学反应性。

1) 反应气氛。背景气体的加入对薄膜的沉积过程有多重影响。首先，背景气体减缓了烧蚀物质的速度，导致从靶中喷射出的离子减少；其次背景气体改变了到达衬底的物质的动能，并可以用来结合诸如 O、C 或 N 之类的元素，分别形成氧化物、碳化物或氮化物薄膜。因此，背景气体的类型及其压力影响薄膜的结晶度、厚度和组成。

选择背景气体时，主要考虑气体的类型、质量、组成元素种类、反应性等因素。使用惰性气体（如 Ar），可以研究等离子体羽流与背景气体的动力学相互作用。这种惰性气氛会影响烧蚀材料的输运、激光的衰减和表面不稳定性的发展。由于与气相分子发生碰撞，这些效应随着气体压力的增加而变得更加明显。反应气体（即 O_2 或 N_2O）的使用，促进元素进入薄膜。

2) 气压。真空室内的压力对到达衬底的烧蚀物质所经历的碰撞次数有直接影响。如果使用的是惰性气体，碰撞作用控制烧蚀物质的动能，从而调控衬底上的生长过程。如果使用的是反应气体，气体分压不仅影响烧蚀物质的动能，更重要的是，由于飞行过程中与背景气体的相互作用，分压还影响等离子体的化学成分。

随着真空室压力的增加，可划分为三个不同的区域：①羽流与背景气体相互作用最小的近真空低压区；②与羽流分裂和激波形成相对应的过渡区，此时羽流与背景气体之间的相互作用增加；③扩散区，对应于烧蚀物质向远离羽流的方向扩散。

(3) 衬底　物质到达衬底后，原子相互扩散并发生反应，也与衬底发生反应。有序的单层膜只有在表面扩散程度较强的情况下才能形成，这意味着最终薄膜的结构或形态是由粒子成核的方式决定的。基于化学物质的相容性和晶格参数，衬底在其中起重要的作用。图 10-14 展示了薄膜沉积过程中衬底表面诱导团簇的可能原子过程。

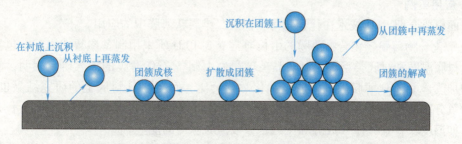

图 10-14　薄膜沉积过程中衬底表面团簇成核的示意图

1) 晶格参数和应力。外延生长首先由晶格失配（ε_m）决定的，可以利用衬底和薄膜表面的晶格参数（取决于晶体取向）计算。当晶格错配较小（<1%）时，界面能最小，更容易形成外延生长。在这种情况下，薄膜的生长可能沿晶面一对一匹配进行，直到薄膜厚度达

到临界尺度，能够容纳位错的形成。位错通常产生于薄膜表面，并向界面迁移。

2）化学相容性和表面稳定性。选择与薄膜材料结构和化学匹配度最高的衬底，可显著提高薄膜的表面形貌，降低薄膜的缺陷密度。杂质、物理和化学吸附物以及衬底表面的平面缺陷会立即干扰生长过程，因此，它们必须在沉积之前被移除或处理。

3）取向。在薄膜晶体中，每个组成晶粒具有特定的结晶取向。当晶粒取向的分布不是随机时，薄膜表现出择优的晶体取向。假设具有特定晶体取向的晶粒在形成过程中占主导地位，则薄膜取向主要受两个因素的影响：①晶核的几何形状导致最小的自由表面能；②所有的晶核都有相似的形状。靶材表面原子的聚集成核过程中，与底物匹配的原子核决定了薄膜生长后期的优先取向。晶体取向不一定是衬底方向，而是相对于衬底表面的膜的能量最小化方向。这意味着，如果衬底温度、气体环境和分压等条件有利，（001）取向薄膜也可以在（110）取向衬底上生长。

（4）靶材　PLD能够将具有复杂化学计量比的材料从靶转移到衬底。因此，靶材构成了沉积薄膜化学计量比的基础。然而，由于材料及其组成原子的固有特性，特定组分的转移是一个挑战。此外，靶材本身的物理结构对制备高质量薄膜也起着重要的作用。

1）材料和组成。目标材料和衬底之间的成分转移是沉积要考虑的一个重要因素。如果组成目标材料的原子在质量上有显著差异，则与较重的元素相比，较轻的元素倾向于更快地加速并向远离目标-衬底方向运动。较轻的物质首先到达基底表面，导致显著的成分偏差（薄膜组成可与靶材组成偏差达30%）。例如，与重元素相比，像Li这样的轻元素分布在等离子体中的体积更大。由于高能入射物的溅射或蒸发，Li也很容易从衬底上去除。

2）表面质量。靶密度和机械稳定性会影响颗粒的形成。例如，密度更高的TiO_2靶材产生的薄膜的表面粗糙度值较低。更高的靶材密度还有利于提高沉积速率，降低大颗粒喷射到基材上的几率。

3）靶材到衬底的距离。在PLD沉积过程中，大部分烧蚀材料都包含在羽流的±30°角范围内。因此，靶与基片的距离对膨胀羽流的角度有明显的影响。靶材到衬底的距离越大，薄膜的厚度越小。距离过小时，物质动能过大引起的反弹也越强。此外，靶材到衬底的距离对薄膜组成也有直接的影响。由于羽流种类与背景气体之间的相互作用，低于平均自由程的距离对薄膜的元素组成和分布至关重要。

3. 应用实例

下面简要介绍PLD技术在化合物薄膜以及二维层状薄膜中的应用。

（1）化合物薄膜　化合物薄膜的生长通常受到PLD所采用制备参数的影响，包括氧气压力、衬底温度和衬底类型等。对非晶玻璃衬底上制备ZnO薄膜的深入研究表明，氧气分压的增加改善了ZnO薄膜的晶体质量和化学计量比。而在STO衬底上的研究结果也表明，较高的氧分压利于获得更高的结晶度和更优的光学性质。ZnO薄膜的质量还受到生长条件的影响，如温度、背景气体（成分和压力）以及激光脉冲的能量。

PLD能够在很宽的压力范围内烧蚀目标材料，因而可以生长不同的纳米结构，并精确控制纳米结构的形貌、尺寸和组成。例如，通过改变沉积条件和真空腔室的结构，可以生长多种ZnO纳米结构，包括纳米棒/线/针阵列等。在没有催化剂的情况下，Gupta等报道了低衬底温度（450℃）下，在Si（100）衬底上合成了垂直排列且隔离良好的ZnO纳米棒。调整靶材与衬底之间的距离可以改变ZnO纳米棒的直径和长径比。

（2）石墨烯薄膜　石墨烯薄膜的生长可以通过 PLD 来实现。Ni 催化剂的选择是影响 PLD 石墨烯生长的重要因素。一种可能的方法是将碳薄膜预先沉积在衬底上，然后沉积一层 Ni 催化剂。由于碳在 Ni 中的溶解度较高，在冷却过程中，碳原子先扩散穿过 Ni 催化剂，然后沉积在催化剂表面，形成连续的碳原子薄层。通过调整激光脉冲数、碳与 Ni 的厚度比，可控制石墨烯层数。Bleu 等利用 PLD 技术，在 Ni 催化剂的辅助下，成功在 SiO_2 上合成了双层石墨烯。首先，通过 PLD 进行了 a-C:N 薄膜的合成。随后，将 Ni 催化剂沉积到 a-C:N 薄膜上。最后，通过热退火处理来生长 N 掺杂石墨烯（掺杂质量分数为 4%）。

（3）MoS_2 薄膜　利用 PLD 技术，可以在许多衬底上生长 MoS_2 薄膜。Serrao 等使用波长为 248nm 的脉冲 KrF 准分子激光器，在氧化铝（Al_2O_3）、氮化镓（GaN）、碳化硅（SiC-6H）三种不同的衬底上生长了大面积、高结晶、少层（1~15 层）的 MoS_2 薄膜。他们将 MoS_2 粉末和硫粉按照一定的比率混合进行冷等静压制备靶材。激光能量为 50mJ，衬底温度保持在 700℃。合成的薄膜被发现是 p 掺杂的，并且均匀分布在整个衬底上。研究结果表明，在 HfO_2 衬底表面沉积的 MoS_2 薄膜质量优于在石英和 SiO_2 等衬底上沉积的薄膜。

10.2　化学气相沉积

化学气相沉积（CVD）是制造金属、介质和半导体薄膜的常用手段。CVD 的种类很多，根据反应条件的不同，又分为常压 CVD（APCVD）、低压 CVD（LPCVD）、等离子体增强 CVD（PECVD）、金属有机化合物 CVD（MOCVD）、原子层沉积（ALD）等。CVD 生长的薄膜纯度更高、性能更好，是芯片制造等必不可少的制备工艺。

10.2.1　CVD

1. CVD 的原理

CVD 是一种气相物质在高温下通过化学反应生成固态物质并沉积在衬底上的成膜方法。挥发性的金属卤化物或金属有机化合物等前驱体与载气（H_2、Ar 或 N_2 等）混合后，被均匀输运到反应室内的高温衬底上，通过化学反应在衬底上形成薄膜，而多余的气态副产物被抽出反应腔室。如图 10-15 所示，CVD 过程可细分为：反应气体混合物的产生、气相输送、沉积和成膜。

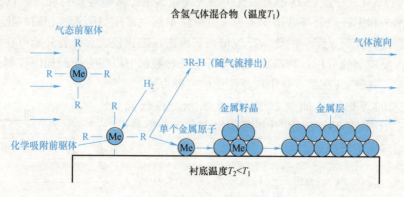

图 10-15　CVD 沉积过程示意图

CVD 过程可概括为一系列步骤：①反应物被引入反应器；②通过混合、加热、等离子体或其他方法去激活和/或分离气体；③反应物被吸附在底物表面；④被吸附的物质发生化学反应或与其他进入的物质反应形成固体膜；⑤反应副产物从底物表面解吸；⑥反应副产物从反应器中除去。最关键的步骤是表面化学反应形成薄膜，其余步骤只是满足材料转移要求。虽然薄膜生长主要由步骤④完成，但总体生长速度由最慢的步骤决定。

CVD 的生长机理十分复杂，其化学反应通常包括多种成分和物质，可以产生一些中间产物，而且有许多独立的变量，如温度、压强、气体流速等。要分析 CVD 外延生长的过程和机理，首先要明确反应物质在气相中的溶解度、各种气体的平衡分压，明确动力学和热力学过程；再者要了解反应气体由气相到衬底表面的质量输运，气流与衬底表面边界层的形成、生长成核，以及表面反应、扩散和迁移，从而最终生成所需的薄膜。

不同成膜技术有不同的成核机制，如蒸发、溅射等技术为岛状成膜机制，一般难以形成单晶；而 CVD 和 MBE 外延则较为容易形成单晶。在 CVD 中，气相中发生的为均相的体反应，称为均匀成核；固体表面发生的为非均相的表面反应，称为非均匀成核。在外延生长中，我们希望出现后者，而不希望出现前者，因为前者在气相中就有硅颗粒或团簇形成，将妨碍衬底上硅单晶的生长。体反应一般在高过饱和度的情况下容易发生，因而可降低过饱和度，使表面反应得以优先发生。外延包括同质外延和异质外延，同质外延容易发生，而异质外延一般需要衬底和外延层晶格参数匹配或很相近。

2. 生长设备与工艺

CVD 的生长设备按照反应腔室的类型分为闭管和开管两种。

（1）闭管 CVD　闭管 CVD 是将源材料、衬底、输运剂一起放在同一密封容器内，容器抽空或充气。在闭管系统中，源和衬底分别置于加热炉的不同温区。在源区，输运剂与源材料作用，生成挥发性中间产物，由于衬底区（沉积区）的温度与源区不同，气相中物质的分压也不相同，具有一定的压力差，它们通过对流和扩散输运到衬底区，在衬底区发生源区反应的逆反应，主要产物便沉积在衬底上，进行外延生长。反应产生的输运剂再返回到源区与源材料发生作用，如此不断循环使外延生长得以继续。早期的生长研究大多在闭管系统内进行的。这种系统设备简单，可以获得近化学平衡态的生长条件，而且能够得到与热化学性能相适应的卤化物，但生长速度慢，装片少。目前，这种生长技术对于基础研究仍然有用，但在工业上却应用很少。

（2）开管 CVD　开管 CVD 是用载气将反应物蒸气由源区输运到衬底区进行化学反应和外延生长，副产物则被载气携带排出系统。开管法虽然也采用与闭管法相同的化学原理，但相对于闭管系统，开管系统中的化学反应偏离平衡态往往比较大。开管外延可在常压或低压条件下进行，反应剂的分压、掺杂剂的浓度等生长参数都可以很方便地加以控制，适于大批量生产。因此，开管 CVD 是工业中广泛使用的一种方法。

CVD 工艺的理想特性曲线如图 10-16 所示。在低温（范围Ⅰ）下，沉积过程由表面发生的反应决定，反应速率 s 可以由阿伦尼乌斯方程描述：

$$s = s_0 \exp\left(-\frac{E_a}{RT}\right) \quad (10\text{-}17)$$

式中，E_a 是活化能；R 是通用气体常数。在较高的温度下，

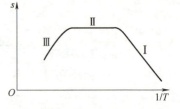

图 10-16　理想 CVD 特性曲线

表面的反应速率很快，以致沉积速率由通过气相的输运决定。在这个范围内（范围Ⅱ），沉积速率和薄膜的均匀性分别由反应器中的气流决定，与温度无关。在更高的温度（范围Ⅲ）下，沉积速率由气相中的均相反应控制，最终导致粉末形成，从而降低了沉积速率。根据沉积条件的不同，使用不同的反应器类型。对于动力控制范围（范围Ⅰ），间歇式反应器是合适的。在这种情况下，气体流量只起次要作用。在Ⅱ范围内，沉积受到气流的强烈影响，但预计会有更高的沉积速率。

3. CVD 的类型

按照生长压强的分类方式，分别对 APCVD（约 10^5Pa，即一个大气压）、LPCVD（$10^3 \sim 10$Pa）和 UHV/CVD（约 10^{-1}Pa）这三种沉积方式予以介绍。

（1）APCVD　APCVD 是最早使用的一种 CVD 技术，具有结构简单、容易操作等特点。外延生长可以在若干个形状不同的反应器内进行。1961 年，Theuerer 等最早采用了立式反应器，目前仍有许多实验室用这种反应器来进行可行性的实验研究和基本评估。水平反应器增大了处理硅片的能力。1965 年，Ernst 等研制出圆桶式反应器，它实质上是一种垂直安装在转动轴上的多板水平反应器，气流沿圆桶的边缘流过，转动能减小气流的不均匀性。水平式、圆盘式、圆桶式三种反应器都可用于工业生产。APCVD 生长的典型加热方法是射频感应加热。它适用性广，能够保证基座整个面积加热均匀。

（2）LPCVD　1973 年，Boss 等提出了 LPCVD 技术，在 $1.33×10^2 \sim 2×10^4$Pa 的较低压力下进行硅外延生长，以减少硅外延过程中的自掺杂。LPCVD 的生长速率可在 $0.1 \sim 1\mu m \cdot min^{-1}$ 范围内变化。LPCVD 和 APCVD 的化学反应原理相似，二者的设备外观没有太大差别。但低压设备和常压设备相比，在许多方面的要求提高了，除了增加反应室压力控制系统，反应室使用的管道、阀门、流量计都要求有良好的密封性和耐蚀性，并且要使用耐蚀、抽气速率大的机械泵。采用低压外延，一方面降低了系统玷污；另一方面，在停止生长时，能迅速清除反应室中残存的反应物和掺杂剂，从而缩小多层外延之间的过渡区，这在异质外延和多层结构外延生长中发挥了独特作用。

（3）UHV/CVD　UHV/CVD 是在 LPCVD 基础上发展起来的一种新的外延生长技术，其本底真空度一般达 10^{-7}Pa。UHV/CVD 最初由 Donahue 等在 1986 年提出的。同年，IBM Watson 研究中心的 Meyerson 正式建立了一套 UHV/CVD 系统，用于低温生长 Si 薄膜，采用两级泵串联抽真空，本底压强为 10^{-10} Torr，生长时压强在 $1 \sim 10$mTorr。很快这种技术就被成功应用于 Si、Si-Ge 薄膜和量子点、SiGe/Si 应变层超晶格等材料的生长。与其他 CVD 相比，UHV/CVD 的独特性主要体现在以下两个方面：①超洁净的生长环境；②超低的生长压强。

对于所有类型的 CVD 系统，沉积顺利进行必须满足以下基本条件：①在沉积温度下，反应物必须具有足够高的蒸气压；②反应生成物，除了所需的沉积物为固态，其余都必须是气态；③沉积物本身的蒸气压应足够低，以保证在整个沉积反应过程中能使其保持在加热的衬底上；④衬底材料本身的蒸气压在沉积温度下也应足够低。

10.2.2　PECVD

PECVD 是利用等离子体在较低温度下（低温等离子体）进行沉积的一种薄膜生长技术，广泛用于绝缘层、抗反射层、光学膜等薄膜制程。由于加入了等离子体部分，PECVD 的设备比 CVD 系统要略微复杂，其反应腔体结构如图 10-17 所示。射频热电极（称为面板）

与放置衬底的接地电极的面积大致相同，两个电极之间施加偏压。当气体进入 PECVD 反应腔后，开启射频电源，射频电源将气体电离，生成等离子体。等离子体中的自由基在衬底表面发生反应，形成薄膜。

在 PECVD 中，气体辉光放电产生的等离子体密度为 $10^9 \sim 5 \times 10^{11}$ cm^{-3}。离子轰击能量约为 $10 \sim 20eV$，主要由射频功率决定。等离子体主要作用为：①可以通过溅射衬底表面来除去玷污，包括原生 SiO_2 膜，进行原位清洁处理；②生长时用于产生新的吸附位置，使界面上的吸附原子由随机位置迁移到稳定位置的距离缩短；③离子轰击的能量提高了表面原子的迁移率。

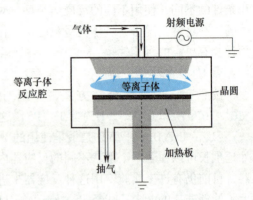

图 10-17 PECVD 反应腔体示意图

相比于常压 CVD，PECVD 具有以下优点：首先，由于等离子体提供了反应的能量，PECVD 具有更低的生长温度，通常在 $200 \sim 400℃$ 之间，特别适合对温度敏感的芯片制程；其次，PECVD 的沉积速率更高，例如，在外延 Si 单晶薄膜时，等离子体的使用可以将沉积速率由 $2.5nm \cdot min^{-1}$ 提高到 $5.7nm \cdot min^{-1}$。但是 PECVD 有一个不足：等离子体的引入会在衬底表面引起损伤，这个损伤可以通过适当降低等离子体的能量来尽量减小，但很难完全消除。

PECVD 的一个典型应用是非晶硅（a-Si:H）薄膜的制备。在薄膜晶体管、晶硅太阳电池、平板显示等的应用中，都需使用到非 a-Si:H 薄膜。相比于晶硅（$2.33g \cdot cm^{-3}$），a-Si:H 薄膜的密度略小，约为 $2.2g \cdot cm^{-3}$。下面以 a-Si:H 薄膜为例，探讨 PECVD 生长的工艺流程：将清洗好的硅衬底片装入反应室中，抽真空至 $1.33 \times 10^{-5}Pa$，打开灯泡加热反应室。对于 a-Si:H 薄膜的沉积，通常使用 $Ar:H_2:SiH_4$ 的混合物作为反应气源，压力范围控制在 $0.25 \sim 1.20mbar$（$1bar = 10^5Pa$），衬底温度为 $25 \sim 400℃$。与体硅材料相似，使用 B_2H_6 和 PH_3 作为掺杂剂，可以对 a-Si:H 薄膜进行 p 型或者 n 型掺杂。在功率密度为 $10 \sim 100mW \cdot cm^{-2}$ 的电容耦合放电（CCP）中，可以获得 $5 \sim 50nm \cdot min^{-1}$ 的沉积速率。

PECVD 沉积 a-Si:H 薄膜主要包括以下四个过程：

1）Si 表面的活化。在 PECVD 生长过程中，等离子体中的离子轰击硅表面会产生未饱和的悬挂键。图 10-18 为含有悬挂键的硅表面（覆盖率 θ_a）和钝化后的硅表面（覆盖率 θ_p）的示意图。硅表面的悬挂键主要是 $Si-H_3^-$，它可以被 Si 或 H 原子钝化。

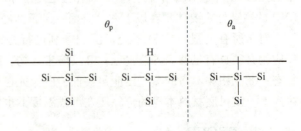

图 10-18 非晶硅层的形成示意图

2）Si 表面的钝化。吸附的 SiH_4 分子活化后会失去 H 原子，这些 H 原子可以很好地钝化硅表面的悬挂键。

3）自由基的形成。SiH_3 等自由基可通过与固体表面晶格的碰撞而形成，这一过程与物理吸附有关。这些自由基具有正电子亲和力，可以吸引自由电子，从而成为带负电荷的离子。

4）**薄膜的生长**。吸附的 SiH_3 自由基沿表面扩散，并在表面活性范围内促进生长。这有利于降低表面粗糙度值，从而助于生长高质量的光滑薄膜。在沉积过程中，有 5%～20% 的氢原子被嵌入到 Si 晶格中，因而得到的是氢掺杂的 a-Si:H 材料。

10.2.3　MOCVD

MOCVD，又叫金属有机气相外延，是一种在衬底上沉积超薄单晶层的技术，1968 年由 Manasevit 首先提出。MOCVD 是将金属有机化合物作为前驱体，在反应腔中，这些前驱体在高温下热分解，释放出金属元素，随后金属元素在衬底表面形成薄膜。MOCVD 不仅可以用于砷化镓、氮化镓、碳化硅等半导体材料的沉积，还可以用于铜、铝等金属单质的沉积，在光电子和高功率电子器件中应用十分广泛。

MOCVD 通常采用金属有机化合物和氢化物等作为晶体生长的源材料，以热分解反应的方式在衬底上进行气相外延。因此，对于 MOCVD，MO 源的选择十分重要。从实用的角度来看，MO 源通常应具有两种基本特性：①在适当的温度（$-20\sim20℃$）下，它们必须具有相当高的蒸气压（$>133.3Pa$）；②在典型的生长温度下，它们必须分解，以提供所需的生长元素。

一般来说，优先考虑具有高蒸气压的烷基化合物，这类烷基化合物通常具有最低的分子量。对于Ⅲ、Ⅱ族金属有机化合物，一般使用它们的甲基或乙基化合物，如 $Ga(CH_3)_3$、$In(CH_3)_3$、$Al(CH_3)_3$、$Cd(CH_3)_2$、$Ga(C_2H_5)$、$Zn(C_2H_3)$ 等，通常略写为 TMGa、TMIn、TMAl、DMCd、TEGa、DEZn 等形式。这些金属有机化合物中，大多数是具有高蒸气压的液体，也有的是固体。可采用氢气或惰性气体等作为载气通入该液体的鼓泡器，将其携带后，与Ⅴ族或Ⅵ族元素的氢化物（如 NH_3、PH_3、AsH_3、SbH_3、H_2S、H_2Se、H_2O）混合再通入反应器。混合气体流经加热的衬底表面时，在衬底表面上发生反应，外延生长化合物晶体薄膜。

以 TMGa 与 NH_3 反应生成 GaN 为例，MOCVD 的成膜原理可用图 10-19 加以说明，主要过程为：首先，MO 源通过扩散到达晶圆表面。在到达晶圆表面的过程中，MO 前驱体会被加热并分解成各种物质。到达表面后，MO 物质将在表面横向扩散，直到它们到达一个合适的晶体位置，在那里它们结合在一起。通常情况下，NH_3 供过于求，因此生长速率仅取决于晶圆表面 MO 前驱体的供应。假设表面反应速率足够大，MO 前驱体在晶圆表面的蒸气压为零。这将导致 MO 的浓度从气相向晶圆表面的梯度，并在晶圆表面产生 MO 物质从高浓度区域向低浓度区域的扩散力。MO 前驱体的另一个驱动力是反应器中的气体对流，它将 MO 前驱体从高压侧（进气侧）推向低压侧（排气侧）。具有 MO 浓度梯度的气体层称为边界层。边界层越薄，晶圆上的梯度和扩散通量越大。

生长温度较低时，生长速率主要受表面反应速率的限制。例如，在 500℃ 左右的低温下生长 GaN 成核层以释放应变。在相同的 TMGa 和 NH_3 流量下，随着生长温度的升高，成核层的生长速度明显加快。当生长温度进一步升高时，表面反应速率会变得足够高。此时，生长速率主要受到反应物在晶圆表面扩散速率的限制。

Creighton 等提出了 $M(CH_3)_3$ 和 NH_3 之间气相反应的模型，包括气相成核和颗粒形成两条途径，如图 10-20 所示。依据模型，TMGa 和 TMIn 倾向于上层途径，甲基配体的分解产生

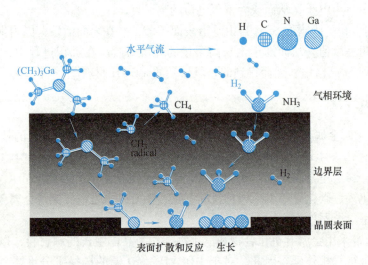

图 10-19　MOCVD 生长 GaN 薄膜的原理图

单甲基镓 GaCH$_3$ 或单甲基铟 InCH$_3$，它们与 NH$_3$ 反应形成包含 10~100 个原子的 GaN 或 InN 核。而 TMAl 通过下层途径成核。不同之处在于，下层途径中没有甲基配体需要分解，所以反应发生在比上层途径更低的反应器温度下，这可以解释为什么在 MOCVD 反应器中很难生长高铝浓度的 AlGaN 合金。

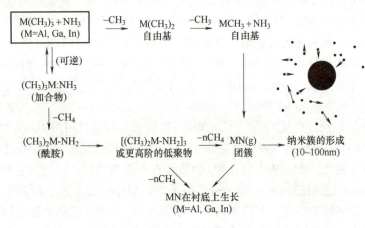

图 10-20　MOCVD 中气相反应的路径

　　晶核一方面向晶圆表面扩散，促进薄膜层的生长。另一方面，它们也会聚集成更大的纳米颗粒。当颗粒尺寸为 10~100nm 时，热泳力会将颗粒从热区推向冷区，沉积在冷反应器壁上或随气体流动到排气口。这不仅会降低生长速度，也会影响掺杂的均匀性和效率。纳米颗粒的尺寸随停留时间线性增加。停留时间较长时，纳米粒子的生长速率将会比晶圆表面晶核扩散的极限生长速率高几个数量级。这表明，如果停留时间过长或气流中存在涡流，MO 前体将从气相中完全耗尽。因此，为了获得较高的 MO 生长效率，反应器中层流场的形成非常重要。

　　与 CVD 相似，MOCVD 设备也分为卧式和立式两种，生长压强有常压和低压，加热方式有高频感应加热和辐射加热，反应室有热壁和冷壁。目前，MOCVD 大多使用的是冷壁高频感应加热设备，包括样品预处理室和生长室两个腔室，具体由源供给系统、气体输运和流量控制系统、反应室及温度控制系统、尾气处理系统、安全防护报警系统、自动操作及控制系统等部分组成。

图 10-21 所示为行星式 MOCVD 反应室的结构图，它可以容纳几种直径为 2 ~ 8in（1in = 0.0254m）的衬底。这种行星式的反应室以水平层流反应器的原理为基础，设计上考虑了气流动力学和热管理等细节，确保了不同材料之间的急剧转变和对单个原子层区域沉积速率的良好控制。这一原理与衬底基座的多自由度旋转相结合，沉积薄膜在厚度、成分和掺杂等方面具有优异的均匀性。此外，特殊的反应器入口，允许一些气体的分离，确保均匀的径向流到外部的最佳可调分布。

图 10-21　行星式 MOCVD 反应室

MOCVD 中，生长化合物晶体的各组分和掺杂剂源都是以气态形式通入生长室，可精确控制各种气体的流量来控制外延层的成分、导电类型、载流子浓度、厚度等特性，也可以生长薄层材料和多层材料。此外，MOCVD 减少了外延生长过程的过渡效应，从而使外延层中的杂质分布很陡、过渡层很薄，这对于生长异质结构和多层结构是很有利的。与其他外延方法相比，MOCVD 容易实现低压外延生长，从而能减少自掺杂。薄膜生长是以热分解方式进行，属于单温区外延生长，需要控制的参数少，只需控制衬底温度，便于多片和大片外延生长，有利于批量生产。

然而，MOCVD 也面临一些问题。首先，MOCVD 生长使用的源材料一般都是易燃、易爆、毒性很大，并且经常要生长多组分、大面积、薄层或超薄层异质材料。因此，MOCVD 要求系统密封性好，流量、温度可精确控制，组分变换迅速，系统紧凑等。其次，有机反应源的使用，使得薄膜中含有较高浓度的碳和氢杂质，需额外的后处理加以夫除。例如，金属有机化合物如四（二甲基）酰胺钛（$Ti[N(CH_3)_2]_4$，TDMAT）常用作氮化钛（TiN）的前驱体，它能在低温（<350℃）下发生解离：

$$Ti[N(CH_3)_2]_4 \longrightarrow TiN + 有机物$$

得到的 TiN 薄膜不像高温沉积薄膜那样致密，并且具有更高的电阻率。利用 N_2-H_2 等离子体后处理工艺，有助于清除薄膜中的杂质，而离子轰击可以使薄膜致密并降低其电阻率。在 450℃左右的 N_2 环境下快速热处理退火，也可以使薄膜致密并降低电阻率。

10.2.4　ALD

原子层沉积（ALD），又称为原子层外延（ALE），1974 年，由 Suntola 和 Anston 首次提出。早期，ALD 技术主要用于沉积平板显示器上的 ZnS：Mn 等电致发光薄膜；20 世纪 80 年代中后期，该技术开始用来外延生长 Ⅲ-Ⅴ族半导体薄膜和非晶 Al_2O_3 薄膜；到了 20 世纪末，ALD 薄膜开始用于 DRAM 半导体存储器。进入 21 世纪，ALD 技术迎来了快速发展。

2007 年，Intel 公司利用 ALD 技术成功生长了具有高介电常数的 HfO_2 材料，代替 SiO_2 作为 MOS 晶体管的栅介质；2008 年，Kodak 公司开发了空间 ALD 技术，用于性能稳定的 ZnO 薄膜晶体管的制备；2012 年，ALD 在硅太阳电池中用于 Al_2O_3 钝化膜的制备。自此，ALD 工艺在集成电路、芯片制造、光伏等工业领域获得了广泛应用。

1. ALD 的原理

ALD 是建立在连续的表面反应基础之上的一门新兴技术，它可以将物质以单原子层的形式逐层沉积在衬底表面，新一层原子膜的化学反应与前一层直接相关联。ALD 本质上是一种 CVD 技术，但与 CVD 等连续生长工艺不同，它采用交替脉冲的方式，将反应气体依次通入到生长室，使其交替吸附在衬底表面并发生反应。同时，在两气体束流之间反复清洗反应室，使两种反应气体不会同时出现在反应器中。

在 ALD 沉积反应过程中，前驱体分子与衬底表面的位点发生反应。一旦所有可用的表面位点都被占用或饱和，反应就会自行"关闭"。此时，表面反应前体分子的数量不再随时间增加。因此，每次循环周期生长的薄膜都只是一个单原子层。通过每次驱动反应到完成，得到的薄膜具有高度保形性，并且缺陷密度非常低，这种自限性是 ALD 生长薄膜的基础。

2. 设备与工艺流程

图 10-22 为 ALD 设备的装置示意图。其中，衬底以顺序和非重叠的方式受反应物 1（$MeCpPtMe_3$）和反应物 2（O_2）的影响。反应物分子只能与有限数量的活性表面位点反应。一旦所有位点都被占据，生长就会停滞不前，然后清除残留的反应物分子，为引入下一反应物铺平道路。

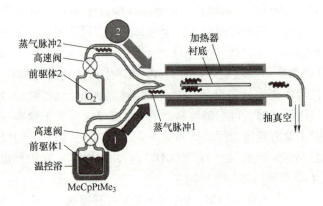

图 10-22 ALD 的反应装置示意图

通过在反应物 1 和 2 之间交替暴露，薄膜在衬底上逐层沉积。值得注意的是，在 ALD 过程中，必须为每个反应步骤分配足够的时间，以确保完全吸附密度，即达到饱和吸附。这一过程所需的持续时间取决于两个关键因素：前体压力和吸附概率。

ALD 的一般过程如图 10-23 所示，主要包括衬底表面交替发生的气体表面反应，分为以下四个步骤：①第一种反应前体以脉冲的方式进入生长室（<1Torr），化学吸附在衬底表面；②表面吸附饱和后，用惰性载气（通常是 N_2 或 Ar）对腔室进行净化，除去任何未反应的前体或反应副产物；③随后，第二种反应前体以脉冲的方式进入生长室，并与上一次化学吸附在表面上的前体发生反应；④反应完成后再用惰性气体将多余的反应前体及其副产物吹扫出

生长室。其中，每一次单独的气体表面反应被称为"半反应"，它只构成材料合成的一部分。每次"半反应"中，前驱体在设定的充足时间内，与衬底表面完全反应，自限性生长单原子层。两个"半反应"对应了一个 ALD 反应循环。重复循环，能够获得理想的薄膜厚度。

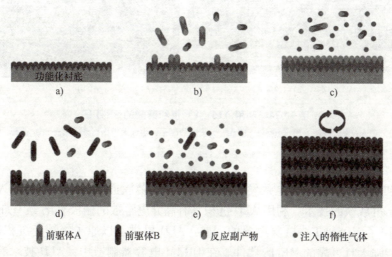

功能化衬底

a)　　　　　　b)　　　　　　c)

d)　　　　　　e)　　　　　　f)

前驱体A　　　前驱体B　　　反应副产物　　　注入的惰性气体

图 10-23　ALD 的反应过程示意图

通常情况下，ALD 工艺在合适温度（<350℃）下进行。生长饱和的温度范围取决于特定的 ALD 过程，被称为 ALD "温度窗口"。由于反应动力学缓慢或前驱体冷凝（在低温下）和前驱体的热分解或快速解吸（在高温下）等的影响，窗口外的温度通常会导致生长速度差和非 ALD 型沉积。为了更好地控制薄膜质量，希望每个沉积过程都在指定的 ALD 窗口内操作。

ALD 的主要优点来自于沉积过程的顺序、自限性和表面反应控制。首先，与 CVD 或溅射等沉积技术相比，ALD 能够以原子层的方式逐层沉积薄膜，从而对薄膜厚度进行出色的控制；ALD 的自限性反应使薄膜均匀，没有缺陷和厚度变化；ALD 能够均匀地涂覆复杂的结构，在不改变衬底原有表面形貌的前提下沉积薄膜，即使在复杂的几何形状中也能确保共形覆盖，如图 10-24 所示。这种共形性质能够从纳米颗粒延伸到纳米孔和纳米管等高纵横比结构；ALD 适用于各种材料，从氧化物和氮化物到金属和有机化合物，能够创建新颖的材料组合和功能结构。

尽管 ALD 有许多优点，但是它的沉积速度很慢。大多数 ALD 的生长速率约为 100～300nm·h^{-1}。这个速率很大程度上取决于反应腔体的设计和衬底的尺寸。随着 ALD 反应器的表面积和体积的增加，脉冲和净化所需的时间也在增加。同样，高长径比的衬底需要更长的脉冲和吹扫时间，以允许前驱体气体分散到沟槽等三维结构中。

为了克服沉积速度慢的问题，目前已经发展出了空间 ALD 技术，可以显著提高薄膜的生长速率。空间 ALD 摒弃了传统的脉冲/吹扫室，取而代之的是一个空间分辨的涂布头，它将衬底暴露在特定气体前驱体中。一种设计方案是，涂布头在衬底周围移动，改变暴露的反应前驱体，导致薄膜生长。另一种设计是，让衬底经过固定的前驱体喷嘴，实现前驱体循环并生长薄膜。总之，使用空间 ALD 技术，沉积速率可以被提高到 3600nm/h 左右。

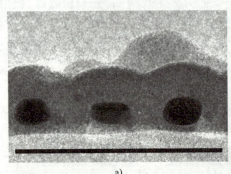
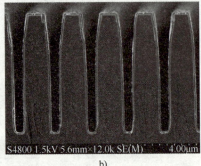

a)   b)

图 10-24 利用 ALD 共形沉积薄膜的 SEM 图

a）Au 纳米颗粒表面沉积 SnS_x 薄膜，标尺为 100nm   b）沟道内沉积 $Ge_2Sb_2Te_5$ 薄膜

3. ALD 的应用

ALD 最初是为了制造用于电致发光显示器的荧光薄膜而开发的，后来成为半导体行业芯片小型化不可或缺的技术。利用 ALD 沉积具有高介电常数的栅极氧化物（如 Al_2O_3、ZrO_2 和 HfO_2）解决了 MOSFET 中隧穿电流的问题。ALD 提供了以原子级精度沉积薄膜的方法，能够制出功能强大且可靠的 MEMS 器件。在 DRAM 电容器制造中，ALD 技术有助于提高内存密度，扩展电容器功能，同时保持电容水平，这对于减小半导体尺寸至关重要。

在集成电路封装中，ALD 能够为铜互连创造过渡金属氮化物（例如 TiN、TaN）阻挡层。这些阻挡层包裹铜互连，防止铜扩散到周围材料引起电气短路，同时提高互连结构的整体可靠性。此外，ALD 能够确保三维集成电路中的硅通孔内绝缘层和阻挡层的共形沉积，从而促进跨垂直堆叠层的高效信号传播和散热。而在晶圆封装中，ALD 可以用于沉积阻隔膜，以保护敏感组件免受空气湿度、机械应力和外部污染物的影响，这些阻隔膜有助于提高封装器件的可靠性和性能。

10.3 外延生长

外延（Epitaxial）来自两个希腊词，epi 意为"在"，taxis 意为"安排"或"有序"。外延沉积工艺是在单晶或者类单晶衬底上生长薄膜晶体的工艺。外延薄膜一般生长在与晶格匹配的单晶衬底上，其晶格排列整齐有序，且与衬底取向一致。外延薄膜的光学和电学等性能优异，可与单晶媲美。利用外延沉积生长薄膜，常常需要超高的真空条件，且设备昂贵、成本高，制备技术复杂。

10.3.1 CVD 外延

气相外延法，是在超高真空条件下，以一种单晶材料做基底，通过气体在其表面缓慢成核，生长出外延晶体。该方法可以制备出近乎完美的晶态膜，可与单晶相媲美。

1. 高温外延生长

高温（~1000℃）CVD 外延是半导体工业中最流行的单晶硅薄膜生长方法。使用的硅源气体有硅烷（SiH_4）、二氯硅烷（DCS，SiH_2Cl_2）和三氯硅烷（TCS，$SiHCl_3$）。外延硅生长的化学反应如下：

$$SiH_4 \longrightarrow epi\text{-}Si + 2H_2\ (\sim 1000℃)$$

$$SiH_2Cl_2 \longrightarrow epi\text{-}Si + 2HCl\ (\sim 1100℃)$$

$$SiHCl_3 + H_2 \longrightarrow epi\text{-}Si + 3HCl\ (\sim 1100℃)$$

随着薄膜的生长，外延硅层可以通过流动掺杂气体，如砷化氢（AsH_3）、磷化氢（PH_3）和乙硼烷（B_2H_6）等，与硅烷气体发生反应。在高温下，这些掺杂氢化物脱离热量，释放砷、磷和硼到外延硅薄膜中。这样就可以实现外延膜的原位掺杂。原位掺杂的化学反应如下：

$$AsH_3 \longrightarrow As + 3/2H_2\ (\sim 1000℃)$$

$$PH_3 \longrightarrow P + 3/2H_2\ (\sim 1000℃)$$

$$B_2H_6 \longrightarrow 2B + 3H_2\ (\sim 1000℃)$$

图 10-25 示出了外延硅生长和掺杂工艺的一个例子。首先，将二氯硅烷和砷化氢等前驱体引入反应器。前驱体分子扩散到晶圆片表面，吸附在表面，随后解离，并在表面发生反应。吸附原子迁移到表面，并与衬底晶体结构相同的其他表面原子结合，而挥发性副产物从热表面解吸并扩散。

图 10-26 显示了不同硅前驱体温度与外延硅薄膜生长速率之间的关系。可以看到两种沉积方式：一种是在较低温度下，生长速率对温度高度敏感；另一种是在较高温度下，生长速率对温度不太敏感。第一种状态称为表面反应限制状态，第二种称为质量输运限制状态。当温度低于 900℃，硅烷过程处于表面反应受限状态；而当温度高于 900℃，它转变为质量输运受限状态。

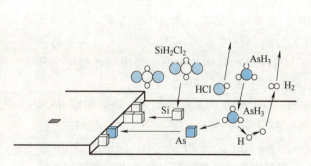

图 10-25　外延硅薄膜的生长和掺杂工艺示意图

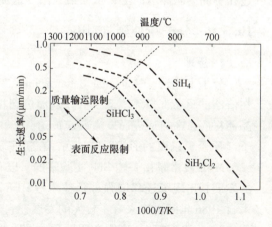

图 10-26　外延硅薄膜生长速率随温度的变化

在低压反应器的较低温度下（550~650℃），硅烷基反应可用于在单晶硅片表面沉积多晶硅薄膜。这是因为在较低的温度下，表面迁移率较低。附着物的比例更低。此时，表面形成多个成核位点，使不同晶粒生长，形成多晶硅层。在更低的温度下（<550℃），硅烷基工艺沉积非晶硅薄膜，因为硅烷分子 SiH_3、SiH_2 和 SiH 的热解离自由基的表面迁移率极低。

2. 低温外延生长

随着器件几何形状的不断缩小和性能的不断提高，需要具有更薄的高质量、无缺陷外延层。传统的外延层生长需要很高的加工温度，这可能导致自掺杂效应并限制了外延层的最小厚度。通过降低外延生长温度，可以实现外延层与衬底之间的突变。因此，低温外延（LTE）生长具有重要意义。

降低外延生长温度的一种主要方法是降低加工压力。目前，减压外延生长工艺在 40 ~ 100Torr 范围内工作，需要大约 1000℃ 的加工温度。当加工压力进一步降低到 0.01 ~ 0.02Torr 时，加工温度可大幅降低到 750 ~ 800℃。

3. 选择性外延生长

选择性外延（SEG）是在衬底上的限定区域内进行外延生长的一种技术。图 10-27 展示了选择性外延硅工艺的示意图。它采用二氧化硅或氮化硅作为外延掩膜，外延层仅生长在硅暴露的区域，这一特性有助于增大器件封装密度并减少寄生电容。

选择性外延硅工艺已被广泛用于在 p-MOS 管的源/漏（S/D）区沉积 SiGe 合金薄膜，以帮助在 p-MOS 通道中产生压缩应变，增大空穴迁移率，提高 p-MOS 的驱动电流和速度。它还

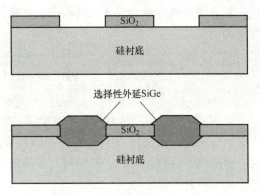

图 10-27　选择性外延硅工艺

可以用于在 n-MOS 管的 S/D 区域沉积 SiC 薄膜，以帮助在 n-MOS 通道中产生拉伸应变，增大电子迁移率并提高 n-MOS 的驱动电流和速度。此外，选择性外延工艺还可用于复合取向生长技术，即在同一晶圆表面实现两种不同的硅晶面取向，因此 n-MOS 和 p-MOS 可以被构建在不同的晶体取向上，从而最大限度地提高载流子迁移率和器件性能。

10.3.2　分子束外延（MBE）

1. 原理

分子束外延（Molecular Beam Epitaxy，MBE）是一种新的晶体薄膜生长技术。其方法是在清洁的超高真空环境下，由分别加热到相应温度的一种或多种分子（原子）束流喷射到晶体衬底，在衬底表面发生反应的过程。由于"飞行"过程中几乎不与环境气体碰撞，分子（原子）以束的形式射向衬底，在衬底表面吸附、迁移、成核和生长。

MBE 技术是由美国 Bell 实验室的卓以和在 20 世纪 70 年代初期开创的。随着 MBE 技术的发展，出现了迁移增强外延技术（MEE）和气源分子束外延（GS-MEE）技术。MEE 技术自 1986 年问世以来有了较大的发展，它是改进型的 MBE。到 20 世纪 90 年代初，MBE 在如何减少椭圆缺陷，克服杂质堆积、异质外延，调制掺杂，选择区域外延等方面都取得了重大的进步，技术日趋成熟，并已走向生产实用化。

2. 设备与工艺流程

随着制造技术不断进步，MBE 装置也在不断发展和完善。典型的 MBE 设备主要包括三个真空工作室，即进样室（样品预处理室）、分析室和外延生长室。其中，进样室是整个设备和外界联系的通道，用于换、取样品，通常可一次放入 6 ~ 8 个衬底片，同时还可以对送入的衬底片进行低温除气。分析室可选择性配备低能电子衍射（LEED）、二次离子质谱（SIMS）、X 射线光电子能谱（XPS）以及扫描隧道显微镜（STM）等装置，对样品进行表

面成分、电子结构和杂质污染等的分析研究。外延生长室用于样品的分子束外延生长，是 MBE 设备上最重要的一个真空室，主要由分子束源组件、蒸发速率监测装置、反射式高能电子衍射仪（RHEED）等组成（图 10-28）。分子束源组件是生长室的核心部件，它由喷射炉、挡板和液氮屏蔽罩构成，其作用是产生射向衬底的热分子束。分子束的纯度、稳定性和均匀性是决定外延层质量的关键，因此，对分子束源组件所用材料的纯度、稳定性、真空放气性能和分子束流方向性及流量控制等都有较高的要求。

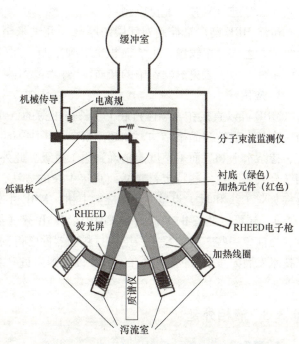

图 10-28　分子束外延设备生长室的示意图

蒸发速率监测装置主要用于测定分子束的束流。其中，电离规用于测量生长室内的真空度，它通过电离室内的少量气体分子来测定真空度。质谱仪用来分析和监测生长过程中的分子束组成，它可以精确测定不同分子束的质量，从而控制生长过程中的材料组成。RHEED 是生长室中一个重要组成部件，包括高能电子枪和荧光屏两部分。从电子枪发射出来的具有一定能量（通常为 $10 \sim 30 \text{keV}$）的电子束以 $1° \sim 2°$ 掠射角照射到样品表面。在这种情况下，电子垂直于样品表面的动量分量很小，又因受库仑场的散射，所以电子束的透入深度仅 $1 \sim 2$ 个原子层，因此，RHEED 所反映的完全是样品表面的结构信息。荧光屏用来显示电子衍射图样，通过图样可以得到生长中的晶体薄膜的表面结构信息，实时监控薄膜表面的清洁度、平整度和表面结构，确定合适的生长条件。

　　MBE 是在超高真空环境下完成单晶薄膜生长的，为了保证外延层的质量，减少缺陷，主真空室的本底压强应不高于 10^{-8}Pa。为此，MBE 每个腔室都具有独立的抽气系统，各室之间用闸板阀隔开，这样即使某一个室和大气相通，其他室仍可保持真空状态，以保证生长室不会因换取样品而受大气污染。例如，在生长室与外部环境之间有一个起过渡作用的缓冲室，进行样品的预热、转移等（图 10-28）。在装载过程中，通过缓冲室转移晶圆，可以防止真空室内的真空被破坏。

　　与一般的真空蒸镀和气相沉积镀膜相比，MBE 具有以下特点：①从源炉喷出的分子（原子）以"分子束"流形式直线到达衬底表面。通过石英晶体膜厚仪监测，可严格控制生长速率；②分子束外延的生长速率比较慢，为 $0.01 \sim 1 \text{nm} \cdot \text{s}^{-1}$，可实现单原子（分子）层外延，具有极好的膜厚可控性；③通过调节束源和衬底之间挡板的开闭，可严格控制膜的成分和杂质浓度，也可实现选择性外延生长；④MBE 在非热平衡态下生长，衬底温度可低于平衡态温度，实现低温生长（例如：Si 在 550℃ 左右生长；GaAs 在 $500 \sim 600$℃ 条件下生长；有机半导体多在室温下生长），并有效减少互扩散和自掺杂；⑤配合反射高能电子衍射

（RHEED）等装置，可实现原位观察。利用这些装备，可以对外延过程中的结晶性质、生长表面状态等进行实时、原位监测。

虽然 MBE 能严格控制外延层的厚度（几纳米至几埃）、组分和掺杂浓度，但其系统组成复杂，生长速率较慢，生长面积也受到限制。此外，MBE 设备价格昂贵，需要超高真空反应条件。为了避免蒸发器中的杂质污染，需要消耗大量液氮，日常维护费用较高。

3. 应用

MBE 可以直接在半导体衬底上生长出极薄的（单原子层水平）单晶薄膜，以及由几种物质交替形成的超晶格结构，如超晶格、量子阱等超薄多层二维结构材料。其中，外延层厚度、掺杂水平和界面平整度能精确到原子量级。此外，通过与光刻、电子束刻蚀等工艺技术相结合或采用在一些特定衬底晶面直接生长的方法，MBE 还可制备出一维和零维的纳米材料（如量子线和量子点等）。从材料上讲，MBE 不仅可以制备Ⅲ-Ⅴ族化合物半导体（如GaAs），还可以制备Ⅱ-Ⅵ族（如 CdTe）、Ⅳ-Ⅳ族（如 SiGe）等材料以及金属和绝缘体薄膜等。目前，一些二维的量子微结构材料和器件已得到广泛应用，并已批量生产，成为当前信息技术发展的重要方向。相应的 MBE 设备则向进一步提高生产效率、降低材料成本的方向发展。

10.3.3 液相外延

1. 原理

液相外延（Liquid Phase Epitaxy，LPE），是一种从过冷饱和溶液中析出固相物质，并沉积在单晶衬底上生成单晶薄膜的方法。其中，薄膜材料和衬底材料相同的称为同质外延，反之称为异质外延。例如，硅 LPE 就是将硅溶化在低熔点金属熔体中，使之达到饱和，然后让硅单晶衬底与溶液接触，逐渐降低温度使硅单晶析出并沉积在衬底上。

液相外延生长主要分为稳态和瞬态两种形式。稳态 LPE 也叫作温度梯度外延生长，它是将反应源和衬底分别置于溶液的两端，利用衬底（低温）与反应源（高温）之间的温度差造成的浓度梯度实现溶质的外延生长。这种方法可以生长组分均匀、厚度较大的外延层。但是，溶液对流及对流引起的溶质浓度变化，会导致外延层的厚度不均匀。

为了获得厚度较薄且均匀的外延层，可采用瞬态 LPE。在瞬态 LPE 过程中，衬底与溶液不直接接触。按照溶液冷却方式不同，可分为平衡冷却法、分步冷却法、过冷法和两相冷却法。平衡冷却法采用恒定的冷却速率。当温度达到液相线温度（T_1）时，溶液刚好饱和，此时使衬底与溶液接触，在接触瞬间两者处于平衡状态。如果溶液与衬底接触前，能够经受相当大的过冷（温度低于 T_1）而不出现自发结晶，则可采用分步冷却法和过冷法进行外延生长。两相冷却法与平衡冷却法相似，即将温度下降到远低于 T_1，足以在溶液中出现自发结晶，再使衬底与溶液接触，并以同样的冷却速率连续冷却。

2. 设备与工艺流程

与气相外延生长技术相比，LPE 对于设备的要求简单，操作也更为方便。液相外延可分为倾斜法、浸渍法和滑舟法三种。倾斜法是在即将开始生长前，让石英管内的石英舟向某一方向倾斜，使溶液浸没衬底，开始外延生长；浸渍法是在生长开始前，将溶液装在坩埚中，将衬底固定在位于溶液上方的衬底夹具上，衬底夹具可以上下移动；滑舟法是指外延生长过程在具有多个溶液槽的滑动舟内进行。

滑动舟一般采用卧式系统，可进行单层、多层外延生长，准确控制生长厚度，并且能够采用瞬态法或用稳态法生长以改进掺杂剂的分布。但是，传统的滑动舟系统存在外延后熔体难以去除的问题。挤压式滑动舟，是在传统滑动舟的基础上，增加一个小室，减小系统对衬底表面的影响，生长完毕后，还能推刮衬底表面残余的溶液。

除了设备结构简单以外，LPE 的生长温度较低，成分和厚度都可以被控制，外延生长时可以减少预扩散区的杂质分布变化，获得外延层/衬底界面处陡峭的分布。LPE 外延层位错密度通常比衬底的位错密度要低。相比于气相外延，LPE 的生长速率较大，可用于生长厚膜，并且操作安全，没有气相外延中反应产物与反应气体所造成的高毒、易燃、易爆和强腐蚀等危险。

同时，LPE 也有难以克服的缺点。首先，当外延层与衬底的晶格失配大于 1% 时，外延生长变得十分困难。其次，LPE 生长速率较大，纳米厚度的外延层难以获得。另外，LPE 外延层的表面形貌一般不如气相外延好。因此，要想用 LPE 生长出理想的晶体薄膜，首先要找到晶格参数和热胀系数失配相对较小的衬底材料；其次，改善工艺和设备，防止组分挥发引起的外延层组分不均匀；此外，要注意防止衬底氧化（如硅单晶衬底）。

3. 应用

（1）Ⅲ-Ⅴ族化合物半导体材料　LPE 由尼尔松于 1963 年发明，最先用于外延 GaAs 并形成 p-n 结，这一技术至今仍广泛应用于高纯Ⅲ-Ⅴ族化合物半导体材料（GaAs、GaAlAs、GaP、InP、GaInAsP 等）的生长及异质结器件（发光二极管、激光二极管、太阳电池等）的制备。

假设溶质在液态溶剂内的溶解度随温度降低而减少，那么当溶液饱和后再被冷却时，溶质会析出，若有衬底与饱和溶液接触，则溶质会在适当的条件下外延生长在衬底上。以 GaAs 为例，可以借助 Ga-As 二元平衡相图来描述 LPE 过程，其物理基础是液-固相平衡和过饱和度的控制。考虑富 Ga 的饱和 Ga-As 溶液，加热到 930℃ 以上，处于液相区，As 将溶解。若溶液冷却到液相线温度以下并进入两相区域时，液体 As 将处于过饱和状态。只有当溶液中的 As 低于原来浓度时才能与 GaAs 处于平衡状态，多余的 As 将以 GaAs 形式从溶液中析出，并结合在衬底的合适位置上生成外延层。

（2）硅材料　硅 LPE 生长通常采用两种模式：①以恒定冷却速率逐步降低熔体温度进行生长（即采用平衡法或两相法对熔体进行冷却），称为过冷生长；②在熔体饱和后降低温度，使熔体呈现过饱和，然后维持在恒定温度下进行生长（即采用突冷法或过冷法对熔体进行冷却），称为等温生长。

硅 LPE 生长的整个过程可以分成以下七个步骤：①熔硅原子从熔体内以扩散、对流和强迫对流方式进行输运；②通过边界层的体扩散；③晶体表面吸附；④从表面扩散到台阶；⑤台阶吸附；⑥沿台阶扩散；⑦在台阶的扭折处结合入晶体。

前两个步骤与冷却速率相关，表面动力学过程快于质量输运过程，生长速率由质量输运控制，此时生长速率随冷却速率的增大而增大。通常 LPE 生长都是在这种条件下进行的。后面五个步骤中质量输运速率快于表面动力学过程，生长速率受表面动力学限制，此时，外延层厚度与生长时间成正比，与冷却速率无关。

（3）钙钛矿材料　选用晶格适配的基底，结合溶液外延生长技术，能够获得纳米厚度的钙钛矿单晶薄膜。徐升等提出了一种基于溶液的光刻辅助外延生长和转移策略，用于在任意衬底上制备单晶杂化钙钛矿，并精确控制其厚度（600nm～100μm）、面积（连续薄膜最大约为5.5cm×5.5cm）以及厚度方向上的成分梯度（从甲铵碘化铅MAPbI$_3$到甲铵碘化铅锡MAPb$_{0.5}$Sn$_{0.5}$I$_3$）。转移的单晶杂化钙钛矿的质量与直接生长在外延衬底上的钙钛矿的质量相当，并且具有机械柔韧性。同时，铅锡梯度合金可形成梯度电子带隙，从而增加载流子迁移率并阻碍载流子复合。基于这些单晶杂化钙钛矿的器件不仅显示出对各种降解因素的高稳定性，还具有良好的性能。

具体制备过程如图10-29所示。其中，杂化钙钛矿单晶（例如MAPbI$_3$）作为外延生长的衬底，图案化的聚合物（例如对二甲苯）薄膜作为生长掩模。如此生长的外延单晶膜可以被转移到任意衬底，而且能够保持良好的结晶性和与衬底之间较强的附着力。该薄膜被转移到弯曲的普通衬底上，尺寸约为1cm×1cm×2μm，且整体截面没有任何晶界。使用刚性的生长掩模，可以实现尺寸约为5.5cm×5.5cm×20μm的可缩放的单晶MAPbI$_3$薄膜。此外，高分辨透射电子显微镜（TEM）图像进一步揭示了生长的MAPbI$_3$单晶薄膜中的外延关系且其中不存在位错。

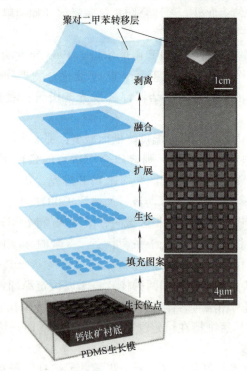

图10-29 光刻辅助外延生长和转移用于制造高质量的单晶杂化钙钛矿薄膜

（4）金属-有机框架（MOFs）材料 金属-有机框架（MOFs）是有机配体与金属离子通过配位键形成的新一代多孔晶体材料。借助液相外延生长技术，可以制备高质量的MOFs薄膜。

首先，需要对衬底表面功能化（如羧基、羟基和吡啶基等官能团），以控制MOFs的生长取向。然后，连续将功能化的衬底交替浸没到金属盐和有机配位体溶液中，每个浸渍之间用溶剂冲洗样品，从而除去未配位的金属离子或有机配体。合成制备过程中，衬底首先提供稳定MOFs沉积的模板，使MOFs能够逐层地沿晶向外延生长，从而得到可支撑的、高取向的以及均匀致密的 MOFs 薄膜，如图 10-30 所示。

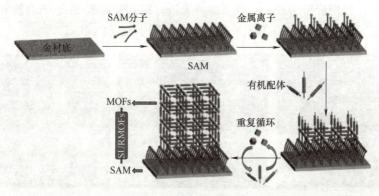

图 10-30　在功能化衬底表面利用 LPE 逐层组装 MOFs 材料的示意图

液相外延生长 MOFs 具有以下优点。首先，可通过控制组装的循环次数来精确调节 MOFs 薄膜的厚度；其次，可通过逐层清洗功能（或引入超声清洗）实现 MOFs 薄膜较好的表面平整度、连续性以及致密性；另外还可在 MOFs 生长过程中调控结构，例如，在组装 MOFs 薄膜过程中改变金属节点或有机配体来实现组装异质结构的 MOFs 薄膜，从而调节其物理、化学性质。

10.4　溶液制程

10.4.1　旋转涂覆法

旋转涂覆法（简称"旋涂法"）是一种实验室常用的薄膜制备方法。首先将基片水平固定于转台，然后将所要涂覆的溶液滴在基片的中央，使涂覆机高速旋转，旋转运动产生的离心力使溶液由圆心向周边扩展形成均匀的液膜。最后，液膜在溶剂挥发后干燥成膜。整个过程的示意图如图 10-31 所示。

图 10-31　旋转涂覆法示意图

旋涂过程中，薄膜厚度受溶液性质（浓度、黏度等）和基片转速的共同影响。要在整个基片表面获得均匀的薄膜，转速的选取就要考虑到基片尺寸的大小和溶胶在基板表面的流动性能。如果转速不高，获得的膜层不均匀；如果转速过高，单次成膜的厚度变薄，就需多次反复成膜。

旋涂法具有操作简单、快速、廉价等优势，但它只适合小面积的平整基底，无法在曲面和柔性表面上制备薄膜。此外，旋涂法只能创建均匀厚度的薄膜，无法实现薄膜厚度的梯度变化。在旋转涂膜过程中，还会有大量的溶液被浪费，并且与卷对卷生产难以兼容，因而不适合大规模生产。

目前，旋涂法用于沉积有机和无机半导体薄膜，在商业上也可以沉积用于光刻的聚合物薄膜。利用旋涂制备的薄膜，如光刻用的光刻胶或太阳电池用的钙钛矿薄膜，一般是无定形或者多晶的。Switzer 等证明外延薄膜可通过旋涂的方法直接从溶液前驱体中沉积。他们在低温原位加热下，利用旋涂法成功实现了多种无机材料，如 $CsPbBr_3$、PbI_2、NaCl 和 ZnO 在不同单晶衬底上（如 Au、Ag、$SrTiO_3$、云母）的外延生长（图 10-32）。

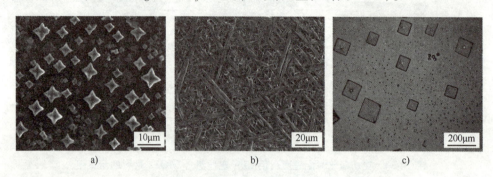

图 10-32　旋涂外延薄膜的 SEM 图

a) $CsPbBr_3$ 在 $SrTiO_3$（100）　b) PbI_2 在 Au/Si（111）　c) NaCl 在 Ag/Au/Si（100）

在传统溶剂蒸发结晶过程中，一般会发生均匀成核。相比之下，旋涂过程中产生的薄过饱和溶液层，有助于促进材料在单晶衬底上的非均匀成核。单晶表面成核的活化能也可通过在表面预沉积有序的阴离子层来降低。

旋涂外延薄膜的具体过程和形成机制如图 10-33 所示。假设旋涂过程中流体动力学边界层的形成和溶剂蒸发这两个过程是分步骤发生而不是同时发生的。将含有溶质或前驱体的溶液铺展到旋转衬底上（图 10-33a）。溶液旋转后，形成一个停滞的流体动力学边界层，其厚度 y_h 由溶液的运动黏度 v 和衬底的旋转速率 ω（以旋转角频率表示，单位为 s^{-1}）决定：

$$y_h = 3.6\left(\frac{v}{\omega}\right)^{1/2} \quad (10\text{-}18)$$

例如，3000r/min 的转速和 $0.01cm^2s^{-1}$ 的运动黏度，将产生约 $200\mu m$ 厚的界面层。在原位加热和旋转作用下，衬底上的溶剂快速蒸发，溶液迅速达到过饱和。降低成核活化能的有序阴离子层也在这一阶段形成。一旦过饱和度达到成核的临界值，衬底就会形核，使得固-液界面处的浓度降低到溶液的饱和浓度。然后建立一个

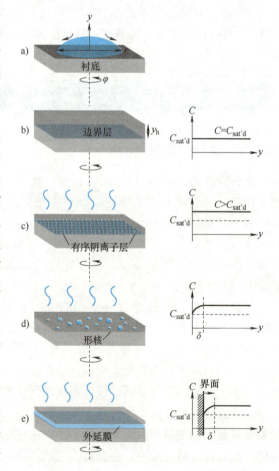

图 10-33　旋涂过程中外延薄膜的形成机制

a) 前驱体溶液涂覆　b) 边界层形成　c) 有序阴离子层形成
d) 溶液-衬底界面处成核　e) 薄膜生长

浓度梯度，作为离子或分子扩散的驱动力。扩散层厚度 δ 由式（10-19）给出，其中，D 为溶质的扩散系数（$cm^2 s^{-1}$）：

$$\delta = 1.61 D^{1/3} \omega^{-1/2} \nu^{1/6} \tag{10-19}$$

当转速为 3000r/min，扩散系数为 $1 \times 10^{-6} cm^2 s^{-1}$ 时，形成的扩散层厚度约为 4μm。外延薄膜继续生长，溶液-衬底界面继续移动，直到溶剂完全蒸发。在化学气相沉积和液相外延中也观察到类似的机制，其中薄膜的生长是通过扩散层上的质量传递来实现的。

10.4.2　喷雾涂覆法

喷雾涂覆法通常是通过压力将涂层溶液雾化，产生非常细小的液滴，以较高的速度撞击基底，最终在基底形成均匀连续的薄膜。喷涂过程中，薄膜厚度取决于溶胶的浓度、压力、喷雾的速度和喷涂时间。喷涂是一种适合规模化生产的低温喷涂技术，已被应用于制造薄膜和图案等。

喷雾涂覆主要包括表面准备、加热、喷涂三个步骤。首先，将基片表面清洗干净，并放入加热炉内升温到 300~500℃，然后使用专门的喷枪以一定的压力和速度将涂层溶液喷涂到基片表面，或者使用超声喷雾技术，利用载气携带涂层溶液雾化后的液滴沉积到基片表面。

喷涂又分为四个连续的阶段：液滴的产生、液滴向基材的运输、液滴聚结成湿膜和干燥。如图 10-34 所示，液滴通过喷嘴从涂层溶液中产生，这个过程称为雾化。雾化的程度（液滴的大小）和均匀性对于实现均匀的涂层至关重要，并且受到涂层溶液性质（包括黏度和表面张力）、喷嘴类型、通过喷嘴的流量和空气（或气体）压力的影响。气体射流将液滴推进到基材上以润湿基材的表面。低的表面张力和小的接触角是确保完全表面润湿的必要条件。

加热基材是降低表面张力和接触角的一种方法，在涂层溶液中引入低表面张力的溶剂是另一种降低接触角的方法，这与马兰戈尼效应有关。控制马兰戈尼效应的溶剂工程方法已经发展到通过喷涂来生产聚合物太阳电池。类似的方法也被用于钙钛矿薄膜：一种缓慢蒸发的溶剂（如 γ-丁内酯）和一种蒸发相对较快的溶剂（如 DMF）的混合物，用于控制 MAPbI$_3$ 薄膜的形态。

MAPbI$_3$ 薄膜的形态取决于液体流速（v）、喷嘴与基材之间的距离（h）和基材温度（T），如图 10-35 所示。在喷射过程中，伯努利压力（$\rho v^2/2$，其中 ρ 为流体密度）和表面张力（$4\sigma/d_0$，其中，σ 为液体表面张力系数；d_0 为液滴直径）在气流中动态平衡，形成稳定的液滴。因此，液滴尺寸取决于流速，液滴尺寸随着气体流速的减小而减小。前驱体溶液的浓度也会影响液滴的大小，因为它会改变流体密度和表面张力。为了优化液滴的飞行，有必要调整喷嘴与基板之间的距离（高度）。

如果距离太短，由于载流的冲击力大，最终形成的薄膜将含有针孔；如果距离太长，则会在得到的薄膜中形成固体粉末。一旦产生了最佳的液滴，液滴在衬底上结合形成了湿膜。为了制备均匀、无针孔的钙钛矿薄膜，有必要对基板进行预热。钙钛矿晶粒尺寸受衬底温度影响较大；即使在优化流速和喷嘴与基体之间的距离下，温度越高，颗粒越大。建议在确定最佳距离和衬底温度之前，先对液滴的尺寸和均匀性进行优化。

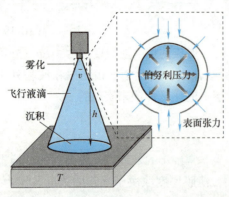

图 10-34　喷雾涂覆法示意图（雾化后，液滴中的伯努利压力和表面张力达到平衡）

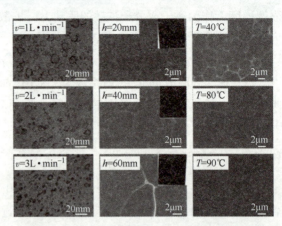

图 10-35　利用不同参数制备的 MAPbI$_3$ 湿膜和固体薄膜的光学（左）和 SEM（中、右）图

10.4.3　喷墨打印法

喷墨打印是一种基于溶液的增材制造方法，广泛应用于薄膜电子器件等领域。喷墨打印设备主要由三个基本部分组成：运动系统、视像系统和控制系统，如图 10-36 所示。其中，运动系统通常需要三个机械自由度，分别由两个平移（X 和 Y 坐标台）和一个转动（Θ 坐标台）来创建 2D 图案，并与之前打印的图案排列对齐，以实现层层堆叠结构。

视像系统由至少两个摄像机组成。基准摄像机使基片对准，落视摄像机用于观察飞行中喷出的液滴，获得液滴的实时状态。

用于喷射液滴形成的控制系统主要分为两种：热喷嘴和压电喷嘴。热喷嘴采用电阻式加热，通过体积膨胀促进墨水单液滴的形成。采用热喷嘴的油墨必须具有热兼容性，并且对温度的体积收缩/膨胀敏感。而压电喷嘴沿储层壁面放置压电薄膜，压电薄膜的变形通过施加电压脉冲来驱动。在压电元件产生的压力下，墨水可以被喷射出来。相比之下，压电喷嘴具有更好的分辨率，能实现更精确的操作。

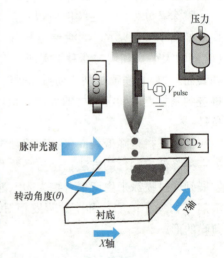

图 10-36　喷墨打印设备中运动系统、视像系统和控制系统示意图

压电喷嘴喷射出的液滴大小和速度取决于喷嘴的直径和输入脉冲序列的最大电压。如图 10-37 所示，打印设备的打印头/喷头直接连接到装有墨水的储液器或墨盒上，压力控制系统通过气动力（脉冲列）将墨水推到喷头。初始状态下，喷嘴内的墨水处于平衡状态。将电压脉冲信号施加到压电喷嘴后，喷嘴内体积膨胀，油墨被挤出，产生飞行中的液滴，并降落到目标基板上。按顺序施加相反电压，墨水在喷嘴中重新填充，并重复此过程。液滴在飞行过程中，大小和速度主要取决于喷嘴的直径和输入脉冲序列的最大电压。为了确保获得明晰的印刷图案，在稳定的液滴形成后，需要杜绝卫星液滴从喷嘴中喷出。而在不喷射状态

下，可对喷嘴施加一个小的电压脉冲，以避免墨水干燥和喷嘴堵塞。

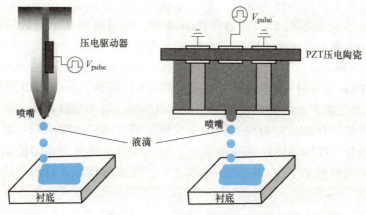

图 10-37　压电喷嘴控制液滴喷射

　　打印过程中，需考虑的流体特性包括油墨的黏度、表面张力、密度和惯性等。特别地，表面张力和黏度是决定飞行中液滴形状和尾翼的主要物理特性，也是决定卫星液滴形状和尾翼的主要物理特性。下面主要介绍影响油墨性能的四个重要的无量纲数：雷诺数（Re）、韦伯数（We）、毛细数（Ca）和奥内佐格数（Oh）。其中，雷诺数是流体力学中表征黏性影响的相似准则数，越小意味着黏性力影响越显著，越大意味着惯性影响越显著；韦伯数是流体力学中的一个无量纲数，代表惯性力和表面张力效应之比，越小代表表面张力越重要；毛细数又称毛管准数或临界驱替比，表示被驱替相所受到的黏滞力与毛细管力之比的一个无量纲数，它反映了多孔介质两相驱替过程中不同力之间的平衡关系；奥内佐格数则是流体力学中用于度量黏性力与惯性力和表面张力相互关系的无量纲数。它们可利用以下公式计算得到：

$$Re = \frac{惯性力}{黏性力} = \frac{\rho dv}{\eta} \tag{10-20}$$

$$We = \frac{惯性力}{表面张力} = \frac{\rho v^2 d}{\gamma} \tag{10-21}$$

$$Ca = \frac{黏性力}{表面张力} = \frac{\eta v}{\gamma} \tag{10-22}$$

$$Oh = \frac{\sqrt{We}}{Re} = \frac{\eta}{\sqrt{\gamma \rho d}} \tag{10-23}$$

式中，ρ 为油墨密度；d 为喷嘴直径；v 为油墨速度；η 为油墨黏度；γ 为表面张力。这些无量纲参数为一般油墨的喷射条件提供了一个范围，无论其成分如何。例如，如果喷射以高黏度油墨为主，则会提取出较大的 Oh 值（>1），而如果 Oh 值较小（<0.1），则会观察到不稳定的喷射。换句话说，Oh 数实际上描述了用于打印过程的油墨之间的兼容性（油墨可打印性）（依赖于 γ、ρ 和 η）以及产生液滴的设备（依赖于 d）。需要注意的是，奥内佐格数倒数（$Z = Oh^{-1}$）也被广泛使用（$1 < Z < 10$）。Ca 值通常由喷嘴的直径决定，而与特征长度无关。商用的喷墨打印系统中，喷嘴直径一般为 $20 \sim 60 \mu m$，可容忍的油墨黏度和表面张力范围分别为 $0.5 \sim 40 cP$（$1 cP = 10^{-3} Pa \cdot s$）和 $20 \sim 70 dyn \cdot cm^{-1}$（$1 dyn = 10^{-5} N$）。

Hasegawa 等将抗溶剂结晶方法和喷墨打印结合起来，利用"双喷口"喷墨打印技术，制备具有高结晶度的有机半导体薄膜。整个过程包括四个步骤（图 10-38）：首先喷墨打印反溶剂油墨（步骤 1）；然后依次叠印溶液油墨，形成限制在预定区域内的混合液滴（步骤 2）；半导体薄膜在液滴的液-气界面生长（步骤 3）；溶剂完全蒸发（步骤 4）。实验中，1,2-二氯苯（DCB）作为溶剂，二甲基甲酰胺（DMF）作为半导体 C8-BTBT 的抗溶剂。对于溶质 C8-BTBT，这两种液体溶解度差异非常大（20℃ 时，其在 DCB 的溶解度是 DMF 的 400 倍），但是这两种液体的沸点接近，且可以混溶。将半导体溶液和抗溶剂作为两种单独油墨，依次打印在基底任意位置的同一区域，形成两种油墨的微量混合溶液。通过调节最佳印刷条件，控制晶体在气-液界面上生长，可以形成极其均匀的单晶或者多晶薄膜。该方法印刷的有机半导体 C8-BTBT 单晶结构，生成薄膜晶体管的平均载流子迁移率高达 $16.4 \mathrm{cm} \cdot \mathrm{V}^{-1} \cdot \mathrm{s}^{-1}$。

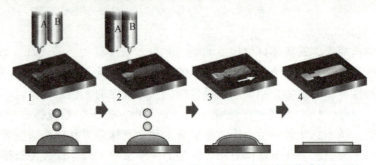

图 10-38　利用"双喷口"喷墨打印技术制备有机单晶薄膜的过程图

10.4.4　弯月面涂布

弯月面涂布是指当溶液通过涂布工具扩散时，弯月面在衬底表面的平移过程。在浸渍提拉涂布、刮片涂布、夹缝式挤压涂布等涂布过程中，常会出现弯月面。弯月面的形状、溶液在弯月面内的流动，以及弯月面涂布过程中和涂布后溶剂的挥发和干燥速度会极大地影响最终形成的薄膜形态。

1. 浸渍提拉涂布

如图 10-39a 所示，当基板从涂层溶液中被抽出时，表面常会夹带一层液体。当溶液中的溶剂挥发后，形成干燥的薄膜，这一方法称为浸渍提拉法。

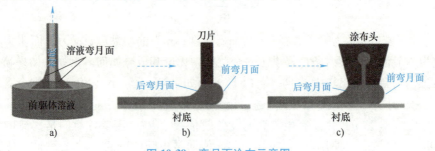

图 10-39　弯月面涂布示意图

a）浸渍提拉涂布　b）刮片涂布　c）夹缝式挤压涂布

浸渍提拉法常使用的有三种方式：第一种是把基片浸入涂层溶液中，通过精确控制速度，把基片从溶液中匀速提拉出来，这种方法在实验室中是常用的；第二种是先将基板固定在一定位置，提升盛放涂层溶液的容器，使基板浸入溶液中，然后再将容器以恒定的速度降低到原来位置；第三种是先把基板放置在静止的空容器中的固定位置，然后向容器中注入溶液，使基板浸没在溶液中，再将溶液从容器中以恒定的速度排出。

浸渍提拉法的装置和操作过程简单，适合于在平整的基材成膜，并且可以同时涂覆平面基板的两面。薄膜的厚度均匀，表面粗糙度值可以达到纳米级。薄膜厚度能够通过溶液浓度和提拉速度来协同控制，因而可实现具有厚度梯度的涂层。当溶液浓度较低时，还可通过优化工艺，例如降低提拉速度等，来实现连续薄膜的制备。因此，浸渍提拉法是一种适用于大规模、高精度批量生产的先进工艺。

2. 刮片涂布

刮片涂布是目前比较流行的一种薄膜制造技术。通过在基板上运行刀片或在刀片下移动基板，实现溶液在基底上的涂布（图 10-39b）。在基板和刀片之间有一段小的距离，决定了多少溶液可以通过，并有效地扩散到基板上。因此，薄膜的最终厚度要小于基板和刀片之间的间隙，并且受溶液黏弹性和涂覆速度的影响。

刮片涂布是一项简单但通用的技术，设备成本低，可以大面积、快速、高效地均匀成膜，可用于高通量、规模化制造薄膜。涂布过程中，溶液以可控的方式沉积，损耗较少，可涂覆刚性或柔性基体。与旋涂等方法相比，刮片涂布不能进行图案化设计，薄膜的均匀性和厚度控制稍差，难以实现 $10\mu m$ 以下薄膜的制备。薄膜的最终厚度受溶液剪切速率等因素的影响，薄膜厚度的可重复性较差。

3. 夹缝式挤压涂布

夹缝式挤压涂布是一种通过涂布头直接将溶液涂布到衬底上的技术。如图 10-39c 所示，涂布溶液以一定的速率流过磁头，衬底在磁头下移动，溶液在衬底上形成湿膜。作为一种计量的涂布工艺，湿膜的厚度可以由挤压到衬底上的溶液量直接决定。通过其他的参数控制，提高涂层的均匀性和稳定性。

夹缝式挤压涂布的优点是可扩展，实现卷对卷加工，适合在规模制造业中使用。这种方法的适应性好，可以与高黏度或低黏度溶液一起工作，以较高的涂膜速度，在刚性和柔性衬底上沉积大面积、均匀性极佳的薄膜。作为一种预计量技术，溶液流动在涂布过程中能够得到很好的控制，并且几乎没有溶液的浪费。但缺点是过程复杂，需同时对多个参数进行优化。因此，要制造高质量的薄膜，就需对每个参量背后的物理学意义有深刻的理解。

4. 弯月面涂布的原理

弯月面涂布时，会形成前、后两个弯月面。前弯月面是涂布溶液与衬底之间接触和润湿的位置，后弯月面是湿膜形成、干燥和固化的地方。通常情况下，前弯月面比后弯月面要小。

（1）前弯月面　润湿是涂布必不可少的过程，在限制涂层速度中起重要作用。最初，涂布头和衬底与空气接触，前驱体溶液被注入后排出空气，并填充在涂布头和衬底之间的间隙，这一过程称为静态润湿。动态润湿主要发生在涂布过程中，溶液取代固体表面的空气，润湿线相对于固体表面移动。动态润湿的主要特征包括润湿线的相对速度和溶液线与固体表面的动态接触角。

对于理想条件下的静态润湿，气相、液相、固相之间的热力学平衡决定了液体弯月面与固体表面相交形成的静态接触角（θ）。根据杨氏方程，可以得到接触角 θ 与固-气界面张力（σ_{sg}）、固-液界面张力（σ_{sl}）、液-气界面张力（σ_{lg}）之间的关系如下：

$$\sigma_{sg} - \sigma_{sl} - \sigma_{lg}\cos\theta = 0 \qquad (10\text{-}24)$$

如果固体表面的界面张力 σ_{sg}、σ_{sl}、σ_{lg} 的矢量和与固-气界面张力的方向相同，则液体可以自发地在固体表面扩散形成薄膜。

在涂布过程中，前弯月面的润湿线相对于固体表面移动，遵循动态润湿规律。实际情形中，动态润湿又分为自发润湿和受迫润湿。受迫润湿是弯月面涂布的基本情况，接触线由涂布头的外力驱动。与自发润湿不同，受迫润湿的接触角通常与速度相关。过高的涂布速度可能导致动态润湿失效，即当涂布速度超过临界速度 U_{crit} 时，液体内部出现不稳定流动和气泡，导致溶液无法形成连续的湿膜。因此，对动态润湿过程的控制是实现高速涂布的关键。

（2）后弯月面　相比于前弯月面，后弯月面动力学对涂膜质量有着更加显著的影响。在涂布过程中，涂布头与衬底之间的相对运动，对填充其间的前驱体溶液产生剪切力。这种剪切力驱动溶液运动，称为 Couette 流，其流动方向与涂布方向平行。此外，在前、后弯月面之间还存在压力梯度，这种压力差可以产生另一种重叠于剪切力的力，来调节流动的大小和方向。与运动方向一致的压力梯度，则增强 Couette 流，不一致的压力梯度，则削弱 Couette 流，甚至引起相反方向的流动。

Marangoni 流是涂布过程中的另一种主要流动，主要由液-气之间弯月面的表面张力梯度驱动。溶剂蒸发时，固体薄膜附近较高浓度的溶质增大了表面张力，导致向干燥边缘的 Marangoni 流动。相反，在涂布过程中加热衬底时，从干燥的薄膜边缘到溶液之间形成温度梯度，会引起相反方向的 Marangoni 流动。这种由温度梯度诱导的 Marangoni 流动可以用 Marangoni 数（Ma）来表征。Ma 是一个无量纲数，表示由 Marangoni 流动引起的输运速率，由公式确定

$$Ma = -\beta(T_e - T_c)t_f/\mu R \qquad (10\text{-}25)$$

式中，R 为接触线半径；T_e 和 T_c 分别为液滴边缘和顶部的表面温度；β 为温度依赖的表面张力系数；t_f 为干燥时间；μ 为溶液的黏度。其他流动还包括溶液蒸发过程中的毛细管流，其作用主要是平衡边缘处溶液的快速流失。

综上所述，在弯月面涂布过程中，前弯月面将涂布溶液展开在基底表面，后弯月面中由剪切力产生的 Couette 流动，与表面张力梯度产生的 Marangoni 流动和毛细作用一起影响最终成膜。

（3）涂布区域　在弯月面涂布中，根据成膜厚度以及涂布速度之间的规律，可以分为两个区域：涂布速度较低的区域称为挥发区，涂布速度较高的区域称为 Landau-Levich（朗道-列维奇）区域，如图 10-40 所示。

在挥发区内，成膜厚度在此区域内随着速

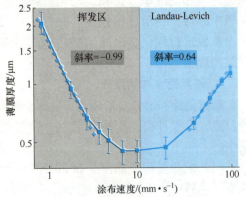

图 10-40　在挥发区和 Landau-Levich 区，薄膜厚度与涂布速度之间的关系

度的增加而变薄，大部分溶剂在弯月面区域挥发形成固态薄膜。由于固化过程发生在弯月面区域，因此，此区域的流体流动对成膜将产生重要影响。典型特点是所制备的薄膜显现出与基底平行的特定取向。而在涂布速度较高的 Landau-Levich 区域，成膜厚度随着速度的增加而变厚，在此区域由于涂布速度较快，溶液首先形成液态薄膜，随后再挥发溶剂。当涂布速度增大至 Landau-Levich 区域后，由于溶剂挥发的区域在弯月面之后，流体流动不再对固化过程产生影响，成膜的特定取向不再显现。在实际生产过程中，涂布速度较快，成膜主要发生在 Landau-Levich 区域。对于形成的液态薄膜，需采取有效的方法使其干燥结晶。

5. 弯月面涂布的应用

弯月面涂布是一种兼容大规模、卷对卷生产的薄膜制备工艺。目前，弯月面涂布在钙钛矿薄膜、有机薄膜等研究中应用广泛。

（1）**有机薄膜** 弯月面涂布中挥发区薄膜取向生长特征，有利于制备具有毫米级尺寸和单轴取向的有机半导体单晶薄膜。揭建胜等提出，以水面作为生长基底，利用水面上有机溶液的 Marangoni 效应，将溶剂蒸发动力学过程由恒定接触角模式变为恒定接触线模式，增强有机分子的横向二维生长，从而提高单晶薄膜的尺寸；同时以拖涂方式引导晶体连续生长，避免直接将外力施加在有机溶液上，使得溶液三相接触线保持不动，稳定流体内部传质过程，确保薄膜中晶粒取向的一致性。这种方法使有机薄膜的晶体质量免受基底表面缺陷或不平整的影响，获得较高的载流子迁移率。

（2）**钙钛矿薄膜** 利用弯月面辅助印刷的方法，制备的钙钛矿薄膜具有良好的结晶性和取向。快速蒸发溶剂，可以促进弯月面边缘钙钛矿的传质，进而促进微米级钙钛矿晶粒生长（图 10-41）。陈义旺等发展了一种图案化的弯月面涂层策略，来增强印刷钙钛矿薄膜过程中的 Couette 流动，避免薄膜中的团聚现象。通过图案化弯月面涂层引入剪切应变和拉伸流动，钙钛矿湿膜状态下胶体颗粒流动被减少，抑制了颗粒二次团聚对钙钛矿薄膜的影响。此外，图案化弯月面涂层可以提高钙钛矿薄膜的印刷窗口耐受性，提高器件的性能。另外，利用弯月面涂布技术还可实现钙钛矿电池的模组制备。通过开发面向大面积单元的涂布工艺，改良油墨成分，提升工艺控制水平，优化钙钛矿晶体的生长条件，进而提高薄膜质量和厚度的均匀性。因此，弯月面涂布是实现钙钛矿太阳电池产业化的重要方法。

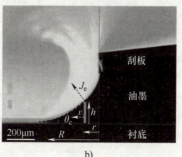

a) b)

图 10-41 弯月面涂布钙钛矿薄膜
a）涂布过程示意图 b）油墨侧面的光学显微图

习题与思考题

1. 列出三种重要的 PVD 技术，并解释为什么它们很重要。
2. 解释溅射的物理过程，以及溅射镀膜的原理和工艺条件。
3. 简述 PLD 工艺的原理和工艺过程，以及 PLD 技术应用和发展面临的主要问题。
4. 简述 CVD 的种类，并对比各自的优缺点。
5. PECVD 工艺如何在较低的温度下实现高沉积速率？
6. 解释 ALD 工艺中的"半反应"和"循环"的含义。
7. 利用外延技术生长高品质单晶薄膜，需克服哪些问题？
8. 旋涂过程中，影响薄膜厚度的因素有哪些？
9. 喷涂过程中，如何控制最终薄膜的形态？
10. 喷墨打印过程中，如何控制液滴飞行过程中的形态？
11. 列举哪些溶液过程中会出现弯月面，并解释弯月面涂布的原理。

第 11 章

低维纳米半导体材料制备技术

纳米合成化学是现代化学合成方法和思想在纳米尺度的应用。纳米合成化学的不断发展为整个领域提供了结构多样、性能丰富的高质量纳米材料。其中，液相法是最早提出、也是目前应用最广的方法之一，可以实现对纳米材料尺寸、形貌和表面化学的有效调控。与液相法相比，气相法提供了一种无需溶剂和配体的策略来合成不同的纳米材料，且反应温度较高，能够实现具有高结晶化温度的纳米材料的宏量制备。目前，有许多气相方法被提出用于纳米材料的合成，如热分解、火焰合成等。但是，这些方法所产生的纳米材料在反应过程中往往有明显的团聚倾向，难以对其尺寸和分布进行精确调控。在本章中，首先介绍水热法、热注入法、溶胶-凝胶法三种常用的液相制备方法。紧接着，详细介绍了冷等离子体法、激光热解法、激光烧蚀法三种先进的气相制备方法。最后，拓展了纳米材料的维度，增加了二维半导体材料及其异质结制备方法的介绍。这些制备方法与技术，构成了低维纳米半导体材料及光电信息器件发展的基础。

11.1　液　相　法

11.1.1　水热法

水热法是在密封的压力容器中合成纳米材料的一种简单方法。它通过将前驱物放置在高压釜水溶液中，在高温、高压条件下进行水热反应，再经分离、洗涤、干燥等后处理过程，获得不同结构的纳米材料。后来，人们改进了水热法，使用乙醇、甲醇等有机溶剂来替代水，从而合成了质量高、形貌可控的纳米晶体，但名称仍沿用水热法。

在水热法合成无机材料的发展过程中，中国科学家做出了突出贡献。在纳米材料研究方面，中科院钱逸泰院士创造性地发展了有机相中的无机合成化学，实现了一系列新的有机相无机反应，极大降低了非氧化物纳米结晶材料的合成温度。1996 年，他们率先使用苯热合成技术制备 GaN 纳米晶，开创了溶剂热合成纳米材料新领域；随后，他们在相对较低的温度下通过催化还原热解过程成功合成出纳米金刚石，利用镁还原乙醇制备了碳纳米管等不同结构的纳米材料。溶剂热合成技术已经发展成一种重要的固体合成方法，广泛运用于纳米材料的控制合成。

1. 水热反应的原理
水热反应是模拟地球内部极端环境的一种实验手段，包括压力、温度等。晶体的水热生长，是指利用高温高压的水溶液使那些在大气条件下不溶或难溶于水的物质通过溶解或反应生成该物质的溶解产物，并达到一定的过饱和度而进行结晶和生长的方法。水热反应中，水或者溶剂起关键作用。在反应容器中，液态或者气态水是传递压力的介质。在高温高压下，大部分反应物都能部分溶解在水里，可使反应在气相和液相溶剂的临界下进行。水的临界温度是 374K，此时气液两相共存。

水的热物理性质随水热生长环境的变化而变化，这是由于氢键结合的程度和强度随温度和压力条件的变化而变化。通常，水的解离常数随温度和压力的升高而增大。在 1000℃ 的温度下，水完全解离成 H_3O^+ 和 OH^-，其性质与离子液体相似。水的黏度随温度的升高而降低，而压力的增加会导致水的黏度增加。水的介电常数也随温度的升高而减小，这导致水的极性降低。因此，在环境条件下完全溶解的矿物在高温下容易缔合并以晶体形式析出。

反应容器中溶液的填充水平决定了其在工作温度下的压力，其填充体积必须限制在允许溶液膨胀的水平。以水为例，在 200℃ 以下，体积的增加相对较慢（200℃ 时增加 15%）；但在 300℃ 以上，体积迅速增加。不同充填体积下水的压力-温度曲线如图 11-1 所示。当充填体积小于 32% 时，气-液界面呈向下弯曲；而当充填体积达到 32% 及以上时，气-液界面呈向上弯曲，而利于脱水过程。因此，大多数水热合成都需要较大的充填体积。

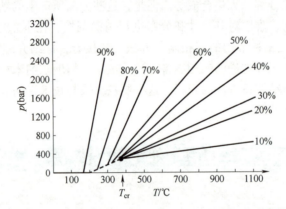

图 11-1　反应容器中不同充填体积下水的压力-温度曲线
注：1bar = 10^5Pa。

固相反应的反应机理主要涉及原子或离子在反应物界面处的扩散。与固相反应不同，水热合成反应中溶液黏度很低，属于稀薄相生长，其机理遵循液相成核模型。过饱和度是衡量溶液中物质的浓度超过饱和时的程度，它控制着晶体成核和生长速率。过饱和诱导晶体团簇在溶液中成核，晶核进一步生长增大尺寸，这一过程是顺序、不可逆的。

结晶相图可用于确定给定物质的过饱和区。在结晶相图中，过饱和区包含三个不同的区域，即亚稳区、成核区和沉淀区。在亚稳区，成核有一定的时间延迟；而在成核区，在成核中心形成结晶聚集体；在沉淀区，过量浓度以无定形聚集体的形式析出。

水热反应中晶体的生长过程可理解为一种化学输运反应，包括以下步骤：晶体生长单元通过溶液的运输，生长单元附着在表面，生长单元在表面上迁移，最后附着在生长位点上并被合并到晶体中。生长单元与晶体具有相同的化学成分，但它们的结构可能相同，也可能不相同。

一般水热生长过程具有如下特点：①反应过程是在压力与气氛可以控制的封闭系统中进

行；②与熔融法相比，水热法的生长温度更低，晶体生长速率较低；③生长区基本上处于恒温和等浓度状态，且温度梯度很小；④属于稀薄相生长，溶液黏度很低；⑤晶体生长动力学取决于温度、压力、温度梯度和矿化剂浓度等参数，难以精确控制。

2. 设备与工艺流程

水热反应是将反应物密闭在反应容器中，反应过程通过化学传输完成。高压反应釜是最常用的水热法生长设备，主要分为以下几种：通用高压反应釜、莫雷高压反应釜、间歇式高压反应釜、塔特尔-罗伊高压反应釜等，这些反应釜通常在几 Pa~kPa 的压力范围内工作。图 11-2 展示了莫雷高压反应釜和塔特尔-罗伊高压反应釜的装置示意图。

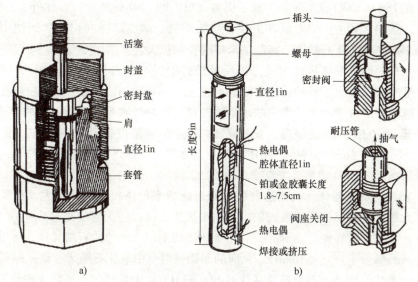

图 11-2　水热合成中常用的反应装置示意图
a）莫雷高压反应釜　b）塔特尔-罗伊高压反应釜

作为一类重要的纳米材料化学合成方法，水热合成的主要特点是操作简单、成本低廉，能够合成出特殊形貌与优异性能的纳米材料。同时，它还具有以下优点：①体系处于非平衡态，但是溶剂处于临界或超临界状态；②反应物活性提高，可制备固相反应难以合成的材料；③中间态、介稳态以及特殊相易于生成，能合成介稳态或其他特殊凝聚态的化合物；④能够合成熔点低、蒸气压高、高温易分解的纳米材料；⑤低温、等压、溶液等环境条件，有利于生长缺陷少、取向好的纳米晶体；⑥环境气氛可调，可以合成出低价态、中间价态与特殊价态化合物，并能进行均匀掺杂。

在水热合成体系中，已开发出多种新的合成路线与合成方法。例如，在水热合成中引入外部能量，如微波能、电化学、超声或机械化学等，可以实现多种纳米材料的快速结晶，相比于传统的水热方法有明显的优势。这些新的水热合成技术在制备纳米材料方面得到了广泛的研究。

3. 水热反应的应用

（1）合成特殊形貌的纳米晶体　水热法是合成特殊形貌纳米晶体的一种较为有效的办法。通过控制水热合成反应的温度、压力、时间和添加表面活性剂、模板剂等手段，制备了一系列特殊纳米结构，如纳米棒、纳米带和纳米片等。对于纳米结构和形貌的精确调控，赋予了纳米晶体优异的性能。

下面以 ZnO 为例，探讨特殊形貌纳米晶体的生长过程。利用水热法生长 ZnO 单晶时，通常使用高碱性溶液作为溶剂，在（0001）和（1010）两个晶面进行单晶块体生长。温度控制在 350~360℃，压力为 20~40MPa。相比于单晶块材的生长，纳米结构的生长可以在更低的温度下实现。Liu 等使用水热法在 180℃下合成具有高结晶度的单分散 ZnO 纳米棒，合成的纳米棒具有较小的直径（50nm）和较高的长径比（30~40）。

水热反应之前，对溶液混合物进行超声波预处理是重要的一步，能够为后续的水热生长生成适量的 ZnO 团簇。如果没有这种预处理，将无法获得均一的纳米棒形态。未经处理的前驱体溶液在 180℃下仅反应 2h 就生成了更大、更短的 ZnO 棒和颗粒。此外，乙醇-水混合溶剂的使用，是确保 ZnO_2^{2-} 的形成和可控释放的关键。而乙二胺（EDA）的使用，可作为 Zn^{2+} 阳离子的吸附（螯合）配体，抑制纳米棒的径向扩大。

水热法生长的纳米晶体需经过洗涤等后处理过程，产率通常较低。Satoshi 等对原有的水热法进行了改进，提出了新的超临界水热合成法（SHS）。该反应主要是在超临界水中进行，首先将硝酸锌溶解于水中，形成的水溶液通过高压泵送入反应器，与超临界水在 450℃下混合，并迅速加热至反应温度。反应器内超临界水温度维持在 400℃，压力维持在 30MPa，整个反应的时间约为 10s。相比于原有的水热法，SHS 具有更高的产率，可以持续快速地合成高质量的 ZnO 纳米棒。

（2）合成超细纳米粉体　机械法合成出的超细纳米粉体粒径往往较大，且其均匀性和分散性都不太好，很容易出现团聚现象。利用水热法，可以较为容易地合成一些 10nm 以下的纳米材料，且其分散性较好。例如，利用水热法切割较大尺寸的石墨烯片，可以形成具有极小尺寸的石墨烯量子点（＜10nm）。反应的起始材料是由氧化石墨烯片热还原得到的微米级石墨烯片。水热处理前，石墨烯片在浓 H_2SO_4 和 HNO_3 中被氧化。氧化处理使得石墨烯片尺寸略微减小（50nm~2μm），并在边缘和表面位点引入了含氧官能团，包括 C＝O/COOH、OH 和 C-O-C 等，使得石墨烯片可溶于水。

氧化后的石墨烯片在 200℃水热处理后，发生了更显著的变化。首先，晶面间距减小到接近石墨块体，表明在水热过程中发生了脱氧反应。其次，石墨烯片的尺寸急剧减小，并出现了极小尺寸的石墨烯量子点，这些超细的量子点可通过透析工艺分离得到。对于反应机理的进一步研究发现，氧化的石墨烯片中可能存在由环氧基和羰基组成的混合环氧链。这些线缺陷的存在，使石墨烯片更容易受到攻击而碎裂。在水热还原过程中，被混合环氧链和边缘包围的一些超细石墨烯碎片可能会进一步破裂，从而去除环氧链中的桥接 O 原子，最终形成石墨烯量子点。

（3）碳纳米管　Yoshimura 等对超临界水热条件下碳纳米管的制备进行了系统研究，如图 11-3 所示。他们发现，液态、固态或气态碳源都可用于超临界水热合成。通过适当调整实验条件（$T=550~800℃$，$P=100MPa$），能够获得包括碳纳米管在内的多种碳纳米结构。同时，他们对碳纳米管在超临界水热条件下的稳定性进行了研究。结果表明，单壁碳纳米管（SWCNTs）会完全转化为多壁碳纳米管（MWCNTs）和多面体纳米颗粒。这意味着单壁碳纳米管（以及富勒烯）在水热条件下不稳定，而多壁碳纳米管则非常稳定。在水和湿度存在的情况下，单壁碳纳米管在中等温度以下（500~700℃）可能发生降解。然而，即使在严重的腐蚀条件下，多壁碳纳米管也非常稳定。因此，多壁碳纳米管更适用于制造具有耐蚀性、热耐久性的复合材料。在水热生长条件下，当有有机化合物存在时，还可利用金属碳化物和其他碳源来制备碳纳米结构。

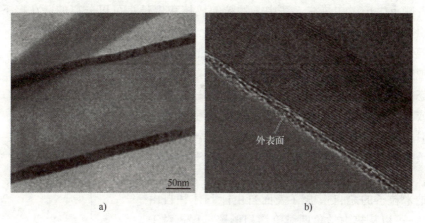

图 11-3　PE/水/镍混合物制备的碳纳米管的 TEM 图
a）管壁和通道　b）晶格条纹

11.1.2　热注入法

热注入法是指在特定温度下将前驱体溶液快速注入到反应溶液，使纳米晶体快速成核和生长。由于前驱体的注入使溶液的过饱和度瞬间增大，发生均匀成核。随着成核的进行，溶液的过饱和度降低，反应逐渐终止。1986 年，Bell 实验室的 Louis Brus 等开始了胶体量子点（又称半导体纳米晶）的金属有机化学合成。1988 年，Bell 实验室的 Moungi Bawendi 等提出了一种新的"金属有机-配位溶剂-高温"合成路线，它以二甲基镉作为镉源，在高温（300℃左右）、有机配位溶剂中合成高质量的硒化镉（CdSe）量子点，这种方法后来又被称为"热注入法"。热注入法的提出，对于整个量子点化学合成领域的研究具有里程碑意义。2023 年诺贝尔化学奖授予 Moungi Bawendi、Louis Brus 和 Alexei Ekimov，以表彰他们在量子点的发现和合成方面做出的开创性贡献。

但是，由于该合成路线借鉴了"金属有机气相沉积"方法，使用了二甲基镉等具有高毒性、爆炸性的金属源，不利于大规模推广。2000 年，彭笑刚等以稳定易得的氧化物或羧酸盐为前体，开发出一种基于安全无毒的非配位溶剂的"绿色"合成路线。这一新路线的提出和发展使量子点的合成逐渐走向全世界的实验室，并在产业界得到推广。与此同时，量子点的生长机理、核壳结构工程和表面配体化学等基础科学问题也被化学家们深入探索。这些基础研究的进展使得高质量的量子点从 II-IV 族 CdSe 量子点逐步扩大到其他种类化合物半导体，如 PbS 量子点、InP 量子点、CuInS$_2$ 量子点等。2015 年，卤化物钙钛矿（APbX$_3$）量子点的出现突破了上述量子点需高温合成的限制。利用钙钛矿材料的离子特性带来的溶解度差异，可以在液相和固相基质中室温再沉淀或者原位制备量子点。得益于合成化学的进展，量子点这个材料家族还在不断地壮大。量子点的形貌、结构调控手段日趋丰富，具有特异性能的功能单元不断产生。

1. 热注入法的原理

多年来，人们利用 LaMer 爆发成核和奥斯特瓦尔德熟化（Ostwald Ripening）模型来描述纳米颗粒的成核和生长过程，以及颗粒尺寸的演化。这个模型最初由 Reiss 在 Lifshitz-Slyozov-Wagner（LSW）理论的基础上提出的。对比 LaMer 理论和 Ostwald 熟化机制，前者侧重形核，后者侧重生长。在热注入法中，颗粒的成核和生长是可以分离的。在接下来的讨论中，将介绍热注入法过程中纳米颗粒的形核和生长机制。

（1）经典形核模型　经典形核理论认为，晶核的形成源自微观热力学的扰动。如图 11-4 所示，当溶液处于过饱和状态，固相的化学势低于液相，粒子通过附着原子、离子或分子等基本单元生长。当晶核在整个母相中均匀形成时，称之为均相形核。而在结构不均匀（如容器表面、杂质、晶界、位错）处，容易发生非均相形核。在液相中，非均相形核的发生要容易得多。

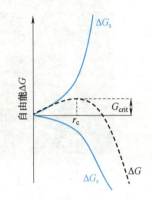

图 11-4　晶体成核自由能示意图，解释"临界核"存在

结合纳米粒子的总自由能（表面自由能和体积自由能的总和），可以从热力学角度讨论均相形核过程。对于半径为 r 的球形颗粒，总吉布斯自由能 ΔG 表示为：

$$\Delta G = 4\pi r^2 \gamma + \frac{4\pi r^3}{3} \Delta G_v \qquad (11\text{-}1)$$

式中，γ 是表面自由能；ΔG_v 是单位体积自由能。单位体积自由能 ΔG_v 取决于温度 T、玻尔兹曼常数 k_B、溶液的过饱和度 S 和它的摩尔体积 v：

$$\Delta G_v = \frac{-k_B T \ln S}{v} \qquad (11\text{-}2)$$

表面自由能总是正的，而体积自由能总是负的，所以可通过 ΔG 对 r 的微分，求得形成稳定晶核需要越过的最大自由能，即 $\mathrm{d}\Delta G / \mathrm{d}r = 0$ 时的临界自由能 ΔG_{crit}。

$$\Delta G_{crit} = \frac{4}{3}\pi \gamma r_{crit}^2 = \Delta G_{crit}^{homo} \qquad (11\text{-}3)$$

ΔG_{crit} 为在溶液中获得稳定粒子需要的临界自由能。临界半径 r^* 由如下公式得到：

$$r^* = \frac{-2\gamma}{\Delta G_v} = \frac{2\gamma v}{k_B T \ln S} \qquad (11\text{-}4)$$

r^* 是对应于粒子在溶液中不被溶解的最小尺寸。如图 11-4 所示，当颗粒尺寸较小时，表面自由能占主导，颗粒倾向于溶解以降低 ΔG。当颗粒半径接近临界半径 r^* 时，ΔG 达到最大。随着半径继续增大，ΔG 迅速下降导致快速生长。

对于数目为 N 的粒子在时间 t 的成核速率，可以用 Arrhenius 方程（式（11-6））来描述：

$$\frac{\mathrm{d}N}{\mathrm{d}t} = A \exp\left(-\frac{\Delta G_{crit}}{k_B T}\right) \qquad (11\text{-}5)$$

$$\frac{\mathrm{d}N}{\mathrm{d}t} = A \exp\left(-\frac{16\pi \gamma^3 v^2}{3 k_B^3 T^3 (\ln S)^2}\right) \qquad (11\text{-}6)$$

式中，A 是指数因子。

通常，溶液中存在第二相。在杂质、反应容器内壁、气泡、液滴等活性中心存在的情况下，成核需要克服的势垒降低，此时发生的是非均相成核。与均相成核不同，非均相成核是在第二相的表面发生的。例如，在衬底表面上的溶液不再具有球形（经典成核理论的假设），而是与衬底形成一定接触角（θ）的椭球形结构，如图 11-5 所示。如果 $\theta \leqslant \pi$，晶核与活性中心之间有很高的亲和力，此时表面自由能明显减小。为了解释非均相成核中的这些现象，在式（11-3）中引入一个修正项，即非均相成核自由能等于均相成核自由能与接触角的乘积：

$$\Delta G_{\text{crit}}^{\text{hetero}} = \phi \Delta G_{\text{crit}}^{\text{homo}} \tag{11-7}$$

式中，ϕ 是与接触角 θ 有关的因子，由以下公式计算得到：

$$\phi = \frac{(2+\cos\theta)(1-\cos\theta)^2}{4} \tag{11-8}$$

（2）经典生长模型　在经典生长模型中，晶体颗粒（特别是球形颗粒）的生长可通过以下两个步骤进行：

1）单体从溶液转移到晶体表面，这一过程可以用菲克扩散定律来描述：

$$j = 4\pi x^2 D \frac{\mathrm{d}C}{\mathrm{d}x} \tag{11-9}$$

式中，j 为单体通量；D 为扩散常数；x 为单体到球形颗粒中心的径向距离；C 为距离为 x 处的单体浓度。

2）单体在颗粒表面的反应。颗粒扩散层表面周围的浓度梯度及其示意图如图 11-6 所示。其中，图 11-6a 为纳米晶体表面附近的扩散层结构示意图，图 11-6b 为单体浓度随距离 x 变化的函数曲线。阴影区域表示扩散层。晶体表面（$x=r$）的单体浓度为 C_s，在（$x=r+\delta$）处，浓度达到与溶液体浓度相等的值，即 C_b。

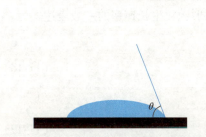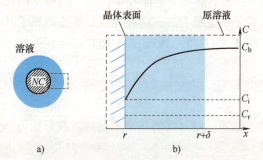

图 11-5　非均相成核的接触角 θ 的示意图

图 11-6　纳米晶体表面扩散层
a）结构示意图　b）单体浓度随距离 x 变化的关系

对于溶液中的纳米颗粒，菲克定律可改写为如下公式：

$$j = \frac{4\pi Dr(r+\delta)}{\delta}(C_b - C_i) \tag{11-10}$$

式中，δ 为颗粒表面到溶液中单体浓度的距离，即扩散层的厚度；C_b 为溶液中单体的浓度；C_i 为固-液界面单体的浓度。图 11-6 中，C_r 为颗粒的溶解度。由于溶质扩散处于稳态，所以 j 与 x 无关。将 $C(x)$ 从（$r+\delta$）到 r 进行积分得

$$j = 4\pi Dr(C_i - C_r) \tag{11-11}$$

由于质量守恒，单体的总通量 j 等于粒子表面反应的单体消耗量。假设表面反应速率 k 与粒子大小 r 无关，j 也可写成如下式：

$$j = 4\pi r^2 k (C_\text{i} - C_\text{r}) \tag{11-12}$$

由式（11-11）和式（11-12）可知，晶体的生长速率受两方面的限制：单体向表面的扩散速率和单体在表面的反应速率。如果扩散是主要限制因素，则晶体粒径随时间的变化（或者生长速率方程）可表示为下式：

$$\frac{\text{d}r}{\text{d}t} = \frac{Dv(C_\text{b} - C_\text{r})}{r} \tag{11-13}$$

反之，如果表面反应是主要限制因素，则式（11-11）和式（11-12）可近似为

$$\frac{\text{d}r}{\text{d}t} = kv(C_\text{b} - C_\text{r}) \tag{11-14}$$

当纳米颗粒的生长既不受扩散控制，也不受表面反应控制时，生长速率方程表示为

$$\frac{\text{d}r}{\text{d}t} = \frac{Dv(C_\text{b} - C_\text{r})}{r + D/k} \tag{11-15}$$

严格来说，纳米颗粒的溶解度与颗粒大小有关。由吉布斯-汤姆逊（Gibbs-Thomson）公式

$$C_\text{r} = C_\text{b} \exp\left(\frac{2\gamma v}{r k_\text{B} T}\right) \tag{11-16}$$

可以得到粒子的化学势与其半径之间的联系为：

$$\mu = \frac{2\gamma v}{r} \tag{11-17}$$

式中，μ 表示溶液中单体和半径为 r 的粒子的化学势之差。式（11-17）清楚地表明，化学势与粒子的半径有关。严格地说，更小的粒子具有更高的化学势。

将式（11-15）和式（11-16）组合在一起，可得到球形颗粒生长速率的一般表达式为

$$\frac{\text{d}r^*}{\text{d}\tau} = \frac{S - \exp\left(\dfrac{1}{r_\text{cap}}\right)}{r_\text{cap} + K} \tag{11-18}$$

式中，描述反应过程的三个无量纲参数分别为

$$r_\text{cap} = \frac{RT}{2\gamma v} r \tag{11-19}$$

$$\tau = \frac{k_\text{B}^2 T^2 D C_\text{b}}{4\gamma^2 v} t \tag{11-20}$$

$$K = \frac{k_\text{B} T D}{2\gamma v k} \tag{11-21}$$

在式（11-20）和式（11-21）中，$2\gamma v / k_\text{B} T$ 为毛细管长度；K 为 Damköhlerx 常数，其数值大小表示反应是依赖于扩散还是反应速率。当 $K \ll 1$ 时，则扩散速率在晶体生长中占主导地位。

（3）LaMer 模型 晶体生长需克服的能垒，一方面抑制了反应过程中颗粒的随机形成，另一方面又会诱导过饱和状态下的爆发式形核。LaMer 模型是在研究硫溶胶的合成时提出的，它将颗粒的形核与生长分为三个阶段：

Ⅰ）前驱体转变：单体浓度不断增加至饱和状态，达到临界浓度（C^*）以上，没有晶核形成。

Ⅱ）形核（Nucleation）：单体浓度达到过饱和后大量成核，此阶段以成核为主。

Ⅲ）长大（Growth）：单体浓度迅速降低到成核阈值以下，成核停止，颗粒以核为中心通过扩散不断长大，此阶段以生长为主，单体浓度仍位于过饱和区间（$C_s<C<C^*$）。

这三个阶段如图 11-7 所示。由图中单体浓度随时间的变化曲线可知，较高的前驱体-单体转变速率（黑色曲线）利于生成大量的小尺寸纳米晶体，而较低的前驱体-单体转变速率（蓝色曲线）容易生成较大尺寸的纳米晶体。LaMer 模型很好地阐释了溶液中热力学控制的形核与生长过程。这方面的一个很好的例子，就是卤化银的生长。

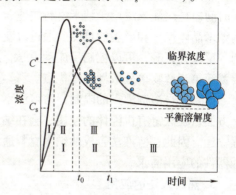

图 11-7　纳米材料形核与生长的 LaMer 模型

（4）Ostwald 生长模型　Ostwald 生长机制最早在 1900 年被提出，它是由纳米粒子的溶解度变化引起的。由 Gibbs-Thomson 公式（式（11-16））可知，纳米粒子的溶解度与尺寸有关。在溶液中，小颗粒具有更高的溶解度和表面能，它们倾向于再溶解，从而使大颗粒继续生长。另一方面，由于毛细管效应，小尺寸粒子周围的母相浓度高于大尺寸粒子周围的母相浓度，两者间的浓度梯度使组元向低浓度区扩散，从而为大颗粒继续吸收过饱和组元而继续长大提供所需的组元成分，这个过程使小颗粒优先溶解并在大颗粒表面析出，从而大颗粒趋于长大。

Ostwald 发生的过程包括小尺寸粒子（$r<r^*$）的溶解，其质量逐渐转移到大尺寸的粒子（$r>r^*$）上。与溶解-再结晶过程不同，Ostwald 过程强调小粒子的溶解，大粒子依靠摄取小粒子的质量进行生长。这一过程发生的驱动力是粒子相总表面积的降低引起总界面自由能的降低。因为小粒子能量高，不稳定，只有融合成较大的粒子才能稳定存在，所以小粒子经常会聚集成较大的粒子。

Digestive 熟化（Digestive Ripening）是 Ostwald 熟化的逆过程，它可以使多分散纳米颗粒直接转化为单分散纳米颗粒。在这种情况下，较小的颗粒以牺牲较大的颗粒为代价而生长，Lee 等在推导出 Gibbs-Thomson 方程的适用形式中对此进行了描述。这一形成过程同样由溶液中颗粒的表面能控制，较大的颗粒重新溶解，反过来较小的颗粒生长。

2. 合成装置与过程

热注入法是一种快速制备金属、合金、半导体、核壳、复合材料等单分散纳米晶体的成熟技术。该方法是在惰性气氛（如 N_2 或氩气）下，将反应前驱体溶液快速注入其他前驱体、有机配体和高沸点溶剂的热混合溶液（通常超过 100℃）中。其中，有机配体通常是具有长烷基链的酸和胺（如油酸、油胺）。图 11-8 为利用热注入法合成纳米材料的装置示意图。快速注入反应前驱体后，发生爆发成核。当单体迅

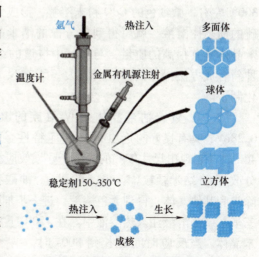

图 11-8　热注入法合成不同形貌纳米材料的生长过程和装置示意图

速耗尽时，成核阶段停止，同时形成小尺寸晶粒。在几秒钟内，生长形成大量单分散、尺寸分布窄的纳米晶体。

热注入法合成的纳米颗粒具有可调的尺寸和形貌，可以满足特定的性能或应用需求。反应时间短是热注入法用于纳米材料快速合成的一大优势。但是，较快的反应速度，增大了控制纳米晶体尺寸和形貌的难度。通过改变反应参数，如注射温度、等待时间、还原剂或氧化剂、反应气氛等，可以控制反应动力学，从而控制纳米晶体的生长。同时，热注入法还具有装置简单、产物单分散性好等优点。

但是，受溶剂沸点的限制，溶液法不适用于高结晶化温度（>1000K）的材料合成。另一方面，长碳链有机配体的使用，会在纳米材料之间形成较高的势垒，阻碍薄膜中电荷的长程输运。因此，溶液法合成的纳米材料通常需洗涤、纯化等复杂后处理过程，以满足不同物理器件的应用需求。

3. 热注入法的应用

(1) Ⅱ-Ⅳ族纳米晶体　热注入法用于高品质纳米晶体的合成是从 CdSe 开始的。CdSe 由 Cd^{2+} 和 Se^{2-} 离子组成的 Ⅱ-Ⅳ 族半导体化合物。在 Bawendi 等的合成方案中，使用三辛基氧化膦（TOPO）作为极性配位溶剂，以空气中不稳定的化合物 $Cd(CH_3)_2$ 为 Cd 源。前驱体溶液中包含 $Cd(CH_3)_2$ 和溶解有 Se 的三辛基膦（TOP）。具体反应过程是，将冷（室温）的 TOP、$Cd(CH_3)_2$ 以及 Se-TOP 的混合物溶液快速注入到热（约300℃）的 TOPO 中，溶液温度立即降至约180℃，随后升温，将生长温度设定为约250℃。反应物的快速注入导致成核迅速发生，随后在较低温度下相对缓慢生长。通过这种方法，晶体的生长与成核得到有效分离，颗粒的尺寸和尺寸分布控制得到了改善。同样的方法也可被用于 CdS 和 CdTe 纳米晶体的可控合成。

然而，$Cd(CH_3)_2$ 有剧毒、易燃烧、价格昂贵、在室温下不稳定、高温会释放大量气体而发生爆炸。由于这些原因，$Cd(CH_3)_2$ 的使用对实验设备和条件的要求非常苛刻。因此，彭笑刚等在传统热注入法的基础上提出了新的合成方案。首先，使用空气中稳定的含镉化合物（CdO）替代 $Cd(CH_3)_2$。实验中，将 CdO、TOPO 和 HPA/TDPA 装入三口烧瓶中。在300℃左右，微红色的 CdO 粉末溶解，形成无色透明溶液。随后向三口烧瓶中注入碲、硒和硫的前驱体溶液，就可得到单分散的纳米晶体。利用新方法合成的 CdS、CdSe、CdTe 纳米晶体具有很高的质量，与文献中报道的纳米晶体具有相似的尺寸分布和光学性质。这种新合成方法操作简单、可重复，无需尺寸分选等后处理过程，因而更容易推广和规模化制备。

(2) Ⅳ-Ⅵ族纳米晶体　Ⅳ-Ⅵ族的 PbSe 是一种直接带隙半导体材料，带隙约为0.28eV，具有良好的近红外光响应特性。PbSe 纳米晶体具有较大的激子玻尔半径（约46nm），表现出尺寸依赖的强量子限域效应。Colvin 等沿用热注入法，制备了不同尺寸的单分散 PbSe 纳米颗粒。首先，将 PbO、油酸和十八烯（ODE）在真空条件下、150℃加热去除水和其他气体，得到无色溶液，进一步加热至180℃。随后向反应溶液中通入氩气，并将三辛基膦硒溶液注入热溶液中。在150℃下反应10s，可以获得尺寸约为 3.5nm 的单分散纳米晶体。当反应时间延长到 800s 时，纳米晶体的尺寸增加到 9.0nm，化学合成产率达100%。无需尺寸分选等后处理过程，PbSe 纳米晶体具有极窄的尺寸分布（$\sigma = 6.2\%$），不同尺寸颗粒的发光量子产率为 35%～89%。这一方法也可以用于合成单分散 PbS 纳米晶体。

（3）钙钛矿纳米晶体　卤化物钙钛矿，因其晶体结构而得名，在太阳能光伏发电领域取得了巨大的成功，是目前半导体研究领域的热点材料。钙钛矿纳米晶体是钙钛矿材料最重要的存在形态之一，具有优异的光学性质，如高发光效率（约 100%）、窄线宽（<20nm）和可调的光学带隙（400~800nm），覆盖全部可见光波段。

利用热注入法合成钙钛矿纳米晶体的研究始于 2015 年。Kovalenko 等首次将热注入法合成全无机铯铅卤钙钛矿纳米晶体（$CsPbX_3$，$X = Cl$、Br 和 I）。反应在 140~200℃ 条件下进行，将油酸铯与 PbX_2 加入到高沸点溶剂（十八烯）中反应。同时，在十八烯中加入油胺和油酸（1:1）的混合物，一方面使 PbX_2 溶解，另一方面使纳米晶体的分散稳定。整个反应过程的成核和生长动力学非常快。原位发光光谱（PL）测试表明，大部分生长发生在反应的前 1~3s 内。因此，$CsPbX_3$ 纳米晶体的尺寸（4~15nm）主要是通过反应温度而不是生长时间来调节。$CsPbX_3$ 纳米晶体的 PL 光谱证实了其尺寸依赖的优异光学特性。

随后，热注入法用于不同种类的钙钛矿结构和纳米晶体的合成。例如，Akkerman 等使用改进的热注入法制备了单分散 Cs_4PbX_6 纳米晶体。Cs_4PbX_6 纳米晶体的吸收光谱展现出较大的吸收带隙和强而窄的激子吸收带。Alivisatos 等将油酸铯溶液注入 $BiBr_3$、$AgNO_3$、十八烯（ODE）、油酸和 HBr 的混合物中，在 200℃ 的 N_2 气氛下合成了 $Cs_2AgBiBr_6$ 纳米晶体，所得的 $Cs_2AgBiBr_6$ 纳米晶体具有均匀的立方形态和高结晶度，因此，热注入法是一种高效、快速合成具有优异结构和性能的钙钛矿纳米晶体的方法。

（4）金属纳米颗粒　热注入法还可用于不同金属纳米颗粒的合成。例如，将八羰基二钴（$Co_2(CO)_8$）溶解于邻二氯苯（DCB）溶剂中，随后注入到 TOPO 和油酸的 DCB 溶液中，在 180℃ 和 N_2 气氛下反应，可以获得磁性的 Co 纳米颗粒。而将四氯金酸（$HAuCl_4 \cdot 3H_2O$）和表面活性剂（油胺或 1-十八烷硫醇）注入反应溶剂（甲苯或乙二醇）中，在 120℃ 或 170℃ 下加热 2h，即可获得尺寸在 9~27nm 的金纳米颗粒。金纳米颗粒表面等离子体共振峰在 530~560nm，可以在硅衬底上分散生长。

11.1.3　溶胶-凝胶法

溶胶-凝胶（Sol-Gel）法是制备材料的一种湿化学方法，主要以有机醇盐或者无机物为前驱体，在液相中均匀混合，进行水解、缩合化学反应，形成稳定的透明溶胶体系。溶胶经陈化后，胶粒间缓慢聚合，形成三维空间网络结构的凝胶，而凝胶网络间充满了失去流动性的溶剂。凝胶经过干燥和热处理，可以获得不同纳米结构的材料。

Sol-Gel 技术的研究可以追溯到 1846 年，人们发现将四氯化硅与乙醇混合后，它们会在湿空气中发生水解并形成凝胶，但这个发现在当时并未引起注意。直到 20 世纪 30 年代，科学家首次用金属盐的水解和凝胶化制备出氧化物薄膜，才证实了 Sol-Gel 技术的可行性。1971 年，德国 Dislich 等通过金属醇盐水解得到溶胶，经凝胶化和高温热处理后，制备了 SiO_2-B_2O_3-Al_2O_3-Na_2O-K_2O 多组分玻璃，引起了材料学界的极大兴趣和重视。20 世纪 80 年代以来，溶胶-凝胶技术获得了迅速发展，广泛应用于纳米材料以及复合材料等的制备。近年来，溶胶-凝胶技术在玻璃、氧化物涂层和功能陶瓷粉料，尤其是传统方法难以制备的复合氧化物材料、高临界温度（T_c）氧化物超导材料的合成中均得到应用。

1. Sol-Gel 原理

溶胶是指微小的固体颗粒悬浮分散在液相中，并且不停地进行布朗运动的体系。由于界面原子的吉布斯自由能比内部原子高，胶粒倾向于自发凝聚，达到低比表面能状态。因此，溶胶是热力学不稳定体系。当上述过程可逆时，称为絮凝；若不可逆，则称为凝胶化。

凝胶是一种由胶体颗粒或高聚物分子互相交联形成的具有三维网状结构和连续分散相介质的胶态体系。按分散相介质不同，凝胶又分为水凝胶（Hydrogel）、醇凝胶（Alcogel）和气凝胶（Aerogel）等。需要注意的是，并非所有的溶胶都能转变为凝胶，凝胶能否形成的关键在于胶粒间的相互作用力是否足够强，以克服胶粒-溶剂间的相互作用力。

获得稳定凝胶的途径主要有两条：①有机途径，即通过有机醇盐的水解与缩聚形成凝胶；②无机途径，即采取措施使氧化物小颗粒稳定悬浮在特定的溶剂中形成凝胶。

（1）有机途径　有机途径是指前驱体为有机物，通常为有机醇盐。有机醇盐的化学通式为 $M(OR)_n$（M 是价态为 n 的金属，R 是烃基或芳香基），它可与醇类、羰基化合物、水等反应。Sol-Gel 过程通常是在有机醇盐中加入水，包括水解反应和缩聚反应，其中缩聚反应又分为失水缩聚和失醇缩聚。

水解反应：

$$M(OR)_n + xH_2O \longrightarrow M(OH)_x(OR)_{n-x} + xROH \tag{11-22}$$

反应可延续进行，直至生成 $M(OH)_n$。

失水缩聚：

$$—M—OH + HO—M \longrightarrow —M—O—M— + H_2O \tag{11-23}$$

失醇缩聚：

$$—M—OR + HO—M \longrightarrow —M—O—M— + ROH \tag{11-24}$$

有机醇盐的水解、缩聚反应比较复杂，没有明显的溶胶形成过程，而是水解和缩聚同时进行，形成凝胶。

（2）无机途径　在无机途径这类体系中，首先通过金属阳离子的水解反应来制备溶胶。水解反应通式如下：

$$M^{n+} + nH_2O \longrightarrow M(OH)_n + nH^+ \tag{11-25}$$

溶胶的制备可分为浓缩法和分散法两种。浓缩法是在高温下，控制胶粒慢速成核和晶体生长；分散法是使金属离子在室温下过量水中迅速水解。两种方法最终都使胶粒带正电荷。

其次是凝胶化，包括脱水凝胶化和碱性凝胶化两类过程。脱水凝胶化过程中，胶粒脱水，扩散层中电解质浓度增加，凝胶化能垒逐渐减小。碱性凝胶化过程较复杂，反应可用下式概括：

$$xM(H_2O)_n^{z+} + yOH^- + mA^- \rightleftharpoons M_xO_m(OH)_{y-2m}(H_2O)_nA_m^{xz-y-m} + (xn-m+n)H_2O \tag{11-26}$$

式中，A^- 为溶胶过程中的酸根离子。$x=1$ 时，形成单核聚合物；$x>1$ 时，形成多核聚合物。M^{z+} 可通过 O^{2-}、OH^-、H^+ 或 A^- 与配体桥联。碱性凝胶化的影响因素主要是 pH 值（受 x 和 y 影响），随着 pH 值的增加，胶粒表面正电荷减少，能垒高度降低；另外，温度、$M(H_2O)^{z+}$ 的浓度以及 A^- 的性质对碱性凝胶化也有重要的影响。

2. 设备与工艺流程

溶胶-凝胶法的化学过程根据原料不同可以分为有机工艺和无机工艺，根据溶胶-凝胶过程的不同可分为胶体型 Sol-Gel 过程、无机聚合物型 Sol-Gel 过程和络合物型 Sol-Gel 过程。

Sol-Gel 法的工艺过程如图 11-9 所示，主要包括溶胶的制备（步骤 1）、溶胶-凝胶的转化（步骤 2、3）、凝胶的干燥和热处理（步骤 4、5）等过程。

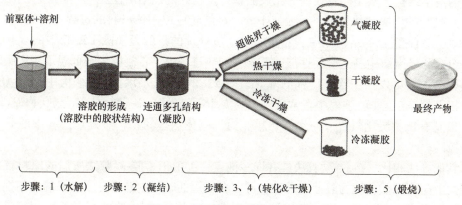

图 11-9　溶胶-凝胶法的制备流程

（1）溶胶的制备　溶胶的制备是 Sol-Gel 技术的关键，溶胶的质量直接影响最终获得的纳米材料的性能。因此，如何制备满足要求的溶胶成为研究的重点。近年来，研究者们主要围绕溶胶浓度、加水量、水解温度、电解质含量、络合剂等方面开展研究。

1）浓度。溶胶的浓度主要影响胶凝时间和凝胶的均匀性。在其他条件相同时，随溶胶浓度的降低，胶凝时间延长、凝胶的均匀性降低，且在外界条件干扰下很容易发生新的胶溶现象。所以，为了减少胶凝时间，提高凝胶的均匀性，应尽量提高溶胶的浓度。

2）加水量。加水量一般用物质的量之比（R）表示。当加水量很少（$0.5 < R < 1.0$）时，水解产物与未水解的醇盐分子之间继续聚合，形成大分子溶液，体系内无固-液界面，属于热力学稳定系统；而当加水过多（$R \geqslant 1000$）时，醇盐充分水解，形成存在固-液界面的热力学不稳定系统。

3）水解温度。升高温度对醇盐的水解有利，对于水解活性低的醇盐，常在加热条件下进行水解，以缩短溶胶制备及胶凝所需的时间；但水解温度太高，将发生多种水解聚合反应，生成不易挥发的有机物，影响凝胶性质。

4）电解质含量。电解质的含量可以影响溶胶的稳定性。与胶粒带同种电荷的电解质离子可以增加胶粒双电层的厚度，从而增加溶胶的稳定性；与胶粒带不同电荷的电解质离子会降低胶粒双电层的厚度，降低溶胶的稳定性。高分子化合物可以吸附在胶粒表面，从而产生位阻效应，避免胶粒的团聚，增加溶胶的稳定性。

5）络合剂。络合剂可以解决金属醇盐在醇中的溶解度小、反应活性大、水解速度过快等问题，是控制水解反应的有效手段之一。

（2）溶胶-凝胶的转化　溶胶向凝胶的转变，可以简述为缩聚反应形成的聚合物或粒子聚集体长大为团簇逐渐相互连接成三维网络结构，最后凝胶硬化。凝胶化过程可以被视为是小的粒子簇之间相互联接而成为连续的固体网络，但这种聚集和粒子团聚形成沉淀完全不同。

溶胶变成凝胶的过程，伴随有显著的结构变化和化学变化，参与变化的主要物质是胶粒，而溶剂的变化不大。在陈化过程中，胶粒相互作用变成骨架或网架结构，失去流动性，而溶剂的大部分被保留在凝胶骨架中，依然能够流动。由于凝胶中的液相是被包裹于固相骨架中，整个体系不具备流动性。溶胶逐渐从牛顿体向宾汉体转变，并带有明显的触变性。这种特殊的网架结构，赋予凝胶较高的比表面积以及良好的烧结活性。

（3）凝胶的干燥和热处理　凝胶经干燥、烧结转变成固体材料的过程主要有四个步骤：毛细收缩、缩合-聚合、结构弛豫和黏滞烧结。热处理的目的是消除干凝胶中的气孔，使制品的相组成和显微结构满足产品性能的要求。加热过程中，干凝胶先在低温下脱去吸附在表面的水和醇，然后发生（-OR）基的氧化（265～300℃），最后脱去结构中的（-OH）基（300℃以上）。在热处理过程中，常伴随较大的体积收缩、各种气体的释放（CO_2、H_2O、ROH）以及有机物炭化时留下的炭质颗粒。为了避免这些问题，热处理过程中的升温速度需严格控制。

与其他方法相比，溶胶-凝胶法具有许多优点：①由于溶胶-凝胶法所用的原料首先被分散到溶剂中而形成低黏度的溶液，因此，可以在很短的时间内获得分子水平的均匀性，在形成凝胶时，反应物之间很可能是在分子水平上被均匀混合；②通过溶液反应，很容易定量掺入微量元素，实现分子水平上的均匀掺杂；③与固相反应相比，化学反应容易进行，需要较低的合成温度，一般认为溶胶-凝胶体系中组分的扩散在纳米范围内，而固相反应时，组分扩散是在微米范围内，因此反应容易进行，温度较低；④选择合适的条件可以制备各种新型材料。

但是，溶胶-凝胶法也存在一些问题需要克服，例如，原料金属醇盐成本较高；有机溶剂对人体有一定的危害性；溶胶-凝胶过程耗时较长，常需要几天或几周的时间；在干燥过程中会逸出气体及有机物，并产生收缩，存在残留小孔洞和碳杂质。

3. 溶胶-凝胶法的应用

溶胶-凝胶技术是合成不同 TiO_2 纳米颗粒最简单、最有效的方法之一。Vijayalakshmi 等利用硝酸辅助水解，将异丙醇钛（TTIP）与乙醇混合制备 TiO_2 纳米颗粒。他们的研究表明，溶胶-凝胶法制备的 TiO_2 纳米粒子具有较高的结晶度，在相同的反应条件下，与水热法制备的纳米粒子相比，纳米粒子的晶粒尺寸更小。Jaroenworaluck 等将四（异丙基）氯钛酸盐（TIPT）、甲醇和乙醇按不同摩尔比搅拌混合制备 TiO_2 纳米颗粒，尺寸为 10nm 左右。此外，在较低的煅烧温度下形成锐钛矿相，在较高的煅烧温度下（600～800℃）由锐钛矿相向金红石相转变。除了 TiO_2 纳米颗粒，溶胶-凝胶法还可用于 ZnO、SnO_2、WO_3 等各种金属氧化物纳米材料的合成。

将溶胶-凝胶法和模板法相结合，可以合成不同形貌的纳米结构。图 11-10 为利用模板辅助溶胶-凝胶法制备的不同形状和尺寸的 ZnO 纳米结构。其中，图 11-10a 为在 350℃下煅烧 2h 后制备的零维球形 ZnO 纳米颗粒，尺寸约为 80nm；图 11-10b 所示为长度约为 3μm、直径为 200～500nm 的一维 ZnO 纳米棒；图 11-10c 为制备的二维 ZnO 纳米片网络，具有尺寸大、密度大等特点；图 11-10d 为由六边形纳米棒组成的高度均匀的三维花状颗粒。这些纳米棒的直径为 300～800nm，长度为 2～3μm。

此外，由于溶胶-凝胶技术在控制产品成分及均匀性方面有独特的优越性，近年来已用该技术制成 $LiTaO_3$、$LiNbO_3$、$PbTiO_3$、$Pb(ZiTi)O_3$ 和 $BaTiO_3$ 等各种电子陶瓷材料；在光学方面该技术已被用于制备减反射膜和光导纤维、折射率梯度材料、非线性光学材料以及稀土发光材料等；在热学方面，利用该技术制备的 SiO_2 气凝胶具有超绝热性能等特点。

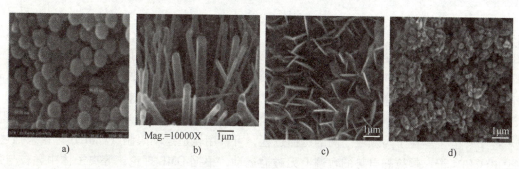

图 11-10　溶胶-凝胶法制备不同形貌的 ZnO 纳米结构（标尺为 1μm）
a）纳米颗粒　b）纳米棒　c）纳米片　d）纳米花

11.2　气　相　法

11.2.1　冷等离子体法

　　等离子体是独立于气态、液态和固态之外的物质存在的第四态，它是一个由大量非束缚态带电粒子组成的多粒子系统。等离子体中，电子、离子和分子等粒子通常具有不同的温度。以非热平衡等离子体为例，其中电子的温度（T_e）可以达到 10^4K 以上，而离子温度（T_i）和中性粒子温度（T_g）则保持在 300~500K 之间。因为等离子体的宏观温度主要取决于重粒子温度，所以非热平衡等离子体（Nonthermal Plasma）的环境温度很低甚至接近室温，又被称为冷等离子体。

　　冷等离子体已发展成纳米材料合成领域的重要技术途径。无需溶剂和配体，冷等离子体为高纯度半导体纳米晶体的生长提供了独特的非热力学平衡环境：等离子体中的高能电子与纳米颗粒碰撞使纳米颗粒带电，可降低或消除纳米颗粒的团聚；高能表面化学反应能够选择性地将纳米颗粒加热到远超环境气体温度的温度；气相中生长物和固相纳米颗粒表面结合物之间化学势的巨大差异，利于实现纳米晶体的超高浓度掺杂。

1. 冷等离子体合成的原理

　　上一章节讨论了热力学平衡条件下溶液法中纳米颗粒的形核和生长机制。与溶液法不同，等离子体气相环境中反应动力学发挥着更为重要的作用，具有高温（20000~50000K）和高能（2~5eV）的电子和反应物前驱体分子之间的高速碰撞，使反应物电离，产生高度活性的自由基和带电离子，这些自由基和离子在形核与生长过程中起关键作用。与 LaMer 模型相对应，等离子体中颗粒的形核与生长也包括三个阶段：自由基或离子团簇的成核、纳米粒子表面的气相沉积和生长以及纳米粒子之间的碰撞引起的凝聚。

　　（1）自由基或离子团簇的成核　　等离子体中自由基或离子团簇的成核，很容易通过一系列化学反应聚合而不是单体的物理缩合长大。Hollenstein 等测得了硅烷低压等离子体中 Si_nH_m 小团簇的丰度，观察到大量带负电荷的 Si_nH_m 阴离子团簇，其中，硅原子可达到数百个，而中性或带正电的团簇数量则随尺寸增大而迅速降低。Bhandarkar 等通过对数百种物质数千次的反应模拟，表明成核反应主要通过两个反应进行，即硅烷加成脱氢形成亚硅基阴离子或硅烷阴离子。具体可表示为

$$Si_nH_m^- + SiH_4 \longrightarrow Si_{n+1}H_{m+2}^- + H_2 \tag{11-27}$$

式中，$m = 2n$ 或者 $2n+1$。成核反应十分迅速，通常在数毫秒内形成包含数百个硅原子的纳米团簇，数十毫秒内硅烷则完全耗尽。由于库仑排斥作用，硅阴离子团簇难以通过与阴离子的碰撞而结合；阴离子-阳离子虽然具有较大的碰撞截面，但会导致电荷中和。因此，阴离子团簇和中性粒子的碰撞速率是团簇生长速率的关键因素，即成核速率。

(2) 纳米粒子表面的气相沉积和生长　自由基或离子团簇在纳米颗粒表面的气相沉积，或者离子、电子等粒子与颗粒之间的碰撞过程，可以用轨道运动限制（OML）理论来描述。假设电子和离子在颗粒静电势的轨迹上无碰撞运动，根据 OML 理论，等离子体中颗粒与带电粒子之间的碰撞频率为

$$v_{e,i} = \begin{cases} n_{e,i}S\sqrt{\dfrac{k_BT_{e,i}}{2\pi m_{e,i}}}\exp\left(-\dfrac{q_{e,i}\varphi}{k_BT_{e,i}}\right) & q_{e,i}\varphi \geqslant 0 \\[4mm] n_{e,i}S\sqrt{\dfrac{k_BT_{e,i}}{2\pi m_{e,i}}}\left(1-\dfrac{q_{e,i}\varphi}{k_BT_{e,i}}\right) & q_{e,i}\varphi < 0 \end{cases} \tag{11-28}$$

式中，$v_{e,i}$ 为颗粒与电子或者离子的碰撞频率；$n_{e,i}$ 为电子/离子密度；S 为颗粒表面积；k_B 为玻尔兹曼常数；$T_{e,i}$ 为电子/离子温度；$m_{e,i}$ 为电子/离子质量；$q_{e,i}$ 为电子/离子电荷；φ 为颗粒的表面电势，由以下公式表示：

$$\varphi = \frac{eZ}{4\pi\varepsilon_0 r_p} \tag{11-29}$$

式中，Z 为颗粒表面电荷量；e 为元电荷；ε_0 为真空介电常数；r_p 为颗粒的半径。Mangolini 等利用 OML 理论模拟了氩等离子体中氢原子与硅纳米颗粒的碰撞，并阐明了碰撞过程中的能量传递机制。

(3) 纳米粒子之间的碰撞引起的凝聚　当高速运动的电子与纳米颗粒发生碰撞时，颗粒表面带负电荷。此外，纳米团簇在长大的过程中，少量电子被束缚在颗粒内部。纳米颗粒之间的静电排斥力可以有效防止结合和团聚，利于获得极小尺寸、分布窄的纳米颗粒，这也被认为是等离子体合成的优势之一。但是，随着颗粒密度的增加，颗粒所带的平均负电荷逐渐降低。在高密度下，部分粒子甚至会带正电，例如，在爆发式形核持续产生极小纳米颗粒时。另一方面，当纳米晶体离开等离子体进入空间余辉区域时，电子和离子能量和浓度也会迅速衰减，气体从非平衡状态转变为平衡状态。

Chen 等最近开发了一个常数蒙特卡罗模拟模型来研究等离子体空间余辉区域的纳米晶体电荷变化。理论和实验结果都表明，纳米晶体在空间等离子体的余辉区域失去电荷。由于非负电荷的存在，颗粒之间产生静电吸引，团聚倾向增强。由静电力引起的团聚速率与两个不带电中性粒子的团聚速率之比称为静电增强因子。Santos 等基于一种多极系数势的方法计算了在不同尺寸和电荷下，硅纳米颗粒间静电相互作用引起的增强因子。结果显示，颗粒的静电增强因子可达到两个数量级以上，并且对于小颗粒增强作用更显著。

2. 设备与工艺流程

冷等离子体通常通过对稀薄气体施加电场而产生。按照产生等离子体的方式划分，目前用于半导体纳米晶体合成的冷等离子体系统主要包括微波等离子体、电感耦合等离子体、电容耦合等离子体等，其示意图如图 11-11 所示。

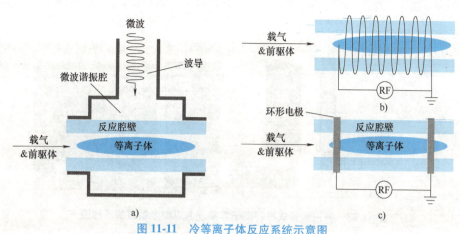

图 11-11 冷等离子体反应系统示意图
a) 微波等离子体　b) 电感耦合等离子体　c) 电容耦合等离子体

(1) 微波等离子体　微波等离子体在微波腔中产生，电磁波渗透到等离子体中，电子从电磁波中获取能量维持放电。这种方法合成的纳米晶体具有较宽的尺寸分布（对数正态分布），说明微波等离子体很容易诱发纳米颗粒之间的结合和烧结。

(2) 电感耦合等离子体　电感耦合等离子体主要通过流经线圈的射频电流引起的振荡电场产生的。在电感耦合等离子体系统中，等离子体具有很高的离子密度，导致晶核形成后立即离解，因而对于晶体尺寸和形貌的控制较差。

(3) 电容耦合等离子体　电容耦合等离子体则通过电容效应将射频电场耦合到等离子体中，其反应腔体（石英、玻璃等）通常使用两个电极环绕介电管。电容耦合等离子体广泛用于不同半导体纳米材料的可控合成。

电容耦合冷等离子体系统的设备组成主要包括以下五个部分：①等离子体反应室；②等离子体激发系统（包括射频电源、匹配箱等）；③气路输运系统；④气压调节系统（包括流量控制计、气压计、真空泵等）；⑤计算机控制系统。

利用电容式冷等离子体系统合成纳米颗粒的示意图如图 11-12 所示：首先，利用真空泵将等离子体系统抽到极限真空（大约 10^{-3} mbar）；然后，向系统中通入 Ar 吹扫 15s 后，随后通入反应气体，将系统调至工作气压；开启射频源，调节射频源的功率使等离子处于正常工作状态，并保持系统工作参数稳定；最后得到纳米颗粒，通过下游的滤网收集。系统参数控制主要包括反应气氛、气体流量、射频源功率以及工作气压。

与溶液法和普通的气相法相比，冷等离子体在纳米材料的制备上具有很多优势：

1) 冷等离子体系统合成的纳米材料种类很多，涵盖了从单一元素的单质纳米颗粒（如硅、锗、硼纳米颗粒等）、多元素的化合物纳米颗粒（如氧化锌、硫化铜、二氧化锡纳米颗粒等）以及复杂核壳结构纳米颗粒。

2) 利用冷等离子体系统合成出的纳米颗粒纯度高，能够很好地控制纳米颗粒的表面化学特性，这一点在纳米颗粒的表面改性上体现得最为明显；并且，纳米颗粒的晶型（非晶/晶态）、尺寸以及组分可精确调变，实现过程简单，易于控制。

3) 纳米颗粒的产率很高，在保证等离子体长时间稳定工作的同时，能够获得高产率，

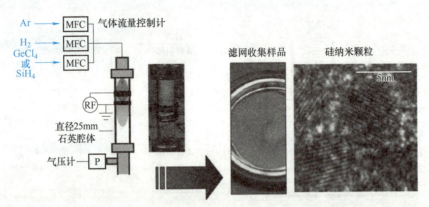

图11-12 利用电容式冷等离子体系统合成纳米颗粒的示意图

适合规模化生产。例如，现在太阳能光伏新能源上应用前景广阔的硅浆料、硅墨水等都需要大量的硅纳米颗粒，冷等离子体合成技术有望满足这一需求。

3. 纳米材料的控制合成

（1）**尺寸** 在冷等离子体中，纳米颗粒的尺寸可通过反应时间有效控制。反应时间与颗粒在等离子体中的停留时间（t）直接相关。t 与气体流量（F）、反应气压（P）、等离子体长度（L）有如下关系：$t \propto (P*L)/F$。通过控制反应源载气的流量，调节反应腔体中的气压，可以有效调控纳米颗粒的尺寸。

Gresback 等研究了硅和锗纳米颗粒尺寸与停留时间的对应关系，发现当停留时间从 30ms 增加到 860ms 时，硅纳米颗粒的尺寸从 3.4nm 逐渐增加到 10nm；而当停留时间从 30ms 增加到 440ms 时，锗纳米颗粒的尺寸可以在 4~50nm 之间变化。同样的方法也适用于氧化铝纳米颗粒。在更大的尺寸范围内，Eslamisaray 等发现硅纳米颗粒的尺寸与气体停留时间呈良好的线性关系。当停留时间从 2.2s 增加到 7s 时，硅纳米颗粒的尺寸从 60nm 增加到 214nm。这些不同尺寸的纳米粒子在可见光范围内表现出电和磁模式的 Mie 共振，从而产生特殊的高定向 Kerker 散射。这种独特的光学性质得益于单分散纳米颗粒的高结晶性以及均一的尺寸和组分。

（2）**结晶状态** 等离子体中纳米颗粒表面发生电子-离子复合等放热反应，能够将颗粒加热到远高于环境气体的温度。增加等离子体的功率，使得参与这些表面反应的电子、离子和自由基等粒子密度增加，从而释放更多的能量，实现纳米颗粒从非晶态到晶态的转变。

更高的功率利于结晶态的形成。随着功率的增加，纳米颗粒的结晶度也在不断增加。以硅纳米颗粒为例，Anthony 等发现当等离子体功率低于 55W 时，合成产物主要以非晶硅纳米颗粒为主；当功率高于 55W 时，获得的是晶态的纳米颗粒。在生长 Ge、γ-Al_2O_3、TiO_2 和 TiN 等材料的过程中同样发现，当等离子体功率超过临界阈值时，纳米颗粒开始结晶。但是，不同的材料具有不同的功率阈值。

（3）**表面化学** 无需溶剂和配体，冷等离子体允许合成具有低缺陷密度的纳米晶体，并且表面化学性质可直接通过反应气氛来加以控制。例如，在合成硅纳米晶体时，使用硅烷（SiH_4）等离子得到的纳米晶体表面主要是氢钝化的；如果使用四氯化硅（$SiCl_4$）等离子体，纳米晶体的表面则为氯钝化。另外，冷等离子体还可以对纳米颗粒的表面在气相环境下进行化学改性，实现不同有机/无机配体的连接。Mangolini 等利用冷等离子体技术开发了一种全气相两步路径来实现硅纳米晶体的合成和表面功能化。如图 11-13 所示，第一级等离子腔体用于合成硅纳米晶体，然后纳米晶体被气流带入有机气溶胶形成的二级等离子体中。经过表面修饰的硅纳米晶体能够分散在有机溶剂中形成稳定的硅墨水，适合于纳米器件的大面积绿色印刷制备。

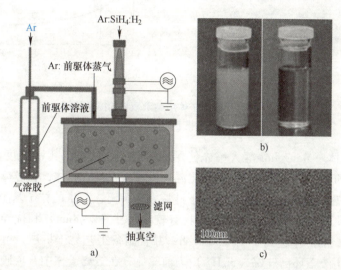

图 11-13　利用组合等离子体技术原位调控纳米颗粒表面配体

a）装置示意图　b）纳米颗粒胶体溶液（左：二次等离子体处理前；右：二次等离子体处理后）　c）处理后纳米颗粒的 TEM 图

（4）组分　掺杂是调控半导体性能的重要手段。在热平衡条件下，半导体晶体生长时，掺入杂质原子的浓度常受固溶度限制，掺杂变得非常困难。例如，利用溶液法生长半导体纳米晶体时，实际的杂质浓度远低于固溶度极限的预期，对于有些材料，掺杂浓度甚至为零。而在冷等离子体中，纳米晶体与环境气体之间的热力学平衡被打破，掺杂浓度不再受固溶度限制。对于不同类型的纳米晶体，掺杂浓度都远超过杂质原子在体材料中的固溶度，凸显冷等离子体技术在突破热平衡条件下掺杂受固溶度限制瓶颈的优越性，使得超掺杂得以实现。

在等离子体中，杂质原子在纳米晶体表面的吸附和解吸等动力学因素成为影响掺杂的关键。Zhou 等研究了等离子体中硅纳米晶体的掺杂机制，提出纳米晶体掺杂的动力学模型，如图 11-14 所示。依据等离子中纳米颗粒的形核生长机制，杂质原子的吸附主要是通过与硅纳米颗粒之间的碰撞实现的（①+②）。这些吸附的杂质原子在随后的碰撞过程中被限制在表面（③）。同时纳米晶体表面发生的氩离子与电子复合会释放能量（④），被限制的掺杂原子从亚表面移动到新的纳米晶体表面（⑤）。另外，由于电子和离子的轰击，表面的硼和磷可能发生解吸附，离开纳米晶体（⑥）。结合 OML 碰撞理论，可以推算出杂质原子在纳米晶体中的分布。得到的理论结果与实验相吻合，这很好地解释了不同杂质原子在纳米晶体中的掺杂行为。

4. 应用实例

（1）单一元素纳米晶体　冷等离子体应用于纳米材料的合成是从具有单一化学元素组成的纳米晶体颗粒开始的。

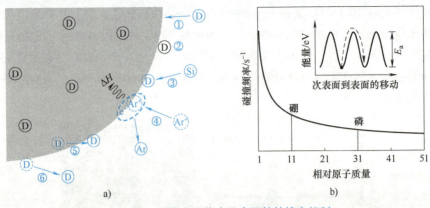

图11-14　冷等离子体中纳米颗粒的掺杂机制
a）动力学模型　b）碰撞频率

1）Si 纳米晶体。Mangolini 等人率先使用冷等离子体法制备出高纯度无配体的自支撑 Si 纳米晶体。将 SiH₄ 与 Ar 按照不同的配比混合后通入石英管腔体，在腔体的反应部分设置一对铜环电极，提供电场，在电子的冲击下硅烷发生解离，产生的粒子基团继续生长形成纳米晶体。利用这种工艺得到的 Si 纳米晶体具有较小尺寸（2~8nm）和优异的发光性能。这些发光 Si 纳米颗粒的产率达到了 14~52mg/h，并且制备工艺易于扩展，可满足不同应用需求。Pringle 等选用液态环己硅烷（Si₆H₁₂）为前驱体，在等离子体中合成胶态的发光硅纳米晶。通过在无氧环境中进行尺寸分选，纳米晶的发光效率（PLQY）可达到 70%。

2）Ge 纳米晶体。同为间接带隙半导体材料，相比硅锗（Ge）具有更小的带隙（0.7eV）和更大的激子玻尔半径（17nm）。Cernetti 等率先使用四氯化锗（GeCl₄）作为锗源，制备了锗纳米晶体。随后 Gresback 等改变反应装置和条件，同时制备了单分散的非晶和晶态 Ge 纳米颗粒，颗粒尺寸在 4~50nm 范围内调节。得到的 Ge 纳米晶体在苯甲腈中具有很好的溶解度，容易形成纳米晶体墨水，用于薄膜器件的制备。Zhi 等人最近合成了硼、磷掺杂的 Ge 纳米晶，发现掺杂剂的类型和实际的掺杂水平对纳米晶的形貌、尺寸分布和结晶度的影响较小。他们还研究了掺杂纳米晶和希瓦氏菌 MR-1 的相互作用，探究了纳米晶的生物毒性。结果表明，磷掺杂的 Ge 纳米晶具有一定的毒性，且掺杂浓度越高，毒性越显著，而硼掺杂纳米晶体无毒，生物相容性更好。

（2）化合物纳米晶体　相较于硅、锗等单元素半导体纳米晶体，多元素化合物半导体纳米晶体有较为复杂的化学组成和结构，对于冷等离子体系统的设计和反应源的选择都提出了更高的要求。目前，冷等离子体系统已经在氧化物、硫化物、碳化物、氮化物等重要的化合物半导体纳米晶体的制备中得到了证明。

1）氧化物纳米晶体。Felbier 等首先报道了利用冷等离子体系统合成 ZnO 纳米晶体，可以实现绿光和黄光发射（500~600nm），量子效率>60%。选用二乙基锌和氧气作为反应源，氩气为背景气体。为了避免二乙基锌和氧气之间的自发反应，二乙基锌的蒸气和氧气分别通过单独的连接管注入反应腔体的等离子体中，然后发生反应形成纳米颗粒。Chad 等人以四（二甲氨基）钛为钛源，合成了锐钛矿相的 TiO₂ 纳米颗粒。TiO₂ 纳米颗粒的颜色可以从白色变换到棕色。Austin 等发展了一种冷等离子体中纳米颗粒加热模型，预测纳米颗粒晶化所需的功率阈值。依据这一模型，他们采用三甲基铝作为铝源，在 Ar/O₂ 等离子体中可控合成

了晶态和非晶态的 Al_2O_3 纳米晶体。Xiong 等选用同样的反应前驱体，单步合成了单分散的 γ-Al_2O_3 纳米晶体。纳米晶体具有极小尺寸（约 3.5nm），低于热力学预测的 γ-Al_2O_3 稳定相的最小尺寸。

2）硫化物纳米晶体。Thimsen 等人使用有机铜源（六氟乙酰丙酮铜（Ⅰ）乙烯基三甲基硅烷）和 S_8 硫单质，合成符合化学计量比的 Cu_2S 纳米晶体（约 5nm）。S_8 分子在等离子体中分解，与金属有机源反应，最后形成纳米晶体。将 Cu_2S 纳米晶体置于甲苯和油胺的混合溶液中超声 30min，可以获得油胺包覆的 Cu_2S 纳米晶体。油胺配体可以有效防止氧化，提高纳米晶体在溶液中的分散性和稳定性。随后，选用二乙基锌和四（二甲氨基）锡（Ⅳ）分别作为锌源和锡源，合成了 ZnS 和 SnS 纳米晶体。ZnS 纳米晶体尺寸在 2~4nm 可调变，而 SnS 纳米晶体的尺寸主要在 5~10nm。在实验室条件下的小时产率达到了 $100~300mg \cdot h^{-1}$，并且可通过增加反应气氛流量和腔体尺寸来提升。

3）碳化物纳米晶体。Wang 等人以六甲基二硅烷为原料，一步合成了小尺寸（5~9nm）、富碳的 β-SiC 纳米晶体颗粒。纳米晶体的光学带隙在 2.5eV（490nm），相比于块体 SiC（540nm）表现出显著的蓝移。在反应腔体中通入 H_2，可以减小纳米颗粒尺寸、提高结晶度，同时降低碳含量和氧含量。在另一个工作中，Petersen 等人以四甲基硅烷和氢气为前驱体，一步合成了具有极小尺寸（2~4nm）的 β-SiC 纳米晶体。在空气中热处理可以有效除去 SiC 纳米晶体中多余的碳，同时形成的氧化层还可以提高 SiC 纳米晶体在极性溶剂中的溶解度，为 β-SiC 纳米晶体中量子限域效应的观测提供了便利。

4）氮化物纳米晶体。2017 年，Barragan 等选用 $TiCl_4$ 和 NH_3 分别作为金属钛源和氮源，率先合成了平均尺寸在 10nm 以下的 TiN 纳米晶体。研究发现 TiN 纳米晶体的尺寸与反应过程中通入的 $TiCl_4$ 和 NH_3 的比率有关。新合成的 TiN 纳米晶体表面富含缺陷，在空气中容易氧化，形成氧化物薄层，影响 TiN 纳米晶体的光吸收特性。随后，他们利用 TiN 纳米晶体独特的光化学特性，在可见-近红外（600~900nm）光照下，成功地将氯铂酸（H_2PtCl_6）还原成金属铂。在另一个工作中，Schramke 等使用四（二甲氨基）钛作为钛源成功合成 TiN 纳米晶体。调节氨流量和等离子体功率可以有效改变纳米晶体的形貌和化学成分，从而调变 TiN 纳米晶体的光学性质。

Alexander 等则采用三甲基镓和 NH_3 作为前驱体，成功合成了 GaN 纳米晶体。暴露在空气中的 GaN 纳米晶体表面成分几乎没有变化，但没有展现出明显的 PL（原位发光光谱），这可能与纳米晶体表面缺陷引起的非辐射复合有关。Necip 等直接加热蒸发金属镓产生镓气溶胶，将镓气溶胶和氮气前驱体输送至等离子体腔体中反应，合成了尺寸可控、分布窄的 GaN 纳米晶体。同样，Uner 等人使用高浓度镓和锑气溶胶作为前驱体，合成了无配体包覆的 GaSb 纳米晶体。当等离子体功率足够高的情况下，锑和镓原子在纳米尺度上快速反应和结合，形成了尺寸分布较窄的 GaSb 纳米晶体（约 20nm）。但不足的是，纳米晶体外围富含挥发性较低的元素镓，并且过量的镓并没有随功率的增加而显著增加或减少。

（3）合金纳米颗粒 多组分纳米晶体中不同元素的非均匀分布和相偏析一直是合金纳米颗粒合成领域的重要问题。Pi 等人在极小尺寸（< 5nm）的 SiGe 合金纳米颗粒中，实现了组分的准确调节。Chen 等人首先合成了组分均匀无偏析的 SbSn 合金纳米颗粒。然后，在第二级等离子体腔体中引入氧气，将 SbSn 合金颗粒氧化，形成具有高导电性的锑锡氧化物（Sb-SnO_2）纳米晶体。最近，Pach 等利用硅烷、锗烷、四甲基锡为反应源，合成 SiGeSn 三

元合金纳米晶体，尺寸约为 13nm。通过在等离子体的余辉区注入硅烷和锗烷前驱体气体，将锡限制在纳米晶体内部，成功合成了没有相偏析、组分均匀的 SiGeSn 合金纳米晶体。结构和化学表征证明三个元素在纳米晶体的表面和内部都有分布，这证明了冷等离子体合成亚稳态多元合金纳米结构的可能性。

（4）核壳结构纳米颗粒　对纳米晶体表面进行无机壳层包覆，生成核壳结构的纳米晶体，是实现表面功能化的重要途径。冷等离子体为核壳结构纳米晶体的生长提供了一个独特的反应环境。首先，纳米晶体表面携带的负电荷抑制了颗粒之间的团聚，使得外壳层沿纳米颗粒的表面生长，而不是沉积在团聚体周围。其次，通过控制壳层生长区域的等离子体密度，可以限制自由基的生成速率，利于壳层的均匀生长。

如图 11-15 所示，Hunter 等人使用改进的等离子体系统制备了具有核壳结构的 Ge/Si 纳米晶体。该系统包括生长 Ge 内核的 $GeCl_4$ 等离子体和生长 Si 外壳层的 SiH_4 等离子体两部分。在 $GeCl_4$ 等离子体中，高能电子冲击引发前驱体的解离和锗内核的形成。SiH_4 从电极下方通入等离子体余辉处，分解并引发 Si 壳层在 Ge 内核表面的外延生长。为了保证异相表面生长优于 Si 团簇的均相形核，等离子体余辉处 Si 自由基的浓度必须保持在成核阈值以下，即外延生长消耗自由基的速率要高于解离反应产生自由基的速率。通过控制 Ge 内核的尺寸，以及 SiH_4 等离子体中自由基浓度、电子密度和停留时间，可以获得不同厚度的 Si 壳层。Si 壳层的外延生长，对内部的 Ge 晶格产生压缩应变。通过调节内核的尺寸和壳层厚度，可以控制应变的程度，进而调变 Ge 的能带结构和光电性能。

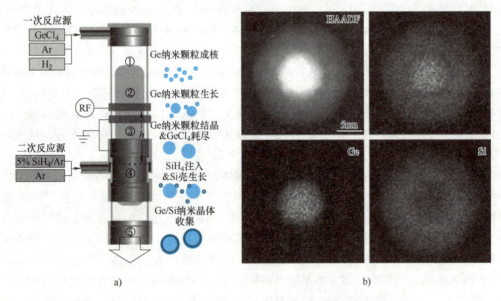

图 11-15　利用冷等离子体合成锗/硅核壳结构纳米晶体

a）合成装置示意图　b）纳米晶体的结构和元素分布

11.2.2　激光热解法

1. 激光热解法的原理

激光热解法（Laser Pyrolysis）是一种利用激光提供高温热解反应所需能量的气相制备

方法。激光器发射的光束经透镜聚光后照射到腔体内的反应物上，反应物通过多光子吸收或电子隧道效应，吸收激光能量，并迅速裂解为分子、基团等物种。

在多数激光热解反应中，通常使用 CO_2 激光束（波长 $10.6\mu m$）作为能量源来加热分解前驱体。前驱体分解后形成的分子等，与未加热气体（不吸收激光波长）混合，导致温度快速降低形成团簇。快速的团簇生长利于降低体系的过饱和度，而表面反应以及凝聚和聚结则会导致颗粒的进一步生长。高温和低温之间的快速转变，可以避免大尺寸团聚体的形成。

在反应区，主要有三类材料可以吸收激光波长：

1）直接用于纳米材料合成的前驱体，如硅烷。

2）通过碰撞吸收能量并将其传递给反应物，但自身不参与合成反应的光敏剂，如六氟化硫。

3）吸收、分解和反应以驱动其他前驱体分解的物质，如用于合成的乙烯。

激光热解法的优点是可以制备具有窄尺寸分布、高比表面积的纳米材料，这是传统热气相法所不能实现的。其次，无需高温炉等加热装置，热区仅限于气体反应物和激光束相互作用的区域，并且只有热容量小的气体被加热，使得激光热解法的加热速率和冷却速率非常高。此外，反应物不与腔体内壁接触，过程中没有腔体腐蚀和产品污染等问题，纳米颗粒的纯度较高。

但是，激光热解的广泛应用还面临颗粒团聚、规模难以扩大、激光安全以及使用相对昂贵的激光设备等问题和挑战，但该方法最大的挑战是难以识别和采用高效安全的前驱体，因为用于激光热解合成的一些常见材料的前驱体是危险的，而替代的前驱体效果较差。

2. 反应装置与应用

（1）含硅纳米颗粒　Cannon 等是激光热解合成技术的先驱，首先利用激光热解法合成了硅、碳化硅和氮化硅等材料。硅烷作为前驱体，因为硅烷可以吸收 $10.6\mu m$ 激光的能量，所以不需要使用额外的光敏剂。此外，他们还加入乙烯（C_2H_4）和甲烷（CH_4）来生产碳化硅，或者加入氨（NH_3）来生产氮化硅。乙烯和氨都能吸收激光的能量，而甲烷却不能。

图 11-16 为反应腔体的示意图，前驱体气体通过不锈钢喷嘴引入。使用 400sccm（表示标准状态下体积流量为 400mL/min）的氩气作为前驱体入口附近的保护气体，这不仅可以将前驱体约束在一个小区域内，还可以给热分解产物降温，以阻止颗粒生长并限制颗粒大小。此外，600sccm（表示标准状态下体积流量为 600mL/min）的氩气被引导到激光进入反应腔体的 KCl 窗口，以冷却并保持清洁。采用机械泵和节流阀控制系统压力，控制范围为 $1.17 \sim 14.50psi$（$1psi = 6894.76Pa$）。激光能量为 150W，非聚焦强度为 $270 \sim 1020W \cdot cm^{-2}$，聚焦强度可达到 $10^5 W \cdot cm^{-2}$。

他们合成了高纯度、单分散、球形的纳米颗粒，尺寸为 $10 \sim 100nm$，平均晶粒尺寸

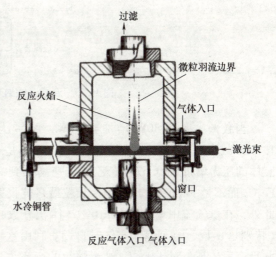

过滤
微粒羽流边界
反应火焰
气体入口
激光束
水冷铜管
窗口
反应气体入口　气体入口

图 11-16　激光热解合成含硅纳米颗粒的反应腔体示意图

约为 15nm。纳米颗粒的小时产率约为 1g，单次合成的总产率能够达到约 10g。增大激光功率，提高硅纳米颗粒产率，而不是无定形的。硅纳米颗粒没有任何表面或内部孔隙，并且非常纯净，氧的质量分数低于 0.1%。碳化硅和氮化硅纳米颗粒的尺寸分别为 18～26nm 和 10～25nm。

（2）含硼纳米颗粒　Swihart 等利用同样的方法合成了硼纳米颗粒。他们使用乙硼烷为反应前体，六氟化硫（SF_6）为光敏剂。在 CO_2 激光的照射下，乙硼烷发生分解，产生硼纳米颗粒。由于硼的晶化温度很高，硼纳米颗粒为非晶态，表面无氧化物形成，具有较高的纯度。这些纳米颗粒在空气中性能稳定，并且能够在水和醇等溶剂中形成稳定分散的胶体溶液。

使用三氯化硼（BCl_3）和氨（NH_3）为前驱体，在高功率 CO_2 激光照射下热分解，可以获得氮化硼纳米颗粒。合成的纳米颗粒大致为球形，具有同心石墨壳层，尺寸为 20～100nm。较小的合成粒子平均尺寸为 20～50nm，主要为多面体形貌。平均尺寸在 100nm 以上的较大颗粒，结构中存在较大的空隙，被认为是空心颗粒。

（3）磁性纳米颗粒　Bi 等利用激光热解铁的前驱体是羰基铁（$Fe(CO)_5$），生成含铁纳米颗粒（α-Fe、Fe_3C 和 Fe_7C_3），反应系统如图 11-17 所示。前驱体通过起泡器在乙烯气流的作用下输送到反应腔体。乙烯可以有效吸收 10.6μm 的激光，既是载气又可用作光敏剂，同时还可以作为碳源合成碳化物颗粒。通过控制反应条件，可以合成不同化学成分的纳米颗粒。

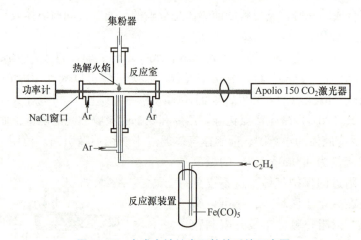

图 11-17　合成含铁纳米颗粒的系统示意图

当激光功率从 30W 增加到 50W，腔室压力从 1.93psi 增加到 5.80psi，喷嘴直径从 1.7mm 减小到 0.8mm，产生的是 Fe_7C_3 而不是 α-Fe。当激光功率继续增加到 54W 时，反应腔体的压力增加到 9.67psi，乙烯流速增加到 25sccm，激光束宽减小到 0.2mm，产生的是 Fe_7C_3 而不是 Fe_3C。合成的纳米颗粒最终被收集在一个带有铁氧体磁铁的耐热玻璃容器中。此外，在氩气流中增加 4%～10%（体积分数）的氧气可以进行原位钝化，避免纳米颗粒（特别是 α-Fe）在暴露于空气时自燃。利用这种方法合成的纳米颗粒平均尺寸为 5～30nm，并且产率较高，对于 Fe_7C_3 纳米颗粒的产率约为 3g·h^{-1}。当乙烯过量时，会形成碳包覆的 Fe_3C 和 Fe_7C_3 纳米颗粒。此外，对纳米颗粒的磁性研究发现，它们是铁磁性的，而不是超顺磁性的，尽管它们的尺寸很小。

（4）核壳结构纳米颗粒　Sourice 等研制了一种新的两步激光热解方法，用于合成均匀的 Si@C 复合纳米材料。图 11-18 为反应系统示意图，包括两个反应区。首先，在第一反应区引入硅烷合成晶体硅纳米颗粒。硅纳米晶体的尺寸大小可通过调节氦气的流速和聚焦激光功率来控制。随后，硅纳米晶体被气流携带进入第二个反应区，同时向第二反应区注入乙烯，乙烯在 CO_2 激光作用下分解，并在硅纳米晶体表面沉积形成碳壳层。

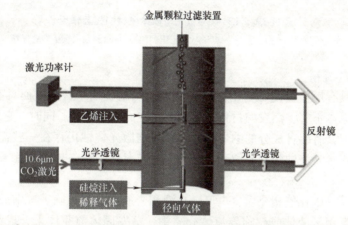

图 11-18　合成 Si@C 复合纳米材料的新型两步激光热解反应器示意图

两个反应区之间的激光功率需进行合理调整和分配，既要确保第一个反应区内产生的硅纳米颗粒具有较高的结晶度，又要保证第二个反应区里的剩余激光功率足以将乙烯分解。表征分析结果表明核壳界面未有碳化硅形成。相比于多步间歇合成，单步连续合成减少了最终产物中氧化硅的存在，反过来又使纳米材料有望用于锂离子电池阳极。碳包覆硅纳米复合材料由于碳壳的保护作用，防止了硅芯与电解质的直接接触，从而提供了高而稳定的容量。

11.2.3　激光烧蚀法（Laser Ablation）

1. 激光烧蚀法的原理

激光烧蚀是一种利用激光蒸发块状固体前驱体来合成纳米材料的技术。大多情况下，激光烧蚀使用脉冲激光，产生瞬态蒸汽羽。根据激光脉宽的大小，目前常用的脉冲激光有三种，即毫秒脉冲激光（脉宽在 1×10^{-3} s 以上）、纳秒脉冲激光（脉宽为 $1 \times 10^{-9} \sim 1 \times 10^{-6}$ s）和超短脉冲激光（脉宽为 $1 \times 10^{-15} \sim 1 \times 10^{-9}$ s）。其中，超短脉冲激光分为皮秒脉冲激光和飞秒脉冲激光，前者与靶材的反应机理与纳秒脉冲激光相似；而飞秒脉冲激光的峰值功率密度最高，与靶材之间的作用机理相对较为复杂。

不同激光能量密度照射下，靶材表面会发生不同的反应。飞秒脉冲激光与固体靶材的相互作用过程如图 11-19 所示。首先材料吸收脉冲激光提供的高能量，随后电子通过光电和热离子发射从原子中被激发出来，在靶材表面形成高强度的电场；在电场的作用下，正离子之间的斥力大于结合力，最终导致靶材表面的物质被剥离，即库仑爆炸。随着功率密度的进一步增大，将会出现等离子体烧蚀。

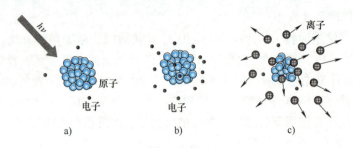

图 11-19　飞秒脉冲激光与固体靶材的相互作用

a）材料吸收激光能量　b）电子从原子中剥离　c）材料表面发生库仑爆炸

2. 设备与工艺流程

激光烧蚀法具有操作简便、适用性广等特点，在制备纳米材料方面具有很多优势。首先，它可以蒸发原本不容易蒸发的材料，生产高纯度的纳米材料。同时，它还可以使用单独或组合靶材，生产具有多种成分的纳米材料。但目前激光烧蚀仍存在一些需要解决的问题，如产率问题。采用激光烧蚀法制备纳米粒子的小时产率只停留在毫克级别，不利于其在工业领域的推广应用。

激光烧蚀法既可以在气相介质，也可以在液相介质中进行。除了气溶胶生成纳米颗粒，激光烧蚀还被广泛用于液体或超临界流体介质中，蒸发固体前驱体来合成纳米材料以及薄膜。脉冲激光与固体靶材在液相环境中相互作用，包含复杂的物理和化学反应过程。由于液体环境的限制，激光与物质作用时的温度和压力更高。利用脉冲激光在液相中创造出超高温、超高压的生长环境，为制备常规条件下难以制备的材料提供了可能。通过改变脉冲激光的波长、脉宽、频率以及溶剂、靶材的种类等，可以调控纳米粒子形态和尺寸。此外，还可以引入添加剂，使产生的纳米粒子与液体介质发生反应，从而制备出性能更加优异的纳米复合材料。

3. 应用实例

（1）纳米颗粒

1）金属纳米颗粒。在众多金属靶材中，Al、Fe 和 Cu 等金属较为活泼，在溶液中制备对应的金属纳米粒子较为困难。利用激光气相烧蚀来制备相应的金属纳米粒子，成为合适的选择。

Dietz 等开创了脉冲激光烧蚀技术合成金属团簇的新方法。他们使用 Nd：YAG 脉冲激光器（80MJ·脉冲$^{-1}$），在超声速喷嘴内蒸发 Al 靶，形成的金属原子蒸气在氦气中膨胀，导致在喷嘴下游形成 Al 团簇的超声速光束，利用这种方法成功制备了 Al 团簇，但实验过程的可重复性和稳定性不好。随后，他们对合成装置进行了改进，如图 11-20 所示。通过在每次激光脉冲之前旋转和移动靶材，实现均匀汽化，制备了含有 1～13 个 Cu 原子的 Cu 簇，实验的可重复性得到了较大提升。

Svetlichnyi 等利用 Nd：YAG 脉冲激光（1064nm，7ns），在大气压力下烧蚀空气中的 Fe 靶，并进行退火，制备了

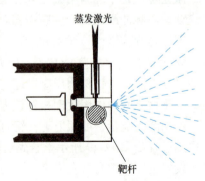

图 11-20　采用激光气相烧蚀法合成铜簇的装置示意图

氧化铁磁性纳米颗粒。测试结果发现，合成的产物以球形单斜磁铁矿（主要尺寸为 12~15nm）为主，并伴随少量片状和卷状氮化铁。热处理后，纳米颗粒的尺寸增大并出现了三个相变过程：一是向立方磁铁矿转变；二是形成 α-Fe$_2$O$_3$、γ-Fe$_2$O$_3$ 和 Fe$_3$O$_4$ 的混合物；三是向纯赤铁矿相的转变。

相较于 Al、Fe 和 Cu 等活泼金属，Au、Ag 和 Pt 等贵金属较为稳定，烧蚀过程中不易与溶液发生反应。因此，激光烧蚀液体中的金属靶材，可以达到制备贵金属纳米粒子的目的。Mafuné 等利用脉冲激光对十二烷基硫酸钠（SDS）溶液中的 Au 片进行烧蚀，并研究了 Au 纳米粒子尺寸与溶液浓度之间的关系。结果发现，增加 SDS 溶液的浓度可以有效减小 Au 纳米粒子的粒径。这可能是由于 SDS 分子包覆在 Au 纳米粒子周围，阻止了其进一步的生长。同时，他们还发现对含有 Au 纳米粒子的 SDS 溶液进行二次照射，会使 Au 纳米粒子的粒径进一步减小。对于 Ag 纳米粒子，增大 SDS 溶液浓度同样会降低 Ag 纳米粒子的尺寸，但增大激光能量会使 Ag 纳米粒子的粒径增大，这表明 Ag 纳米粒子的生长机制与 Au 纳米粒子可能存在差异。

2）半导体纳米颗粒。Chewchinda 等采用两种不同波长（532nm 和 1064nm）的脉冲激光烧蚀乙醇溶液中的硅片。结果发现，两种波长下制备的硅纳米粒子均为圆球形。但是，532nm 激光有利于制备更多、尺寸更小的硅纳米粒子。吸收光谱表明，波长为 532nm 的激光制备的样品比波长为 1064nm 的激光制备的样品浓度更高。一个可能的解释是硅靶在每个波长的光吸收热的差异。如下式所示：

$$H_{abs} = \alpha_0 \varphi_{ph} h\nu = \alpha_0 \frac{I}{h\nu} h\nu = \alpha_0 I \tag{11-30}$$

式中，H_{abs} 为光吸收热；α_0 为吸收系数；φ_{ph} 为光子通量密度；h 为普朗克常数；ν 为频率；I 为光波强度或功率密度。由于两种激光的功率密度都是固定的，因此 H_{abs} 仅取决于材料的吸收系数。另外，对于硅来说，532nm 处的吸收系数比 1064nm 处的吸收系数高，因此前者获得的光吸收热更高，即更多的能量可用于粒子的产生。

当激光照射在硅靶上，其能量被表面吸收，导致表面熔化、汽化和电离。在脉冲持续时间内，硅原子的高温、高强度、高压等离子体羽流在靶的激光光斑上点燃。等离子体羽流一旦产生，由于吸收后期激光脉冲，以超声速绝热膨胀，形成激波。脉冲终止后，羽流膨胀，导致快速冷却和硅核的形成。这些核继续生长，直到附近的硅团簇被完全消耗，最终抑制生长过程。

根据成核生长的理论模型，浓度越高，原子核的临界尺寸越小。此外，随着浓度的增加，可以形成更多的核。这意味着，更多的原子核可以共享额外提供的硅原子，最终导致 532nm 激光波长制备的样品粒径更小。此外，由于硅在 532nm 波长处具有更高的吸收，因此有可能发生碎裂。这可能是在该波长下获得较小颗粒尺寸的另一个原因。

（2）纳米线　激光烧蚀还可以用于一维纳米线的制备。Lieber 等提出了一种单晶 Si 和 Ge 纳米线（直径分别小至 6nm 和 3nm、长度>1μm）的合成方法，他们首先利用激光烧蚀制备直径在几个纳米的催化剂团簇，催化剂团簇的直径决定了由 VLS 机制生长的纳米线的尺寸。因为激光烧蚀可用来生成几乎任何材料的纳米级簇，该方法适用于制备许多材料的纳米线。纳米线的生长装置如图 11-21 所示，脉冲激光器 1 的输出 2 聚焦到位于石英管内的目标 3 上，反应温度由管式炉 4 控制。产物被气流携带，并被冷指 5 收集，气流通过流量控制器6-左引入，并由出口6-右进入泵送系统。使用脉冲倍频 Nd-钇-铝石榴石激光器（波长532nm）来烧蚀含有纳米线和金属催化剂所需元素的靶材。靶材置于石英炉管中，其中的温度、压力和停留时间可以改变。

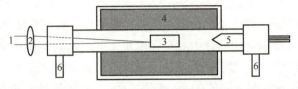

图 11-21　纳米线的生长装置示意图

图 11-22 为纳米线的生长模型。在该模型中，激光烧蚀 Si-Fe 靶材，产生 Si 和 Fe 的蒸气（图 11-22a），当 Si 和 Fe 蒸气与缓冲气体碰撞冷却时，热蒸气迅速凝结成富含 Si 的液体纳米团簇（图 11-22b）。此时，炉温被控制以保持 Si-Fe 纳米团簇处于液体状态。当纳米团簇过饱和时，存在的 Si 相析出并结晶为纳米线（图 11-22c）。纳米线的生长始于液体中 Si 的过饱和，只要 Si-Fe 纳米团簇保持液态并且 Si 反应物可用，纳米线就会继续生长。而当气流将纳米线带出熔炉的热区时，生长即终止（图 11-22d）。结合二元 Si-Fe 相图可做以下推断：首先，纳米线的生长将在 1207℃ 以下终止，因为在该温度下没有液体团簇存在。其次，生长终止后形成的固体纳米团簇是 $FeSi_2$，因为 $FeSi_2$ 是相图中富硅区稳定的 Fe-Si 化合物。

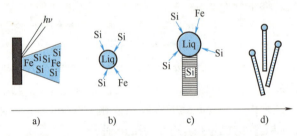

图 11-22　纳米线的生长模型

11.3　二维半导体材料

后摩尔时代，具有原子层厚度的二维材料因其独特的物理性质成为下一代半导体器件的有力候选者。自石墨烯发现以来，二维材料领域的研究进展飞速，新的二维材料不断涌现，如六方氮化硼（h-BN）、过渡金属硫族化合物（Transition Metal Dichalcogenides，TMDs）、磷烯、硅烯、锗烯等，这些材料的发现极大地扩展了二维材料家族。目前，二维材料的制备方法主要包括"自上而下"的层状材料剥离和"自下而上"的气相合成。

11.3.1　剥离法

剥离是制备二维材料的重要技术手段，其基本原理是通过外部原子或分子的插层作用，或施加沿面内方向的剪切力，使层间距离扩大，从而有效减弱层间的相互作用。虽然用于剥离的块体材料都具有层状结构，但由于其组分和晶体结构的差异，这些材料在剥离过程中表现出完全不同的行为。下面从机械剥离和液相剥离两方面进行介绍。

1. 机械剥离

机械剥离具有操作简便、设备要求低等特点，是目前最常用的二维材料制备方法之一。利用机械剥离得到的二维材料，可以保持较好的晶体结构和结晶度，适合于制备小面积、高质量的二维单晶材料。如今机械剥离技术已广泛应用于各类二维晶体的制备，如 TMDs、黑磷（BP）和 h-BN 等。高质量的二维材料为电学、光学、力学和磁学等性能研究提供了理想的材料基础。

（1）胶带剥离　2004 年，Geim 等率先报道了一种创新的胶带剥离技术，成功实现了从石墨中制备单层和少层石墨烯，掀起了二维材料研究的热潮。后来，人们也开始使用黏性膜或刮刀等工具进行机械剥离，制备各种不同的层状二维材料，并将其转移至目标衬底上用于表征和测试，其过程如图 11-23 所示。但是，实际应用中胶带剥离仍然存在诸多问题：

1）对大块晶体进行反复胶带剥离时，晶体易碎裂成微小的碎片。因此，利用胶带剥离的二维材料尺寸普遍偏小，通常在几微米到几十微米范围内。

2）胶带与单层或少层之间的相互作用，通常比衬底表面（如 SiO_2）与二维原子层之间的相互作用更强，使得二维材料由胶带转移至衬底变得十分困难。

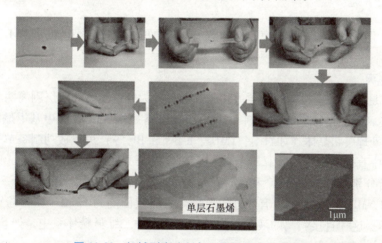

单层石墨烯　　　1μm

图 11-23　机械剥离法制备石墨烯的流程示意图

（2）等离子体增强剥离　氧化物衬底（如 SiO_2/Si）的表面常存在薄薄的分子层，阻隔了层状晶体与氧化物衬底之间的直接接触，进而削弱了二维材料与衬底间的相互作用。为了克服这个问题，一种新的氧等离子体增强剥离的方法被提出。通过氧等离子体处理，可以有效去除氧化物衬底表面的分子层，进而增强二维材料与衬底间的黏附力，其具体步骤如下：①利用氧等离子体去除 SiO_2/Si 衬底表面的小分子；②将新的裂解石墨表面用胶带放在衬底上；③胶带/石墨/衬底在 100℃ 下烘烤 1～2min；④将样品冷却至室温，然后去除带有石墨的胶带，得到几百微米到毫米大小的大面积单层和少层石墨烯。此外，利用这种方法还可以制备 $Bi_2Sr_2CaCu_2O_x$ 高温超导材料，但对于解理 TMDs 等材料效果并不显著。

（3）金膜辅助机械解理　二维层状材料层间及其与衬底间的相互作用主要受到范德华力的调控，这种作用力的大小由接触距离与原子偶极矩两大要素共同决定。以 MoS_2 为例，与衬底的相互作用主要由表面原子控制，如果基底与最外层硫原子之间的相互作用超过了层间的相互作用，则单层薄片可以从层状体晶体中剥离。

理论研究表明，大多数层状晶体与金的相互作用更强烈，特别是表面含有主族非金属元素（V、VI和VII主族）的晶体。这些元素与金形成类似共价键的准化学键，比层间相互作用强。基于这一原理，黄元等提出了一种普适性的金膜辅助机械解理技术，成功制备了40多种二维材料。通过这种金膜辅助解理技术，成功制备了大面积的二维TMDs材料，并在国际上首次解理出大面积的单层$FeSe$、$PtSe_2$、$PtTe_2$、$PdTe_2$和$CrSiTe_3$等材料，这为后续开展新颖物性的研究和应用提供了材料基础。最近这种金膜辅助解理技术也应用到二维磁性材料和二维拓扑材料的研究中，展现出广阔的应用前景。

在过去的近20年时间里，机械剥离技术极大地推动了二维材料领域的快速发展。尽管机械剥离具有操作简单、设备成本低、制备周期短和晶体质量高等优势，它仍然有以下不足之处：①机械剥离技术不适用于二维材料的大规模工业生产。未来它可能仍主要用于基础科学研究领域，用于深入探索二维材料的基本性质和潜在应用。②晶圆级二维材料的剥离首先需提供高质量、大尺寸层状块体单晶，然而高质量、大尺寸单晶的制备本身就是一项极具挑战性的任务，这成为制约机械剥离技术进一步发展的瓶颈。③机械剥离的重复性和均匀性通常难以有效保证，这高度依赖于研究人员的操作经验和技能水平，同时也使制备效率难以稳定提升。

因此，为了满足未来工业规模制造的需求，需要更为先进、高效的剥离工艺和技术制备晶圆级二维材料，推动二维材料领域的进一步发展。

2. 液相剥离

液相剥离是制备二维材料的重要方法，大致可分为直接剥离和插层剥离两种：

（1）直接剥离　在特定液相溶剂（如正-甲基吡咯烷酮NMP、二甲基甲酰胺DMF）中，利用超声直接处理层状晶体（如石墨、TMDs、h-BN和BP等）可以成功制备单层或少层二维纳米片。液相中直接剥离受层状材料与溶剂之间表面张力匹配程度的限制。例如，石墨烯、h-BN的表面能分别为$70mJ \cdot cm^{-2}$和$44 \sim 66mJ \cdot cm^{-2}$，因此，表面能分别为$70mJ \cdot cm^{-2}$和$67mJ \cdot cm^{-2}$的NMP和DMF可以有效分散石墨烯，而表面能为$53mJ \cdot cm^{-2}$的异丙醇则能良好地分散h-BN。这种直接剥离的液相方法可扩展到多种二维材料体系中，如SnS、PbI_2、金属氢化物等。

直接液相剥离法简单、成本低，并且产生的二维材料通常只有少量缺陷。但是直接液相剥离产生的二维材料通常尺寸较小，产率低，在溶剂中的浓度不高，需耗费大量时间将分散溶液干燥成粉末或浓缩至更高的浓度，严重限制了其实际应用。此外，不同二维材料的良溶剂通常具有高沸点。例如，有机NMP和DMF是石墨烯的良溶剂，其沸点分别为203℃和153℃，而在实际应用上，低沸点的溶剂更有益，因为残留的溶剂会降低二维材料的性能。因此，改进液相直接剥离技术，以实现短时间内高产率的二维材料剥离，成为当前研究的迫切需求。

（2）插层剥离　插层剥离是大规模生产原子厚度二维材料最有前途的技术之一，因其溶液加工性、易规模化、产物具有大横向尺寸和高单层产率而备受科研和工业界的瞩目。插层剥离的实验过程如图11-24所示，主要包括客体（外来离子和分子等）嵌入和主体（层状材料）剥离两个阶段。客体嵌入可以通过化学或电化学途径实现。主体剥离是指将原子层从嵌入化合物（宿主+客体）中分离出来，这一过程可以是自发的，也可通过超声、搅拌或手动摇晃等方式加速剥离。

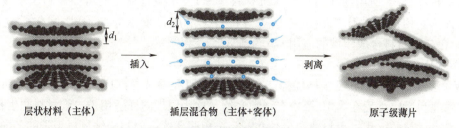

图 11-24　插层剥离法制备石墨烯的流程示意图

插层剥离技术的核心在于克服层状材料内部固有的层间相互作用力。这一过程的实现，依赖于插层和后插层效应的应用。这种后插层效应可以是层间距离的增加、气泡的释放或能量上更有利的溶剂化，取决于所使用的插层材料以及溶剂的类型。

1）插层材料。插层主要分为分子插层和离子插层。①分子插层。分子插层作为一种无电荷转移的过程，通过大幅增加层间距来削弱导致层间黏附的范德华力，进而为原子层的顺利剥离创造有利条件。目前应用的分子插层材料包括烷基胺和己胺等分子插层剂。②离子插层。离子嵌入的过程中，嵌入离子和层状晶体之间的电荷转移，导致带电层的形成。虽然这种过程可以降低层间的范德华力，但带相反电荷的离子和原子层之间会产生更强的静电力，导致层间整体吸引力增加。离子插层材料主要包括碱金属离子、四烷基铵阳离子，SO_4^{2-} 和 BF^{4-} 等阴离子。其中，碱金属离子，尤其是锂离子具有极小的离子半径（约 0.76Å），在插层过程中能够高效渗透并分离层状材料。常见的锂离子插层剂有正丁基锂、四氢硼酸锂（$LiBH_4$）、萘锂、芘锂、锂金属以及锂阳极等。四烷基铵阳离子适用于各种二维材料的制备，包括石墨烯、TMDs、BP、A_2B_3 型材料（如 In_2Se_3、Bi_2Se_3、Sb_2Te_3）、ABX_2 型材料（如 $AgCrS_2$、$AgCrSe_2$、$CuCrS_2$、$CuCrSe_2$ 和 $NaCrS_2$）等。与锂插层剥离相比，利用四烷基铵阳离子插层剥离的 TMDs 单层尺寸更大、缺陷更低且环境稳定。

2）溶剂。主要有质子溶剂和非质子溶剂。①质子溶剂。质子溶剂（例如水）通常会导致气体释放（例如氢、二氧化硫和氧），这些气体释放产生的力可以有效地将各层推开，从而在剥离中发挥重要作用。②非质子溶剂。非质子溶剂能够通过与带电层和离子的协调作用，促进能量上更为有利的溶剂化过程，这对于原子层的进一步分散同样具有积极意义。

剥离后得到不透明的二维纳米片悬浮液，其中可能混杂着未完全剥落的碎片、微纳米颗粒和客体分子或离子。为了获得干净的产品，需对产物进行纯化，其过程如下：首先，低速离心去除大颗粒；随后，通过多次高速离心，清除纳米片表面的客体分子或离子；最后，收集高速离心后的沉积物，并通过超声将其重新分散在水、异丙醇、DMF 等溶剂中，以便于储存和使用。

11.3.2　气相沉积法

"自下而上"的气相沉积法是从较小的结构单元（如原子、分子或纳米颗粒等）出发，通过一定的物理或化学方法，使这些单元自组装或发生化学反应，进而形成所需的纳米材料。其核心在于精准调控合成条件，如温度、时间和反应气氛等，利用材料基本结构单元之间的相互作用，实现纳米材料的精确合成。气相沉积法因其高效性、灵活性和规模化生产的潜力，成为合成高质量二维材料的优选方案。从可扩展性、产品质量（如空间均匀性、结晶度和缺陷密度）、通用性（适用的二维材料范围）、工业自动化的可控性和成本效益等多方面来看，气相沉积法比机械剥离法更具优势。下面将重点介绍 CVD 和化学气相输运（CVT）在二维材料合成领域的应用。

1. CVD

CVD 法具备低成本和可扩展优势，在二维材料研究领域受到广泛关注。利用 CVD 生长薄膜的原理和反应过程在第 10 章中有详细介绍，这些原理同样适用于二维材料的生长过程。但是，二维材料的沉积过程与薄膜生长并不完全相同，这主要与二维材料生长的各向异性相互作用（即层内共价键和层间范德华相互作用），以及二维材料和衬底之间的弱范德华相互作用有关。例如，二维材料可以在各种晶态和非晶态衬底上合成，无需严格的晶格匹配条件。但是较弱的界面相互作用同时也导致多个平面内外延取向的存在，这对于晶圆级二维材料的控制生长提出了挑战。

二维材料的性能取决于其尺寸、形态、相（H 相或 T 相）、取向和缺陷等因素。通过合理设计反应装置和精细调控 CVD 生长过程可以实现对这些因素的精确调控。图 11-25 为二维材料的 CVD 反应装置示意图。前驱体、添加剂、衬底、压力和温度是 CVD 合成中最重要的参数，它们通过质量传递效率、热传递过程以及界面反应动力学等显著影响二维材料的生长特性。

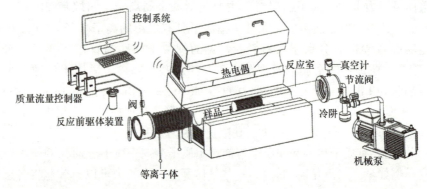

图 11-25　二维材料的 CVD 反应装置示意图

（1）前驱体　根据前驱体形态，CVD 法分为固源 CVD 和气源 CVD。固态源具有适用性广和成本效益的优势，在二维材料生长中得到了广泛应用。然而，固态源的蒸气压对温度十分敏感，在使用固态前驱体进行二维材料生长时，需精确的温度控制。此外，随着前驱体的消耗，气相中的浓度会逐渐降低，导致二维材料生长中前驱体浓度的梯度变化，使 CVD 生长难以控制。相比之下，气源 CVD，特别是 MOCVD，能够通过精确控制前驱体的流量比例，实现对反应剧烈程度的精细调节，是生长大尺寸、单层、非化学计量比二维材料的有效途径。

（2）添加剂　碱金属卤化物（NaCl、KCl 和 KI 等）、胆酸钠、氢氧化钠等添加剂被越来越多地用作二维材料的生长促进剂。这些添加剂不仅降低了前驱体的熔点，有利于氯化物、氧化物前驱体转变成硫化或硒化的中间产物。同时，碱金属离子还能降低生长势垒，协同提高反应速率，促进高质量二维材料的大规模生产。

（3）温度　温度影响气体的流动、前驱体在气相中的化学反以及产物在衬底上的沉积速率，最终决定着产物的组成和均匀性。一方面，轻微的温度变化可能会导致前驱体饱和蒸气压的巨大变化，进而显著影响生长过程；另一方面，温度会影响物质的质量输运及其在蒸气-固体界面上的反应。温度越高，气体前驱物的浓度越高。充足的前驱体供应使生长受化学反应速率的控制；而较低的温度会导致生长过程中的质量传输受限。在合适的反应条件下，较高的温度通常更容易得到高质量的二维材料。

（4）衬底　在 CVD 反应过程中，衬底需耐受一定高温，目前常用的衬底有 SiO_2/Si、云母、蓝宝石、聚酰亚胺（PI）膜和金属等。尽管二维材料和衬底之间以范德华力接触相连，但是衬底的性质和微观结构仍然可以显著影响二维材料的生长。例如，金属衬底（如铜）具有较高的催化能力和较低的碳溶解度，适合生长石墨烯等材料；云母衬底具有原子级平整的表面，适合生长大部分二维材料，但产物需要转移到其他衬底（如 SiO_2/Si）才能用于器件的制作；蓝宝石衬底则完全不同于云母，特定的晶格取向和表面原子级的阶梯会导致取向生长。因此，选择合适的衬底和预处理是生长晶圆级单晶二维材料的有效方法。

（5）压力　CVD 反应腔室的压力可以在较大范围之间改变。为了确保相同的摩尔流量，低压下的气流速度会增加。前驱体浓度的降低和气流速度的增加使反应过程更加可控，有利于晶圆级二维材料的生长。此外，前驱体的分压还可能影响 TMDs 的逐层生长机制。当压力较低时，第二层的成核只能发生在晶界；而在高压下，成核随机发生在第一层的表面，导致单层和多层的混合产物。

目前 CVD 已被广泛应用于生长高质量的二维晶体和异质结构，具备良好的可控性和规模生产能力。但是，CVD 生长方法需高温来实现良好的结晶和生长速率，而半导体制造的后端工艺通常要求温度低于 400℃。因此，大多数二维材料的低温 CVD 工艺仍需突破。

2. 化学气相输运

化学气相输运（Chemical Vapor Transport，CVT）也是一种重要的二维材料合成方法。在密封玻璃管的一端放入合成目标晶体所需的单质元素，并加入传输剂协助原料的输运；将带有原料的玻璃管一端放置在高温区，另一端放置在低温区；在高温的驱动下，传输剂携带原料迁移至低温区，并发生化学反应，最终沉积形成高质量的二维单晶。CVT 的反应装置如图 11-26 所示。

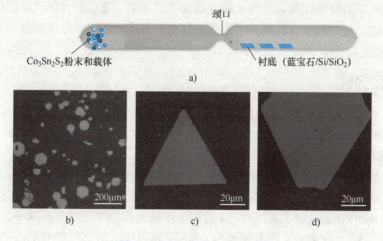

图 11-26　CVT 生长 2D 材料
a）装置示意图　b）2D 材料的形貌　c）三角形　d）多边形

以 CVT 生长 MoS_2 为例，反应的具体过程如下：①将 MoO_3 粉末和 S 粉末按照摩尔比 1∶2 混合，经玛瑙研钵充分研磨；②取 5mg 混合物和传输剂（如 I_2、Br_2 等）一起放置在玻璃管的一端，生长衬底（如氟晶云母片、蓝宝石或玻璃）放在玻璃管的另一端；③将玻璃管抽至 0.2MPa，并按照生长温度区间的长度要求密封好；④将密封玻璃管含原料的一端放置在高温区，衬底放置在低温区；⑤将高温区以 $10℃ \cdot min^{-1}$ 的速率升温至 850℃，并维持 0.5~2h；⑥自然降温至室温后，敲碎密封玻璃管，取出样品。

CVT 生长二维材料时需要注意以下问题：

1）传输剂的选择和使用。在无传输剂的情况下，MoS_2 无法在衬底上成功生长。使用 KCl 或 $MoCl_5$ 作为传输剂时，能够观察到 MoS_2 单晶或薄膜的形成。这说明，只有选择具有合适输运速率的传输剂才能生长出理想产物。

2）密封玻璃管的设计。CVT 生长单晶材料和二维材料的主要区别在于玻璃管中部是否存在脖颈。脖颈的存在不仅能够有效防止衬底受到污染，同时还能精准控制传输速率。根据 Schäfer 传输速率公式可知，传输速率与脖颈的直径成反比，即越细长的脖颈使二维材料的生长速率越低。

3）其他参数如温度和衬底，在 CVT 的生长中也很重要，它们的影响与 CVD 类似。

目前，CVT 能够用于 MoS_2、WS_2、$MoSe_2$、$Mo_xW_{1-x}S_2$ 和 ReS_2 等多种不同类型二维材料的制备，展现出广泛适用性。此外，CVT 还可以制备 CVD 难以生长的材料。Wang 等通过改进的 CVT 法合成了二维的 $Co_3Sn_2S_2$ 纳米片，这种材料通常难以通过 CVD 法合成。

11.4 二维范德华异质结

范德华异质结由两种或两种以上具有不同化学成分、结构或性质的二维材料通过范德华力结合而成的人工纳米结构。传统的异质结受晶格匹配的约束，对于晶格常数的差异有着严格要求。而通过堆叠没有共价键的二维材料层，可以构建出不受晶格匹配约束的异质结构。二维材料的异质结可以分为垂直结和横向结，如图 11-27 所示。在范德华异质结中，每一层材料不仅保留了其固有属性，并且可以通过弱的层间力与邻近层进行相互作用。这种特性允许创建定制的电子结构和性质，导致了新奇的光学、电学、磁学和力学现象产生。范德华异质结的最新方法，主要包括以转移技术为代表的自上而下合成法和以气相沉积为代表的自下而上合成法。

11.4.1 直接沉积

气相沉积法如气源 CVD 可以通过质量流量计，严格调控参与反应的前驱体比例，这有利于实现复杂的异质结和超晶格结构。

1. 垂直异质结

二维材料的垂直异质结，通常采用多步 CVD 依次生长各层材料。这是因为不同层的材料的温度稳定性和化学性质一般存在差异，多种前驱体的存在容易导致合金化或交叉污染。例如，Li 等采用 PVD 方法首先在 SiO_2/Si 衬底上生长大面积单层或少层 WSe_2，再通过 CVD 法生长了一层 $CrSe_2$。这种方法得到的 $CrSe_2/WSe_2$ 异质结显示出高质量的范德瓦尔斯界面，具有良好分辨率的莫尔超晶格和铁磁行为。另外，在空气中暴露数月后，样品表面粗糙度或

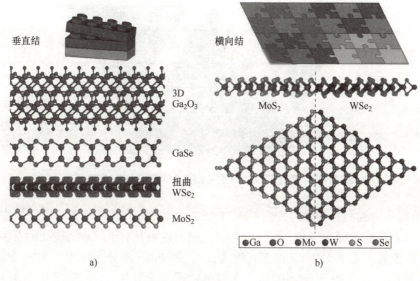

图 11-27　二维范德华异质结的结构示意图
a）垂直结　b）横向结

磁性能没有发生明显的变化。$CrSe_2/WSe_2$ 异质结的可控制备有助于自旋电子学的基础研究和潜在应用。

　　多步合成垂直异质结的一个缺点是，必须首先生长具有更高合成温度的材料，以减少热分解或合金化对后续沉积的影响。Zhou 等提出了一种"高温到低温"的逐层生长策略，巧妙设计二维异质结中每一层的生长环境，使其生长温度均低于前一层，从而实现了高质量、多层范德华异质结的晶圆级生长。该方法能够精确地控制异质结中二维材料的层数，并在范德华异质结上实现了 49 种不同堆叠结构组合的精确制造。异质结展现出的超导特性，证明该方法生长的二维超导层材料在多步的异质结生长过程中仍保有高质量的晶体结构。

2. 横向异质结

　　目前，二维材料的横向异质结只能通过气相沉积方法得到。Gong 等首先发现 MoS_2 和 WS_2 的成核速率和生长速率的差异很大，从而导致这两种材料的顺序生长，而不是 $Mo_xW_{1-x}S_2$ 合金。精确的反应温度决定最终产物的结构。当温度在 850℃ 左右时优先考虑垂直堆叠的 MoS_2/WS_2 双层生长，而温度在 650℃ 左右时平面内横向异质结占主导地位。Xie 等人利用配备多个反应源的 MOCVD 系统合成了具有强外延应变的单层 WS_2/WSe_2 的相干超晶格（图 11-28）。超晶格中各组分的组成和宽度可通过切换前驱体比例来调整，同时保证生长温度和压力不变。但是需要指出，这种多结二维横向异质结的制备需要频繁更换反应气氛或者原料，操作复杂，耗时长。Prasana 等则提出了一种水辅助原位控制合成多结二维横向异质结构的一步 CVD 法。在这种 CVD 工艺中，只需切换不同组成的载气，就能实现单层多结侧边异质结的原子结构精确控制。载气中水分子的存在利于选择性控制金属前驱水诱导的氧化和蒸发，并在衬底上成核实现连续的外延生长。

3. Janus 2D 材料

"Janus" 材料是指在两个相对的面上显示不同特性的一类材料。作为一种独特的 2D 材

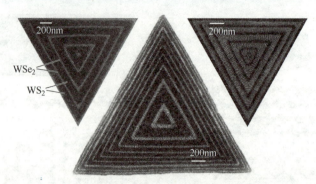

图 11-28　通过 MOCVD 制备的横向 WSe$_2$/WS$_2$ 超晶格

料，Janus 单层化合物具有很强的平面外不对称性、固有的垂直偶极子、应变晶格等新奇特性。例如，当石墨烯一面为氢化，另一面为卤化时，这种具有不对称官能化的石墨烯，即被称为 Janus 石墨烯。对于 TMDs（以 MoSSe 为例），该 Janus 单分子层由三个 Se-Mo-S 原子层组成，可以看作是单层 MoS$_2$ 一面的硫原子被硒原子完全取代。Guo 等报道了 Janus 结构的二维 TMDs 材料的新颖合成方法和对应横向异质结的制备。具体生长方法是首先在衬底上生长单层 XS$_2$（X = Mo，W），然后通过等离子体处理，在氢气的辅助下将上层硫原子去除，硫空位则由蒸发的硒原子填充，替换区域则可以通过 PMMA 光刻掩模实现。必须指出的是，高质量的 Janus 二维材料需确保完全取代顶层硫，同时保持底层硫的完整，这对反应条件的精细调控提出了更高要求。

11.4.2　转移与堆叠

用于转移的微操作系统，包括光学显微镜和三轴微操纵平台，能够实现绝大多数二维材料的拾取，并在微米尺度上对其位置和方向进行精准控制。二维材料的转移最初是在大气环境下手动进行。随着技术的发展，越来越多的转移平台与手套箱或真空室联用，并采用电动装置精确移动，这显著提升了操作环境的稳定性，降低了污染风险，并提高了转移过程的可重复性和准确性。目前，二维材料的转移方法主要分为湿法转移和干法转移两类。

1. 湿法转移

湿法转移是构建大面积复杂异质结的常用方法。在剥离和转移过程中，衬底与材料之间较强的吸附力，有助于机械剥离而得到大面积的单层二维材料。但是，较强的吸附力往往不利于二维材料在不同衬底表面的转移。为了在不同衬底上实现转移，需要改变衬底与材料之间的吸附力。常用的方法是在衬底表面涂覆聚合物层。转移完成后，聚合物层需要被溶解去除，因此又被称为牺牲层。

图 11-29a 为利用水溶性牺牲层（聚乙烯醇 PVA）转移堆叠 2D 材料，并制备范德华异质结的主要步骤：首先，在 SiO$_2$/Si 衬底上依次旋涂 PVA 薄膜和 PMMA 薄膜并加热烘干，随后将原子层厚的二维薄片剥离到聚合物上；浸泡在去离子水中后，PVA 薄膜被去除，留下带有薄片的 PMMA 层漂浮在水中，并用载玻片收集；使用二维材料转移系统将 PMMA 放在目标纳米片，如 h-BN 上，然后泡在丙酮中除去 PMMA，得到最终的异质结构。利用这种方法得到的石墨烯/h-BN 异质结，器件的载流子迁移率可达 20000 cm^2·V^{-1}·s^{-1}，比 SiO$_2$/Si 衬底上的石墨烯提高了近 10 倍。

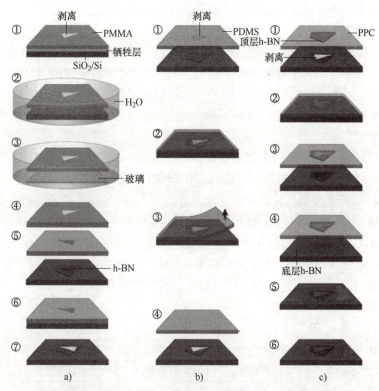

图 11-29　转移堆叠 2D 材料形成范德华异质结的流程示意图
a）湿法转移　b）干法转移　c）h-BN 拾取

牺牲层的溶解，会在异质结构中引入褶皱，并导致溶剂分子在晶体表面的吸附。此外，PMMA 在材料表面会留下绝缘残留物，在转移过程中也容易产生机械损坏，导致器件性能降低。为了避免溶剂的使用，可以使用胶带机械剥离 PMMA 层，降低污染，从而提升器件性能。

2. 干法转移

干法转移主要使用黏弹性聚合物（如聚二甲基硅氧烷，PDMS）来拾取和剥离二维材料。在干法转移中，无须使用牺牲层，水或溶剂不会直接接触二维材料表面，有效避免了湿法转移中存在的污染和褶皱问题。因此，干法转移更利于制造化学敏感的范德华异质结。

利用 PDMS 辅助干法转移的主要步骤如图 11-29b 所示：首先，原子厚度的二维薄片被挑选和剥离到 PDMS 印章上，然后将 PDMS 层与目标二维材料衬底对齐，并轻轻接触按压；由于黏弹性以及材料间热胀系数的差异，PDMS 可以缓慢变形，底层衬底和薄片的表面形成紧密的接触并黏附二维晶体；最后缓慢剥离 PDMS 薄膜，将附着的晶体释放，即可成功构建范德华异质结。

PDMS 与二维材料间的黏附力主要取决于分离速度。当薄膜的剥离速度快时，吸附力较大，二维材料被吸附在 PDMS 膜表面；反之，当剥离速度慢时，吸附力较小，二维材料更倾向于吸附到目标衬底表面。选择合适的分离速度可确保将二维材料完全转移至目标衬底上。

干法转移操作简单快捷、无溶液接触、污染少，但是较难实现多层异质结的制备，且对于少层的二维材料应用有限。这是因为 PDMS 的黏附力较弱，难以获得较薄的二维材料，且剥离在 PDMS 上的二维材料可见度低，不便于转移操作。

3. 二维材料拾取

为了进一步提高样品质量，一种拾取二维材料的堆叠组装异质结的新方法被提出。这种方法通常采用 PDMS 与高分子多聚物聚碳酸酯（PC）或聚碳酸亚丙酯（PPC）组成复合转移介质，因为仅使用 PDMS 难以拾取不同的二维材料以堆叠多层的异质结构。PC 或 PPC 具有黏性随温度改变的特性，改变温度可以改变与二维材料之间的黏附力，从而实现拾取或分离。

图 11-29c 展示的是利用拾取方法构建 h-BN/石墨烯/h-BN 异质结的具体实验步骤：首先将 h-BN 纳米片剥离并用 PPC 拾取，然后将 h-BN 与石墨烯对齐并缓慢接触，待二者接触后加热衬底台至 45℃后缓慢抬起转移介质；此时 h-BN 与石墨烯间更强的范德华力使石墨烯从衬底上脱离而被 h-BN 拾取；形成的 PPC/h-BN/石墨烯与另一片 h-BN 片对准并进行接触，加热衬底台至 90℃以软化 PPC 膜使其留在衬底；最后将样品放在氯仿溶液中溶解掉 PPC，得到 h-BN/石墨烯/h-BN 的异质结构，即实现 h-BN 上下封装的石墨烯。利用其他二维材料替换 h-BN 和石墨烯，重复上述过程，可以制备不同类型的多层异质结。

4. 转移沉积

利用转移和直接沉积工艺，可以实现二维材料与其他维度材料之间的范德华接触。图 11-30 为 Au 电极在 WSe$_2$ 上形成范德华接触示意图。其工艺过程如下：先在高真空下热蒸发沉积 10nm 厚的 Se 层，然后在 Se 表面利用电子束蒸发沉积金属电极，最后在 150℃高真空（10^{-9}Torr）下退火 4h 除去 Se 缓冲层。当使用 Se 缓冲层时，WSe$_2$ 和 Au 之间的距离是 5.3Å，而通过直接沉积得到的距离则是 4.7Å，这表明 Se 缓冲层的使用有助于金属和二维材料形成无相互作用且无缺陷的范德华接触。利用热分解的聚合物 PPC 作为缓冲层替代 Se 层，同样可以在二维材料表面直接沉积不同的金属，形成良好的范德华接触。

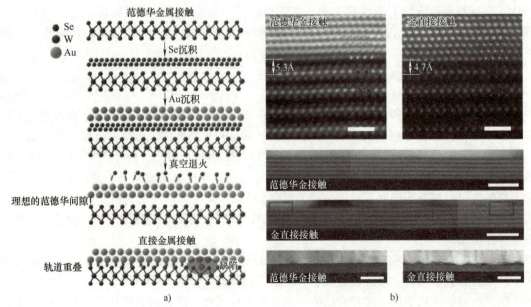

图 11-30 Au 在 WSe$_2$ 上的范德华接触和直接接触对比

a）制备方法和结构示意图　b）不同倍率下截面的 TEM 图

习题与思考题

1. 对比水热法、热注入法和溶胶-凝胶法三种方法在纳米材料合成方面的优点和缺点。
2. LaMer 理论和 Ostwald 熟化机制的侧重点有哪些不同？
3. 解释冷等离子体中纳米颗粒形核、生长和结晶化的原理。
4. 在冷等离子体合成中，如何严格控制纳米颗粒的尺寸？
5. 解释冷等离子体中对纳米颗粒进行掺杂的物理模型。
6. 激光热解法和激光烧蚀法有哪些相似的地方？又有哪些不同？
7. 二维半导体材料合成的 CVD 系统与制备薄膜材料的 CVD 系统有哪些不同？
8. 在二维半导体材料的剥离和转移过程中，需注意哪些问题？

第 12 章

光电器件制备工艺

光电器件的制备工艺，涉及在半导体衬底表面发生的各种物理化学过程，以及对该过程准确的预测和控制，以实现对器件性能的调控。为达到这一目的，需要对器件结构精确设计，需要完成以下两个子目标：

1) 制造小尺寸的 3D 互联的结构，实现半导体、金属、绝缘体等不同性能材料的组合。这一目标的实现，依赖于图形化工艺，主要分为减法工艺和加法工艺两类。

2) 选择性地对半导体材料的某一部位进行掺杂。掺杂工艺可以细分为高温扩散工艺和离子注入工艺。

图 12-1 对比了图形化和掺杂的步骤以及相应的特征。在初始阶段，加法工艺、减法工艺以及选择性掺杂工艺具有一定共性，它们都包含图案定义的过程。通过刻印技术（Lithography），选择性地去除覆盖在薄膜表面的光刻胶，形成图案。那些未被去除的刻印胶，将作为"保护层"，保护其下方的被遮盖区域，使得后续的刻蚀、沉积、掺杂步骤对这些被遮盖的区域不起作用。

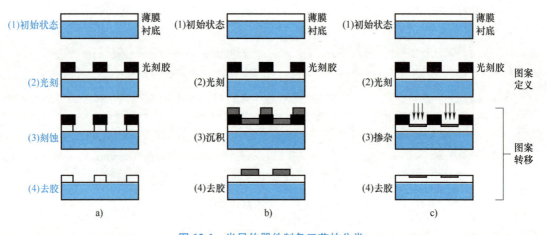

图 12-1 半导体器件制备工艺的分类
a) 减法工艺 b) 加法工艺 c) 选择性掺杂工艺

图案化之后，减法工艺、加法工艺和选择性掺杂工艺的不同开始显现。减法工艺中，原有的金属、半导体或者绝缘体薄膜会被部分去除，以形成凹槽状的 3D 沟壑结构。其中，薄膜的去除主要通过刻蚀来实现。相反，对于加法工艺；在原有的薄膜结构上，额外引入一层薄膜材料，形成隆起状的凸起式 3D 结构。薄膜材料的制备技术在第 10 章有详细介绍。对于掺杂工艺，主要特点是，半导体材料内部的元素种类发生变化，进而引入载流子的浓度梯度，使得材料的电学性质发生变化。通过对一系列的减法工艺、加法工艺和选择性掺杂工艺的组合，即可在衬底上完成复杂 3D 结构的制造。

12.1　光　刻

光刻（Photolithography）是一种常见的在半导体表面定义图案的技术手段。光刻的目标是以可重复和规定的方式在半导体组件上定义一个特定形状的 3D 结构，这个结构被称为图案。图案化过程中，光刻胶会经历曝光、显影。最后，半导体组件的一部分表面被光刻胶覆盖，另一部分表面则完全暴露。这种 3D 的立体结构对后续工艺流程至关重要，没有被胶覆盖的部分将会被进一步蚀刻、沉积、掺杂，如图 12-1 所示。

12.1.1　光刻机

1. 光刻系统的分类

根据光源的不同，光刻机可分为紫外（UV）光刻机、深紫外（DUV）光刻机、极紫外（EUV）光刻机。其中，DUV 光刻机是当前最常用的光刻机，它是由波长为 248nm 和 193nm 的受激准分子激光器产生的。因此，当前主要的光刻技术又被称为"准分子激光光刻"。光刻系统的分类主要包括接触式光刻（Contact Printing）、接近式光刻（Proximity Printing）和投影式光刻（Projection Printing）。

（1）接触式光刻　接触式光刻是曝光光刻胶的最简单方法，具有设备简单、价格便宜等优势（图 12-2a）。20 世纪 70 年代中期以前，接触式光刻是半导体工业的主流方法。该方法需在真空夹具上，手动实现衬底和掩模上的图案对准。选择合适的光刻胶进行工艺优化后，接触式光刻机具备在亚微米尺度定义图案的能力。然而，光刻过程中，由于掩模和光刻胶直接接触，容易被损坏、污染，使产量和图形质量较低。

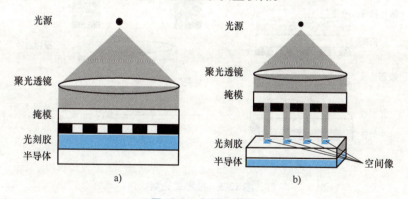

图 12-2　光刻示意图

a）接触式光刻　b）接近式光刻

（2）接近式光刻　接近式光刻机是接触式光刻机的迭代版本。在接近式光刻中，掩模和光刻胶被分开一段距离，如图 12-2b 所示。接近式光刻所能达到的最小特征尺寸 l_{px}（或最小线宽）由下式给出：

$$l_{px} \approx \sqrt{\lambda g} \qquad (12\text{-}1)$$

式中，λ 为光源波长；g 为掩模版和光刻胶分开的距离（包含光刻胶厚度）。接近式光刻显著减少了由掩模和光刻胶接触而引起的缺陷，在分辨率和缺陷密度上取得了一定平衡。但是，接近式光刻所能达到的器件的最小尺寸会随着掩模版和光刻胶分开的距离而增加，这不利于器件的微缩集成。因此，接近式光刻机在大规模集成电路的光刻掩模工艺中的适用性有限。

（3）投影式光刻　由于接触式光刻的高缺陷密度和低分辨率，投影式光刻应运而生。投影式系统中，掩模图案是被投影透镜聚焦到晶圆上的，这与幻灯片被投影到屏幕上的方式相似（图12-3a）。由于掩模图案大小与光源波长相近，光透过掩模时，会发生衍射。根据夫琅禾费衍射理论，在投影透镜平面得到的空间像是掩模图案的二维傅里叶变换。对于空间像穿过投影透镜被重新聚焦在光刻胶上的过程，本质上是投影透镜对透镜平面上的空间像做二维傅里叶逆变换。由于投影透镜的尺寸有限，其所能收集到的空间像的角度有限，所以光刻胶平面的空间像和掩模上的图案并不完全一致。因此，半导体器件的特征尺寸与投影透镜的尺寸有关。投影式光刻工艺所能达到的最小特征尺寸 l_{pj} 为：

$$l_{pj} = k_1 \frac{\lambda}{NA} \qquad (12\text{-}2)$$

式中，k_1 为与工艺相关的参数；NA 为投影透镜的数值孔径，可由下式估算：

$$NA \approx n \frac{D}{2f} \qquad (12\text{-}3)$$

式中，n 是成像介质的折射率（通常的折射介质是空气，取 $n = 1$）；D 是投影透镜的直径；f 是投影透镜的焦距。

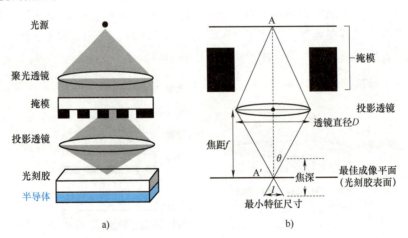

图 12-3　投影式光刻
a）示意图　b）光路原理

由于晶圆表面平整度误差、光刻胶厚度不均匀、调焦误差以及视场弯曲等因素的存在，最佳成像平面与实际成像平面总是存在一定误差，称为离焦。为了保证蚀刻质量，光刻胶层上下表面的成像需要一致。因此，在理想成像平面上下一定范围之内都要有较佳的成像效果，这一尺度范围称为焦深（Depth of Focus，DOF），如图12-3b所示。若光刻胶处于焦深范围内，成像质量将有所保证；若某一处的光刻胶由于表面的不平整而超出焦深范围，那么，在此处的空间像因为不能聚焦而变得非常模糊。光学系统的数值孔径和焦深以及器件的最小特征尺寸可通过如下经验公式相互约束：

$$DOF \approx \frac{l_{pj}}{\sin\theta} \qquad (12\text{-}4)$$

$$DOF = k_1 \frac{\lambda}{NA^2} \qquad (12\text{-}5)$$

式中，θ 是汇聚于最佳成像平面的光锥的角度，如图 12-3b 所示。因此，较大的 NA 在一定程度上有利于降低器件的特征尺寸，但是，在高 NA 的情况下，光学系统的 DOF 会变得过浅。因此，通过减小光源波长 λ 以及增大 NA，无法同时提高分辨率和系统的焦深。

1973 年，美国公司 Perkin Elmer 推出了世界上首台投影光刻设备，分辨率为 $2\mu m$。这一技术的问世使芯片良率提升了 7 倍。扫描式（Scanner）光刻机和步进式（Stepper）光刻机是两种不同的投影式光刻设备。

1）步进式光刻机。步进式光刻机采用分步曝光，即将芯片图案分成若干小块区域，每次只曝光其中一块区域，然后移动芯片位置重复曝光，直到整个芯片完成曝光（图 12-4a）。步进器，又称步进重复相机（Step-and-repeat Camera），是用于半导体晶圆光刻加工的工具。步进器在给定时间内只处理晶圆的一部分，而不像早期半导体制造那样处理整个晶圆。

1978 年，美国 GCA 公司推出世界上第一台步进重复式光刻机。该光刻设备通过设计更加复杂的光学投影系统，将掩模图案和衬底上图案的面积缩小至 10：1，由此绕过直接缩小掩模图案的技术难题。如图 12-4a 所示，在步进重复式光刻系统内，投影透镜会将缩小后的掩模图案投射到衬底，然后对衬底进行细微的位置调整（又被称为对准过程），投影透镜将掩模图案再次投影到衬底的另外一个区域上，如此循环。

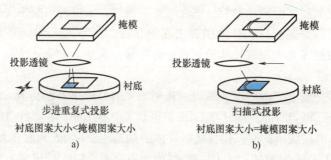

图 12-4　光刻投影方式

a）步进重复式　b）扫描式

2）扫描式光刻机。扫描式光刻机采用连续式曝光，即通过连续地扫描光学镜头上的芯片图案，将其投射到光刻胶上，形成芯片元器件结构（图 12-4b）。扫描仪是步进器的高级版本，它可以将掩模和晶圆朝相反的方向移动，并且可使用更小的透镜。扫描式光刻机使用小镜头加扫描的方式，巧妙地增加对齐和曝光的速度。相较于步进式光刻机，扫描式光刻机提升了集成电路制造的产能，可以更好地应对晶圆尺寸增加带来的曝光效率问题。

2. 光刻机的参数指标

（1）套刻精度（Overlay）　套准精度是描述上下相邻两图案层间的对准程度。在芯片制造过程中，每一层的图案必须与前一层精确对准，即使微小的错位也可能降低性能甚至导致失效。实际图案位置与设定位置之差构成了套准容差。套准容差越大，生产过程中的套准误差就会增加。在大套准误差的情形下，增大器件面积，可能引起各种问题。

（2）线宽（Critical Dimension）　特征尺寸又称线宽，是指在芯片生产过程中，能分辨的图形最小宽度，是衡量制程水平的主要指标。线宽越小，表明分辨率越高，工艺越先进。通常大家听到的 7nm、14nm 制程中的"7nm"和"14nm"便是指芯片的线宽。通过缩短光源波长和增大介质折射率（如使用浸润式光刻设备）可以减小线宽，达到尺寸微缩的目的。

芯片生产中，晶圆表面光刻胶在纳米尺度上通常凹凸不平，因此在曝光时，线宽是不均匀的，线宽均匀性也是评估制程的参数之一。

（3）吞吐量（Throughput）　吞吐量是衡量光刻工艺效率的指标，是指在给定的掩模层级下，每小时可以曝光的衬底的数量。吞吐量一般和对准效率、曝光方式等相关。对于接触式光刻，由于采取手动对齐，其吞吐量远小于由电子计算机控制的投影式曝光系统。

12.1.2　光刻胶

1. 光刻胶的分类

光刻胶分为正性光刻胶和负性光刻胶两类。经过曝光后，正性光刻胶被曝光区域可溶于显影液，留下的光刻胶薄膜的图案与掩模版相同。负性光刻胶被曝光区域不溶于显影液，所形成的图案与掩模版相反。相比于正性光刻胶，负性光刻胶在显影时容易发生变形及膨胀，通常情况下，分辨率只能达到 $2\mu m$，因此造价较低。在实际生产中，正性光刻胶的应用更为广泛。

按照应用领域，光刻胶可分为 PCB 光刻胶、面板光刻胶和半导体光刻胶。其中，PCB光刻胶包括干膜光刻胶、湿膜光刻胶、感光阻焊油墨等；面板光刻胶主要包括彩色及黑色光刻胶、TFT-LCD 正性光刻胶、LCD 触摸屏用光刻胶等；半导体光刻胶主要用于芯片和集成电路制造领域，按照曝光光源波长从长到短，分为紫外宽谱、g 线、i 线、KrF、ArF、EUV，共六个主要类型。

半导体光刻胶随曝光光源的波长缩短，光刻图案的分辨率不断提升。20 世纪 80 年代末登场的 i 线光刻胶，将当时的制程从 $0.6\mu m$ 推进到了 $0.35\mu m$。尽管目前的先进制程已不再使用 i 线光刻胶，但在功率器件、化合物半导体的制造上，i 线光刻胶依然应用广泛。20 世纪 90 年代中期，KrF 光刻胶的商业化，将制程节点从 $0.35\mu m$ 推进到 $0.25\mu m$。21 世纪以来，ArF 光刻胶成为半导体先进制程领域性能最可靠、使用最广的光刻胶。在浸润式光刻系统、负显影工艺、多重光刻工艺等新技术、新工艺的辅助下，ArF 光刻系统不断突破瓶颈，将制程一直推进到 7nm 工艺。EUV 光刻胶目前用于最先进逻辑芯片（CPU、GPU）和存储芯片（DRAM）的制造，并将先进制程从 7nm 提升到了 5nm 与 3nm。

2. 光刻胶的组成成分

光刻胶主要由成膜树脂、感光剂、溶剂和添加剂四部分组成。其中，50%～90%是溶剂，10%～40%是成膜树脂，感光剂占 1%～6%，表面活性剂、均染剂及其他添加剂的占比不到 1%。

1）成膜树脂。由单体聚合而成的高分子聚合物树脂，作为图形转移的阻挡层，承受刻蚀和离子注入的过程。其特性决定了光刻胶的黏附性、化学耐蚀性、膜厚等基本性能。通常来说，曝光波长越短，光刻胶的树脂含量越低。

2）感光剂。在一定波长的光照下，光子激发材料中的光化学反应，改变成膜树脂在显影液中的溶解度。

3）溶剂。用于溶解聚合物树脂和感光剂，使其悬浮在液态的光刻胶中，具有良好的流动性和均匀性，使光刻胶能够很容易涂布在硅片表面。

4）添加剂。包括表面活性剂、均染剂、碱性抑制剂等，用于改善和增强光刻胶特定的性能。

抗反射涂层（ARC）是一种与光刻胶结合使用的材料，可以最大限度地减少光反射回未曝光的光刻胶，从而提高光刻的分辨率。光刻过程中，如果晶圆衬底是透明或反光材料，那么就会存在很强的光反射问题。当光照射到表面时，反射的光会回到光阻层，使光阻层的过度曝光，产生像模糊和失真等问题。为了避免这种情况，就需使用抗反射层。ARC 是一种特殊的薄膜，可以吸收或干涉反射的光，从而减少反射的影响。

3. 光刻胶的特性

（1）灵敏度　光刻胶的灵敏度（S）是指达到选择性显影所需的最小光子（对于电子束胶为电子）辐照剂量，剂量是指每单位面积的光子数。光刻胶的灵敏度越高，所需的曝光剂量越小，其灵敏度曲线如图 12-5 所示。负光刻胶的灵敏度通常高于正光刻胶。对于同一种光刻胶，可通过显影液的选择获得不同的灵敏度。当光刻胶灵敏度太低时，会影响生产效率，通常希望光刻胶有较高的灵敏度。而灵敏度越高，光刻胶的分辨率往往越差。因此，显影液的选择需综合分辨率和效率等因素。

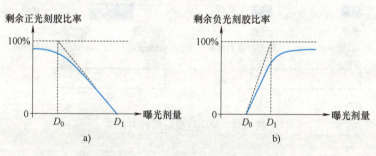

图 12-5　光刻胶的灵敏度（对比度）曲线

a）正胶　b）负胶

（2）分辨率　分辨率定义了可以获得的最小特征尺寸或两个结构之间的最小距离，分辨率与光刻胶的厚度是相关的，光刻胶越厚，可获得的分辨率往往越低，但是过薄的光刻胶厚度对后续的剥离或者刻蚀工艺是不利的，需在满足工艺分辨率的前提下综合考虑光刻胶厚度的选择。

（3）对比度　对比度表示光刻胶区分掩模上亮区和暗区的能力，即对剂量变化的敏感程度。对比度由灵敏度曲线的线性斜率确定：

$$\gamma = \frac{1}{\ln(D_0/D_1)} \tag{12-6}$$

式中，γ 为光刻胶对比度；D_1 为光刻胶 100% 溶解时所需的光子剂量；D_0 为 D_1 处的切线和

100%光刻胶厚度相交时的曝光剂量，如图 12-5 所示。D_0 表征光刻胶溶解的阈值剂量，对于正光刻胶，低于 D_0 光子量的曝光基本不会导致光刻胶的溶解。对于负光刻胶，高于 D_0 光子量的曝光基本不会导致光刻胶的溶解。灵敏度曲线越陡，D_0 与 D_1 的间距就越小，$\ln(D_0/D_1)$ 越接近于 0，对比度越大。一般光刻胶的对比度为 $0.9 \sim 2.0$。对于深紫外光源，一般使用化学增强型光刻胶。由于化学增强型光刻胶对深紫外曝光非常灵敏，导致曝光区与非曝光区的溶解度差异较大，因而对比度更高。对于亚微米图形，要求对比度大于 1。通常正胶的对比度要高于负胶。

在有限厚度的光刻胶里，到达光刻胶不同深度的光子数不一样。因此，不同深度的光刻胶所接受的曝光剂量也不同，进而导致光刻胶的溶解度会在垂直于表面的方向发生变化。总体而言，光刻胶的上表面接受的剂量大于下表面（光刻胶与衬底的交界处）接受的曝光剂量。对于正光刻胶，曝光过程中受到的剂量越多，其溶解度越大；曝光接受的剂量越少，溶解度越小。

图 12-6 展示了正光刻胶和负光刻胶显影后的剖面图。对于正光刻胶显影之后形成的凹槽剖面图，其开口整体呈现上宽下窄的走势。对于负光刻胶，根据其曝光后在显影液的溶解度减少的特点，曝光处的负光刻胶的上表面溶解度小，下表面溶解度大，所以，形成的凹槽开口是上窄下宽的。这些凹槽都大致呈梯形，梯形的斜率表征了光刻胶的对比度。光刻胶的对比度越高，凹槽两侧壁越陡峭，形状越接近矩形，这样有助于得到清晰的图形轮廓和高的分辨率。

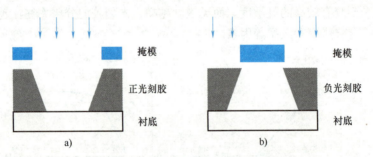

图 12-6　光刻胶显影后的剖面图
a）正胶　b）负胶

光刻胶的对比度与厚度具有以下关系：

$$\gamma = \frac{1}{\beta - \alpha T_R} \tag{12-7}$$

式中，α 为光刻胶的光吸收系数；β 为常数；T_R 为光刻胶的厚度。由此可见，减薄胶膜厚度利于提高对比度和分辨率。

12.1.3　光刻工艺的流程

一个完整的光刻工艺步骤为：衬底准备→光刻胶旋涂→软烘烤→对齐和曝光→后曝光烘烤→显影→硬烘烤→图案转移（刻蚀、掺杂、沉积）→去胶，如图 12-7 所示。

（1）衬底准备　衬底准备的目的是提高光刻胶与半导体衬底之间的黏附性，并确保形成无污染的光刻胶薄膜，过程为：

1）衬底清洁以去除污染物。衬底污染可能以有机或无机的颗粒和膜的形式存在。颗粒会导致最终光刻图案产生缺陷，而膜污染可能导致光刻胶与衬底的黏附效果不佳。其中，颗粒通常来自空气中的颗粒或受污染的液体，可采用化学或者机械抛光去除。膜污染，如油或聚合物，可能来自真空泵和其他机械、人体油脂和汗水，以及前几个处理步骤中留下的各种聚合物沉积。这些膜污染物通常可通过乙醇、丙酮和去离子水清洗，通过臭氧或等离子体剥离来去除。同样，无机膜，如天然氧化物和盐，可通过化学或等离子体剥离来去除。

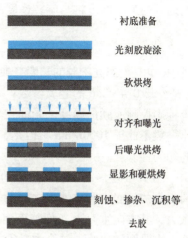

衬底准备

光刻胶旋涂

软烘烤

对齐和曝光

后曝光烘烤

显影和硬烘烤

刻蚀、掺杂、沉积等

去胶

图 12-7　光刻工艺的步骤顺序

2）脱水烘烤。吸附水也是一种常见的污染物，可以使用脱水烘烤的高温工艺去除。高温烘烤还可以有效去除有机污染物，进一步清洁基板。在硅集成电路中，脱水烘烤并不能完全去除硅衬底表面的水分。表面硅原子与水的单分子层形成硅醇基团，需超过 600℃ 的高温烘烤才能去除。

3）添加黏附剂。当衬底在非干燥环境中冷却时，硅醇基团会迅速重新形成。去除这种硅醇的首选方法是化学手段。黏附促进剂，例如 HMDS，常被用于与表面的硅醇基团发生化学反应，用有机功能基团取代 OH 基团，通过将硅衬底的表面变为疏水，进而增加光刻胶和衬底之间的黏附性。

（2）光刻胶旋涂　执行光刻胶旋涂步骤的目的是，以一种厚度可控的形式将光刻胶薄膜均匀涂覆在半导体衬底的表面上。在这一步骤中，首先需制备光刻胶溶液，再将溶液涂布在衬底表面并通过高速旋转形成需要的薄膜。一个良好的光刻胶旋涂操作，应达到光刻胶薄膜厚度可控、形貌均匀和低缺陷密度等要求。

许多参数都会对光刻胶薄膜厚度和形貌有重要影响。与旋涂这一物理过程有关的影响因素有：分散方式是静态（衬底静止时，旋涂光刻胶）或者动态（衬底旋转时，旋涂光刻胶），衬底旋转速度、时间以及加速度。此外，参与旋涂的材料也会影响最终成膜的厚度和形貌，例如光刻胶的体积、黏度，光刻胶溶液的固体含量、溶剂组成以及衬底材料的形貌等。其他的影响因素还包括旋涂操作的周围环境，例如通风、温度、湿度、环境的洁净度等。

旋涂过程中，高速旋转会产生离心力，将液态光刻胶推向衬底边缘，多余的光刻胶会被甩出。光刻胶与衬底之间的摩擦力（与光刻胶黏度相关）与离心力对抗。随着薄膜变薄，离心力（与衬底表面的光刻胶质量成正比）会减小。此外，旋转过程中，随着溶剂的蒸发，光刻胶的黏度会在薄膜干燥时急剧增加。一个旋涂操作周期内，光刻胶会经历快速的径向质量流动（旋涂阶段），然后是长时间的溶剂蒸发（干燥阶段）。由于整体旋转时间远长于旋涂阶段时间，因此，在超过一定阈值的情况下，最终光刻胶的厚度几乎不依赖于最初涂布在晶圆上的光刻胶体积。最后，旋涂阶段和干燥阶段都会产生一个厚度与衬底上的径向位置无关的薄膜，如图 12-8 所示。

由于旋转衬底上方空气的层流流动，干燥

摩擦力　　离心力　　表面张力

衬底

图 12-8　旋涂后光刻胶薄膜的形貌图

（溶剂的传质）量与旋转速度的平方根成正比。由于大部分光刻胶变薄来自干燥阶段，因此光刻胶的最终厚度将与旋转速度的平方根成反比：

$$厚度 \propto \frac{\nu^a}{\omega^{0.5}} \qquad (12\text{-}8)$$

式中，ν 是液态光刻胶的黏度（典型的光刻胶黏度范围为 $5 \times 10^{-2} \sim 35 \times 10^{-2} St$，$1St = 10^{-4} m^2/s$）；$a$ 是介于 $0.4 \sim 0.6$ 的经验参数；ω 是旋涂时的转速。通过实验测量厚度-转速曲线，可进一步精确控制薄膜的厚度。光刻胶薄膜的均匀性，同样与旋涂的转速有关。为保证均匀性，转速一般不低于 1000r/min。但是，转速也不能过高，否则会在衬底边缘引起湍流，限制薄膜的均匀性。

图 12-8 还展示了衬底边缘的光刻胶边缘珠。上面讨论的流体流动描述了作用于整个晶圆表面的离心力和黏性力之间的平衡。然而，在衬底边缘，光刻胶-空气界面存在一个表面张力，其方向垂直于光刻胶表面向内。在靠近中心处的衬底表面上，这个力指向向下。然而，在晶圆的边缘，这个力必须向内指向晶圆的中心。这个额外的力使得光刻胶在边缘处比在衬底中心部分更早停止流动，导致光刻胶在衬底边缘积累，形成边缘珠。对于高精度要求的集成电路制造，边缘珠的存在对后续衬底加工的清洁度有害。夹持衬底边缘的工具会剥落干燥的边缘珠，导致非常严重的颗粒污染。因此，高精度的工艺需要在旋涂之后去除边缘珠。

（3）软烘烤　旋涂后，进行软烘烤（Soft Bake），将旋涂好光刻胶的衬底放置在 100℃ 的热板上烘烤大约 1min，通过加热去除多余的光刻胶溶剂，以达到干燥的目的。减少溶剂含量有几大好处，最主要的一点是提升了光刻胶薄膜的稳定性。一个较好的前烘过程，会在光刻胶薄膜中留下 3%～10% 的残余溶剂。从光刻胶膜中去除溶剂会导致以下结果：①膜厚度减小；②曝光后烘烤和显影性能改变；③光刻胶和衬底之间的黏附性提高；④降低薄膜黏性，减小受到颗粒污染的概率。热烘烤后紧随冷却操作，即将衬底接触或靠近一个略低于室温的温度冷板。冷却后，晶圆就可进行光刻曝光。

（4）对齐和曝光　对齐和曝光的最终目的，是使得曝光后的光刻胶在显影剂中的溶解性发生变化。例如，在典型的 DNQ 正光刻胶中，光活性化合物在碱性显影剂中不溶。在紫外光（350～450nm）照射后，光活性化合物会转化为羧酸，而羧酸产物在碱性显影剂中的溶解性非常高。当衬底上的光刻胶一部分溶解、另一部分不溶解时，就能在衬底表面形成上下起伏的 3D 结构。

（5）后曝光烘烤　光刻胶被曝光后存在驻波效应。光投射到衬底上，以近似平面波的方式撞击光刻胶表面。随后光穿过光刻胶，被衬底反射。进入和反射的光波相互干涉，在光刻胶的不同深度形成高低起伏的驻波图案。这种驻波图案会使线宽呈正弦函数形式变化，如图 12-9 所示。

后曝光烘烤可以减轻驻波效应。将曝光后的衬底放置在 100～130℃ 的热板上，通过加热使得光活性化合物发生扩散，从而平滑驻波状的光刻胶形貌。驻波效应的减轻程度和后烘烤的温度有关。后烘烤温度越高，光刻胶内残留的溶剂含量越少，光刻胶在后曝光烘烤过程中的扩散速率就越低，驻波效应的减轻程度就越低（图 12-9）。但是，如果烘烤温度太高，光刻胶组分分解、树脂氧化和交联等问题也会发生。对于 DNQ/Novolak 体系的光刻胶，后曝光烘烤的主要作用在于消除驻波效应。而对于化学增强型（CAR）光刻胶，后曝光烘烤使得光刻胶发生化学反应，产生曝光和未曝光部分溶解度的差异。

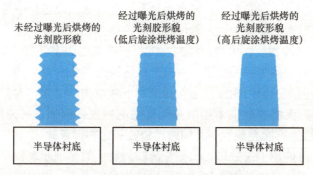

未经过曝光后烘烤的
光刻胶形貌

经过曝光后烘烤的
光刻胶形貌
（低后旋涂烘烤温度）

经过曝光后烘烤的
光刻胶形貌
（高后旋涂烘烤温度）

半导体衬底　　半导体衬底　　半导体衬底

图 12-9　光刻胶在经过曝光后的驻波效应
注：通过曝光后烘烤可以使驻波平滑。

（6）**显影**　执行完曝光烘烤步骤后，需要对光刻胶进行显影操作。显影过程可以细分为三个步骤：显影→漂洗→干燥。在显影步骤中，不需要的光刻胶会被显影溶液溶解。漂洗将显影溶液稀释，并防止过度显影，而干燥过程则为衬底准备好进行硬烘烤步骤。显影操作对光刻胶剖面的形状和最小线宽的控制至关重要。

简单的显影操作只需将衬底放入显影剂的容器内，同时伴随适量的搅拌。正光刻胶使用碱性溶液作为显影剂，如 NaOH 和 KOH。然而，这些溶液可能引入可移动的 Na^+ 和 K^+ 离子，导致器件损坏。因此，半导体工厂主要使用非离子性碱性溶液（如四甲基铵水合氢氧化物 [TMAH，$(CH_3)_4NOH$]）进行正光刻胶的显影。正光刻胶在显影后的漂洗一般使用去离子水。

负光刻胶使用二甲苯和 Stoddard 溶液作为显影剂。Stoddard 溶液较为温和，常用于具有台阶图案的衬底的显影。负光刻胶的漂洗一般使用 n-醋酸丁酯。这种漂洗剂的优点是不会导致负光刻胶的膨胀和收缩，对图案的保持能力较强。

大规模生产中，为提高生产效率和显影的均匀性，可使用更加高级的旋转式显影装置。该装置配有显影液和去离子水的送液系统，如图 12-10 所示。运行过程中，衬底被真空吸附在旋转装置上，通过倾倒的方式向衬底上添加显影剂。显影完成后，漂洗剂（例如去离子水）会被倾倒到衬底上用于漂洗。接着，旋转装置转速增加，通过高速旋转将衬底干燥。

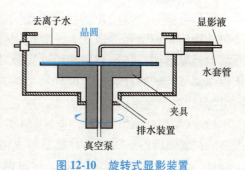

去离子水　　　　　　　显影液
晶圆
水套管
夹具
排水装置
真空泵

图 12-10　旋转式显影装置

（7）**硬烘烤**　显影完成后，需进行硬烘烤。硬烘烤过程中，光刻胶内的溶剂将会被蒸发。光刻胶发生聚合，从而具备更高的耐刻蚀和离子注入的能力。此外，硬烘烤可以使光刻胶发生热脱水，增加光刻胶与衬底之间的黏性。

硬烘烤最常用的装置是热板。完成显影的衬底会被放置在温度为 $100 \sim 130℃$ 的热板上烘烤 $1 \sim 2min$。对于同一种类型的光刻胶，硬烘烤要比软烘烤温度高。对于某些应用，还可以使用 UV 光与高温（$>100℃$）烘烤相结合来硬化光刻胶。

硬烘烤的时间和温度需仔细控制。若烘烤不足，会因热脱水不足导致衬底与光刻胶之间黏附性差。此外，过低的烘烤温度还会降低光刻胶的抗刻蚀强度。最重要的是，烘烤不足会导致光刻胶的热聚合不足，使光刻胶表面产生针孔，在后续刻蚀过程中可能造成额外的衬底损失，导致衬底表面形貌的低均匀性。若烘烤过度，则会导致最小线宽不佳。

（8）去胶 硬烘烤步骤后，可进行蚀刻、沉积和掺杂等图案转移步骤，并去除光刻胶。光刻胶去除技术主要分为两类：①使用有机或无机溶液的湿法去除；②干法去除。实验室中常用的有机去除剂是丙酮，但丙酮往往会在衬底留下残留物，因此，大多数商用的有机去除剂是酚醛类有机溶剂。无机去除剂常用的是无机强酸溶液。例如，可使用强酸 H_2SO_4 或者 H_2SO_4-Cr_2O_3 来选择性地移除光刻胶，并同时不侵蚀氧化物或者硅。

湿法去胶以后，可使用干法处理，以完全清洁衬底上的光刻胶颗粒。可使用干法去除光刻胶。相较于湿法，干法可以获得更加洁净的半导体衬底表面，同时减少有毒、易燃的危险化学品的使用。干法去胶速率恒定。由于不使用酸性物质，干法去胶可以缓解对衬底表面沉积的金属的腐蚀问题。使用干法去胶的技术有：氧等离子体法、臭氧法、紫外线/臭氧法。与氧等离子体相比，臭氧去胶法可以避免等离子体对衬底表面电路的辐射损伤等问题。

12.1.4 分辨率增强技术

光刻可以刻写高分辨率图形，但随着分辨率提升，两个曝光图形逐渐接近，光子在光刻胶和衬底中由于散射效应会偏离原来的入射方向，使原来不应曝光的邻近区域被曝光了，而有些应该曝光的区域又得不到足够的曝光，导致曝光图形畸变，带来对比度降低、分辨率下降等问题，即光学邻近效应（Optical Proximity Effect，OPE）。

在光刻工艺中，需要对光学邻近效应和工艺偏差进行校正，以实现更高的分辨率。分辨率增强技术是一种用于修改光刻工艺中光刻掩模的方法，用于弥补投影系统光学分辨率的限制。分辨率增强技术的应用使芯片制造超越了 22nm 技术节点。本节简要介绍一些重要的分辨率增强技术，如相移掩模、光学邻近效应校正、逆向光刻技术等。

1. 相移掩模

相移掩模（PSM）光刻与传统光刻技术的主要区别在于掩模。传统光刻技术使用不透明的掩模来调节光的强度，一般使用铬或其他不透明的吸收材料实现遮挡。而 PSM 在光学上处处透明，它是利用光经过掩模后的相位调制来增强衬底上图案的清晰度，从而获得深亚波长的特征尺寸。PSM 可分为两种：交变相移掩模（altPSM）和衰减相移掩模（attPSM）。

1）交变相移掩模。如图 12-11a 所示，通过不同厚度石英的透射光具有不同的相位角，投影到衬底表面的空间像具有随空间变化的光强，依靠这种效应的相移掩模，通常被称为 altPSM。altPSM 由铬和石英组成，通过调制石英材料的厚度，来提供 180° 的相位差。石英厚度 h 可以由下式计算：

$$h = \frac{\lambda}{2\Delta n} \tag{12-9}$$

式中，Δn 是石英和周围介质（例如空气、水）折射率之差。

2）衰减相移掩模。attPSM 通过不同材料的堆叠，实现对透射光的相位和空间分布的调制。图 12-11b 展示了 attPSM 的工作原理。对于 attPSM，一般使用钼硅化物、铝/氮化铝、氮化硅、钽硅氧化物等复合材料调制透射光的强度。这些材料在紫外光范围内能提供 4%~

15%的透射率，同时产生 180°的相移。

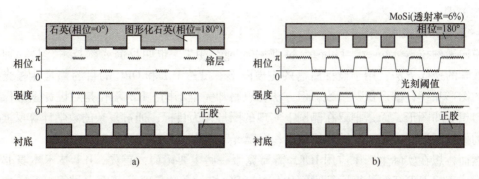

图 12-11　相移掩模技术示意图

a）交变相移掩模　b）衰减相移掩模

2. 光学邻近效应校正

当特征尺寸大于曝光波长时，除了光衍射引起的一些圆角效应，晶圆片上印刷的图案几乎与掩模上的图案相同。当特征尺寸小于波长时，光衍射效应变得更加显著，晶圆片上印刷的图案不再与掩模表面的图案相同。因此，为了在晶圆片上打印所需的图案，必须在掩模上添加额外的微型图案以补偿衍射效应。

光学邻近效应校正（OPC）是使用计算方法对掩模上的图形进行修正，使得投影到光刻胶上的图形尽量符合设计要求。OPC 技术始于简单的偏差校正。如图 12-12 所示，辅助特征图案部分代表了掩模图案，主图案部分代表了衬底上的投影图案。目前，OPC 技术一般分为基于规则的 OPC（Rule Based OPC，RB-OPC）和基于模型的 OPC（Model Based OPC，MB-OPC）。

1）基于规则的 OPC。OPC 软件根据事先确定的规则对设计图形做 OPE 修正。这种方法的关键是修正规则，它规定了如何对各种曝光图形进行修正。其形式与内容会极大地影响 OPC 数据处理的效率和修正的精度。修正规则是从大量实验数据中归纳出来的，随着计算技术的发展，修正规则也可通过计算的方法产生。如果工艺条件发生了变化，这些修正规则必须重新修订。

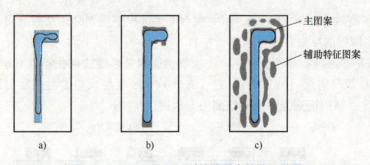

图 12-12　OPC 和 ILT 对掩模图案的修正效果

a）未修正　b）OPC 修正　c）ILT 修正

2）基于模型的 OPC。MB-OPC 使用光刻模型来计算曝光后的图形，其关键是建立精确的光学模型和光刻胶化学反应模型。为达到较高的计算速度，这些模型都进行了近似，其中包含一系列参数需要实验数据来进行拟合，以保证模型的精确度。显然实验数据越多，模型拟合越精确，但是太多的测试图形会使数据收集量太大。因此，测试图形的设计非常关键。

3. 逆向光刻技术

逆向光刻技术（Inverse Lithography Technology，ILT）也叫反演光刻技术，是一种基于严格数学的逆向方法，用于设计所需的掩模图形。虽然 ILT 和 OPC 的目的都是让曝光后晶圆上的图形和设计图形保持一致，但方法和思路却完全不同。ILT 不仅是对设计图形做修正以获得想要的图形，而是把要在晶圆上实现的图形作为目标，通过复杂的数学计算反演得到理想的掩模图形。利用 ILT 设计的掩模，在曝光时能提供较高的图形对比度。

然而，想在实际生产中应用 ILT，需要克服一些主要障碍。首先，ILT 技术本身非常复杂。生成理想 ILT 解的计算运行时间比传统 OPC 长一个数量级。其次，尽管 ILT 产生曲线形状，但用于可变形状光束掩模的编写器主要使用直线形状来创建掩模图案，利用直线形状近似曲线形状的过程耗时且昂贵。最后，ILT 技术生成的掩模形状比传统 OPC 更加复杂，使得掩模生产难度大、成本高。

目前普遍的做法是先使用 OPC 模型处理掩模数据，然后找出其中不符合要求的部分，并截取出来局部做 ILT 处理，得到最佳的修正。这种局部的 ILT 处理，可以节省大量的计算时间。图 12-12c 展示了通过 ILT 技术得到的掩模图案的示意图。通过在掩模版上添加亚分辨率辅助特征（SRAF），衬底上的图案可得到更高精度的修正。

12.1.5 极紫外光刻

极紫外（EUV）光刻是以波长为 13.5nm 的极紫外光作为光源的光刻技术。EUV 光刻的原理是通过大幅降低波长和适度降低投影透镜的数值孔径来提高光刻分辨率。与 DUV 等光刻技术相比，EUV 最显著的特点是波长更短，图案化更精确。用于产生传统 DUV 光的激光器的能量水平，不足以产生 EUV 需要的短波长。因此，EUV 需使用大功率 CO_2 激光器产生激光，照射到熔融锡液滴，产生极紫外光，并在聚光镜上聚焦以提供 EUV 光束线。

目前还没有材料能用于制作 EUV 的透镜，几乎所有材料对于 13.5nm 的短波长光都具有强吸收。因此，EUV 必须使用基于镜像的光学系统。图 12-13 展示了利用石英衬底制作的 EUV 掩模。为了有效地反射 EUV 光，需要在石英上沉积多层 Mo/Si 反射涂层。在 6° 入射角下，多层 Mo/Si 薄膜的反射效率可达 70% 左右。在 Mo/Si 薄膜上面是缓冲层，一般为氮化铬（CrN），用于保护多层反射膜不受损坏。光吸收层通常是掺硼的氮化钽（TaBN），吸收层表面还沉积有 ARC 抗反射层（TaBON），它可有效减少吸收层反射，增强反射层和吸收层在 DUV 下的对比度，从而提高光学缺陷检测的灵敏度。

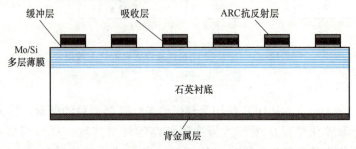

图 12-13 EUV 掩模的结构示意图

EUV 光刻技术的研发始于 20 世纪 80 年代，第一台 EUV 光刻机原型机 ADT 和预量产型号 NXE:3100 分别在 2006 年和 2010 年投入研发使用。2019 年，台积电和三星公司的 7nm EUV 制程开始量产，集成电路制造正式迈入 EUV 时代。EUV 是实现 10nm 以下制程的关键工艺，被认为是推动未来器件扩展的重要关键技术。

12.1.6　电子束光刻

电子束光刻（EBL）被认为是光学光刻的替代技术。首先使用聚焦和精确控制的电子束对表面光刻胶进行图案曝光，然后在溶剂中选择性地去除曝光或未曝光区域。由于电子束波长仅与电子能量相关，EBL 可实现超高分辨率（<10nm）光刻。此外，EBL 与样品灵活匹配，可在任意位置，根据材料对应位置曝光生成任意图形。

1. 电子束光刻的发展历史

1958 年 MIT（麻省理工学院）的研究人员首次利用电子引起的碳污染形成刻蚀掩模，制备出高分辨率的二维图形。1965 年，剑桥大学成功研制出世界第一台扫描电子束曝光机，并作为商品投入市场。20 世纪 70 年代，电子束曝光技术逐渐完善并快速发展。1970 年，Thomson CSF 公司为电子束光刻系统引入激光干涉定位系统，让大面积、高精度套刻得以实现。1978 年，日本 JEOL（电子株式会社）公司研制出可变矩形束曝光机，可变矩形束曝光具有更高的效率，在掩模制造中得到广泛应用并沿用至今。20 世纪 90 年代，随着大规模集成电路和微波器件的发展，电子束曝光机的研究向高速、高精度方向发展。EBL 技术开始应用于先进集成电路制造领域，如高电子迁移率晶体管器件。进入 21 世纪，EBL 技术开始在 MEMS/NEMS、高精度掩模与光电器件制造等领域得到大规模商业化应用。

2. 电子束光刻的理论基础

根据德布罗意的物质波理论，电子是一种波长极短的波，波长由其动量决定，而动量与电子能量有关。电子波长与电子能量的平方根成反比，可表示为

$$\lambda_e = \frac{h}{\sqrt{2mE_{kin}}} = \frac{1.23}{\sqrt{E_{kin}}}[\text{nm}] \tag{12-10}$$

式中，E_{kin} 为电子能量，其单位用 eV 表示。当电子束加速电压越高，电子能量越高，电子波长就越短。高能电子束（10~100kcV）的波长比紫外线要短得多。当电子被加速到 10keV 的能量时，波长仅为 0.012nm，这也是 EBL 高分辨率的基础，它保证 EBL 比光学光刻具有更高的空间分辨率和更宽的处理窗口。与光学光刻系统不同，EBL 系统的分辨率限制因素主要来自束柱，而不是电子的波长。此外，光刻胶中的散射也是分辨率的限制因素。

3. 电子束曝光系统

（1）系统组成　现代 EBL 系统与扫描电子显微镜的结构相似，主要由电子源、电子光学柱、图形发生器和激光控制工作台组成。图 12-14 为电子束曝光系统示意图。

电子源是电子束系统中最重要的组成部分，也是电子产生的地方。理想的电子源应具有高强度（亮度）、高均匀性、小光斑尺寸、较好的稳定性和长寿命的特点。更高的亮度可以加快与光刻胶的反应速率，从而降低曝光时间和提升生产效率。

电子光学柱由一系列电子透镜、光阑、挡板等装置组成。电子源出射的电子束通过光阑成型，经过电子透镜后会聚成束斑，束斑在偏转系统中偏转，最后到达工作台进行曝光。其中，电子光学系统用于产生电子、聚焦电子和电子光学像差的校正等；工作台系统用于承载

样品、台面移动和场拼接等；图形发生器系统用于精密控制电子束偏转、开关、样品台的精密位置。

（2）技术指标　在电子束曝光过程中，为了保证曝光图形的准确性，需选择合适的电子束曝光条件，依据的技术指标有：

1）束斑半径。束斑半径直接决定了曝光图形的分辨率。束斑半径越小，曝光机可加工的微结构尺寸就越小。通过增加加速电压、换用电子束源、减小光阑孔径、降低扫描场大小、减少工作距离与曝光步长的方式，可获得小束斑半径。

2）工作距离。工作距离会影响最小束斑尺寸以及抗干扰性，更短的工作距离可以提升分辨率并降低电子束受外部干扰的敏感度，对于大多数系统，5~10mm 是最佳精细图案曝光的工作距离。

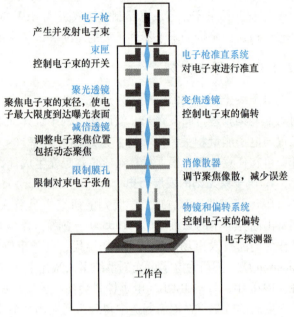

图 12-14　典型电子束曝光系统示意图

3）加速电压。加速电压越大，电子束获得动能越大，在光刻胶中行进的距离会越长，可以曝光更厚的抗蚀剂，同时可以减小曝光产生的邻近效应。

4）扫描频率。扫描频率表征了扫描速度的大小，分为矢量扫描和光栅扫描，矢量扫描的扫描范围为 20~50MHz，光栅扫描的扫描范围可高达几百兆赫兹。

5）扫描场的大小。当要曝光的图像尺寸较大时，选择大扫描范围的曝光器，可以减少小尺寸由于拼接而造成的图像偏差。

6）电子束流。在电子束的入射剂量相同的情况下，电子束流越大，刻蚀图形所需曝光时间便会越短，最大曝光速度受扫描频率限制。但是电子束流变大的同时会使电子束斑半径也变大，从而使曝光图形的分辨率下降。因此，当需要曝光的图形尺寸较大，但是所需分辨率较低时，可选用大束流。反之，当样品的图形尺寸较小而又追求高分辨率时，便选用小束流。另外，要使所要曝光的图案具有较高的分辨率，还要综合考虑工作环境、加工工艺、材料选择等方面的因素。

（3）曝光方式

1）掩模。电子束曝光可按工作方式不同分为投影式曝光（需要掩模）和直写式曝光（不需要掩模），如图 12-15 所示。

① 投影式曝光。投影式曝光通过控制电子束照射定制掩模图形，将掩模图形投影至光刻胶表面，光刻胶内部会发生交联反应或降解反应把掩模版上的图案转移到光刻胶上。

② 直写式曝光。直写式光刻无需掩模版，通过磁场直接控制电子束斑按照预设的轨迹在光刻胶表面照射，完成图案转移。直写式电子束光刻无需昂贵的掩模版，分辨率极

高，但遇到复杂图形时，曝光比较费时。因此，在光电器件与集成电路的工艺中，电子束光刻只用于关键层的曝光以及高精度掩模版的制备。

2）扫描方式。电子束光刻按扫描方式不同可分为光栅扫描（Raster Scan）和矢量扫描（Vector Scan）两类，如图 12-16 所示。

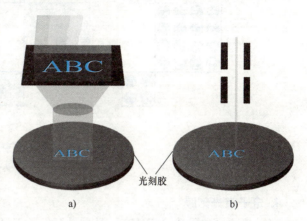

① 光栅扫描。电子束在整个扫描场中作连续逐点扫描，通过控制电子束的开关进行图形的曝光，这种扫描模式是连续不间断的，而且和图形分布无关。光栅扫描的优点是控制简单，不需要对偏转系统进行控制，同时逐点扫描的曝光相对稳定。缺点是曝光速率比较慢，生产效率低。如果要提高曝光分辨率，束斑尺寸要相应减小，因此需要更长的曝光时间。由于扫描场的范围较小，必须配合工作台的移动来完成曝光。

图 12-15 电子束曝光示意图
a）投影式曝光 b）直写式曝光

② 矢量扫描。矢量扫描只在图形区域进行曝光，曝光时间与束斑投射次数有关。与光栅扫描相比，由于减少了镜头在非图形区域所花费的时间，矢量扫描的曝光时间更短。

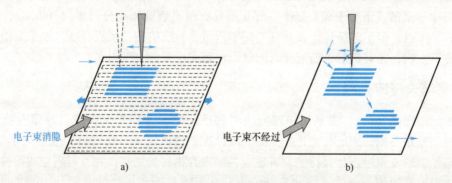

图 12-16 电子束光刻的扫描方式的示意图
a）光栅扫描 b）矢量扫描

3）电子束形状。电子束形状可分为两类：高斯束（圆形束）和变形电子束（矩形束），如图 12-17 所示。

① 高斯束。光栅扫描采用高斯圆形束。在固定点束斑模式下，需要 24 次投射，因此曝光时间较长。

② 变形电子束。矢量扫描采用变形电子束进行曝光。变形电子束分为修正束斑和可变束斑两种模式：在修正束斑模式下，为了加快曝光速率，常将图形分解为最小基本图形的组合，作为电子束斑的形状，束斑投射次数减少到 6 次；在可变束斑模式下，电子束斑会根据具体图形进行调整。这是因为在实际生产过程中，图形不是一成不变的，需经常重设基本束斑形状。束斑可变的模式能够应用于图形多样化的情形。通过改变束斑的基本形状，投射次数被减少到 3 次。

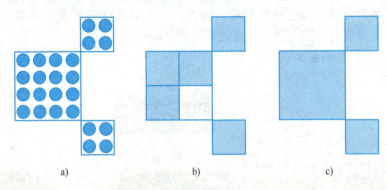

图 12-17　三种不同束斑模式
a) 固定点束斑（24 次投射）　b) 修正束斑（6 次投射）　c) 可变束斑（3 次投射）

4. 电子束光刻胶

聚甲基丙烯酸甲酯（PMMA）是最早开发的 EBL 光刻胶之一。在 PMMA 中，聚合物链同时发生交联和断裂，但断裂速率比交联速率要大得多。PMMA 的主要缺点是灵敏度低、抗等离子体刻蚀（干法刻蚀）能力差。但是，PMMA 具有极高的分辨率（<10nm），它仍是使用最广的正光刻胶之一。

常用的负光刻胶有 Shipley 公司生产的 SAL、甲基丙烯酸缩水甘油酯和丙烯酸乙酯的环氧共聚物（COP）以及部分氯甲基化的聚苯乙烯（CMS）等。COP 具有较高的灵敏度，而 CMS 具有中等灵敏度下的中等分辨率。SAL 则具有高灵敏度和高分辨率（100nm）、抗干法腐蚀性好等优点，但工艺条件比较苛刻，图形质量受衬底类型、胶膜厚度、电子束能量、前后烘条件等影响，尤其是后烘温度和时间是影响曝光结果的关键因素。

12.1.7　纳米压印光刻

纳米压印光刻（NIL）是通过物理方法将特征图案压印到光刻胶或其他聚合物中的方法。与光学光刻不同，NIL 本质上是一种机械过程，它依赖光刻胶的直接变形来形成图案。纳米压印光刻的复制过程是并行的，可适应各种聚合物和光刻胶，并且与刚性或柔性基材兼容，可以很容易地用于创建三维和复杂的形状，无需复杂和昂贵的光源，NIL 借助机械转移，可达到 2nm 的超高分辨率，有望取代传统光刻技术。

纳米压印技术分为三个步骤：首先是模板的加工，在玻璃或其他衬底上加工出所需要结构作为模板；再在待加工的材料表面涂上纳米压印胶，将模板压在其表面，采用加压的方式，使图案转移到光刻胶上；最后，将纳米压印胶固化，揭下模板即可。其中，光刻胶的固化方式为热固化和紫外固化，而制备光刻胶图案的接触操作主要包括转移和沉积两种。

从使用光到机械复制的转变，绕过了光的衍射极限。因此，NIL 有望突破传统光学光刻图案化的最小特征尺寸。2007 年，东芝公司验证了用于器件制造的纳米压印光刻技术，图 12-18 展示了利用 NIL 技术制备 11nm 线宽的图案。目前，该技术作为 10nm 以下技术节点的 EUV 替代方案，已被应用于 NAND 闪存加工。

与普通光刻相比，NIL 工艺使用相对简单的设备，具有较高的成本效益。用于纳米压印的设备大致分为三种不同的类型：单次压印、步进重复压印和滚压印，如图 12-19 所示。最早的压印设备以单压印模式运行，模具图案必须与图案化的晶圆尺寸相同。而在步进重复操

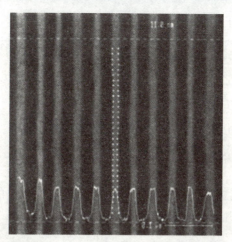

图 12-18　NIL 技术制备 11nm 线宽的图案

作模式下，模具首先对晶圆的较小区域进行图案化，然后移动到未图案化晶圆的相邻区域并重复该过程，直到整个晶圆图案化。因此，这种模式下的模具不需要与预期的图案区域尺寸相同，从而节省了具有精细特征图案的模具的成本。单机和分步重复机都能够实现晶圆级加工，而滚筒式机器可实现卷对平或卷对卷连续生产，对柔性基板进行图案化，显著提高了大面积纳米压印光刻工艺的效率。

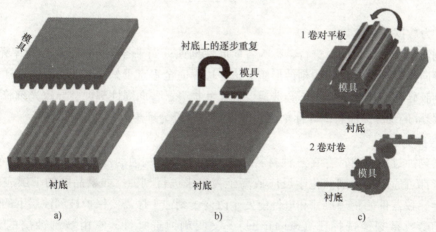

图 12-19　纳米压印的三种不同类型

a）单次压印　b）步进重复压印　c）滚压印

压印同样也带来了一些新的制造难题，例如模板和光刻胶之间的黏附性问题，而使用全氟癸基三氯硅烷（FDTS）等抗黏附涂层可以最大限度地减少黏附。另外，模板与目标之间的对准、压印引起的模板机械磨损等问题都亟待解决。

12.2　刻　　蚀

刻蚀工艺是光刻的下一步工艺。光刻完成后，进行可控的材料刻蚀，去除光刻胶未覆盖的底部区域，图案就会永久转移至晶圆表面。随着半导体制程向 3D 堆叠转变，刻蚀工艺已成为芯片制造中最重要的工艺流程之一。刻蚀主要方法分为两种：①基于液相的湿法刻蚀；②基于气相的干法刻蚀。两种方法的最终目标都是将光刻掩模版上的图形精确转移到晶圆表面。

12.2.1 刻蚀工艺的基本参数

刻蚀工艺的图像精度主要取决于以下参数：刻蚀速率、选择比、负载效应、过刻蚀以及残留物等。

1. 刻蚀速率

刻蚀速率（ER）是指刻蚀过程中单位刻蚀时间（Δd）引起的薄膜厚度变化（Δt），主要用于衡量刻蚀过程中去除薄膜的速度，即

$$ER = \frac{\Delta d}{\Delta t} \tag{12-11}$$

保持刻蚀速率在整个晶圆上是均匀的，即晶圆内（Within-Wafer，WIW）均匀度好，或晶圆与晶圆之间（Wafer-To-Wafer，WTW）的均匀度好非常重要。刻蚀均匀度（Etch Uniformity）是根据晶圆上不同点测得的刻蚀速率计算得出的。如果这些点处的刻蚀速率分别为 X_1、X_2、X_3、$\cdots$、X_N，则测量的刻蚀速率平均值为

$$\overline{X} = \frac{X_1 + X_2 + X_3 + \cdots + X_N}{N} \tag{12-12}$$

式中，N 为数据点的总数。

当刻蚀沿各个方向同时进行，称为各向同性刻蚀；如果各个方向的刻蚀速率差别很大，则称为各向异性刻蚀。理想的刻蚀形貌应该是边界完全垂直于刻蚀平面，因为这样可以将图案从光刻胶转移到薄膜底部而不会造成关键尺寸损失。各向同性刻蚀会导致光刻胶下方的侧向侵蚀（Undercut），而各向异性刻蚀则会得到一个较为理想的刻蚀剖面图形。

2. 选择比

图案刻蚀过程中通常存在三种材料：光刻胶、需要刻蚀的薄膜和衬底薄膜。刻蚀过程中，三者都可通过刻蚀剂的化学反应或离子轰击来进行刻蚀。如果晶圆的下层表面被刻蚀掉，这会导致器件的物理尺寸和电性能发生改变。刻蚀工序需要保护被刻蚀层下的表面，与之相关的参数是刻蚀选择比（Selectivity），又叫刻蚀选择性，它由被刻蚀层的刻蚀速率（ER_1）与被刻蚀层下表层刻蚀速率（ER_2）的比来表示：

$$S = \frac{ER_1}{ER_2} \tag{12-13}$$

例如，在多晶硅栅极刻蚀中，光刻胶提供了刻蚀掩模，晶硅下面是超薄栅极氧化物（15～100Å），而多晶硅是需要刻蚀的材料。为了防止刻蚀过程完成之前过多的光刻胶损失以及栅极损耗，必须具有足够高的多晶硅与光刻胶、多晶硅与氧化物的选择比。实际情况下，很难找到可以针对特定材料刻蚀，并且在所有其他材料中具有零刻蚀速率的刻蚀化学物质。因此，刻蚀工艺通常根据不同材料的刻蚀选择性进行分类。例如，热氧化物与沉积氧化物具有不同的刻蚀性能，沉积氧化物可能有十几种不同的化学组成，需通过实验确定刻蚀过程的材料选择。

3. 负载效应

负载效应（Loading Effect）是局部刻蚀剂的消耗大于供给时引起的刻蚀速率下降或不均匀的效应。负载效应分为宏观负载效应（Macroloading）与微观负载效应（Microloading）两类。

1）宏观负载效应。刻蚀过程中，不同面积晶圆的刻蚀速率存在差异，这种差异称为宏观负载效应。刻蚀的总面积增加会导致整体刻蚀速率下降，如图 12-20 所示。例如，当刻蚀面积仅占样品总面积 1% 的情况下，硅刻蚀最高达到 $50 \mu m \cdot min^{-1}$；而当刻蚀面积占样品总面积 20% 时，最高刻蚀速率只能达到 $30 \mu m \cdot min^{-1}$。这使得对刻蚀速率的控制变得十分困难，因为同样的刻蚀工艺参数对不同设计图形可能会得到不同的刻蚀深度。刻蚀不同的设计图案之前，必须首先通过实验探索得出相应的最佳参数。

2）微观负载效应。微观负载效应的定义是在同一设计图案内图形密度的不同会导致刻蚀速率的不同。一方面，刻蚀剂很难通过较小的孔到达需要刻蚀的薄膜；另一方面，刻蚀的副产物难以从孔道扩散出去。这两个因素的叠加，会显著降低刻蚀速率，最终图形密集区域刻蚀深度小于图形稀疏区域，导致样品整体刻蚀深度的不均匀分布，如图 12-21 所示。

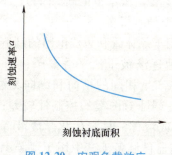

图 12-20　宏观负载效应

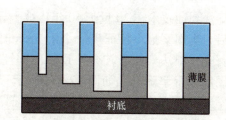

图 12-21　微观负载效应

刻蚀过程中，降低工艺压力可以在一定程度上缓解微观负载效应。当压力较低时，粒子的平均自由行程更长。因此，刻蚀剂更容易通过小孔到达薄膜，刻蚀后的副产物也更容易被去除。

4. 过刻蚀

在薄膜刻蚀过程中，由于薄膜厚度和晶片内的刻蚀速率并不完全均匀，虽然大部分区域的薄膜已经被刻蚀掉，但还存在少量需要刻蚀的区域。去除大部分薄膜的过程称为主刻蚀，而去除剩余薄膜的过程称为过刻蚀。在过刻蚀过程中，薄膜和基底材料之间的选择比必须足够高，以防止基底材料的过度损失，如图 12-22 所示。可以使用与主刻蚀工艺不同的刻蚀条件，提高刻蚀薄膜与衬底之间的选择比。

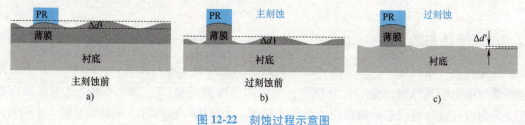

图 12-22　刻蚀过程示意图

a）刻蚀前　b）主刻蚀　c）过刻蚀

5. 残留物

刻蚀完成后，在侧壁或衬底表面会残余部分材料，称为残留物，它可能由晶圆表面复杂形貌引起的不完全过刻蚀或非挥发性刻蚀产生的副产物。在多晶硅刻蚀过程中，残留物是致命的缺陷，因为它们会导致多晶硅之间的短路。充分的离子轰击可以帮助去除表面残留物，而适量的化学刻蚀可以去除非挥发性刻蚀的副产物。有机残留物则可以通过氧等离子体过程来清除，这也被用于剥离剩余的光刻胶。无机残留物可通过湿法化学清洁去除。

12.2.2 湿法刻蚀

湿法刻蚀（Wet Etching）工艺是指将刻蚀介质浸泡在化学溶液内进行刻蚀，通过溶解未被光刻胶覆盖的材料，来实现图案转移。它主要包括三个基本步骤：刻蚀、冲洗和干燥。

湿法刻蚀通常具有高刻蚀速率与选择比，并可以由刻蚀温度和溶液浓度控制。例如，氢氟酸（HF）可以快速刻蚀二氧化硅，而它几乎不会刻蚀硅。因此，利用 HF 刻蚀生长在硅片上的二氧化硅层可实现非常高的选择比。此外，湿法刻蚀的成本也更低，因为它不需要真空、射频功率和复杂的气体输送系统，使用的处理设备要便宜得多。

湿法刻蚀技术在 20 世纪 50 年代被半导体行业应用于晶体管和集成电路的制造。1980 年以后，当图案最小特征尺寸小于 3μm 时，湿法刻蚀逐渐被干法（等离子体）刻蚀取代。首先，湿法刻蚀通常会导致各向同性去除，最终产生相同的横向和纵向刻蚀速率，导致图案分辨率降低，如图 12-23a 所示；其次，湿法刻蚀对图案的控制性较差；此外，湿化学刻蚀反应的副产品是可溶于刻蚀剂溶液的气体或液体，易产生化学废液等。但湿法刻蚀工艺至今仍被用于制造印制电路板（PCB），在器件制备工艺中用于薄膜剥离和质量控制。

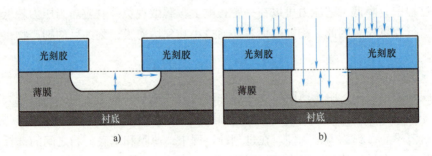

图 12-23 刻蚀的取向性

a）各向同性湿法刻蚀 b）各向异性干法刻蚀

12.2.3 干法刻蚀

在先进半导体制程中，几乎所有的图案刻蚀工艺都是干法刻蚀（Dry Etching）。干法刻蚀通常使用化学气体刻蚀剂与材料反应，形成挥发性副产物，这些副产物将从基底表面去除，晶圆可以以干燥状态进出系统。与湿式刻蚀工艺相比，它的刻蚀偏差和关键尺寸损失更小。表 12-1 对比了湿法刻蚀工艺和干法刻蚀工艺的主要性能指标。

表 12-1 刻蚀工艺的比较

对比项目	湿法刻蚀	干法刻蚀
精度	$>3\mu m$	非常高
各向同性/异性	各向同性	可控
刻蚀速率	高	可控
生产量	高	可控
选择比	高	可控
成本	低	高

干法刻蚀包括离子束刻蚀（Ion Etching）、等离子体刻蚀（Plasma Etching）、反应离子刻蚀（RIE）、溅射刻蚀、磁增强 RIE、反应离子束刻蚀和高密度等离子体刻蚀等。这些干法刻蚀技术利用低压气体中产生的等离子体对刻蚀剂施加定向偏压，实现高度各向异性的刻蚀速率，其中相对于垂直刻蚀速率横向刻蚀速率几乎为零，从而实现掩模图案的高保真转移。

1. 离子束刻蚀

离子束刻蚀又称溅射刻蚀或离子铣，它是一个物理过程。通入反应室的氩气流受到电极的高能电子束流影响，氩原子电离成为带正电荷的高能离子态。受电场作用加速，氩离子以 $1\sim3keV$ 的能量轰击晶圆表面，并从晶圆表面刻蚀和去除材料。

离子束刻蚀是一种各向异性的刻蚀方法，可以垂直或倾斜入射，进行小区域高精度加工。但该方法选择性较差（如光刻胶层），且刻蚀速率较慢。由于反应产物不是气体，离子束刻蚀过程中会有微粒产生并沉积在晶片或腔体壁上。这种工艺目前很少使用。

2. 等离子体刻蚀

等离子体刻蚀又称为等离子体剥离，它的优点在于不会导致晶圆表面的离子损伤。由于刻蚀气体中的活性粒子可自由移动，刻蚀过程各向同性，因此该方法适用于去除整个薄膜层。

等离子体刻蚀的应用始于 O_2 等离子体刻蚀有机材料（如光刻胶），其反应系统如图 12-24a 所示。电子解离后，等离子体中产生的氧自由基与有机材料中的碳和氢快速反应，形成挥发性 CO、CO_2 和 H_2O。这个过程可以有效去除晶圆表面的碳杂质。

20 世纪 60 年代后期，半导体工艺扩展到硅和硅化合物刻蚀，并催生了下游等离子体刻蚀系统，可在远程腔室中产生等离子体，如图 12-24b 所示。刻蚀气体（如 CF_4）流经等离子体室并在等离子体中解离，产生的自由基进入加工室进行反应并刻蚀晶片上的材料。最后，SiF_4 和其余生产气体（O_2、N_2）作为刻蚀副产物被排出。

桶式和下游等离子体刻蚀系统为各向同性刻蚀系统。为了实现定向刻蚀，研究者们开发了平板等离子体刻蚀系统。如图 12-25 所示，平板等离子体刻蚀系统含有桶式系统的基本构成，但晶片位于接地电极，刻蚀的实际过程发生在等离子体中。平板刻蚀系统中的刻蚀离子具有方向性，容易引起各向异性刻蚀，得到几乎垂直的侧边。通过旋转晶圆盘，还可增加刻蚀均匀性。

增加离子轰击可以提高刻蚀速率，提高定向刻蚀轮廓，这需要增加射频功率，同时降低工作压力。但是，过高的射频功率会增加晶片、电极以及腔体的离子轰击和刻蚀率，使腔内部件的寿命缩短，并增加颗粒污染。

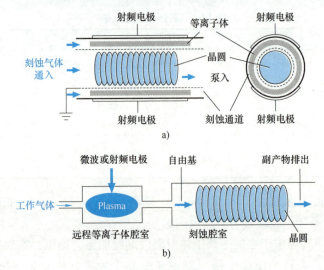

图 12-24　等离子体刻蚀系统示意图

a）桶式　b）远程

3. 反应离子刻蚀

反应离子刻蚀（Reactive Ion Etching，RIE）结合等离子体刻蚀和离子束刻蚀的优势，可以精确控制刻蚀中的选择性、刻蚀轮廓、刻蚀速率、均匀性和可重复性。RIE 是目前先进生产线中最重要的薄膜工艺之一。在 RIE 系统中，晶圆被放置在高频电极上，并施加强射频电场，如图 12-26 所示。刻蚀气体按照一定的工作压力和搭配比例充满整个反应室。气体在强电场作用下通过碰撞电离，产生等离子体。高能离子在一定的工作压力下，沿电场方向几乎垂直地射向晶圆表面进行物理轰击，使反应离子刻蚀具有很好的各向异性。

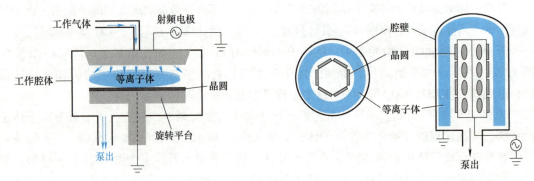

图 12-25　平板等离子体刻蚀系统示意图　　　　图 12-26　反应离子刻蚀系统

RIE 的刻蚀过程是通过自由基与表面发生化学反应以及离子与材料表面的物理撞击共同完成，有效避免了离子束刻蚀中的二次沉积。此外，增加刻蚀腔室内的气压，可以增加离子与气体分子碰撞的次数。离子会向更多不同的方向散射，从而产生更少的定向刻蚀，使刻蚀过程呈现更多的化学特性。然而，高速离子轰击会对晶圆表面造成损伤，需要热退火等后处理工艺来修复缺陷。

4. 原子层刻蚀

随着半导体先进制造工艺的发展，图案结构尺寸不断缩小，对刻蚀精度、微观形貌、缺陷控制等要求更加苛刻。原子层刻蚀（Atomic Layer Etching，ALE）可将刻蚀精确到原子层，并实现对底层材料的保护。ALE 具备优异的各向异性，可在适当的时间或位置停止刻蚀，能够精准去除材料而不影响其他部分，表现出极高的选择性，可用于定向刻蚀或生成光滑表面。

2016 年，研究人员使用 CF_4 对 SiO_2 进行刻蚀并实现了 SiO_2/Si 之间的选择性刻蚀，证明了 ALE 技术的可行性。随后。ALE 技术被用于 Al_2O_3、氮化硅、GaN 以及铜等材料的刻蚀。图 12-27 为利用 ALE 刻蚀硅沟槽中的 Al_2O_3 薄膜的 TEM 图，展现出极高的刻蚀精度和均匀性。

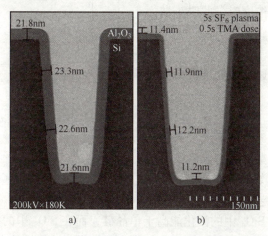

图 12-27 Al_2O_3 在 Si 沟槽结构上沉积和刻蚀的截面 TEM 图像

a）刻蚀前　b）原子层刻蚀 40 个循环后

目前，ALE 在芯片制造领域并没有取代传统的等离子刻蚀工艺，而是被用于原子级目标材料的精密去除。未来，ALE 技术将继续朝着高去除精度、复杂三维结构、高深宽比孔道、缺陷原位消除等方向快速发展。

12.3 掺杂工艺

本征硅的导电性很差，无法直接用于芯片制造。只有在硅中引入一定的杂质，使其电导率发生明显变化，硅才能用于半导体芯片和器件。在硅中引入杂质的过程称为掺杂。掺杂是制造半导体器件的基础，可通过高温（热）扩散和离子注入工艺来实现。这两种工艺在分立器件或集成电路中都有用到，并且二者是互补，例如，扩散可用于形成深结，离子注入可形成浅结。表 12-2 定性地总结了两种工艺的技术特点。

表 12-2 扩散工艺和离子注入工艺技术特点的对比

对比项目	扩散工艺	离子注入工艺
工艺温度	高温	低温
掩模版类型	SiO_2	光刻胶
掺杂剂分布的各向异性	低	高
是否可以独立控制掺杂浓度和结深	否	是

12.3.1 扩散

扩散是一种基本的物理现象，在分子热运动的驱动下，材料从高浓度区域移动到低浓度区域。扩散掺杂工艺在早期的 IC 工业中占据主导地位。通过在高温下将高浓度的掺杂剂引入硅表面，掺杂剂通过扩散进入到硅衬底中，从而改变硅的导电性。图 12-28 展示了硅的扩散掺杂过程，当扩散的掺杂剂浓度等于衬底的背景掺杂浓度时，此时扩散深度为结深。

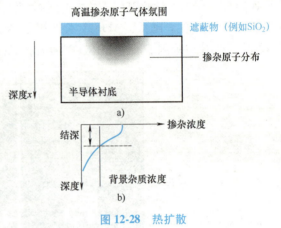

图 12-28 热扩散

a）工艺示意图 b）杂质浓度分布及结深定义

1. 扩散系数

固体材料中的扩散速率与温度呈指数关系：

$$D \propto \exp(-E_a/k_B T) \qquad (12\text{-}14)$$

式中，D 是杂质原子的扩散速率；E_a 为活化能；k_B 为玻尔兹曼常数；T 为温度。由式（12-14）可知，扩散过程在高温下显著加速。对于半导体工艺中的大多数掺杂剂，如硼和磷，它们在 SiO_2 中的活化能高于单晶硅，而在 SiO_2 中的扩散速率远低于硅。因此，可以使用 SiO_2 作为扩散掩模对硅表面的指定区域进行选择性掺杂。

2. 扩散工艺步骤

常用的扩散掺杂工艺包含预沉积和主扩散两步。

1）预沉积。预沉积是通过低温、短时间的扩散，控制进入半导体衬底的杂质的量。在预沉积过程中，引入的杂质主要集中在衬底表面，形成的结深较浅。实际过程中，预沉积还包含热氧化处理。当掺杂剂层（如 B_2O_3 或 P_2O_5）沉积到晶片表面后，进行热氧化工艺，该工艺消耗残留的掺杂剂气体并生长 SiO_2 层，SiO_2 层覆盖掺杂剂并防止向外扩散。最常用的硼和磷掺杂源有乙硼烷（B_2H_6）和三氯氧磷（$POCl_3$）。在热氧化处理中，会发生如下化学反应：

硼

$$B_2H_6 + 3O_2 \longrightarrow B_2O_3 + 3H_2O$$

$$2B_2O_3 + 3Si \longrightarrow 3SiO_2 + 4B$$

$$2H_2O + Si \longrightarrow SiO_2 + 2H_2$$

磷

$$4POCl_3 + 3O_2 \longrightarrow 2P_2O_5 + 6Cl_2$$

$$2P_2O_5 + 5Si \longrightarrow 5SiO_2 + 4P$$

其他常用的 n 型掺杂剂包括砷化氢（AsH_3）和磷化氢（PH_3）等，它们的预分解和氧化反应与 B_2H_6 非常相似。

2）主扩散。在这一步骤里，预沉积过程中，在衬底表面引入的掺杂源会继续向衬底内部推进，形成更深的结。通过调整扩散温度和扩散时间，半导体衬底内的杂质原子分布可以被精确调控。考虑一个恒定掺杂浓度为 S 的系统，远离衬底表面处的杂质浓度可以被忽略。

求解扩散方程，可得知杂质浓度在衬底内的分布

$$C(x,t) = \frac{S}{\sqrt{\pi Dt}} \exp\left(-\frac{x^2}{4Dt}\right) \tag{12-15}$$

式中，x 是距离表面的深度（图 12-28）；t 是热退火的时间。由式（12-15）可以得到，热退火时间越长，扩散深度越深。S 由预沉积过程控制。更加精确的控制需要结合初始条件使用数值方法进行求解。

扩散掺杂工艺具有以下缺点：首先，扩散是一个各向同性的过程，它不能独立控制掺杂剂浓度和结深；其次，小特征尺寸时，扩散容易导致相邻结之间短路。

12.3.2　离子注入

离子注入是将带电的高能离子注入到半导体衬底，从而实现掺杂的过程。离子注入掺杂与扩散掺杂相比，具有工艺温度低、各向异性高等特点。当离子注入在 20 世纪 70 年代中期被引入半导体制造时，它很快取代了扩散，成为硅掺杂工艺的主流方法。此外，离子注入可重复性强，能更加精准地控制注入杂质的浓度。

1. 离子注入的停止机理

离子注入过程中，高能粒子在衬底内部通过和电子、原子核的碰撞而逐渐损失动能，最终停止运动。离子穿入衬底的深度和能量有关，能量越高，注入深度越深。注入杂质的浓度（剂量）则与离子电流和注入时间的乘积呈正比。注入离子在衬底内的动能损失包括两部分，一是离子将动能传递给衬底的原子核，二是将动能传递给衬底的电子云。

2. 沟道效应

当离子束入射方向垂直于原子面密度较大的晶面时，原子核对离子束的阻滞作用较强，离子注入的平均深度较浅。而当离子入射方向垂直于一个排列相对稀疏的晶面时，离子束损失动能的唯一方式是电子阻滞，所以离子束在这种情况下可以注入得更深，称为沟道效应。

沟道效应对于器件制备是不利的，因为离子注入的深度不可控。具体来说，一束入射离子并不具有完全相同的方向，只有少部分离子才能恰好通过衬底原子之间的缝隙深入到衬底内部。沿其他方向入射的离子则会因原子核的阻滞效应而停留在较浅的地方。因此，掺杂深度具有不均匀性和随机性，使得器件的一致性降低。

为了防止沟道效应的发生，离子注入前，可采取两种策略：

1）在衬底表面增加十几纳米厚的非晶阻挡层，例如，氧化硅或者通过大剂量注入而形成预损伤层。相较于单晶衬底，非晶结构具有更高的各向同性，离子可以更加均匀地与无序层的原子碰撞，从各个角度进入无序层下方的衬底，增加杂质分布的均匀性。然而，使用非晶阻挡层也存在一些问题。非晶层中的一些原子可能会从高能离子中获得足够的能量，被注入到下方的衬底，这被称为反冲效应。例如，对于 SiO_2 屏蔽层，反冲的氧原子可以被注入到 Si 衬底，并在靠近硅氧化物界面的衬底中形成富含氧的区域，这个富含氧的区域会降低载流子的迁移率并引入深能级陷阱。因此，需要对 Si 衬底进行注入后氧化，并通过去除该氧化层来去除富含氧的区域。

2）将衬底倾斜一定角度（5°~10°），使离子注入方向与主晶向不平行。此时，入射离子进入衬底后立即与原子核之间发生碰撞，从而有效减小沟道效应。大多数离子注入过程都

使用这种技术。但是，当离子束前进轨迹不再垂直于衬底表面时，部分离子束会被光刻胶边缘的台阶阻挡，导致台阶附近的衬底无法被有效注入，形成阴影效应，如图12-29所示。消除阴影效应的方法有两种，一是在离子注入过程中旋转衬底，二是通过热退火使杂质发生横向扩散。

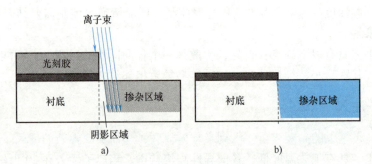

图 12-29　离子注入过程中倾斜衬底引起的阴影效应
a）离子注入后　b）退火和扩散后

3. 注入后热退火

高能离子会对半导体衬底造成损伤，这种损伤主要来自原子核对注入离子的阻滞效应，如图12-30a所示。当离子与原子发生碰撞，离子动能转移至晶格，使得衬底主原子脱离格点，形成无序区域。无序区域的空间分布与离子的重量有密切关系。对于轻离子（如Si里的B），无序区域主要集中在离子停止运动的位置附近；对于重离子（如Si里的As），无序区域更大，晶格损伤可以发生在整个注入行程之内。

为了满足器件要求，必须在热退火过程中修复晶格损伤，以恢复单晶结构并激活掺杂剂。只有当掺杂剂原子位于晶格原子替代位时，它们才能有效地提供电子或空穴作为传导电流的多数载流子。在高温过程中，原子在热能的驱动下快速移动，并最终停留在位于单晶晶格的自由能最低的位置，此过程可恢复单晶结构（图12-30b）。

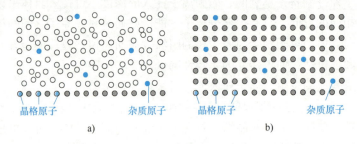

图 12-30　热退火修复离子注入引起的晶格损伤
a）离子注入后　b）热处理后

在20世纪90年代，熔炉广泛用于注入后退火。熔炉退火工艺是一种从850~1000℃的分批工艺。在退火过程的时间间隙，熔炉始终保持在650~850℃的高温，并且晶片必须非常缓慢地推入和拉出熔炉以避免晶片翘曲。缓慢地进入和退出，使得前后部分的晶片具有不同的退火时间，这可能导致晶片之间的不均匀性。此外，熔炉退火工艺需要长时间的加热来消除注入所造成的缺陷，使得掺杂剂出现二次扩散问题。

为了解决上述难题，快速热退火（Rapid Thermal Annealing，RTA）技术应运而生。RTA的最大特点是半导体衬底会被瞬间加热以及迅速冷却。瞬间加热是依靠超高温（1500℃以上）卤钨灯的辐射传热来完成，迅速冷却则是依靠热退火装置的冷炉管（500℃）完成，与衬底本身的温度存在较大温差。由于辐射传热的机制，腔体的结构设计和半导体衬底的光学特性对于温度控制十分重要。RTA 技术将退火时长缩短到 10s 级别，这一进步有效避免了杂质激活过程中的再扩散问题。此外，快速热退火还可减少工业生产中的热预算，降低热能消耗，在成本控制方面有较大优势。

12.4 封 装 工 艺

在半导体制造流程中，经过设计和晶圆加工后的裸片（Die），无法直接作为芯片使用。一方面裸片易碎，不易保存运输，也不能直接跟外部电路连接；另一方面，暴露的裸片会受到空气中的杂质和水分的影响造成损伤，从而导致电路失效或性能下降。所以需要将其封装在塑料、金属或陶瓷等材料制成的封装体内，以保护半导体器件的性能免受电气、热、机械和化学损坏。同时，封装还提供了一个接口，使芯片能够与其他电子元件连接，以实现信息的输入输出。

半导体封装有四个基本功能：机械保护、电气连接、机械连接和散热，如图 12-31 所示。

1）机械保护。芯片非常易碎，容易受到物理性和化学性损坏。半导体封装的主要作用是将芯片和器件密封在环氧树脂模塑料（EMC）等封装材料中，保护它们免受微粒的污染和外界损伤。

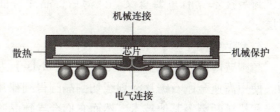

图 12-31 封装的基本功能

2）电气连接。封装通过芯片和系统之间的电气连接来为芯片供电，同时为芯片提供信号的输入和输出通路。

3）机械连接。将芯片可靠地连接至系统，以确保使用时芯片和系统之间连接良好。

4）散热。如果半导体封装无法有效散热，则芯片可能会过热，导致内部晶体管升温过快而无法工作。

半导体的封装方法大致可分为两种：一种是传统的封装方法，即先从晶圆上分离出单个芯片再进行封装的方法；另一种是晶圆级封装（Wafer-Level Package，WLP）方法，即在晶圆级上进行部分或全部封装工艺，然后再切割成单件的方法。

随着芯片设计的性能、复杂性和功能逐渐增加，封装技术变得越来越重要和具有挑战性。每一代技术之间的本质区别，即芯片和电路的连接方式。封装的技术路径大致分为四个阶段：①裸片贴装阶段，代表的连接方式是引线键合；②倒片封装阶段，代表的连接方式是焊球或者凸点（Bumping）；③晶圆级封装阶段，代表的连接方式是重布线层技术（RDL）；④2.5D/3D 封装阶段，代表的连接方式是硅通孔（TSV）技术、chiplet 封装技术。其中，裸片贴装和倒片封装属于传统封装，而晶圆级封装与 2.5D/3D 封装则被称为先进封装。传统封装与先进封装的技术对比见表 12-3。

表 12-3　传统封装与先进封装对比

封装类型	内存带宽	能耗比	芯片厚度	芯片发热	封装成本	性能	形态
传统封装	低	低	高	中	低	低	平面、通信能力不足
晶圆级封装	中	高	低	低	中	中	多芯片、异质集成、芯片之间高速互联
2.5D/3D 封装	高	高	中	高	高	高	

12.4.1　传统封装

传统的封装工艺主要包括背面研磨（Back Grinding）、划片（Dicing）、芯片键合（Die Bonding）及成型（Molding）等步骤。

1. 背面研磨

封装前，通常要减薄晶圆，减薄后芯片的体积更小，有助于将芯片运行时产生的热量更快传递出去，并改善金属涂层与硅衬底的接触。但过薄的晶圆可能在应力作用下弯曲变形从而影响划片工序或造成芯片破碎和裂痕。日本 Disco 公司提出的 Taiko 减薄工艺，只在晶圆的中心区域减薄，而保留晶圆边缘区域的原始厚度，能够将 12in 硅片减薄到 $50 \sim 100 \mu m$。这样就提高了晶圆整体的强度，大大减少了晶圆破损与翘曲的风险。该工艺对于 3D 封装等先进封装技术具有重要意义。减薄后，晶片背面通常会利用溅射和蒸发工艺，涂覆薄金属层。

2. 划片

晶圆减薄后，用黏性柔性材料（如 Mylar）从背面将晶片粘在固体框架上防止晶片移动。使用高速金刚石锯片沿划线切割晶圆得到裸片，又称锯片法。在半导体工艺早期，还有划线和机械断裂等其他技术，然而它们会导致晶圆碎裂，基本已不再使用。激光隐切是一种精度更高的晶圆切割技术，它是将纳秒或飞秒激光束聚焦于晶圆下表面的特定深度。激光的高能量在晶圆内部产生局部高温，导致材料局部蒸发形成微裂纹，最后再用晶圆扩膜机产生轻微的机械力，将晶圆沿微裂纹分离，得到一粒粒的芯片。激光隐切过程几乎不产生碎屑，减少了晶圆表面的污染，特别适合硬脆材料，具有高精度、低损伤和高产率的优点。

切割后得到数百个芯片裸片，这时切割出来的芯片会附着在柔性材料上。逐个移除附着在切割胶带上数百个芯片的过程称为"拾取"。使用柱塞从晶圆上拾取合格芯片并将其放置在封装基板表面的过程称为"放置"。这两项任务合称为"拾取与放置"，均在固晶机（用于芯片键合的装置）上完成。

3. 芯片键合

键合是指将晶圆芯片固定于基板，并附着到引线框架或印制电路板（PCB）上，来实现芯片与外部的电气连接。依据封装工艺的不同，可以将键合技术分为传统键合与先进键合两类。传统方法通常采用芯片键合（Die Bonding）、芯片贴装（Die Attach）或引线键合（Wire Bonding）技术，而先进方法则采用倒装芯片键合（Flip Chip Bonding）或芯片直连等技术。

（1）传统方法　图 12-32 为传统引线键合技术示意图。在引线键合中，导线从键合垫块到封装体的内引线需要完全键合。当芯片安装到引线框架后，必须用细金属线将芯片上的压焊点与引线框架上的引脚逐一连接起来。由于每一个连接点处均有电阻，信号很容易失真。

如果引线之间靠得太近，还可能造成短路，对电路性能产生不利影响。因此，传统键合难以对封装体积进一步优化。此外，引线键合的焊颈结合强度相对较弱且容易断开，导致芯片的抗损坏能力不强。

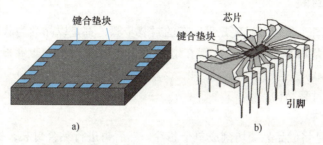

图 12-32 传统引线键合技术
a）芯片键合垫块 b）引线连接

（2）先进方法 与传统导线粘接工艺不同，在先进方法中，倒装芯片通过在芯片焊盘上形成凸块（Bump）的方式将芯片和基板连接起来。将芯片表面朝下放置在基板上，芯片表面的金属凸块和基板表面的金属引线精确对齐，通过加热，金属凸起和引脚导线熔化并连接在一起，芯片与基板形成连接，如图 12-33 所示，因此这种技术又被称为倒装键合技术。倒装键合技术大幅缩短了互联距离，使连接密度大幅提升，并且电阻电感更小，芯片的电气性能和散热性更好。由于没有引线框架，这样的封装可以更加紧凑，尺寸更小。

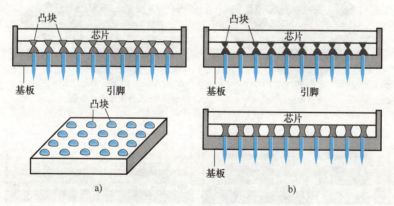

图 12-33 芯片倒装键合技术
a）芯片焊盘凸块 b）引线连接

4. 成型

芯片键合连接完成后，可通过环氧树脂等材料对芯片进行塑封。芯片的密封工艺有两种：陶瓷密封和塑料密封。陶瓷可以对水分或杂质起更好的密封效果，它还具有高的热稳定性、高热导率以及低热胀系数。一些 IC 芯片，特别是大量产热的 CPU 或 GPU 等，需要使用陶瓷封装。然而，它的成本约为塑料封装的 5 倍，同时重量也更大。因此，为了降低成本，大多数内存芯片和逻辑芯片都使用塑料进行封装，现在越来越多的芯片使用塑料封装。

塑料封装使用塑料密封 IC 芯片和铅框架。塑料对水分或可移动的离子等不能起到很好的屏障作用，这些材料可以穿透塑料密封，影响集成电路的性能与芯片的可靠性。当然，随着塑料封装技术的不断发展，现代塑封集成电路芯片的寿命在故障诱导测试中延长到了5000h 以上，这相当于在正常情况下的寿命超过 10 年，对于大多数电子应用来说已经足够。

12.4.2　晶圆级封装

与传统封装不同，晶圆级封装几乎所有的封装步骤，都是以晶圆为载体进行加工的。最早的晶圆级封装只是简单地将锡球放置在电极上，之后逐渐出现重布线层（RDL）技术、球栅阵列封装（BGA）、铜柱凸块封装、扇入/扇出型封装（Fan-In/Fan-Out）与 2.5D/3D 封装等复杂的晶圆级封装结构。

1. 重布线层技术

传统封装中，是将成品晶圆切割成单个芯片，然后再进行黏合封装，裸片的 I/O（输入/输出）触点通常位于芯片的边缘或四周，这限制了连接密度和封装的灵活性。RDL 技术将裸片（芯片）的 I/O 触点重新布线，这些触点可延伸到芯片表面，并在芯片上形成一层金属线路网络，允许重布线层上的触点与 PCB 直接相连，从而提高了封装的灵活性和可靠性（图 12-34）。此外，RDL 工艺扩展了可用的布线区域，使设计人员能够充分利用芯片的有效面积，以更加紧凑、高效的方式放置芯片，从而减小器件的整体尺寸。减薄后，晶片背面通常会利用溅射和蒸发等工艺，涂覆薄薄的金属层。

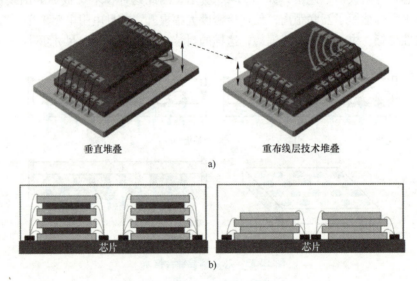

垂直堆叠　　重布线层技术堆叠

a)

芯片　　芯片

b)

图 12-34　垂直堆叠与重布线层技术堆叠对比
a）垂直堆叠与重布线层堆叠　b）横截面

在 RDL 技术的支持下，封装与芯片制造融为一体，大幅缩减了生产成本。同时该类封装不需要引线框架、基板等介质，可以最大程度地提高封装效率，封装后的芯片尺寸与裸片一致。

2. 扇入/扇出型封装

图 12-35 为扇入（Fan-In，FI）和扇出（Fan-Out，FO）型晶圆级芯片封装示意图。其中，"扇（Fan）"是指芯片尺寸。这两种技术都采用将锡球（I/O 端子）直接连接到芯片上的封装方法。芯片大小与封装后的尺寸大小相同且封装用锡球在芯片范围内的，称之为

"扇入"；封装尺寸大于芯片尺寸且部分锡球位于芯片之外的，则称之为"扇出"。

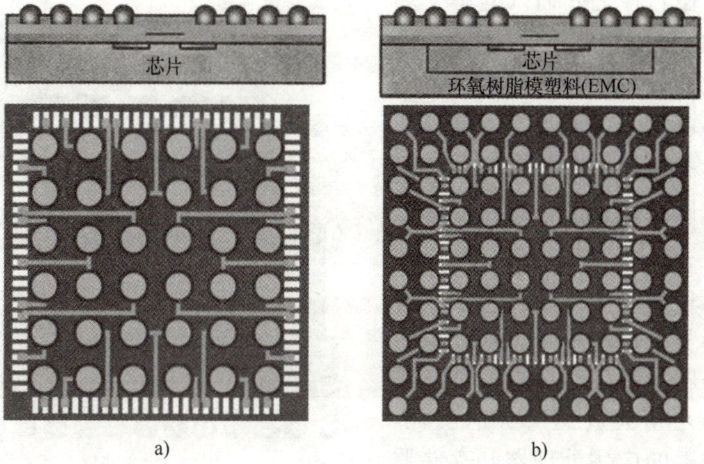

图 12-35　晶圆级封装示意图
a）扇入型　b）扇出型

（1）FI 封装　FI 封装的工艺过程与倒片封装基本一致，通过 RDL 技术将原始焊盘转移（扇入）到芯片内部，制造间距和尺寸均更大的焊盘，进而降低凸点制造的难度。FI 的一般工序是先在晶圆上用 PVD 生长出金属薄膜层，光刻后电镀进行 RDL，电镀完成后去除光刻胶与薄膜，涂上聚酰亚胺胶，贴上蓝膜后进行背面研磨和划片，最后编带成一粒粒的芯片。FI 封装中布线、绝缘层和锡球直接位于晶圆顶部，无需基板等介质，电气传输路径相对较短，因而电气特性得到改善。同时由于无需基板和导线等封装材料，工艺成本较低。

采用 Si 芯片作为封装外壳，FI 封装的物理和化学防护性能较弱。封装外壳的热胀系数与 PCB 基板的热胀系数存在较大差异，导致连接封装与 PCB 基板的锡球承受更大的应力，进而削弱焊点可靠性。同时，随着芯片不断向小型化和多功能化发展，芯片所需的引脚数越来越多，要求芯片上的焊盘越来越小，这些可通过 FO 封装来解决。

（2）FO 封装　FO 封装的设计原理是芯片焊盘通过"扇出"的方式从芯片边缘通过 RDL 和焊锡球连接到 PCB 上，FO 封装工艺流程简单且成本低廉，可分为 Chip First 工艺和 Chip Last 工艺。Chip First 工艺是指先贴装芯片后加工 RDL，具体过程是先将单一芯片放置在用临时键合材料或热释放胶带（TRT）处理过的衬底上，再用环氧树脂（EMC）包覆成型并固化，形成重构晶圆（Reconstituted Wafer），去掉衬底后再加工 RDL。Chip Last 工艺是指先加工 RDL 然后再贴装芯片，在该流程中，RDL 结构既可进行电子测试，也可进行目测检查，以确定芯片良率，该工艺适合于良率至关重要的大型 I/O 芯片。FO 封装技术渐趋成熟，已经量产且应用于人工智能、5G 通信、手机射频、电源管理、应用处理器及存储器的 ASIC 上。

3. 2.5D/3D 封装

在现代电子产品中，CPU 和内存被安装在同一块主板上，两个芯片之间的信号传输路径比较长，信号传输的密度也不高。为了提高芯片之间的连接密度和信号传输速度，2.5D/3D 封装技术被提出。2.5D/3D 封装是在同一封装中包含多个 IC 的封装方法。

（1）2.5D 封装　如图 12-36 所示，在 2.5D 结构中，裸片堆叠或并排放置在具有 TSV 的中介层顶部，在芯片之间插入硅中介层提供芯片之间的互联。中介层是一种由硅和有机材料制成的硅基板，是先进封装中多芯片模块传递电信号的管道。借助硅中介层中四通八达的通道，多个异构芯片可以实现高密度线路连接，使芯片集成在一个封装中。

相比于直接在基板上进行互连，硅中间层上的连接更短，从而减少了信号传输的延迟和功耗。由于硅中间层可以提供较好的散热性能，可节省高达 40% 的功耗。使用先进封装技术的应用处理器和存储器芯片将减少 30%~40% 的面积，极大地提升器件集成度。

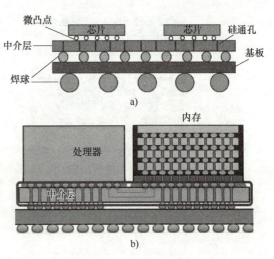

图 12-36　2.5D 封装技术

a）硅通孔技术　b）处理器和存储器芯片的集成封装

（2）3D 封装　如果去掉硅中介层，直接把每块芯片堆叠到一起就形成了 3D 封装。3D 封装又称为叠层芯片封装技术，其原理是在芯片上制作电晶体结构，并且直接使用硅通孔实现上下不同芯片之间的电气连接，从而在不改变封装体尺寸的前提下，将存储器或其他芯片垂直堆叠。相较于 2.5D 封装，3D 封装可进一步缩短电气传输的路径并提升集成度，如图 12-37 所示。3D 封装是未来封装技术发展的必然趋势。首先，随着芯片越来越复杂，芯片面积、良率和工艺的矛盾难以调和，到了一定程度就必须把大的芯片拆解成一些小的芯片。其次，3D 封装可容纳多个异构裸片，各功能模块可采用不同的制程节点，大大降低了成本并提高了产品的上市速度。此外，3D 封装的封装面积更小，可以节省电路板的空间，是小型移动设备的理想选择。

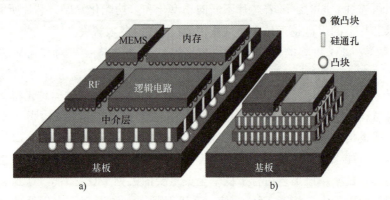

图 12-37　两种封装技术对比示意图

a）2.5D 封装　b）3D 封装

TSV 技术可在芯片与芯片以及晶圆与晶圆之间制作垂直通孔，并在通孔中填充铜、钨、多晶硅等导电材料，从而实现垂直电气互通。这项技术是目前唯一的垂直电互联技术，也是实现 3D 先进封装的关键技术之一。TSV 可缩短信号互连长度，减少信号传输过程中的寄生损耗和信号延迟，能满足电子器件多功能化、集成化和小型化的要求。但 TSV 技术也存在诸多限制，例如，硅和铜在制造 TSV 的过程中会产生较大的热应力，从而导致开裂分层并影响器件的电性能；随着结构密度的不断提高，高密度 TSV 会导致热量集中，从而引发一系列热可靠性问题。随着 TSV 技术的不断成熟，越来越多的 CPU、GPU 和内存芯片开始采用 3D 封装。

习题与思考题

1. 列出光刻胶的四个组成部分。
2. 描述正负光刻胶之间的差异。
3. 描述一个完整的光刻处理过程。
4. 列出四种校准和曝光系统。
5. 确定 IC 生产中最常用的校准和曝光系统。
6. 描述跟踪步进集成系统中的晶圆运动。
7. 解释分辨率和聚焦深度与波长和数值孔径之间的关系。
8. 请列出几项下一代光刻候选技术，并说明优势和技术难点。

第4篇 半导体器件篇

第 13 章

光 波 导

　　光波导在现代通信和光子学器件中扮演着重要的角色。光波导（Waveguide）由折射率较高的介质材料埋于折射率较低的介质中构成，利用全内反射原理实现光波的高效传输。事实上，现代光电子器件广泛采用光波导结构。相较于传统的电磁波传输，光波导具有更低的损耗、更高的传输速率和更好的信号保真度。光波导应用广泛，包括光纤通信、集成光路、光计算和传感器等，对信息技术和光电子学的发展起推动作用。

　　常见的光波导有平板光波导、条形光波导和光纤（图 13-1），应用最广泛的是光纤，而大多数光电子器件天然地含有波导结构，其他形式的光波导还有如光子晶体波导和金属-介质结构波导等。光波导具有很高的模式选择性和耦合效率，因此广泛应用于微型光学/光子器件、生物传感器等领域。例如，光波导可应用于集成光子学和光学谐振腔。本章主要介绍平板光波导的波导条件、模式和色散，条形光波导（13.1 节），探讨光纤的基本理论（13.2 节），并讨论光波导在无源和有源器件中的应用（13.3 节）。通过这些内容，读者将深入了解光波导在光电信息技术中的关键作用。

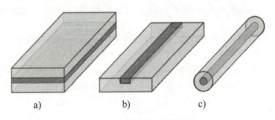

图 13-1　光波导的种类
a）平板光波导　b）条形光波导　c）光纤

13.1　平板光波导

　　平板光波导（Planar Waveguide 或 Slab Waveguide），又称平面介质波导，是由折射率较低的外层介质材料包围折射率较高的内层介质材料所形成的具有导波功能的光学结构。内层介质和外层介质又可分别称为波导的"芯层"（Core Layer）和"包层"（Clapping Layer）。光在芯层内部通过全内反射传播。在薄膜器件中，高折射率的薄膜被称为"波导层"，上下介质分别称为"覆盖层"和"衬底层"。本节将讨论光在由厚度为 d、折射率为 n_1 的芯层和折射率较小的 n_2（$n_2 < n_1$）包层构成的对称平面介质波导中的传播，如图 13-2 所示。

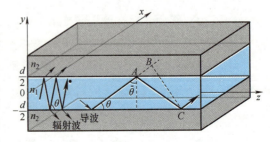

图 13-2　平板光波导中的光传播

13.1.1 波导条件

存在多次光反射的光波导，通常无法用几何光学的图像清晰完整地分析波导中光的传播，必须用波动光学或电磁光学的方法。一种简单的处理方式是假设每束光都用横电磁（Transverse Electromagnetic，TEM）平面波来描述，因此，总的电磁场即为这些 TEM 平面波的叠加。如图 13-2 所示，假设在波导中传播的波为单色 TEM 平面波，自由空间中的波长为 λ_0，芯层中的波长为 $\lambda = \lambda_0/n_1$，在波导芯层-包层界面处来回反射传播，相速度 $c_1 = c_0/n_1$，波矢大小 $k_1 = n_1 k_0 = 2\pi n_1/\lambda_0$，波矢在各方向的分量分别为：$k_x = 0$，$k_y = n_1 k_0 \sin\theta$，$k_z = n_1 k_0 \cos\theta$，波沿 x 方向偏振，波矢位于 y-z 平面内。光线在芯层内部传播，光线在 y-z 平面内与 z 轴夹角为 θ，临界角余角 $\bar{\theta}_c = \pi/2 - \arcsin(n_2/n_1) = \arccos(n_2/n_1)$，其中 θ_c 为发生全内反射的临界角，当 $\bar{\theta}$ 小于 θ_c（即 $\pi/2 - \theta > \pi/2 - \theta_c$）时，光会在芯层-包层界面处发生全内反射。

为求解波导模式，可施加适当的边界条件来求解内层介质和外层介质界面处麦克斯韦方程组的解。现施加一个自洽条件：规定两次反射为一个反射周期，当光波经过两次反射后会恢复到原来状态，即经历一个反射周期后的波与初始波的相位和偏振状态相同，从而只有两种不同的平面波：入射波和反射波。满足这一条件的场被称为波导模式（或本征函数）。通过施加自洽条件，我们可以确定波导模式的反射角，由此确定传播常数、场分布和群速度。

如图 13-2 所示，假设波在 A 点处发生第一次反射，在 C 点处发生第二次反射，则反射两次后的波与初始波的光程差为：$|AC| - |AB| = 2d\sin\theta$，在介质层处每次的反射都会引入一个相位差 φ，其值与 θ 有关，还与入射波的偏振状态有关。反射两次后的波与初始波的总相位差为

$$\Delta\phi = \frac{2\pi}{\lambda} 2d\sin\theta - 2\varphi \tag{13-1}$$

若要满足自洽条件，则相位差

$$\Delta\phi = k_1 2d\sin\theta - 2\varphi = 2m\pi, \quad m = 0, 1, 2, \cdots \tag{13-2}$$

即

$$2k_y d - 2\varphi = 2m\pi \tag{13-3}$$

在 TE 偏振情况（电场沿 x 方向）下，根据式（2-91），反射引起的相位变化可由下式表示：

$$\tan\frac{\varphi}{2} = \sqrt{\frac{\sin^2\bar{\theta}_c}{\sin^2\theta} - 1} \tag{13-4}$$

因此，随着 θ 从 0 变至 θ_c，φ 从 π 变至 0。式（13-1）可改写为：$\tan(\pi d\sin\theta/\lambda - m\pi/2) = \tan(\varphi/2)$，因此，式（13-4）可改写为

$$\tan\left(\pi \frac{d}{\lambda}\sin\theta - m\frac{\pi}{2}\right) = \sqrt{\frac{\sin^2\bar{\theta}_c}{\sin^2\theta} - 1} \tag{13-5}$$

方程（13-5）为 TE 偏振情况下的自洽条件。该方程为只含一个变量 θ 的超越方程，求解该方程可得出不同模式下的反射角 θ_m。可视化图像法是求解方程（13-5）的一种简便方法，

如图 13-3 所示。为了求 TE 偏振情况下的波导模式，将横坐标均分成相同等份，每等份为 $\lambda/2d$，两曲线的每一个交点均为一种模式。

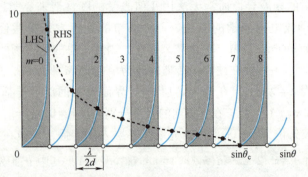

图 13-3　式（13-5）的可视化图像，交点代表不同模式下的 θ_m

由图 13-3 可知，$\theta_m \in [0, \theta_c]$。$\theta_m$ 可取的值与波矢分量（0, $n_1 k_0 \sin\theta_m$, $n_1 k_0 \cos\theta_m$）有关。图 13-4 给出了波矢分量与不同模式的 θ_m 之间的关系。波矢 $\boldsymbol{k}$ 的 z 分量即为在 z 方向的传播常数：

$$\beta_m = n_1 k_0 \cos\theta_m \tag{13-6}$$

由于 $n_2/n_1 = \cos\theta_c < \cos\theta_m < 1$，则 $n_2 k_0 < \beta_m < n_1 k_0$。

对于 TM 偏振情形，θ_m 和 β_m 仍可由方程（13-2）求得，其相位差：

$$\tan\frac{\varphi}{2} = \frac{1}{\sin^2\theta_c}\sqrt{\frac{\sin^2\overline{\theta_c}}{\sin^2\theta} - 1} \tag{13-7}$$

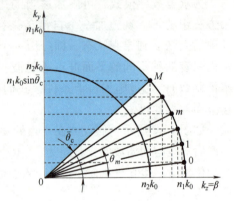

图 13-4　波矢 k_y，k_z 分量与不同模式的 θ_m 间的关系

13.1.2　波导模式

1. 模式数

如图 13-3 所示，易知 TE 偏振下的模式数为大于 $\sin\theta_c/(\lambda/2d)$ 的最小整数：

$$M = \left\lceil \frac{\sin\theta_c}{\lambda/2d} \right\rceil \tag{13-8}$$

式中，符号 $\lceil x \rceil$ 表示 x 增加到与其最接近的整数。

将 $\cos\theta_c = n_2/n_1$ 代入式（13-8），得

$$M = \left\lceil \frac{2d}{\lambda_0}\mathrm{NA} \right\rceil = \left\lceil \frac{2V}{\pi} \right\rceil \tag{13-9}$$

式中，M 为 TE 偏振情况下的模式数；NA 为数值孔径（Numerical Aperture）；V 为归一化频率：

$$\mathrm{NA} = \sqrt{n_1^2 - n_2^2}, \quad V = \frac{\pi d}{\lambda_0}\mathrm{NA} \tag{13-10}$$

如果 $\lambda/2d > \sin\theta_c$ 或（$2d/\lambda_0$）NA<1，则只有一种模式，此时波导称为单模波导（Single-mode Waveguide）。当波导内层足够薄或波长足够长时，可出现该情形。此时，$\nu < \nu_c$ 或 $\omega < \omega_c$，模式截止频率为

$$\nu_c = \omega_c/2\pi = \frac{1}{\mathrm{NA}}\frac{c}{2d} \tag{13-11}$$

有了模式截止频率的概念，模式数还可表示为 $M = \nu/\nu_c = \omega/\omega_c$。支持多个模式传播的波导称为多模波导（Multimode Waveguide），当波导层较厚或波长足够短时，就会出现该情形。

2. 波导的场解

TE 偏振情况下，平板光波导的场分布包括芯层的内场和包层的外场。内层的电场由两种不同传播方向的平面波组成，其与 z 轴夹角分别为 θ_m 和 $-\theta_m$，波矢为 $(0, \pm n_1 k_0 \sin\theta_m, n_1 k_0 \cos\theta_m)$，有相同的振幅和相位：

$$E_x(y,z) = a_m \mu_m(y) \exp(\mathrm{j}\beta_m z) \tag{13-12}$$

式中，β_m 为传播常数，$\beta_m = n_1 k_0 \cos\theta_m$；$a_m$ 为常数，是第 m 阶场的振幅；$\mu_m(y)$ 表示第 m 阶场在 y 方向的分布函数。本征函数 $\mu_m(y)$ 可以表示为

$$\mu_m(y) \propto \begin{cases} \cos\left(2\pi \dfrac{\sin\theta_m}{\lambda} y\right), m = 0, 2, 4, \cdots \\ \sin\left(2\pi \dfrac{\sin\theta_m}{\lambda} y\right), m = 1, 3, 5, \cdots \end{cases} \quad -\frac{d}{2} \leqslant y \leqslant \frac{d}{2} \tag{13-13}$$

式中，$\lambda = \lambda_0/n_1$。场为正余弦谐波，但在内层边界处并不会消失，随着 m 增加，$\sin\theta_m$ 增大，因此更高阶的场沿 y 方向传播的速度会更快。

外层光疏介质的电场需在 $y = \pm d/2$ 处与内场相匹配，将 $E_x(y,z) = a_m \mu_m(y) \exp(\mathrm{j}\beta_m z)$ 代入亥姆霍兹方程 $(\nabla^2 + n_2^2 k_0^2) E_x(y,z) = 0$ 可得

$$\frac{\mathrm{d}^2 \mu_m}{\mathrm{d}y^2} - \gamma_m^2 \mu_m = 0 \tag{13-14}$$

$$\gamma_m^2 = \beta_m^2 - n_2^2 k_0^2 \tag{13-15}$$

式中，导波模式为 $\beta_m > n_2 k_0$，即 $\gamma_m^2 > 0$。因此，本征函数 $\mu_m(y)$ 可表示为

$$\mu_m(y) \propto \begin{cases} \exp(-\gamma_m y), y > d/2 \\ \exp(\gamma_m y), y < -d/2 \end{cases} \tag{13-16}$$

场在远离内层时会逐渐衰减，场衰减系数为 γ_m，因此外场是倏逝场。将 $\beta_m = n_1 k_0 \cos\theta_m$ 和 $\cos\theta_c = n_2/n_1$ 代入式（13-15），得衰减系数与 θ_m 之间具有如下关系：

$$\gamma_m = n_2 k_0 \sqrt{\frac{\cos^2\theta_m}{\cos^2\theta_c} - 1} \tag{13-17}$$

随着 m 增大，θ_m 增大，衰减系数 γ_m 减小。

为了确定式（13-12）表示的场解在芯层和包层中的比例系数 a_m，可施加 $y = d/2$ 处将内场和外场匹配（横向电场分量连续，纵向电位移矢量连续）的连接条件。注意，基函数 $\mu_m(y)$ 满足正交归一化条件，因此总场可表示为各阶场的叠加：

$$E_x(y,z) = \sum_m a_m \mu_m(y) \exp(\mathrm{j}\beta_m z) \tag{13-18}$$

将式（13-18）表示的通解代入连接条件，即可确定叠加系数 a_m 之间的关系。TM 偏振时的场分布（图 13-5）可用类似方法求得，但各种模式需由两个不同偏振分量来描述：

$$E_z(y,z) = a_m \mu_m(y) \exp(-\mathrm{j}\beta_m z), E_y(y,z) = a_m \cot\theta_m \mu_m(y) \exp(\mathrm{j}\beta_m z) \tag{13-19}$$

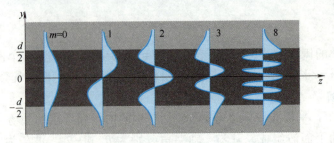

图 13-5　TE 偏振情况下各导波模式的场分布

13.1.3　波导的色散

波导的色散是指频率 ω 和传播常数 β 间的关系。以下仅考虑 TE 模式下的色散。由于 $k_y^2=(\omega/c_1)^2-\beta^2$，由式（13-3），可得

$$2d\sqrt{\frac{\omega^2}{c_1^2}-\beta^2}=2\varphi+2\pi m \tag{13-20}$$

式中，$m=0$，1，2，…。

又因为 $\cos\theta=\beta/(\omega/c_1)$，$\cos\theta_c=n_2/n_1=c_1/c_2$，式（13-4）可改写成

$$\tan^2\frac{\varphi}{2}=\frac{\beta^2-\omega^2/c_2^2}{\omega^2/c_1^2-\beta^2} \tag{13-21}$$

将式（13-20）代入式（13-21），得

$$\tan^2\left(\frac{d}{2}\sqrt{\frac{\omega^2}{c_1^2}-\beta^2}-m\frac{\pi}{2}\right)=\frac{\beta^2-\omega^2/c_2^2}{\omega^2/c_1^2-\beta^2} \tag{13-22}$$

式（13-22）表示 TE 偏振时的色散关系，该式还可改写成：

$$\frac{\omega}{\omega_c}=\frac{\sqrt{n_1^2-n_2^2}}{\sqrt{n_1^2-n^2}}\left(m+\frac{2}{\pi}\arctan\sqrt{\frac{n^2-n_2^2}{n_1^2-n^2}}\right) \tag{13-23}$$

式中，n 为有效折射率，$n=n_1\cos\theta_m$。

不同模式的色散曲线位于 $\omega=c_2\beta$ 和 $\omega=c_1\beta$ 这两条光线（Light Line）之间的区域，如图 13-6a 所示，光在均匀介质中传播的光线斜率分别与波导外层介质和内层折射率有关。当频率大于截止频率时，色散关系从外层介质的光线向内层介质的光线方向移动，即有效折射率 n 从 n_2 增加到 n_1。

波导中的群速度可定义为：$v_g=\mathrm{d}\omega/\mathrm{d}\beta$。对式（13-20）两边关于 β 求导，得

$$\frac{2d}{2k_y}\left(\frac{2\omega}{c_1^2}\frac{\mathrm{d}\omega}{\mathrm{d}\beta}-2\beta\right)=2\frac{\partial\varphi}{\partial\beta}+2\frac{\partial\varphi}{\partial\omega}\frac{\mathrm{d}\omega}{\mathrm{d}\beta} \tag{13-24}$$

式（13-24）用到 $k_y=\sqrt{\omega^2/c_1^2-\beta^2}$，因为 $\sin\theta=k_y/(\omega/c_1)$，$\tan\theta=k_y/\beta$。定义 $\Delta z=\dfrac{\partial\varphi}{\partial\beta}$，

$\Delta\tau=-\dfrac{\partial\varphi}{\partial\omega}$，因此群速度

$$v_g=\frac{d\cot\theta+\Delta z}{d\csc\theta/c_1+\Delta\tau} \tag{13-25}$$

光在多模波导中传输时，由于不同模式具有不同的传播速度，光脉冲在时间上会发生扩散，这种效应称为模式色散，又称为模式间色散。一般情况下，波导材料的折射率会随波长变化而变化，ω 和 β 间的关系也会随之发生变化，这种关系称为材料色散。材料色散会造成模式群速度的变化，从而影响传播光脉冲的展宽。对于光纤某个模式，在不同频率下，传播常数 β 不同，使群速度不同，这种光由于群速度对频率的依赖而传播的效应称为群速度色散（Group-velocity Dispersion，GVD），又称为波导色散。材料色散和波导色散又可统称为模式内色散。

各种色散在不同情况下具有不同的重要性。对于单模波导，主要是材料色散和群速度色散；而对于多模波导，模式色散占主要地位。此外，即使在没有材料色散的情况下，波导中也会发生群速度色散，这是由于传播常数受频率影响，这与在均匀介质中传播不同。如图 13-6b 所示，对于每一种模式均存在 v_g 达到其最小值的角频率。此时，它关于 ω 的导数为零，群速度随频率变化缓慢。在此频率下，群速度色散系数为零，脉冲展宽可忽略不计。

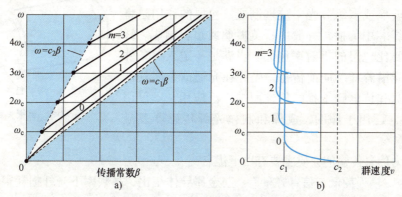

图 13-6　TE 偏振情况下的波导色散
a）色散关系　b）频率与群速度间的关系

13.1.4　条形光波导

上一小节讨论的平面介质波导将光限制在 y 方向，并沿 z 方向传播。而条形光波导等二维光波导是将光限制在 x 和 y 两个方向，其工作原理和模式结构与平面介质波导基本相同。如图 13-7 所示，条形光波导的波矢分量 (k_x, k_y, k_z) 需满足的条件为 $k_x^2 + k_y^2 \leqslant n_1^2 k_0^2 \sin^2 \theta_\mathrm{c}$，其中 $\bar{\theta}_\mathrm{c} = \arccos(n_2/n_1)$，且 k_x 或 k_y 每两个连续的值之间均相差 π/d，模式数可近似等于满足波矢条件的点的个数：

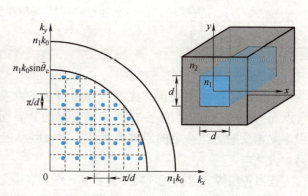

图 13-7　条形光波导的结构及波矢满足的条件

$$M \approx \frac{\pi}{4} \frac{(n_1 k_0 \sin \bar{\theta}_\mathrm{c})^2}{(\pi/d)^2} \approx (\pi/4)(2d/\lambda_0)^2/(\mathrm{NA})^2 \qquad (13\text{-}26)$$

式中，数值孔径 $\mathrm{NA} = \sqrt{n_1^2 - n_2^2}$。

13.2 光 纤

光纤（Optical Fiber）是一种柔性的圆柱形介质波导，通过全内反射原理引导光沿轴向传播。光纤是 20 世纪 70 年代最重要的发明之一，它与激光器、半导体探测器一起开辟了光电子学和光信息技术的新领域。1966 年，高锟等根据介质波导理论提出了实现低损耗光学纤维的可能性，为光纤通信开辟了道路。1970 年，美国研制出损耗为 $20dB \cdot km^{-1}$ 的石英光纤，不久又将光纤的衰减降到 $4dB \cdot km^{-1}$。自此，光纤通信得到迅猛发展。目前，最优质的单模光纤在通信波段下（如 $1.55\mu m$）的损耗可以低至 $0.15dB \cdot km^{-1}$。

如图 13-8 所示，光纤由内层纤芯和外层包层组成，还可在包层外再涂覆一层缓冲层。纤芯的作用是传输光波，一般由石英玻璃或多组分光学玻璃制成；包层的作用是将光波限制在纤芯中传播，一般由石英玻璃或塑料制成。纤芯的折射率要比包层的折射率稍大。当满足一定入射条件时，光波就能沿着纤芯向前传播。光纤在光通信中因其低损耗、高带宽和抗电磁干扰的特性而被广泛应用，不仅用于传输信号，还用于照明、成像和制作光纤传感器及激光器。

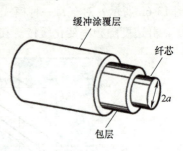

图 13-8　单根光纤结构

光纤作为信息传输的介质主要有以下优点：

1）光纤传输损耗低、信息容量大。与金属导体相比，高频率下光纤损耗很低，可以传输几十千米乃至上百千米。理论上光纤可以传送 10^7 路电视或 10^{10} 路电话。

2）能抗电磁干扰，特别适合于在强电磁辐射干扰的环境中应用。

3）光纤之间的串音小，保密性好，且误码率低。光在单根光纤中传播时，几乎不向外辐射能量。因此，在同一光缆中，数根光纤之间不会相互干扰，也难以窃听。

4）尺寸小、质量轻，有利于铺设和运输。单根光纤的芯径仅为单管同轴电缆的 1%。

13.2.1 光纤模式

1. 光纤的分类

按照纤芯折射率不同，光纤分布可分为阶跃型光纤和渐变型光纤。如图 13-9 所示，阶跃型光纤的纤芯折射率会在纤芯和包层的分界面处发生突变；而渐变型光纤的纤芯折射率是渐变的，呈一定的函数关系（抛物线形、三角形等），折射率随着径向到中心的距离而变化。

按照传输模式分，光纤可分为单模光纤和多模光纤。单模光纤只能传输一种模式，多模光纤能同时传输多种波导模式。单模光纤与多模光纤的主要差异在于纤芯的尺寸和纤芯-包层的折射率差值不同。多模光纤的纤芯直径较大（$2a = 50 \sim 500\mu m$），纤芯-包层相对折射率也较大（$\Delta = (n_1 - n_2)/n_1 = 0.01 \sim 0.02$）；单模光纤纤芯直径较小（$2a = 2 \sim 12\mu m$），纤芯-包层相对折射率也较小（$\Delta = 0.0005 \sim 0.01$）。依折射率分布多模光纤可分为阶跃型与渐变型，而单模光纤主要是阶跃型或改进 W 形（图 13-9c）。依据传输的偏振态，单模光纤又可分为非保偏光纤和保偏光纤。

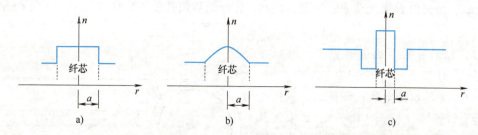

图 13-9 光纤折射率分布形式

a）阶跃折射率光纤剖面 b）梯度折射率光纤剖面 c）W 形阶跃折射率光纤剖面

2. 几何光学分析法

光纤中分析光约束及传导机制一般有两种方法：一种是采用几何光学分析法，导光机理是光在介质界面的全反射；另一种是采用物理光学分析法，即由波动方程出发，分析光导波在纤芯和包层中场的分布，从而得出光纤中光导波的传播特性。

现采用几何光学分析法，以阶跃型光纤为例进行简单分析。该光纤由两层均匀介质组成，纤芯的折射率 n_1 稍大于包层的折射率 n_2。入射光只有以近轴光线入射，才能在光纤中传播，因此这种类型的光纤又可称为弱导光纤。从光纤端面入射的光线可分为两种类型：一类是子午光线（入射光线通过圆柱波导轴线），另一类是偏射光线（入射光线不通过圆柱波导轴线）。

（1）子午光线 当入射光经过光纤轴线（见图 13-10），且入射角 φ_0 足够小，使得 θ_1 大于界面临界角 $\theta_c = \arcsin(n_2/n_1)$ 时，光线将在芯层与包层界面上不断发生全反射，形成曲折光线，传导光线的轨迹始终处于入射光线与轴线决定的平面内，这种光线称为子午光线（Meridional Ray），包含子午光线的平面称为子午面。

为完整地确定一条光线，需用两个参量，即光线在芯层与包层界面处发生反射的反射角 θ 和光线与光纤轴线的夹角 φ。

考虑图 13-10 所示的光纤子午面，光线从折射率为 n_0 的介质通过波导端面中心点 A 入射，进入波导后按子午光线传播。根据折射定律，可得

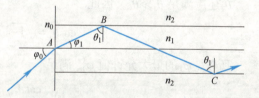

图 13-10 阶跃型折射率光纤中的子午光线

$$n_0 \sin\varphi_0 = n_1 \sin\varphi_1 = n_1 \cos\theta_1 = n_1\sqrt{1-\sin^2\theta} \tag{13-27}$$

由折射定律，发生全反射时，$\theta_1 > \theta_c$，因此有

$$\sin\varphi_0 \leqslant \frac{1}{n_0}\sqrt{n_1^2 - n_2^2} \tag{13-28}$$

一般情况下，$n_0 = 1$（空气），因此子午光线对应的最大允许入射角为

$$\sin\varphi_{0m}^{(m)} = \sqrt{n_1^2 - n_2^2} = n_1\sqrt{2\Delta} \tag{13-29}$$

式中，

$$\Delta = \frac{n_1^2 - n_2^2}{2n_1^2} \approx \frac{n_1 - n_2}{n_1} \tag{13-30}$$

$\sin\varphi_{0m}^{(m)}$ 是光纤聚集光功率的量度，因此，光纤的数值孔径 NA 为

$$NA = n_0\sin\varphi_{0m}^{(m)} = \sqrt{n_1^2 - n_2^2} = n_1\sqrt{2\Delta} \qquad (13\text{-}31)$$

（2）偏射光线　当入射光线不经过光纤轴线时，传导光线将不在同一平面内，而按照图 13-11 所示的空间折线传播，这种光线称为偏射光线（Kewed Rays）。如果将其投影到端截面，就能清楚地看到传导光线被完全限制在两个共轴圆柱面之间，一个面在纤芯-包层边界处，另一个面在纤芯中，其位置由角度 θ_1 和 φ_1 决定，称为散焦面。随着入射角 θ_1 的增大，内散焦面向外扩大并趋近为边界面。在极限情况下，光纤端面的入射光线与圆柱面相切（$\theta_1 = 90°$），在光纤内传导的光线演变为一条与圆柱表面相切的螺线，两个散焦面重合。

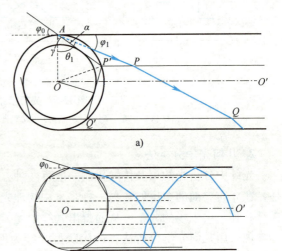

图 13-11　阶跃光纤中的偏射光线
a）θ_1 较小时　b）θ_1 接近 90°

如图 13-11a 所示，光线在 A 点以 φ_0 角入射，于 P、Q 等点处发生全反射。PP'、QQ' 平行于轴线 OO'，交端面圆周于 P'、Q'，AP 与 PP'（即与轴线）交角为 φ_1，称为折射角（又称轴线角）；AP 与端面夹角 $\alpha = \pi/2 - \varphi_1$；入射面与子午面夹角为 γ，θ_1 为折射光线 AP 在界面的入射角。由于 α 和 γ 各自所在的平面互相垂直，根据立体几何原理，可得

$$\cos\theta_1 = \cos\alpha\cos\gamma = \sin\varphi_1\cos\gamma \qquad (13\text{-}32)$$

θ_1 还应满足 $\theta_1 \gg \theta_c$，因此

$$\cos\theta_1 = \sqrt{1 - \sin^2\theta_1} \leqslant \frac{1}{n_1}\sqrt{n_1^2 - n_2^2} \qquad (13\text{-}33)$$

所以，φ_1 的最大允许值 $\varphi_{1m}^{(s)}$ 满足

$$\sin\varphi_{1m}^{(s)} = \frac{\cos\theta_{1m}}{\cos\gamma} = \frac{\sqrt{n_1^2 - n_2^2}}{n_1\cos\gamma} = \frac{n_0\sin\varphi_{0m}^{(m)}}{n_1\cos\gamma} \qquad (13\text{-}34)$$

因此

$$\sin\varphi_{0m}^{(s)} = \frac{n_1}{n_0}\sin\varphi_{1m}^{(s)} = \frac{\sin\varphi_{0m}^{(m)}}{\cos\gamma} \qquad (13\text{-}35)$$

式中，$\sin\varphi_{0m}^{(s)}$ 为偏射光线第 m 阶模式的最大允许入射角；$\sin\varphi_{0m}^{(m)}$ 为子午光线第 m 阶模式的最大允许入射角。由于 $\cos\gamma < 1$，因此 $\sin\varphi_{0m}^{(s)} > \sin\varphi_{0m}^{(m)}$，所以当满足 $\theta_1 > \theta_c$ 时，φ_1 可依 γ 的取值不同而取到 $\pi/2$ 的值。因而 $\theta_1 > \theta_c$ 对 φ_1 没有限制。但 $\theta_1 > \theta_c$ 的光是否都能形成光导波，还要受 φ_1 取值的限制，即在 $\theta_1 > \theta_c$ 的光线中，只有部分 φ_1 相对应的光线才能形成光导波。

偏射光线的纵向传播常数为

$$\beta = k_0 n_1\cos\varphi_1 \qquad (13\text{-}36)$$

若 $\varphi_1 > \dfrac{\pi}{2} - \theta_c$，则有

$$\beta < k_0 n_1 \cos\left(\frac{\pi}{2} - \theta_c\right) = k_0 n_1 \sin\theta_c = k_0 n_2 \qquad (13\text{-}37)$$

$\beta = k_0 n_2$ 为导模的截止条件，$\beta \leq k_0 n_2$ 的模都会被截止，不能形成导模。即当 $\varphi_1 > \pi/2 - \theta_c$ 时，即使 $\theta_1 > \theta_c$，导模都将被截止。因此，仅满足 $\theta_1 > \theta_c$ 并不一定满足导波条件，要形成导模还要满足 $\varphi_1 < \pi/2 - \theta_c$。

13.2.2　光纤的特性参数

1. 数值孔径

数值孔径 NA 为光纤接收外来入射光的最大受光角（$\varphi_{0\max}$）的正弦与入射区折射率的乘积。只有 $\theta_1 > \theta_c = \arcsin\dfrac{n_2}{n_1}$ 的光线才能在光纤中传播，由式（13-30）可得，阶跃型光纤中的 NA 为

$$NA_m = \sin\varphi_{0m}^{(m)} = \sqrt{n_1^2 - n_2^2} = n_1\sqrt{2\Delta} \qquad (13\text{-}38)$$

对于偏射光线，由式（13-35）可求得其数值孔径为

$$NA_s = n_0 \sin\varphi_{0m}^{(s)} = \frac{\sin\varphi_{0m}^{(m)}}{\cos\gamma} = \frac{\sqrt{n_1^2 - n_2^2}}{\cos\gamma} \qquad (13\text{-}39)$$

因为 $\cos\gamma < 1$，所以 $NA_s > NA_m$。

对于渐变型光纤，由于其纤芯折射率 $n(r)$ 是其径向坐标 r 的函数，横截面内不同位置折射率 $n(r)$ 不同，其数值孔径值也不同。因此，对于渐变型光纤，要用局部数值孔径值 $NA(r)$ 表示其横截面内不同位置的值，即

$$NA(r) = \sqrt{n^2(r) - n_2^2} = n(r)\sqrt{2\Delta_r} \qquad (13\text{-}40)$$

式中，$n(r)$ 为纤芯中离光纤轴心 r 处的折射率；n_2 为包层折射率；Δ_r 为径向 r 处与包层间的相对折射率差，$\Delta_r = [n(r) - n_2]/n(r)$。$r = 0$ 时，$NA(0)$ 取最大值。因此，对于渐变光纤，其最大理论数值孔径仍可表示为

$$NA(r)_{\max} = NA(0) = \sqrt{n_1^2 - n_2^2} = n_1\sqrt{2\Delta} \qquad (13\text{-}41)$$

2. 相对折射率差

相对折射率差 Δ 为纤芯折射率同包层折射率的差与纤芯折射率之比，即

$$\Delta = \frac{n_1 - n_2}{n_1} \qquad (13\text{-}42)$$

一般，n_1 略大于 n_2，单模光纤 $\Delta = 0.3\%$，多模光纤 $\Delta = 1\%$，因此

$$NA = \sqrt{n_1^2 - n_2^2} = \sqrt{n_1\Delta(n_1 + n_2)} \approx n_1\sqrt{2\Delta} \qquad (13\text{-}43)$$

3. 折射率分布

纤芯折射率分布通式 $n(r)$ 为

$$n(r) = n(0)\left[1 - 2\Delta\left(\frac{r}{a}\right)^{\alpha}\right]^{\frac{1}{2}} \qquad (13\text{-}44)$$

式中，$n(0)$ 为纤芯中心折射率；r 的取值范围为 $0 \ll r \ll a$；指数 α 为折射率分布系数。α 取值不同，折射率分布不同，图 13-12 所示为折射率分布曲线。

特别地，当 $\alpha = \infty$ 时，折射率为阶跃型分布。当 $\alpha = 2$ 时，折射率为平方律分布（渐变型分布的一种）。当 $\alpha = 1$ 时，折射率为三角形分布。

4. 归一化频率

归一化频率 V 是与光在光纤中传播模式数量多少直接相关的参数，可定义为

$$V = \frac{2\pi a}{\lambda_0} \mathrm{NA} = k_0 a \sqrt{n_1^2 - n_2^2} \qquad (13\text{-}45)$$

它与平板光波导中归一化频率定义相似。a 和 NA 越小，V 越小，在光纤中的传播模式数量越少。可利用标量近似法求出基模传输的归一化截止频率 $V_c = 2.40483$（取值与贝塞尔函数 $J_0(x)$ 的根有关）。一般，当 $V < 2.40483$ 时，只能传输基模；而当 $V > 2.40483$ 时，为多模传输态。

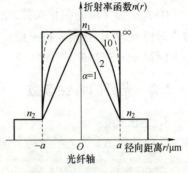

图 13-12　折射率分布曲线

5. 截止波长

当 $0 < V < 2.40483$ 时，光纤中只能传输一种模式的光波，根据式（13-44），有

$$\lambda_c = \frac{2\pi n_1 a (2\Delta)^{1/2}}{2.40483} \qquad (13\text{-}46)$$

λ_c 称为单模光纤的截止波长。当 $\lambda > \lambda_c$ 时，光纤中传播模式为单模；当 $\lambda < \lambda_c$ 时，光纤中传播模式为多模。

13.3　光波导的应用

13.3.1　无源器件

光波导无源器件是指不受外场控制的器件，主要包括光路变换器、功率分配器、光波导偏振器、模式分离器和模变换器、光波导型透镜和光波导传感器等。这些器件是光通信领域中至关重要的组成部分，在光通信系统中起传输、分配、滤波及转换等关键作用。

1. 光路变换器

集成光路一般可分为混合集成光路和单片集成光路。混合集成光路是将两种以上的衬底材料设法结合在一起，使不同器件的性能最佳化；而单片集成光路是所有器件使用单个衬底材料。要在同一块衬底上同时制作多个光学器件并实现光路的互通互连，就必不可少地要有能够使光路方向变化的器件，也就是光路变换器。因此，光路变换器即是能够改变光束（光路）方向的器件，主要有弯曲光波导、光波导棱镜、端面反射镜、短程器件和反射光栅等。

弯曲光波导通常是指将两个分离的光波导连接起来的部分，即耦合段。通常有直接连接型、分段连接型、S 形连接型和曲率渐变连接型 4 种方式。光波导棱镜是在二维光波导上加载棱镜形状的薄膜，其工作原理遵循光在折射率不同的两种介质的界面上的折射定律和反射定律。端面反射镜是将光波导的一端研磨抛光成对于光波导面成 90° 角的平面，从而利用光在光波导端面的反射进行光路变换。为了形成很好的反射效果，要求端面与光波导面之间形成精确的 90°，且在端面与光波导面处光发生全反射。在扩大光路变换角度

又不降低反射效率的情况下，一般需要在研磨过的端面上制作金属或介质全反射膜。端面反射镜制作通常在光波导层的解理面上镀全反射膜制作而成。

2. 功率分配器

功率分配器是把光功率按预定比例分成两个以上输出的器件，是光通信系统中将信号从干线光缆分配到各用户时必不可少的器件。功率分配器主要有单模光波导型和多模光波导型。

单模光波导型功率分配器包括分支光波导和定向耦合器。分支光波导有结构对称和非对称两种，两种结构的分支光波导前部都有一个喇叭形状的光波导，如图 13-13 所示。在多分支光波导的情况下，为了能在平均分配功率的同时又能很好地控制散射损耗，需要改变各个输出分支的宽度或者它们的折射率。对称二分支光波导是分支光波导的基本结构，将多个二分支光波导串联就可构造成 $1 \times N$ 功率分配器。定向耦合器主要是通过倏逝波的穿透作用，实现光从一个光波导进入另一个光波导中。定向耦合器包括双通道定向耦合器、二模光波导定向耦合器、三光波导定向耦合器和间隙渐变定向耦合器。

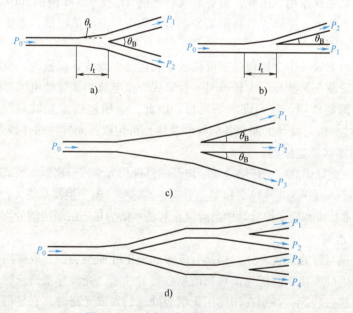

图 13-13 对称和非对称分支光波导
a) 对称二分支　b) 非对称二分支　c) 对称三分支　d) 对称四分支

多模光波导型功率分配器有透射型和反射型两种，如图 13-14 所示。功率分配器如果是由多模光波导构成，若入射光的入射条件不同，光波导中所激起的模的数目以及各个模之间分配的功率比值也会各不相同。为了克服这一问题，可以固定光入射条件或者在器件内部设置一个模混合区，使得在任何入射光条件下，在器件内部都会产生几乎同样的模。不管是透射型还是反射型多模光波导型功率分配器，采用后一种在器件内部设置模混合区的方法是比较容易实现的。任何一种情况下，从任意一个输入端射入的光，都要在经过模混合区后，平均分配到所有的输出端，这种分配器通常又可叫作星型耦合器。

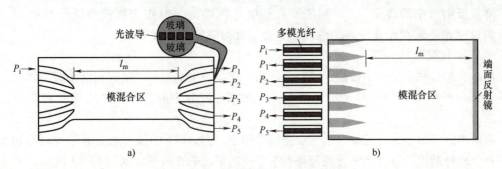

图 13-14　多模光波导型功率分配器

a) 透射型耦合器　b) 反射型耦合器

3. 光波导偏振器

由单模光纤输出的光入射到光波导型器件时，入射光波一般都是椭圆偏振光。而光波导器件一般只对偏振光起作用，因此，需要对入射光的 TE 模和 TM 模的其中之一除去或者把两者分开。波导光学中，把除去某种偏振光的器件称为光波导偏振器，主要有金属包层型和各向异性晶体型。

在光波导表面上做一个金属覆盖层可构成金属包层型光波导偏振器。金属覆盖层可构成光波导管，当电磁波在光波导管中传输时，会形成管壁电流，该管壁电流形成的磁场对入射电磁波的磁场有抑制作用，只允许电场通过。因此，金属包层型光波导起偏器能吸收 TM 模，让 TE 模通过。在光波导上加载各向异性晶体，可构成各向异性晶体型光波导偏振器。

4. 模式分离器和模变换器

波导光学中，把导模之间的传输通道隔离开的器件称为模式分离器。模式分离器主要有定向耦合器型、三层结构分支光波导型和 Y 形分支光波导型。模变换器是将一种模变换成另一种模的器件，它通常是将基模变换成其他高阶模，其基本结构是三层结构的分支光波导。

5. 光波导型透镜

光波导型透镜与普通透镜一样，都具有成像和傅里叶变换功能。成像功能包括会聚、发散和准直，而傅里叶变换则起传递函数和信息变换的功能。光波导型透镜能够在二维光波导内对导波光实现这些功能，特别在构建用于信号处理的集成光路时，它显得尤为重要。常用的光波导型透镜主要有模折射率透镜、短程透镜和菲涅尔透镜等。

在厚度均匀的二维光波导上制作有效折射率不同的区域，若形状合适，便可起透镜的作用，这种典型的透镜称为模折射率透镜。模折射率透镜的优点在于设计简单，制作容易；缺点在于边界处会发生光散射与模变换。如果去掉二维光波导面的部分区域使其凹陷成曲面，适当的曲面形状能使光线沿曲面的最短路程行进，起透镜的作用，该透镜可被称为短程透镜。

6. 光波导传感器

通常把能够收集、测量并传递信息的器件称为传感器。光波导传感器是一种平面型光波导，具有灵敏度高、稳定可靠的优点。当前应用的光波导传感器主要有温度传感器、压力传感器、微位移传感器和振动传感器等。光波导温度传感器的基本元件是光波导的马赫-泽德干涉仪（Mach-Zehnder Interferometer），将一输入通道光波导分成不等长的两部分，然后再汇合形成输出光波导，器件温度的变化通过传输光功率的变化来测定。

13.3.2　有源器件

光波导有源器件是指受外场控制的器件，这类器件一般用于光源、探测器和调制器等。

1. 光波导调制器

光调制是利用电光、声光、磁光、热光等物理效应，使通过调制器的激光束某一参量随信号变化。因此，将具有电光、声光、磁光等物理效应的材料作为衬底制成光波导，由外界输入电、声等信号对导波光进行调制的器件可称为光波导调制器。光波导调制器具有宽带、高速、低功率损耗和易于同其他光波导器件相连接的优点，主要有电光波导调制器、声光波导调制器和磁光波导调制器等。波导调制器将在第 19 章进行简要介绍。

2. 光纤激光器

光纤激光器是一种以光纤为放大介质的激光器，是一种需要功率输入的有源器件。光纤激光器和其他激光器一样，由能产生光子的增益介质（掺杂光纤）、使光子得到反馈并在增益介质中进行谐振放大的光学谐振腔和激励光子跃迁的泵浦源三部分组成。光纤激光器本质上是波长转换器，可将泵浦波长转换为特定波长的光，并以激光的形式输出。按受激发射的机理分，光纤激光器可分为稀土掺杂光纤激光器、光纤非线性效应激光器、单晶光纤激光器、光纤受激拉曼散射激光器和光纤光栅激光器等。近几年，光纤激光器技术得到迅速发展，激光器的性能和种类都发生了巨大变化，各种光纤激光器产品也相继问世，在光纤通信、光传感、工业加工、军事技术、超快现象研究等领域得到越来越广泛的应用。

由于光纤激光器具有波导结构，表现出许多独有的特点：

1）采用光纤耦合方式，耦合效率高；纤芯直径小，使其易于达到高功率密度，使得激光器具有低的阈值和高的转换效率。

2）可采用单模工作方式，线宽窄。

3）具有高的比表面（表面/体积），因而散热效果好，能在不加强制冷却的情况下连续工作。

4）具有较多的可调参数，可获得宽的调谐范围和多种波长的选择。

5）光纤柔性好，从而使激光器具有小巧灵活、结构紧凑、性价比较高且易于系统集成的特点。

3. 光纤放大器

光纤放大器（Optical Fiber Amplifier，OFA）是指运用于光纤通信线路中，能将光信号进行功率放大的一种光有源器件。光纤放大器技术是指在光纤的纤芯中掺入能产生激光的稀土离子（Er^{3+}、Nd^{3+}、Pr^{3+} 和 Yb^{3+} 等），在泵浦光的作用下，掺杂光纤的稀土离子的电子实现粒子数反转分布，激发态上的粒子将产生受激辐射，从而使泵浦光的能量转变为信号光的能量，实现放大。根据其结构型式与增益分布特性，光纤放大器主要可分为集中式与分布式两大类。如掺铒光纤放大器与掺镨光纤放大器，属于集中式光纤放大器，其光纤长度较短，一般只有几米到十几米。另一类是分布式光纤放大器，如拉曼光纤放大器与布里渊光纤放大器，它们是利用光纤的非线性光学效应来实现光放大，其光纤长度较长，有些可达到几千米到几十千米。光纤放大器的诞生是光纤通信领域革命性的突破，它使长距离、大容量、高速率的光纤通信成为可能。

习题与思考题

1. 有一平面介质波导，折射率 $n_1 = 3.50$、$n_2 = 3.45$，取自由空间中的波长 $\lambda_0 = 0.9\mu m$，（1）若厚度 $d = 10\mu m$，求其在 TE 偏振情况下的模式数 M；（2）若其在 TE 偏振情况下为单模波导，求其 d 满足的条件。

2. 如图 13-15 所示，有一非对称平面介质波导，芯层折射率为 n_1，上层包层折射率为 n_3，下层包层折射率为 n_2，且 $n_3 < n_2 < n_1$，求其发生全内反射的临界角，并求其在 TE 偏振情况下的波导条件（与式（13-5）类似）和模式数 M 的表达式。

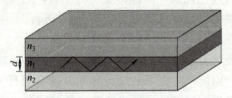

图 13-15 非对称平面介质波导

3. 什么是子午光线与偏射光线？简述它们在光纤中的传输特性。

4. 光纤的特性参数主要包括哪些？说明各参数的含义。

5. 光纤的纤芯折射率为 $n_1 = 1.5$，包层折射率为 $n_2 = 1.48$，空气折射率为 $n_0 = 1$。计算该光纤的受光角以及光纤相应的数值孔径。如果将光纤浸入水（$2n_1 = 1.33$）中，受光角有多大改变？

6. 根据式（13-9）和式（13-44）推导平板光波导和光纤模式数 M 与归一化频率 V 之间的关系。若有一光纤，纤芯折射率为 1.49，包层折射率为 1.47，$2a = 100\mu m$，取 $\lambda_0 = 1\mu m$，求其模式数 M。

第 14 章

pn 结和异质结

  pn 结是现代电子技术中不可或缺的核心组件。它不仅是构成各种半导体器件（如二极管、晶体管、太阳电池等）的基础，还在集成电路、光电子器件、传感器等领域发挥至关重要的作用。本章首先简要介绍 pn 结的基本概念，并对其电流-电压特性、电容-电压特性和击穿特性进行详细介绍；然后讨论异质结的构成原则、能带结构、伏安特性等基本问题。

14.1   pn   结

14.1.1   pn 结的形成与能带

1. pn 结的形成与空间电荷区

  pn 结是半导体器件的主要元件之一，几乎存在于所有半导体器件之中。在一块 n 型（或 p 型）半导体单晶上，通过外延、扩散、离子注入、直接键合等工艺方法将 p 型（或 n 型）杂质掺入，使材料不同区域分别具有 n 型和 p 型的导电特性，两者之间的交界或界面称为 pn 结。pn 结杂质分布是讨论 pn 结性质的基础。由于采用不同的工艺将导致 pn 结杂质分布各不相同，为了讨论方便，将 pn 结两侧的杂质分布归纳为突变结和线性缓变结两种，如图 14-1 所示。通过合金法、离子注入法、外延法和直接键合法制备的 pn 结以及高表面浓度的浅扩散结可归于突变结；低表面浓度的深扩散结为线性缓变结。图中 x_j 为结深，表示 pn 界面到表面的距离；N_A 和 N_D 分别代表掺杂受主浓度和掺杂施主浓度。

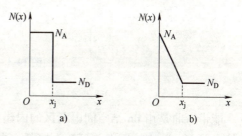

图 14-1   pn 结的杂质分布
a）突变结   b）线性缓变结

  下面单独分析 n 型和 p 型半导体单晶，并讨论 pn 结的形成。在 n 型半导体中，电子很多而空穴很少；在 p 型半导体中，空穴很多而电子很少。单独的 n 型半导体依靠电离施主与少量空穴严格平衡了电子的负电荷；同样，单独的 p 型半导体依靠电离受主与少量电子平衡空穴的正电荷。因此，单独的 n 型和 p 型半导体均保持电中性。当这两块半导体紧密结合形成 pn 结时，载流子的浓度梯度导致空穴从 p 区扩散到 n 区，电子从 n 区扩散到 p 区。在 p 区一侧，空穴离开后留下了不可移动且带负电荷的电离受主，形成一个负电荷空间。同样，在 n 区一侧电子离开后留下了带正电荷的电离施主，从而构成了一个正电荷空间。这些电离施主和电离受主被称为空间电荷，它们在 pn 结两侧形成的所在区域被称为空间电荷区（图 14-2）。

空间电荷区中形成从 n 区指向 p 区（正电荷指向负电荷）的电场，称为内建（Built-in）电场。内建电场会引起载流子的漂移运动，其方向与载流子的扩散运动方向相反，阻碍载流子的继续扩散。随着扩散运动的进行，空间电荷区域逐渐扩展，内建电场也会相应增强。在没有外加电压的情况下，载

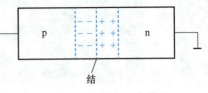

图 14-2　pn 结的空间电荷区

流子的扩散和漂移运动最终达到动态平衡，即扩散电流和漂移电流的大小相等、方向相反，彼此抵消。因此，流过 pn 结的净电流为零。此时，空间电荷的数量保持不变，空间电荷区不再扩展且保持稳定的宽度和内建电场强度。这种情况称为 pn 结的热平衡状态，处于该状态下的 pn 结称为平衡 pn 结。

2. pn 结的能带

平衡 pn 结中，可以用能带图来描述其情况。图 14-3a 展示了 n 型和 p 型半导体的能带，E_{Fn} 和 E_{Fp} 分别代表它们的费米能级。当这两块半导体结合形成 pn 结时，由于体系在热平衡状态下应具有统一的费米能级，电子会从费米能级较高的 n 区流向费米能级较低的 p 区，而空穴则相反。因此，E_{Fn} 会不断下移，而 E_{Fp} 会不断上移，直到 $E_{Fn} = E_{Fp}$ 时达到平衡。随着费米能级的移动，n 区和 p 区的能带同步平移，使空间电荷区内的能带弯曲，且空间电荷区内费米能级与导带底和价带顶的距离处处相等，如图 14-3b 所示。需要特别注意一点，能带图中空间电荷区的价带顶和导带底是曲线而非直线。

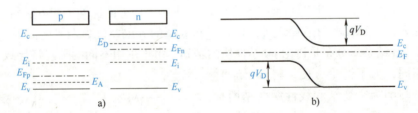

图 14-3　pn 结的能带图
a）p、n 型半导体的能带　b）平衡时，pn 结的能带

能带弯曲是由 pn 结空间电荷区的内建电场引起的。随着内建电场逐渐增强，空间电荷区的电势 $V(x)$ 由 n 区向 p 区逐渐降低，电子的电势能 $V(x)$ 由 n 区向 p 区升高，导致 p 区的能带相对于 n 区上移。当费米能级处处相等时，pn 结达到平衡状态。由于能带弯曲，空间电荷区成为阻挡电子由 n 区向 p 区、空穴由 p 区向 n 区继续转移的势垒区。在室温条件下，势垒区的载流子浓度远小于 n 区和 p 区的大多数载流子浓度，好像已经耗尽。因此，通常将势垒区称为耗尽层，即认为其中的载流子浓度可以忽略不计，空间电荷密度等于近似电离杂质的浓度。

下面简要讨论热平衡状态下 pn 结中费米能级处处相等。由于空间电荷区厚度不再改变，因此电子电流和空穴电流应各自为零。电流包含扩散电流和电场作用下的漂移电流，由此写出下面的方程（只考虑电子电流）：

$$J_n = nq\mu_n \mathscr{E} + qD_n \frac{\mathrm{d}n}{\mathrm{d}x} = 0 \tag{14-1}$$

将电子浓度 $n = N_c \exp\left(\dfrac{E_F - E_c + qV(x)}{k_B T}\right)$，电场强度 $\mathscr{E} = -\dfrac{\mathrm{d}V(x)}{\mathrm{d}x}$ 代入式（14-1）并化简得

$$-q\mu_n N_c \exp\left(\frac{E_F - E_c + qV(x)}{k_B T}\right)\frac{\mathrm{d}V(x)}{\mathrm{d}x}$$

$$+qD_n N_c \exp\left(\frac{E_F - E_c + qV(x)}{k_B T}\right)\left[\frac{1}{k_B T}\frac{\mathrm{d}E_F}{\mathrm{d}x} + \frac{q}{k_B T}\frac{\mathrm{d}V(x)}{\mathrm{d}x}\right] = 0 \tag{14-2}$$

将爱因斯坦关系 $D_n = k_B T\mu_n / q$ 代入式（14-2），得

$$qD_n N_c \exp\left(\frac{E_F - E_c + qV(x)}{k_B T}\right)\frac{1}{k_B T}\frac{\mathrm{d}E_F}{\mathrm{d}x} = 0 \tag{14-3}$$

即

$$\frac{\mathrm{d}E_F}{\mathrm{d}x} = 0 \tag{14-4}$$

因此，可证明处于平衡状态的 pn 结费米能级处处相等。

平衡状态下的 pn 结，其空间电荷区两端电势差 V_D 称为 pn 结的接触电势差（内建电势差或内建电压）。对应的电子势能之差，即能带的弯曲量 qV_D，称为 pn 结的势垒高度。由图 14-3b 可知，qV_D 等于两端费米能级之差：

$$qV_D = E_{Fn} - E_{Fp} \tag{14-5}$$

p 区和 n 区中的电子浓度分别记为 n_{p0} 和 n_{n0}，有

$$n_{p0} = N_c \exp\left(\frac{E_F - E_{cp}}{k_B T}\right) \approx \frac{n_i^2}{N_A} \tag{14-6}$$

$$n_{n0} = N_c \exp\left(\frac{E_F - E_{cn}}{k_B T}\right) \approx N_D \tag{14-7}$$

用式（14-6）除以式（14-7），然后取对数可得

$$\ln\frac{n_{n0}}{n_{p0}} = \frac{1}{k_B T}(E_{Fn} - E_{Fp}) \tag{14-8}$$

因此，接触电势差为

$$V_D = \frac{k_B T}{q}\ln\left(\frac{N_A N_D}{n_i^2}\right) \tag{14-9}$$

由此可知，接触电势差 V_D 和 pn 结两侧的掺杂浓度、温度以及材料的禁带宽度有关。在一定温度下，突变结两侧掺杂浓度越高，V_D 越大；禁带越宽，n_i 越小，V_D 越大，因此硅 pn 结的 V_D 比锗 pn 结的 V_D 大。如 pn 结两侧杂质浓度分别为 $N_A = 10^{17}\,\mathrm{cm}^{-3}$、$N_D = 10^{15}\,\mathrm{cm}^{-3}$，可以求得室温下硅、锗、GaAs 的 pn 结 V_D 分别为 0.70V、0.32V、1V。

14.1.2　pn 结的电流-电压特性

在平衡 pn 结中，p 区和 n 区交界处形成一定宽度的势垒区。该区域的载流子浓度较低，因为存在不可移动的空间电荷，产生内建电场。在这种情况下，每一种载流子的扩散电流和

漂移电流相互抵消，pn 结净电流为零。然而，当在 pn 结两端施加偏置电压时，外加电压基本落在载流子浓度低、电阻大的势垒区内，造成势垒区宽度及电场强度的变化，将打破 pn 结内原有的平衡。了解非平衡状态下 pn 结的电压-电流特性对于半导体器件的工作原理和性能至关重要。

1. 正向偏压下的 pn 结

（1）**势垒区的变化与载流子运动** 施加正向偏压 V 时（p 区和 n 区分别接电源正、负极），因为势垒区内的载流子浓度小、电阻大，而势垒区外的 p 区和 n 区中载流子浓度大、电阻小，所以外加正向电压主要降落在势垒区。由此产生的电场方向与内建电场方向相反，会削弱内建电场的强度，从而导致空间电荷减少。因此，正向偏压会减小势垒区宽度，且势垒高度由 qV_D 变为 $q(V_D - V)$，如图 14-4 所示。

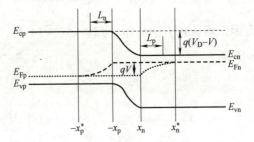

图 14-4　正向偏压下 pn 结的能带图及载流子注入

势垒区电场的减弱会削弱漂移运动，打破载流子扩散和漂移之间原有的平衡，使扩散电流大于漂移电流。因此，在正向偏压条件下，pn 结中出现了净电流，即电子从 n 区向 p 区（空穴从 p 区向 n 区）的净扩散电流。电子从 n 区穿过势垒区扩散至 p 区，成为 p 区的非平衡少数载流子，在边界 $x = -x_p$ 处形成电子的积累，其电子密度比 p 区内部高，导致 p 区势垒区边界（$x = -x_p$）至内部（$-x_p^* < x < -x_p$）存在一从高到低的电子浓度梯度。非平衡少数载流子从 p 区边界向内部扩散，并与空穴复合，经过比扩散长度大若干倍的距离，直至全部被复合掉，这一段区域称为扩散区（$-x_p^* \leftrightarrow x_p$）。同理，在 n 区势垒区边界 x_n 处也存在一个稳定的流向 n 区内部的空穴扩散流（其扩散区域为 $x_n^* \leftrightarrow x_n$）。

在正向偏压条件下，n 区的电子和 p 区的空穴（多数载流子）会进入 p 区和 n 区成为其中的非平衡少数载流子，该过程被称为非平衡载流子的电注入。提高正向偏压可进一步降低势垒，提高非平衡载流子的注入量。假定通过势垒区的电子电流和空穴电流保持不变，通过 pn 结的总电流即为通过扩散区边界 $-x_p^*$ 的电子扩散电流和边界 x_n 的空穴扩散电流之和。

（2）**能带结构** 在正向偏压下，pn 结的 n 区和 p 区都存在非平衡少数载流子的注入。在这些区域内，必须采用电子的准费米能级 E_{Fn} 和空穴的准费米能级 E_{Fp} 来替代平衡状态时的统一费米能级 E_F。由于存在净电流流过 pn 结，费米能级将随着位置发生变化。在空穴扩散区，电子浓度较高，因此电子的准费米能级 E_{Fn} 基本保持不变；然而，由于空穴浓度很低，其准费米能级 E_{Fp} 的变化很大。从 p 区注入 n 区的空穴，在边界 x_n 处浓度很大，随着与电子复合浓度逐渐减小，E_{Fp} 为一条曲线；直到离 x_n 比 L_p 大得多的地方，非平衡空穴被完全复合后，E_{Fp} 和 E_{Fn} 相等。由于扩散区比势垒区更宽，准费米能级的变化主要发生在扩散区。电子扩散区内准费米能级的变化情况类似。如图 14-4 所示，E_{Fp} 在空穴扩散区内呈曲线上升，直到注入空穴为零处 E_{Fp} 与 E_{Fn} 相等；E_{Fn} 在电子扩散区呈曲线下降，直到注入电子为零处 E_{Fn} 与 E_{Fp} 相等。在正向偏压下，势垒下降为 $q(V_D - V)$，n 区电子准费米能级 E_{Fn} 与 p 区空穴准费米能级 E_{Fp} 之差等于 qV，即 $E_{Fn} - E_{Fp} = qV$。

2. 反向偏压下的 pn 结

（1）势垒区的变化与载流子运动　如图 14-5 所示，当 pn 结施加反向偏压$-V$时，反向偏压在势垒区产生的电场方向与内建电场方向相同，势垒区的电场增强，势垒区变宽，势垒高度增加为$q(V_D+V)$。势垒区电场的增大将增强载流子的漂移运动，导致漂移电流大于扩散电流。此时势垒区的强电场将空穴从 n 区势垒区边界x_n驱至 p 区，使得边界x_n附近少数载流子浓度下降，形成一个从 n 区内部（$>x_n$）到 n 区势垒区边界x_n的少数载流子

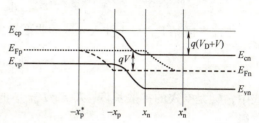

图 14-5　反向偏压下 pn 结的能带与费米能级

浓度梯度，即形成了反向偏压下的空穴扩散电流。同样，在 p 区一侧也会形成电子扩散电流。这种状态就像将少数载流子不断从 p 区和 n 区中抽取出来，被称为少数载流子的抽取或吸出。pn 结的总反向电流等于通过扩散区边界x_n和x_p的少数载流子扩散电流之和。由于少数载流子浓度低，扩散长度基本不变化，所以反向偏压时少数载流子的浓度梯度较小；增大反向电压，边界处的少数载流子可以认为是零。这时少数载流子的浓度梯度不再随电压变化，扩散电流也不随电压变化。因此，反向偏压下 pn 结的电流较小并且趋于稳定。

（2）能带结构　在施加反向偏压条件下，在 pn 结电子扩散区、势垒区、空穴扩散区中，准费米能级的变化规律与正向偏压时相似，主要不同是E_{Fn}和E_{Fp}的相对位置发生了变化。正向偏压时，E_{Fn}高于E_{Fp}；反向偏压时，E_{Fp}高于E_{Fn}，如图 14-5 所示。

3. 理想 pn 结的电流-电压特性

满足以下假设条件的 pn 结称为理想 pn 结模型：

1）外加电压和接触电势差都落在耗尽层，层外的半导体保持电中性（突变耗尽层条件）。

2）注入的少数载流子浓度远小于平衡状态下的多数载流子浓度（小注入条件）。

3）不考虑耗尽层中载流子的产生与复合，认为通过耗尽层的电子和空穴电流为常量。

4）在耗尽层边界的载流子分布满足玻耳兹曼统计分布（玻耳兹曼边界条件）。

以理想 pn 结模型为基础讨论其电流-电压特性时，首先需要确定少数载流子浓度的边界条件。然后，结合这些边界条件求解少数载流子的扩散方程，以得到中性区内的非平衡少数载流子浓度分布。接着，将求解得到的少数载流子浓度分布代入略去漂移电流的少数载流子电流密度方程，即可得到少数载流子的扩散电流密度J_p与J_n。最后，将这两种载流子的扩散电流密度相加，即可得到理想 pn 结模型的电压-电流表达式。

因注入 p 区边界$-x_p$处的非平衡少数载流子浓度为

$$\Delta n_p(-x_p)=n_p(-x_p)-n_{p0}=n_{p0}\left[\exp\left(\frac{qV}{k_BT}\right)-1\right] \tag{14-10}$$

和注入 n 区边界x_n处的非平衡少数载流子浓度为

$$\Delta p_n(x_n)=p_n(x_n)-p_{n0}=p_{n0}\left[\exp\left(\frac{qV}{k_BT}\right)-1\right] \tag{14-11}$$

由式（14-10）和式（14-11）可知，注入边界处$-x_p$和x_n的非平衡少数载流子是外加电压的函数。这就是解连续性方程的边界条件。

稳定态时，空穴扩散区中非平衡少数载流子的连续性方程（5-46）为

$$D_{\mathrm{p}}\frac{\mathrm{d}^2\Delta p_{\mathrm{n}}}{\mathrm{d}x^2}-\mu_{\mathrm{p}}\mathscr{E}_x\frac{\mathrm{d}\Delta p_{\mathrm{n}}}{\mathrm{d}x}-\mu_{\mathrm{p}}p_{\mathrm{n}}\frac{\mathrm{d}\mathscr{E}_x}{\mathrm{d}x}-\frac{p_{\mathrm{n}}-p_{\mathrm{n}0}}{\tau_{\mathrm{p}}}=0 \tag{14-12}$$

小注入情况下，对于注入 n 区的非平衡少数载流子可以求得

$$p_{\mathrm{n}}(x)-p_{\mathrm{n}0}=p_{\mathrm{n}0}\left[\exp\left(\frac{qV}{k_{\mathrm{B}}T}\right)-1\right]\exp\left(\frac{x_{\mathrm{n}}-x}{L_{\mathrm{p}}}\right) \tag{14-13}$$

式中，L_{p} 是空穴的扩散长度，$L_{\mathrm{p}}=\sqrt{D_{\mathrm{p}}\tau_{\mathrm{p}}}$。同理，对于注入 p 区的非平衡少数载流子可以求得

$$n_{\mathrm{p}}(x)-n_{\mathrm{p}0}=n_{\mathrm{p}0}\left[\exp\left(\frac{qV}{k_{\mathrm{B}}T}\right)-1\right]\exp\left(\frac{x_{\mathrm{p}}+x}{L_{\mathrm{n}}}\right) \tag{14-14}$$

式中，L_{n} 是空穴的扩散长度，$L_{\mathrm{n}}=\sqrt{D_{\mathrm{n}}\tau_{\mathrm{n}}}$。式（14-13）和式（14-14）描述了在施加外加电压的情况下，pn 结扩散区中非平衡少数载流子的分布。当固定外加正向偏压 V 时，势垒区边界（$x=x_{\mathrm{n}}$ 和 $x=-x_{\mathrm{p}}$）的非平衡少数载流子浓度保持不变，形成了稳定的边界浓度，这种情况下的扩散区呈现一维扩散的特性，非平衡少数载流子在扩散区内呈指数衰减分布。图 14-6a 展示了在外加偏压下，式（14-13）和式（14-14）的曲线。

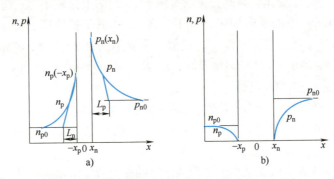

图 14-6 非平衡少数载流子的分布

a）正向偏压下 b）反向偏压下

小注入条件下，扩散区中不存在电场，在 $x=x_{\mathrm{n}}$ 处，空穴扩散电流密度为

$$J_{\mathrm{p}}(x_{\mathrm{n}})=-qD_{\mathrm{p}}\frac{\mathrm{d}p_{\mathrm{n}}(x)}{\mathrm{d}x}\bigg|_{x=x_{\mathrm{n}}}=\frac{qD_{\mathrm{p}}p_{\mathrm{n}0}}{L_{\mathrm{p}}}\left[\exp\left(\frac{qV}{k_{\mathrm{B}}T}\right)-1\right] \tag{14-15}$$

在 $x=-x_{\mathrm{p}}$ 处，电子扩散电流密度为

$$J_{\mathrm{n}}(-x_{\mathrm{p}})=-qD_{\mathrm{n}}\frac{\mathrm{d}n_{\mathrm{n}}(x)}{\mathrm{d}x}\bigg|_{x=-x_{\mathrm{p}}}=\frac{qD_{\mathrm{n}}n_{\mathrm{p}0}}{L_{\mathrm{n}}}\left[\exp\left(\frac{qV}{k_{\mathrm{B}}T}\right)-1\right] \tag{14-16}$$

又因通过界面 $-x_{\mathrm{p}}$ 的空穴电流密度 $J_{\mathrm{n}}(-x_{\mathrm{p}})$ 等于通过界面 x_{n} 的空穴电流密度 $J_{\mathrm{p}}(x_{\mathrm{n}})$，因此，通过 pn 结的总电流密度为

$$J=J_{\mathrm{n}}(-x_{\mathrm{p}})+J_{\mathrm{p}}(x_{\mathrm{n}}) \tag{14-17}$$

将式（14-15）和式（14-16）代入式（14-17），求得

$$J=\left(\frac{qD_{\mathrm{n}}n_{\mathrm{p}0}}{L_{\mathrm{n}}}+\frac{qD_{\mathrm{p}}p_{\mathrm{n}0}}{L_{\mathrm{p}}}\right)\left[\exp\left(\frac{qV}{k_{\mathrm{B}}T}\right)-1\right] \tag{14-18}$$

令 $J_s = \left(\dfrac{qD_n n_{p0}}{L_n} + \dfrac{qD_p p_{n0}}{L_p} \right)$，式（14-18）可改写为

$$J = J_s \left[\exp\left(\frac{qV}{k_B T} \right) - 1 \right] \qquad (14\text{-}19)$$

这就是理想 pn 结模型的电压-电流表达式，又称为肖克莱（W. B. Shockley）方程式。该方程式虽然是在外加正向偏压条件下推导出来的，但同样适用于反向偏置状态。在外加反向偏压条件下，$V<0$，若 $q\,|V|\gg k_B T$，$\exp\left(\dfrac{qV}{k_B T} \right) \to 0$，在 $x = x_n$ 处，$p(x) \to 0$；在 $x > L_p$ 处，$p_n(x) \to p_{n0}$。式（14-19）中的指数项远小于 1，则 pn 结反向电流密度 $J = -J_s$，其大小为常量 J_s，方向与正向状态时相反。从肖克莱方程式可以看出，pn 结具有以下特点。

1）**单向导电性**：由式（14-19）作 J-V 关系图，如图 14-7 所示。曲线在正向偏压和反向偏压下不对称，说明 pn 结具有单向导电性或整流效应。

2）**温度依赖性**：由于 J_s 随温度升高而迅速增大，并且 E_g 越大的半导体，J_s 变化越快，因此正向电流密度随温度上升而增加。

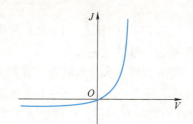

图 14-7　理想 pn 结的电压-电流曲线

4. 实际 pn 结的电流-电压特性

Si 和 GaAs 等材料的 pn 结电流-电压特性与理想电流-电压方程式偏离较大。图 14-8 呈现了 Si pn 结的电流-电压特性。实际 pn 结的反向电流远大于理论值，而且反向电流随反向偏压的增加而小幅增加，主要原因是在理想状态下未考虑势垒区中载流子的产生及其对反向电流的贡献。在正向偏压条件下，理论与实验结果仅在电流中等大小的 b 段相互吻合；在电流较小的 a 段，实验测量值明显高于理论计算值；在电流较大的 c 段，J-V 函数关系为 $J \propto \exp\left[qV/(2k_B T) \right]$；当电流进一步增大时，$J$-$V$ 关系逐渐由指数关系演变为线性关系，如曲线 d 段所示。与 Si 的 pn 结的情况类似，GaAs 的 pn 结也存在理论与实验结果的偏差。造成正向特性理论与实验结果间偏差的主要原因：①理想方程忽略了空间电荷区载流子产生与复合对电流的贡献；②理想方程的推导仅仅考虑小注入状态，未考虑大注入条件；③理想方程认为 pn 结空间电荷区以外的区域不分担外加电压，而实际上这些区域电阻不为零，尤其在大电流注入下的压降不能忽视；④理想方程没有考虑界面态和表面电场（表面效应）对 pn 结特性的影响。本部分仅对大注入条件做简要分析，其他因素留待专业课程学习讨论。

在正向电压下，pn 结势垒区两侧均存在非平衡少数载流子注入。以 n 区为例，当有 Δp_n 注入时，因静电感应作用，在 n 区会出现等量的 Δn_n 使得该区仍保持大体上的电中性。n 区少数载流子 $p_n = p_{n0} + \Delta p_n$，多数载流子 $n_n = n_{n0} + \Delta n_n$，且 $\Delta n_n = \Delta p_n$。当注入某区边界附近的非平衡少数载流子浓度远大于该区的平衡多数载流子浓度时，pn 结

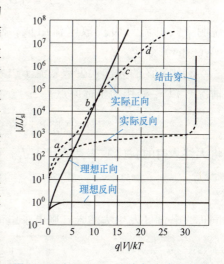

图 14-8　实际 Si pn 结的电流-电压特性

进入大注入状态。在 n 区中，x_n 附近有 $\Delta p_n \gg n_{n0}$（或在 p 区中 $-x_p$ 附近有 $\Delta n_p \gg p_{p0}$），即有 $p_n = p_{n0} + \Delta p_n \approx \Delta p_n$，$n_n = n_{n0} + \Delta n_n \approx \Delta p_n$，可知 $p_n = n_n$ 或 $n_n p_n = p_n^2$。已知在有外加电压时，耗尽区中（包括耗尽区边界处）的载流子浓度积为

$$n_n p_n = n_i^2 \exp\left(\frac{E_{Fn} - E_{Fp}}{kT}\right) = n_i^2 \exp\left(\frac{qV}{k_B T}\right) = p_n^2 \tag{14-20}$$

于是可得当 n 区发生大注入时，在 x_n 处

$$p_n(x_n) = n_i \exp\left(\frac{qV}{2k_B T}\right) \tag{14-21}$$

同理，当 p 区发生大注入时，在 x_p 处

$$n_p(-x_p) = n_i \exp\left(\frac{qV}{2k_B T}\right) \tag{14-22}$$

式（14-21）和式（14-22）即为大注入下的结定律，也被认为是大注入下非平衡载流子浓度的边界条件之一。

当 n 区进入大注入状态，在耗尽区边缘的 n 区有 $n_n = p_n$，又因电子无法像空穴那样从 p 区获取补充，因此电子的浓度梯度略小于空穴的浓度梯度。此时，电荷空间分离形成的电场 $\mathscr{E}$ 使空穴向右漂移，从而增强了原有的扩散运动，同时使电子向左漂移削弱了原有的扩散运动。基于多数载流子 $J_n = 0$ 这一条件，可求解大注入状态下的内建电场 $\mathscr{E}$

$$J_n = qD_n \frac{dn_n}{dx} + q\mu_n n_n \mathscr{E} = 0 \tag{14-23}$$

$$\mathscr{E} = -\frac{D_n}{\mu_n} \cdot \frac{1}{n_n} \cdot \frac{dn_n}{dx} = -\frac{D_p}{\mu_p} \cdot \frac{1}{p_n} \cdot \frac{dp_n}{dx} \tag{14-24}$$

将大注入内建电场代入空穴电流密度方程，得

$$J_p = -qD_p \frac{dp_n}{dx} + q\mu_p p_n \mathscr{E} = -q(2D_p)\frac{dp_n}{dx} \tag{14-25}$$

说明空穴电流只由扩散电流组成，然而扩散系数增大了一倍。该现象被称为韦伯斯特（Webster）效应。

利用 n 区的大注入少数载流子边界条件求解扩散方程，可计算 n 区内的少数载流子分布情况（以 x_n 处作为坐标原点）

$$p_n(x) = p_n(0) \exp\left(-\frac{x}{L_p}\right) = n_i \exp\left(\frac{qV}{2k_B T}\right) \exp\left(-\frac{x}{L_p}\right) \tag{14-26}$$

将大注入时的 $p_n(x)$ 表达式代入 J_p，得

$$J_p = \frac{\sqrt{2}\, qD_p n_i}{L_p} \exp\left(\frac{qV}{2k_B T}\right) \tag{14-27}$$

同理，若 p 区发生大注入，则电子电流密度为

$$J_n = \frac{\sqrt{2}\, qD_n n_i}{L_n} \exp\left(\frac{qV}{2k_B T}\right) \tag{14-28}$$

由此可见，当发生大注入时，pn 结的电流、电压关系遵循

$$I \propto \exp\left(\frac{qV}{2k_B T}\right) \tag{14-29}$$

此时，pn 结的电流-电压特性曲线的斜率从小注入时的 $q/k_B T$ 演变为大注入时的 $(q/2k_B T)$，对应于图 14-8 中曲线的 c 段。

14.1.3　pn 结的电容

pn 结除了有整流效应，也有电容特性。电容定义：$C = dQ/dU$，即电压变化将引起电荷变化，从而反映出电容效应。pn 结电容包括势垒电容和扩散电容两部分，分别说明如下。

1. 势垒电容

势垒电容由 pn 结耗尽层中的空间电荷引起，即耗尽层中的电荷量随外加电压的变化而变化，又称为耗尽层电容，通常用 C_T 表示。简单来说，施加正向偏压到 pn 结时，随着偏压增加，势垒区的电场减弱，宽度变窄，空间电荷的数量相应减少。这是因为势垒区中的部分电离施主和电离受主被 n 区的电子和 p 区的空穴中和。当减小正向偏压时，势垒区的电场增大且宽度变大，空间电荷的数量增加，部分电子和空穴从势垒区中移出。施加反向偏压的情况分析过程类似。总之，外加到 pn 结上的电压变化使得势垒区内的电子和空穴进出，从而导致势垒区的空间电荷数量随外加电压变化，这一过程类似于电容器的充放电过程。

由于 Δx_n 与 Δx_p 远小于势垒区总宽度 x_d，这些变化的电荷可视为集中在势垒区边缘无限薄层中的面电荷。pn 结势垒电容可以简单地表示为 $C_T = A(\varepsilon/x_d)$，其中，ε 为半导体的介电常数。

（1）突变结的势垒电容　单边突变结外加电压下 pn 结势垒区的总电量为

$$Q = A x_n q N_D \tag{14-30}$$

势垒区宽度

$$x_n = \left[\frac{2\varepsilon N_A}{q N_D (N_A + N_D)}(V_D - V)\right]^{\frac{1}{2}} \tag{14-31}$$

可得

$$Q = A\left(\frac{2\varepsilon q N_A N_D}{N_A + N_D}\right)^{\frac{1}{2}}(V_D - V)^{\frac{1}{2}} \tag{14-32}$$

根据电容定义

$$C_T = \left|\frac{dQ}{dV}\right| = A\left[\frac{\varepsilon q N_A N_D}{2(V_D - V)(N_A + N_D)}\right]^{\frac{1}{2}} \tag{14-33}$$

对于 p+n 单边突变结，$\dfrac{N_A N_D}{N_A + N_D} \approx N_D$，$x_d \approx x_n$

$$C_T = A\frac{\varepsilon}{x_n} = A\left[\frac{\varepsilon q N_D}{2(V_D - V)}\right]^{\frac{1}{2}} \tag{14-34}$$

对于 pn+ 单边突变结，$\dfrac{N_A N_D}{N_A + N_D} \approx N_A$，$x_d \approx x_p$

$$C_T = A\frac{\varepsilon}{x_p} = A\left[\frac{\varepsilon q N_A}{2(V_D - V)}\right]^{\frac{1}{2}} \tag{14-35}$$

势垒电容也是取决于低掺杂一侧的杂质浓度。

外加较大反向电压时，可将 V_D 略去，这时

$$C_T = A \left[\frac{\varepsilon q N_A N_D}{2|V|(N_A + N_D)} \right]^{\frac{1}{2}} \propto |V|^{-\frac{1}{2}} \tag{14-36}$$

（2）线性缓变结的势垒电容　势垒区宽度

$$x_d = \left[\frac{12\varepsilon (V_D - V)}{aq} \right]^{\frac{1}{3}} \tag{14-37}$$

式中，a 为杂质浓度梯度。此时，势垒电容

$$C_T = A \frac{\varepsilon}{x_d} = A \left[\frac{aq\varepsilon^2}{12(V_D - V)} \right]^{\frac{1}{3}} \tag{14-38}$$

外加较大反向电压时，势垒电容

$$C_T = A \left(\frac{aq\varepsilon^2}{12|V|} \right)^{\frac{1}{3}} \propto |V|^{-\frac{1}{3}} \tag{14-39}$$

2. 扩散电容

在正向偏压下，空穴（电子）注入 n（p）区，在势垒边界处，形成非平衡空穴和电子的积累。随着外加电压的增加，n 区扩散区内的非平衡空穴数量增加，与之保持电中性的电子数量也同步增加；p 区扩散区内的非平衡电子和与之保持电中性的空穴数量也相应增加。这种因正向偏压的增大或减小导致势垒区边界处积累电荷数量的变化而产生的电容称为扩散电容，一般用 C_D 表示。

首先采用式（14-13）和式（14-14）定义的 $\Delta p(x)$ 和 $\Delta n(x)$ 来计算单位面积扩散区内所积累的总电荷量：

$$Q_p = \int_{x_n}^{\infty} \Delta p(x) q \, dx = q L_p p_{n0} \left[\exp\left(\frac{qV}{k_B T} \right) - 1 \right] \tag{14-40}$$

$$Q_n = \int_{-\infty}^{-x_n} \Delta n(x) q \, dx = q L_n n_{p0} \left[\exp\left(\frac{qV}{k_B T} \right) - 1 \right] \tag{14-41}$$

设 pn 结面积为 A，则正向偏压时扩散电容为

$$C_D = A \left(\frac{dQ_p}{dV} + \frac{dQ_n}{dV} \right) = \left[Aq^2 \frac{(L_n n_{p0} + L_p p_{n0})}{k_B T} \right] \exp\left(\frac{qV}{k_B T} \right) \tag{14-42}$$

上述公式适用于低频情况。随着频率的提高，扩散电容随之减小。

pn 结上的总电容是势垒电容与扩散电容之和。一般来说，pn 结处在正向偏压时，扩散电容起主要作用；施加反向偏压时，势垒电容起主要作用。

14.1.4　pn 结的击穿

pn 结的击穿是指施加在 pn 结的反向偏压增大到某一数值时，出现反向电流突然急剧增大的现象。如图 14-9 所示，发生击穿时的反向偏压称为 pn 结的击穿电压 V_{BR}。pn 结的击穿又可分为雪崩击穿、齐纳击穿和热电击穿。这些击穿都发生在电场最大的界面周围。

1. 雪崩击穿

当二极管处于反向偏置状态时，pn 结区域会形成很强的电场。如图 14-10 所示，与 3.4

节讨论的碰撞电离类似，势垒区内的电子和空穴在强电场作用下，获得高动能。它们与晶格原子碰撞时，能将价带上的电子击出，形成导电电子，并同时产生一个空穴。这些高能电子和空穴激发了导带中的电子，形成了电子-空穴对。雪崩过程和均匀半导体在强场中类似，不同的是，pn 结发生雪崩的区域主要在耗尽层。pn 结的耗尽层可以被多种因素调控。影响 pn 结雪崩击穿的因素包括材料掺杂浓度、结构和尺寸、材料的性质以及温度等。例如，材料掺杂浓度低，载流子的平均自由路径越长，需要足够高的外加电压才能使载流子获得足够高的能量以引发雪崩击穿；pn 结的宽度越宽，引发雪崩击穿所需的电压也就越大；材料的带隙宽度和电子运动特性直接影响雪崩击穿电压，Si 和 GaAs 等材料在相同条件下的雪崩击穿电压不同；温度升高会导致雪崩击穿电压增大，这是因为升高温度会加强载流子热运动，同时增加晶格散射，从而降低其平均自由路径，使得需要更大的电压才能击穿。

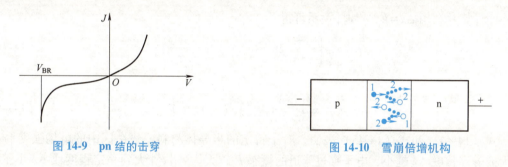

图 14-9　pn 结的击穿　　　　　　　　图 14-10　雪崩倍增机构

2. 齐纳击穿

齐纳（Zener）击穿是 pn 结在高掺杂浓度和窄耗尽区条件下发生击穿的一种方式，以其发现者齐纳的名字命名。虽然其表现形式与雪崩效应类似，但它是由一种典型的量子现象，即隧道效应引起，又称为隧道击穿。pn 结在反向偏置条件下，势垒区的电场增强，能带发生倾斜，并且这种倾斜程度会随着反向偏压的增大而增大。如图 14-11 所示，有时甚至会使 n 区的导带顶比 p 区的价带底还低，空间电荷区变得非常薄，内建电场 $\mathscr{E}$ 给 p 区的价带电子带来额外势能 $q\mathscr{E}x$。当内建电场增加到一定值时，价带中的某些电子获得的额外势能 $q\mathscr{E}x$ 可能大于禁带宽度 E_{g}。若 p 区价带中的 A 点和 n 区导带中的 B 点能量相等，电子可以从 A 点过渡到 B 点。但这种情况一般不会发生，这是因为 A 和 B 之间存在距离为 Δx 的禁带。根据量子力学的电子隧穿原理，若 Δx 小于电子的平均自由程（室温下约为 10nm），A 点的电子可通过隧道效应穿过禁带到达 B 点，这就是重掺杂 pn 结的隧道击穿现象。随着反向偏压的增加，势垒区的电场增强，使能带更加倾斜，Δx 缩短。当反向偏压达到一定数值时，价带中的电子获得的能量足够高，可以克服势垒的高度，从而通过量子隧道效应穿越势垒，进入 n 区导带。

隧穿概率是

$$P = \exp\left\{ -\frac{2}{\hbar}\left(2m_{\mathrm{n}}^{*}\right)^{\frac{1}{2}} \int_{x_1}^{x_2} \left[E(x) - E \right]^{\frac{1}{2}} \mathrm{d}x \right\} \tag{14-43}$$

式中，$E(x)$ 表示点 x 处的势垒高度；E 为电子能量；x_1 与 x_2 为势垒区的边界。

电子隧穿过的势垒可看成为三角形势垒，高为禁带宽度，底边长为隧穿长度，如图 14-12 所示。为了简化对 P 的计算，假设电子能量 E 为零，且势垒区有一恒定电场 $|\mathscr{E}|$，则电子在点 x 处的能量 $E(x) = q|\mathscr{E}|x$。对式（14-43）的积分上、下限分别取 Δx 和 0，故有

$$P = \exp\left\{ -\frac{2}{\hbar}(2m_{\rm n}^{*})^{\frac{1}{2}}\int_{0}^{\Delta x}(q \mid \mathscr{E} \mid)^{\frac{1}{2}}x^{\frac{1}{2}}{\rm d}x \right\}。$$

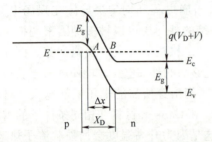

图 14-11　反向偏压下 pn 结的能带图

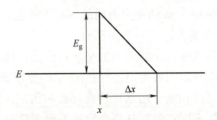

图 14-12　pn 结的三角形势垒

经计算并利用 $\Delta x = E_{\rm g}/q \mid \mathscr{E} \mid$ 关系可得

$$P = \exp\left[-\frac{4}{3\hbar}(2m_{\rm n}^{*})^{\frac{1}{2}}(E_{\rm g})^{\frac{3}{2}}\left(\frac{1}{q \mid \mathscr{E} \mid}\right) \right] \qquad (14\text{-}44)$$

或

$$P = \exp\left[-\frac{4}{3\hbar}(2m_{\rm n}^{*})^{\frac{1}{2}}(E_{\rm g})^{\frac{1}{2}}\Delta x \right] \qquad (14\text{-}45)$$

式（14-44）和式（14-45）表明，对于特定的半导体材料，势垒区中的电场强度 $\mid \mathscr{E} \mid$ 越大或隧穿长度 Δx 越小，电子穿过隧道的概率 P 越大。当 $\mid \mathscr{E} \mid$ 大到一定程度或 Δx 小于特定距离时，p 区价带中大量的电子就会隧穿势垒注入到 n 区导带，使反向电流急剧增大，从而 pn 结发生隧道击穿，此时的外加反向偏压即为隧道击穿电压。

3. 热电击穿

pn 结的热电击穿是指在反向偏压下，当电压达到一定数值时，pn 结会发生突然的电击穿现象。热电击穿主要是由于载流子的热激发和电离效应引起的。当 pn 结处于反向偏置时，电场会导致少数载流子加速，获得更高的能量。在高电场下，载流子与晶格原子碰撞，产生大量的电离和激发。这些电离和激发过程会生成额外的载流子，导致电流迅速增加，从而使 pn 结内部的局部温度升高。当温度升高到一定程度时，晶格中的原子会发生热振荡，使得晶格的热扩散能力下降，从而导致局部温度继续升高，形成正反馈效应。当局部温度升高到足够高的程度时，晶格中的键合会断裂，形成电子-空穴对。这些电子-空穴对会进一步产生电离效应，形成更多的载流子。这会导致电流急剧增加，pn 结发生热电击穿。

考虑反向饱和电流密度 $J = -J_{\rm s}$ 的定义（见式（14-19）），又有 $n_{\rm p0} = n_{\rm i}^{2}/p_{\rm n0} = n_{\rm i}^{2}/N_{\rm A}$，可得 $J_{\rm s} \propto n_{\rm i}^{2} \propto T^{3}\exp[-E_{\rm g}/(k_{\rm B}T)]$。表明了反向饱和电流与电流密度、温度、禁带宽度等的关系。因此，对于窄带隙的半导体如锗 pn 结，由于反向饱和电流密度较大，使得在室温条件下热电击穿成为主导性失效机制。

14.2　异　质　结

14.2.1　异质结基本概念

1960 年，亚德森（R. L. Anderson）首次成功研制了高质量的异质结，并提出系统的理论模型和能带图。1963 年，克勒默（H. Kroemer）和阿尔费罗夫（Z. I. Alferov）各自独立提出了异质结激光器的原理。他们的设想在 1969 年得以实现，异质结激光器终于实现了室温下的连续运转，构成了现代光电子学的基础。克勒默和阿尔费罗夫因发明异质结晶体管等所做出的奠基性贡献，获得了 2000 年的诺贝尔物理学奖。与由同一种半导体材料构成的同质结相比，异质结通常由两种具有不同物理性质的半导体单晶薄层构成。构建异质结时，为了确保界面结构的稳定性并维持晶格的连续性，通常要求两种材料在结合面上具有相近或相似的晶体结构。由于异质结中两种半导体材料的禁带宽度、导电类型、介电常数、折射率和吸收系数等电学和光学参数存在明显的差异，这为器件设计带来了极大的灵活性，使得异质结在许多应用中展现出独特的优势和潜力。因此，异质结技术引起了人们的广泛关注和研究。根据界面的物理厚度，异质结分为突变异质结和缓变异质结。如果界面的物理厚度是几个原子层的量级，则称为突变异质结。如果界面的物理厚度是扩散长度的量级，则称为缓变异质结。

根据两种半导体材料的导电类型是相反还是相同，异质结可为反型异质结和同型异质结。

1）反型异质结指由导电类型相反的两种不同的半导体单晶材料所形成的异质结。例如，由 p 型 Ge 与 n 型 Si 形成的结即为反型异质结，记为 pn-Ge/Si 或 p-Ge/n-Si；若由 n 型 Ge 与 p 型 Si 构成，则记为 np-Ge/Si 或 n-Ge/p-Si；另外常见的反型异质结有 pn-Ge/GaAs、pn-Si/GaAs、pn-Si/ZnS、pn-GaAs/GaP、np-Si/GaP、pn-InGaN/GaN 等。

2）同型异质结指由导电类型相同的两种不同的半导体单晶材料所形成的异质结。例如，nn-Ge/Si、nn-Si/GaAs、nn-GaAs/ZnSe、nn-Si/SiC、pp-Si/GaP、pp-PbS/Ge 等。由于两种材料的禁带宽度相差较大，同型异质结通常也会产生较高的接触电势差，具有类似于同质 pn 结的单向导电性。

在以上所用符号中，一般把禁带宽度较小的半导体材料的化学符号放在前面。本节旨在讨论异质结的基本原理，因此，下面以突变异质结为例来讨论异质结的能带图。

14.2.2　异质结能带图

异质结的形成与两种半导体材料的电子亲和能、禁带宽度、导电类型、掺杂浓度和界面态等多种因素有关，因此不能像同质结那样直接从费米能级推断其能带结构的特征。界面态使异质结的能带结构有一定的不确定性，因此在讨论异质结的能带结构时需考虑界面态的影响。

1. 不考虑界面态时异质结的能带结构

（1）突变反型异质结的能带图　由于异质结由两种不同的材料构成，它们的电子能量需要一个共同的参考能级进行比较，根据亚德森的电子亲和能规则，将体外真空电子能级规定为共同的参考能级 E_0，并且要求在形成异质结时，真空电子能级始终是连续的。图 14-13 是两种材料形成异质结前、后的能带图。其中，ϕ_1 和 ϕ_2 分别表示两种材料中电子从费米能级移到真空电子能级所需的能量，即功函数；χ_1 和 χ_2 表示两种材料中电子从导带底移到真空电子能级所需要的能量，即电子亲和能；E_{g1} 和 E_{g2} 分别表示带隙较小和较大的半导体材料的禁带宽度。

在图 14-13a 中，n 型半导体 E_{F2} 的位置高于 p 型半导体 E_{F1}。当两种材料紧密接触时，和 pn 同质结类似，电子将从 n 型半导体转移到 p 型半导体材料，使得 E_{F2} 能级下降且能带上

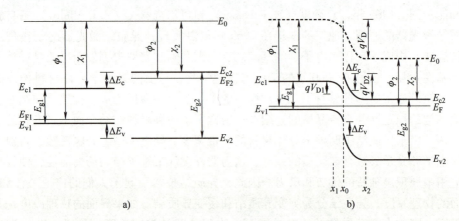

图 14-13 突变 pn 异质结
a）形成异质结前 p 型和 n 型半导体的能带 b）形成异质结后的平衡能带

翘，E_{F1} 能级升高且能带向下弯曲，直到 p 型半导体和 n 型半导体有统一的费米能级，如图 14-13b 所示。此时，两侧半导体的费米能级相等，并在结平面的两边形成空间电荷区。因不考虑界面态影响，空间电荷区中正、负电荷数相等。正、负空间电荷之间产生的内建电场由 n 型半导体指向 p 型半导体。在电场作用下，电子在空间电荷区中各点的附加电势能不同，即能带会弯曲，其总弯曲量仍等于二者费米能级之差。这些特征均与 pn 同质结相同。不同之处主要有两点：①由于两种材料的介电常数不同，内建电场在交界面处会不连续；②由于两种材料的禁带宽度不同，能带的弯曲会呈现新的特征。对于图 14-13 所示的突变 pn 异质结，其能带匹配是窄禁带材料的禁带包含于宽禁带材料的禁带之中，带隙的差别使得能带结构呈现与 pn 同质结不同的特点：

1）能带发生了弯曲。在界面处，n 型宽禁带半导体的导带底和价带向上弯曲，导带底翘起一个"尖峰"，成为这一侧的电子势垒 qV_{D2}，对应区域由电离施主构成的空间电荷区（电子耗尽区）；同时，p 型窄禁带半导体的导带底和价带顶向下弯曲，导带底向下形成一个"凹口"，成为这一侧的空穴势垒 qV_{D1}，对应的区域由电离受主构成的空间电荷区（空穴耗尽区）。界面处的"凹口"和"尖峰"起到在窄禁带 p 型层表面累积电子同时阻止电子向宽禁带 n 型层扩散的作用，这就是 pn 异质结的载流子限制作用。

真空电子能级的弯曲度 qV_D 等于两种材料功函数之差，即

$$qV_D = \phi_1 - \phi_2 \tag{14-46}$$

式中，V_D 是异质结的内建电势差，又称接触电势差或扩散电势。V_{D1} 和 V_{D2} 分别是界面两侧两种半导体材料中的内建电势差，它们之间的关系为

$$V_D = V_{D1} + V_{D2} \tag{14-47}$$

因为功函数与费米能级有关，因此，内建电势差 V_D 是通过费米能级求解的，即

$$V_D = \frac{E_{F2} - E_{F1}}{q} \tag{14-48}$$

2）能带在界面处不连续、有突变。这个不连续量，简称为带阶，对异质结的性能有重要影响。其中，导带带阶用 ΔE_c 表示，价带带阶用 ΔE_v 表示。它们和电子亲和能之间的关系为

$$\Delta E_c = \chi_1 - \chi_2 \tag{14-49}$$

$$\Delta E_v = (E_{g2} - E_{g1}) - (\chi_1 - \chi_2) \tag{14-50}$$

ΔE_c 与 ΔE_v 之和等于两种材料禁带宽度之差，即

$$\Delta E_c + \Delta E_v = E_{g2} - E_{g1} \tag{14-51}$$

以上关系式普遍适用于所有突变异质结。注意，由于 ΔE_c 和 ΔE_v 的存在，此时真空电子能级 E_0 与弯曲度 qV_D 已经不再代表势垒高度。电子由 n 型层到 p 型层的势垒高度变为 $qV_D - \Delta E_c$，而空穴由 p 型层到 n 型层的势垒高度变为 $qV_D + \Delta E_v$。对由 n 型窄禁带半导体与 p 型宽禁带半导体构成的突变异质结，其能带结构的形成及特征与此相似。不过需要注意的是，np 异质结的能带弯曲所形成的"尖峰"出现在 p 型宽禁带半导体的价带顶。

实际上，由于形成异质结的两种半导体材料的禁带宽度、电子亲和能及功函数等的不同，能带的交界面附近的变化情况会有所不同。基于 Anderson 模型的 pn 异质结能带图可分为四种类型：

1）p 型半导体的电子亲和能和功函数均小于 n 型半导体，即 $\chi_1 < \chi_2$，$\phi_1 < \phi_2$。此时又分为 $\chi_2 > \chi_1 + E_{g1}$ 和 $\chi_2 < \chi_1 + E_{g1}$ 两种情形，比较典型的例子为 pn-PbS/GaAs。

2）$\chi_1 < \chi_2 < \chi_1 + E_{g1}$，$\phi_1 > \phi_2$。如已报道的 pn-Si/CdSe、pn-Si/CdS、pn-GaAs/ZnSe、pn-ZnTe/ZnSe、pn-ZnTe/CdS。

3）$\chi_1 > \chi_2$，$\phi_1 < \phi_2$，$\chi_1 + E_{g1} < \chi_2 + E_{g2}$。大多数 pn 异质结能带图都属于这种情况，如 pn-Ge/Si、pn-Ge/GaAs、pn-Ge/ZnSe、pn-Si/GaAs、pn-Si/ZnS、pn-GaAs/GaP、pn-PbS/Ge、pn-PbS/CdS。

4）$\chi_1 > \chi_2$，$\chi_1 < \chi_2 + E_{g2} < \chi_1 + E_{g1}$，这种情形较少出现，如 pn-GaSbAs/InGaAs。

与上述分析方法类似，np 异质结也可分为四种类型（实际上只需将 pn 异质结能带图上下翻转即可得到 np 异质结能带图），此处不再详述。

（2）突变同型异质结的能带图　图 14-14 是突变 nn 同型异质结的平衡能带图，同样考虑窄禁带半导体的禁带完全包含于宽禁带半导体的禁带之中。因为宽禁带材料比窄禁带材料的费米能级高，所以电子将从前者流向后者，使宽禁带材料靠近界面的能带向上翘，窄禁带材料靠近界面的能带向下弯。其结果是在窄禁带的 n 型半导体一边形成电子的积累层，而另一边形成了耗尽层。由于宽禁带一侧的耗尽层会在界面上形成一个导带尖峰，对窄禁带积累层中的电子有很强的约束作用，因而也将窄禁带一侧的电子积累层称为势阱。这种情况与反型异质结不同：首先，对于反型异质结，界面两边都是耗尽层（即多数载流子的势垒），而在同型异质结中总有一边是积累层（即多数载流子的势阱）；其次，相对比于突变反型异质结，突变同型异质结的内建电势差要小得多。前述计算突变 pn 异质结的带阶公式在突变 nn 异质结中同样适用。

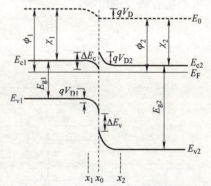

图 14-14　突变 nn 同型异质结的平衡能带图

pp 同型异质结在热平衡状态下的能带图与 nn 同型异质结相似，同样，在一侧形成多数载流子空穴的积累层（势阱），另一侧形成多数载流子的耗尽层（势垒）。实际上，由于形成异

质结的两种半导体材料的禁带宽度、电子亲和能及功函数等的不同，能带的交界面附近的变化情况会有所不同。基于亚德森模型，nn 异质结和 pp 异质结能带图也可参照前述 pn 异质结的情形分为四种类型，此处不再赘述。

2. 受界面态影响的能带图

异质结界面态主要是组分材料之间晶格失配导致的。因为晶格失配必然在界面上产生不饱和悬挂键，从而引入施主和受主能级，因此界面态密度就是界面上的悬挂键密度。低密度的界面态对异质结能带结构的影响较小，基本不会改变其形状。然而，当界面态密度较高时，界面态中的电荷虽不足以改变结两侧能带弯曲的方向，但能改变结一侧空间电荷区的宽度和势垒高度。在高密度界面态条件下，理想状态下，从高费米能级侧转移到低费米能级侧的电子会被界面态截获，能带弯曲主要受界面态的控制，因此界面电荷可以改变能带的弯曲程度和方向。对于金刚石型晶体，当界面态密度高于 $1 \times 10^{13} \, \mathrm{m}^{-2}$ 以上时，即会出现上述情况。

简单来说，如高密度的界面态呈施主型，p 型半导体向它们转移空穴使 p 型层界面附近的能带向下弯；同时，界面态接受空穴（即释放电子）后带上大量正电荷，使与其紧邻的 n 型半导体的能带也向下弯，成为电子的积累层，而不是形成理想 pn 异质结那样的耗尽层。如图 14-15a 所示，对于高密度的施主型界面态，无论是 pn、np 反型异质结还是 pp 同型异质结，结两边的能带都向下弯曲。若高密度的界面态是受主型，n 型半导体就会向它们转移电子，使得 n 型层界面的能带向上弯曲；同时，界面态接受电子后带上大量负电荷，使与其紧邻的 p 型半导体的能带向上翘，成为空穴的积累层，而不是理想 pn 异质结的耗尽层。如图 14-15b 所示，对高密度的受主型界面态，无论是 pn、np 反型异质结还是 nn 同型异质结，结两边的能带都往上翘。如图 14-15 所示，高密度界面态使同型异质结两侧都成为多数载流子势垒，而非理想情况下的一侧势垒一侧势阱；而反型异质结在高密度界面态的作用下，从理想情况下的两边皆为多数载流子势垒变为一边势垒一边势阱。由此可见，界面态对异质结能带结构有重要的影响。

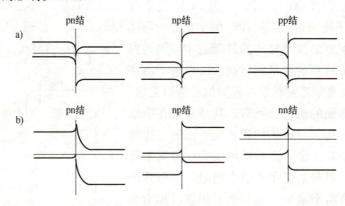

图 14-15　异质结界面的能带弯曲
a）施主型界面态　b）受主型界面态

3. 突变反型异质结的接触电势差及势垒区宽度

以突变 pn 异质结为例讨论。设 p 型和 n 型半导体中的杂质皆为均匀分布，浓度分别为 N_{A1} 和 N_{D2}。如图 14-13b 所示，取 $x = x_0$ 为交界面，$(x_0 - x_1)$ 代表负空间电荷区宽度，$(x_2 - x_0)$ 代表正空间电荷区宽度，空间电荷区内正、负电荷数量应相等，即

$$Q = qN_{A1}(x_0 - x_1) = qN_{D2}(x_2 - x_0) \tag{14-52}$$

式中，Q 代表单位面积空间电荷，由式（14-52）可得

$$\frac{x_0 - x_1}{x_2 - x_0} = \frac{N_{D2}}{N_{A1}} \tag{14-53}$$

异质结两侧的空间电荷区宽度和掺杂浓度成反比，即空间电荷区宽度偏向材料掺杂浓度低的一边。当 $N_{A1} \ll N_{D2}$ 时，$(x_0 - x_1) \gg (x_2 - x_0)$，即空间电荷区基本在 p 型半导体这一侧。当 $N_{A1} \gg N_{D2}$ 时，$(x_2 - x_0) \gg (x_0 - x_1)$，即空间电荷区基本在 n 型半导体这一侧。上述两种情况都被称为单边突变结。

利用边界条件，求解界面两侧的泊松方程，可得界面两侧的内建电势差

$$V_{D1} = \frac{qN_{A1}(x_0 - x_1)^2}{2\varepsilon_1} \tag{14-54}$$

$$V_{D2} = \frac{qN_{D2}(x_2 - x_0)^2}{2\varepsilon_2} \tag{14-55}$$

式中，ε_1 和 ε_2 分别是 p 型半导体和 n 型半导体的介电常数。

由式（14-54）和式（14-55）可得

$$\frac{V_{D1}}{V_{D2}} = \frac{\varepsilon_2 N_{D2}}{\varepsilon_1 N_{A1}} \tag{14-56}$$

式（14-56）说明两侧的内建电势差和掺杂浓度成反比，即势垒高度在材料掺杂浓度低的一侧变化较大。

由式（14-47）和式（14-56）求得

$$V_{D1} = \frac{\varepsilon_2 N_{D2}}{\varepsilon_1 N_{A1} + \varepsilon_2 N_{D2}} V_D \tag{14-57}$$

$$V_{D2} = \frac{\varepsilon_1 N_{A1}}{\varepsilon_1 N_{A1} + \varepsilon_2 N_{D2}} V_D \tag{14-58}$$

将式（14-57）和式（14-58）分别代入式（14-54）和式（14-55），求得

$$x_0 - x_1 = \left[\frac{2\varepsilon_1 \varepsilon_2 N_{D2}}{qN_{A1}(\varepsilon_1 N_{A1} + \varepsilon_2 N_{D2})} V_D \right]^{\frac{1}{2}} \tag{14-59}$$

$$x_2 - x_0 = \left[\frac{2\varepsilon_1 \varepsilon_2 N_{A1}}{qN_{D2}(\varepsilon_1 N_{A1} + \varepsilon_2 N_{D2})} V_D \right]^{\frac{1}{2}} \tag{14-60}$$

以上是在没有外加电压的条件下，突变反型异质结处于热平衡状态时的一些主要公式。当有外加电压时，只要将上述公式中的 V_D、V_{D1}、V_{D2} 分别用 $(V_D - V)$、$(V_{D1} - V_1)$、$(V_{D2} - V_2)$ 代替即可。其中 $V = V_1 + V_2$，V_1 和 V_2 分别是外加电压 V 在界面 p 型半导体和 n 型半导体的势垒区中的电势降。对于突变 np 异质结，势垒的尖峰出现在价带上，将对空穴起限制作用。np 异质结两侧的内建电势差和空间电荷区宽度与掺杂浓度的关系都可用相同的方法分析，只需将突变 pn 异质结公式中的下标 1 和下标 2 对调即可。

4. 突变反型异质结的势垒电容

突变反型异质结的势垒电容求解方法和计算普通 pn 结的势垒电容的方法类似。由微分电容定义 $C = \mathrm{d}Q/\mathrm{d}V$，即可求得单位面积势垒电容和外加电压的关系：

$$C_T = \frac{dQ}{dV} = \left[\frac{\varepsilon_1 \varepsilon_2 q N_{A1} N_{D2}}{2(\varepsilon_1 N_{A1} + \varepsilon_2 N_{D2})(V_D - V)} \right]^{1/2} \tag{14-61}$$

从式（14-61）可以看出，对于突变 pn 异质结，势垒电容 C_T 的二次方值倒数 $1/(C_T)^2$ 与外加电压 V 线性相关。将 $1/(C_T)^2$ 对 V 的关系直线延长到与电压轴相交，即可求得突变反型异质结的接触电势差 V_D。直线斜率为

$$\frac{d(C_T)^{-2}}{dV} = \frac{2(\varepsilon_1 N_{A1} + \varepsilon_2 N_{D2})}{\varepsilon_1 \varepsilon_2 q N_{A1} N_{D2}} \tag{14-62}$$

依据上述公式，即可由已知材料（如衬底）的杂质浓度计算另一种（外延层）的未知杂质浓度。

5. 突变同型异质结的主要公式

突变同型异质结中，空间电荷区同时存在载流子耗尽层和积累层，描述耗尽层的 Shockley 理论不再适用，可以求解泊松方程得

$$V_D = V_{D1} + \frac{\varepsilon_1 N_{D1}}{\varepsilon_2 N_{D2}} \left\{ \frac{k_B T}{q} \left[\exp\left(\frac{q V_D}{k_B T}\right) - 1 \right] - V_{D1} \right\} \tag{14-63}$$

式（14-63）中的接触电势差为超越函数，由于窄禁带半导体靠近界面处是电子积累层，而宽禁带半导体靠近界面处是电子耗尽层，因此有 $x_0 - x_1 \ll x_2 - x_0$，$V_{D1} \ll V_{D2}$。

当 $V_{D1} < \dfrac{k_B T}{q}$ 时，有

$$V_{D1} \approx \frac{k_B T}{q} \frac{\varepsilon_2 N_{D2}}{\varepsilon_1 N_{D1}} \left[\left(1 + \frac{2q\varepsilon_1 N_{D1}}{k_B T \varepsilon_2 N_{D2}} V_D \right)^{\frac{1}{2}} - 1 \right] \tag{14-64}$$

$$V_{D2} = V_D - V_{D1} \tag{14-65}$$

$$x_2 - x_0 = \left(\frac{2\varepsilon_2 V_{D2}}{q N_{D2}} \right)^{\frac{1}{2}} \tag{14-66}$$

当有外加电压时，只要将上述公式中的 V_D、V_{D1}、V_{D2} 分别用 $(V_D - V)$、$(V_{D1} - V_1)$、$(V_{D2} - V_2)$ 代替即可。

对于 nn 异质结，在杂质浓度 $N_{D1} \gg N_{D2}$ 时，计算单位面积结电容公式为

$$C = \left[\frac{q\varepsilon_2 N_{D2}}{2(V_D - V)} \right]^{1/2} \tag{14-67}$$

作 $1/C^2$ 对 V 的直线，将直线延长至与电压轴相交，可得 V_D 值。通过直线的斜率可以求出宽禁带半导体的施主杂质浓度。上面给出的是突变 nn 结的主要公式，只要将公式中的施主杂质浓度 N_D 改为受主杂质浓度 N_A，就能得到适用于 pp 结的公式。

习题与思考题

1. 请推导 pn 结空间电荷区内建电势差公式。

2. 假设一个 Ge 突变结的 p 区掺杂浓度 $N_A = 1 \times 10^{17} \mathrm{cm}^{-3}$、n 区掺杂浓度 $N_D = 5 \times 10^{15} \mathrm{cm}^{-3}$，求室温下该 pn 结的自建电势。

3. 对一个势垒高度为 0.7eV 的热平衡态 pn 结，求其势垒区中势能比 n 区导带底高 0.1eV 处的电子密

度和空穴密度。

4. 试分析小注入时，电子（空穴）在图 14-16 所示五个区域中的运动情况（分析漂移与扩散的方向及相对大小）。

图 14-16　题 4 的图

5. 已知 Si 的 pn 结 $N_A = 5 \times 10^{16}\,\mathrm{cm}^{-3}$、$N_D = 5 \times 10^{15}\,\mathrm{cm}^{-3}$，计算室温零偏压下，该 pn 结的 x_n、x_p、X_D 和 V_D。假设其他条件保持不变，若材料换成 GaAs，则 V_D 变成多少？

6. 设 pn 结的 p 区杂质浓度高但均匀分布，而 n 区杂质浓度的分布可以用函数 $N_D(x) = Bx^m$ 表示，式中，B 和 m 皆为常数。请计算该 pn 结的电场分布、电势分布、接触电势差、势垒区宽度和比势垒电容。

7. 说明 Si 和 Ge 的 pn 结的反向电流为何随温度升高而增大？当温度由 300K 增加到 500K 时，Si 的 pn 结反向电流增加多少倍？

8. 假设隧道长度 $\Delta x = 35\mathrm{nm}$，求室温下 Si、Ge、GaAs 电子的隧道概率。

9. 说明 pn 结击穿电压对材料掺杂浓度和禁带宽度的依赖性，并讨论什么因素影响雪崩击穿和齐纳击穿的击穿电压。

第 15 章

发光二极管

发光二极管（Light-emitting Diode，LED）是一种半导体器件，具有将电能直接转换为光能的特性。自问世以来，LED 凭借其独特的性能和广泛的应用前景，已经涵盖了照明、显示、指示、通信和生物医学等领域，成为现代科技领域中的一颗璀璨明珠。LED 的发展历程可以追溯到 20 世纪初。最初，科学家发现某些半导体器件在通电时会发光，但发光效果非常微弱，且仅限于红外光和红光。直到 20 世纪 60 年代，科学家才成功研制出绿、黄等颜色的 GaN LED 芯片，进一步拓宽了 LED 的应用范围。1993 年，日本科学家中村修二利用蓝宝石基底研制出蓝光 LED，为白光 LED 的研制奠定了基础。随着技术的不断突破，LED 的亮度和发光效率得到了显著提高，使 LED 逐渐成为一种重要的光源，在现代科技领域中占据了重要地位。本章节将简要介绍半导体 LED 的工作原理、结构特点和材料体系、性能参数、发展历程及白光 LED 的实现方法。此外，对近年广受关注基于溶液方法制备的有机发光二极管（Organic Light-emitting Diode，OLED）、量子点发光二极管（Quantum Light-emitting Diode，QLED）和钙钛矿发光二极管（Perovskite Light-emitting Diode，PeLED）做一些简要的介绍。

15.1 发光二极管的工作原理

15.1.1 同质结

LED 通常指由Ⅲ-Ⅴ族化合物（如 GaAs、GaN、GaP 等）半导体材料制成的一类发光半导体器件，其核心部分是 pn 结。因此，它具有一般 pn 结的正向导通和反向截止、击穿特性。在 pn 结处于零偏置，即 pn 结两端不施加电压时，多数载流子扩散形成的扩散电流和少数载流子在内建电场作用下漂移形成的反向电流达到平衡。零偏置条件下 pn 同质结 LED 的能带图如图 15-1 所示。其中，n 区的掺杂浓度高于 p 区。p 区和 n 区的费米能级 E_{Fp} 和 E_{Fn} 相等，这是未加偏置电压时的热平衡条件。pn 同质结器件的耗尽区主要延伸到 p 型半导体中，n 区的 E_c 能级与 p 区的 E_c 存在势垒 qV_D，即有 $\Delta E_c = qV_D$，其中，V_D 表示内建电压。n 区中高浓度的导带（自由）电子从 n 区向 p 区扩散，然而电子势垒 qV_D 阻止电子的净扩散，即扩散电流与漂移电流相互抵消，因而 LED 总体表现为没有电流，不发光。

当 pn 结两端施加正向偏置电压，即 p 端电位高，n 端电位低，正向偏置电压产生的电场方向从 p 到 n，与内建电场方向（从 n 到 p）相反，削弱了内建电场产生的势垒。图 15-2

为施加正向偏置电压时 pn 同质结 LED 的能带图。假定施加正向电压 V，内建电场产生的势垒将降低至 $q(V_D-V)$，使多数载流子扩散电流增加一个因子 $\exp(qV/k_BT)$，式中，q 为电子电荷；V 为施加正向电压；k_B 为玻尔兹曼常数；T 为绝对温度。由于内建电场减小，pn 结两侧的少数载流子的漂移运动减弱，漂移电流小于多数载流子扩散电流产生净电流，引起 n⁺ 区电子向 p 区扩散，p 区空穴向 n⁺ 区扩散，使结两边少数载流子浓度增大，构成注入。注入产生的载流子不稳定，n⁺ 区的电子注入 p 区，成为其中少数载流子，与多数载流子——空穴复合；p 区的空穴注入 n⁺ 区，成为其中少数载流子，与多数载流子——电子复合。注入的少数载流子与多数载流子在有源层（Active Layer）复合产生的部分能量以光能的形式释放出去，表现为 LED 发光。这种少子引起的电子-空穴对复合，并辐射光波的现象叫注入式电致发光。辐射光子向任意方向发射，属于自发辐射。

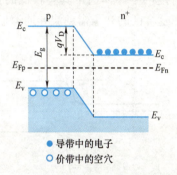

图 15-1　pn 同质结 LED 在无偏置电压下的能带图

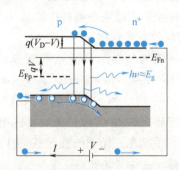

图 15-2　pn 同质结 LED 的能带图

LED 中总的电子和空穴注入电流分别为

$$I_n = I_{n0}\left[\exp\left(\frac{qV}{k_BT}\right)-1\right] \tag{15-1}$$

$$I_p = I_{p0}\left[\exp\left(\frac{qV}{k_BT}\right)-1\right] \tag{15-2}$$

式中，I_{n0} 和 I_{p0} 分别为无偏置电压平衡状态下少数载流子电子与空穴的反向电流。

在 LED 中，电子和空穴复合可分为辐射复合和非辐射复合两类。前者是由于空穴和电子的复合产生的部分能量会以光的形式辐射释放，而后者不伴随光的辐射，主要以热的方式辐射释放能量。对于固体发光器件的研究，主要是要探寻如何增强器件中的辐射复合。因此，研究 LED 芯片原理和应用，就是研究 pn 结在正向导通的条件下，能以高的能量转换效率辐射紫外、可见和红外光（200～1550nm），从而制成实用的发光器件。根据能量量子化原理，光子具有粒子性，发光的波长和频率取决于半导体材料的带隙 E_g。

$$\lambda = 2\pi hc/(E_g) = 1240/E_g \tag{15-3}$$

式中，h 为普朗克常数；c 为光速；λ 为发射波长。

辐射跃迁中，能量复合遵守能量守恒定律，这要求半导体禁带宽度与光子能量相匹配。只有带隙能量高于或等于单个光子的能量时才能提供足够的能量差，产生具有期望波长的光子。

15.1.2 异质结和量子阱

1. 异质结

以 pn 同质结为基础的 LED 存在效率较低等缺点。为了防止复合产生的光子被导电区再吸收，p 区必须十分狭窄以提高光的引出效率。然而，当 p 区足够狭窄时，该区域内的一些注入电子扩散到表面，并在表面的晶体缺陷上复合，会降低光波输出。并且较短的 pn 结使载流子更容易穿过结区，导致注入效率降低。另外，若复合过程发生在一个相对较大的体积或长度内，由于较长的电子扩散距离，发射光子被再吸收的概率随材料体积的增大而增大。

采用化学组分不同且具有不同禁带宽度的半导体材料组成的结构，即异质结构，可显著改善 LED 中的载流子注入并提高内量子效率。目前，大多数 LED 都是异质结构器件。由于半导体材料的折射率取决于它的禁带宽度，而宽禁带宽度的半导体通常具有较低的折射率，因此，构建异质结构在器件中形成一个电介质波导，使复合区的光子借助波导通道输出，以提高 LED 的发光性能。

异质结构包括单异质结与双异质结。单异质结（Single Heterostructure，SH，称为 pn 异质结）LED 能带图如图 15-3 所示，结构中只有一个异质界面连接，在连接处发生能级错列，n 区电子容易注入 p 区，在 p 区发光，光子的能量约等于 p 区禁带宽度，不容易被 n 区半导体吸收。

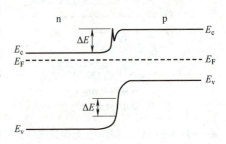

图 15-3 pn 单异质结

采用双异质结（Double Heterostructure，DH）可进一步提高器件辐射光的强度。双异质结 AlGaAs/GaAs/AlGaAs 的 LED 能带结构如图 15-4 所示。该器件在具有不同禁带宽度的半导体晶体之间形成了两个异质结（图 15-4a）。在零偏置电压条件下，整个异质结的费米能级 E_F 是连续的。n^+-AlGaAs 中的导带电子势垒为 qV_D，该势垒阻止了导带电子向 p-GaAs 半导体扩散（图 15-4b）。在正向偏置条件下，电压主要作用在 n^+-AlGaAs 和 p-GaAs 之间（即耗尽区），并且势垒 qV_D 下降，与常规 pn 结二极管类似。因此，n^+-AlGaAs 中导带电子能够注入（扩散）到 p-GaAs 中（图 15-4c）。由于 p-GaAs 与 p-AlGaAs 之间存在势垒 ΔE_c，电子将被限制在 p-GaAs 的导带中。此时，宽带隙 AlGaAs 材料类似于将注入电子限制在 p-GaAs 层中的限制层。在 p-GaAs 层中，注入电子与空穴复合并自发发射出光子。因为 AlGaAs 材料的带隙 E_g 远大于 GaAs 材料的带隙 E_g，辐射光子被再吸收的几率很低，光子容易逸出有源层并到达器件表面输出光波，从而提高发光效率。

无论是单异质结还是双异质结，都要求材料有良好的晶格匹配和热胀系数匹配，否则会在异质结界面产生高缺陷浓度，导致非辐射复合增强，从而降低发光性能。

2. 量子阱

量子阱（Quantum Well，QW）是目前高亮度 LED 最通用的结构，其优点包括：载流子浓度高，自吸收少，复合率高，具有高的辐射效率，可自由调节辐射波长等。量子阱 LED 器件的原理与结构如图 15-5 所示。量子阱是利用带隙较宽（E_{g2}）的半导体材料夹住带隙窄（E_{g1}）且极薄（<50nm）的半导体材料构造而成（图 15-5a）。以 $Al_xGa_{1-x}As$/GaAs 体系为例，超薄的 GaAs（E_{g1}）层被夹在两个 $Al_xGa_{1-x}As$（E_{g2}）层中，这种宽带隙层被称作限制

层。由于 GaAs 和 $Al_xGa_{1-x}As$ 具有相同的晶体结构，晶格常数极为接近，所以两个半导体晶体由晶体表面失配引起的表面缺陷很小，可忽略不计。然而，晶体表面禁带宽度 E_g 发生了变化，导致表面的 E_c 和 E_v 能级不连续，且能级变化量 ΔE_c 和 ΔE_v 取决于半导体材料的特性，如图 15-5b 所示。由于势垒 ΔE，带隙窄且极薄的 $GaAs(E_{g_1})$ 半导体内导带电子被限制在 x 轴方向，限制长度 d 是半导体的宽度，该长度较短，因此可认为电子是 x 轴上的一维势能阱，而在 y—z 平面上的电子是自由的。值得指出的是，量子阱中为离散的态，远离带边能级越密集，且趋向于连续；能量差异导致电子、空穴集中于量子阱中，同时狭窄空间内可积累较大浓度的电子或空穴，利于提高电子、空穴辐射复合效率。图 15-5c 表示体半导体和 QW 半导体的能态分布图。

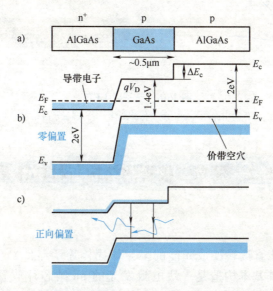

图 15-4　双异质结 AlGaAs/GaAs/AlGaAs 的 LED 能带结构

a）结构示意图　b）开路时的能带图　c）正向偏置下的能带图

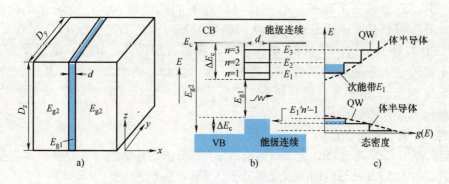

图 15-5　单量子阱结构

a）几何结构　b）沿 x 轴方向电子能量的量子化　c）体半导体和量子阱的能态分布

以上所述为单量子阱异质结 LED。主要问题在于，当施加的外加电流足够大时，量子阱内将充满电荷载流子，然后溢出量子阱。例如，大电流作用下电子充满了量子阱 ΔE_c 区域然后溢出，这样量子阱的优点就会消失，输出的光强不再随电流呈指数趋势增长，其曲线如图 15-6a 所示。多量子阱（MQW）结构可解决这一问题。如图 15-6b 所示，采用周期性的多量子阱结构，大电流条件下注入的电子被分隔在周期性的量子阱中，电子溢出问题即可得到解决，使得辐射光子通量显著提升，从而获得高亮的 LED 器件。图 15-6a 展示了单量子阱（SQW）与多量子阱 LED 的输出光功率随电流变化曲线的对比示意图。目前，高强度紫外光、紫光和蓝光 LED 都使用了多量子阱异质结构。

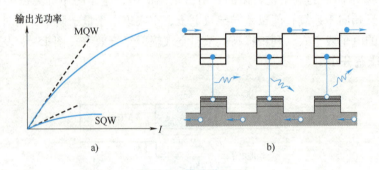

图 15-6 量子阱 LED
a）输出光功率随电流变化的变化 b）多量子阱结构

15.2 发光二极管的结构与材料体系

15.2.1 组件结构

LED 是一种将电能直接转换成光能的半导体固体显示器件，主要由 pn 结芯片、电极和光学系统组成。其基本构造是一块电致发光的 pn 结芯片放置于有引线的支架上，然后用环氧树脂密封固化，形成发光器件。其发光过程包括正向偏压下的载流子注入、复合辐射和光能传输三个部分。当电子经过芯片时，带负电的电子移动到带正电的空穴区域，并与之复合产生光子。电子和空穴之间的能量越大，产生的光子能量越高。不同的半导体材料具有不同的带隙，从而能发射不同颜色的光。图 15-7 呈现了常规的直插式 LED 灯珠的结构，包括正/负极引线、底板、阳极杆、导线、电致发光 pn 结芯片、导电银胶、有发射碗的阴极杆、透明环氧树脂封装透镜等部件。其中，最核心的部件为电致发光 pn 结芯片，因其制备工艺较为复杂，此处仅简要介绍 pn 结芯片中发光部分的结构和芯片器件结构。

1. 芯片中发光部分的结构

下面以商用 GaN 蓝光 LED 为基础讨论其发光部分的器件结构。图 15-8 所示为基于蓝宝石衬底的 GaN 基 LED 外延结构的示意图。该器件结构是参考传统 AlGaAs 和 AlGaInP 器件结构的制造方式，通过逐层外延而形成的。其结构包括低温 GaN 缓冲层、高温 GaN 层、n 型 GaN 层（n-GaN，GaN:Si$^+$）、有源层（InGaN/GaN 多量子阱结构）、电子阻挡层（p 型 AlGaN，AlGaN:Mg$^+$）、p 型 GaN（GaN:Mg$^+$）等。此处简要介绍它们的外延生长过程和作用。

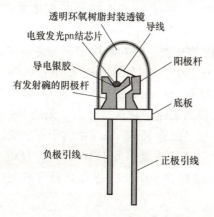

图 15-7　LED 的构造示意图

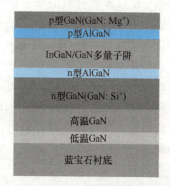

图 15-8　基于蓝宝石衬底的外延结构示意图

1）低温 GaN 缓冲层。在蓝宝石衬底上生长低温 GaN 缓冲层，主要用于缓冲蓝宝石和其上一层高温 GaN 的晶格失配，减少热适配和应力作用，并为上一层高温 GaN 提供成核层。生长温度一般为 550℃，平均厚度为 20nm。早期，田贞史（S. Yoshida）等采用 MBE 技术生长一层厚度为 300nm 的 AlN 作为缓冲层；之后，田野浩等采用 MOCVD 技术在蓝宝石衬底上生长 AlN 缓冲层；再后来，中村修二改良制备技术，利用 MOCVD 技术首先直接生长低温 GaN 缓冲层，然后在缓冲层上高温生长 GaN，可显著提高 GaN 外延层的晶体质量。这样的两步法已成为 GaN 基 LED 外延材料制备的标准工艺。

2）高温 GaN 层。如前所述，采用两步法在缓冲层上生长高温 GaN，高温 GaN 的生长温度一般为 1000~1250℃，生长速率约为 $3\mu m \cdot h^{-1}$，生长厚度约为 $2\mu m$。

3）n 型 GaN 层。当高温 GaN 层生长完成后，适当降低温度，通入 SiH_4，掺杂 Si 获得 n-GaN（GaN:Si+），掺杂浓度控制在 5×10^{18} ~ $10^{19}cm^{-3}$，生长厚度约为 $2.5\mu m$。

4）n 型 AlGaN 层。n-GaN 生长完后，继续外延生长 n-AlGaN 层，厚度为 10~50nm。可促进 n 区电子的均匀扩散，改善注入，又称为电子传输层。

5）有源层。有源层采用多周期的量子阱结构，一般采用 5~15 个周期。在前述外延层的基础上，降低温度生长第一个 InGaN 量子阱，生长温度控制在 700~800℃，厚度控制在 2~4nm。量子阱的生长温度越低，In 含量越高，发光波长越长；生长温度越高，In 含量越低，发光波长越短。其后升高温度生长 GaN 势垒，生长 GaN 势垒的温度不宜过高，否则会造成 InGaN 量子阱中的 In 分凝或脱附。GaN 势垒生长温度控制在 850℃左右，厚度控制在 10~30nm。之后，再降低温度，继续生长第二量子阱，其后重复生长工艺步骤，完成多周期量子阱的生长。有源层的生长是 GaN 基 LED 制备最为关键的步骤，InGaN 量子阱的质量和组分直接决定了 LED 的发光性能。

6）电子阻挡层。在有源层之上继续外延生长 p 型 AlGaN 材料，作为电子阻挡层，厚度为 10~15nm。其主要作用是抬高电子势垒，阻止电子穿过最后的量子阱到达覆盖层，使得电子和空穴在量子阱中复合发光。高质量的 p 型 AlGaN 材料需要较高的温度，然而太高的温度容易破坏 InGaN 量子阱，故需找到适当的平衡温度（一般不超过 1000℃）。此外，温度过高也容易造成 p 型掺杂杂质 Mg 原子扩散到量子阱中破坏量子阱。

7）p 型 GaN 层。继续生长 p 型覆盖层，适当降低温度，增加 Mg 的掺杂浓度，在电子阻挡层上生长 p 型 GaN（p-GaN），厚度控制在 300~400nm。p-GaN 的生长温度非常重要，需要找到平衡点兼顾材料的质量和避免破坏量子阱。

完成上述外延层的生长后，还需进行非常关键的步骤，即 p 型层退火激活。在 p-GaN 材料生长完成后，切断 NH_3 并通入 N_2，调整温度至 750℃，对外延片退火 10~20min。这是因为在 p-GaN 材料生长过程中，Mg 原子很容易同 H 结合形成 Mg-H 络合物，因此，需通过加热或其他手段分解络合物，从而活化 Mg 原子以提高载流子浓度。然而，无论 Mg 的掺杂浓度多高，p-GaN 的空穴载流子浓度都不会很高，这是因为 Mg 在 GaN 中属于深能级，在室温下离化率低，即使掺杂浓度超过 $10^{20} cm^{-3}$，空穴载流子浓度仍低于 $10^{18} cm^{-3}$，使得 p-GaN 电阻较高，影响器件性能。因此，如何获得高空穴浓度的 p-GaN 也是 LED 研究和应用中的一个重要课题。

2. 芯片器件结构

通过外延生长，完成 LED 芯片中的发光部分的制备之后，还需对芯片进行进一步工艺加工（热蒸镀、电子束蒸镀、光刻、刻蚀等），制作透明导电层、电极和钝化层等，从而获得 LED 的发光芯片。从电极结构布局上看，LED 芯片的器件结构可分为水平结构和垂直结构，这是由衬底是否导电决定的。

（1）水平结构 LED　由于使用蓝宝石不导电材料为衬底，因此必须使用水平结构。如图 15-9a 所示，上表面的 p 型层和量子阱被刻蚀，直到露出 n 型层，然后分别在 p 型层和 n 型层上蒸镀电极。水平结构 LED 的缺点在于 n 电极只能蒸镀在 n-GaN 上，使得工艺复杂，也容易造成电流扩散不均匀，而影响性能。

（2）垂直结构 LED　垂直结构如图 15-9b 所示，上下电极的方向与薄膜的方向垂直，上电极通过焊线引出，下电极直接焊接在基板导电线路上。与水平结构相比，垂直结构上的电极不需要刻蚀芯片，设计自由度更高，挡光少，并且电流扩散自上而下更均匀，电流拥挤效应不严重。

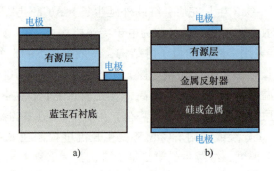

图 15-9　GaN 基 LED 发光芯片的电极结构示意图
a）水平结构　b）垂直结构

15.2.2　材料体系

基于半导体材料的 LED 的发光波长由材料带隙决定，因此，以材料带隙看，常见的 LED 材料体系主要为 Ⅲ-Ⅴ 族合金，包括 GaP/GaAsP 体系、AlGaAs 体系、AlGaInP 体系、AlGaInN/GaN 体系等。各种材料体系对应的发光波段如图 15-10 所示。

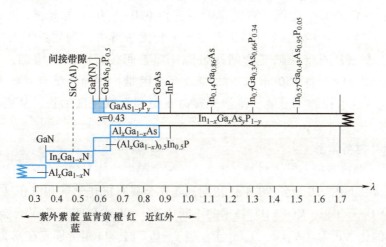

图 15-10　各种材料体系对应的发光波段

1. GaP/GaAsP 材料体系

1962 年，通用电气公司基于 GaAsP 成功研制世界上第一支红光 LED，开创了 LED 商业生产和应用的历史。GaAsP 由直接带隙的 GaAs 和间接带隙 GaP 组成的 Ⅲ-Ⅴ 三元合金，为闪锌矿结构，其化学式可表示为 $GaAs_{1-y}P_y$。该化合物中的 Ⅴ族原子 As 和 P 是随机分布在 GaAs 晶体结构中 As 原子的位置。当 $y<0.45$ 时，材料为直接带隙半导体，电子-空穴对复合过程直接且有效，复合速率和电子与空穴浓度的乘积成比例，发光波长范围从 $GaAs_{0.55}P_{0.45}$ 的 630nm（$y=0.45$）红光到 GaAs 的 870nm 红外光（$y=0$）。当 $y>0.45$ 时，材料为间接带隙半导体，电子空穴复合经由复合中心并伴随晶格振动，发光波长变短，发光效率明显降低。因此，从效率角度看，GaAsP 只适用于红光 LED 的制备。为了发展其他颜色的 LED，人们发明了 GaAsP、GaP 的等电子掺杂技术，掺杂不同的等电子陷阱发光中心，实现了黄、黄绿、橙、琥珀色 LED 的制备。比如，在 $GaAs_{1-y}P_y$ 中掺入 N 原子（和 P 原子同为 Ⅴ族），N 原子代替 P 原子以等电子陷阱杂质形式出现，会在导带边缘附近形成局部能级。当电子在电子陷阱周围被捕获时，其库仑作用会吸引邻近的空穴形成激子，并复合发射出光子。由于复合过程取决于 N 掺杂，所以 N 掺杂的间接带隙 $GaAs_{1-y}P_y$ 材料 LED 的效率小于直接带隙的 LED。N 原子掺杂的间接带隙 $GaAs_{1-y}P_y$ 材料广泛用于价格低廉的绿色、黄绿色、黄色、橙色 LED。此外，在间接带隙 GaP 中掺入如 Zn、O 等元素，可获得更丰富的发光颜色。

2. AlGaAs 材料体系

$Al_xGa_{1-x}As$/GaAs 是在 20 世纪 80 年代初期开发的，它是第一种广泛应用于半导体异质结构的材料体系。$Al_xGa_{1-x}As$ 为立方闪锌矿型晶格，是 GaAs 和 AlAs 组成的三元合金。GaAs 是直接带隙半导体，AlAs 是间接带隙半导体，$x=0.45$ 是 $Al_xGa_{1-x}As$ 材料由直接带隙到间接带隙半导体的过渡点。由于 Ga（1.82Å）和 Al（1.82Å）的原子半径相似，$Al_xGa_{1-x}As$ 材料和 GaAs 的晶格匹配，因而在 GaAs 单晶衬底上外延生长 AlGaAs，可以获得位错密度低、质量好的材料，适用于高亮度 LED 的开发。

GaAs 的带隙约为 1.43eV，可辐射 870nm 左右的光，为红外线；而 $Al_xGa_{1-x}As$ 三元

合金，通过改变 Al 的摩尔比例，调整带隙可获得 640~870nm 的光谱，即从深红光到红外光。然而，当前 $Al_xGa_{1-x}As$ 材料仍存在两个尚无法解决的问题：①当 Al 的摩尔比超过 0.45 时，材料从直接带隙变为间接带隙，随着间接带隙成分增加，发光效率下降，因此采用 AlGaAs 制备 650nm 以下的 LED 存在困难；②异质结有源区 AlGaAs 中的 Al 含量高，容易被水和氧气侵蚀，使器件寿命变短和衰减速度加快，从而影响器件的应用。

3. AlGaInP 材料体系

AlP、GaP 是间接带隙半导体材料，InP 是直接带隙半导体材料，三者组成合金时能产生直接带隙的 AlGaInP。20 世纪 90 年代初期，随着金属有机化学气相沉积（Metal-organic Chemical Vapor Deposition，MOCVD）技术的不断成熟，AlGaInP 四元 III-V 合金成为研究热点。假定材料的化学式为 $(Al_xGa_{1-x})_yIn_{1-y}P$。当 $y \approx 0.5$ 时，In 组分固定在 0.5，材料 $(Al_xGa_{1-x})_{0.5}In_{0.5}P$ 与 GaAs 晶格常数接近，可以在 GaAs 单晶衬底上实现高质量外延生长，非常利于异质结构制备，获得高效率的发光材料。通过改变 $(Al_xGa_{1-x})_{0.5}In_{0.5}P$ 材料中 Al 组分的含量，可以调节发光波长，涵盖可见光范围，是固态照明中重要的异质结构体系之一。对于 $(Al_xGa_{1-x})_{0.5}In_{0.5}P$，当 $x \leqslant 0.65$ 时，材料为直接带隙半导体，而 $x>0.65$ 时，材料从直接带隙半导体变为间接带隙半导体，此时带隙对应波长约为 540nm。利用此材料，可制备 540~660nm 的光电器件，包括目前广泛应用的高亮度红光（625nm）、橙光（610nm）和黄光（590nm）LED。

此外，四元合金 $(Al_xGa_{1-x})_yIn_{1-y}P$ 的带隙可通过进一步调整组分（x 和 y），其光谱范围可从 870nm（GaAs）拓展到 3.5μm（InAs），并包含光通信波长 1.3μm 和 1.55μm。

4. AlGaInN/GaN 材料体系

氮化物基半导体是独特的材料，覆盖了从近红外到紫外线的大部分电磁频谱。AlGaN/GaN 材料体系包括 GaN、InN、AlN、InGaN、AlGaN、AlInGaN 等化合物及其合金材料，其带隙覆盖 0.7~6.2eV，是各种光电器件单片集成的理想选择。中村修二等在 1993 年成功开发出第一支 GaN 基蓝光 LED，1998 年使蓝光 LED 的连续工作寿命达到 6000h，掀起氮化物研究的热潮。随着 AlGaN 和 InGaN 晶体生长技术的进步，越来越短和更长波长的器件迅速出现。GaN 材料及其蓝光、绿光 LED 的出现和发展使全彩色显示成为可能，多种蓝色和绿色 LED 和激光器以及紫外 LED 和光电探测器已经实现。

AlGaInN 材料体系的二元、三元和四元化合物在整个摩尔比范围内都是直接带隙，有优越的光学性质。此外，材料化学性质稳定，硬度大，抗辐射，耐强酸强碱，适用于各种恶劣条件，具有重要的应用价值。现阶段，AlGaInN/GaN 材料体系应用较多的是 $In_xGa_{1-x}N$ 和 $Al_xGa_{1-x}N$，而四元合金 $Al_xGa_yIn_{1-x-y}N$ 应用较少，还处于研究阶段。$In_xGa_{1-x}N$ 禁带宽度在 0.64~3.4eV 连续可调，输出光谱对应近红外到紫外波段，涵盖整个可见光区，因而，在发光领域尤其在蓝光 LED 的有源复合层有极其重要的研究和应用价值。此外，由于带隙对应波段几乎完整覆盖整个太阳辐射光谱，因此，在太阳能光伏电池领域具有较大的应用前景。$Al_xGa_{1-x}N$ 材料禁带宽度在 3.4~6.2eV 连续可调，输出光谱对应近紫外到深紫外波长，可用于制备紫外发光 LED 和高频、高功率电子器件。

15.3　发光二极管的性能参数

15.3.1　效率定义

1. 内量子效率

内量子效率（Internal Quantum Efficiency，IQE）η_{IQE}是指 LED 器件内部注入的电子数变成的光子数，反映材料的发光性能。影响 LED 内量子效率的因素有材料本征性质、缺陷和杂质引起的深能级、俄歇复合及非辐射复合中心等。改进 LED 内量子效率的方法包括降低位错、提高材料晶体质量、优化量子阱结构等。蓝光 GaN 基 LED 的内量子效率已超 80%，GaAs 基 LED 的内量子效率已接近 100%。

2. 外量子效率

外量子效率（External Quantum Efficiency）η_{EQE}是指器件最终发射出来的光子数与注入的载流子数目之比，主要与元件本身的特性，如元件材料的能带、缺陷、杂质、元件的有源层组成及结构等相关，反映器件整体的发光效率。由于有源层材料折射率比空气大很多，光子在界面发生全反射，只有入射角小于全反射临界角的光子才能逃逸出芯片，即存在光提取效率（Extraction Efficiency）η_{EE}，定义为逃逸出芯片的光子数与芯片产生的光子数之比。因此，外量子效率 η_{EQE} 可表示为元件的内量子效率 η_{IQE} 及元件的光提取效率 η_{EE} 的乘积，即 $\eta_{EQE} = \eta_{EE}\eta_{IQE}$。

3. 电子注入效率

电子注入效率（Injection Efficiency）η_{INJE}定义为注入到材料有源复合区的电子-空穴对数与注入的总电子-空穴对数之比。LED 从电子注入到发光经历三个过程：电子空穴注入；有源区的电子空穴复合并辐射发光；光子出射逸出芯片。其中，注入芯片的电子-空穴对可能无法到达有源区复合，也可通过其他途径逃逸出有源区，这个过程可以定义为电子注入效率。通过技术改进和结构优化，LED 的电子注入效率可以接近 100%。

4. 馈给效率

馈给效率（Feeding Efficiency）η_{FE}是指发射光子的平均能量 $h\nu$ 与电子-空穴对通过 LED 时从电源获得能量的比值。

$$\eta_{FE} = \frac{h\nu}{qV} \tag{15-4}$$

式中，V 是正向偏置电压。由于 LED 芯片工作时存在接触电阻、材料本身电阻、费米能级差异等，$h\nu$ 一般小于 qV，其比值即馈给效率。

5. 光电效率

光电效率（Opto-electric Efficiency）η_{RE}定义为将输入的电能转化为输出的光能的效率。

$$\eta_{RE} = \eta_{INJE}\eta_{IQE}\eta_{EQE}\eta_{FE} \tag{15-5}$$

以市场上用于白光照明的蓝光 LED 为例，内量子效率为 60%～70%，光提取效率为 50%～60%，电子注入效率为 95%～100%。在大电流注入下，460nm 的蓝光芯片电压为 3.0～3.2V，馈给效率为 0.84～0.9，可计算出 LED 芯片的光电效率为 24%～38%。

6. 光源光效

光源光效又称为流明效率（Luminous Efficiency）η_{LE}，是指光通量（以 lm（流明）为单位）与激发时输入的总功率之比，单位为 lm·W⁻¹（流明每瓦）。

$$\eta_{LE} = \frac{\Phi}{P} \tag{15-6}$$

式中，Φ 是总光通量；P 是光源的输入总功率。LED 光效的理论值约 320lm·W⁻¹，商用大功率 LED 发光效率已超过 100lm·W⁻¹。

15.3.2 LED 的电学特性和电参数

1. LED 电学特性

（1）I-V 特性 LED 的 I-V 特性具有非线性、整流性质，单向导电性，即外加正偏压表现低接触电阻，反之为高接触电阻。其特性曲线与普通二极管曲线一样，可划分为正向特性区、正向工作区、反向截止区和反向击穿区四个区。LED 的 I-V 特性曲线如图 15-11 所示。

1）正向特性区。A 点对应的电压为开启电压，主要由 p 层和 n 层费米能级之差决定，和材料的禁带宽度、掺杂浓度和温度有关。GaAs 为 1V，红色 GaAsP 为 1.2V，GaP 为 1.8V，GaN 为 2.5V。

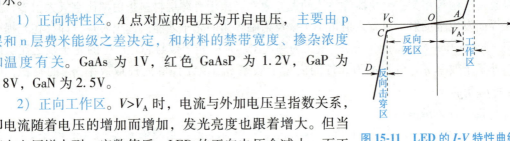

图 15-11 LED 的 I-V 特性曲线

2）正向工作区。$V > V_A$ 时，电流与外加电压呈指数关系，即电流随着电压的增加而增加，发光亮度也跟着增大。但当正向电压增大到一定数值后，LED 的正向电压会减小，而正向电流会加大。没有保护电路，会因电流增大而烧坏 LED。

3）反向截止区。$V < 0$ 时，pn 结加反向偏压，LED 不发光（不工作），但有反向电流。这个反向电流很小，一般在几微安之内。

4）反向击穿区。在反向截止区之后，如果反向电压继续升高到一定高度，则出现反向电流突然增加的现象，这一点称为反向击穿点，对应的电压称为击穿电压。

（2）C-V 特性 LED 芯片的结电容为势垒电容 C_T 与扩散电容 C_D 之和，pn 结的结电容 $C_j = C_T + C_D$。LED 的 C-V 特性呈二次函数关系。

1）最大允许功耗 P_{Fm}。当流过 LED 的电流为 I_F、管压降为 V_F 时，则功率消耗 $P = V_F \times I_F$。LED 工作时，外加偏压、偏流使载流子复合发出光，非辐射复合导致温度升高。

2）响应时间。LED 的响应时间是标志反应速度的一个重要参数，尤其是在脉冲驱动或电调制时显得非常重要。响应时间是指输入正向电流后，LED 开始发光（上升）和熄灭（衰减）的时间，主要取决于载流子寿命、器件的结电容及电路阻抗。如图 15-12 所示，LED 的点亮时间 t_r 是指接通电源使发光亮度达到正常的 10% 开始，到正常值的 90% 所经历的时间。LED 熄灭时间 t_f 指正常发光减弱至原来的 10% 所经历的时间。不同材料制得的 LED 响应时间各不相同，如 GaAs、GaAsP、GaAlAs 其响应时间 $< 10^{-9}$s，GaP 为 10^{-7}s，因此它们可用于 10~100MHz 高频系统。

2. LED 的主要电参数

LED 器件的电参数有电压、电流和功率。

1）正向电压。通过 LED 的正向电流为确定值，在两极间产生的电压降为正向电压。单个 LED 器件的正向电压一般为 3V 左右。

2）反向电压。被测 LED 器件通过的反向电流为确定值时，在两极间所产生的电压将为反向电压。最大反向电压一般是击穿电压的一半左右。

3）正向电流。LED 器件在确定的正向电压条件下，流过的电流为正向电流。不同功率的 LED 器件的正向电流不同。例如，1W（大功率）的 LED 工作电流为 350mA 左右，而小功率 LED 的工作电流为 20mA 左右。

4）抗静电能力。LED 在制造、运输、装配及使用过程中，生产设备、材料和操作者都有可能给 LED 带来静电（ESD）损伤，导致 LED 过早出现漏电流增大、光衰加重，甚至出现死灯现象，静电对 LED 品质有非常重要的影响。目前大多企业采用人体模式测试 LED 的抗静电能力，一般要求大于 8000V。

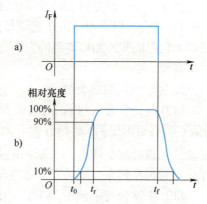

图 15-12　LED 响应时间特性

a）电流脉冲　b）LED 亮度变化

15.3.3　LED 光学特性和热参数

1. 光学特性

对于采用不同半导体材料制成的 LED，其发光光谱范围不同，发光效率也各不相同。发光效率与 LED 的制造工艺有关，难以求得与发光波长的严格关系。对于 LED 照明和显示应用，LED 的发光颜色、光强、发光可视角度等是重要参数。本部分只介绍和 LED 色度测量相关的几个参数：峰值波长、主波长、发光强度、光谱半峰全宽以及寿命。

LED 光源所发出的光并非单一波长，而是包含一定波长范围的复色光，LED 光源发光强度或光功率输出随着波长变化而不同，它们之间的关系曲线称为光谱分布曲线。由色度学基础可知，光源的色度特性由光谱分布曲线决定。LED 的光谱分布与制备所用化合物半导体种类、性质及 pn 结结构（外延层厚度、掺杂杂质）等有关，而与器件的几何形状、封装方式无关。图 15-13 所示为 LED 光源的光谱分布曲线。

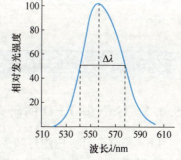

图 15-13　LED 光谱图

1）峰值波长。在 LED 光源所发出的光中，某一波长的光功率比附近波长的光功率大，即所发出的光在某一波长处具有光功率极大值，这一波长就称为 LED 光源的峰值波长。峰值波长可以是单个，也可以有多个。图中光谱分布曲线表明 LED 光源的峰值波长为 558nm。

2）光谱半峰全宽。在光谱曲线的峰值两侧，1/2 峰值光强所对应两波长间隔的宽度叫光谱半峰全宽，也称半功率宽度或半宽度。半峰全宽反映谱线的宽窄，即光源单色性的程度，LED 光谱半峰全宽一般小于 40nm。

3）主波长。主波长指人眼所能观察到的，由 LED 发出主要单色光的波长。主波长描述了 LED 的发光颜色。对于光谱半峰全宽窄的 LED，可近似认为峰值波长和主波长相等。

4）发光强度。LED 的发光强度通常是指法线（对圆柱形发光管是指其轴线）方向上的发光强度。若在该方向上辐射强度为 $1/683\mathrm{W} \cdot \mathrm{sr}^{-1}$，则定义发光为 1 坎德拉（符号为 cd）。

5）寿命。LED 发光亮度随着长时间工作而出现光强或光亮度衰减现象，即老化现象。器件老化程度与外加恒流源的大小有关，可描述为 $B_t = B_0 e^{-t/\tau}$，B_t 为 t 时间后的亮度，B_0 为初始亮度。

2. 热学性能和热参数

LED 的光学参数与 pn 结结温有很大的关系。一般工作在小电流 $I_F < 10\mathrm{mA}$，或者 $10 \sim 20\mathrm{mA}$，长时间连续点亮 LED 温升不明显。尤其对于大尺寸点阵显示屏，LED 因温升导致的主波长红移与亮度（B_0）衰减问题更为显著，需通过优化散热结构（如强制风冷、热沉设计）及通风布局来保障长期可靠性与稳定性。

LED 主波长与结温的关系：$\lambda_2(T_2) = \lambda_1(T_1) + \Delta T_j \times 0.1\mathrm{nm}/^\circ\mathrm{C}$，式中，$\lambda_1$ 为结温为 T_1 时的主波长，λ_2 为结温为 T_2 时的主波长，ΔT_j 为两结温的差值。每当结温升高 10℃，则波长向长波漂移 1nm，且发光的均匀性、一致性变差。

1）热阻。热阻指 LED 芯片焊点与有源层之间的温差与输入功率的比值（单位 $\mathrm{K} \cdot \mathrm{W}^{-1}$）。热阻过大会影响 LED 器件的使用寿命。降低热阻除了加大芯片面积，用高热导率材料作衬底及用高热导率的合金材料做黏结可以有效降低 LED 热阻。

2）结温。当电流流过 LED 元件时，pn 结会发热，将结区的温度定义为 LED 的结温。它是影响 LED 器件光效和寿命的主要参数。结温过高会使 LED 光效下降、寿命缩短甚至烧毁器件。从安全角度出发，最大结温数值应越大越好。大功率 LED 器件的最大结温通常在 $120 \sim 150$℃。

3）工作温度。环境温度对 LED 器件的影响较大。低温情况下，LED 的光效会较高，寿命也会有所延长。然而，过低的温度会导致 LED 难以点亮。LED 器件的工作温度范围一般为 $-40 \sim 80$℃。

15.4 发光二极管的研究和发展

15.4.1 GaN 基 LED 的研究和发展

LED 是继油灯、白炽灯和荧光灯之后照明技术的历史性突破。GaN 基 LED 至今已有 50 多年的发展历史，但发展初期进展速度缓慢。1969 年，马鲁斯卡（H. P. Maruska）成功在蓝宝石上生长出 GaN 晶体，为 GaN 基 LED 的研制奠定了材料基础。1971 年，潘可夫（J. I. Pankove）制备第一只 GaN 基 LED，因当时没有 p 型 GaN 的制备技术，只能采用金属-绝缘体-半导体（简称 MIS）结构，实现微弱的蓝光发射。1983 年，赤崎勇与其博士生天野浩采用 MOCVD 技术，提出了两步生长法，即在较低的温度下（500~600℃），先生长一层薄的 AlN 缓冲层（厚度为 20~30nm），然后将生长温度提高到 1000℃以上，高温生长 GaN，得到表面光亮、质量高的 GaN 外延层。时至今日，这种两步生长法仍然是 GaN 外延生长的通用手段，成为 GaN 材料走向应用关键的第一步。

　　pn 结是半导体器件的灵魂，在当时的背景下，如何获得 p 型 GaN 材料是 GaN 基 LED 的另一个巨大难题。通常情况下，将 Mg 元素作为 GaN 材料的 p 型掺杂剂，经过 p 型掺杂的 GaN 材料表现出高电阻的特性。当时归结的原因是，因为 GaN 的 n 型背景载流子浓度太高，p 型掺杂的空穴浓度无法补偿高的电子浓度所导致。直到 1988 年，赤崎勇和天野浩采用低温插入层和低能电子束照射技术，克服了 p 型掺杂的问题，首次获得了 p 型 GaN，并于 1989 年成功制备世界上第一支 GaN 基 pn 同质结 LED，为 GaN 材料走向应用迈出了关键的第二步。然而，采用低能电子辐照方法获得的 p 型 GaN 中的空穴浓度会随电子辐照的剂量和辐照深度的变化而变化，严重制约了 LED 的生产制备。同时，日亚化学公司的中村修二独立开展了 GaN 基 LED 的研究，并提出了新的思路。首先是改进了 GaN 两步生长法。同样采用 MOCVD 技术，他将两步生长法中的 AlN 过渡层改为 GaN 过渡层，使其更适合批量生长。其次，他认为低能电子辐照使得 Mg 掺杂的 GaN 变成 p 型的原因是热效应，因此提出了高温退火的方法。他尝试在 750℃的氮气气氛中对 Mg 掺杂的 GaN 材料进行热退火处理，使得 Mg 掺杂的高阻 GaN 变成 p 型 GaN，并于 1992 年成功研制出第一支 p-GaN/n-InGaN/n-GaN 蓝光 LED。中村修二进一步研究探明了 Mg 掺杂 GaN 材料高阻的原因：在 MOCVD 生长过程中，氢离子进入 GaN 中，并占据空穴位置；在高温无氢条件下进行退火，氢离子释放出来，可以将高阻的 Mg 掺杂 GaN 变成 p 型 GaN。空穴浓度对 Mg 掺杂浓度之比一般在百分之几。这一发现将 GaN 基 LED 的制备技术推向了实用化。1995 年，中村修二成功研制出了蓝光和绿光 GaN 双异质结 LED 和蓝光激光器二极管（LD）。随后 GaN-/InGaN 多量子阱蓝光 LED 很快被研制出来，并实现了批量生产，进而带动 GaN 基蓝光 LED 的飞速发展。

　　在此基础上，采用四元合金 AlGaInN 制作的 LED 光谱覆盖了从近紫外（380nm）、蓝光（450~480nm）到绿光（530~550nm）的范围。研究者进一步发现 Mg 掺杂的 AlGaN/GaN 和 InGaN/GaN 超晶格结构可以进一步提高 GaN 基 LED 的发光效率。经过多年发展，我国众多科研团队在 GaN 基 LED 器件的研究方面也取得了诸多重要进展。中科院半导体所牵头承担"第三代半导体固态紫外光源材料及器件关键技术"科技专项，集中 16 家产学研优势单位对 AlGaN 基第三代紫外固态光源开展联合攻关。通过技术优化，深紫外 LED 在 350mA 注入电流下的光输出功率超过 110mW；深紫外 LED 模组光功率密度达到 $1.52W/cm^2$；已经建成了国内规模最大的深紫外 LED 外延芯片生产线。南昌大学研究团队成功在硅衬底上制备出大功率的 GaN 蓝光 LED 并且实现了量产，并在硅衬底 GaN 基绿光、黄光等长波长 LED 方面取得了喜人的成绩。中国科学院苏州纳米所已实现了硅衬底 AlGaN 基近紫外 LED 的初步产业化。吉林大学张源涛创新性地提出了氮极性 n-GaN/AlGaN/极化诱导 p-AlGaN 隧道结与 LED 结合的器件结构，在国际上首次研制出氮极性氮化物隧道结 LED。中国科学院半导体所研制出室温连续功率 4.6W 的 GaN 基大功率紫外激光器。

　　随着 LED 从照明领域慢慢扩展到显示领域，新型的微尺寸 LED（Micro-LED）引起广泛关注，被认为是最有前途的下一代新型显示和发光器件之一。Micro-LED 将从平板显示扩展到增强现实/虚拟现实/混合显示、空间显示、柔性透明显示、可穿戴/可植入光电器件、光通信/光互联、医疗探测、智能车灯等领域，有可能成为具有颠覆性和变革性的下一代主流显示技术，带来新一轮显示技术升级换代。图 15-14 为 GaN 基 LED 的结构演变过程。

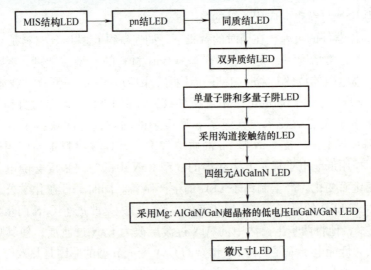

图 15-14　GaN 基蓝光 LED 器件结构演变

15.4.2　白光 LED 的发展和实现方法

白光又称无色光，是一种复合光，可由二波长光或者三波长光混合而成。对于一般照明，或显示器的背照光，人们更需要白色的光源。1997 年，中村修二等人发明了基于蓝光芯片加黄光荧光粉封装而成的白光 LED，从而开启了 LED 迈入白光照明领域的序幕，引起照明领域的一场革命——半导体照明。2006 年，美国科锐公司研发了一款白光 LED，其在 20mA 电流下发光效率能达到 131lm/W，色温 6027K，其发光效率已超过白炽灯和荧光灯。2010 年，日亚化学公司通过改进外延技术，将白光 LED 的发光效率提升到 249lm/W，功率型白光 LED 的发光效率达到 183lm/W。2011 年，科锐公司宣布其白光 LED 光效实现 231lm/W。2012 年，科锐公司宣布其实验室光效达到 254lm/W。2014 年 3 月科锐公司再次宣称其白光 LED 实验室光效达到 303lm/W，已接近白光 LED 器件光效的理论预测极限。

白光 LED 的发展历程见证了 LED 制作技术的飞速发展。白光 LED 的种类及发光原理见表 15-1。根据白光产生的机理，白光 LED 可分为两类：一类为多芯片型，采用透镜混合红、绿、蓝等可见光芯片，产生白光。该方法具有能量损耗低、显色指数高、发光效率高和色温可调节等优点，但存在材料系统和结构系统复杂、成本高等缺点，限制其在照明领域的大规模应用；另一类是基于单芯片搭配荧光粉产生白光，可称之为 PC-LED（Phosphor Converted LED），主要通过以下三种方式实现：

1）蓝光 LED 搭配黄色荧光粉。目前荧光粉大多使用铈掺杂钇铝石榴石（Ce^{3+}:YAG），利用芯片的蓝光与荧光粉产生的黄光混合制成白光。具有制作简单、成本低等优点，已成为商业市场的主流产品。因其光谱缺少红色组分，该类白光还存在色温偏高、显色指数偏低以及色彩还原性差等问题。

2）蓝光 LED 搭配红色与绿色荧光粉。采用蓝光 LED 与能被蓝光激发发射红、绿光的荧光粉结合产生白光。此类白光具有蓝光、绿光与红光成分，优点是显色指数高，缺点为整体发光效率低、成本高。

3）近紫外/紫外光 LED 芯片搭配三基色荧光粉。使用芯片和能被紫外光激发并产生红、绿、蓝三基色光的荧光粉结合，产生白光。具有高光效、高显色指数和高色彩还原度的优点，并且可通过荧光粉的选择及比例调控来优化光的颜色和色温。缺点是混合三种荧光粉工艺难度高导致成本增加。另外，组分中的红、绿荧光粉对蓝色荧光粉的重吸收会对白光的发光效率和颜色稳定性产生不利影响。

表 15-1　白光 LED 的种类及发光原理

芯片数	激光源	发光材料	发光原理
1	蓝光 LED	InGaN/YAG 荧光粉	LED 的蓝光与 YAG 荧光粉的黄光混合
	蓝光 LED	InGaN/三基色荧光粉	蓝光 LED 激发红绿蓝三基色荧光粉
	蓝光 LED	ZnSe	LED 的蓝光和在基板上激发出的黄光混合发出白光
	紫外光 LED	InGaN/荧光粉	紫外光 LED 激发红绿蓝三基色荧光粉
2	蓝光 LED 黄绿 LED	InGaN、GaP	蓝光和黄光 LED 的发射光与橙红光荧光粉混合
3	蓝光 LED 绿光 LED 红光 LED	InGaN、AlInGaP	三基色 LED 芯片发光混合
多个	多种光色的 LED	InGaN、GaP、AlInGaP	可见区的多种发光芯片发光混合

15.4.3　溶液制程的发光二极管

传统无机 LED 光源的实用化并不是电致发光技术的极限与终点。与照明对器件高功率、高效率和长寿命等性能要求不同，在显示技术变革的时代背景下，需探索和发展新的材料和制备技术，用于支持柔性、大面积衬底，以应用于便携、可穿戴的新型电子显示设备。基于溶液法制备的 OLED、QLED 和 PeLED 历经多年的发展，在基础研究和产业技术方面已取得一批重要成果，成为下一代极具潜力的显示和照明技术。

1. 有机发光二极管

有机电致发光的发现可追溯到 20 世纪 60 年代伊红染料（Eosin）的延迟荧光现象和蒽的电致发光现象。20 世纪 80 年代，美国华裔科学家邓青云（W. Tang）成功制备了具有三明治结构的双层 OLED，在全世界掀起了 OLED 的研究热潮。1990 年，英国剑桥大学伯勒斯（J. Burroughes）等成功制备了聚合物基 OLED。两年后，美国加州大学黑格（A. J. Heeger）小组以塑料作为基底制备了可弯曲的柔性显示器。1998 年，美国普林斯顿大学巴尔多（M. A. Baldo）等报道了重金属配合物产生的电致发光现象，打破了荧光小分子材料的内量子效率限制，为 OLED 的效率提升迈出了关键一步。2000 年，美国普林斯顿大学弗雷斯特（S. R. Forrest）小组提出了"磷光敏化荧光"的概念，通过能量转移的方式调控激子在磷光分子和荧光分子的分布，获得高性能白光 OLED。2003 年，日本山形大学城户淳二（J. Kido）等提出了叠层 OLED 的概念，进一步为 OLED 产业化提供了思路。

OLED 近年来发展迅速，其自发光、轻薄、对比度高、可柔性化等特点极大程度地提高了人们的视觉享受，特别是作为显示屏在手机、媒体播放器及电视等产品中尤为显著。

OLED 器件的核心构成在于有机半导体发光材料，这些材料根据它们的成分和分子结构不同，主要被分为两大类：小分子材料和聚合物材料。基于这种材料分类，OLED 器件进一步细分为小分子 OLED 和聚合物 OLED。若从激子激发态的角度出发，有机发光材料可分为荧光材料和磷光材料两类。在有机发光材料的电致发光过程中，会同时产生单重态激子和三重态激子。根据自旋统计，单重态激子与三重态激子的生成概率比是 1：3。但通常所说的电致发光仅指单重态激子发光，而忽略了也能发光的三重态激子。如果能利用所有激子，则可大幅提高 OLED 的发光效率。

OLED 器件普遍采用"三明治"结构，即发光层被夹在阴极和阳极之间的结构。根据有机半导体薄膜的功能，器件结构大致可以分为以下四类。

1）单层器件结构。该器件仅由阳极、发光层和阴极构成，结构简单、制备方便，如图 15-15a所示。这种构型在聚合物 OLED 器件中较为常见。

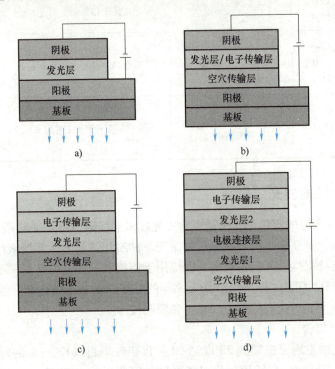

图 15-15　OLED 器件的四类主要结构
a）单层器件结构　b）双层器件结构　c）三层器件结构　d）叠层串式器件结构

2）双层器件结构。这种结构的主要特点是发光层具有电子（空穴）传输性，需加入一层空穴（电子）传输材料调节空穴和电子注入的速率和数量并限制电子和空穴在发光层附近复合，这种双层 OLED 器件结构如图 15-15b 所示。

3）三层及多层器件结构。如图 15-15c 所示，该结构主要由电子传输层、空穴传输层和发光层组成，这种构型有利于选择功能材料和优化器件结构性能，是目前 OLED 中常采用的器件结构。

4）叠层串式器件结构。基于全彩色显示的需要，将多个发光单元垂直堆叠，并在中间加一个电极连接层，同时只用两端电极驱动，即可构成叠层串式结构的 OLED 器件，如

图 15-15d所示。OLED 的发光机制属于载流子注入型，其核心过程涉及从阳极注入的空穴（正电荷载流子）与从阴极注入的电子在发光层中的复合。这种复合导致激子形成（请注意与第 4 章及相关无机半导体中提到的复合过程加以区分，该表述通常用于描述 OLED），激子随后以光能的形式释放能量，产生可见光。如图 15-16 所示，整个物理过程大致可分为五个阶段：载流子注入、载流子迁移、载流子复合及激子的形成、激子的扩散和迁移、激子的辐射跃迁发光。根据 OLED 工作原理，影响其性能最重要的三个因素为内量子效率、工作电压以及光输出耦合效率。

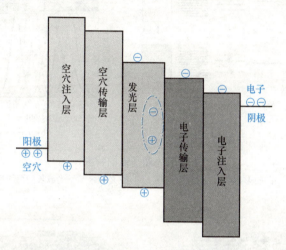

图 15-16　OLED 的电致发光过程

经过十多年的不懈努力与创新探索，OLED 显示产业取得了令人瞩目的成就，其发展历程已与传统无机 LED 数十年的积累相匹敌，产业化势头异常迅猛，展现出强大的发展潜力和活力。近几年，OLED 显示实用化进程取得了突破性进展，韩国的乐金和三星公司分别在大尺寸和中小尺寸 OLED 产品实现了全球量产。我国的京东方、TCL、华星光电、惠科等企业也大规模布局了有源矩阵 OLED 产线，产值规模和面板的出货面积已跃居全球第一位。然而，作为一项新兴技术，OLED 在产业化高速发展的同时，仍有大量的基础研究工作尚需开展，如进一步提高器件性能（亮度、效率、工作寿命）和降低器件工作电压是一个长期的研究课题。此外，OLED 在照明领域尚未得到大规模应用，主要受制于器件效率、寿命和生产成本。从材料角度看，实现 OLED 高效率的关键在于开发发光效率接近 100% 的磷光材料。当前，绿光和红光磷光材料已成熟，但蓝光磷光材料的高效率和高稳定性仍是技术瓶颈，极大地制约了 OLED 照明器件的效率提升。因此，开发高性能蓝光磷光材料的量产技术成为研究焦点。叠层结构 OLED 结合单发光层和多发光层的优势，展现了优异的光谱稳定性、高发光效率、高亮度，使其在照明应用中极具竞争力。若能在工艺上进一步简化与完善，叠层结构有望成为白光 OLED 照明的主流技术。

2. 胶体量子点发光二极管

胶体量子点（Colloidal Quantum Dots，QDs）是一种具有荧光效率高、发光峰窄、波长可随尺寸调整等优点的新型发光材料（图 15-17）。采用量子点作为发光层的 QLED 具有能耗低、制造成本低、寿命长、发光波长可调等优点，在固态照明和平板显示领域有巨大的应用潜力，又被誉为第四代照明和显示光源。QLED 同样具有"三明治"结构，即发光层夹在电子和空穴传输层之间，一般可分为<u>正置</u>和<u>倒置</u>两种构型。如图 15-18 所示，<u>正置 QLED 器件结构从基底向上一般依次为阳极、空穴注入层、空穴传输层、量子点发光层、电子传输层以及阴极</u>，而<u>倒置 QLED 器件结构的构建与正置结构相反</u>。相比于正置结构 QLED，倒置结构的 QLED 器件更容易与成本低廉的非晶薄膜晶体管以及 n 型非金属氧化物集成，适合生产大规模的显示设备，因此倒置结构的 QLED 是该领域研究的重点。

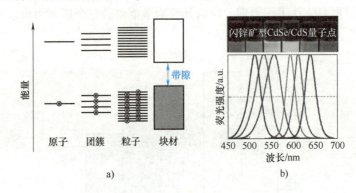

图 15-17　量子点的特性

a）量子限域效应下的能带结构　b）发光颜色与发光波长的可调性

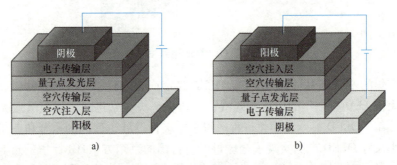

图 15-18　QLED 器件的结构示意图

a）正置结构　b）倒置结构

QLED 器件电致发光的本质是<u>激发量子点发光层发光</u>。量子点中的空穴与电子经过各种方式进行复合，形成激子并以光子的形式释放能量。量子点内激子形成的方式主要有<u>光激发</u>、<u>电荷直接注入</u>、<u>能量转移</u>以及<u>电离</u>，目前常通过电荷直接注入以及能量转移来解释 QLED 器件的电致发光原理。量子点电致发光技术的发展成就不是一蹴而就的。自 1993 年起，科学家便尝试将胶体量子点应用于电致发光器件。随着量子点合成方法的进步（核壳结构与表面配体设计等）与更多有机、无机载流子传输材料的发展，溶液工艺制备的 QLED 原型器件终于在 21 世纪 20 年代取得突破。2008 年将胶体 ZnO 纳米晶作为器件的电子传输层是 LED 器件性能突破的转折点。此后，QLED 器件性能开始真正进入高速发展期。2014 年，浙江大学彭笑刚等报道了外量子效率超过 20%（内量子效率超过 80%）的红光 QLED，器件的工作半衰寿命超过 10 万小时（100nt（1nt = 1cd/m²）初始亮度），将 QLED 的稳定性提升了近两个量级，开启了量子点打印显示的国际竞争序曲。近年来，QLED 领域在材料筛选和器件优化上大量投入，取得了良好的进展，红、绿光原型器件的性能已能满足显示产业的应用要求。2020 年，彭笑刚等发现了量子点的电化学惰性配体是沟通量子点光学性能与电学性能的桥梁，并在此基础上成功制备出高效率、高寿命的蓝光 QLED 器件，弥补了量子点产业化应用（显示、照明等各个领域）所存在的短板，有力推动了量子点电致发光技术的进一步发展和应用。

3. 钙钛矿发光二极管

无独有偶，基于钙钛矿材料制备的 PeLED 因制备工艺简单、原材料来源丰富、显色色域广等优势，受到越来越多的关注与研究，被认为是下一代显示技术的有力竞争者。钙钛矿独特的晶体结构让其具备很多有趣的物理化学性能。钙钛矿材料因其带隙连续可调、发光光谱非常窄（图 15-19）、荧光效率高等特点，也是理想的发光材料。1994 年，惠良（M. Era）等首次发现钙钛矿材料在低温环境下的电致发光现象。但是，直到 2014 年，卡文迪许实验室的弗兰德（R. Friend）等人才首次报道钙钛矿在室温下的电致发光现象，由此拉开了 PeLED 发展的序幕。

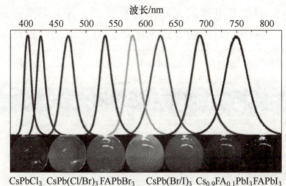

图 15-19　钙钛矿材料荧光发射光谱

与 QLED 器件结构类似，PeLED 也具有"三明治"结构，即钙钛矿发光层夹在电子传输层和空穴传输层之间。按照载流子传输层的相对位置，PeLED 可分为正置和倒置两种构型。倒置结构是空穴传输层薄膜位于钙钛矿发光层的下方（图 15-20a），正置结构与之相反。图 15-20b 展示了 PeLED 器件电致发光的主要步骤，包括电子和空穴从电极两端注入、电子和空穴在电子传输层中传输、电子和空穴分别经过电子传输层和空穴传输层注入到钙钛矿发光层、发光层中的电子和空穴复合产生激子、激子发生辐射跃迁产生光子、光子逃逸出 PeLED 器件发光。电子和空穴在钙钛矿发光层中的复合主要有单分子复合、双分子复合以及俄歇复合。器件中辐射复合方式与钙钛矿发光层的"量子限域效应"和"介电限域效应"相关，即跟激子束缚能有关。

PeLED 的研究主要集中在提升发光效率。随着近几年对钙钛矿发光层的组分优化、界面修饰、载流子传输层的优化以及 PeLED 器件结构的设计，PeLED 器件的外量子效率超过了 20%，已经接近发展成熟的 QLED 器件，显示了其商用化的巨大潜力。但是，要实现 PeLED 产业化目标，依然还有很长的道路要走，需要解决以下问题：① 蓝光器件效率较低。绿光和红光器件的效率都已经突破 20%，而目前蓝光器件最高的外量子效率仍然较低。② 器件稳定性差。可见光 PeLED 器件的整体寿命即使在低亮度下也只有几十到几百个小时，

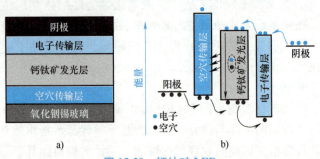

图 15-20 钙钛矿 LED

a）倒置结构   b）工作原理

远落后于 QLED 的寿命。③器件性能重复性差。钙钛矿材料本身对环境较为敏感，需提高其对环境的耐受性。④器件环保性差。目前报道的高效 PeLED 都是基于铅基钙钛矿制备，但是材料中含有的重金属铅可能会带来健康隐患。非铅基的钙钛矿材料，例如双钙钛矿、反钙钛矿等虽然被大量报道，但是其电致发光器件研究较少。⑤全彩高分辨率的电致发光器件的缺失。虽然可通过光刻、打印、蒸镀的方式来制备高分辨率的钙钛矿发光薄膜阵列，但是其电致发光的效率依然很低。

习题与思考题

1. 简述 LED 的概念及 LED 的基本特征。
2. LED 常规光电参数有哪些？
3. 简述白光 LED 的发光原理及其实现方式。
4. 简述普通二极管和发光二极管（LED）的相同点和不同点。
5. 简述传统无机 LED、OLED、QLED 及 PeLED 的工作原理。

第 16 章

半导体激光器

　　激光（Laser）的名称来源于"受激辐射的光放大（Light Amplification by Stimulated Emission of Radiation）"一词英文的首字母缩写。与原子能、计算机、半导体一样，激光也是 20 世纪重大科技发明之一。激光的主要应用领域涵盖通信、医疗、工业加工和军事等方面。激光器的特点主要包括高亮度、高单色性、高相干性和高方向性，这使其在多种应用中具有不可替代的优势，被誉为"最快的刀，最准的尺，最亮的光"。激光的发明不仅为研究光与物质的相互作用提供了强有效的工具，也为稳定、高效、快速传递信息提供了优异的介质。

　　半导体激光器是一种利用半导体材料作为增益介质的激光器，由于其体积小、效率高、易于调制和易于集成等优点，在光信息技术中占据了重要地位。第一台 GaAs 半导体激光器在 1962 年就被研制成功。在随后的几十年里，半导体激光器技术得到了飞速发展。通过采用异质结和多异质结等结构，使其阈值电流显著降低；引入量子阱、超晶格、量子级联结构，进一步降低了阈值电流，并大幅增加了波长范围的可调性；采用垂直腔面发射激光器（VCSEL）等新结构，便于多激光的集成。半导体材料的多样性及其合金化，加上量子限域结构的采用，使得半导体激光器的工作波段能覆盖从紫外、可见、红外，甚至到太赫兹波段的广泛范围。

　　本章首先介绍各类激光器的基本工作原理（16.1 节）。16.2 节中，以同质结激光器为例，介绍半导体激光器的工作条件，包括粒子数反转、谐振腔、损耗和工作电流的要求，并从载流子限制和光子限制的角度讨论了异质结激光器，介绍了半导体激光器的基本工作特性。16.3 节介绍了量子限域结构激光器，重点讨论了量子阱、多量子阱激光器以及量子级联激光器。

16.1　激 光 原 理

16.1.1　激光简介

1. 激光发展简史

　　激光的发展历史可以追溯到 1916 年，当时爱因斯坦发表了《关于辐射的量子理论》一文，并提出了受激辐射的光放大的概念。该论文为揭示光与物质的相互作用和受激辐射放大器的预见奠定了基础，从而指明了激光产生的可能性。1954 年，汤斯（C. Townes）基于爱因斯坦的理论，选择液氨分子为工作介质，成功开发了一种在微波波段的受激辐射放大器

（Microwave Amplification by Stimulated Emission of Radiation，Maser）。4 年后，汤斯与肖洛（A. Shawlow）合作发表了论文《红外和光学振荡器》，提出将微波扩展到光波，从而奠定了开发激光器的可能性。与此同时，巴索夫（N. Basov）和普洛霍夫（A. Prokhorov）在《苏联科学院通报》上发表了《实现三能级粒子数反转和半导体激光器的建议》的论文。在同一时间，来自不同国家的科学家们都执着地探索着激光的发明之路，然而在结构设计上却一直没有取得突破，第一台激光器的发明也一直未能实现。

1960 年，梅曼（Maiman）选择红宝石晶体作为工作介质，在侧面用闪光灯辐照作为泵浦源，成功研发了第一台红宝石激光器，实现了波长为 694.3nm 的高亮度激光出射，为光学领域掀开了崭新的一页。同年秋天，波长在 1150nm 的红外氦-氖气体激光器也被研发出来。次年，我国科学家邓锡明和王之江制成了我国第一台红宝石激光器。1962 年，内森（M. Nathan）、霍尔（R. Hall）和奎斯特（T. Quist）等成功制备了 GaAs 半导体激光器。除了半导体材料，染料也被证明具有良好的激光性能。1966 年，索罗金（P. Sorokin）等选择罗丹明 6G 染料，研制了染料液体激光器，并实现了在可见光区域范围内的调谐。同年，迪莫克（J. Dimmock）、巴特勒（J. Butler）和梅尔奈加利斯（J. Melngailis）等基于半导体材料，制备了具有窄带、近红外发射、可调谐的激光器。1963 年，克雷歇尔和阿尔菲洛夫等提出了双异质结半导体激光器的设想，并因此获得了 2000 年的诺贝尔物理学奖。在短短几十年内，先后发明了红宝石激光器、钕玻璃激光器（1961 年）、氩离子激光器（1964 年）、YAG 激光器（1964 年）、二氧化碳激光器（1964 年）、双异质结半导体激光器、半导体量子阱激光器（1972 年）、光电子器件以及光纤激光器和光纤放大器（1987 年）。这些创新的激光器技术与光纤通信技术的结合，推动了信息光电子技术与产业的蓬勃发展。

2. 激光器的分类

激光器的分类方法很多，可按照使用材料（工作物质）、运作方式、功率或输出激光连续性状况等进行分类。本章将按照工作物质的类型对激光器进行分类，主要分为气体、液体和固体激光器。

（1）气体激光器　气体激光器是应用最广的激光器之一，其工作物质为气体，通常需要电激励方式。常见的气体工作物质包括氦氖、CO_2 和氩气。气体激光器的工作原理是基于气体原子、离子或分子的分立能级，使其激光波长覆盖了从紫外到红外的光谱范围。根据能级跃迁类型，气体激光器可被分为原子、离子、分子和准分子型。相较于其他激光器，气体激光器因其电激励过程中涉及的能级相对固定，具有稳定性好、输出光束的质量高等优势。

原子气体激光器的典型代表为氦氖激光器，于 1960 年被研制成功，具有 632.8nm、1150nm 和 3390nm 三种激光波段。氦氖激光器的结构简单、制备容易、使用方便，具有激光稳定性好、相干长度长等优点，至今仍在精密计量、通信、全息照相等方面广泛应用。离子气体激光器的典型代表为氩离子激光器，具有多种输出波长，最强的激射波长对应于 488nm 和 514.5nm。氩离子激光器输出功率较高，通常应用于要求较高输出功率的领域，但其泵浦功率也要求较高。分子气体激光器的典型代表为 CO_2 激光器，其输出波段（10.6μm）属于红外波段，且处于"大气窗口"中，适用于地面与空间之间的光通信。CO_2 激光器具有高效率、强功率的特点，适用于光通信的波段，也适用于切割等激光加工。准分子激光器的工作物质是稀有气体或稀有气体与卤素气体的混合气体，其输出波段通常在紫外光波段。准分子激光器利用激发的稀有气体与其他原子结合形成的分子，实现理想的粒子数反转分布。

（2）**液体激光器**　液体激光器的工作物质是有机染料溶液或无机液体。1966 年，科学家利用红宝石激光器泵浦染料，首次实现了染料激光器激射。染料激光器的优点包括：宽带宽、广波段覆盖（紫外到红外）、易制备、低成本、脉冲宽度可达飞秒量级。然而，其缺点也很明显，包括：①装置复杂；②染料热稳定性和化学稳定性差，寿命短；③有机溶剂有挥发性和毒性；④染料在浓度过高时会发生猝灭，影响发光效率。随着非线性频率转换技术的发展，液体激光器已经很少使用。

（3）**固体激光器**　固体激光器的工作物质是掺杂有特定离子的绝缘晶体或玻璃，运行方式包括连续和脉冲两种模式。红宝石激光器、掺钕钇铝石榴石激光器（Nd:YAG）与钛蓝宝石激光器是最典型的三种固体激光器。尽管红宝石激光器在激光发展史上是最早实现激光输出的，但目前使用最广的仍是 Nd:YAG 激光器。其工作物质为掺杂稀土金属 Nd^{3+} 离子的石榴石，出射波长约为 1064nm。固体激光器具有体积小、输出功率大、能量转换效率高、结构稳定、易于维护等优点。

具体而言，固体激光器的介质由激活离子和基质两部分组成。激活离子是掺杂离子，也是发光中心，包括过渡金属离子和二/三价稀土离子等。激活离子的内部能级结构决定了激光的出射波长。基质提供容纳激活离子的晶格场，分为晶体和非晶体两大类。晶体基质包括蓝宝石（Al_2O_3）、石榴石（YAG）、铝酸钇（$YAlO_3$，YAP）等。非晶体基质主要是玻璃，包含硅酸盐和磷酸盐玻璃等，其具有以下优点：①成本较低，易于制备大尺寸工作物质，且通过改变掺杂激活离子的种类或浓度，可简便地调控激光特性；②透光性高、光学均匀，有助于实现高能量激光出射；③相比于晶体，玻璃更易加工成各种尺寸和形状的块材，适用于多种应用场景。

半导体激光器是一种利用半导体材料（如砷化镓、磷化铟等）作为增益介质，通过电子和空穴的复合产生激光的设备。虽然半导体激光器也采用固体工作介质，但从技术和应用角度看，半导体激光器和固体激光器通常被视为不同的类别。半导体激光器更多的是基于载流子复合机制，而固体激光器则是基于在晶体或玻璃基质中的掺杂离子能级跃迁。第一个半导体激光器问世于 1962 年，几十年的研究使半导体激光器的性能得到了很大的提升，并使其逐渐取代某些过去常用的激光器。半导体激光器可以直接将电能转换为激光能，能量转换效率很高（最大可达 50%）。此外，半导体激光器还具有体积小、寿命长（甚至达百万小时）、输出功率高（千瓦级）、频率输出稳定、可直接调制等多种优点。

3. 激光器的应用

激光器的开发与激光技术的发展极大地激发了科学家们对光与物质相互作用的研究兴趣。激光的出现不仅是多个学科进步的结果，也对这些学科的发展产生了深远的影响，并推动了激光物理学、非线性光学、半导体光电子学、导波光学和相干光学等新学科的诞生，从而拓展了光学在新领域的应用。由于激光具有良好的方向性、单色性和高亮度，被誉为"最快的刀""最准的尺""最亮的光"。激光在多个领域都具有广泛的应用，几乎涉及工业生产和科研等每个领域，尤其在军事和医疗方面，激光更成为了专业工具。根据激光器的特性，如功率密度、方向性和单色性，其应用领域也有所不同。

（1）**高功率密度激光**　高功率密度的激光可应用于激光切削与加工，特别是在高熔点、高硬度材料的加工方面具有独特优势。此外，激光加工是一种无接触加工，由于加工机与材料之间的分离，激光可以对零件中的精细部分进行精确加工，还可对密封在透明容器中的零件进行焊接加工，并能在强电磁场干扰下进行加工。

（2）优异方向性激光　激光具有优异的方向性，可应用于激光测距。激光朝一个方向射出，发散角极小，约为 0.001rad。1961 年，第一台激光测距仪问世。1962 年，人类首次使用激光照射月球，由于激光光束接近平行，激光在月球表面上的光斑小于 2km。通过测量光束往返地月之间的时间，精确计算了地月距离（约 38 万 km）。除了激光测距，激光的方向性还使其具有定向、准直等应用。

（3）优异单色性激光　激光具有优异的单色性，在高精度计算和通信中具有重要应用。激光的谱线宽度极窄，波长几乎一致，因此具有非常纯的颜色，其单色性比普通光源提高了 $10^8 \sim 10^9$ 倍。

（4）医疗应用　激光对有机物质具有光、热、力、电、磁等多方面的作用，因此广泛应用于医学研究与诊断，相关技术也日益成熟。激光在医疗中的应用主要基于两类原理。一是激光的热效应，可利用激光的极高能量进行外科手术，作为手术刀切除生物组织。二是激光的光化学效应，激光可诱导生物体内的光化学反应，用于血液成分测定、器官病变判定和癌症治疗等。

（5）军事应用　激光可诱导核聚变，不仅可以产生清洁能源，还可以发展新型武器。利用高能激光替代原子弹，诱导氢弹点火装置的核聚变，可获得与氢弹爆炸相同的条件，因此激光核聚变可用于研制新型氢弹。自激光测距仪问世，多种激光制导武器、激光致盲武器、激光毁灭性武器等相继研制，激光核聚变技术也得到了持续发展。

16.1.2　激光产生的条件

1. 爱因斯坦辐射跃迁理论

爱因斯坦于 1917 年首次提出自发辐射和受激辐射的概念。4.2 节介绍了半导体中光与物质的相互作用分为三种基本过程：自发辐射、受激辐射与受激吸收。以下简要介绍原子、分子或离子这些具有分立能级的体系中辐射和吸收光的过程中的三种跃迁。对于包括大量原子的物质，这三个过程总是同时存在。以二能级系统为例，如图 16-1 所示，E_1 能级表示基态，即能量最低状态；E_2 能级表示激发态，即能量比基态高的状态。假设 E_1 与 E_2 间满足辐射跃迁的选择定则，则在 E_1 与 E_2 间能发生三种跃迁过程。

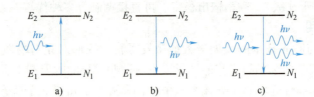

图 16-1　三种能级间的跃迁过程
a）受激吸收　b）自发辐射　c）受激辐射

（1）受激吸收　如图 16-1a 所示，处于低能级 E_1 上的原子受到一个外界光子（能量 $h\nu = E_2 - E_1$）激励作用时，完全吸收其能量后跃迁到激发态 E_2 上的过程称为受激吸收过程。受激吸收的跃迁速率正比于低能态的电子数 N_1 和光子能量为 $h\nu$ 的入射光束的功率密度 ρ_ν，即

$$r_{\text{abs}}^{12} = B_{12} N_1 \rho_{\nu} \tag{16-1}$$

式中，B_{12} 称为爱因斯坦吸收系数，表示吸收跃迁的概率，是原子能级系统的特征参数，其数值由不同原子的不同能级间跃迁而定。

(2) **自发辐射** 假设某原子起初位于能级 E_2，为不稳定状态。即使在没有外界影响的情况下，它也可以自发跃迁到 E_1 上，如图 16-1b 所示，同时辐射出一个光子（能量 $h\nu = E_2 - E_1$）。这种与外界影响无关、自发进行的辐射称为自发辐射，它完全是一种随机过程。各个原子的发光相互独立，但在一个原子数目很大的体系中对大量原子进行统计平均，从 E_2 经自发辐射跃迁到 E_1 是具有一定跃迁速率的。跃迁速率仅取决于高能态电子数 N_2，所以跃迁速率可以表示为

$$r_{\text{sp}}^{21} = A_{21} N_2 \tag{16-2}$$

式中，比例系数 A_{21} 称为爱因斯坦自发辐射系数，表示每个原子在单位时间内从 E_2 跃迁到 E_1 的自发辐射概率。由于 A_{21} 仅由原子系统两个特定能级 E_2、E_1 的特性所决定，因此，对特定原子的特定能级，A_{21} 是一个确定值。同时，各原子在自发跃迁过程中是彼此无关的，因而不同原子产生的自发辐射光的发射方向、相位、偏振状态间都没有确定的关系。

(3) **受激辐射** 激发态 E_2 上的原子在频率为 ν 的外界光子激励下，从 E_2 能级跃迁到 E_1 上，同时辐射出能量为 $h\nu$ 且与外界光子处于同一状态的光子。这两个光子重复该过程并诱导产生更多运动状态相同的光子，这一过程称为受激辐射，如图 16-1c 所示。若原子系统中处于 E_2 上的原子数密度为 N_2，在功率密度为 ρ_{ν} 的外界光作用下，受激跃迁的速率表示为

$$r_{\text{st}}^{21} = B_{21} N_2 \rho_{\nu} \tag{16-3}$$

式中，比例系数 B_{21} 称为爱因斯坦受激辐射系数，表示受激跃迁的概率。同 A_{21} 一样，仅与原子特定的能级跃迁性质有关。由于受激发射产生的光子与外界作用光子处于同一状态，因此，其与外界光子的传播方向、振荡频率、偏振方向及相位均相同。

实际上，在光和大量原子系统相互作用的过程中，以上三种过程同时存在。在光场功率密度 ρ_{ν} 条件下，时间 dt 内，光子与原子相互作用达到动态平衡，则有如下关系：

$$A_{21} N_2 dt + B_{21} N_2 \rho_{\nu} dt = B_{21} N_1 \rho_{\nu} dt \tag{16-4}$$

由于式（16-4）对任意小的时间段 dt 均成立，因此总的辐射速率与受激吸收速率相等：

$$(A_{21} + B_{21}\rho_{\nu}) N_2 = B_{21}\rho_{\nu} N_1 \tag{16-5}$$

即

$$\frac{N_2}{N_1} = \frac{\rho_{\nu} B_{21}}{A_{21} + \rho_{\nu} B_{21}} \tag{16-6}$$

在热平衡状态下，不同能级上的粒子浓度服从玻尔兹曼分布：

$$\frac{N_2 / g_2}{N_1 / g_1} = \exp\left(-\frac{E_2 - E_1}{k_{\text{B}} T}\right) = \exp\left(-\frac{h\nu}{k_{\text{B}} T}\right) \tag{16-7}$$

式中，k_{B} 为玻尔兹曼常量；g_1 和 g_2 分别为能级 E_1 和 E_2 的简并度。

则

$$\rho_{\nu} = \frac{A_{21}}{B_{21}} \frac{1}{\dfrac{B_{12} g_1}{B_{21} g_2} \exp\left(\dfrac{h\nu_{21}}{k_{\text{B}} T}\right) - 1} \tag{16-8}$$

在热平衡条件下，光能量密度 $\rho(\nu_{21})$ 又可由普朗克公式给出：

$$\rho_\nu = \frac{8\pi h\nu_{21}^3}{c^3} \frac{1}{\exp\left(\frac{h\nu_{21}}{k_B T}\right) - 1} \tag{16-9}$$

式中，c 为真空光速，于是比较得到：

$$B_{12}g_1 = B_{21}g_2 \tag{16-10}$$

$$\frac{A_{21}}{B_{21}} = \frac{8\pi h\nu_{21}^3}{c^3} \tag{16-11}$$

式（16-10）和式（16-11）两式即为著名的爱因斯坦关系式。

当 E_1 和 E_2 能级简并度相等时，即 $g_1 = g_2$，则由式（16-10）可得 $B_{12} = B_{21}$。

2. 粒子数反转分布和光的放大

一般而言，受激发射和受激吸收两个相互对立的过程同时存在。从爱因斯坦关系可知，在热平衡状态下，绝大部分粒子数处于基态，受激吸收的速率总是远大于受激发射的速率。随着激发态的粒子数增多，受激辐射的速率显著提高，就有可能让受激辐射占主导。根据式（16-1）和式（16-3），当 $r_{abs}^{12} - r_{st}^{21} = B_{12}N_1\rho_\nu - B_{21}N_2\rho_\nu < 0$ 时，受激吸收的速率小于受激辐射的速率，即存在净的受激辐射。根据式（16-10），得到：

$$\frac{N_2}{g_2} > \frac{N_1}{g_1} \tag{16-12}$$

特别地，当 $g_1 = g_2$ 时，得到激发态和基态粒子数浓度之间的关系：

$$N_2 > N_1 \tag{16-13}$$

式（16-12）和式（16-13）均称为粒子数反转（Population Inversion）条件。当满足粒子数反转条件时，系统能产生净的受激辐射。

下面从宏观角度，讨论产生净受激辐射的条件。在第 4 章已经介绍了增益系数的概念：

$$G(\nu) = \frac{dI(\nu)}{I(\nu)dz} = \frac{d\rho_\nu}{\rho_\nu dz} = \left(\frac{N_2}{g_2} - \frac{N_1}{g_1}\right)g_2 B_{21} h\nu \frac{dt}{dz} \tag{16-14}$$

式中，$I(\nu)$ 实际上与 ρ_ν 具有相同的含义，因此

$$G(\nu) = \frac{dI(\nu)}{I(\nu)dz} = \frac{d\rho_\nu}{\rho_\nu dz} \tag{16-15}$$

式中，$d\rho_\nu$ 则指功率密度的变化量。

以二能级系统的介质为例，如果频率为 ν、功率密度为 ρ_ν 的光束通过此介质，在 $t \to t+dt$ 的时间内，单位体积中，因受激吸收而减少的光能为

$$d\rho_{abs}(\nu) = N_1 B_{12}\rho(\nu)h\nu dt \tag{16-16}$$

因受激发射而增加的光能为

$$d\rho_{st}(\nu) = N_2 B_{21}\rho(\nu)h\nu dt \tag{16-17}$$

能量密度总的变化量为两者之差：

$$d\rho(\nu) = (N_2 B_{21} - N_1 B_{12})\rho(\nu)h\nu dt \tag{16-18}$$

将爱因斯坦关系式（16-10）代入式（16-18），得

$$d\rho(\nu) = \left(\frac{N_2}{g_2} - \frac{N_1}{g_1}\right)g_2 B_{21}\rho(\nu)h\nu dt \tag{16-19}$$

因此，介质的增益系数为

$$G(\nu) = \left(\frac{N_2}{g_2} - \frac{N_1}{g_1}\right) g_2 B_{21} h\nu \frac{\mathrm{d}t}{\mathrm{d}x} \tag{16-20}$$

式（16-20）中，宏观的增益系数用微观的不同能级的粒子数浓度来表示，关联了宏观与微观。当 $G(\nu) > 0$ 时，即 $N_2/g_2 > N_1/g_1$，介质可以产生出净的受激辐射，或者说可以实现光的放大特性。实际上，宏观量 $G(\nu) > 0$ 和 $N_2/g_2 > N_1/g_1$ 是等价的。

在式（16-20）中，又由于 $\nu \dfrac{\mathrm{d}t}{\mathrm{d}x} = \nu \dfrac{1}{v} = \nu \dfrac{1}{c/n} = \dfrac{1}{\lambda}$，可得

$$G(\nu) = \left(N_2 - N_1 \frac{g_1}{g_2}\right)\frac{B_{21}h}{\lambda} \tag{16-21}$$

3. 光振荡

激光的产生除工作介质中粒子数反转外，还需引入谐振腔，使光在腔内有方向性地往复传播，沿该方向的光不断通过工作介质并得以放大。同时极少频率的光满足相长干涉条件，光频率得到筛选，并且减少相应的振荡模式数目，最终获得单色性与方向性良好的激光输出。第 2 章讲到的法布里-珀罗腔是最经典的光学谐振腔之一，它由两块平行的反射镜组成。设反射镜的反射率分别为 R_1 和 R_2，其中 $R_1 = 1$。基于这样的设定，在镜面轴线方向上能形成光强最强、模式数目最少的激光振荡，并由 R_2 镜面出射激光。而偏离轴线夹角较大的光束将从工作介质的侧面逸出，无法形成有效的激光振荡。

光在谐振腔内传播时，由于光在镜面上存在透射损耗，且还存在腔内光吸收、散射等损耗，因而只有光增益大于光损耗时，光才能被放大并在腔内振荡，因此存在振荡阈值条件。设工作介质的增益系数为 $G(\nu)$，介质中同时存在散射之类的其他损耗 α_s，谐振腔长为 L。光从某处发出，在谐振腔中经过一个来回返回初始位置时，光强变为

$$P(2L) = P_0 \exp\left[(G(\nu) - \alpha_s)2L\right]R_1 R_2 \tag{16-22}$$

式中，P_0 表示某处初始功率。当谐振腔具有稳定的激光输出时，则光经过一个来回返回初始位置时光强不变：

$$P(2L) = P_0 \exp\left[(G(\nu) - \alpha_s)2L\right]R_1 R_2 = P_0 \tag{16-23}$$

因此，求得增益系数：

$$\left[G(\nu)\right]_{\mathrm{th}} = \alpha_s + \frac{1}{2L}\ln\left[\frac{1}{R_1 R_2}\right] \tag{16-24}$$

此时，$\left[G(\nu)\right]_{\mathrm{th}}$ 称为阈值增益系数。

当 $G(\nu) < \left[G(\nu)\right]_{\mathrm{th}}$ 时，由式（16-22），$P(2L) < P_0$，光在传播过程中强度不断衰减，无法形成稳定的激光振荡。当 $G(\nu) > \left[G(\nu)\right]_{\mathrm{th}}$ 时，$P(2L) > P_0$，则光强逐渐加强，能形成激光振荡。此时，由于增益系数大于阈值增益，腔介质的损耗 α_s 也随之增加，使得阈值增益系数升高，最终将稳定在 $G(\nu) = \left[G(\nu)\right]_{\mathrm{th}}$ 的状态。

假设腔介质无任何损耗，即 $\alpha_s = 0$，阈值增益的表达式（16-24）简化为

$$\left[G(\nu)\right]_{\mathrm{th}} = -\frac{1}{2L}\ln R_1 R_2 \tag{16-25}$$

再根据式（16-21），可得激光振荡的反转粒子数阈值公式为

$$\left(N_2 - \frac{g_1}{g_2}N_1\right)_{th} = -\frac{\lambda}{B_{21}h}\frac{\ln(R_1R_2)}{2L} \tag{16-26}$$

式（16-26）说明，通过泵浦，使 $N_2/g_2 > N_1/g_1$，达到反转阈值要求时，光才逐渐加强，进而在谐振腔中形成激光振荡。特别地，当不同能级的简并度相同时，粒子数反转的条件简化为 $N_2 > N_1$。下面将对激光各要素进行详细介绍。

4. 激光器的基本三要素

（1）工作物质　工作物质也称增益介质。一旦工作物质实现粒子数反转，就可将在物质中传播的光进行放大。即工作物质成为了增益介质，起到光放大器的作用。在前述的二能级系统中，当用泵浦光将 E_1 能级上的原子抽运到 E_2 能级上时，能否发生真正的粒子数反转？如图 16-2a 所示，当二能级体系物质被外界能量激励时，首先产生自发辐射，然后物质吸收光子，使 E_1 能级上的粒子数 N_1 减少、E_2 能级上的粒子数 N_2 增多；同时，由于辐射过程的存在导致 N_2 减少、N_1 增多，最终，在系统达到稳定状态时，N_1 和 N_2 将会相等（$N_1 = N_2$），此时系统不再吸收能量为 $h\nu$ 的光子，呈现出透明的特性。即使增加泵浦光的强度，受激吸收与受激发射发生的速率也是相同的，很难实现持续的粒子数反转。因此，二能级系统不适合作为激光工作物质。虽然不同物质的能级结构不同，但为了实现激光输出，工作物质仅具有激发态与基态两种能级是不够的，通常还需一个亚稳态能级。亚稳态能级的存在使得粒子在该能级有较长的停留时间、较小的自发辐射概率，从而实现粒子数反转。基于这一分析，激光工作物质至少应包含三个能级。

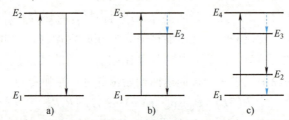

图 16-2　不同能级类型的介质
a）二能级系统　b）三能级系统　c）四能级系统

第一台红宝石激光器就是典型的三能级系统。红宝石的能级结构如图 7-6 所示，它属于三能级体系（图 16-2b）：E_1 为基态，中间能级 E_2 为亚稳态，E_3 为激发态。在外界泵浦源的激励下，基态 E_1 的粒子跃迁到激发态 E_3，导致 E_1 中的粒子数 N_1 随之减小。由于 E_3 的寿命很短（10^{-9}s 量级），粒子很快以非辐射跃迁方式弛豫到亚稳态 E_2。E_2 的寿命相对较长（10^{-3}s 量级，在红宝石中约 3ms），因此可以积聚大量粒子，E_2 上的粒子数 N_2 随之增多。当有半数以上的粒子跃迁至 E_2 时，即实现了 $N_2 > N_1$，达到了粒子数反转的条件。这时，光子能量为 $h\nu = E_2 - E_1$ 的入射光将诱导受激辐射，实现光放大。然而，三能级系统需要至少有一半以上的粒子数转移至亚稳态，这对泵浦源的功率提出了较高的要求，即三能级系统具有较高的激光阈值和较低的效率。

四能级系统通过在两个激发态 E_3、E_2 之间实现粒子数的反转，其能级结构如图 16-2c 所示。在这个系统中，E_4 通过无辐射弛豫的方式跃迁至 E_3 的概率较大，而 E_3 至 E_2、E_2 至 E_1 自发辐射概率较小。由于低能级 E_2 不是基态而是激发态，本就具有极少的粒子数，因此只要亚稳态 E_3 上的粒子数有所积聚，就容易在 E_3 与 E_2 之间实现粒子数反转。相比三能级系统，四能级系统更容易实现粒子数反转，具有较低的激光阈值和更高的效率。

（2）泵浦源　在外界作用下，粒子从低能级进入高能级以实现粒子数反转的过程称为泵浦。负责泵浦功能的装置称为泵浦源，其目的是使工作物质中的粒子达到反转分布状态。泵浦源是激光器的三个基本要素之一，也是激光产生的外因。

根据泵浦方式的不同，泵浦源主要有光激励、电激励、热激励和化学激励等方式。其中，光激励使用强光（如氙灯等闪光灯）或激光束直接照射工作物质，利用其对泵浦能级的强吸收特性，将其转化为激光能，常用于固体激光器或液体激光器。电激励通过气体辉光放电、高频放电或电子注入等方式，常用于气体激光器或半导体激光器。热激励和化学激励则通过热能和化学反应进行激励，例如，化学激光器是通过化学反应释放的能量实现粒子数反转。

（3）谐振腔　激光谐振腔在激光器中起关键作用，是激光器产生稳定、单色、高质量激光的核心组件。激光谐振腔主要有以下作用：

1）光子放大和反馈。激光谐振腔通过多次反射，使光子在激光介质中来回传播。每次经过激光介质时，光子都会诱导受激辐射，从而进一步放大光信号。谐振腔的反射镜提供反馈机制，使得一部分光子返回激光介质时进一步放大。这种反馈机制是维持激光振荡的关键。

2）模式选择。谐振腔内部的几何结构和尺寸决定了其支持的纵向光模式和横向光模式。如图 16-3 所示，纵向光模式由谐振腔支持的纵向模式和增益介质的带宽（包括能级的展宽）共同决定。谐振腔内的驻波条件要求光子必须满足腔的谐振条件，这限制了激光的波长范围，从而确定了激光的单色性。不同的模式决定了激光输出光束的空间特性、光束的质量。高质量的谐振腔能够产生低发散度和高空间相干性的激光光束。

3）输出耦合。谐振腔通常具有部分反射镜（输出耦合镜），它允许一部分激光输出腔外。输出耦合镜的反射率决定了激光器的输出功率和效率。

4）稳定性和相干性。谐振腔的稳定性对于维持激光器的频率稳定和相干性至关重要。稳定的谐振腔能确保激光器长时间输出稳定的光信号，并在时间和空间上保持一致的相位关系。这种稳定性对于干涉测量、光谱学和相干通信系统等应用尤为重要。

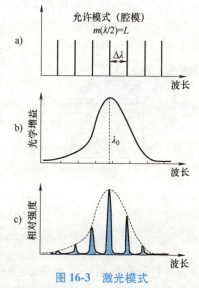

图 16-3　激光模式
a）光学腔允许的模式及其波长
b）激光介质的光增益与波长特性（光增益曲线）
c）输出光谱

16.2　工作原理与特性

16.2.1　基本工作原理

半导体激光器又称激光二极管（Laser Diode，LD），是以半导体材料为工作物质的一类激光器，具有体积小、效率高、集成化程度高、可直接电调制等独特优势。下面以同质结激光器为例，讨论半导体激光器的基本工作原理。

考虑一个简并掺杂的直接带隙半导体 GaAs 构成的 pn 结，其结构示意图和能带图如图 16-4 所示。在简并掺杂条件下，p 区的费米能级 E_{Fp} 位于价带中，而 n 区的费米能级 E_{Fn} 位于导带中。如图 16-4b 所示，可以认为直到费米能级的所有能级都被电子占据。在没有外加电压的情况下，费米能级在二极管中是连续的，即 $E_{Fp} = E_{Fn}$。在这种 pn 结中，由于掺杂浓度非常高，耗尽区或空间电荷层（SCL）非常狭窄。在这个 SCL 中存在一个内建电势差为 V_D、高度为 qV_D 的势垒，防止 n^+ 区导带中的电子扩散到 p^+ 区的导带，同时也阻止空穴从 p^+ 区扩散到 n^+ 区。

1. 粒子数反转

当对 pn 结器件施加偏压 V 时，外加电压引起 pn 结两端的费米能级变化，即 $\Delta E_F = qV$。假设施加在这个简并掺杂的 pn 结的电压较大，使得 $qV > E_g$，如图 16-4b 所示。此时 E_{Fn} 和 E_{Fp} 之间的分离程度等于外加的电势能 qV。外加电压将内建电势能降低到几乎为零，这意味着电子可以轻易扩散到 SCL 并流经 p^+ 区，形成二极管电流。同样，空穴从 p^+ 区到 n^+ 区的势垒也显著降低。最终，来自 n^+ 的电子和来自 p^+ 的空穴都流入 SCL，使该 SCL 区域不再耗尽，如图 16-4b 所示。在这个结区内，导带接近 E_c 能量处的电子比价带接近 E_v 的能量处的电子更多，即在结区附近存在粒子（电子）数反转分布。

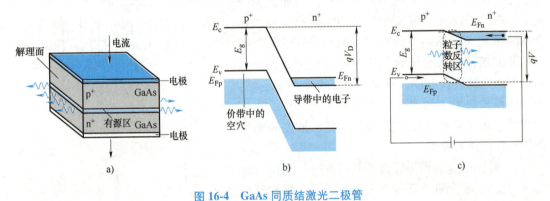

图 16-4 GaAs 同质结激光二极管

a）结构示意图   b）无偏压下时的能带图   c）较大正向偏压下的能带图

该反转分布区域处于 pn 结交界处，称为反转层或有源区。图 16-5a 展示了有源层中导带和价带中电子和空穴的态密度随能量的分布情况。E_v 附近几乎没有电子，而 E_c 附近几乎没有空的状态，因此，能量略大于 $E_c - E_v = E_g$ 的入射光子不能激发电子从 E_v 跃迁到 E_c。然而，能量略大于 E_g 的光子可以激励电子从 E_c 跃迁到 E_v，并产生与之具有相同状态的光子。有源区中，由于存在粒子数反转，受激辐射比吸收更多，入射光子更可能引起受激辐射而不是被吸收，因此该区域具有光学增益。光学增益取决于光子能量。在低温（$T \approx 0K$）下，E_c 和 E_{Fn} 之间的状态被电子填充，而 E_{Fp} 和 E_v 之间的状态是空的。能量大于 E_g 但小于 $E_{Fn} - E_{Fp}$ 的光子会引起受激辐射，而能量大于 E_v 的光子会被吸收。图 16-5b 显示了低温下光学增益和吸收对光子能量的依赖关系。随着温度升高，费米-狄拉克函数会将导带中电子的能量分布扩展到 E_{Fn} 以上，并将价带中空穴的能量分布扩展到 E_{Fp} 以下。结果是光学增益曲线有所降低，从增益到吸收的转变点向高光子能量方向移动。

显然，通过在足够大的正向偏压下，在结区注入载流子，可实现 E_c 附近和 E_v 附近能量之间的粒子数反转分布。因此，泵浦机制依赖于正向二极管电流，泵浦能量由外部电池提供，这种泵浦方式称为注入泵浦。光学增益谱取决于 $E_{Fn}-E_{Fp}$ 的值，而 $E_{Fn}-E_{Fp}$ 的值又取决于二极管外加偏压，因为 $E_{Fn}-E_{Fp}=qV$。当外加电压或注入电流增大时，E_{Fn} 和 E_{Fp} 之间的能量差增大，从而增强了粒子数反转程度，导致在 E_g 到 $E_{Fn}-E_{Fp}$ 范围内的光学增益系数也相应提高。同时，还延展了光学增益的光谱范围，使得更短波长的光子可以被放大。

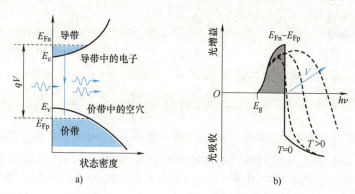

图 16-5　正向偏压较大时，有源层中电子的分布及增益
a）电子的分布　b）光增益（或吸收）谱

2. 谐振腔

除了实现粒子数反转，还需光学腔来实现激光的振荡。图 16-4a 展示了 GaAs 同质结激光二极管的结构。该器件的 pn 结只使用一种半导体材料，因此为同质结。晶体端面经过解理并进行光学抛光，由于与空气折射率形成显著的差异，解理面或抛光面的反射率通常较高：

$$R=\frac{(n-1)^2}{(n+1)^2}=\frac{(3.6-1)^2}{(3.6+1)^2}=0.32 \tag{16-27}$$

式中，880nm 处，折射率 $n=3.6$。由于在粒子数反转的波段，消光系数可以取绝对值较大的负值。因此，实际反射率 R 会比 0.32 更大，因此是天然的反射镜。

3. 谐振器损耗

法布里-珀罗谐振器中主要的损耗来源于晶体表面上的部分反射。这种损耗产生了实际的激光输出。对于长度为 L 的谐振器，反射损耗系数为

$$\alpha_m=\alpha_{m1}+\alpha_{m2}=\frac{1}{2L}\ln\left(\frac{1}{R_1R_2}\right) \tag{16-28}$$

如果两个表面的反射率相同，即 $R_1=R_2=R$，则 $\alpha_m=(1/L)\ln(1/R)$。总损耗系数为

$$\alpha_r=\alpha_s+\alpha_m \tag{16-29}$$

式中，α_s 代表其他损耗来源，包括半导体材料中的自由载流子吸收和光学不均匀性散射。

另一个重要的损耗来源是光能量在有源层之外的扩散（在垂直于结平面的方向上）。如果有源层厚度 L 较小，这种损耗尤其显著。通过使用双异质结构，可减轻这一问题，在这种结构中，中间层由折射率较高的材料制成，充当波导以限制光能量。

通过定义限制因子 Γ，可以现象学地分析由光扩散引起的损耗，这个因子表示处于有源

区内光能量的比例。假设有源区外的能量完全被浪费掉，那么 Γ 就是增益系数减少的因子，或者等效地说，是损耗系数增加的因子。因此，必须修改式（16-29）以反映这种增加，有

$$\alpha_r = \frac{1}{\Gamma}(\alpha_s + \alpha_m) \tag{16-30}$$

根据用于限制载流子或光在横向方向（即结平面内）传播的机制，有三类激光二极管结构类型：宽面积型（没有横向限制机制）、增益导引型（利用增益的横向变化进行限制）和折射率导引型（利用折射率的横向变化进行限制）。

4. 阈值电流密度

半导体光激光器的增益系数 $G(\nu)$ 的峰值 g_p 大约与注入载流子浓度成正比，而注入载流子浓度又与注入电流密度 J 成正比，即

$$g_p \approx \alpha\left(\frac{J}{J_T} - 1\right), J_T = \frac{qd}{\eta_i \tau_r}\Delta n_T \tag{16-31}$$

式中，τ_r 是辐射电子-空穴复合寿命；η_i 是内量子效率，$\eta_i = \tau/\tau_r$；d 是有源区的厚度；α 是热平衡吸收系数；Δn_T 和 J_T 分别是使半导体刚好变为透明所需的注入载流子浓度和电流密度。激光振荡的条件是增益超过损耗，即 $g_p > \alpha_r$。因此，式（16-31）中，令 $g_p = \alpha_r$，即得注入的阈值电流密度为

$$J_{th} = \frac{\alpha_r + \alpha}{\alpha}J_T \tag{16-32}$$

在 J_{th} 以下，器件发出的光是自发辐射而不是受激辐射，导致发射的光子是随机的，此时，器件的行为类似于发光二极管（LED）。对于超过 J_{th} 的二极管电流密度，器件发出的是相干激光辐射。

阈值电流密度 J_{th} 是表征激光二极管性能的关键参数，较小的 J_{th} 表示性能优越。根据式（16-31）和式（16-32），通过优化内量子效率 η_i、最小化谐振器损耗系数 α_r、透明注入载流子浓度 Δn_T 和有源厚度 d，可以使 J_{th} 最小。但当 d 超过某个临界值时，损耗系数 α_r 会变大，因为限制因子 Γ 减小。因此，J_{th} 随着 d 的减小而减小，直到达到最小值，此后任何进一步的减小都会导致 J_{th} 的增加。

由于式（16-32）中的参数 α_r 和 α 依赖于温度，因此，阈值电流密度 J_{th} 和峰值增益的频率也依赖于温度，可以使用温度控制来稳定激光输出并调整输出频率。

同质结激光二极管的主要问题是阈值电流密度 J_{th} 过高，难以实际应用。例如，室温下 GaAs pn 结的阈值电流密度高达 $500\text{A} \cdot \text{mm}^{-2}$，这意味着 GaAs 同质结激光器只能在非常低的温度下连续工作。然而，通过使用异质结构半导体激光二极管，可以将阈值电流密度 J_{th} 降低几个数量级。在双异质结激光器中，由于有源层起光波导的作用，限制因子在较低的 d 值下保持接近 1，结果使 J_{th} 的最小值更低，性能更优。

16.2.2 异质结激光器

将阈值电流密度 J_{th} 降至实际可用的水平，需提高受激发射率和光学腔的效率。首先，可以将注入的载流子限制在结周围的狭窄区域内。有源区的缩小意味着需要更小的电流来建立实现粒子数反转所需的载流子浓度。其次，可以在光学增益区域周围构建一个介电波导，以减少垂直腔轴传播的光子的损失，提高限制因子 Γ，从而增大光子密度，提高受激发射的

概率。因此，我们需要同时进行载流子限域和光子或光场的限域。实际上，这两个要求在现代激光二极管中通过使用异质结构器件可以轻松实现，就像高强度双异质结构 LED 一样。然而，基于现代激光二极管的条件，还有一个额外的要求，即维持激光振荡高品质的光学腔，以增加受激发射相对于自发发射的比率。

从载流子限域看，图 16-6 展示了基于不同带隙半导体材料的两个结的双异质结构（Double Heterostructure，DH）器件。双异质结由半导体材料 $Al_{1-x}Ga_xAs$（或简称为 AlGaAs）和 GaAs 组成，其带隙分别为 2eV 和 1.4eV，可表示为 n-AlGaAs/p-GaAs/p-AlGaAs。其中，p-GaAs 区域是一个薄层，约为 $0.1\mu m$，是激光器的有源层。p-GaAs 和 p-AlGaAs 均进行了重掺杂，使得费米能级位于价带中。当施加足够大的正向偏压时，n-AlGaAs 的导带 E_c 上移至 p-GaAs 的导带 E_c 之上，导致大量电子从 n-AlGaAs 的导带注入到 p-GaAs 的导带中，如图 16-6b所示。然而，这些电子被限制在 p-GaAs 的导带中，因为 p-GaAs 和 p-AlGaAs 之间由于带隙变化存在一个势垒 ΔE_c。由于 p-GaAs 是一个薄层，即使正向电流适度增加，也可迅速增大 p-GaAs 层中注入电子的浓度，这有效降低了粒子数反转或光学增益的阈值电流。因此，即使是适度的正向电流密度，也可将足够数量的电子注入 p-GaAs 的导带中，从而在该层中达到足够的电子浓度，实现粒子数反转。

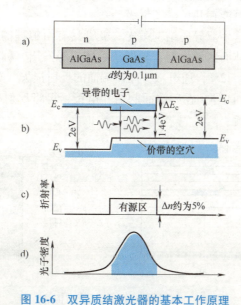

图 16-6 双异质结激光器的基本工作原理
a）结构示意图 b）能带图 c）折射率分布 d）光子密度分布

从光子限域的角度看，带隙较宽的半导体通常具有较低的折射率，而折射率较大的 GaAs 处于折射率较小的 AlGaAs 中间。这种折射率的变化定义了一个光学波导，如图 16-6c 所示，它将光子限制在光学腔的有源区内，从而增大光子的密度。器件内的光子密度如图 16-6d 所示。光子密度的增加提高了受激发射的效率。因此，载流子限制和光学限制将共同导致阈值电流密度的降低。如果没有双异质结构器件，我们将无法在室温下实现连续运行的实用固态激光器。

双异质结构激光二极管的典型结构类似于双异质结构 LED，如图 16-7 所示。这种激光器制作在 n-GaAs 衬底上，外延生长掺杂层 n-AlGaAs、有源层 p-GaAs 和 p-AlGaAs 层，最后还添加了一个额外的 p-GaAs 层作为接触层。电极直接生长在 GaAs 上，而不是 AlGaAs 上，这是为了降低接触电阻。如前所述，p-GaAs 和 n-AlGaAs 层形成了与 p-GaAs 的异质结，提供了垂直方向上的载流子和光子的限域。有源层选用 p-GaAs，这意味着激光的发射波长将在 870~900nm 之间，具体取决于掺杂水平。有源层也可用 AlGaAs 制成，但其成分与限制层的 AlGaAs 不同，仍能保持异质结的特性。通过调节有源层的成分，可以控制激光的发射波长为 650~900nm。AlGaAs/GaAs 异质结的优点在于两种晶体结构之间晶格失配很小，因此在器件中引起的应变仅导致很少的界面缺陷（如位错）。这些缺陷通常充当非辐射复合中心，从而减少了辐射跃迁的速率，提高器件的量子效率。

这种激光二极管的一个重要特征是条形结构，即条形电极接触在 p-GaAs 上。如图 16-7a 所示，条形接触产生的电流密度 J 在横向并不均匀，J 在中心路径 2 处最大，并向路径 1 或路径 3 方向减小。电流被限制在路径 1 和路径 3 内流动。通过有源层的电流密度路径大于阈值的区域，定义了粒子数反转和光学增益的有源区，激光的发射来自这个区域。有源区或光学增益区的宽度由条形接触的电流密度决定，光学增益在电流密度最大的地方达到峰值。这类激光器称为增益导引激光器。使用条形结构有两个优点：①减小接触面积，也减少了阈值电流 I_{th}；②减小的发射面积使光耦合到光纤变得更容易。典型的条形宽度可能只有几微米，从而导致典型的阈值电流可能在几十毫安量级。

从谐振腔的角度看，这个双异质结构激光二极管具有由解理的晶体端面定义的光学腔。激光从垂直于有源层的晶体面区域发射，辐射从晶体边缘发出，称为边发射。由于 GaAs 的折射率约为 3.6，反射率为 32%，通过减少晶体端面的反射损失（如涂覆端面）可以提高激光效率和 FP 腔的精细度。此外，在后端面制造介电镜，可将反射率提高到接近 1，从而提高光学增益并降低阈值电流。

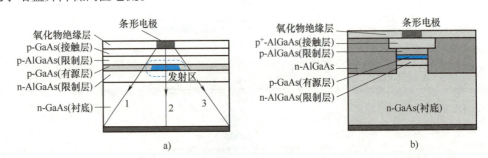

图 16-7 双异质结激光二极管结构示意图
a）条形接触的器件　b）有源层掩埋型的器件

图 16-7 中的条形结构双异质结激光器中，光学增益区域的宽度或横向范围由电流密度决定，并随着电流变化。然而，由于横向折射率没有明显变化，光子在有源区的横向光学限制较差。为了增加受激发射速率，需将光子横向限制在有源区域。这可通过在横向引入折射率分布来实现，类似于通过异质结构定义的垂直限制。图 16-7b 示意了这种双异质结构激光二极管的结构，其中有源层 p-GaAs 在垂直和横向上都被折射率较低的宽带隙半导体 AlGaAs 限制，有源层（GaAs）被埋在宽带隙材料内，因此，这种结构称为掩埋式双异质结构激光二极管。由于有源层被折射率较低的材料（AlGaAs）包围，它表现为介电波导，确保光子被限制在有源或光学增益区域。这种光子限制增加了受激发射率，从而提高二极管的效率。

由于光子被限制在由折射率变化定义的波导内，这类二极管称为折射率导引的激光器。此外，如果掩埋的异质结构在横向尺寸上与辐射的波长相匹配，那么就和介电波导的情况一样，在这种波导结构中就只能存在横向基模。

16.2.3　基本工作特性

第 16.1.2 小节讲到，激光二极管的输出光谱取决于两个因素：用于构建激光振荡的光学谐振腔的性质以及有源介质的光学增益曲线。LD 光学谐振腔本质上是一个法布里-珀罗腔，其高度与异质结 LD 中有源层厚度 d 大致相当，其长度 L 决定了纵向模式的间隔，而宽度 w 和高度 h 决定了横向模式。

1. 空间特性

与其他法布里-珀罗激光器类似，激光二极管中的振荡具有纵向模和横向模的形式。我们用指标 (l,m) 表征横向方向上的空间分布，而指标 q 则用于表示沿波传播方向或时间行为的变化。在大多数其他类型的激光器中，激光束完全存在于有源介质内，因此不同模式的空间分布由腔镜的形状和它们之间的间距决定。对于圆对称系统，横向模可用厄米-高斯（Hermite-Gaussian）或拉盖尔-高斯（Laguerre-Gaussian）光束表示。然而，在激光二极管中则情况不同，因为激光束会扩展到有源层外。因此，横向模式（也称为空间模式）是由激光二极管的不同层次形成的介电波导的模式。

根据波导理论，可确定横截面为 d 和 w 的矩形光波导的横向模式。如果 d/λ_0 足够小，波导将在垂直于结面的横向方向上只容许一个模式。然而，w 通常大于 λ_0，因此波导将在平行于结面方向上支持多个模式，如图 16-8 所示。沿着结面平行方向的模式称为横向模或侧向模。w/λ_0 比值越大，可能的横向模式数量就越多。如果横向尺寸 w 也足够小，只有最低横向模式，即 TEM00 模式。然而，这个 TEM00 模式还会有纵向模式，其分隔取决于 L。

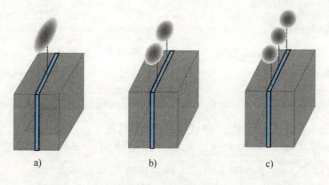

图 16-8　激光波导模式的光强空间分布的示意图
a) $(l,m)=(1,1)$　b) $(l,m)=(1,2)$　c) $(l,m)=(1,3)$

激光二极管发射的激光束呈现发散现象，这是由于波在腔端的衍射造成的。如图 16-9 所示，尺寸为 d 和 w 的有源层的边发射激光二极管，在垂直于结面的平面上发射的光具有远场角发散度 $\approx \lambda_0/d$，在平行于结面的平面上为 $\approx \lambda_0/w$。最小的孔径引起最大的衍射，来自边发射 LD 的发射束具有椭圆形的横截面。这样的发散角度类似于高斯光束的结果，其直径为 $2W_0$。当 $\theta \ll 1$ 时，发散角为 $\theta \approx (2/\pi)(\lambda_0/2W_0) = \lambda_0/\pi W_0$。发散角度决定了远场辐射图案。由于其有源层尺寸较小，激光二极管的角度发散比大多数其他激光器都大。例如，对

于 $d=2\mu m$、$w=10\mu m$ 和 $\lambda=800nm$，计算得到的发散角度约为23°和5°。对于较小的 w，单横模激光二极管的光具有更大的发散角度。远场光在辐射锥内的空间分布取决于横向模式的数量和它们的光学功率。从这种器件发出的激光二极管光的高度非对称椭圆分布可能使后续光束整形变得困难。

2. 光谱特性

激光二极管的实际输出光谱模式取决于这些模式所经历的光学增益。术语"输出光谱"严格指辐射发射的光谱功率与波长的特征。光谱功率 $P_o(\lambda)$ 定义为 $\dfrac{dP_o}{d\lambda}$，即单位波长发射的光学功率。$P_o(\lambda)$ 光谱曲线下的面积代表了总发射功率 P_o。LD 的光谱可以是单模或多模，取决于光学谐振腔结构和泵浦电流水平。图 16-10 所示为折射率导引的 LD，随着电流的变化，峰值发射波长存在偏移。在大多数 LD 中，峰值波长的变化是由于高电流下半导体的焦耳加热，从而改变了半导体和激光腔的特性。低输出功率下的多模光谱通常在高输出功率时变为单模（图 16-10）。对于许多应用，LD 必须设计为单模发射，并且随着输出功率增加，发射波长的偏移很小。

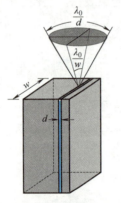

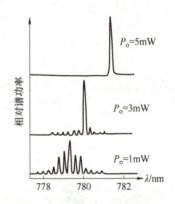

图 16-9　激光二极管边发射的
光束的远场分布

图 16-10　折射率导引的边发射激光二极管的
激光辐射的输出光谱

输出光谱也随温度变化。对于单模激光二极管，峰值发射波长 λ_0 在某些温度下表现为跳变。跳变对应于输出模式的变化，即在新的工作温度下，另一个模式由于折射率（以及腔长度）随温度的变化满足了激光振荡条件。在模式跳变之间，峰值发射波长 λ_0 缓慢增加。为了避免模式跳变，器件结构必须设计得使模式间隔足够大。相比之下，增益导引的激光器的输出光谱常具有许多模式，因此其随温度的行为倾向于遵循光学增益曲线的变化（例如带隙的变化），而不是腔体特性。通常，高度稳定的 LD 通常带有热电冷却器集成到二极管包装中，以控制器件温度。许多高功率激光二极管在包装中具有光电探测器，以监测输出强度。

3. 效率特性

与 LED 类似，激光二极管众多的效率定义与之相似。外量子效率 η_{EQE} 定义为

$$\eta_{EQE}=\frac{从二极管输出的光子数}{注入二极管的电子数}=\frac{P_o/h\nu}{I/q}\approx\frac{qP_o}{E_gI} \tag{16-33}$$

内量子效率（Internal Quantum Efficiency，IQE）η_{IQE} 和 LED 一样，衡量了注入电子中通过辐射复合的比例。等效地，如果 τ_r 是辐射复合时间，T_{nr} 是非辐射复合时间，则

$$\eta_{IQE} = \frac{辐射复合速率}{所有复合过程的速率} = \frac{1/\tau_r}{1/\tau_r + 1/\tau_{nr}} \tag{16-34}$$

为了表示超过阈值的效率变化，通常使用"微分"的概念来消除阈值差异带来的影响。例如，采用外微分量子效率（External Differential Quantum Efficiency，EDQE）η_{EDQE} 是一种便捷的方法：

$$\eta_{EDQE} = \frac{从二极管的输出光子数}{注入二极管的电子数} = \frac{\Delta P_o / h\nu}{\Delta I / q} \tag{16-35}$$

内微分量子效率（Internal Differential Quantum Efficiency，IDQE）表示增加的光子数在超过阈值的情况下每单位注入电子（即电流）内部生成的数量。因此，在阈值以上，有

$$\eta_{IDQE} = \frac{内部生成的光子数}{注入二极管的电子数} \tag{16-36}$$

即如果电流超过阈值，增加了 ΔI，那么注入电子的增加量是 $\Delta I / q$。因此，内部生成的光子数的增加量是 $\eta_{IDQE} \Delta I / q$。

作为激光器，相干光子必须逃逸腔体才能实现激光输出，这需考虑提取效率（Extraction Efficiency，EE）η_{EE}。假设只从一个镜子输出，设输出镜 M_1 的反射率为 R_1，另一个镜子完全反射，即 $R_2 = 1$。在 M_1 镜处的损失是透射输出。假设没有内部损失（即 $\alpha_s = 0$），那么腔体中的辐射最终会从 R_1 耦合出来，提取效率 η_{EE} 将达到单位 1。因此，重要的是，由于 R_1 导致的损失与腔体中所有损失的相对比例。提取效率定义为由于 R_1 导致的损失系数与总损失 α_r 之比：

$$\eta_{EE} = \frac{(1/2L)\ln(1/R_1)}{\alpha_r} \tag{16-37}$$

式中，α_r 是总损失，$\alpha_r = \alpha_s + (1/2L)\ln(1/R_1)$。

功率转换效率（Power Conversion Efficiency，PCE）η_{PCE} 又称插座效率（Wall-plug Efficiency），衡量了从电功率输入到光功率输出的整体效率：

$$\eta_{PCE} = \frac{光输出功率}{电输入功率} = \frac{P_o}{IV} \approx \eta_{EQE}\left(\frac{E_g}{qV}\right) \tag{16-38}$$

斜度效率（Slope Efficiency，SE）η_{SE} 是激光二极管常用且重要的参数，实际上是微分功率转化效率（Differential Power-conversion Efficiency，DPCE），用于描述在超过阈值电流 I_{th} 的条件下，激光发射的光功率 P_o 与二极管电流 I 之间的关系为

$$\eta_{SE} = \left(\frac{\Delta P_o}{\Delta I}\right)_{阈值之上} \approx \frac{P_o}{I - I_{th}} \tag{16-39}$$

单位通常为 $W \cdot A^{-1}$ 或 $mW \cdot mA^{-1}$。斜度效率取决于 LD 的结构和半导体封装，通常可用 LD 的 η 常见值接近 $1 W \cdot A^{-1}$。根据式（16-35）和式（16-39），外微分量子效率与斜度效率之间具有如下关系：

$$\eta_{EDQE} = \eta_{SE}\frac{q}{h\nu} \approx \left(\frac{q}{E_g}\right)\frac{P_o}{I - I_{th}} \tag{16-40}$$

因此，光功率与电流之间具有以下关系：

$$P_{\mathrm o}=\eta_{\mathrm{EDQE}}(I-I_{\mathrm{th}})\frac{h\nu}{q}=\eta_{\mathrm{EDQE}}(I-I_{\mathrm{th}})\frac{1.24\left[\mu\mathrm{m}\cdot\mathrm{W}\cdot\mathrm{A}^{-1}\right]}{\lambda_0} \qquad (16\text{-}41)$$

16.3　量子限域结构激光器

量子限制激光器是一类重要的激光二极管，其中载流子被限制在小于热电子德布罗意波长的尺寸内（在 GaAs 中约为 50nm）。这些激光器通过限制电子的动量，在不同维度上形成不同的结构。这些结构分别为体材料、量子阱、量子线和量子点，它们对应的电子动量限制维度为 0、1、2 和 3，而几何维度分别为 3、2、1 和 0。具体来说，体材料在三个维度上都没有限制，因此，其几何维度为 3。而量子点结构在三个维度上都有电子动量限制，因此，其几何维度为 0。量子限制结构的命名惯例是基于几何维度的。例如，量子阱的几何维度为 2，因为它在一个维度上没有限制，而在其他两个维度上有电子动量限制。类似地，量子线的几何维度为 1，因为它在两个维度上没有限制，而在一个维度上有电子动量限制。量子限域结构的一些基本属性已在第 3.5 节中进行了介绍。这些属性包括能带结构、载流子态密度等，对于理解和设计量子限域激光器至关重要。

16.3.1　量子阱激光器

前文提到的异质结半导体激光器都是将载流子以及复合光子限制在垂直于结平面的方向。条形结构的异质结可以将载流子与复合光子限制于结平面方向上比较小的有源区内，从而加强光电子相互作用、提高半导体激光器性能。如果进一步减少有源层厚度至与载流子的德布罗意波波长数量级相当的尺度，就会产生量子尺度效应，此时势阱成为了量子阱（见 3.5 节）。与发光二极管类似，量子阱也广泛应用于现代激光二极管中。

1. 单量子阱激光二极管

第一个单量子阱半导体激光器于 1977 年被报道。带隙较窄的 GaAs 薄膜夹在两个宽带隙半导体 AlGaAs 之间，有源层（GaAs）厚度仅为 20nm，形成 AlGaAs/GaAs/AlGaAs 的量子阱结构，如图 16-11 所示。如第 3.5 节所述，在沿 x 方向上的量子阱中，电子的能量在 x 方向上被量子化，形成分立的能级；在 y—z 平面上是自由的，能量是连续的。因此，导带中的电子形成了二维自由电子气体。二维电子气体的态密度 $g_{\mathrm c}(E)$ 是随能量变化的阶梯函数，如图 16-11c 所示。需要注意的是，E_1 和 E_2 之间形成近连续的能带，这是因为 E_1 和 E_2 之间的能量来自于电子在 y—z 平面上几乎是连续的动能（见式（3-77））。同样，在价带中，E_1' 和 E_2' 之间存在近连续的能级。

单量子阱器件包含一个量子阱，被更宽带隙的半导体包围。通常，量子阱层是未掺杂的，而 AlGaAs 限制层是简并掺杂的，如图 16-11a 所示。在足够的正向偏压下，电子将从 n-AlGaAs 注入量子阱的导带，而空穴将从 p-AlGaAs 注入量子阱的价带。这些注入的电子会迅速地弛豫并开始填充 E_1 及附近的能态。由于在 E_1 处存在有限且大量的态密度，导带中的电子无须在能量上分散得太远就能找到能态。相比之下，体半导体中，带底（$E_{\mathrm c}$）处的态密度为零，随能量的 1/2 次方（$E^{1/2}$）缓慢增加，这意味着电子会在导带边更宽的能量范围内分布。因此，在量子阱中，E_1 处可以很容易出现大量的电子浓度，而在体半导体的 $E_{\mathrm c}$ 处则不会发生这种情况。同样，价带中的大多数空穴将聚集在 E_1' 附近，因为在这个能量上有足够多的态。在正向偏压下，注入的电子很容易填充 E_1 处的大量态，这意味着 E_1 处的电子浓度会随着电流迅速增加，从而快速发生载流子反转。从 E_1 到 E_1' 的受激跃迁导致激光发射，如图 16-11b 所示。当注入的电子浓度很高（在大电流下）时，E_2 和 E_2' 子带也会参与进来。

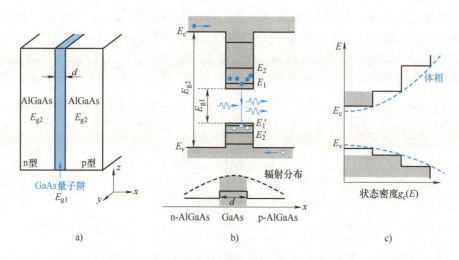

a)　　　　　　　　　　b)　　　　　　　　　　c)

图 16-11　n-AlGaAs/GaAs/p-AlGaAs 单量子阱激光器

a）单量子阱结构　b）单量子阱中的电子能级和受激发射，以及折射率和光子密度分布
c）阶梯函数状的态密度

量子阱激光二极管有两个明显的优点：首先，相对于体半导体器件，载流子反转阈值电流以及激光发射阈值电流显著降低；其次，由于大多数电子位于或接近 E_1，空穴位于或接近 E_1'，因此，发射光子的能量范围应非常接近 $E_1 - E_1'$。因此，单量子阱激光二极管的光学增益曲线及其带宽比体半导体器件更窄。需要注意的是，量子阱中允许的辐射跃迁遵循选择规则，即要求 $\Delta n = n - n'$（其中，n 和 n' 为量子阱在导带和价带的量子数）为零。因此，E_1 到 E_1' 的跃迁是允许的，E_2 到 E_2' 的跃迁也是允许的，但 E_1 到 E_2' 的跃迁是禁阻的，跃迁概率非常低。

显然，单量子阱中，由于 E_1 和 E_1' 处的大量态密度以及电子和空穴的限制，提供了更高的辐射跃迁概率，这是一个显著的优势。然而，单量子阱激光二极管仍可进一步优化。由于量子阱的厚度太薄，光场限制因子小，产生的光子不能很好地限制在量子阱区域内。第二个问题是，在高电流注入下，量子阱可能会被电子淹没，即电子可能会从量子阱中溢出，失去其作为量子阱的功能。

2. 多量子阱激光二极管

通过采用多量子阱（Multiple Quantum Well，MQW）结构，可以有效解决上述单量子阱存在的两个问题，如图 16-12 所示，在 MQW 激光器中，结构由交替的超薄宽能隙和窄能隙半导体层组成。较窄带隙的层形成多个量子阱，载流子的限制和光跃迁发生在这些层中，而较宽带隙的层则起势垒的作用。有源区包含多个量子阱，外部被两个光学限制层包裹，分别为内包层和外包层，它们具有更大的带隙，因此具有较低的折射率。如图 16-12 所示，大部分辐射都集中在含量子阱的有源区内，这有助于提高受激发射率。由于电子可被任意一个量子阱容纳，多量子阱结构有效消除单量子阱结构可能面临的淹没问题。因此，多量子阱结构不仅改善了光学限制效果，还有效解决了量子阱淹没的问题，是提高激光二极管性能和效率的有效途径。

与 LED 类似，将量子阱结构集成到激光二极管中有许多优势：①可以降低阈值电流；②器件的整体效率更高；③光学增益曲线更窄，更容易实现单模输出。尽管与相应的体器件相比，光学增益曲线较窄，但量子阱器件的输出光谱不一定是单模的。此时，可将 MQW 设计与使用介质镜（即波长选择性反射镜）的光学腔结合起来，以生成单一模式。目前市场上许多激光二极管（LD）均是 MQW 器件。

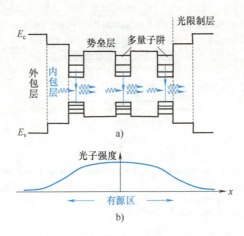

图 16-12　多量子阱异质结构激光二极管
a）能带能级示意图　b）光强分布

3. 量子阱激光器的优势

概括起来，相比于体材料的激光二极管，量子阱激光二极管具有以下优点：

（1）可调的激光波长　传统半导体激光器的波长大多是固定的。量子阱中，导带的基态电子和价带的基态空穴复合可发生受激辐射，而导带和价带的子能级与势阱的宽度相关。因此，减小势阱的厚度可以将激光发射波长调控至短波方向。对于超晶格，施加偏压后可以改变势阱宽度，从而实现激光发射波长的调谐。

（2）高增益性能　由于量子阱的能级简并度大，单位能量间隔内的粒子密度高，因此实现受激辐射所需的激光阈值小。目前，掩埋结构量子激光器的阈值电流可降至 2.5mA 以内。低的内部载流子损耗和高的增益性能也使量子阱激光器具有高的量子效率和高的输出功率。相比于同等输出功率的体材料激光器，量子阱激光器的注入电流较低，因此器件具有更高的可靠性。

（3）单模性　由于量子阱激光器的态密度呈阶梯状分布，其在高频调制时的出射光具有良好的单模性，而不是双异质结激光器的多模性。

（4）热稳定性能提高　在量子阱激光器中，态密度呈阶梯状分布，而不是普通异质结中的连续分布。因此，准费米能级不易受温度升高影响，具有高的特征温度。短波长量子阱激光器的特征温度可达 250~400K。

16.3.2　量子线与量子点激光器

在量子阱中，载流子仅在垂直于阱壁的方向上被限制了自由度，但在阱层平面内还存在两个自由度。如果设法让阱层平面内的电子进一步失去一个或两个自由度，就获得所谓的一维量子线材料或零维量子点材料。在这两种低维量子材料中，载流子分别处于线状或箱状的势阱中。量子线与量子点半导体材料具有比量子阱更优异的光电子性能，例如获得更低的（微安量级）阈值电流、更高的集成度激光二极管等。

量子阱材料已经得到了广泛应用，相关技术也已趋于成熟。通过金属有机化学气相沉积和分子束外延法可以制备厚度可控的量子阱薄膜。然而，生长高质量的量子线或量子点的可控制备方法相对于量子阱要复杂得多。尽管如此，低维量子材料在理论研究和实际应用中具有重要价值，因此科学家们一直致力于研究和开发可控制备量子线和量子点的合成工艺。其中，最大的难点在于在制造器件时实现这些基本结构的有序组装。

1. 量子线激光器

量子线也可以作为半导体激光器的有源区。多量子线激光器由量子线阵列组成，如图 16-13 所示。原理上，由于多量子线激光器有更紧密的载流子限制，其线宽比量子阱激光器更窄。由于制备足够密集且有序的量子线阵列存在较大挑战，目前基于量子线的激光二极管的性能仍相对较低。例如，一个由五根 1mm 长、23nm 宽的 InGaAsP 有源层量子线组成的组装体，包覆着 InP，并且间距为 80nm，在室温下作为多量子线激光器在波长约为 1550nm 的条件下进行连续波工作，其阈值电流、阈值电流密度、外部微分量子效率和功率转换效率分别为 $I_{th} = 140mA$、$J_{th} = 800A \cdot cm^{-2}$、$\eta_{EDQE} = 40\%$ 和 $\eta_{PEC} = 2\%$。由于有源区体积较小和显著的光损耗，这种多量子线激光器的性能仍比由同一芯片制成的量子阱激光器逊色。

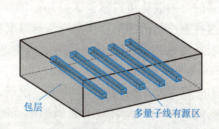

包层　　多量子线有源区

图 16-13　多量子线激光器有源区的示意图

2. 量子点激光器

量子点激光器的结构在很大程度上依赖于量子点的制备与组装，主要分为两类。

第一类是外延式量子点激光器，该类激光器问世于 20 世纪 90 年代，科学家们不断改进生长技术以期提高激光性能，包括高增益、高功率、低电流密度、连续激射等。在衬底表面外延岛状生长的量子点体系最主要的是 InAs/GaAs，其中，GaAs 覆盖层可引起应变，从而产生有效的发光。目前，GaAs、InP、Si 和 Ge 等衬底均可用于这类量子点的外延自组装生长。间接带隙的硅材料半导体与直接带隙的Ⅲ-Ⅴ族化合物半导体的结合对开发大规模集成光电子芯片具有重要意义，但由于硅与Ⅲ-Ⅴ族化合物的晶格常数相差过大，在硅衬底上直接外延生长Ⅲ-Ⅴ族化合物通常会产生高密度缺陷与位错。一些研究通过在 InAs 量子点外延生长 InGaAs/GaAs 应变超晶格及多种温度下对 GaAs 层进行原位退火，获得位错低密度的Ⅲ-Ⅴ

半导体层。这类激光器的阈值电流密度多在几十 $A \cdot cm^{-2}$，与多量子阱激光二极管相当。特别是在 GaAs 衬底上，阈值电流密度可低至个位数的 $A \cdot cm^{-2}$。

第二类是基于溶液制程的胶体量子点激光器。通过对量子点的结构调整和表面修饰，有效抑制了量子点的团聚和表面捕获等非辐射复合过程，显著提高了量子产率。例如，2007年，克利莫夫（V. Klimov）等设计了核壳状异质结构纳米晶量子点，在核壳之间分离电子与空穴，实现了单激子复合获得增益。这一发现推翻了之前普遍认为的单激子跃迁无法产生受激辐射的观念。2018 年，他们报道了 CdSe/CdS 核壳结构的量子点制造成类似量子点 LED 结构，发现极低的电流密度（$3 \sim 4A \cdot cm^{-2}$）下即可实现粒子数反转。虽然基于量子点的半导体激光器尚未商品化，但这类激光器所展示的低阈值特性令人瞩目。此外，其便捷的合成方法也为实现低成本的量子点激光器提供了前景。

16.3.3 量子级联激光器

量子级联激光器（Quantum Cascade Laser，QCL）的概念最早由苏联科学家卡扎里诺夫和苏里斯在 1971 年提出，真正实现则是在 1994 年由贝尔实验室制备的中红外波段波长的量子级联激光器。如图 16-14 所示，QCL 由一系列串联量子阱构成，在偏置电压作用下，注入器件导带的电子在通过器件时经历一系列的受激辐射跃迁。量子级联激光器的工作原理与传统半导体激光器截然不同。传统的激光器的受激辐射依赖于电子与空穴的复合，因此，其有源区必须选用直接带隙半导体材料，发光波长由半导体材料带隙决定。而量子级联激光器的受激辐射是利用在异质结薄层内由量子限制效应引起的分立能级之间产生粒子数反转，仅利用一种载流子，即电子，并不涉及空穴，是一种单极性激光器。出射波长由导带的微带或子带间的能量差决定，与材料带隙并无直接关联，因此，可通过设计量子阱层的厚度来实现对波长的控制。量子级联激光器的发射波长可以覆盖 $3 \sim 30 \mu m$ 的中红外区域、$30 \mu m$ 以上的远红外区域和太赫兹波段，而这些波段是传统半导体激光器难以覆盖的。

量子级联激光器的有源层通常采用量子阱或超晶格这两类结构。如图 16-14a 所示，量子阱形式的 QCL 由一系列级联周期（或称级联级）组成，每个周期包含一个电子注入区和一个量子阱有源区。注入区由一组宽度不同的势阱和薄势垒组成，形成一个超晶格，其能级结构由微带和微带隙构成。在偏置电压下，QCL 不同周期形成能量阶梯。电子从子带底部的基态（能级 3）通过共振隧穿注入到量子阱有源区的高能态（能级 2），并通过 2→1 子带间的跃迁产生受激发射，产生一个频率为 $\nu = E_{21}/h$ 的光子。随后，电子通过声子散射弛豫到能级 0，并通过共振隧穿进入下一个周期的子带。这一过程不断重复，产生更多的光子。典型的 QCL 包含 10~100 个周期，因此，每个通过器件的电子都会生成大量光子。图 16-14b 中的超晶格量子级联激光器与图 16-14a 中量子阱结构有所不同。超晶格 QCL 的有源区由超晶格组成，其中受激发射发生在两个微带的底部和顶部之间。激光频率由分隔这两个微带的微带间隙宽度决定，这种结构通常更适合产生波长超过 $10 \mu m$ 的相干光。此外，它对更高驱动电流的影响较小，并且由于位于较低微带中的弛豫过程非常快，这种结构更容易实现粒子数反转。

量子级联激光器（QCL）相比其他激光器的最大优势在于其独特的级联过程。有源区由耦合量子阱多级串接组成，当单电子注入时能够实现。当电子从高能级跃迁到低能级时，不仅不会损失能量，还能通过注入到相邻的有源区再次发射光子。有源区和电子注入区交替进行光子级联发射，在适当的偏压下形成能量阶梯，每一阶都能发射光子，从而产生较高功率的激光输出。QCL 具备以下几个优点：①它能在室温下连续波（CW）工作；②可以覆盖广泛的波长范围；③具备多瓦级的连续波光功率和高功率转换效率；④QCL 的结构紧凑，使其在多种应用中非常实用。目前，中远红外以及太赫兹波段的量子级联激光器作为一种新型技术在科技领域发挥着重要且难以替代的作用。它们在高精度气体传感、太赫兹光电探测、激光光谱学、大气污染监测等领域具有重大意义。这些优势使得 QCL 在诸多应用中展现出显著的技术优势和广阔的应用前景。

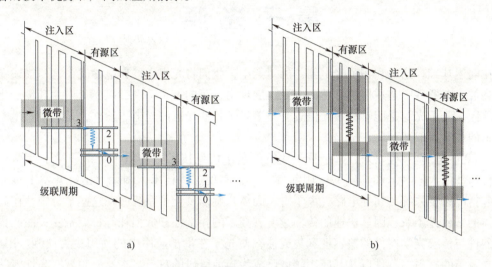

图 16-14　量子级联激光器的结构
a）具有量子阱有源区的 QCL 的两个级联周期　b）具有超晶格有源区的 QCL 的两个级联周期

习题与思考题

1. 简述激光产生的三要素，并结合阈值增益、透明电流和阈值电流等概念，详细描述半导体激光器的工作过程。

2. 将电流注入一个带隙能量为 $E_g = 0.91\text{eV}$、折射率为 $n = 3.5$ 的 InGaAsP 二极管，使得费米能级差为 $E_{Fn} - E_{Fp} = 0.96\text{eV}$。如果谐振腔长度为 $d = 250\mu\text{m}$，且没有损耗，确定最大可能振荡的纵模数。

3. 考虑一个 InGaAsP 同质结法布里-珀罗激光二极管：在 $T = 300\text{K}$ 时，注入电子浓度变化 $\Delta n_T = 1.25 \times 10^{18}\text{cm}^{-3}$，消光系数 $\alpha = 600\text{cm}^{-1}$，辐射寿命 $\tau_r = 2.5\text{ns}$，折射率 $n = 3.5$，内量子效率 $\eta_{IQE} = 0.5$。结构尺寸为长度 $L = 200\mu\text{m}$，宽度 $w = 10\mu\text{m}$，厚度 $d = 2\mu\text{m}$。透明条件下所需的电流密度为 $J_T = 3.2 \times 10^4\text{A/cm}^2$，假设束缚因子 $\Gamma \approx 1$。求阈值电流密度和阈值电流。

4. 简述异质结半导体激光器与发光二极管的结构差异，并谈谈为什么要这么设计。

5. 如何获得单模半导体激光器？

6. 量子级联激光器与通常半导体激光器有何不同？

7. 查阅文献，请问有哪些微腔结构？简述其特点和优势。

第 17 章

量子光源

在前述基础理论篇和相关光电器件的讨论中，我们将光视作经典电磁波，这一描述在当前大多数光电器件中是适用的。然而，光也展现出显著的量子特性，以光子作为其量子化的基本单元。量子光源是能够高效产生具有显著量子特性光态的光电子器件，是基于光量子量子技术的关键组成部分。

自 20 世纪 90 年代以来，基于量子比特的量子信息技术（如量子加密和量子计算）已经展现出其惊人的潜力和广阔的应用前景。为了实现这些技术，国际上已经开发了多种平台，包括冷原子系统、超导电路、离子阱、固体自旋以及光子系统。在这些平台中，作为信息载体的平台光子系统因其快速的传输速度、高度的相干性和低损耗等特点备受关注。量子光学器件与传统光学器件的兼容性和集成性，使光子在量子应用中的使用更为便利。因此，基于光量子的材料、器件以及其应用领域已成为当前科研的热点。在这一领域，高性能的量子光源被视为基于光量子的量子应用的关键组成部分。

本章旨在深入探讨如何制备出能够满足量子信息科技需求的高性能量子光源。首先从量子光的基本理论出发（17.1 节），为实验中区分非经典光并寻找合适的材料平台提供理论支持。通过对单光子源和纠缠光子源的讨论（17.2 节），阐释非经典光源与经典光源之间的根本区别，并介绍了实验上表征这些光源的方法。在第 17.3 节中，评估了几种能够产生具有独特特性的量子光源并具备功能扩展性的潜在材料平台。最后，在 17.4 节，概括了量子光源在量子通信、量子计算和量子传感等领域的应用潜力，并特别强调了当前面临的主要挑战以及未来可能解决的路径。

17.1　量子光基本理论

量子光，又称为非经典光，是一种无法用经典光波模型完全解释、只能借助量子力学定律来描述的光的状态。不同于经典光的波动性，量子光展现了更为显著的粒子性。例如，在双缝实验中，单光子的干涉现象就是一种显著的量子特性，这是经典理论难以完全预测的结果。我们将细致比较非经典光子态与经典光在宏观光学实验系统中的强度分布和干涉效应等方面的差异，以揭示量子光与经典光背后深层次的本质区别。

17.1.1　光子统计

考虑一束具有恒等光强的相干光源产生的光子流，其在单位时间通过一横截面的平均光子数可由光子通量表示：

$$\Phi = \frac{IA}{\hbar\omega} = \frac{P}{\hbar\omega} \tag{17-1}$$

式中，A 为光子束的截面；P 为功率。对于一束长度为 L 的光束，平均光子数可表示为

$$\bar{n} = \Phi L/c \tag{17-2}$$

把 L 切分为足够数量的 N 份，则在每一份找到一个光子的概率为 $p = \bar{n}/N$。足够大的 N 值可以保证 p 很小，且在一份中找到两个甚至更多光子的概率可忽略。所以在这个长度为 L 的光子流中找到 n 个光子的概率可由伯努利分布表示：

$$\mathcal{P}(n) = \frac{N!}{n!(N-n)!} p^n (1-p)^{N-n} \tag{17-3}$$

n 足够大，且 np 固定时，伯努利分布可由泊松分布近似：

$$\mathcal{P}(n) = \frac{\bar{n}^n}{n!} e^{-\bar{n}} \tag{17-4}$$

因此，对于一个具有恒等强度的相干光波满足的光子统计服从泊松分布（Poisson Distribution）。在光子统计理论中，泊松分布成为评价具有恒等强度相干光波的光子统计的标准模型，泊松分布通常用其平均数 $\bar{n}$ 来描述。如图 17-1 所示，$\bar{n}$ 越大分布谱峰也越宽。值得注意的是，对于泊松统计，光子数的标准差等于其平均值的平方根：

$$\Delta n = \sqrt{\bar{n}} \tag{17-5}$$

这一关系凸显泊松分布的显著特征，并表明随着平均光子数的提升，相对涨落 $\Delta n / \bar{n}$ 的幅度会逐渐降低。

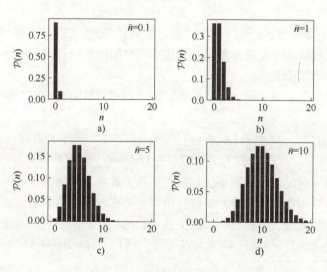

图 17-1　泊松分布的直方图
a) $\bar{n}=0.1$　b) $\bar{n}=1$　c) $\bar{n}=5$　d) $\bar{n}=10$

根据光子数统计分布，将光分为以下三类，如图 17-2a 所示。在这三种不同的光子统计分布中，泊松分布相较于超泊松分布和亚泊松分布，呈现出不同程度宽窄的概率分布峰，图 17-2b 为具有相同平均光子数的三种分布的对比。

由于超泊松分布具有更大的标准差，因此，符合此分布的光态相比经典相干光具有更强

的涨落，例如闪光灯产生的部分相干光。而亚泊松分布则反映噪声较经典相干光更小的情况，这在经典光理论中难以找到对应的现象。因此，具有这种光子统计特性的光被认为是非经典光。在下一节中，将看到这种统计特性的光常伴随光子反群聚现象，这是一种纯粹的量子光学现象。

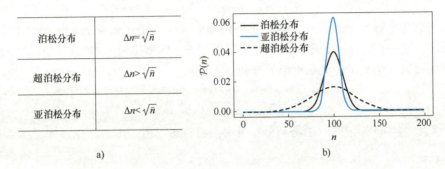

图 17-2　光子统计分布
a）分类　b）三种统计的对比图

17.1.2　光的相干性

相干性质用于表征光的特性，尤其在干涉实验中光的涨落性质的变化。在经典光学中，一阶关联函数定义为

$$g^{(1)}(t) = \frac{\langle E^*(t)E(t+\tau)\rangle}{\langle E^*(t)\rangle\langle E(t+\tau)\rangle} \tag{17-6}$$

式中，E 为光场的电场强度；τ 为测量点的延迟时间；$\langle\cdots\rangle$ 表示一个物理量一段长时间段积分的平均。该函数反映了光场在不同时间或不同空间位置的相位关联性，在经典光学实验中常用迈克尔逊干涉实验测定。

二阶关联函数描述了光场的强度波动性，反映在不同时间或不同空间位置观测到光子的概率，表达式为

$$g^{(2)}(\tau) = \frac{\langle E^*(t)E^*(t+\tau)E(t+\tau)E(t)\rangle}{\langle E^*(t)E(t)\rangle\langle E^*(t+\tau)E(t+\tau)\rangle} = \frac{\langle I(t)I(t+\tau)\rangle}{\langle I(t)\rangle\langle I(t+\tau)\rangle} \tag{17-7}$$

它描述了时间间隔为 τ 的两个探测事件都观测到光子的概率与随机事件的比值。这种对光强的时间上变化统计分析能够帮助我们研究光束中光子在时间上的聚集，这是我们判断经典和非经典光的一个重要依据。下面讨论二阶关联函数的一些常用结论。考虑一个具有恒等时均强度的光源，其光强满足 $\langle I(t)\rangle = \langle I(t+\tau)\rangle$，$\tau = 0$ 时，二阶关联函数

$$g^{(2)}(0) = \frac{\langle I(t)^2\rangle}{\langle I(t)\rangle^2} \geq 1 \tag{17-8}$$

由 $[I(t)-I(t+\tau)]^2 \geq 0$，可推得

$$\langle I^2(t)\rangle \geq \langle I(t)I(t+\tau)\rangle \tag{17-9}$$

则

$$g^{(2)}(0) \geq g^{(2)}(\tau) \tag{17-10}$$

对于经典光场，式（17-8）和式（17-10）恒成立。

要测量二阶关联函数 $g^{(2)}(\tau)$，实验上常采用汉伯里-布朗-特威斯（Hanbury-Brown-Twiss，HBT）测量，这个实验也被公认为近代量子光学的奠基性实验，其实验光路如图 17-3a 所示。一束光子流打向 50∶50 分束器分成两束，每束光子分别被两个探测器 D_1 和 D_2 探测，假设探测器的探测效率足够高，探测器记录下接收到的光子的到达时间，并将这些信息传送给相关性分析器进行分析，如果 D_1 探测到光子，则符合计数器开始计时；而 D_2 探测到光子，计时则会结束。由于光强正比于光子数，可以把二阶关联函数写为

$$g^{(2)}(\tau)=\frac{\langle n_1(t)n_2(t+\tau)\rangle}{\langle n_1(t)\rangle\langle n_2(t+\tau)\rangle} \tag{17-11}$$

式中，$n_i(t)$ 表示 t 时刻在探测器 i 测到的光子数。这表示 $g^{(2)}(\tau)$ 依赖 t 时刻在 D_1 测到光子且同时在 $t+\tau$ 时刻在 D_2 测到光子的概率。

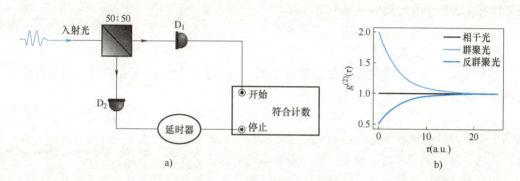

图 17-3　二阶关联函数的测量
a）HBT 测量光路示意图　b）相干态、群聚态和反群聚态的二阶关联函数值

考虑一束光子流，其中每个光子间有足够长的时间间隔，如表 17-1 第一行光子束分布所示。单个光子打到分束器时，有 50% 概率被 D_1 或 D_2 检测到，若被探测器 D_1 检测到，计时器开始计时，在一段时间内只有一个光子入射，在 $t=0$ 时刻，光子到 D_2 的概率为 0，这使 $g^{(2)}(0)=0$。这与刚才对经典光波的推断不符，表明此种光源的非经典特性。重新考虑经典情况，如果光子流中光子不具备足够长的时间间隔，而是聚集在一起，如表 17-1 的第三行所示，打向分束器时一半进入 D_1，另一半进入 D_2，$t=0$ 时刻，D_1 和 D_2 测到光子的概率很大，即 $g^{(2)}(0)$ 很大。随着延迟时间 τ 增大，计时器开始后，$t=0$ 两个探测器同时探测到光子的概率会逐渐下降，于是 $g^{(2)}(\tau)$ 减小，这些结果与经典完全符合。图 17-3b 给出了相干光，以及这里提到的两种光态的二阶关联函数随延迟时间的演化。根据二阶关联函数在 0 延迟时的值相对于 1 的大小，可以将光状态分为三类：反群聚光、相干光以及群聚光，见表 17-1。反群聚光找不到对应的经典例子，属于非经典光。

表 17-1　光子聚集态及分类

反群聚光	$g^{(2)}(0)<1$	• • • • • • • • • • • •
相干光	$g^{(2)}(0)=1$	• • • • • • • • • •
群聚光	$g^{(2)}(0)>1$	• • • •　　• • •　　• • • •

在 17.1.1 节和 17.1.2 节中我们分别把光分为三类，但这两种分类方式并不是对同一物

理现象的不同表示。例如，一个服从亚泊松分布统计的光子流并不一定总是处于反群聚状态。此外，通过测量光子计数统计和二阶关联函数都可以分辨光是否是经典或量子的，但实验上常采用 HBT 实验来测量。这是因为光子计数如果要准确测量，需要探测器有近 100% 的探测效率，否则光子统计会因为损失而出现偏差；即使探测器的探测效率较低，二阶关联函数 $g^{(2)}(\tau)$ 依然可以准确测量。

17.1.3 光与物质相互作用

光与物质相互作用的理论构成了研究材料和器件光学性能的基础。该领域的理论框架可分为三个层次：

（1）经典电磁波与宏观物质的相互作用 这是本书前面章节广泛采用的基础理论，适用于描述宏观物质在经典电磁场中的行为。

（2）半经典理论 主要处理量子化物质与经典光的相互作用，这对量子光学应用中量子材料的开发至关重要。

（3）全量子理论 全面描述量子化的电磁场与量子化物质的相互作用，为解释量子光的反常现象及其与物质的相互作用提供了深层次的物理内涵。

要产生非经典光子态，如反群聚光子态，主要有两种方法：①通过控制原子发光的时间间隔，确保在发射第一个光子后不会立即发射第二个光子；②利用非线性过程，如多光子吸收，从强光场中去除成群的光子，以此来减弱光子的群聚效应。本小节将详细介绍单光子态和光子纠缠态等非经典光子态的基本理论，包括物质的自发辐射以及非线性材料中的自发参量下转换过程。这些理论不仅是理解非经典光子态形成的关键，也为我们在探索和研究新型材料平台和量子光学器件方面提供了指导。

1. 自发辐射

早在 1917 年，爱因斯坦就已经考虑过光与物质相互作用所导致的自发辐射问题。自发辐射描述处于激发态的原子随机地向环境中辐射固定频率的光子，同时原子的内部能级发生改变的现象。尽管当时量子力学理论尚不完善，爱因斯坦依然从一个半经典的角度得出了合理的结果。

若要对自发辐射速率量子化处理，考虑二能级原子与连续多模式电磁场相互作用，其哈密顿量在相互作用表象下为

$$\hat{H}_\mathrm{I} = \hbar \sum_\lambda \left[g_\lambda \, | e \rangle \langle g | \, \hat{a}_\lambda \mathrm{e}^{-\mathrm{i}\delta\omega_\lambda t} + h.c. \right] \tag{17-12}$$

式中，$\langle g |$ 和 $| e \rangle$ 分别表示原子的基态和激发态；ω_λ 表示辐射场的频率，$\delta\omega_\lambda = \omega_{eg} - \omega_\lambda$ 表示原子与辐射场的失谐量，ω_{eg} 表示能级差。假定初始时原子处在激发态上，波函数演化采用波恩近似，随着自发辐射的产生，每个模式 λ 中存在一个光子激发，对每个模式的跃迁概率求和得到自发辐射跃迁概率所满足的关系为：

$$\mathcal{P} = \frac{2\pi}{\hbar^2} | \langle f | \hat{H}_\mathrm{I} | i \rangle |^2 \rho_\mathrm{f} \tag{17-13}$$

式（17-13）又称为费米黄金规则（Fermi's Golden Rule），式中，$| i \rangle$、$\langle f |$ 对应跃迁的初态和终态；ρ_f 为能量在 ω_{eg} 附近的终态态密度，类似 4.2 节的光学联合态密度。这个规则指出，自发辐射产生的光子在频率上主要集中在原子的共振频率附近，并且其跃迁概率与光子和原

子相互作用的强度以及光子态密度成正比。自发辐射是一种量子噪声现象，其中产生的光子具有随机的相位，而激光器中的光发射和放大主要依赖于受激辐射引起的激光振荡。

2. 自发参量下转换

在实验室中，产生纠缠光子对和单光子态的主要方法是利用非线性晶体的自发参量下转换方法。这种方法自 20 世纪 80 年代以来在实验中逐渐成熟。如第 2.6 节所述，一束强激光照射各向异性的块状晶体时，如果晶体表现出二阶非线性效应，入射光子可通过这种效应分裂为两个关联的光子并输出。两个输出光子通常被称为信号光子（Signal Photon）和闲频光子（Idler Photon）。这三束光满足能量守恒和动量守恒条件：

$$\omega_p = \omega_s + \omega_i, \quad \boldsymbol{k}_p = \boldsymbol{k}_s + \boldsymbol{k}_i \tag{17-14}$$

式中，ω_p、ω_s 和 ω_i 分别对应泵浦光、信号光及闲频光的频率；$\boldsymbol{k}_p$、$\boldsymbol{k}_s$ 和 $\boldsymbol{k}_i$ 对应泵浦光、信号光及闲频光的波矢。

实验上，根据 SPDC 过程输出的两个光子态的偏振情况不同，可以将 SPDC 分为两类：Ⅰ型和Ⅱ型 SPDC。其中，Ⅱ型 SPDC 的特点是输出的两个光子偏振态相互垂直，这一特征使得Ⅱ型 SPDC 过程能够产生双光子偏振关联的纠缠态。在此过程中，晶体的双折射效应导致信号光子和闲频光子在两个不同轴线上的圆锥面上分布，如图 2-15d 所示。在两个光锥的交叠区域，光子可表现为偏振状态（例如 o 光或 e 光）。但在这些区域进行光子探测时，无法确定探测到的光子是来自 o 光还是 e 光，同时也无法确定其具体的偏振状态。这种不可区分性为实验生成偏振纠缠的光子对提供了一种方案。记 o 光对应的态为 $|V\rangle$、e 光对应的态为 $|H\rangle$，则输出的纠缠双光子的全局态为

$$|\psi^+\rangle = \frac{1}{\sqrt{2}}(|H\rangle_s \times |V\rangle_i + |V\rangle_s \times |H\rangle_i) \tag{17-15}$$

这是纠缠态中最著名的贝尔（Bell）态，它为量子信息和量子通信等领域的研究提供了丰富的资源。

另外，SPDC 过程还可用于产生单光子源。如果 SPDC 过程输出的两个光子能够高效地被分离，则对闲频光子的测量将导致与其纠缠的信号光子坍缩至单光子态。换言之，对一个光子的测量将预示着另一个光子的产生，这样的信号光子被称为预报单光子态（Heralded Single Photon）。假设信号光子的中心频率为 $\omega_s^{(0)}$，信号光子的坍缩概率通常满足高斯分布公式：

$$|f_s(\omega_s)|^2 = \frac{1}{\sqrt{\pi}\sigma} \exp[-(\omega_s - \omega_s^{(0)})^2/\sigma^2] \tag{17-16}$$

式中，信号光的频谱宽度为 $\Delta\omega = 2\sqrt{\ln 2}\,\sigma$。为了探测此单光子，可将单光子输入到 Mach-Zehnder 干涉仪中，干涉效应将呈现以下条纹形式：

$$R_d \sim \frac{1}{2}[1 + M\cos(\omega_s^{(0)}\Delta t)] \tag{17-17}$$

式中，$M<1$ 刻画了条纹的可见度，它依赖于信号光的频谱宽度。一般来说，信号频谱宽度越宽，条纹可见度越低。

尽管基于 SPDC 过程的量子光源在实验室中已经十分常见，但它们仍面临一些限制。首先，双光子对的产生是一个概率性过程，这对于需要大量光子纠缠态的实际量子应用来说显然难以满足要求。其次，单光子的产生效率也不高，通常需依赖特殊的量子发光材料或微纳

加工技术。这突显了开发新型量子光学材料以及利用微纳结构来有效调控光源特性的迫切需求。

17.2　量子光源类型

量子光源具备发射非经典光的能力，其特性只能通过量子理论来解释。非经典光子态的量子效应在诸多领域中具有重要的实际意义，特别是在量子通信、量子计算、高精度测量和量子网络的构建中。量子光态包括光子数态、纠缠态和压缩态等形式。本节重点关注单光子源和纠缠光源这两种基本的量子光源。这两类光源在安全通信、量子计算、高精度测量以及量子网络的实现中扮演着关键角色。我们将探讨它们的定义、基本特性以及相应的表征，这不仅有助于深入理解量子光的行为，还能为优化其性能提供方向，对推动量子光学领域的研究和实际应用具有重要意义。

17.2.1　单光子源

单光子源是一种在引发源作用下一次只输出一个光子的光源，如图 17-4 所示。相比于经典光源，单光子源在量子技术应用中具有很大的优势。单个光子的量子态可以被编码成量子比特，这是量子通信和量子计算的基础。主要有以下特性参数：

1. 纯度

对于单光子源，期望它一个时刻只发射一个光子，如果存在多个光子会严重影响单光子源的应用，单光子源一次输出光子个数的程度称为纯度（Purity）。我们可以通过 HBT 实验测量二阶关联函数来表征单光子源的纯度。对于一个脉冲光源，$g^{(2)}(0)$ 常可简化为

$$g^{(2)}(0) = \frac{2\mathcal{P}(2)}{[\mathcal{P}(1)]^2} \tag{17-18}$$

式中，$\mathcal{P}(1)$ 表示每个脉冲下在一个探测器探测到光子的概率；$\mathcal{P}(2)$ 表示在两个探测器同时探测到光子的概率。显然，如果单光子源纯度很高，则 $g^{(2)}(0)$ 应趋近于 0。这种结果同样适用于连续波源。

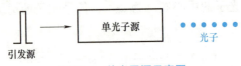

图 17-4　单光子源示意图

2. 效率

光源的效率也通常形象地称为亮度。对于一个典型的脉冲型泵浦激发的单光子源，其总的源效率 η_s 常可写成产生效率（Generation Efficiency）η_{Gen} 和提取效率 η_{EE} 的乘积：

$$\eta_s = \eta_{Gen}\eta_{EE} \tag{17-19}$$

产生效率是指在每个泵浦光脉冲下产生单光子或多光子的概率，而提取效率则是指产生的光子从光源到探测器之间的光学路径中，由于各种损失（如滤光等）造成的光子提取效率限制。提取效率通常通过透射率和光场模式分布来描述和表征。

3. 不可分辨率

在单光子源的具体应用中，通常要求每次输出的光子基本上都是全同的，即输出的光子

严格处于同一个量子状态下。对于两个全同的光子，其密度矩阵 $\hat{\rho}_1$ 和 $\hat{\rho}_2$ 相同。如果存在差异，则引入不可分辨率（Indistinguish ability）来表征这种差异：

$$\mathcal{J}(\hat{\rho}_1,\hat{\rho}_2) = 1 - \frac{1}{2}\|\hat{\rho}_1 - \hat{\rho}_2\|^2 \tag{17-20}$$

式中，$\|\hat{\rho}_1 - \hat{\rho}_2\|^2$ 是 $\hat{\rho}_1$ 和 $\hat{\rho}_2$ 的算符距离。该距离的取值范围为 $0\sim2$，因此不可分辨性的取值范围为 $0\sim1$。当两个光子处于纯态时，不可分辨率也可称为保真度（Fidelity）。从理论上讲，要计算不可分辨率，需考虑两个光子状态的所有量子特性以及所有可能的测量偏差。在实验上，通常采用洪-欧-曼德尔（Hong-Ou-Mandel，HOM）双光子干涉实验来评估不可分辨性。其光路如图 17-5a 所示，两束单光子源产生的光子流打向 50∶50 分束器，0 延时，由于量子干涉效应，两个光子并不是可以随机在 3 或 4 端口出射，而是只能通过同一个端口 3 或 4，另一个端口测到光子的概率为 0，所以 0 延时时测到的符合计数为 0。随着入射光子间延迟时间的增加，在两个探测器测到光子的概率逐渐增加。图 17-5b 为单光子源 HOM 测量的一个典型结果，展示了归一化的符合计数随延迟时间变化的情况。其中，V_{HOM} 为 HOM 干涉仪的可见度（Visibility），表示两个光子不可分辨的程度：

$$V_{\mathrm{HOM}} = \frac{\mathcal{P}_c(\tau_{12} \gg \Delta\tau_{\mathrm{dip}}) - \mathcal{P}_c(0)}{\mathcal{P}_c(\tau_{12} \gg \Delta\tau_{\mathrm{dip}})} \tag{17-21}$$

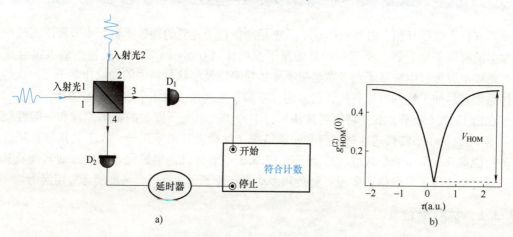

图 17-5　洪-欧-曼德尔双光子干涉测量

a）测量光路　b）单光子源测量的典型结果

17.2.2　纠缠态光源

　　量子纠缠是量子物理中最奇特的效应之一，是指两个或多个量子系统之间存在一种特殊的关联性，这种关联性不受空间距离的限制，体现了物理的非定域性。以两个量子比特 A 和 B 的纠缠态为例，这种纠缠态 $|\psi\rangle_{\mathrm{AB}}$ 不能通过各个量子比特的波函数的张量积表示：

$$|\psi\rangle_{\mathrm{AB}} \neq |\psi\rangle_{\mathrm{A}} \otimes |\psi\rangle_{\mathrm{B}} \tag{17-22}$$

纠缠态描述了对多体全局波函数的信息了解程度，远超过对每个个体局域波函数的了解。

　　纠缠态光源是能够输出纠缠光态的光源，常见的实验方法包括通过 SPDC 过程或利用量子点俘获的两个激子的辐射衰减来实现。根据纠缠态中不同物理量的纠缠，纠缠态光源可分为偏振纠缠、能量-时间纠缠、频率纠缠等类型，每种类型的纠缠态都有特定的制备方法和应用领域。量子纠缠光源不仅是检验量子物理基础概念的重要工具，因为它能实现多种状态的纠缠，还广泛应用于各种量子技术领域，包括量子通信、传感与成像等。这些纠缠光源在量子信息领域发挥着关键作用，为实现更安全、更高效的量子通信以及推动量子技术的发展提供了强有力的支持。类似于单光子源，一个性能优异的纠缠光子源在高效应用于量子科技时需具备高的产生效率、光子提取效率以及不可分辨性等特性。然而，纠缠态光源的特征在于其纠缠程度和纠缠性的演变，这些都需精确表征和控制。

纠缠保真度是表征纠缠程度的一个重要参量。在量子演化过程中，纠缠体系的子系统可能会受到环境噪声的影响，从而导致纠缠程度减弱。纠缠保真度则用于衡量量子过程中两个子系统之间纠缠保持的程度。设纠缠系统 AB 中的 B 会发生演化至 B′，其终态为 $\rho_{AB'}$，则此纠缠光子对的纠缠保真度为

$$F_e = \langle \psi_{AB} | \rho_{AB'} | \psi_{AB} \rangle \tag{17-23}$$

然而，不同的纠缠态对应的实验表征也不同。最常见的表征仍然是关联测量和双光子干涉测量，这两种方法通常用于测量两个或多个光子的时间关联性或频率关联性。

17.3　量子光源器件平台

具有分立能级且相干时间长的量子系统是制备量子光源的理想平台。本节将以实现单光子发射的材料平台为例，介绍几种具备量子发射体（Quantum Emitter）特性的人工合成材料，例如半导体自组装量子点、宽禁带半导体缺陷以及层状材料中的局域化激子态。这些量子体系因其易加工性和可扩展性，已成为在室温下实现紧凑量子平台的理想选择。

在第 17.3.1 小节，我们将探讨这些材料平台实现单光子发射的基本原理和一般性能表现。第 17.3.2 小节将概述这些材料与光学结构（如微腔、纳米波导、人工晶格等）耦合带来的性能提升和新型光学效应。最后，第 17.3.3 小节将讨论集成化量子光源的实现及其应用，通过整合量子发射体，实现更复杂和多功能的量子光学应用，拓展实际应用潜力。

17.3.1　材料平台

一个理想的单光子发射体具备以下特征：首先，光发射稳定，无闪烁或漂白行为；其次，光致发光谱线窄，确保发射的光子高相干性；而后，是二能级系统，无亚稳态能级的存在；此外，它有可忽略不计的退相位和光谱扩散，以产生傅里叶变换限制下无法区分的光子。

要实现单光子发射，除了基于原子和荧光分子等天然材料外，目前研究比较多的人工单光子发射材料平台包括半导体量子点平台、半导体缺陷态平台以及新兴的层状半导体材料平台。这些平台具备稳定的能级或准粒子能级，同时具备光谱可调谐性，且存在电、应变等调谐的可能性。由于材料本身的结构和光学特性，其作为单光子发射体具有一些固有属性。下面将深入探讨单光子发射的原理和基本性能表现。

1. 半导体量子点

半导体量子点（Quantum Dots，QDs）因其显著的量子限域效应、波长可调的光发射、高效的光致发光效率和宽吸收光谱，吸引了光电子学领域研究者的广泛关注。在单光子发射

研究方面，QDs 取得了一些里程碑式的成果。1994 年，研究者成功实现了单个外延生长量子点的光发射。随后，在 2000 年，伊马莫格鲁（A. Imamoglu）等通过二阶关联性测量首次证明了微盘结构中 InAs 量子点的单光子发射。2002 年，山本喜久（Y. Yamamoto）等也首次证明了微柱结构中 InAs 量子点的单光子发射不可区分性。在过去 20 年中，对于量子点在单光子发射谱段的研究涵盖了众多材料体系，包括 InGaAs 的近红外发射、GaAs 的红光发射，以及Ⅱ-Ⅵ碲化物或硒化物基量子点和氮化物基Ⅲ-Ⅴ族量子点在绿光至紫外谱段的发射。与此同时，研究还基于材料的带隙，使操作温度从低温扩展到室温，为室温量子平台的实现奠定了基础。

量子点的强量子限域效应导致电子和空穴的强局域化，这种强局域化使得它们相互有很强的直接和交换库仑相互作用。因此，在描述量子点的光学性质时，激子图像尤为重要。在光激发量子点的过程中，电子激发到导带，价带产生一个空穴态，如果载流子的自旋反平行，则产生光学亮激子 $|X_b\rangle$，其角动量为 $J_z = \pm 1$，使亮激子通过辐射一个光子衰减到基态满足选择定则。若载流子的自旋平行，则产生光学暗激子 $|X_d\rangle$，角动量为 $J_z = \pm 2$，暗激子通常有更长的辐射寿命且通过非辐射通道发生复合，相比亮激子其相干时间更长，可达 100ns。量子点中还存在多激子态，如光学亮双激子 $|XX\rangle$、带电激子三重子（Trion）等。

理解量子点的单光子发射乃至光源需了解量子点激发态的衰减动力学。在量子点中，造成激子态耦合的自旋翻转过程比辐射性衰减的速率要慢，所以可认为其光学亮激子和暗激子态存在一个自旋翻转过程，造成如图 17-6a 所示的量子点的基本三能级系统。对于亮激子和暗激子都存在的非共振激发情况，光学亮激子态到基态的自发辐射发射出了单光子，亮激子的衰减动力学过程遵循双指数衰减过程：

$$\rho_b(t) = A_f e^{-\gamma_f t} + A_s e^{-\gamma_s t}$$

$$\tag{17-24}$$

式中，γ_f 和 γ_s 分别为快过程和慢过程的衰减速率常数；A_f 和 A_s 分别为对应衰减过程的指前因子。自发衰变的强度遵循费米黄金规则，与振子强度和局域光密度正相关。基于这种衰减动力学，量子点作为单光子源的特性可得到更好的理解。亮激子的辐射寿命决定了单光子发射的时间间隔，确保了单光子的顺序发射。由于每个激子在其辐射寿命内只发射一个光子，故量子点能实现高效的单光子发射。同时，通过优化量子点的材料和结构，优化振子强度和局域光密度，可以进一步提高其单光子发射的效率和稳定性。

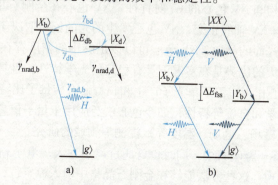

图 17-6　用于量子光学实验中的量子点中的能级系统示例

a）基本的三能级系统　b）双激子能级、两个光学亮激子和基态组成的四能级系统

（ΔE_{fss} 是由亮激子中电子空穴的自旋耦合的相互作用引起的精细结构分裂能量）

由于量子点嵌在固态环境中，其晶格缺陷和杂质带来的声子和电荷涨落会产生诸如退相位、非辐射衰减等过程。退相位会导致量子点的光子相干性下降，增加光谱线宽，降低单光子的纯度；非辐射衰减则会减少单光子的发射效率。通常，可通过自发辐射光谱来确定其相干性质，在马尔科夫近似下，退相位过程由单一速率 γ_{dp} 描述，量子点发射光谱为洛伦兹谱线，其谱宽由自发辐射寿命和退相位时间决定：

$$\frac{1}{T_2} = \frac{1}{2T_1} + \frac{1}{T_2^*} \tag{17-25}$$

式中，T_2 是总相干时间；T_1 是发射体总衰减速率的倒数，$T_1 = 1/\gamma_{tot}$；T_2^* 是退相位时间。退相位会直接影响单光子源的相干性，导致光子不可分辨率减小。非辐射衰减则降低了单光子源的发射效率，导致有效光子数减少。为了优化量子点作为单光子源的性能，需要通过材料纯化、优化量子点的生长条件和设计适当的纳米结构来减小这些退相位和非辐射衰减的影响，从而提高单光子发射的相干性和效率。

量子点的双激子态的级联辐射还能实现偏振纠缠双光子的产生。如图 17-6b 所示的四能级系统，双激子态衰变到单激子态，随后单激子态衰变到基态。在理想的量子点中，这两个单激子态可认为是简并的，所以通过辐射光子的偏振态是无法区分双激子态的衰变路径，由此产生了偏振纠缠的双光子对。当然，由于各向异性交换作用的存在，这两个单激子态通常存在能量差 ΔE_{fss}，导致纠缠性能下降。但是通过精细控制量子点的形状，施加的电磁场、应力等都可以抵消这个能量差而实现纠缠度的提升和贝尔不等式的违反。

用于量子点实现的量子光源目前还存在些许挑战：由于退相位的存在，光子发射谱宽比较宽，这使得光子不可分辨率下降；量子点易与周围环境的带电缺陷相互作用造成光谱扩散，也降低了光子不可分辨率；室温下由声子散射引起的光谱展宽也阻碍了室温下基于 QDs 的单光子发射的实现。

2. 半导体色心

色心是晶体中的发光点缺陷，在众多晶体中都存在多种不同的色心。其中研究最广泛的是金刚石的氮空位（Nitrogen-vacancy，NV）色心，1997 年报道了首个 NV 色心的成像和光探测磁共振谱测量，掀起了 NV 色心研究的热潮。氮空位色心通常由氮原子（N）替位杂质和一个碳空位（V）而形成，如图 17-7a 所示，N 原子和空位连线在 [111] 方向。由于金刚石晶格的面心立方结构和 NV 色心的 C_{3v} 对称性，NV 色心在金刚石里有四种可能的取向。NV 色心的偶极矩方向与 NV 轴线正交，NV 色心发生的光的偏振取决于 NV 轴线方向和光发射方向，因此取决于抛光面的晶向。NV 色心可以以足够小的密度存在晶体中，由此形成隔离的量子发射体。其最大的优势是在室温下具有稳定的光学特性，且具有长寿命相干性的电子自旋，这使得 NV 色心作为室温下单光子产生和长寿命自旋量子比特的材料平台有显著的优势。基于其良好的光学和自旋等特性，如今色心广泛应用于量子信息、生物荧光标记、纳米尺度高灵敏物理量（磁场、电场、温度等）探测等领域的研究。

NV 色心可自然存在于金刚石中，同时也可通过离子注入、电子辐照、高温退火等技术在金刚石中进行可控实现。这些方法能够在金刚石晶格中引入氮空位，并形成稳定的色心结构。不同的制备方法对氮空位色心的性质和产率有着重要影响，例如，在金刚石生长器件产生的 NV 色心具有最优的低温光学谱宽和自旋相干性质，在（110）面生长的金刚石其 NV 色心的偶极矩方向偏向于 $[1\bar{1}1]$ 和 $[\bar{1}11]$ 晶向。但目前还没有一种方法能够确定性地在金刚石中制造一个确定位置、确定取向的 NV 色心。

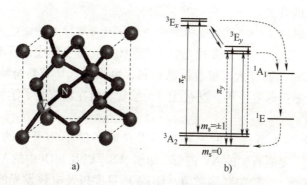

图 17-7 金刚石中氮空位色心

a）结构示意图 b）基本能级结构

NV 色心有中性（NV⁰）和负电性（NV⁻）两种不同的电荷状态，一般实验室中重点研究的是 NV⁻。NV⁻色心的基本能级结构如图 17-7b 所示。基态为自旋三重态 $^3A_2$，激发态为三重态 ^3E_y，能量间隔约 1.945eV，对应 NV 色心的 637nm 的零声子线（Zero-phonon Line，ZPL）跃迁。光激发后，基态跃迁到激发态 ^3E_y，激发态自发辐射回到基态，寿命约为 12ns；$m_s=\pm1$ 激发态也能无辐射跃迁衰减到自旋单态 $^1A_1$ 和 ^1E，这使得处于 $m_s=\pm1$ 态的荧光强度要小于 $m_s=0$ 处，完成了自旋极化和读取，这是实现 NV 色心自旋态调控的基础。

NV 色心中激发态的自发辐射是导致单光子发射的关键机制。相较于量子点（QDs）的单光子发射，金刚石色心展现出独特的优势，包括光稳定发射、室温操作以及长达 2ms 的相干时间。这些卓越性质推动了对基于金刚石的单光子发射体的深入研究，自 20 世纪初开始就在量子通信领域得到应用。然而，基于 NV 色心的单光子源仍面临一些挑战。首先，其单光子计数率相对较低，这限制了其在一些应用中的效率。其次，金刚石中产生的单光子难以有效收集，进一步影响了光子发射的利用率。此外，与其他光学结构集成形成的应变场会导致光谱扩散，这也是需要解决的问题之一。

3. 层状材料

近年来，研究者们开始在二维材料中发现单光子发射体。目前，最为广泛研究的是过渡金属二硫化物中的单层 WSe₂ 和 MoSe₂，这些材料中存在局域化的弱束缚激子，被视为潜在的单光子发射体。然而，TMDs 中的单光子发射机理尚不明确，其仅在低温条件下展现出单光子发射特性，通常发射能量相对于激子共振能级失谐几个 μeV，通常出现在二维薄片边缘。此外，TMDs 产生的单光子性能也存在一些不足之处，如纯度仅为 0.1，甚至低至 0.02，谱宽宽至 100μeV。为了在二维材料中大规模产生单光子发射体，通常需借助纳米加工技术如纳米柱型基底、纳米压印等，或紫外光曝光和氩离子辐照等方法。

单层六方氮化硼（hBN）作为另一种层状材料平台，允许在室温下实现单光子发射。通过在 hBN 的化学气相沉积生长器件引入可控扩散过程或利用电子辐照技术，可实现单光子发射体的制备。与 TMDs 不同，hBN 中的单光子发射主要是基于其深能级点缺陷，辐射能量涵盖从近红外到紫外，并对磁场产生不同响应。V_B^- 和碳相关的缺陷是研究中最为关注的缺陷。然而，与 TMDs 类似，hBN 发射的单光子存在低不可区分度的问题，其性质容易受环境影响，难以进行有效控制。应用应变工程可以调谐发射波长和谱宽，而施加电压则可作为控制某些单光子发射体的开关。

相比之下，层状材料由于其原子层级别的厚度具有一些显著的优势。首先，提取效率不受全内反射的限制。其次，它易与多种光学结构和图案化基底集成，且不会影响光学结构内支持的光学模式。同时，通过人工堆叠层状材料，可以引入具有新奇特性的激子态、莫尔（Moiré）周期势以及磁近邻效应等。这些优势为层状材料在集成光子学和量子科技领域的应用提供了广阔的前景。

最后，总结一下本小节提到的三种材料平台制备的单光子源的一般性能表现。以 InGaAs/GaAs 量子点、金刚石中的 NV 色心、单层 WSe_2 以及 hBN 中的 V_B^- 缺陷为例，从单光子计数率、激发态寿命、二阶关联函数值、HOM 可见度以及电致发光的可能性等方面来对比其性能及应用场景，见表 17-2。

表 17-2 量子光源材料平台中代表性量子发射体的基本性能对比（"—"表示还没有相应的研究结果）

对比项目	计数率	激发态寿命	$g^{(2)}(0)$	HOM 可见度	电致发光
InGaAs/GaAs 量子点	$\sim 1\times 10^7$	几百 ps	<0.006	>0.94	是
金刚石中的 NV 色心	$\sim 1\times 10^6$	12ns	<0.05	远程双光子干涉［2m］：0.35	是
单层 WSe_2	$\sim 3.7\times 10^5$	>10ns	<0.1	—	是
hBN 中的 V_B^- 缺陷	$\sim 3\times 10^6$	1.2ns	—	—	—

17.3.2 纳米光子结构的调控

要制备一个性能优异、能够满足各种需求的量子光源，对材料和器件发光性能的调控至关重要。量子光源的有效产生关键在于光与物质相互作用的调控，纳米光子结构被认为是实现量子光源产生的优先选择。由于纳米结构在材料和结构上的多样性，它们可用于定制电磁场。现代材料生长和微纳加工技术，如分子束外延和电子束光刻技术，为实现满足多种需求的量子光源提供了关键支持。

正如 17.1.2 小节中了解到的，自发辐射速率正比于局域光子态密度（LDOS）和光与物质相互作用的振子强度。对于纳米光子结构，通常通过调控 LDOS 以增强光与物质相互作用。通过对这些纳米结构进行精确设计和制备，可以调控量子光源的性能，使其更好地适应各种应用场景。因此，纳米光子结构在量子光学领域扮演着重要的角色，为量子光源的定制和优化提供了广泛的可能性。

1. 光学微腔

光学微腔是指利用光的来回反射或以环状方式来束缚光场的结构。在弱耦合的条件下，将单光子发射体放在光学微腔中会增强光与物质的相互作用，单光子发射体自发辐射速率在腔中会发生改变，在发射体频率与腔场频率共振的情形下，自发辐射速率会增强，增强因子由普塞尔（Purcell）因子描述：

$$F_P = \frac{3}{4\pi^2}\left(\frac{\lambda}{n}\right)^3 \frac{Q}{V_{mode}} \tag{17-26}$$

式中，λ 为辐射光波长；n 是微腔材料的折射率；Q 为微腔的品质因子；V_{mode} 为共振光学模态体积；品质因子 Q 和模态体积 V_{mode} 分别表示时间上和空间上微腔对光场的束缚程度。为了增强自发辐射速率，目标是寻找一个具有高 Q 且低 V_{mode} 的微腔。

目前量子光源领域常用的有三种微腔。首先是微柱型微腔，如图 17-8a 所示，它有较高的 Q 值，模态体积在约 $10(\lambda/n)^3$ 量级。它通常通过外延生长交替的材料层（如 GaAs 和 AlGaAs），这些交替层形成分布式布拉格反射镜结构，两个 DBR 结构间存在的布拉格散射效应使间隔层形成一个高度局域化的腔。通过在光子晶体平板中引入点缺陷（图 17-8b），可以形成高度局域化的微腔。这种微腔的品质因子 Q 值可达 2×10^6，模式体积一般小于 $(\lambda/n)^3$，是实现普塞尔增强的一种有效策略。最后，图 17-8c 展示的利用全内反射来束缚光场的超高 Q 值的微盘结构也广泛应用于研究中。

在微腔的作用下，量子光源的性能，例如效率、不可分辨率能够被高效优化。基于图 17-8a 所示的微柱结构，在脉冲共振激发下，这样一个普塞尔增强的量子点-微柱体系以 66% 的提取效率、99.1% 的单光子纯度和 98.5% 的不可分辨率发射了单光子，这个体系首次将高效率和近乎完美的纯度和不可分辨率结合在一起，能够被立即投入到实际应用。基于 SPDC 过程的预报单光子源性能也能得到优化，微盘结构的 $LiNbO_3$ 微腔能够分别耦合 SPDC 过程发射的两个光子，实现高效分离，得到的预报单光子态的二阶关联函数 $g^{(2)}(0) < 0.2$。不仅如此，精心设计微腔的几何结构还能实现发射波长的调谐以及发射方向和集中度的改善，给予基于微腔体系的量子光源的多功能实现以无限的潜力。

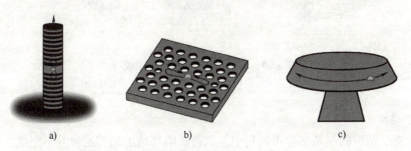

a)　　　　　　　　　　b)　　　　　　　　　　c)

图 17-8　量子光源常用微腔

a) 普塞尔增强的量子点-微柱系统　b) 光子晶体点缺陷形成的纳米腔　c) 微盘结构

2. 纳米光子波导

纳米光子波导是一种使用亚微米或纳米尺寸的光波导，能导引并操控光在纳米尺度内的传播。纳米光子波导能够直接路由光子在光学芯片的不同路径传输，特别适用于连接集成量子网络中的静态量子比特和飞行量子比特。

光子晶体线缺陷构成的波导以及介质或等离子体纳米线结构，均可作为基于纳米光子波导的量子光源的典型结构（图 17-9）。通过光子晶体波导，单一辐射光子的能量消散通道得以抑制，且得益于群速度削减，光和物质的相互作用显著加强。介质纳米线是拥有高折射率介质材料制成的细长圆柱结构，它容许波导模式的形成，并且能设计结构尺寸来强化特定发射波长的自发辐射。等离子体纳米线则是介质纳米线的金属类似物，其强烈的色散效应对加强光与材料的相互作用特别有利，且光常以表面等离子体激元的模式在金属波导中传播，产生局域的电磁场。

纳米光子波导在量子光源中扮演着类微腔的角色，光子与波导模式的耦合能实现横向束缚和纵向传播。与微腔系统中高普塞尔因子和宽频耦合的要求不同，波导中的量子发射体能够与光学模式在更宽的频带范围内耦合。最终，这种辐射光子与波导的耦合提高了光子的提取率。

对于纳米波导对光子的耦合效率，通常使用 β 因子进行表征，β 因子是自发辐射光子耦合进入波导模式的速率 γ_{wg} 与发射体总复合速率之比，具体表达式如下：

$$\beta = \frac{\gamma_{wg}}{\gamma_{wg} + \gamma_{ng} + \gamma_{nrad}} \tag{17-27}$$

式中，γ_{ng} 是耦合到非导模模式的速率；γ_{nrad} 是发射体本征的非辐射复合速率。通过 β 因子，可以量化光子与波导之间的耦合效率，这为评估纳米波导与单光子源的相互作用提供了重要指标。基于光子晶体波导，研究者实现了量子点与单个传播模式的强相互作用，得到的 β 因子达到 0.9843，同时 β 因子受量子点位置和发射波长的影响甚微；对纳米线进行精心结构设计的量子光源也展现了宽带的自发辐射控制和高达 72% 的提取效率，为实现宽带波长可调谐的量子光源提供了可能性。

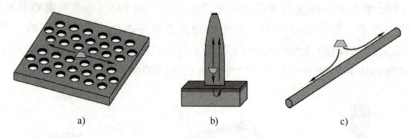

a)   b)   c)

图 17-9　量子光源常用纳米光子波导

a）光子晶体波导结构　b）介电纳米线　c）金属纳米线

3. 人工晶格

在纳米光子结构的制备和应用过程中，制备缺陷和精细加工通常并不完美，这可能导致量子光源的发射特性发生变化，例如波长、线宽和强度出现偏差。同时，结构中难以避免的剧烈弯曲也可能导致模式失配，降低量子光传输效率。这些问题严重妨碍了量子光源在量子科技领域的应用展开。在过去十年中，研究人员探索拓扑绝缘体在光子学领域的应用，其核心特点是"拓扑保护"能力，即在存在制造瑕疵和其他不完善因素时，仍能维持光的传输特性，这为实现高度敏感的量子光学系统提供了新途径。

众多周期性结构都存在拓扑性质，基于不同的单元能实现不同的特性。图 17-10a、b 描述了一个具有拓扑属性的环谐振器阵列，其中蓝色为单个位点的环谐振器，白色为连接各个位点的连接环，光子沿 4 个位点环绕一周会获得一个非零相位 ϕ。此结构不仅利用边界状态的线性色散以实现基于自发四波混频（SFWM）的纠缠光子对产生，而且由于边界状态的拓扑性质，使得发射的光子对的波长即便存在缺陷也保持不变，并从多个相同制备器件的测试中得到了验证，显示出良好的鲁棒性。拓扑晶格不仅稳定了量子光源的发射性质，还确保量子光态在光学系统中的鲁棒传输。拓扑结构的边界态传输十分稳定，图 17-10c 展示了在具有不同拓扑性质的光子晶体界面上实现具有鲁棒性单光子手性传输的现象，即使在存在 60°弯曲时，这种手性传输仍然有效，且保持了单光子的反群聚特性，展现了系统优异的抗干扰性。

尽管拓扑光子学在研究层面取得了显著进展和技术突破，但仍面临挑战。首先，设计实用的拓扑光子结构需复杂的数值仿真与优化；其次，要将拓扑光子概念扩展并集成进现有的光学与光电子系统中，还需克服接口匹配和信号兼容性的难题。

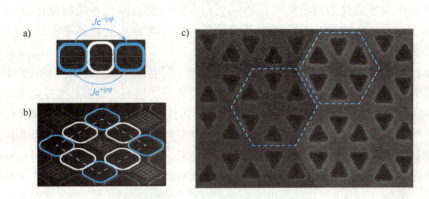

图 17-10　用于量子光源的拓扑光子结构

a）环谐振器阵列的结构单元　b）晶格的扫描电子显微照　c）具有不同拓扑性质的两种六角光子晶体界面

17.3.3　片上集成的量子光源

在众多实际的量子应用场景中，通常要将量子光源与其他光子器件（如光子微腔、滤波器、波导和探测器等）相互连接组成一个功能完备、能进行复杂量子信息处理的量子电路，图 17-11 所示为一个用于信息处理的量子光学芯片示意图。另外，为了显著减小系统体积，提高集成度与稳定性，对量子光源的小型化有更加迫切的需求。随着纳米加工技术的不断成熟，将这些光子器件集成到光子集成电路（Photonic Integrated Circuit，PIC）上具有可行性。

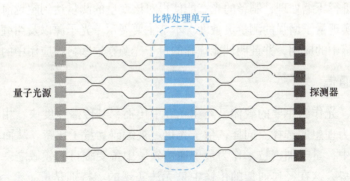

图 17-11　量子光学芯片示意图

目前，片上集成的量子光源和量子电路主要是基于成熟的半导体工艺材料，如硅基材料、Ⅲ-Ⅴ族半导体以及电光材料铌酸锂等。这些量子光源通常基于材料的非线性光学效应，如 SFWM 过程或 SPDC 过程，使众多非线性波导得以实现。利用自发四波混频（Spontaneous Four-Wave Mixing，SFWM）过程的 $\chi^{(3)}$ 波导有 Si、SiO_2、Si_3N_4，利用 SPDC 过程的 $\chi^{(2)}$ 波导则包括 GaAs 和 $LiNbO_3$ 等。集成非线性波导制备量子光源的最大优点是其可以做成高度均一的波导阵列，每一个光源都可以单独受控。尽管它们产生光子对和单光子是概率性事件，一般只有 5%~10%的概率，但这个缺点往往可通过时间和空间复用技术来改善。

集成量子光源一般可以分为单片集成和混合集成。在单片集成中，所有组件（例如光源、波导、调制器、探测器等）在同一衬底上制造，通常会提高组件性能和可靠性，同时降低了制造成本和复杂性。但一味追求相同材料系统可能会降低系统的整体性能。相比之下，混合集成中量子光源和光子集成电路为异质集成，允许不同材料平台的器件组装在一起，可提供更大的灵活性和优越的性能。

利用混合集成方法可将量子光源集成到光学芯片上，有以下几种方法：①晶圆键合，晶圆键合是将两个或多个具有不同功能或材料属性的晶圆在分子层面上精密对准并固定在一起的方法；②转移印刷，它将预制的微纳结构或器件从它们的原始衬底转移到另一个衬底以实现器件的集成；③拾放技术（Pick and Place），拾放技术是一种使用微操作工具将单个芯片或器件从其制造基板上精确地移动并放置到目标位置的集成方法。当然，要将这些纳米材料精确地异质组装到纳米光子系统中，以实现最强的光与物质相互作用，同时不破坏原有的光子结构，仍面临诸多挑战。例如：①纳米颗粒的偶极方向与放置位置需精确控制，必须将其定位于腔膜中局域电场最强的位置；②纳米颗粒对波导和腔体内的电磁场产生散射，可能破坏腔的共振特性并引入额外损耗通道；③量子点与金刚石色心的制备可重复性较差，难以批量稳定实现。

制作紧凑型量子光学芯片不仅能有效减小量子光学系统的体积，使制造成本降低，还有助于提高诸如量子信息处理等应用的性能，提升了系统的稳定性和可控性；同时，紧凑型芯片的设计也更容易与其他集成电路、激光器等光学和电子元件进行集成，从而实现更为复杂的功能。这种集成性使得量子光学芯片能够更好地融合到传统的计算和通信系统中。

17.4　量子光源的应用

量子光源在通信、计算、传感、测量、成像等领域具有经典系统不可比拟的优势。例如，通过对某个变量进行压缩处理，制备的光态能使得对该变量的测量达到超越海森堡最小不确定性的效果，从而实现量子增强的测量灵敏度。本节主要展示单光子源以及纠缠光子对在量子通信、计算以及传感中的应用，并证明性能优异的量子光源在这些科技应用中的不可或缺性。

17.4.1　量子通信

经典通信中，光作为主要的载体已经在光纤中传播，其传播速度快、相干性高以及损耗低等优势使其成为理想的选择。同样，量子光也可被编码为量子比特，从而支持量子信息在远距离传播。其中，量子加密技术作为量子通信领域中备受瞩目的领域之一，具有准确检测第三方窃听的优势，这在经典通信的传输中是无法实现的。特别是量子密钥分发（Quantum Key Distribution，QKD），能够使通信两端生成安全密钥，用于加密通过公共信息通道传输的经典数据。在这一领域中，最著名的加密协议包括 1984 年由 Bennett 和 Brassard 提出的基于单光子源的 BB84 协议，以及 1991 年由 Ekert 提出的基于纠缠光子对的 E91 协议。

下面以 BB84 协议和 E91 协议为例，展示 QKD 的基本原理。在 BB84 协议中，如图 17-12a 所示，信号发送方 Alice 生成一个量子比特序列，通过单光子编码单元对入射的单光子以不同的基矢进行编码，生成一个序列。接收方 Bob 则基于 Alice 对单光子的编码方式来测量传输的量子比特。Alice 和 Bob 通过公共信息通道分享各自选择的基矢，并仅保留那些二者使用相同基矢的量子比特，从而形成一个只有双方知晓的密钥。在存在窃听者 Eve 的情况下，Eve 需确保对量子比特测量的基矢与 Alice 和 Bob 完全一致。任何不一致都会引入错误，增大被发现的概率。此外，由于这个过程发生在传输经典信息之前，通过检测窃听者的存在显著提高了信息传输的安全性。

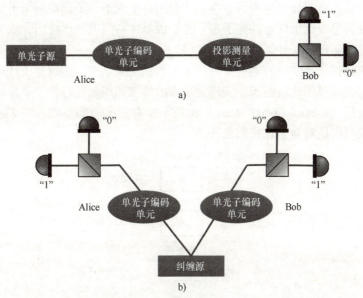

图 17-12　基于量子光源实现量子密钥分发的光路图示例
a）基于单光子源的 BB84 协议　b）基于纠缠双光子源的 E91 协议

在基于纠缠光子对的 E91 协议中，如图 17-12b 所示，Alice 和 Bob 都作为信号接收方。他们各自对入射的纠缠光子进行测量，收集到足够多的测量结果后，通过经典通信通道公开各自的测量基矢信息。如果选择了相同的测量基矢，那么测量结果会有很高的关联性，可用于生成密钥。通过比较测量基矢并确认足够的测量结果符合贝尔不等式，Alice 和 Bob 可以从这些结果中提取出一部分用于生成共享密钥。任何窃听者对量子态的测量都会破坏纠缠态，从而被检测出来。

总之，BB84 协议和 E91 协议展示了 QKD 的基本原理，即通过量子力学的基本性质（如叠加态和纠缠态）来确保密钥分发的安全性，任何窃听行为都会不可避免地干扰量子态，从而被合法通信方检测出来，保证了通信的保密性。此外，对信息的编码可通过调控光子的偏振态、相位等基本特性来实现，这是光子用于量子应用的优势之一。

因为辐射的光子能作为单个量子比特，单光子源被视为实现量子密钥分发（QKD）的理想光源。传统上，弱相干脉冲光（Weak Coherent Pulse，WCP）常被用于近似单光子源，然而每个脉冲中的多光子态都可能导致信息泄露。尽管如此，当前阶段单光子源在 QKD 中的应用仍远不如 WCP 成熟。为了实现实际应用的 QKD，理想的单光子源首先应具备高效率（>50%）、高不可分辨率、GHz 级重复率等特征，并且能在通信波段工作。此外，当前单光子源在量子网络应用中的可部署性仍有待提高，需进一步小型化和集成化激光器、频率转化器以及冷却装置。未来，碳纳米管和二维材料在室温下作为单光子源的进一步应用可能会为解决这一问题提供新的思路。

17.4.2　量子计算

量子计算作为量子信息科技的重要分支备受关注,有望突破经典计算受制于摩尔定律的瓶颈。自 20 世纪 80 年代起,国际上涌现出多种实现量子计算的平台,包括冷原子、超导电路、离子阱、固体自旋、核磁共振等。本节将介绍基于光子量子比特的量子计算。光子具有易于操纵的特性,可以产生任意的光子态,并形成单比特门或双比特门,成为量子电路的基本组成部分,进而实现量子计算。

类似于经典计算,量子计算通过处理量子比特信息来实现。实现量子计算依赖于量子比特门,这些门可变换量子比特的态,实现量子态的叠加和纠缠等特性。单比特门和作用在双比特上的受控非门(Controlled-NOT Gate)构成了所有量子门的基础。图 17-13 展示了常见的量子比特门及对应的对量子比特的变换。

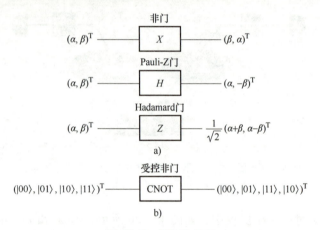

图 17-13　量子比特门
a) 单比特门　b) 双比特门

量子计算的优势在于利用量子比特和量子门,能够计算功能更为强大的函数算法。例如,德伊奇-乔萨(Deutsch-Jozsa)算法展示了量子计算能够一次运行计算而经典计算算法需运行 $2^n/2+1$ 次的问题;量子傅里叶变换可以用约 n^2 步来完成 2^n 个数的傅里叶变换,而经典计算则需要 $n2^n$ 步;此外,量子计算具有量子并行性,使得量子计算机能够同时计算许多不同 x 处函数 $f(x)$ 的值;最后,量子系统可模拟自然发生的量子力学系统,而在经典系统中难以实现,这种量子模拟的概念在诸如量子化学、宇宙学和凝聚态物理等领域都得到了广泛研究。这表明量子计算不仅在经典计算问题上具有潜在的巨大优势,而且在模拟和理解量子力学规律主导的物理、化学及生物过程方面也具备独特的优势。

在实际应用中,为实现可扩展性通常需多个量子比特。为了实现高容错度的量子计算,通常需要多个光子来编码单个量子比特,以便利用纠错机制保护量子比特免受退相干、低保真度的量子门和损失等过程的影响。因此,用于量子计算的单光子源需具备近 100% 的效率、高纯度、近 100% 的 HOM 可见度等性能。

17.4.3　量子传感

相比于前文介绍的量子信息技术,量子传感是近十年才开始发展的新兴领域。量子传感通常指利用量子系统或充分利用量子相干性来测量物理量，或通过量子纠缠提高测量的灵敏度和精度的过程。评估量子传感器性能时，本征灵敏度是一个关键参数，需要在对预期信号的强响应和尽可能小的受噪声影响之间取得平衡。本征灵敏度 S 为：

$$S \propto \frac{1}{\gamma \sqrt{T_\chi}} \tag{17-28}$$

式中，γ 是传导参数；T_χ 是退相干/弛豫时间，反映传感器对抗噪声的能力。

灵敏度的一个更正式的定义由量子克拉默-拉奥界（Quantum Cramér-Rao Bound, QCRB）给出，它界定了用量子系统测量的可实现的最小精度，同时，可以证明，它可由海森堡不确定性关系推演得出。

量子传感涉及量子态的制备、演化和测量。量子传感器可由以下哈密顿量描述：

$$\hat{H}(t) = \hat{H}_0 + \hat{H}_V(t) + \hat{H}_{control}(t) \tag{17-29}$$

式中，$\hat{H}_0$ 是内禀哈密顿量；$\hat{H}_V(t)$ 是传感器与要测量的物理量相互作用的哈密顿量；$\hat{H}_{control}(t)$ 是控制哈密顿量，能够被精心设计用来实现传感器的控制和调谐。量子传感的目的是选择一个适合的 $\hat{H}_{control}(t)$，通过 $\hat{H}_V(t)$ 对量子比特的作用来推断 $V(t)$。量子传感的一般流程包括：初始态的制备、传感态的变换、传感态的演化，以及终态的读取、统计和估计。流程图如图 17-14 所示。

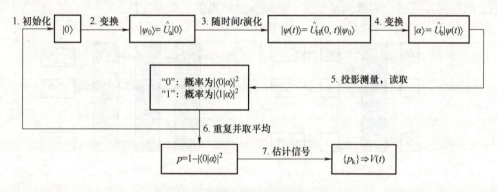

图 17-14　量子传感基本步骤

量子纠缠效应能增强量子传感的灵敏度。下面以对静态能量 ω_0 的拉姆齐（Ramsey）测量为例来说明此结论。在单比特操作下，量子传感态为 $\Psi_0 = (|0\rangle + |1\rangle)/\sqrt{2}$，在自由哈密顿量的演化下，终态被读取，跃迁概率为

$$p = \frac{1}{2}[1 - \cos(\omega_0 t)] \tag{17-30}$$

通过记录跃迁随时间 t 的演化，可以观察到带有 ω_0 信息的余弦型拉姆齐条纹，从而 ω_0 得到测量。而在 M 个独立的量子比特测量下，如图 17-15a 所示，QCRB 为

$$\Delta V_{N,M} = \frac{e^x}{\gamma t \sqrt{MN}} \tag{17-31}$$

式中，N 为测量次数。而如果把传感器变换到纠缠的 Greenberger-Horne-Zeilinger（GHZ）态：

$$|\Psi_0\rangle = (|00\cdots0\rangle + |11\cdots1\rangle)/\sqrt{2} \tag{17-32}$$

跃迁概率为

$$p' = \frac{1}{2}\left[1 - \cos(M\omega_0 t)\right] \tag{17-33}$$

图 17-15b 对应的 QCRB 为

$$\Delta V_{N,\text{GHZ}} = \frac{e^\chi}{\gamma t M \sqrt{N}} \tag{17-34}$$

对比式（17-34）与式（17-31）可见，纠缠态的引入使灵敏度提升了 $\sqrt{M}$ 倍。然而，提升的 $\sqrt{M}$ 倍带来的优势通常会因 GHZ 态的退相干而丧失，因此，需引入免受对退相干影响的不同纠缠态。

量子传感器的优化依赖于更先进的材料和更精密的控制，以实现更长的相干时间、更高效的读取效率和更高的灵敏度。量子传感是一个交叉学科，融合了科学和工程领域，涉及人工智能、机器学习以及物理学等多个领域的交叉点。这为我们创造了揭示基本问题的新机会，并有望在实际应用中快速取得进展。值得注意的是，量子传感与量子计算之间存在相互促进的关系。一方面，量子计算引入了许多基础概念，如动态解耦协议、量子存储、量子纠缠和量子相位估计等，为量子传感提供了理论支持和方法论；另一方面，量子传感提供了关于量子比特在环境中相互作用的信息，对于实际量子计算的成功至关重要。量子计算与量子传感之间的相互促进，为推动量子技术的综合发展提供了有力支持。

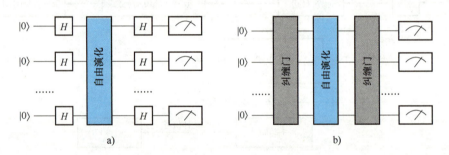

图 17-15 拉姆齐测量

a) M 个独立的量子比特下 b) 海森堡极限灵敏度下的纠缠型

习题与思考题

1. 一束光子通量为 1000 光子 $\cdot$ s^{-1} 的光束入射到量子效率为 20% 的探测器上，设置计数器的时间间隔为 10s，计算在以下不同入射光的情形下光子计数的平均值和标准差：

（1）入射光服从泊松统计；

（2）入射光服从超泊松统计，且其标准差为 $\Delta n = 2 \times \Delta n_{\text{Poisson}}$；

（3）入射光处在光子数态。

2. 632.8nm 的氖放电灯谱线由于多普勒效应展宽，线宽为 1.5GHz。请计算并绘制其辐射光在 0 ~ 1ns 范围内的二阶关联函数。

3. 受激的半导体在微腔中的光发射效率能通过设计微腔种类和模态体积得到调控。给定一个光学微腔，其工作波长为 $\lambda = 1550$nm，折射率为 $n = 3.5$，品质因子为 $Q = 100$，模态体积为 $V_{\text{mode}} = 0.5(\lambda/n)^3$，请计算普塞尔（Purcell）因子。

4. 在一次量子密钥分发过程中，发送方（Alice）和接收方（Bob）通过传输 n 个量子比特来建立密钥，在传输过程中，第三方窃听者（Eve）可能会对量子比特进行测量，从而引入错误。在 n 个量子比特中，计算在 k 个检测比特中，Alice 和 Bob 检测到至少一个错误的概率。

5. 证明任何一个多量子比特逻辑门都可以由受控非门和单比特门组合而成。

第 18 章

光电探测器

光电探测器在现代光通信、传感、光谱分析、激光雷达、安全监控以及科学研究中发挥重要作用。光电探测器的主要物理机制是吸收光子，从而改变电子系统的电特性，如在光电导体中产生光电流，或在光电探测器中产生光电压。光电探测器的性能取决于光吸收过程、载流子传输以及与电路系统的相互作用。

近红外波段光电探测器用于光纤通信系统，其中光接收机和解调器能够实现光电信号的转换和信号的复原；在工业自动化生产中，可见光探测器可检测物体是否存在、位置是否正确、运动是否正常等；紫外波段的光电探测器常用于火灾检测、高压电晕监测等方面。光电探测器在这些应用场景需要满足若干严格要求，例如在工作波段上要有高的灵敏度、快速的响应速度和低噪声。同时，光电探测器的体积应该较小，工作偏置电压和电流较低，以便在各种使用环境下展现出更好的可靠性。本章首先介绍光电探测原理及探测器的关键性能指标（18.1 节），然后深入探讨光电导型、二极管型、晶体管型和雪崩型等常见探测器结构（18.2 节），最后简要介绍不同波段常用的探测材料（18.3 节）。

18.1　探测原理与探测器性能指标

目前，光电探测器可以主要归为两大类别：热探测器和光探测器。热探测器是通过感知温度的上升来探测光线，当探测器的暗面吸收了光能后，其温度会随之升高，这种类型的探测器特别适用于探测远红外波长。而光探测器则基于光电效应，即光子激发电子-空穴对，进而产生光电流，是目前市场上占主导地位的光电探测器类型。在应对不同的探测需求时，我们需要根据探测原理的不同选择相应的探测器，并且这些需求也对探测器的性能指标提出了不同方向上的具体要求。

18.1.1　光电效应

光电效应是指当光照射到金属表面时，金属表面会发射出电子的现象。这一现象的发现是量子物理学重要里程碑之一，对于理解光的粒子性质和量子理论的发展具有深远的影响。1899 年，德国物理学家布朗首次观察到了当金属被紫外光照射时，金属表面会释放出电子，形成电流。1905 年，爱因斯坦提出光量子假说，认为光不是连续的波动，而是由离散光子组成的粒子，每个光子携带能量为 $h\nu$（其中 h 为普朗克常数，ν 为光的频率）。当光子能量大于金属表面的逸出功时，光子与金属原子碰撞后会将一个电子从金属表面释放出来，从而引发光电效应。尽管爱因斯坦提出了光量子假说，但直到 1921 年，波尔使用了精确的光子能量测量和光电子速度测量，才验证了爱因斯坦的理论，从而确立了光电效应的量子解释。

光电效应的发现和理论解释为量子物理学的发展奠定了基础，它不仅解释了光和物质的相互作用，还开辟了新的领域，如光电子学和光电子器件的研究。这一发现对于现代科学和技术的发展具有深远的影响。

光电效应类探测器吸收光子后，直接引起原子或分子内部电子的状态改变，即光子能量的大小直接影响内部电子状态改变的多少，因而这类探测器受波长限制，存在"红限"——截止波长 λ_c，其表达式为

$$\lambda_c = \frac{hc}{E} \tag{18-1}$$

式中，h 为普朗克常数；c 为真空中光速；E 在外光电效应中为表面逸出功，在内光电效应中为半导体禁带宽度。

1. 外光电效应

光电发射效应属光子效应中的外光电效应，主要表现为金属或半导体受光照时，如果入射的光子能量（$h\nu$）足够大，那么它和物质中的电子相互作用，使电子从材料表面逸出的现象，它是真空光电器件光电阴极的物理基础。光电发射效应可以用公式描述：

$$E_{max} = h\nu - \phi \tag{18-2}$$

式中，E_{max} 为电子动能；ν 为光子频率；ϕ 为材料功函数。

光电发射大致可分三个过程：

1）光射入物体后，物体中的电子吸收光子能量，从基态跃迁到能量高于真空能级的激发态。

2）受激电子从受激地点出发，向表面运动的过程中免不了要同其他电子或晶格发生碰撞，而失去一部分能量。

3）到达表面的电子，如果仍有足够的能量足以克服表面势垒对电子的束缚（即逸出功），即可从表面逸出。

2. 内光电效应

1）光电导效应。光照变化引起半导体材料电导增加的现象称为光电导效应，当光照射到半导体材料时，材料吸收光子的能量，使非传导态电子变为传导态电子，引起载流子浓度增大，导致材料电导率增大。因此，光电导现象属半导体材料的体效应。在光子作用下，半导体材料将激发出新的载流子（电子和空穴），此时半导体中的载流子浓度在原来的基础上增加 Δn 和 Δp 的一个量。这个新增加的部分叫非平衡载流子，通常称为光生载流子。显然，载流子浓度增加（Δn 和 Δp）必然使半导体的电导增加，称为光电导，对于本征和杂质半导体就分别称为本征光电导和杂质光电导。

无光照时，暗电导率为

$$\sigma_0 = n_0 \mu_n q + p_0 \mu_p q \tag{18-3}$$

式中，n_0 / p_0 为本征电子/空穴浓度；μ 为载流子迁移率；q 为电子电量。

有光照时，电导率为

$$\sigma = (n_0 + \Delta n)\mu_n q + (p_0 + \Delta p)\mu_p q \tag{18-4}$$

附加光电导率为

$$\Delta\sigma = \Delta n\mu_{n}q + \Delta p\mu_{p}q \qquad (18\text{-}5)$$

对于本征光电导，$\Delta n = \Delta p$，得到

$$\frac{\Delta\sigma}{\sigma_0} = \frac{\dfrac{\mu_n}{\mu_p}}{\dfrac{\mu_n}{\mu_p}n_0 + p_0}\Delta n \qquad (18\text{-}6)$$

要制成相对光电导较高的器件，应该使 n_0 和 p_0 有较小值。因此，高性能的光电探测器一般由高阻材料制成，或者在较低温下使用。除了本征光电导，被束缚在杂质能级上的电子或空穴在光照下受激电离也会产生杂质光电导，但由于杂质原子数较少，杂质光电导效应比较微弱。

利用光电导效应工作的探测器称为光电导型探测器。在黑暗条件下，光电导型探测器的电阻值很高（$M\Omega$ 级）。光照时，其电阻率变小，阻值降低到几百 Ω 以下。而且光照越强，器件的电阻降低越明显。

2）光伏效应。光伏效应指光照使不均匀半导体或半导体与金属组合的不同部位之间产生电位差的现象。产生这种电位差的机理有多种，主要的一种是由于阻挡层的存在引起的，下面以 pn 结为例来分析光伏效应。

pn 结区存在一个由 n 指向 p 的内建电场，热平衡时，多数载流子的扩散作用与少数载流子的漂移作用抵消，没有电流通过 pn 结；当有光照射 pn 结时，样品对光子的本征和非本征吸收都将产生光生载流子，但由于 p 区和 n 区的多数载流子都被势垒阻挡而不能穿过结，因而只有本征吸收所激发的少数载流子能引起光伏效应：p 区的光生电子和 n 区的光生空穴以及结区的电子-空穴对扩散到结电场附近时，在内建电场的作用下漂移过结，电子-空穴对被阻挡层的内建电场分开，光生电子与空穴分别被拉向 n 区与 p 区，从而在阻挡层两侧形成电荷堆积，产生与内建电场反向的光生电场，使内建电场势垒降低，降低量等于光生电势差。光生电势差导致的光生电流 I_p 方向与结电流方向相反，而与 pn 结反向饱和电流 I_0 同向，且 $I_p \geqslant I_0$。

18.1.2　光热效应

光热效应是指光子会使得物质的内能增加、温度升高的效应，光热效应的大小取决于光功率密度、光吸收率以及材料的热导率等因素，其在光热转换和光热探测领域具有重要应用。19 世纪初，热拉德进行了大量关于光和热的实验。他观察到，当物体表面吸收光能时，其温度会上升，并产生热效应。到了 19 世纪中后期，威廉·瑟姆通过实验和理论分析，发现了光能被吸收后会转化为热能，导致物体温度上升的规律，并建立了光热效应的定量关系。光热效应的发现和研究，为光学、热学和材料科学等领域的发展提供了重要的理论支持。典型光热效应有温差电效应和热释电效应。

1. 温差电效应

当两种不同的导体或半导体材料两端并联熔接时，在接点处可产生电动势，这种电动势的大小和方向与该接点处两种不同材料的性质和接点处温差有关，如果把这两种不同材料连接成回路，当两接头温度不同时，回路中即产生电流，这种现象称为温差电效应，又称塞贝克效应。

温差热电偶接收辐射一端称为**热端**，另一端称为**冷端**。为了提高吸收系数，热端常装有涂黑的金箔。半导体热电偶热端接收辐射后升温，载流子浓度增加，电子从热端向冷端扩散，从而使 p 型材料热端带负电、冷端带正电，n 型则相反。当冷端开路时，开路电压为

$$V_{oc} = S\Delta T \tag{18-7}$$

式中，S 为一个比例系数，称为塞贝克系数，又称温差电势率，单位为 $V \cdot ℃^{-1}$；ΔT 为温度增量。

为了提高灵敏度，并使工作稳定，常把温差热电偶或温差热电堆放在真空外壳里。真空温差热电偶的主要参量有：灵敏度 R、响应时间常量 τ、噪声等效功率 NEP 等。

温差热电偶的灵敏度定义式为

$$R = V_L / \Phi \tag{18-8}$$

式中，V_L 为冷端负载上所产生的电压降；Φ 为入射于探测器的辐射通量。要使 R 大，应选用塞贝克系数大的材料，并增大吸收系数，同时减小内阻与热导。交变情况下，调制频率 ω 低时，R 更大，ω 和 τ 减小都利于 R 提高，响应率与带宽之积为一常量。由于温差热电偶的 τ 多为毫秒量级，因而带宽较窄，多用于测量恒定辐射或低频辐射，只有少数 τ 小的材料才能测量中高频辐射。

2. 热释电效应

当两种不同的热电晶体的自发极化矢量随温度变化时，入射光可引起电容器电容改变的现象称为热释电效应（Pyroelectric Effect）。 温度恒定时，热电晶体表面吸附有来自于周围空气的异性电荷，因而观察不到自发极化现象；当温度变化时，晶体表面的极化电荷发生变化，而周围的吸附自由电荷对面电荷的中和速度难以跟上温度变化导致的极化电荷变化速度，因而晶体表面电荷失去平衡，自发极化现象得以显示。由此可见，这种探测方法仅适用于变化的辐射。

可以对这种热释电效应进行定量分析，假设晶体的自发极化矢量为 P，其方向垂直于晶体表面，则辐射引起的表面极化电荷变化为

$$\Delta Q = A\Delta P_s = A\left(\frac{\Delta P_s}{\Delta T}\right)\Delta T = A\gamma\Delta T \tag{18-9}$$

式中，A 为接收辐射面与另一面的重合部分面积；ΔT 为辐射引起的晶体温度变化；γ 称为热释电系数，$\gamma = \Delta P_s / \Delta T$。热释电系数是一阶张量，根据纽曼原理，热释电效应只存在于非中心对称的压电晶体中，例如硫酸三甘肽（TGS）、钽酸锂（LiTaO$_3$）、铌酸锶钡（SBN）、钛酸铅（PbTiO$_3$）和聚偏氟乙烯（PVF2），晶体温度变化会引起正负电荷中心发生位移，从而引起表面极化电荷变化。

如果把热释电体放进一个电容器极板之间，并将一个电流表与电容器极板连接，电流表中就会有电流流过，该电流称为短路热释电流：

$$I = \frac{dQ}{dt} = A\gamma\frac{dT}{dt} \tag{18-10}$$

基于光热效应开发了光热探测器，通过测量光照导致材料温度的变化就可得到材料吸收辐射的大小。典型的光热探测器通常包括光学部分和热学部分。光学部分用于吸收光信号并将其转化为热信号，通常采用吸收光的材料或结构；热学部分则用于测量材料温度的变化，通常采用热敏材料或热敏电阻等元件。

光热探测器在各种领域都有广泛的应用，包括光学成像、光学通信、生物医学、环境监测等。例如，光热探测器可用于红外成像和红外光谱学，用于检测和测量光信号的强度、频率、相位等特性。此外，光热探测器还可用于生物医学诊断和治疗，例如通过检测组织中的光吸收来诊断疾病或实现光热疗法。

18.1.3　探测器性能指标

光电探测器的性能是一个综合的评价指标。针对实际应用需求不同，对器件的性能参数侧重点也不同。具体包括如下几个重要的性能参数（如表 18-1 所示）：

表 18-1　光电探测器的技术指标

指标	单位	定义
光电流 I_{ph}	A	光照下流经器件的电流
暗电流 I_d	A	暗态下流经器件的电流
响应度 R	$A \cdot W^{-1}(V \cdot W^{-1})$	输出信号与输入光功率之比
外量子效率 EQE（%）	—	收集的光生载流子与入射光子数的比值
增益 G	—	收集的载流子数除以吸收的光子数
−3dB 带宽 BW	Hz	器件响应度为稳态条件下响应度一半时的调制频率
线性动态范围 LDR	dB	探测器线性响应的入射光功率范围
噪声电流 I_N	$A \cdot Hz^{-1/2}$	探测带宽下暗电流随机波动的方均根
噪声等效功率 NEP	$W \cdot Hz^{-1/2}$	单位信噪比时的入射光功率
归一化探测度 D^*	$cm \cdot Hz^{1/2} \cdot W^{-1}$（Jones）	NEP 归一化到器件的面积和噪声测量的电带宽
光谱选择性 FWHM	nm	光谱响应的半高宽

1. 光谱响应范围

光谱响应范围是光电探测器的核心指标，主要取决于半导体材料的吸收光谱，即半导体材料的禁带宽度。对于窄带光电探测器，其光谱响应范围受到载流子收集等因素的影响，部分不依赖于材料本身的吸收特性。

以常见的硅探测器为例，它的禁带宽度约为 1.1eV（~1100nm），对应的工作波长是 400~1100nm，这表明该探测器只对 400~1100nm 范围内的光有响应，这就要求所要探测的光波长必须在该范围内，否则就需更换其他波段的材料。知道了探测器的光谱响应范围，可由此得到探测器的响应度或灵敏度。

2. 响应度或灵敏度

响应度或灵敏度（Responsivity，R）是指输出信号与输入光功率之比，代表了在入射光照射下，光电探测器将光信号转换成电信号的能力，即光电转化效率。按照输出信号的不同，响应度又可分为电压响应度（R_V）和电流响应度（R_I），分别由以下公式定义：

$$R_V = \frac{V_{ph}}{P} \tag{18-11}$$

$$R_I = \frac{I_{\text{ph}}}{P} \tag{18-12}$$

式中，V_{ph} 为输出光电压；I_{ph} 为输出光电流；P 为输入光总功率，表示某一光谱范围内光功率谱对光波长的积分，因此，R_V 和 R_I 又可称为积分电压灵敏度和积分电流灵敏度。

当入射光变化时，光电探测器的响应度也随之而变化。光电流与光强之间的关系如图 18-1 所示，其中光强等于单位面积的光功率。在一定范围内，光电流与光强呈线性关系。当光强继续增加时，光电流不再随光强线性变化。在式（18-11）及式（18-12）中，如果将光功率划分为波长可变的光功率谱 $P(\lambda)$，由于光电探测器的光谱选择性，在其他条件不变的情况下，输出光电流（光电压）将是光波长 λ 的函数，此时光电流（光电压）记为 $I_\lambda(V_\lambda)$，于是光谱灵敏度 R_λ 可被定义为

$$R_\lambda = \frac{\mathrm{d}I_\lambda}{\mathrm{d}P_\lambda} \tag{18-13}$$

$$R_\lambda = \frac{\mathrm{d}V_\lambda}{\mathrm{d}P_\lambda} \tag{18-14}$$

为了方便测量，通常给出相对光谱灵敏度 S_λ，表示为

$$S_\lambda = \frac{R_\lambda}{R_{\Lambda m}} \tag{18-15}$$

式中，$R_{\Lambda m}$ 为 R_λ 的最大值，相应的波长称为峰值波长；S_λ 为无量纲的百分数，S_λ 随波长变化的曲线称为探测器的光谱灵敏度曲线，如图 18-2 所示。

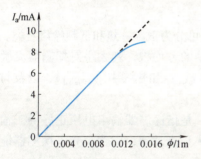

图 18-1 光电流与光强的关系

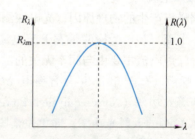

图 18-2 光谱响应曲线

如果入射光是频率调制的，在其他条件不变的情况下，光电流将随入射光频率（f）的变化而变化，这时的响应度称为频率响应度（R_f），表示为

$$R_f = \frac{I_f}{P} \tag{18-16}$$

式中，I_f 为光电流时变函数的傅里叶变换，常有

$$I(f) = \frac{I_0}{\left[1 + (2\pi f\tau)^2\right]^{1/2}} \tag{18-17}$$

式中，I_0 为频率为 0 时的光电流；τ 为探测器的响应时间，由材料、器件结构和外电路决定。把式（18-17）代入式（18-16），有

$$R(f) = \frac{R_0}{\left[1 + (2\pi f \tau)^2\right]^{1/2}} \tag{18-18}$$

式中，R_0 为频率为 0 时的响应度。这便是探测器的频率特性，由式（18-18）可以看出，R_{f} 随 f 升高而下降的速度与 τ 值的大小有关。

3. 量子效率

光电探测器的量子效率分为外量子效率和内量子效率。对于探测器，内量子效率是指产生的电子-空穴对数同入射到器件上并且被吸收的光子数之比，通常约为 1；而外量子效率是指收集的光生载流子与入射光子数的比值。假设入射到光电探测器的光功率为 P，产生的光电流为 I_{ph}，那么光电探测器的外量子效率 η_{EE} 为

$$\eta_{\mathrm{EE}} = \frac{I_{\mathrm{ph}} h\nu}{Pq} = \frac{I_{\mathrm{ph}} hc}{Pq\lambda} \tag{18-19}$$

式中，q 为单位电荷；h 为普朗克常数；ν 为入射光的频率；c 为光速。

将式（18-13）代入式（18-19）中可得，光电探测器的量子效率与响应度之间的关系为

$$R = \eta \frac{\lambda q}{hc} \approx \eta \frac{\lambda}{1.23985(\mu\mathrm{m}\times\mathrm{W/A})} \tag{18-20}$$

当光照条件下产生载流子数量超过吸收光子时，将收集的载流子数与吸收的光子数的比值定义为增益（G）。对于没有内部增益的理想的光电探测器，$\eta = 1$，即一个光子能产生一个光电子，但对于实际的光电探测器，$\eta < 1$。很明显，光电探测器的量子效率越大越好。对于有内部增益光电探测器，如光电倍增管和雪崩光电二极管，其量子效率可以大于 1。

4. 噪声电流

根据噪声产生的物理原因，光电探测器的噪声可分为散粒、热和低频噪声三类。

噪声电流（I_{N}）为探测带宽下暗电流随机波动的方均根，其大小对探测器灵敏度的影响显著。噪声电流主要由与频率无关的散粒噪声（I_{shot}）和热噪声（I_{thermal}），以及与频率相关的 $1/f$ 噪声（$I_{1/f}$）和产生-复合噪声（$I_{\mathrm{g-r}}$）组成。

噪声等效功率（Noise-equivalent Power，NEP）是指探测器输出电压正好等于输出噪声电压（V_{N}）时的入射光功率，即单位信噪比时的入射光功率，它代表光电探测器能够识别噪声的最低光强度。

$$\mathrm{NEP} = \frac{P}{V_{\mathrm{ph}}/V_{\mathrm{N}}} \tag{18-21}$$

由于噪声频谱很宽，为减小噪声影响，一般将探测器后面的放大器做成窄带通，其中心频率设为调制频率。这样，信号将不受损失而噪声可被滤去，从而使 NEP 减小，这种情况下的 NEP 定义为

$$\mathrm{NEP} = \frac{P/(\Delta f)^{1/2}}{V_{\mathrm{ph}}/V_{\mathrm{N}}} \tag{18-22}$$

式中，Δf 为放大器带宽。

5. 探测率

通常，NEP 越小，探测器的探测能力越高。于是取 NEP 的倒数，定义为探测率（Detectivity，D）。

$$D = 1/\text{NEP} \tag{18-23}$$

D 值的大小表示探测器在噪声环境下探测光信号的能力。D 值越大，探测器的探测能力越强。但在实际应用中发现，这一结论并不充分，因为探测器光敏面积（A_d）和测量带宽（Δf）对 D 值影响较大。

一方面，探测器的噪声功率 $N \propto \Delta f$，所以有 $I_N \propto (\Delta f)^{1/2}$，于是根据 D 的定义有 $D \propto (\Delta f)^{-1/2}$；另一方面，探测器的噪声功率 $N \propto A_d$，所以 $I_N \propto (A_d)^{1/2}$，由此可得 $D \propto (A_d)^{-1/2}$。考虑到两种因素的影响，定义归一化探测率（D^*），表示为

$$D^* = D(A_d \Delta f)^{1/2} = \frac{R}{I_N}(A_d \Delta f)^{1/2} \tag{18-24}$$

D^* 指的是归一化到器件面积和噪声测量带宽的探测率，也称为比探测率，它与探测器面积 A_d 和频率带宽 Δf 乘积的平方根成正比，通常用于描述探测器探测弱光的能力。D^* 越高，代表探测器的探测能力越强。考虑波长响应特性，一般给出 D^* 值时，需注明响应波长、光辐射调制频率及测量带宽，即 $D^*(\lambda, f, \Delta f)$。

6. 线性动态范围

线性动态范围（LDR）是指输出电流或电压与输入光信号成线性比例的光功率范围，表示为探测器保持线性响应时的最强与最弱光功率（辐照度）之比。LDR 可以由以下公式计算：

$$\text{LDR} = 20\lg\frac{J_{\text{upper}}}{J_{\text{lower}}} = 20\lg\frac{L_{\text{upper}}}{L_{\text{lower}}} \tag{18-25}$$

式中，J 为光电流密度，单位为 $\text{A} \cdot \text{cm}^{-2}$；$L$ 为光强，单位为 $\text{W} \cdot \text{cm}^{-2}$。LDR 越宽，说明探测器的探测性能越好。

7. 带宽

带宽可以用光的频率或波长来表示。由于频率和波长成反比关系（$\nu = c/\lambda$），波长区间（$\Delta\lambda$）和频率区间（$\Delta\nu$）之间的转换可通过对 λ 求导得到：

$$\Delta\nu = \frac{c}{\lambda^2}\Delta\lambda \tag{18-26}$$

这表明，中心波长 λ 越短，$\Delta\lambda$ 对应的 $\Delta\nu$ 更大。

光电探测器的带宽是指可检测到光功率调制的频率范围。通常，该频率范围从零频率开始，带宽约等于器件的最大可检测调制频率。常用的−3dB 带宽，是指信号功率降低 3dB 时的频率。此时，输出电压的有效值为最大有效值 $\sqrt{2}/2 \approx 0.707$ 倍，输出功率为最大功率的 1/2 倍。当功率降低至最大功率 1/2 时，可以认为信号发生了显著衰减，因此，半功率点常被作为信号通过与信号阻止的分界点，又被称作−3dB 点。

8. 响应时间

探测器的响应时间是描述光电探测器对入射光辐射响应速率快慢的参数，即探测器将入射辐射转变为电压或电流信号的弛豫时间，常用时间常数 τ 表示。由式（18-18）可得，时间常数 τ 为

$$\tau = \frac{1}{2\pi f_c} \tag{18-27}$$

式中，f_c 为幅频特性下降到最大值 70.7%（3dB）时的调制频率，称为截止响应频率，也称为探测器的上限频率。当调制频率达到带宽限制时，不仅响应性降低，而且相位也发生变化。

在入射光照下，定义信号从最大值的 10% 上升到 90% 所需的时间为上升时间（$\tau_{上升}$），以及信号从最大值的 90% 下降到 10% 的时间为下降时间（$\tau_{下降}$），如图 18-3 所示。

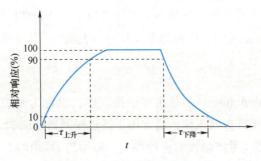

图 18-3　光电探测器的响应时间

除了上面介绍的技术参数，还有其他参数（表 18-1），例如，暗电流（指没有信号和背景辐射时通过探测器的电流）、增益（收集的载流子数与吸收的光子数之比）及光谱选择性（光谱响应的半宽高）等。

18.2　光电探测器的结构

根据探测材料与电极的空间排列，光电探测器可以分为垂直结构和横向结构。垂直结构的探测器电极间距小，载流子传输距离短，当与界面层结合时，可有效降低反向偏置下的暗电流，从而产生较高的探测率。横向结构的探测器具有简单的器件结构，更容易制造。

探测器可以由探测材料和两个平行电极组成光电导型、pn 结型和肖特基型光电探测器，或者三个金属电极（源极、漏极和栅极）组成晶体管型光电探测器，如图 18-4 所示。

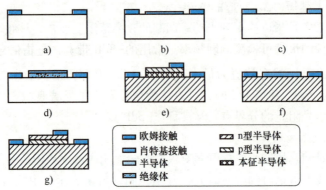

图 18-4　光电探测器的结构类型
a）光电导型　b）肖特基光电二极管　c）金属-半导体-金属（MIS）光电二极管
d）金属-绝缘体-半导体（MIS）光电二极管　e）pin 光电二极管　f）场效应晶体管　g）双极光电晶体管

18.2.1　光电导型

光电导型探测器，由半导体和金属电极组成两个欧姆结，当受到光照时，半导体材料基于光电导效应产生光生载流子，在偏压下被两侧电极收集，将光信号转换为电信号。光电导型探测器由于结构简单、易于集成等优点，受到了广泛的关注。

光电导型探测器示意图如图 18-5 所示。光电导型探测器的实际响应取决于金属电极与半导体的接触以及载流子的复合动力学。以欧姆接触为例，光导体表现出光导增益，即外部光电流是由于每个吸收光子的多个电子流引起的，光电导增益 G 可由下式得到：

$$G = \frac{\tau(\mu_n + \mu_p)E}{l} \tag{18-28}$$

式中，τ 为复合时间；E 为施加电场强度；l 为半导体长度；μ 为载流子迁移率，半导体中电子和空穴的平均漂移速度分别为 $\mu_n E$ 和 $\mu_p E$，因此它们对应的渡越时间（穿过半导体的时间）为

$$t_n = l/(\mu_n E) \tag{18-29}$$
$$t_p = l/(\mu_p E) \tag{18-30}$$

将式（18-30）、式（18-29）代入到式（18-28）可以得到：

$$G = \frac{\tau}{t_n} + \frac{\tau}{t_p} = \frac{\tau}{t_n}\left(1 + \frac{\mu_p}{\mu_n}\right) \tag{18-31}$$

要获得高光导增益，一方面可以提升复合时间 τ，但会导致器件的响应速度越慢；另一方面可增加电场强度 E，缩短渡越时间 t_n，但这也会导致暗电流的增加和更多的噪声。在器件设计过程中要平衡两方面的因素。

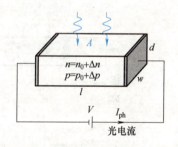

图 18-5　用波长为 λ 的光照射长为 l、宽为 w、深为 d 的半导体板

按照半导体材料，光电导型探测器可以分为本征型光电导（一般在室温下工作，适用于可见光和近红外辐射探测）和非本征型光电导（通常在低温条件下工作，常用于中、远红外辐射探测）两类；根据光谱特性，又可分为紫外探测器、红外探测器、可见光探测器三种。

18.2.2　光电二极管型

从入射方向看，光电二极管分为背照射和正照射两种方式。从器件结构看，光电二极管又包括 pn 结、pin 结等不同的结构形式。

1. pn 结

理解 pn 结探测器的工作原理，需考虑其能带图。pn 结有三种工作模式：反向偏置、短路状态和开路状态。如图 18-6a 所示，对 pn 结施加反向偏压 V_r 时，内建电场增大。从左侧 n 区域到右侧 p 区域的电势变化非常陡峭。此时受到光照的 pn 结可分两种情况考虑：

1）若光照射到 pn 结的结区（空间电荷区），产生电子-空穴对。电子和空穴在电场作用下分离并漂移。其中，电子沿导带向 n 侧下方运动，而空穴则沿价带向 p 侧上方运动（空穴能量是向下增加的）。电子和空穴的漂移，在外电路中产生光电流 I_{ph}。

2）若光照射到 pn 结的中性区域（非结区域）时（图 18-6b），如果光照区域到空间电

荷区的距离小于载流子扩散长度，载流子可通过扩散作用运动到空间电荷区，从而被收集产生光电流，反之则不行。

　　一般情况下，在 n 或者 p 层半导体中产生的光电流弱于结区（空间电荷区）产生的光电流，因为非结区域不能立即使光生载流子分离和漂移。因此，光电探测器的设计倾向于使光激发过程发生在空间电荷区。

　　如图 18-6c 所示，当光电二极管处于短路状态（$V=0$）时，光生载流子在内建电场驱动下被分离，形成短路光电流 I_{ph}，载流子输运过程与图 18-6a 基本一致。

　　如图 18-6d 所示，当光电二极管处于开路状态，会观察到开路电压 V_{oc}。如前所述，光生电子和空穴在空间电荷区中分离和漂移。额外的电子被注入到 n 侧，空穴被注入到 p 侧，n 侧额外的负电荷和 p 侧额外的正电荷会在光电二极管上产生 V_{oc} 电压，从而导致光电二极管电流 I_{diode}。I_{diode} 与光电流 I_{ph} 大小相等，方向相反。空间电荷区中正负施主和受主电荷的减少导致电场降低（E_0-E_{oc}），其中，E_{oc} 是 pn 结开路状态下的光生电场，内置电压也从 V_0 降低到 V_0-V_{oc}，此时内置电压也必须从 V_0 降低到 V_0-V_{oc}。

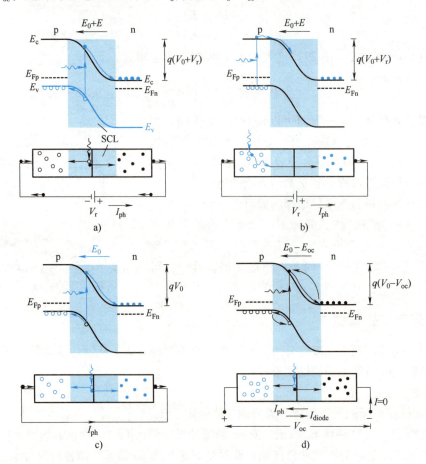

图 18-6　pn 结型光电二极管的状态

a）反向偏置，结区光照　b）反向偏置，中性区光照　c）短路，结区光照　d）开路，结区光照

　　接下来，从 $I-V$ 特性的角度来理解 pn 结探测器的工作原理。图 18-7a、b 给出了 pn 结

及反向偏置时的示意图。在黑暗和光照下，理想 pn 结的 I—V 特性如图 18-7c 所示。在黑暗条件下，I—V 特性遵循二极管方程，即

$$I = I_0 \left[\exp\left(\frac{eV}{\eta k_B T} \right) - 1 \right] \tag{18-32}$$

式中，I 和 V 是二极管的电流和电压；I_0 是反向饱和电流；η 是理想因子。通过简单地向下移动暗态下的 I—V 曲线，直到负 I 轴上的电流变为 $I = -I_{ph}$，从而得到光照下 pn 结的 I—V 特性。对于反向偏置 pn 结，$I = -I_0$，且非常小。短路时，光电流为 I_{ph}，与传统 pn 结电流方向相反，$I = I_{sc} = -I_{ph}$，其中，I_{sc} 为二极管短路电流，如图 18-7d 所示。开路时，如图 18-7e 所示，在二极管内部，两种电流完全相互抵消：一个是光生电流（I_{ph}），另一个是由 V_{oc} 引起的二极管电流（I_{diode}），最终产生一个开路电压。

在 pn 结 I—V 特性中，我们勾勒出由负 V 轴和负 I 轴束缚的区域，它表示反向偏置下光电二极管的工作模式，这也是光电探测中最常用的操作模式。同样，在 pn 结 I—V 特性中，我们勾勒出由正 V 轴和负 I 轴束缚的区域，它代表光伏型探测器的工作模式，不需要施加偏压，光就能在器件中产生光电流和电压。

需要强调的是，图 18-7c 忽略了反向偏置下 pn 结中的暗电流，并且假设 I_{ph} 远大于该反向暗电流的大小。这种假设并不总是正确的，特别是在弱光条件下和由具有高 I_0 的窄带隙半导体制成的 pn 结中。

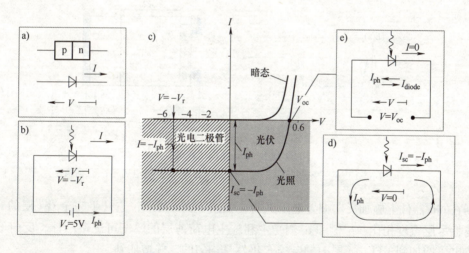

图 18-7　不同状态下的 pn 结二极管
a）暗态开路　b）光态反向偏压（5V）　c）I—V 特性　d）光态短路　e）光态开路

2. pin 结

简单 pn 结光电二极管存在两个主要缺点：首先，它的结或耗尽层电容不够小，不能在高调制频率下进行光探测；其次，它的耗尽层宽度最多只有几微米，这意味着在穿透深度大于耗尽层宽度的长波下，大多数光子只能在耗尽层之外的 p 区域或 n 区域被吸收。因为那里没有电场使电子-空穴分离和漂移，所以 QE 相对较低。这些问题在 pin 型光电二极管中可得到解决。

如图 18-8 所示，理想的 pin 型光电二极管通常具有重掺的 p^+ 区域和 n^+ 区域（p^+-i-n^+），本征层（i 层）的掺杂浓度比 p^+ 和 n^+ 区域要小得多，但宽度要比这些区域大很多，通常

为 5~50μm。当 pin 结构形成时，空穴和电子分别从 p^+ 侧和 n^+ 侧扩散到 i 层，在那里它们重新复合并消失。这会在 p^+ 侧留下带负电的受主离子薄层，同时，在 n^+ 侧留下带正电的施主离子薄层，如图 18-8b 所示。两个电荷层被宽度为 W 的 i 层隔开，并在 i 层中形成一个均匀的内建电场 E，如图 18-8c 所示。同时，内建电场的存在，阻止了大多数载流子进一步扩散到 i 层。两层极薄的负电荷和正电荷以固定距离（i 层的宽度 W）分开，这与平行板电容器很相似。pin 结或耗尽层电容 C_{dep} 由下式给出：

$$C_{dep} = \frac{\varepsilon_0 \varepsilon_r A}{W} \qquad (18\text{-}33)$$

式中，A 为截面积；ε_0 和 ε_r 分别为半导体的介电常数和相对介电常数。此外，由于 i 层的宽度 W 由结构确定，因此，结电容 C_{dep} 不依赖于施加的电压。在高速 pin 光电二极管中，C_{dep} 通常是 1pF 的数量级，因此使用 50Ω 电阻时，RC_{dep} 时间常数约为 50ps。

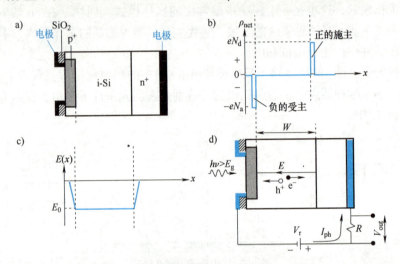

图 18-8 pin 光电二极管

a）结构示意图 b）净空间电荷密度 c）空间电荷区的内建电场 d）反向偏置

当在 pin 器件上施加反向偏置电压 V_r 时，如图 18-8d 所示，它几乎完全沿 i 层的宽度下降。与耗尽层宽度相比，p^+ 侧和 n^+ 侧受主和施主电荷薄层的厚度可忽略不计。反向偏置 V_r 将内置电压增加到 $V+V_r$。i 层中的电场 E 仍然是均匀的，并增加到

$$E = E_0 + \frac{V_r}{W} \approx \frac{V_r}{W} (V_r \gg V_0) \qquad (18\text{-}34)$$

此时，pin 二极管可等效为电阻加电容，其电阻为本征区电阻，而电容为耗尽区的势垒电容。若反向偏压过大，使得耗尽区充满整个 i 区，此时会发生 i 区击穿，使 pin 二极管失效。I—V 曲线上表现为一条几乎水平的线，电流几乎不随电压变化。

pin 结构中光子吸收发生在 i 层。在 i 层中，光生电子-空穴对被电场 E 分离，并分别向 n^+ 侧和 p^+ 侧漂移。当光生载流子在 i 层漂移时，会在外电路中产生光电流 I_{ph}，这个电流可通过检测外负载电阻上的电压得到。pin 光电二极管的响应时间由光生载流子在 i 层中的传输时间决定。增加允许吸收更多的光子，这虽然增加了 QE，但它减慢了响应速度，因为载流子传输时间变长了。对于在 i 层边缘产生的光生载流子，其穿过 i 层的漂移时间为

$$t_{\text{drift}} = \frac{W}{\bar{v}_{\text{d}}}$$ (18-35)

式中，$\bar{v}_{\text{d}}$ 是载流子的平均漂移速率，$\bar{v}_{\text{d}} = \mu E$。因此，为了缩短漂移时间，即提高响应速度，必须增加 $\bar{v}_{\text{d}}$，而这可通过增大电场 E 实现。但是，在高电场下，$\bar{v}_{\text{d}}$ 不再随电场增大而增加，逐渐趋于饱和（v_{sat}）。在 Si 中，电场大于 $10^6 \text{V} \cdot \text{m}^{-1}$ 的情况下，v_{sat} 可以达到 $10^5 \text{m} \cdot \text{s}^{-1}$。

图 18-9 展示的是 Si 中电子和空穴漂移速度随电场的变化趋势。可以看到，$\bar{v}_{\text{d}} = \mu_{\text{d}} E$ 的依赖关系仅在低电场下满足。在高电场下，电子和空穴的漂移速度都趋于饱和。对于宽度为 10μm 的 i-Si 层，载流子以饱和速度漂移，计算得到漂移时间为约 0.1ns，这比典型 RC_{dep} 时间常数要高。因此，pin 光电二极管的响应速度总是受到光生载流子穿过 i 层传输时间的限制。

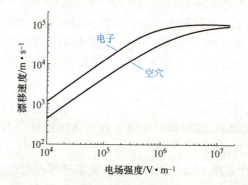

图 18-9　Si 中空穴和电子的漂移速度与电场的关系

在实际情形中，i 层因为存在少量杂质而偏离电中性。如果是 n 型轻掺杂，则形成的器件结构为 p⁺-n-n⁺。夹在中间的 n 层就变成带有少量施主杂质离子（正电荷）的耗尽层。这样，整个光电二极管上的电场分布就不再完全均匀。电场在 p⁺-n 结处最大，穿过中间 n 层到达 n⁺ 侧时略有减小。作为近似，仍可以将 n 层视为 i 层。

如上所述，pin 光电二极管的一个明显优点是，它允许更宽的光谱范围被吸收到光发生的 SCL 中。因此，响应度 R 通常优于简单 pn 结光电二极管，并且可通过调节 i 层的宽度来控制。图 18-10 展示的是 Ge、Si、InGaAs pin 和 GaP pn 结探测器从 UV（150nm）到光通信波段的响应度，其中 pn 结 GaP 探测器用于紫外探测。虚线表示 QE 分别为 100%、75% 和 50% 时的响应度。Si 和 InGaAs pin 光电二极管在市场上广泛使用，覆盖的波长范围为 300~1700nm。锗 pin 光电二极管也可使用，但有更高的暗电流，通常必须冷却。

目前使用较多的 pin 结构的探测器，结构上由透明电极、空穴传输层（HTL）、光响应层、电子传输层（ETL）以及金属电极组成。优点是具有高速响应特性，低噪声、宽带频、工作时没有增益。当光入射到 pin 结时，在 i 层两边的 p 型层与 n 型层中产生光生载流子，经过扩散和漂移，形成通过 pin 结的光电流。

18.2.3　肖特基型

肖特基型探测器通常由一个肖特基结和一个欧姆结，或者由两个背靠背的肖特基结组成。

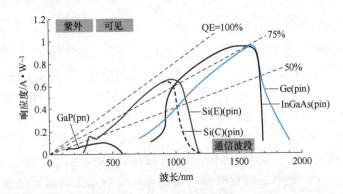

图 18-10　Si、InGaAs、Ge pin 和 Gap pn 结光电二极管的响应度

　　肖特基光电二极管的工作原理基于肖特基结构，即由金属和半导体材料之间的接触形成的结构。在肖特基光电二极管中，金属与半导体的接触形成了肖特基势垒，光子在照射到半导体材料上时，会产生电子-空穴对，其中电子会受到肖特基势垒的影响，从而被引导向金属端，形成电流。

　　肖特基光电二极管的器件结构通常包括半导体层、金属电极和支撑基底。半导体层可以选择硅（Si）、砷化镓（GaAs）等材料，金属电极通常选择钛（Ti）、铝（Al）等金属。支撑基底用于支撑和固定器件结构。

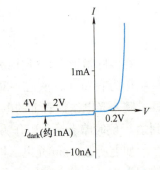

　　肖特基结的 I—V 特性如图 18-11 所示。电子从半导体向金属注入的势垒是 eV_o。电子从金属注入到半导体的势垒是 Φ_B。在平衡状态下，这两种注入速率（它们以指数形式依赖于势垒高度）很小并且刚好相互平衡。

　　在正向偏压下（金属接正极，半导体接负极），施加电压 V 降落在空间电荷区，从而将内建电势降低到 V_o—V，而势垒 Φ_B 保持不变。由于注入速率取决于玻尔兹曼因子 $\exp(-e(V_o-V)/k_BT)$。当势垒降低 V 时，注入速率增加了 $\exp(eV/k_BT)$，这导致从半导体到金属的注入速率非常大。因此正向电流很大，与 V 呈指数关系。

图 18-11　肖特基二极管的典型 I—V 特性

　　在反向偏压下，V_o 增大到 V_o+V。从半导体到金属的电子注入速率消失，电流由从金属到半导体的小注入速率（Φ_B）主导，并取决于 $\exp(-\Phi_B/k_BT)$。暗态下的反向电流 I_d，取决于金属与半导体接触的性质（Φ_s）和器件面积。半导体的带隙越宽，暗电流越小。

　　肖特基光电二极管的耗尽区与金属电极很近。因此，光产生的电子-空穴对可以立即分离、漂移，并被电极收集。而在 pn 和 pin 光电二极管中，电子-空穴对必须先扩散到空间电荷区，其中部分还会扩散到表面并通过复合而消失。相比之下，肖特基光电二极管非常适合检测容易被金属-半导体界面吸收的短波长光，例如 UV 区域的光电检测。

　　此外，肖特基光电二极管在正向和反向偏置下注入的载流子都是多数载流子，因此不受少数载流子复合时间的限制。相比于 pn 和 pin 光电二极管，肖特基光电二极管响应速度更快，更适合高速光通信等领域。

18.2.4　晶体管型

晶体管型光电探测器又称为光电晶体管，它是在传统三端晶体管结构的基础上，集成了一个光敏感的导电沟道区域。当光照射到这个区域时，会在那里产生光生载流子，进而调制晶体管的导电性，导致输出电流或电压的相应变化。光电晶体管在高灵敏的放大和检测任务中发挥着重要作用。

光电晶体管是一种具有光电流增益的光电探测器。与双极晶体管类似，光电晶体管具有较大的 p 型区域，该区域开放供光照射，如图 18-12 所示。在理想的器件中，只有耗尽区或空间电荷层包含电场。基极处于常开状态，而电压施加在集电极和发射极之间。入射光子在基极和集电极之间的空间电荷层（SCL）中被吸收，产生电子-空穴对。SCL 中的电场 E 将电子-空穴对分离，并使它们向相反的方向漂移，形成初始光电流，即基极电流。初始光电流最终到达集电极，并被外电源收集。另一方面，当光生空穴进入基区时，只能通过向基区注入大量电子来中和，这迫使大量电子由发射极注入基极。一般来说，电子在基区的复合时间比它在基区扩散的时间要长得多。这意味着只有小部分从发射极注入的电子可以与进入基极的光生空穴复合。因此，发射极必须注入大量的电子来中和基区中未被复合的空穴。这些电子通过扩散穿过基极并到达集电极，从而构成放大的光电流。

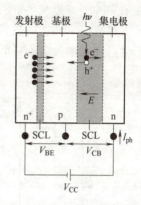

图 18-12　光电晶体管的工作原理
注：初始光电流作为基极电流，
利用晶体管的作用，在外部电路
（发射极-集电极）中产生较大的光电流（I_{ph}）；
SCL 是空间电荷层或耗尽区。

更直观的理解是，集电极空间电荷层中光生电子-空穴对降低了该区域的电阻，从而降低了穿过基极-集电极结的电压 V_{CB}。因此，基极-发射极电压 V_{BE} 必须增加，因为 $V_{BE}+V_{CB}=V_{CC}$（图 18-12）。这种 V_{BE} 的增加与基极-发射极结的正向偏置相似，再将电子注入基极，即 $I_E \approx \exp(qV_{BE}/k_B T)$。

与基极电流（I_B）一样，由光子产生的初始光电流 I_{pho} 被晶体管放大，因此，在外电路中流动的光电流为

$$I_{ph} \approx \beta I_{pho} \tag{18-36}$$

式中，β 为光电晶体管的电流增益。晶体管的结构通常允许入射光在基极-集电极结空间电荷层中被吸收。大多商用光电晶体管只有发射极和集电极，一般没有外部基极。

18.2.5　雪崩型

雪崩型光电探测器（Avalanche photodetector，APD）是指利用雪崩效应制备的光电探测器。在以硅或锗为材料制成的光电二极管的 pn 结上加上反向偏压后，射入的光被 pn 结吸收后形成光电流。加大反向偏压会产生"雪崩"的现象，因此这种二极管被称为"雪崩光电二极管"。

APD 利用雪崩效应实现高水平的内部增益。在器件中，由入射光子产生的载流子通过

冲击电离进行重复倍增，从而导致光电流的显著增加。如图 18-13 所示，在反向偏压下，流过 pn 结的反向电流，主要由 p 区扩散到势垒区中的空穴电流组成。当反向偏压很大时，势垒区内的电子和空穴受到强电场的漂移作用，并与晶格原子碰撞，将束缚的电子激发出来，产生一个空穴。产生的电子-空穴对还会在强电场下继续碰撞，如此继续，载流子大量增加，这种繁殖载流子的方式称为载流子的倍增效应。由于倍增效应，使势垒区单位时间内产生大量载流子，迅速增大了反向电流，从而发生 pn 结击穿。

雪崩击穿除了与势垒区中的电场强度有关外，还与势垒区的宽度有关，因为载流子动能的增加，需要有一个加速的过程，如果势垒区很薄，即使电场很强，载流子在势垒区中加速达不到产生雪崩倍增效应所必需的动能，就不能发生雪崩击穿。

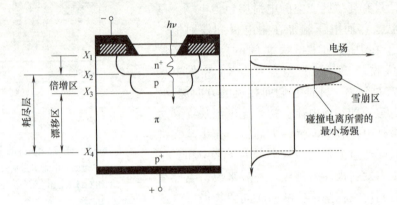

图 18-13　APD 型光电探测器典型结构和电场分布

APD 的主要特性包括雪崩增益系数 M、增益带宽积以及过剩噪声因子 F 等。

1）**雪崩增益系数 M**（也叫倍增因子）。对于突变结有

$$M \approx \left[1 - \left(\frac{V}{V_{\mathrm{B}}} \right)^{n} \right]^{-1} \tag{18-37}$$

式中，V 为反向偏压；V_{B} 为雪崩击穿电压；n 为常数（1~3），其数值大小与材料、器件结构及入射光波长等有关。

2）**增益带宽积**。增益较大且频率很高时，可由下式得到：

$$M(\omega) \cdot \omega \approx \left[N\left(\frac{W}{V_s} \right) \left(\frac{\alpha_{\mathrm{n}}}{\alpha_{\mathrm{p}}} \right) \right]^{-1} \tag{18-38}$$

式中，ω 为角频率；N 为常数，它随离化系数比缓慢变化；W 为耗尽区厚度；V_s 为饱和速度；α_{n} 及 α_{p} 分别为电子及空穴的碰撞电离系数（见 3.4 节），增益带宽积是个常数。要得到高的乘积，应选择大 V_s、小 W 以及小 $\alpha_{\mathrm{n}}/\alpha_{\mathrm{p}}$（即电子、空穴离化系数差别要大，并使具有较高离化系数的载流子注入到雪崩区）。

3）**过剩噪声因子 F**。在倍增过程中，噪声电流比信号电流增长快，用 F 表示雪崩过程引起的噪声附加，$F \approx M x$。式中，x 称为过剩噪声指数。要选择合适的 M 值，才能获得最佳信噪比，使系统达到最高灵敏度。

4）**温度特性**。载流子离化系数随温度升高而下降，导致倍增因子减小、击穿电压升高。通常用击穿电压的温度系数来描述 APD 的温度特性。

$$\beta = \left(\frac{V_B - V_{B0}}{V_{B0}}\right) \times (T - T_0)^{-1} \tag{18-39}$$

式中，V_B 及 V_{B0} 分别是温度为 T 及 T_0 时的击穿电压。使用时要对工作点进行温控，要制造均匀的 pn 结，以防局部结面被击穿。

　　雪崩光电二极管具有以下特征：①灵敏度很高，电流增益可达 $10^2 \sim 10^3$；②响应速度快，响应时间只有 0.5ns，响应频率可达 100GHz；③等效噪声功率很小，约为 $10 \sim 15$W；④反向偏压高，可达 200V，接近于反向击穿电压。雪崩光电二极管广泛应用于光纤通信、弱信号探测、激光测距等领域。

　　理论上，在倍增区中可采用任何半导体材料。硅材料适用于对可见光和近红外线的检测，且具有较低的倍增噪声（超额噪声）。锗材料可检测波长不超过 $1.7\mu m$ 的红外线，但倍增噪声较大。InGaAs 材料可检测波长超过 $1.6\mu m$ 的红外线，且倍增噪声低于锗材料，它一般用作异构二极管的倍增区，该材料适用于高速光纤通信，商用产品的速度已达到 $10Gbit \cdot s^{-1}$ 或更高。氮化镓二极管可用于紫外线的检测。HgCdTe 二极管可检测红外线，波长最高可达 $14\mu m$，但需要冷却以降低暗电流，使用该二极管可获得非常低的超额噪声。

　　雪崩光电二极管作为光通信系统中的关键组件，其性能直接影响系统的灵敏度和速度。APD 通过内部增益机制放大光信号，从而实现对微弱光信号的高灵敏度检测。然而，随着通信速率的不断提高，传统的 APD 在增益和带宽之间的平衡上遇到了挑战，尤其是在增益带宽积（GBP）的提升上。GBP 是衡量 APD 性能的关键指标，它反映了 APD 在放大信号时能够同时保持增益和带宽的能力。为了满足日益增长的数据通信需求，研究人员一直在探索提高 APD 性能的新方法。

　　近年来，Ⅲ-Ⅴ型 APD 采用 InAlAs 作为倍增材料，实现了高达 300GHz 的 GBP 值，带宽超过 35GHz，数据比特率高达 $100Gb \cdot s^{-1}$。然而，低增益和高噪声限制了其灵敏度的进一步提高。虽然 Ge/Si 材料体系利用材料本身的优异特性，实现了 $300 \sim 600$GHz 的 GBP。但受 Si 和 Ge 相对较低的迁移率的限制，带宽很难提升到 30GHz 以上。

18.3　常见探测材料

18.3.1　紫外探测材料

　　紫外线波长范围位于 $10 \sim 400$nm，其中根据波段不同又可分为 UVA（$320 \sim 400$nm）、UVB（$280 \sim 320$nm）、UVC（$100 \sim 280$nm）和 EUV（$10 \sim 120$nm）。硅的光谱响应范围广，能够覆盖部分紫外波段。但是，当前的硅半导体探测器在强紫外辐射下容易损伤，影响了其长期可靠性。相比之下，宽禁带半导体具有诸多优点：①较强的化学和物理稳定性，能够承受高能粒子的轰击而不发生晶格位移，大幅减少辐射引起的缺陷；②较低的本征载流子浓度，当辐射诱导的载流子生成后，载流子复合的可能性较低，有助于维持高强度辐照下探测器的性能；③带隙较宽，具有更高的电子跃迁能量阈值，可以避免电子被热激发到导带形成的热噪声；④对可见光波段不敏感，避免被可见光"污染"。下面介绍几种重要的宽禁带紫外探测材料。

1）碳化硅。SiC 具有 3C、4H、6H 等不同的晶型，其对应的带隙分别为 2.36eV、3.23eV 和 3.05eV。通过离子注入等手段进行掺杂，可以改变 SiC 材料的能带结构。Al 等受主原子容易取代 SiC 晶格中的 Si 的位置，形成深受主能级，得到 p 型半导体；而 N 和 P 等施主原子更容易占据 C 的晶格位置，形成浅施主能级，得到 n 型半导体。通过以上方式，能在较宽的范围（$10^{14} \sim 10^{19}\,cm^{-3}$）内实现 n 型和 p 型掺杂，并进一步调控其性能。例如，使用 Al 掺杂后 4H-SiC 单晶的电阻率可以降低至 $5\Omega \cdot cm$。近年来，SiC 的单晶生长、外延生长以及离子注入等技术取得了巨大进步，利用这些技术可以制造 pin 型、肖特基型、雪崩型等高性能真空紫外探测器件。

2）铝镓氮。铝镓氮（AlGaN）是一种具有代表性的能隙可调的宽禁带氮化物材料。将 $Al_xGa_{1-x}N$ 中的铝组分从 0 过渡至 1，可以将带隙从 3.4eV（365nm）变化到 6.2eV（200nm）。近年来，AlGaN 在日盲紫外探测器上得到了应用。基于 AlGaN 的肖特基、MSM、pin 结构的探测器已相对成熟，并在向短波紫外（VUV、EUV）波段拓展。

3）氧化镓。氧化镓（Ga_2O_3）是具有超宽带隙的第四代半导体材料，带隙为 4.9eV。Ga_2O_3 克服了硅基紫外传感器对可见光有强烈响应且紫外灵敏度低的缺点，不仅对紫外光具有高度的选择性，还具有高的热稳定性和化学稳定性，被认为是构筑紫外探测器的理想材料之一。目前，应用于紫外探测的 Ga_2O_3 材料包括单晶、外延薄膜以及非晶材料。其中，非晶氧化镓（$a-Ga_2O_3$）的制备温度更低，工艺相对简单，且衬底的适用范围更广，是近些年 Ga_2O_3 基紫外探测领域的研究热点。

4）金刚石。同为第四代的超宽禁带半导体材料，金刚石具有优异硬度和化学惰性，带隙为 5.5eV，能够用于探测 225nm 以下的极紫外光。目前，在单晶金刚石或者金刚石外延薄膜上已成功制备了高性能的极紫外探测器。基于 p 型半导体/本征半导体/金属（PIM）肖特基结构的 CVD 单晶金刚石极紫外探测器表现出了较低的暗电流以及优异的稳定性和响应可重复性，在较低波长下显示出了较高的外量子效率。利用金刚石制备的极紫外探测器具有低的背景辐射，在天文观测、光刻技术、光学研究、生物医学分析等领域同样具有潜在应用。

18.3.2 可见光探测材料

可见光是电磁波的一部分，波长范围位于 400~780nm 之间，其中又分为红光（622~780nm）、橙光（597~622nm）、黄光（577~597nm）、绿光（492~577nm）、青光（480~492nm）、蓝光（455~480nm）、紫光（400~455nm）。能够用于可见光探测的材料种类很多，下面简要介绍几类常见的可见光探测材料。

1）硅材料。在可见光波段，硅仍然是最常用和最重要的半导体材料。利用硅材料制备的光电探测器具有高灵敏度、高速响应、低功耗和易于集成的优点，同时其稳定性高、可靠性强。目前硅基探测器的制造工艺已经非常成熟，可以低成本大规模生产，满足 CCD 相机等商用需求。

2）有机半导体材料。有机半导体材料在可见光区域具有良好的光响应特性，并且成本较低、制备工艺简单、柔韧性好。常见的有机光电探测材料如 P3HT、PTB7、PCBM、C_{60} 等，也是制备有机太阳电池的合适材料。目前在一些重要性能指标上，有机光电探测器已赶上甚至超过了硅光电探测器的性能。例如，利用有机半导体材料制备的柔性光电探测器具有优异的力学性能，并且在光探测方面能够实现较高的灵敏度和响应速度，极大地丰富了探测器件的应用场景。

3）二维材料。二维材料如 MoS_2 等具有优异的光电性能，其独特的层状结构为光电子器件的设计提供了新的可能性。相较于传统的半导体薄膜材料，二维材料在一个维度的尺寸远小于光波长，这有利于获得较低的暗电流及噪声。然而，原子层厚的二维材料透光率很高，光吸收效率不如薄膜材料。如何增强光与物质相互作用，是实现二维材料光电探测应用的一个重要方向。其次，二维材料之间能够以不同的组合形式进行堆叠，或者与其他材料结合形成多种类型的异质结构，这有利于克服二维材料的光吸收问题，并提高器件的灵敏度、响应范围和响应速度，使得二维材料光电探测器逐步向实用化方向发展。

4）卤化物钙钛矿材料。卤化物钙钛矿材料（ABX_3）是近年来发展起来的一类新型的光电探测材料，具有高的光吸收系数和可调的光学带隙。目前，应用于可见光探测的钙钛矿材料包括单晶、多晶薄膜以及纳米晶体材料。从理论上讲，单晶材料在探测器领域优势更大。相比于多晶和纳米晶体薄膜，单晶结构大幅减少了晶界，具有载流子扩散长度和寿命长、载流子迁移率高、陷阱密度低等优势，是钙钛矿探测器的主要发展方向。结晶质量的提高同时有效减缓了钙钛矿受水、氧等环境因素的影响，提高了钙钛矿材料寿命，有效缓解了探测器长期稳定性问题。

18.3.3 红外探测材料

红外线是一种肉眼不可见的光线，在 1800 年被英国天文学家威廉·赫谢尔发现，又称为红外热辐射。红外辐射本质是一种电磁辐射，在物理学上定义波长在 $0.78\sim1000\mu m$ 的电磁波为红外波段。近红外或短波红外，波长范围为 $0.78\sim3\mu m$；中红外或中波红外，波长范围为 $3\sim6\mu m$；远红外或长波红外，波长范围为 $6\sim15\mu m$；极远红外，波长范围为 $15\sim1000\mu m$。

1）碲镉汞材料。碲镉汞（HgCdTe）属于直接带隙半导体材料，通过调节 Cd 组分变化，其探测波长几乎能够覆盖 $1\sim30\mu m$ 整个红外波段。碲镉汞材料的吸收系数高，量子效率通常高于 80%，制备的器件具有高灵敏度和高探测效率。另外，碲镉汞材料电子有效质量小、迁移率高、响应速度快，可制作高频器件。

HgCdTe 红外探测器缺点也很明显。首先，HgCdTe 是一种主要由离子键结合的三元半导体材料，离子键相互作用力小。汞元素非常不稳定，容易从碲镉汞材料中逸出从而在材料中产生缺陷，造成材料微观结构的不均匀以及器件性能的不均匀，这一缺点在长波探测时尤其突出。另一个主要问题与 HgCdTe 薄膜材料生长的外延衬底有关。获得更大尺寸的衬底和 HgCdTe 材料，必须考虑替代衬底以及晶格不匹配带来的质量问题。

2）量子阱。半导体量子阱是新型红外探测材料，通过设计材料的能带结构来提升红外探测能力。20 世纪 80 年代，美国贝尔实验室的 B. Levine 等利用 GaAs/AlGaAs 量子阱材料制备红外探测器，掀起了量子阱红外探测器的研究热潮。经过近几十年的研究，量子阱红外探测器取得了长足发展。这种探测器通常使用带隙比较宽的Ⅲ-Ⅴ族材料（GaAs 为 1.43eV），主要分为光导型量子阱（GaAs/AlGaAs）和光伏型量子阱（InAs/InGaSb、InAs/InAsSb）两种类型。与传统的 HgCdTe 探测器相比，量子阱红外探测器具有更低的暗电流、更高的响应度等优越性。但是，由于跃迁选择定则的限制，量子阱无法直接探测垂直入射辐射，并且具有比较窄的红外响应波段。

3）Ⅱ类超晶格。超晶格是由两种或者两种以上的半导体材料的周期性结构组成。超晶格的结构与量子阱类似，不同之处在于超晶格的势阱和势垒层都非常薄，约为几个单分子层厚度。按照构成材料的能带排列，超晶格可以分为三类：以 $GaAs/Ga_xAl_{1-x}As$ 为代表的Ⅰ类超晶格、以 InAs/GaSb 为代表的Ⅱ类超晶格和以 HgTe/CdTe 为代表的Ⅲ类超晶格等。

在Ⅱ类超晶格中，空穴势阱位置高于电子势阱，电子和空穴分别被限制在不同的材料层，这种独特的能带结构使其在探测红外光时具有很多优点：首先，Ⅱ类超晶格的带隙可调，光谱响应范围广（$3\sim30\mu m$）；其次，Ⅱ类超晶格的量子效率高，响应时间快，暗电流和隧穿电流小，在甚长波可获得高的探测率。因此，利用Ⅱ类超晶格的独特物理性质可以实现高性能的红外探测器，并且器件全部外延层的厚度仅为 HgCdTe 器件的 1/3，这给材料生长和器件工艺带来许多便利。

4）量子点。量子点应用于红外探测器于 1998 年首次被证实。利用量子点的三维量子限制效应制备的红外探测器具备许多理论优势：首先，量子点具有红外波段的宽带隙可调谐性，可以对垂直入射光响应；其次，量子点的有效载流子寿命更长，具有更长的电子弛豫时间，光激发电子更容易被收集形成光电流，利于响应率和增益的提高；另外，量子点红外探测器的暗电流低，可以实现高的工作温度、高的响应率和探测率。

虽然胶体量子点的吸收波长已扩展至太赫兹波段，但实际的光探测波长仅限于中波红外区域。研究胶体量子点在更长波长的光响应挑战，将有助于揭示这些纳米材料的最终特性。北京理工大学郝群等研究了大尺寸 HgTe 胶体量子点的生长及其在长波红外和甚长波红外波段的光探测性能。他们采用再生长法合成了直径达 15.6nm 的大尺寸 HgTe 胶体量子点。对胶体量子点薄膜进行表面钝化可精确地将掺杂从强 n 型调节到近本征型，同时减少在环境中氧化。此外，混合相配体交换处理可以将载流子迁移率提高 100 倍，达到 $10cm^2/Vs$。最终，HgTe 胶体量子点实现了波长达 $18\mu m$ 的光探测。在液氮温度下，$18\mu m$ 和 $10\mu m$ 胶体量子点光电导体的响应度分别达到 0.3A/W 和 0.13A/W，比探测率分别达到 6.6×10^8Jones 和 2.3×10^9Jones。这些研究结果还表明，适当的配体修饰以获得高迁移率和良好的载流子寿命，对于长波长光探测来说至关重要。

习题与思考题

1. 说明光电探测器的基本机理。

2. 证明光电探测器的量子效率 η 与波长 λ 和响应度 R 的关系满足 $R=\eta\lambda/1.24$。

3. 确定由下列材料制成的理想半导体光电探测器（单位量子效率和单位增益）的最大响应度：（a）Si；（b）GaAs；（c）InSb。

4. 光导检测器通常与负载电阻 R 和直流电压源 V 串联，并测量负载电阻两端的电压 V_p。如果探测器的电导与光功率 P 成正比，画出 V_p 对 P 的依赖关系。在什么条件下这种依赖关系是线性的？

5. 计算光电导的增益和产生的电流。设光的功率为 $1\mu W$，$h\nu=3eV$，光电导的效率 $\eta=0.85$，少子寿命为 0.6ns，材料的电子迁移率为 $3000cm^2 \cdot V^{-1} \cdot s^{-1}$，电场为 $5000V \cdot cm^{-1}$，$L = 10\mu m$。

6. 对于一个光电二极管，我们需要足够宽的耗尽层来吸收大部分入射光线，但又不能太宽，太宽会限制其频率响应，求具有 10GHz 中等频率的 Si 光电二极管的最优耗尽层宽度。

7. 一个特定的 pin 光电二极管被包含 6×10^{12} 个入射光子的光脉冲照射，波长为 $\lambda_0 = 1550nm$，在该器件的终端平均收集到 2×10^{12} 个电子。确定该光电二极管在该波长处的量子效率和响应度 R。

8. pn 结光电二极管可以工作在与太阳电池相似的光生伏特条件下。光照下光电二极管的电流-电压特性也与太阳电池相似，说明光电二极管和太阳电池的主要区别。

第 19 章

光 调 制 器

光调制器是信息光电材料与器件领域的关键组成部分，在现代通信技术中扮演着至关重要的角色。光调制器通过对电光、声光、磁光等效应光信号的强度、相位、频率或偏振状态进行调制，在光波上加载高容量和高速的信息。这种能力使得光调制器成为光纤通信、光计算和各种光电子集成系统不可或缺的技术。随着信息时代的到来，对数据传输速率和带宽的需求日益增长，光调制器的研究和应用变得尤为重要。

光调制技术的发展历史悠久，早期的光调制主要依托电光效应与声光效应，通过调控材料折射率、介电张量等物理特性实现光波参数的精准调制。随着科学技术的进步，特别是半导体材料和纳米技术的发展，光调制技术经历了质的飞跃。现代光调制器不仅体积更小，功耗更低，而且调制速度大大提高，能够满足高速光通信网络对性能的苛刻要求。随着光电集成技术的不断进步和新型光电材料的不断发现，光调制器的研究正向着更高速度、更低功耗和更高集成度的方向发展。新一代光调制器的设计和制造，不仅要考虑其性能，还要考虑与其他光电子器件的兼容性，以实现更复杂的光电子集成系统。本章简要介绍光调制的基本原理（19.1 节），电光、声光和磁光调制器（19.2~19.4 节）。

19.1   光调制的基本原理

利用光传递信息的方式具有悠久的历史。作为 20 世纪最伟大的发明之一，激光的诞生赋予光通信以蓬勃生机。激光是一种电磁波，具有良好的时间与空间相干性。激光的频率高于微波频率（$10^{13} \sim 10^{15}$ Hz），具有高强度、频带范围宽、传递信息容量大等优势。应用激光能够对信息进行精确的存储、传递、处理与提取。将信息加载于激光的过程称之为调制（Modulation），而完成这一过程的装置称为调制器（Modulator）。在这一过程中，激光称为载波（Carrier Wave），而起控制作用的低频信号称为调制信号。将调制信号还原成原来信息的过程被称为解调，即调制的逆过程。载波通常用电场强度表示：

$$E(t) = A_c \cos(\varphi_c - \omega_c t) \tag{19-1}$$

式中，A_c 为振幅；ω_c 为角频率；φ_c 为相位角。因激光具有振幅、频率、相位、强度和偏振等参量，如使其中某一参量按照调制信号的规律变化，则激光将受到信号的调制，从而实现信息的传播。

19.1.1   内调制与外调制

根据调制器与激光器的相对关系，光调制可以分为内调制（又称直接调制）和外调制两种方式。

内调制是指在激光振荡过程中施加信号，通过调制信号改变激光器的振荡参数，进而影响激光器的输出特性。因此，输出的激光束便携带了所需传递的信息。内调制主要采取两种方式：一种是在光谐振腔内放置调制元件，利用调制信号控制元件物理特性的变化，以改变谐振腔的参数，从而改变激光器的输出特性；另一种是利用注入式半导体激光器，直接使用调制信号来改变泵浦电流，以调制输出激光的强度。

外调制是指激光产生后，在激光器外的光路中加入调制器，通过调制信号改变调制器的物理特性。当激光通过调制器时，光波的某些参量受到调制。外调制的优势在于其便捷性以及相比内调制更高的调制速率和更宽的调制带宽。外调制基于外场作用下光与物质的相互作用。外场微扰引起材料的非线性响应，进而导致光学各向异性。这种非线性相互作用促使通过的光波振幅、强度、偏振方向、频率、传播方向、相位等参量发生变化，从而实现对激光的调制。此处将重点介绍振幅调制、频率、相位调制以及强度调制。

19.1.2　振幅调制

振幅调制是指载波的振幅按照调制信号的变化规律而改变，又称调幅。假设调制信号是时间的余弦函数：

$$a(t) = A_m \cos \omega_m t \tag{19-2}$$

式中，A_m 与 ω_m 分别是调制信号的振幅与角频率。振幅调制后，调制波的振幅不再是常量，而与调制信号成正比关系。调幅波的表达式为

$$E(t) = A_c [1 + m_a \cos \omega_m t] \cos(\varphi_c - \omega_c t) \tag{19-3}$$

式中，m_a 称为调幅系数，$m_a = A_m / A_c$。将式（19-3）运用三角函数关系进行展开，获得调幅波的频谱公式：

$$E(t) = A_c \cos(\varphi_c - \omega_c t) + \frac{m_a}{2} A_c \cos[\varphi_c - (\omega_c + \omega_m)t] + \frac{m_a}{2} A_c \cos[\varphi_c - (\omega_c - \omega_m)t] \tag{19-4}$$

由式（19-4）可知，调幅波不再是单频余弦信号，其频谱由多个部分组成：第一项是载频分量，第二、三项是因调制产生的新分量，称为边频分量。

19.1.3　频率与相位调制

调频或调相是指光波的频率或相位按调制信号的变化规律而改变。对于频率调制，式（19-1）中载波的初始角频率 ω_c 不再是定值，而是随调制信号 $a(t)$ 的变化而不断改变：

$$\omega(t) = \omega_c + \Delta\omega(t) = \omega_c + k_f a(t) \tag{19-5}$$

式中，k_f 为频率比例系数，$k_f = \Delta\omega / A_m$；$\Delta\omega(t)$ 为调制后角频率增量。调频波的总相位为

$$\psi(t) = \int \omega(t) \, \mathrm{d}t + \varphi_c = \int [\omega_c + k_f a(t)] \, \mathrm{d}t + \varphi_c = \omega_c t + \int k_f a(t) \, \mathrm{d}t + \varphi_c \tag{19-6}$$

代入式（19-1），调制波的电场：

$$E(t) = A_c \cos(\varphi_c - \omega_c t - m_f \sin \omega_m t) \tag{19-7}$$

式中，m_f 称为调频系数，$m_f = \Delta\omega / \omega_m$；余弦型调制信号 $a(t)$ 积分后产生正弦变化的频率增量。

对于相位调制，式（19-1）中的相位角 φ_c 按照调制信号的变化规律而改变，调相波的

总相角为

$$\psi(t)=\omega_c t+k_\varphi a(t)+\varphi_c=\omega_c t+k_\varphi \sin\omega_m t+\varphi_c \tag{19-8}$$

式中，k_φ 为相位比例系数。将式（19-8）代入式（19-1），可得调相波的表达式为

$$E(t)=A_c\cos(\varphi_c-\omega_c t-m_\varphi \sin\omega_m t) \tag{19-9}$$

式中，m_φ 为调相系数，$m_\varphi=k_\varphi A_m$。调频和调相两种调制方法都会引起总相位角的改变，因此可统一为

$$E(t)=A_c\cos(\varphi_c-\omega_c t-m\sin\omega_m t) \tag{19-10}$$

将式（19-10）按三角函数公式展开，并应用贝塞尔函数展开

$$\cos(m\sin\omega_m t)=J_0(m)+2\sum_{n=1}^{\infty}J_{2n}(m)\cos(2n\omega_m t) \tag{19-11}$$

$$\sin(m\sin\omega_m t)=2\sum_{n=1}^{\infty}J_{2n-1}(m)\sin[(2n-1)\omega_m t] \tag{19-12}$$

则可得

$$E(t)=A_c J_0\cos(\varphi_c-\omega_c t)+A_c\sum_{n=1}^{\infty}J_n(m)\{[\cos(\omega_c+n\omega_m)t+\varphi_c]+(-1)^n\cos[(\omega_c-n\omega_m)t+\varphi_c]\} \tag{19-13}$$

式中，$J_n(m)$ 是 n 阶第一类贝塞尔函数。由此可见，在单频余弦波调制下，其频率调制波的频谱由光载频与在它两边对称分布的无穷多对边频组成。各边频之间的频率间隔是 ω_m，各边频的振幅由贝塞尔函数 $J_n(m)$ 决定。如果调制信号不是单频余弦波，则所获频谱将更加复杂。

19.1.4　强度调制

强度调制中，光载波的强度根据调制信号的变化规律而改变。激光调制通常采用强度调制，这是因为在大多数情况下，接收器能够直接对所探测到的光强变化做出响应。光强定义为光波电场的二次方（光波电场强度有效值的二次方，这里系数未作考虑），即

$$I(t)=E^2(t)=A_c^2\cos^2(\varphi_c-\omega_c t) \tag{19-14}$$

于是，调制后的光强可写为

$$I(t)=\frac{A_c^2}{2}[1+k_p a(t)]\cos^2(\varphi_c-\omega_c t) \tag{19-15}$$

式中，k_p 为强度比例系数。假设调制信号 $a(t)$ 仍为单频余弦波，则

$$I(t)=\frac{A_c^2}{2}[1+m_p\cos\omega_m t]\cos^2(\varphi_c-\omega_c t) \tag{19-16}$$

式中，$m_p=k_p A_m$ 为强度调制系数。按照上述类似方法，将式（19-16）用三角函数关系展开，即可获得强度调制波的频谱，即

$$I(t)=\frac{A_c^2}{4}\left\{\cos(2\varphi_c-2\omega_c t)+\frac{m_p}{2}\{\cos[\varphi_c-(\omega_m+2\omega_c)t]+\cos[\varphi_c-(2\omega_c-\omega_m)t]\}+m_p\cos\omega_m t+1\right\} \tag{19-17}$$

强度调制波的频谱与调幅波有所不同，其频谱分布除了载频、倍频及其对称的边频外，还有低频和直流分量。

19.1.5　调制器

一般而言，调制器可分为体调制器与光波导调制器。体调制器是指利用晶体为核心元件构成的调制装置，其体积大，需要给晶体直接施加较高的外电压以改变晶体性能。光波导调制器是指利用光波导元件制备而成的调制器件，可将光限制于极小的波导区域中（可达微米级），使光沿某一方向传播，具有功耗低、集成度高的优势。按调制器中光所受作用场不同，可分为电光调制、声光调制、磁光调制等。

19.2　电光调制器

19.2.1　电光体调制器

电光调制的物理基础是电光效应，这一效应已在 5.1 节简要介绍。在外加电场的作用下电光介质的折射率将发生变化，折射率变化将引起光波在晶体中传播特性的变化。因而，利用晶体的电光效应可以实现对传播于晶体中光的控制，调控光的幅度、相位等。其中，电光调相不改变光的偏振态，只改变其相位。而电光调幅是借助电光效应，使晶体中传播的光的偏振态从线偏振光变为椭圆偏振光，再通过检偏器转变为光的强度调制。

（1）典型的纵向电光强度调制器　如图 19-1 所示，在该装置中，电光晶体（如 KDP 晶体）置于两个正交偏振器（P₁ 和 P₂）之间并被施加电压 V_m，光载波沿 z 轴方向传播，与外加电场方向平行。

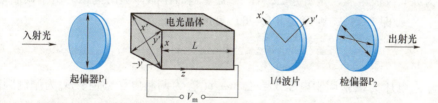

图 19-1　纵向电光强度调制器结构示意图

起偏器 P₁ 的透光轴平行于晶体的主轴 x，P₂ 的透光轴平行于晶体的主轴 y。在 P₁、P₂ 之间插入 1/4 波片。在晶体上施加电压 V 后，KDP 晶体的感应主轴 x'、y' 分别为旋转到与原主轴 x、y 轴呈 45° 的夹角方向。入射光先经过 P₁，光束沿 x 方向起振，这样射到晶体的光就是沿 x 方向偏振的线偏光。设载波经过晶体后产生相位延迟 Γ_L，又经过 1/4 波片额外引入 $\pi/2$ 的相位延迟，于是总的相位延迟为 $\Gamma_L+\pi/2$。最后，光经过检偏器 P₂，出射强度为纵向电压 V 的函数。设入射光束经 P₁ 后与 x 轴平行的线偏振光束进入晶体，则光电场可表示为

$$E_x(0)=E_0, E_y=0 \tag{19-18}$$

沿 x'、y' 轴分解为两个相位和振幅均分别相等的分量，即

$$E_{x'}(0)=E_{y'}(0)=\frac{\sqrt{2}}{2}E_0 \tag{19-19}$$

经过长 L 的晶体后，x'、y' 分量间产生相位延迟 Γ_L，则

$$E_{x'}(L) = \frac{\sqrt{2}}{2}E_0\exp(jk_0n_{x'}L) = \frac{\sqrt{2}}{2}E_0\exp(j\varphi_1) \tag{19-20}$$

$$E_{y'}(L) = \frac{\sqrt{2}}{2}E_0\exp(j\varphi_1)\exp(j\Gamma_L) \tag{19-21}$$

式中，$\varphi_1 = k_0n_{x'}L$。再经 1/4 波片，又引入 $\pi/2$ 的相位延迟：

$$E_{x'}\left(L, \frac{\lambda}{4}\right) = \frac{\sqrt{2}}{2}E_0\exp[j(\varphi_1+\varphi_2)] \tag{19-22}$$

$$E_{y'}\left(L, \frac{\lambda}{4}\right) = \frac{\sqrt{2}}{2}E_0\exp[j(\varphi_1+\varphi_2)]\exp\left[j\left(\Gamma_L+\frac{\pi}{2}\right)\right] \tag{19-23}$$

因此，经由检偏器 P_2 出射光总场强为上述两者沿 y 分量的总和：

$$E_y(L) = \frac{1}{2}E_0\exp[j(\varphi_1+\varphi_2)]\left\{\exp\left[j\left(\Gamma_L+\frac{\pi}{2}\right)+1\right]\right\} \tag{19-24}$$

出射光强

$$I_{out} = |E_y|^2 = E_0^2\sin^2\frac{\Gamma_L+\pi/2}{2} = \frac{1}{2}E_0^2[1+\cos(\Gamma_L+\pi/2)] \tag{19-25}$$

因此，出射光强度 I_{out} 与入射光强度 I_{in} 之比为

$$\frac{I_{out}}{I_{in}} = \frac{1}{2}[1+\cos(\Gamma_L+\pi/2)] = \frac{1}{2}(1-\sin\Gamma_L) = \frac{1}{2}\left[1-\sin\left(\pi\frac{V}{V_\pi}\right)\right] \tag{19-26}$$

式中，V_π 为纵向半波电压，是引起 $\Delta\varphi = \pi$ 所需要施加在晶体上的电压。由于调制电压幅值一般远小于 V_π，即 $V \ll V_\pi$，因而式（19-26）可近似表示为

$$\frac{I_{out}}{I_{in}} = \frac{1}{2}\left(1-\pi\frac{V}{V_\pi}\right) \tag{19-27}$$

如果输入电压为正弦调制电压 $V = V_m\sin\omega_m t$（V_m 为调制电压幅值，ω_m 为调制频率）时，则有

$$\frac{I_{out}}{I_{in}} = \frac{1}{2}\left(1-\pi\frac{V_m\sin\omega_m t}{V_\pi}\right) \tag{19-28}$$

式（19-28）表明，在小正弦电压调制下，调制光波的强度变化与调制信号呈近似线性关系。

这种利用晶体的纵向电光效应的调制方式结构简单，工作稳定。但由于外加电场的方向与光的传播方向同向，因此，在晶体端面电极须做成环形电极或透明电极，提高了加工难度，同时电极对光的传播有一定的干扰作用。

(2) 典型的横向电光强度调制器　如图 19-2 所示，在这种电光调制器中，施加电场方向与光传播方向相互垂直，即利用电光晶体的横向电光效应（见 5.1 节）。仍以 KDP 晶体为例进行说明，长 L、厚 d 的 KDP 晶体 z-45°切片上沿 z 方向施加电压 V，则外加电场为 $E_z = V/d$。调节入射光偏振方向，经过长 L 的晶体后，沿 x' 和 z 方向的两个等幅的初始本征偏振模将产生相位延迟，即

$$\Gamma_L = \varphi_{x'}-\varphi_z = k_0\left[\left(n_o-\frac{n_o^3}{2}r_{63}E_z\right)-n_e\right]L$$

$$= k_0 (n_o - n_e) L - \frac{k_0 L n_o^3 r_{63}}{2d} V = k_0 (n_o - n_e) L - \pi \frac{V}{V_\pi} \qquad (19\text{-}29)$$

式中，r_{63} 为线性电光系数分量（见 5.1 节）；V_π 为晶体的横向半波电压，$V_\pi = 2d\pi / (k_0 L n_o^3 r_{63})$。对于给定的传播距离，$V_\pi$ 与晶体长度 L 成反比，与厚度 d 成正比。晶体越薄，V_π 越小，越容易实现电光调制。与纵向电光调制类似，光经过检偏器后的出射光强度可通过控制施加电压进行调制。

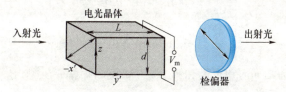

图 19-2　横向电光强度调制器结构示意图

这种调制方式不会影响光的传输，且对应的电极便于制备。但由于晶体中存在的自然双折射现象容易受环境温度的干扰，对相位差造成影响。因此，横向电光调制中必须进行温度补偿或设法消除自然双折射影响。

（3）电光相位调制器　基本结构如图 19-3 所示，其中起偏器的偏振轴平行于 KDP 晶体的感应主轴 x'，电场沿 z 轴方向施加到晶体上，此时外加电场不改变出射光的偏振状态，仅改变相位。经过距离 L 后，输出光的相位改变 $\omega \Delta n_{x'} L / c$。令外加电压为 V，则外加调制电场

$$E_z = E_m \sin \omega_m t \qquad (19\text{-}30)$$

式中，E_m 为调制电场的振幅，$E_m = V_m / L$（V_m 为调整电压的幅值）。假设在晶体的入射端面光场为式（19-1）的形式。由于光波沿 x' 方向偏振，相应的折射率为

$$n_{x'} = n_o - \frac{1}{2} n_o^3 r_{63} E_z \qquad (19\text{-}31)$$

经过距离 L 后，光场变化为

$$E_{out} = A_c \cos \left[\frac{\omega_c}{c} \left(n_o - \frac{1}{2} n_o^3 r_{63} E_m \sin \omega_m t \right) L - \omega_c t \right] \qquad (19\text{-}32)$$

略去对调制结果没有影响的常数相位项，则可简写为

$$E_{out} = A_c \cos (m_\varphi \sin \omega_m t - \omega_c t) \qquad (19\text{-}33)$$

式中，m_φ 称为相位调制系数，$m_\varphi = \dfrac{\omega_c n_o^3 r_{63} E_m L}{2c} = \dfrac{\pi n_o^3 r_{63} E_m L}{\lambda}$。

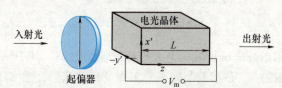

图 19-3　电光相位调制器结构示意图

19.2.2　电光波导调制器

在光波导上施加电场时，将导致材料折射率发生微小变化，从而引起波导中本征模传播

特性的变化或不同模式之间功率的耦合转换。在波导坐标系中，电场引起介电张量变化的各个元素 $\Delta\varepsilon$ 与不同模之间的耦合具有对应关系。若仅存在对角线介电张量元素 $\Delta\varepsilon_{xx}$ 或 $\Delta\varepsilon_{yy}$，则会引起 TE 模（或 TM 模）的自耦合，只改变相位。若介电张量的变化含有非对角线张量元素 $\Delta\varepsilon_{xy}$，将引起 TE 模和 TM 模之间的互耦合，导致模式间功率的转换。简化后的耦合方程为

$$\begin{cases} \dfrac{dA_m^{TE}}{dz} = -j\kappa A_l^{TM}\exp\left[-j(\beta_m^{TE}-\beta_l^{TM})z\right] \\[3mm] \dfrac{dA_l^{TM}}{dz} = -j\kappa A_m^{TE}\exp\left[j(\beta_m^{TE}-\beta_l^{TM})z\right] \end{cases} \tag{19-34}$$

式中，A_m^{TE} 与 A_l^{TM} 分别为第 m 阶 TE 模和第 l 阶 TM 模的振幅；β_m^{TE} 与 β_l^{TM} 分别为这两个模的传播常数；κ 为模式耦合系数。

以电光波导强度调制器件为例进行介绍，分支光波导干涉调制器（马赫-曾德尔干涉仪装置）如图 19-4 所示。以 z 切割 $LiNbO_3$ 晶体作为波导基片的衬底，波导为 Ti 扩散分支条状波导，两条状波导中间和两侧制作表面电极。若在波导的输入端输入激励 TM 模（P_{in}），在外加电场的作用下，波导结构完全对称的分支两臂上传输的导模受到大小相等、符号相反的电场 E_c 的作用，分别产生 $\Delta\varphi$ 和 $-\Delta\varphi$ 的相位变化。此时，起到主要作用的 $LiNbO_3$ 晶体电光系数张量的分量为 r_{33}。设电极长度为 L，两电极间距离为 l，则两导模的相位差为

$$2\Delta\varphi = \frac{2\pi}{\lambda}n_e^3 r_{33}E_c L = \frac{2\pi}{\lambda}n_e^3 r_{33}\left(\frac{V}{l}\right)L \tag{19-35}$$

令 $2\Delta\varphi = \pi V/V_\pi$，则半波电压为

$$V_\pi = \frac{\lambda l}{2n_e^3 r_{33}L} \tag{19-36}$$

在输出端的汇合处，两束光相干所合成的光强将随相位差的不同而不同（P_{out}），从而实现电光波导调制。电光波导调制器具有体积小、集成度高、易于与光纤耦合等优势。

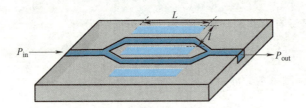

图 19-4　$LiNbO_3$ 分支光波导调制器示意图

除 V_π 外，也可以用半波电压长度积 $V_\pi L$ 来衡量调制效率，其中，L 为调制有源区长度。调制带宽也是重要参数之一，是指调制器正常工作的频率范围，通常用来衡量调制器向光波上加载数据能力的大小。调制带宽与频率相关，较为常见的是 3dB 带宽，表示相比峰值功率下降 3dB 所对应的频率范围，dB 为功率增益的单位。调制速率表示信号被调制后波形变化频繁程度，即单位时间内载波参数变化的次数，是传输速率的一种度量，通常以 $bit \cdot s^{-1}$ 为单位。

近年来，电光调制器一直朝高性能和集成化方向发展。基于铌酸锂体材料的传统电

光调制器存在体积大、难以集成、驱动电压高等缺点。随着键合绝缘体上铌酸锂（LiNbO$_3$ on Insulator，LNOI）键合技术的成熟，异质集成铌酸锂薄膜到衬底上制备出的薄膜铌酸锂波导电光调制器，凭借体积小、高集成化和高性能等优势，逐渐成为研究热点。例如，隆卡（M. Loncar）等报道了基于干法刻蚀工艺制备薄膜铌酸锂脊形波导的高性能强度调制器，其半波电压 V_π 低至 1.4V，调制带宽为 45GHz，调制速度高达 210Gbit·s^{-1}。目前，大部分高性能薄膜或波导型电光调制器的半波电压 V_π 在 2V 左右，$V_\pi L$ 值多在 2~3V·cm，部分器件调制带宽已超过 100GHz，在高速光通信和光电子集成领域展现出广阔的应用前景。

19.3　声光调制器

19.3.1　声光效应

声波是一种弹性应变波，当声波通过声光材料时，介质将在声波作用下压缩和伸长，即存在随时空周期性变化的弹性应变，介质密度产生疏密交替的变化，折射率随之产生减小或增大的周期性变化。在声光调制器中通常选用超声波，在超声场作用下介质如同一个"相位光栅"，光栅间距（光栅常数）等于声波波长 Λ，对入射光产生衍射作用。这种光被介质中的声波衍射的现象称为声光效应。

如图 19-5a 所示，超声行波在声光材料介质中传播，其角频率为 ω_s，超声波的波矢为 $k_s = 2\pi/\Lambda$。在超声波作用下，介质折射率的变化可近似视为正比于介质质点沿 x 方向位移的变化率，则声行波引起介质折射率沿 x 方向的变化关系可表示为

$$\Delta n(x,t) = \Delta n \sin(k_s x - \omega_s t) \tag{19-37}$$

$$n(x,t) = n_o + \Delta n \sin(k_s x - \omega_s t) \tag{19-38}$$

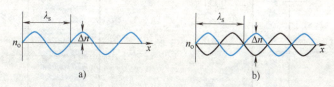

a)　　　　　　　　　　b)

图 19-5　超声波在介质中的传播示意图
a）超声行波　b）超声驻波

超声驻波由波长、相位和振幅相同而传播方向相反的两列声波合成。超声驻波的波腹与波节处于介质的固定位置，可近似认为超声驻波形成的声光栅是固定的，如图 19-5b 所示。超声驻波折射率变化关系为

$$\Delta n(x,t) = 2\Delta n \sin(\omega_s t) \sin(k_s x) \tag{19-39}$$

$$n(x,t) = n_o + \Delta n \sin(\omega_s t) \sin(k_s x) \tag{19-40}$$

光波传播到形成声光栅的声光材料介质中，会在声波作用下改变传播方向的现象称为声光衍射。这种声光衍射分为布拉格（Bragg）衍射和拉曼-奈斯（Raman-Nath）衍射两种类型，通常引入参量 G 作为两者的判据：

$$G = \frac{2\pi\lambda L}{\Lambda^2 \cos\theta_i} \qquad (19\text{-}41)$$

式中，θ_i 为光束入射角；L 为声光耦合区长度。当 L 大且 Λ 小，$G \gg 1$ 时，将发生布拉格声光衍射；当 L 小且 Λ 大，$G \ll 1$ 时，将发生拉曼-奈斯声光衍射。

1. 拉曼-奈斯声光衍射

若超声行波频率较低，声光相互作用长度 L 较短，入射光方向平行于声波面（垂直于声场传播方向），将发生拉曼-奈斯衍射。由于声速远小于光速，该介质可看作平面相位光栅。若超声波不随时间变化而变化，则忽略时间对折射率的影响，此时声光介质中折射率在空间上发生了周期性变化：

$$n(x,t) = n_o - \Delta n \sin(k_s x) \qquad (19\text{-}42)$$

通过介质折射率大的部分光将滞后，反之通过折射率小的部分光将超前。因而，入射平面波波前通过声光介质后被调制成出射的折皱波前，如图 19-6a 所示。出射波波前上的各子波源发出的次波将产生相干叠加，形成相对于入射方向对称分布的多级衍射谱，在中心的零级衍射光束两侧对称形成高级的衍射光束，强度逐级降低，同级衍射光的强度相等。各级衍射强度的极大值可表示为

$$I_m = J_m^2 \left(\frac{2\pi}{\lambda} \Delta n L \right) \qquad (19\text{-}43)$$

式中，J_m 为 m 阶第一类贝塞尔函数。各级衍射光极大值的方位角可由下式确定：

$$\Lambda \sin\theta_m = \pm m\lambda \qquad (19\text{-}44)$$

式中，m 为衍射级数，$m = 0, 1, 2, \cdots$；θ_m 为对应于 m 级衍射光的方位角；λ 为入射光波长。

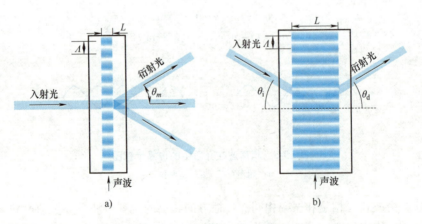

图 19-6　声光效应导致的衍射

a) 拉曼-奈斯声光衍射中介质折皱波前　b) 布拉格声光衍射中声波波面衍射

2. 布拉格声光衍射

当超声波频率较高、声光相互作用长度 L 较长时，入射光与声波波面间具有一定的倾斜角 θ_i，光波在介质中要穿过多个声波面，该介质可视为体相位光栅，光栅常数为 Λ。如图 19-6b 所示，衍射角为 θ_d，在满足相位匹配的情况下，除零级以外，通常只产生一个较强的 +1（或 -1）级衍射光，其余各级衍射光相互抵消，强度几乎为零，此时发生布拉格声光

衍射。布拉格声光衍射条件是

$$\lambda = 2n\Lambda\sin\theta_{\mathrm{B}} \tag{19-45}$$

式中，θ_{B} 为布拉格衍射角，$\theta_{\mathrm{d}} = \theta_{\mathrm{B}}$；$\lambda$ 为该夹角下的布拉格波长。如果 θ_{B} 已确定，那么只有波长 λ 满足式（19-45）的光才能产生布拉格声光衍射。发生声光衍射时，反射波与入射光波偏转 $2\theta_{\mathrm{B}}$。将 $2\theta_{\mathrm{B}}$ 定义为偏转角：

$$\theta = 2\theta_{\mathrm{B}} \approx \frac{\lambda}{n\Lambda} \tag{19-46}$$

偏转角是布拉格声光器件中的重要参数之一。偏转角的大小与超声波波长成反比，即与超声波频率成正比。这是实现声光偏转的重要基础，也是声光效应的一个重要应用。声光偏转器在接近布拉格衍射条件下工作时，通过改变超声波频率，使光发生偏转，从而达到调制光的目的。

布拉格衍射光强度与材料特性和声场强度存在一定关系。当入射光波光强为 I_{in} 时，布拉格声光衍射的 0 级和 1 级衍射光强分别表示为

$$I_0 = I_{\mathrm{in}}\cos^2\left(\frac{\Delta\varphi}{2}\right)$$

$$I_1 = I_{\mathrm{in}}\sin^2\left(\frac{\Delta\varphi}{2}\right) \tag{19-47}$$

式中，$\Delta\varphi$ 是光通过声光耦合区长度 L 所经历的相位延迟，可表示为

$$\Delta\varphi = \frac{2\pi}{\lambda}\Delta n \tag{19-48}$$

式中，Δn 由介质的光弹系数 p 及其在声场作用下的弹性应变幅值 S 所决定：

$$\Delta n = -\frac{n^3 pS}{2} \tag{19-49}$$

式中，S 与超声驱动功率 P_{s} 有关，而 P_{s} 取决于换能器面积 HL（H 与 L 分别为换能器的宽度与长度）、声速 v_{s} 和能量密度 $\dfrac{\rho v_{\mathrm{s}}^2 S^2}{2}$（$\rho$ 为介质的密度）：

$$P_{\mathrm{s}} = (HL)v_{\mathrm{s}}\left(\frac{\rho v_{\mathrm{s}}^2 S^2}{2}\right) = \frac{\rho v_{\mathrm{s}}^3 S^2 HL}{2} \tag{19-50}$$

从而

$$\Delta n = -\frac{n^3 p}{2}\sqrt{\frac{2P_{\mathrm{s}}}{HL\rho v_{\mathrm{s}}^3}} = -\frac{n^3 p}{2}\sqrt{\frac{2I_{\mathrm{s}}}{\rho v_{\mathrm{s}}^3}} \tag{19-51}$$

式中，I_{s} 为超声强度，$I_{\mathrm{s}} = P_{\mathrm{s}}/HL$。将式（19-47）~式（19-51）联立，得第 1 级的衍射效率：

$$\eta_{\mathrm{s}} = \frac{I_1}{I_{\mathrm{in}}} = \sin^2\left[\frac{\pi L}{\sqrt{2}\lambda}\sqrt{\left(\frac{n^6 p^2}{\rho v_{\mathrm{s}}^3}\right)I_{\mathrm{s}}}\right] = \sin^2\left[\frac{\pi L}{\sqrt{2}\lambda}\sqrt{M_2 I_{\mathrm{s}}}\right] = \sin^2\left[\frac{\pi L}{\sqrt{2}\lambda}\sqrt{\left(\frac{L}{H}\right)M_2 P_{\mathrm{s}}}\right] \tag{19-52}$$

式中，M_2 为声光材料的品质因数，$M_2 = n^6 p^2/\rho v_{\mathrm{s}}^3$，它是选择声光介质的一个关键指标（详见 5.1 节）。根据式（19-52），在确定的超声驱动功率 P_{s} 条件下，如果希望获得较大的衍射光强度，就需要选择具有较高品质因子的声光材料，并采用窄而长的换能器结构。当超声驱动功率 P_{s} 改变时，衍射效率也随之变化。因此，通过调节换能器上的电功率，便可以控制衍

射强度，从而实现声光调制的目的。

19.3.2 声光体调制器

声光效应既可用于光强调制，也可用于频率调制。由于衍射光的频率不再与入射光相同，其频移量取决于声波频率，因此可通过控制声波驱动电信号来实现频率调制。强度型声光调制器由声光介质、超声发生器、吸声装置、耦合介质及驱动电源等组成。声光介质是声光相互作用的区域，当一束光通过变化的声场时，由于光和超声场的相互作用，出射光就具有随时间而变化的各级衍射光，利用衍射光强度随超声波强度改变而改变的性质，就可制成光强度调制器。超声发生器是利用压电材料的反压电效应，在外加电场作用下产生机械振动而形成超声波。驱动电源主要用以产生调制电信号施加于电-声换能器的两端电极上，驱动声光调制器工作。

声光调制器可分为<u>拉曼-奈斯型调制器</u>与<u>布拉格型调制器</u>两类。拉曼-奈斯型调制器衍射效率低，光能利用率低，带宽有限。布拉格型调制器在调制中需严格满足衍射条件，才能够获得令人满意的调制效果。其衍射效率高，带宽较宽，故常被采用。无论哪种声光调制器，都存在两种工作方式：一种是将零级光束作为输出，另一种则是将 1 级衍射光束作为输出。当声波振幅随着调制信号改变时，各级衍射光的强度也将随之变化。若将某一级衍射光作为输出，可用光阑将其他衍射级遮拦，则从光阑孔中出射的光就是调制光。

19.3.3 声光波导调制器

声光布拉格衍射型波导调制器结构如图 19-7 所示，它由平面波导和叉指电极换能器组成。这种调制主要是通过表面弹性波实现，表面弹性波是利用压电衬底或压电薄膜上的叉指形换能器激励产生的。其中，介质内质点的位移、应力、应变的振幅是离开表面深度的函数，且局限在厚度相当于表面弹性波波长的表面层内。同时，质点位移有两个分量，一个与波传播方向平行，另一个与固体表面垂直。

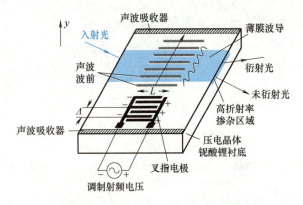

图 19-7　声光布拉格衍射型波导调制器

为了在波导内获得有效的表面弹性波，波导材料采用压电材料（如 ZnO 等），衬底可选择压电或非压电材料。图中器件的衬底为 y 切割的 $LiNbO_3$ 压电材料，波导早期选用 LiO_2 外扩散制备光波导，但存在波导层厚度过大等问题，后期主要采用 Ti 内扩散制作波导。用光刻法在表面制成交叉电极的电声换能器。整个器件可绕 y 轴旋转，使导波光与电极板条间的夹角可以调节到布拉格角。入射光经输入棱镜耦合通过波导时，换能器产生的超声波将导致波导及衬底折射率发生周期性变化。假设入射光波光强为 I_{in}，它与声波波前夹角为 θ_B 并射入波导。在射出棱镜后，将获得与主光束成 $2\theta_B$ 角方向的 1 级衍射光，其光强为 $I_1 = I_{in}\sin^2\left(\dfrac{\Delta\varphi}{2}\right)$。根据布拉格声光衍射的结论，光强度与声光材料性能以及换能器电功率有关，因而，可通过调控所施加的电压以实现对光强度的调制。

尽管 TeO_2 因其高声光品质因数、宽光学透明范围和低声波衰减在特定声光调制器件中具有较重要的地位，但近年来铌酸锂由于其优异的综合性能和 LNOI 技术的推广，已成为波导型声光器件研究的主流。基于 $LiNbO_3$ 的声光调制器件在光调制能力和集成性能方面表现出色，研究者们通过优化波导结构和声光耦合效率，成功设计出高效能的调制器。采用更合理的器件结构和精确的制造工艺，提高了调制效率和带宽，使其在高速数据传输和信号处理中具备重要的应用潜力。此外，将声光调制器件集成到硅基或其他光学平台上，不仅降低了系统复杂性，还进一步提升了整体性能，为通信、光学信号处理和激光技术等领域的广泛应用奠定了基础。

19.4　磁光调制器

磁光调制是通过电信号控制磁场，利用磁光效应改变光波偏振态，从而实现光载波的强度（振幅）等参数随时间变化的过程。其核心步骤包括：首先将电信号转换为与之对应的交变磁场，再通过磁光效应改变在介质中传输的光波的偏振态，从而实现对光强等参数的调制。

1. 磁光效应

例如，将钇铁石榴石（YIG）棒状晶体（或掺镓钇铁石榴石）放在沿轴方向的光路上，两端放置起偏器与检偏器（见图 19-8）高频螺旋形线圈环绕在 YIG 棒上，受驱动电源的控制。为了获得线性调制，在垂直于光传播方向上加一恒定磁场 H_{dc}，其强度能使晶体饱和磁化。工作时，高频信号电流通过线圈就会感生出平行于光传播方向的磁场，入射光通过 YIG 晶体时，由于法拉第旋转效应，其偏振面发生旋转，旋转角与磁场强度 H 成正比。因此，只要用调制信号控制磁场强度的变化，就会使光的偏振面发生相应的变化。由于施加了与通光方向垂直的恒定磁场 H_{dc}，于是法拉第旋转角 θ 满足如下关系：

$$\theta = \theta_s \frac{H_0 \sin(\omega_H t)}{H_{dc}} L \qquad (19\text{-}53)$$

式中，θ_s 为单位长度饱和法拉第旋转角；$H_0 \sin(\omega_H t)$ 为调制磁场。通过检偏器后，即可获得强度变化的调制光。带线圈的 YIG 晶体可以称为法拉第旋转器。

2. 光学隔离器

光学隔离器是一种基于法拉第旋转器的非互易元件，只能单向传输光波，起"单向阀"的作用。光学隔离器可用于防止反射光返回光源，因为这种反馈可能会对某些器件（如激光二极管）的正常运动产生不利影响。

如图 19-8 所示，两个相互成 45°角的偏振器之间放置一个法拉第旋转器，构成一个光学隔离器。调节作用到旋转器上的磁场强度，使其将偏振面沿传播方向以右手螺旋旋转 45°

时，那么正向（从左到右）传播的光线通过起偏器 A 后，经过法拉第旋转器偏振面旋转 45°，然后经检偏器 B 后仍能继续传输。反之，对于具有 45°偏振但沿反向（从右到左）传播的线偏光，能够成功穿过检偏器 B。然而，通过法拉第旋转器后，偏振面额外旋转了 45°，使其与起偏器 A 的偏振轴垂直，从而被起偏器 A 阻挡。这种情况下反射波无法回到原处。需要注意的是，法拉第旋转器是光学隔离器的必要组成部分，无法使用光学活性或液晶偏振旋转器等互易元件替代。

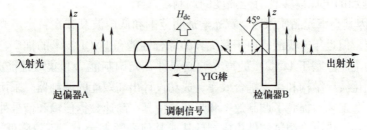

图 19-8　磁光体调制器示意图

习题与思考题

1. 光调制的基本原理是什么？
2. 思考并说明振幅、强度以及频率与相位调制的区别。
3. 请画出纵向电光强度调制器与横向电光强度调制器的简要结构，并分析各个组件的功能。比较两者的区别。
4. 简述声光效应，并说明布拉格声光衍射和拉曼-奈斯声光衍射的原理有何不同？区分二者的主要判据是什么？
5. 请优化图 9-18 基于 YIG 晶体的磁光体调制器的结构，并体现偏振光的正反向传播。

附　　录

附表1　硅、锗的物理性质

性质	物理量	单位	硅	锗
原子序数	Z		14	32
相对原子质量	W		28.08	72.60
原子密度	ρ	cm^{-3}	5.22×10^{22}	4.42×10^{22}
晶体结构			金刚石型	金刚石型
晶格常数	a		0.5431	0.5657
密度	d	$10^{-3} kg \cdot cm^{-3}$	2.329	5.323
熔点	T_m	℃	1417	937
沸点	T_b	℃	2600	2700
热导率	χ	$W \cdot cm^{-1} \cdot K^{-1}$	1.57	0.60
比热容	C_p	$J \cdot g^{-1} \cdot ℃^{-1}$	0.6950	0.3140
线热胀系数	a	$cm \cdot ℃^{-1}$	2.33×10^{-6}	5.75×10^{-6}
熔化潜热	Q_l	$J \cdot mol^{-1}$	39565	34750
冷凝时膨胀	d_v	%	+9.0	+5.5
介电常数	ε		11.7	16.3
禁带宽度（0K）	E_g	eV	1.153	0.75
（300K）			1.106	0.67
电子迁移率	μ_n	$cm^2 \cdot V^{-1} \cdot s^{-1}$	1350	3900
空穴迁移率	μ_p	$cm^2 \cdot V^{-1} \cdot s^{-1}$	480	1900
电子扩散系数	D_n	$cm^2 \cdot s^{-1}$	34.6	100.0
空穴扩散系数	D_p	$cm^2 \cdot s^{-1}$	12.3	48.7
本征电阻率		$\Omega \cdot cm$	2.3×10^5	46
本征载流子密度		cm^{-3}	1.5×10^{10}	2.4×10^{13}
杨氏模量	E	$N \cdot cm^{-2}$	1.9×10^7	

附表 2　氮化镓（GaN）和氮化铝（AlN）的结构、制备方法、关键性能指标及应用

性质		材料	
		GaN	AlN
密度/（10^{-3} kg·cm^{-3}）		6.07	3.255
晶体结构		纤锌矿	纤锌矿
晶格常数/nm		$a = 0.3190$, $c = 0.5189$	$a = 0.311$, $c = 0.498$
熔点/K		2791	3025
热导率/（W·cm^{-1}·K^{-1}）		1.3	3.19
热胀系数/（10^{-6}·K^{-1}）			
折射率		2.29（0.5μm）	
介电常数		10.4	9.14
电导率/Ω^{-1}·cm^{-1}		6~12	$10^{-3} \sim 10^{-5}$（掺杂） $10^{-11} \sim 10^{-13}$（无掺杂）
迁移率/ （cm^2·V^{-1}·s^{-1}）	电子	900	
	空穴	350	14
有效质量（m_0）	电子	m_l 0.20　m_t 0.20	m_l 0.33　m_t 0.25
	空穴	1.1	
缺陷和掺杂		本征 n 型（$>10^{17}$ cm^{-3}） p 型掺杂：Mg, Zn n 型掺杂：Si, O	
禁带宽度/eV（300K）		3.44	6.13
晶体或薄膜生长		MBE、MOCVD	MBE、MOCVD、ALD、 PLD、溅射、电子束激发
应用		理想的微波频率的功率放大器、 蓝紫光 LED（405nm）	紫外 LED（210nm）

附表 3　磷化铟（InP）、磷化镓（GaP）的结构、制备方法、关键性能指标及应用

性质	材料	
	GaP	InP
密度/（10^{-3} kg·cm^{-3}）	4.138	4.81
晶体结构	闪锌矿	闪锌矿
晶格常数/nm	0.54506	0.58687
熔点/K	1749	1327
热导率/（W·cm^{-1}·K^{-1}）	0.77	0.7
热胀系数/（10^{-6}·K^{-1}）	465	4.75
折射率	3.452（0.545μm）	3.45（0.59μm）
介电常数	11.11	12.56
本征载流子浓度/cm^{-3}		3.3×10^7
电导率/Ω^{-1}·cm^{-1}	0.15~0.9	

（续）

性质		材料	
		GaP	InP
迁移率/ $(cm^2 \cdot V^{-1} \cdot s^{-1})$	电子	160	$4.2×10^3 \sim 5.4×10^3$
	空穴	135	190
有效质量（m_0）	电子	m_l 0.91　m_t 0.25	0.073
	空穴	$(m_p)_h$ 0.67　$(m_p)_l$ 0.17	$(m_p)_h$ 0.45　$(m_p)_l$ 0.12
态密度有效质量（m_0）	电子	1.03	
	空穴	0.6	
缺陷和掺杂		电子陷阱束缚激子 N（绿光）；Bi（橙光）；Zn-O（红光）； Cd-O（红光）	n 型掺杂：S、Sn p 型掺杂：Zn
少数载流子寿命/μs		$\approx 10^{-4}$	
禁带宽度/eV(300K)		2.272（I）	1.344（D）
电子亲和能/eV		4	4.4
功函数/eV		1.31	4.65
晶体或薄膜生长		液态密封法、合成溶质扩散法	溶质扩散法、原位直接合成法、 LEC、HB
应用		发光二极管：红、绿、黄， 发光效率很高 （杂质形成发光的辐射复合中心）	微波器件（比 GaAs 优异）； 高速电子器件； 放大器（比 GaAs 优异）； 红外光源和探测器的衬底； GaInAsP/InP 双异质结

附表 4　锑化铟（InSb）、锑化镓（GaSb）的结构、制备方法、关键性能指标及应用

性质		材料	
		GaSb	InSb
密度/($10^{-3}kg \cdot cm^{-3}$)		5.6137	5.7747
晶体结构		闪锌矿	闪锌矿
晶格常数/nm		0.609593	0.647937
熔点/K		991	800
热导率/($W \cdot cm^{-1} \cdot K^{-1}$)		0.35	0.18
热胀系数/($10^{-6} \cdot K^{-1}$)		7.75	5.37
折射率		3.82（1.8μm）	5.13（0.689μm）
介电常数		15.69	17.3~18.0
本征载流子浓度/cm^{-3}		10^{14}	$1.89×10^{16}$
电导率/$\Omega^{-1} \cdot cm^{-1}$			220
迁移率/($cm^2 \cdot V^{-1} \cdot s^{-1}$)	电子	3760	$5.25×10^5$
	空穴	680	$(\mu_p)_h$ 850　$(\mu_p)_l$ 3×10^4

（续）

性质		材料	
		GaSb	InSb
有效质量（m_0）	电子	0.039	0.0118
	空穴	$(m_p)_h$ 0.29 $(m_p)_l$ 0.042	$(m_p)_h$ 0.44 $(m_p)_l$ 0.016
态密度有效质量（m_0）	电子		
	空穴	0.82	
缺陷和掺杂		本征 p 型 n 型掺杂：Te、Se	本征 n 型 n 型掺杂：Te p 型掺杂：Ge
少数载流子寿命/μs		≈1	2×10^{-2}
禁带宽度/eV（300K）		0.75（D）	0.18（D）
电子亲和能/eV		4.06	4.59
功函数/eV		4.76	4.77
晶体或薄膜生长		MBE（分子束外延）、液封直拉法、垂直布里奇曼法、垂直梯度凝固法	单晶：区域熔炼，易生长
应用		吸收红外光（780~4000nm）转变为电能的热光伏电池、光谱范围在 2~5μm 的光电子器件	红外光电探测器

附表 5 砷化镓（GaAs）、砷化铟（InAs）的结构、制备方法、关键性能指标及应用

性质		材料	
		GaAs	InAs
密度/（10^{-3}kg · cm^{-3}）		5.3176	5.667
晶体结构		闪锌矿	闪锌矿
晶格常数/nm		0.565325	0.60583
熔点/K		1513	1221
热导率/（W · cm^{-1} · K^{-1}）		0.455	0.26
热胀系数/（10^{-6} · K^{-1}）		5.75	4.52
折射率		4.025（0.546μm）	4.558（0.517μm）
介电常数		12.9	15.15
本征载流子浓度/cm^{-3}		2.1×10^6	1.3×10^{15}
电导率/Ω^{-1} · cm^{-1}		2.38×10^{-9}	50
迁移率/（cm^2 · V^{-1} · s^{-1}）	电子	8000	2×10^4 ~ 3.3×10^4
	空穴	400	100~450
有效质量（m_0）	电子	0.063	0.023
	空穴	$(m_p)_h$ 0.50 $(m_p)_l$ 0.076	$(m_p)_h$ 0.57 $(m_p)_l$ 0.026

（续）

性质		材料	
		GaAs	InAs
态密度有效质量（m_0）	电子		
	空穴	0.53	
缺陷和掺杂		As 的反位缺陷；E_F 被钉扎在带隙中，近本征态； p 型：Ⅱ族 Be、Mg、Zn、Cd、Hg，浅受主； 过渡元素 Cr、Mn、Co、Ni、Fe，深受主； n 型：Ⅵ族 S、Se、Te，浅施主； 过渡元素 V 施主，Ⅳ元素 Sn、Si； 高阻态：Cr、Fe、O（为受主提供电子）	
少数载流子寿命/μs		$\approx 10^{-3}$	$\approx 10^{-3}$
禁带宽度/eV（300K）		1.424（D）	0.354（D）
电子亲和能/eV		4.07	4.9
功函数/eV		4.71	4.55
晶体或薄膜生长		水平 Bridgman-Stockbarger 法、液封法、垂直梯度凝固法 VPE、MOCVD、MBE	LEC（液封直拉法）、CVD（气相沉积法）
应用		微波集成电路、高速器件、高功率器件 红外发光二极管：1962 年；半导体激光器 探测器：基于 $Al_xGa_{1-x}As/GaAs$ 量子阱，InGaAs 太阳电池：GaAs/Ge/InGaP 三结太阳电池，效率大：32% 光导开关：太赫兹波的产生和检测	太赫兹辐射源：强光登伯发射体 红外光探测器：$1\sim3.8\mu m$

附表6　氧化锌（ZnO）的结构、制备方法、关键性能指标及应用

性质	材料
	ZnO
密度/（$10^{-3}kg\cdot cm^{-3}$）	5.675
晶体结构	纤锌矿
晶格常数/nm	$a=0.3253$，$c=0.5213$
熔点/K	2300
折射率	2.2
介电常数	7.9

（续）

性质		材料
		ZnO
迁移率/(cm² · V⁻¹ · s⁻¹)	电子	200
	空穴	
有效质量（m_0）	电子	0.24~0.28
	空穴	0.31（//c） 0.55（⊥c）
缺陷和掺杂		本征 n 型；p 型掺杂困难
禁带宽度/eV（300K）		3.4
晶体或薄膜生长		MBE、PLD、MOCVD
应用		太阳电池、紫外探测器、表面声波（SAW）器件、发光二极管（LED）和半导体激光器（LD）

附表 7 硫化锌（ZnS）、硫化镉（CdS）的结构、制备方法、关键性能指标及应用

性质		材料			
		ZnS		CdS	
密度/(10⁻³kg · cm⁻³)		4.087	4.075	4.82	
晶体结构		纤锌矿	闪锌矿	纤锌矿	闪锌矿
晶格常数/nm		$a = 0.3822$ $c = 0.6260$	0.541	$a = 0.4136$ $c = 0.6714$	0.5825
熔点/K			2103	1750	
折射率		2.4	2.4	2.5	
介电常数		9.6	8.0~8.9	8.9	
迁移率/(cm² · V⁻¹ · s⁻¹)	电子		165	300	
	空穴	100~800	5	6~48	
有效质量（m_0）	电子	0.28	0.34	0.20~0.25	0.14
	空穴	>1(//c) 0.5(⊥c)	$(m_p)_h$ 1.76 $(m_p)_l$ 0.23	5(//c) 0.7(⊥c)	0.51
缺陷和掺杂			本征 n 型	本征 p 型	
禁带宽度/eV（300K）		3.78	3.68	2.485	2.50~2.55
晶体或薄膜生长			物理气相沉积、化学气相沉积、溶液法	CBD（化学浴沉积）、旋涂沉积、化学气相沉积、真空蒸发法	
应用			可见和红外窗玻璃、磷光体：ZnS:Ag 和 ZnS:Mn	太阳电池	

附表 8　硒化锌（ZnSe）、硒化镉（CdSe）的结构、制备方法、关键性能指标及应用

性质		材料			
		ZnSe		CdSe	
密度/(10^{-3}kg·cm^{-3})		5.27		5.81	
晶体结构		纤锌矿	闪锌矿	纤锌矿	闪锌矿
晶格常数/nm		$a=0.4403$ $c=0.6540$	0.5668	$a=0.4300$ $c=0.7011$	0.6052
熔点/K			1793	1514	
折射率			2.89		
介电常数			7.6	10.6	
迁移率/ ($cm^2·V^{-1}·s^{-1}$)	电子		400~600	450~900	
	空穴		28	10~50	
有效质量（m_0）	电子		0.13~0.17	0.12	0.11
	空穴		0.57~0.75	2.5($//c$) 0.4($\perp c$)	0.44
缺陷和掺杂			本征点缺陷是 Cd 间隙原子和 Cd 空位（V_{Cd}）	本征 p 型	
禁带宽度/eV（300K）		2.834	2.70	1.751	1.9
晶体或薄膜生长			物理气相沉积、化学气相沉积、热压烧结法	化学气相沉积、激光脉冲法	
应用			蓝光半导体激光器、光探测器件、非线性光学器件、波导调制器、红外透镜、激光窗口、红外热像仪、高功率 CO_2 激光器	量子点 LED、太阳电池	

附表 9　碲化锌（ZnTe）、碲化镉（CdTe）、碲化汞（HgTe）的结构、制备方法、关键性能指标及应用

性质	材料		
	ZnTe	CdTe	HgTe
密度/(10^{-3}kg·cm^{-3})	5.636	5.87	8.070
晶体结构	闪锌矿	闪锌矿	闪锌矿
晶格常数/nm	0.6101	0.6482	0.646
熔点/K	1568	1365	943
折射率	3.56	2.75	3.7

（续）

性质		材料		
		ZnTe	CdTe	HgTe
介电常数		9.67	10.2	21.0
迁移率/$(cm^2 \cdot V^{-1} \cdot s^{-1})$	电子	330		35
	空穴	900	60	
有效质量（m_0）	电子	0.13	0.070	0.03
	空穴	0.6	$(m_p)_h$ 0.72~0.84 $(m_p)_l$ 0.12	0.42
缺陷和掺杂		本征 n 型		本征 p 型 n 型：B、Al、Ga、In、I、Fe p 型：Zn、Cu、Ag、Au
禁带宽度/eV（300K）		2.28	1.49	−0.14
晶体或薄膜生长		垂直布里奇曼法（VB 法）、提拉法、垂直梯度冷凝法（VGF）	CBD	
应用		太赫兹产生和探测 激光二极管	核辐射探测器：氯掺杂 CdTe，X 射线，γ、β、α 粒子 电光调制器：Ⅱ-Ⅵ 半导体中最大线性电光系数	红外探测器

附表 10　重要常数表

常数	含义	英文含义	数值
c	自由空间中的光速	Speed of light in free space	$2.9979 \times 10^8 \, m \cdot s^{-1}$
ε_0	自由空间中的介电常数	Permittivity of free space	$8.854187817 \times 10^{-12} \, F \cdot m$
μ_0	自由空间中的磁导率	Permeability of free space	$4\pi \times 10^{-7} \, H \cdot m^{-1}$
k_B	玻尔兹曼常数	Boltzmann constant	$1.3807 \times 10^{-23} \, J \cdot K^{-1}$
q 或 e	基本电荷	Elementary charge	$1.60219 \times 10^{-19} \, C$
m_0	自由电子质量	Mass of a free electron	$9.1095 \times 10^{-31} \, kg$
N_A	阿伏伽德罗常数	Avogadro constant	$6.02214076 \times 10^{23} \, mol^{-1}$
h	普朗克常数	Planck constant	$6.6262 \times 10^{-34} \, J \cdot s$
$\hbar = h/(2\pi)$	约化普朗克常数	Reduced Planck constant	$1.05459 \times 10^{-34} \, J \cdot s$
$a_0 = \dfrac{4\pi\varepsilon_0\hbar^2}{q^2 m_0}$	玻尔半径	Bohr radius	$0.529177Å$

附表 11　主要物理量一览表

物理量	含义	英文含义
a	晶格常数	Lattice constant
A	吸收率 吸光度	Absorption Absorbance
A_m	调制幅值	Modulation amplitude
B 或 $\boldsymbol{B}$	磁感应强度	Magnetic induction/magnetic flux density
C	浓度	Concentration
Ca	毛细数	Capillary number
C_D	扩散电容	Diffusion capacitance
C_n 或 C_p	电子和空穴的俄歇俘获系数	Auger capture coefficients for electrons and holes
C_T	势垒电容	Barrier capacitance
C^*	临界浓度	Critical concentration
d_p	趋肤深度	Skin depth
D	电位移 探测率	Electric displacement Detectivity
$\boldsymbol{D}$	电位移矢量	Electric displacement vector
D_n 或 D_p	电子和空穴的扩散系数	Diffusion coefficients for electrons and holes
D^*	归一化探测率/比探测率	Normalized detectivity/Specific detectivity
E	电子能级 光子能量	Electron energy level Photon energy
E_a	激活能	Activation energy
E_A, E_D	受主、施主能级	Energy levels for acceptors and donors
E_b	激子结合能	Exciton binding energy
E_c, E_v	导带底能级和价带顶能级	Conduction band minimum energy and valence band maximum energy
E_F	费米能级	Fermi level
E_{Fn}, E_{Fp}	电子和空穴的准费米能级	Quasi-Fermi levels for electrons and holes
E_g	禁带宽度	Bandgap
E_i	本征费米能级	Intrinsic Fermi level
E_n	第 n 个本征能量	n-th energy eigenvalue
E_{ph}	声子能量	Phonon energy
E_t	复合中心能级	Energy level for recombination center

（续）

物理量	含义	英文含义
$\boldsymbol{E}$ 或 E	电场强度 光电场	Electric field Electric field of light
$\mathscr{E}$	静电场强度	Electrostatic field strength
$f(E)$	费米-狄拉克分布函数	Fermi-Dirac distribution function
f_{abs}	吸收光子概率	Probability for absorbing a photon
f_{em}	发射光子概率	Probability for emitting a photon
f_r	弛豫振荡频率	Relaxation oscillation frequency
F_e	纠缠光子的保真度	Fidelity of entangled photons
F_P	普赛尔因子	Purcell factor
$\boldsymbol{F}$	外场矢量	External field vector
$\mathscr{F}$	谐振腔精细度	Finesse of a resonant cavity
g	简并度	Degeneracy factor
$g^{(1)}$	一阶关联函数	First-order correlation function
$g^{(2)}$	二阶关联函数	Second-order correlation function
$g_c(E)$、$g_v(E)$	导带底、价带顶附近态密度	Density of states near the conduction band minimum and valence band maximum
G	载流子的产生速率 光电导增益	Carrier generation rate Photoconductive gain
$G(\nu)$	增益系数	Gain coefficient
G_{th}	阈值增益	Threshold gain
$\boldsymbol{H}$ 或 H	磁场强度	Magnetic field strength
I	电流 光强、辐照度	Current Light intensity/irradiance
I_{sc}	短路电流	Short-circuit current
j	物质通量	Mass flux
J	电流密度	Current density
J_T	透明电流	Transparency current
J_{th}	阈值电流	Threshold current
$\boldsymbol{J}$	电流密度 琼斯矢量	Current density Jones vector
$\mathscr{J}$	不可分辨率	Indistinguishability
k_0	真空中的波数	Wavenumber in vacuum
$\tilde{k}$	复传播常数	Complex propagation constant
k 或 $\boldsymbol{k}$	波数或波矢	Wavenumber or wave vector

（续）

物理量	含义	英文含义
K	消光系数	Extinction coefficient
L_n 或 L_P	电子或空穴的扩散长度	Diffusion length of electrons or holes
LDR	线性动态范围	Linear dynamic range
m_f	调频系数	Frequency modulation coefficient
m_{ij}^*	有效质量张量元	Effective mass tensor elements
m_n^* 或 m_p^*	电子或空穴的有效质量	Effective mass of electrons or holes
m_p	强度调制系数	Intensity modulation coefficient
m_r	折合质量（或称约化质量）	Reduced mass
m_φ	相位调制系数	Phase modulation coefficient
M	雪崩增益因子	Avalanche multiplication factor
M_2	声光品质因数	Acousto-optic figures of merit
n	折射率 电子浓度 主量子数	Refractive index Electron concentration Principal quantum number
$\tilde{n}$	复折射率	Complex refractive index
N	粒子数浓度	Particle number concentration
N_A	受主浓度 阿伏伽德罗常数	Acceptor concentration Avogadro number
NA	数值孔径	Numerical aperture
N_D	施主浓度	Donor concentration
N_c 和 N_v	导带和价带的有效态密度	Effective density of states in the conduction and valence bands
NEP	噪声等效功率	Noise equivalent power
N_g	群折射率	Group index
N_t	复合中心浓度	Recombination center concentration
Oh	奥内佐格数	Ohnesorge number
δn 或 δp	过剩电子或空穴浓度	Excess electron or hole concentration
p	空穴浓度 动量 光弹系数	Hole concentration Momentum Photoelastic coefficient
$\boldsymbol{p}$	光弹张量	Photoelastic tensor
$P(E)$	玻尔兹曼分布	Boltzmann distribution
Q	谐振器品质因子	Quality factor of a resonator
Q_{abs}	吸收效率因子	Absorption efficiency factor

（续）

物理量	含义	英文含义
Q_s	散射效率因子	Scattering efficiency factor
r	反射系数	Reflection coefficient
r_{eff}	线性电光系数 半径	Linear electro-optic coefficient Radius
r_{abs}	受激吸收速率	Stimulated absorption rate
r_n, r_p	电子、空穴俘获系数	Capture coefficients for electrons and holes
r_{sp}	自发辐射速率	Spontaneous emission rate
r_{st}	受激辐射速率	Stimulated emission rate
r^*	临界形核半径	Critical nucleation radius
R	反射率 电阻值 响应度 灵敏度	Reflectance Electrical resistance Responsivity Sensitivity
Re	雷诺数	Reynolds number
R_t	电流响应度	Current responsivity
R_n, R_p	电子、空穴的复合速率	Recombination rate of electrons and holes
R_V	电压响应度	Voltage responsivity
R_λ	光谱响应度	Spectral responsivity
s	二阶电光系数	Second-order electro-optic coefficient
S	刻蚀选择比 塞贝克系数 过饱和度	Etch selectivity Seebeck coefficient Supersaturation
$\boldsymbol{S}$	波印廷矢量	Poynting vector
$\mathcal{S}$	本征灵敏度	Intrinsic sensitivity
t	透射系数	Transmission coefficient
t_n 或 t_p	电子和空穴的渡越时间	Transit time of electrons and holes
$\tan\delta$	介质损耗角正切	Dielectric loss tangent
T	温度 透射率	Temperature Transmittance
ν	琼斯矩阵	Jones matrix
v	速度 摩尔体积	Velocity Molar volume
$\overline{v_d}$	平均漂移速度	Average drift velocity
v_g	群速度	Group velocity
v_{sat}	饱和漂移速度	Saturation velocity

（续）

物理量	含义	英文含义
v_{th}	热运动速度	Thermal velocity
V	施加的电压 库仑势 费尔德常数 归一化频率/厚度	Applied voltage Coulomb potential Verdet constant Normalized frequency/thickness
V_{BR}	击穿电压	Breakdown voltage
V_D	内建电压	Built-in voltage
V_m	调制电压的幅值	Amplitude of a modulating voltage
V_{oc}	开路电压	Open-circuit voltage
V_r	反向偏压	Reverse bias
V_{sat}	饱和电压	Saturation voltage
V_{π}	半波电压	Half-wave voltage
We	韦伯数	Weber number
Z	原子序数	Atomic number
α	吸收系数 衰减系数	Absorption coefficient Attenuation coefficient
α_L	线膨胀系数	Linear expansion coefficient
α_n	电子碰撞电离系数	Impact ionization coefficient of electrons
α_r	直接复合系数	Direct recombination coefficient
α_V	体胀系数	Coefficient of volume expansion
β_p	空穴碰撞电离系数	Impact ionization coefficient of holes
$\boldsymbol{\beta}$	逆介电函数张量	Inverse dielectric function tensor
γ	衰减系数 表面自由能 光刻胶对比度	Attenuation coefficient Surface free energy Photoresist contrast ratio
γ_B	旋磁系数	Gyromagnetic ratio
Γ	相位 光限制因子	Phase Optical confinement factor
δ	德尔塔函数	Dirac delta function
ΔE_c 或 ΔE_v	导带带阶和价带带阶	Discontinuities in the conduction band and the valance band
ε	应变 介电常数	Strain Dielectric constant
ε_e	有效介电常数	Effective dielectric constant
ε_r 或 $\boldsymbol{\varepsilon}_r$	相对介电函数张量 相对介电常数	Relative dielectric constant Relative dielectric function tensor

（续）

物理量	含义	英文含义
η	转化效率 波阻抗 衍射效率	Conversion efficiency Wave impedance Diffraction efficiency
η_{EE}	提取效率	Extraction efficiency
η_{EQE}	外量子效率	External quantum efficiency
η_{EDQE}	外微分量子效率	External differential quantum efficiency
η_{FE}	馈给效率	Feeding efficiency
η_{Gen}	产生效率	Generation efficiency
η_{IDQE}	内微分量子效率	Internal differential quantum efficiency
η_{IQE}	内量子效率	Internal quantum efficiency
η_{LE}	流明效率	Luminous efficiency
η_s	光子源效率 光栅衍射效率	Efficiency for photon sources Grating diffraction efficiency
η_{SE}	斜度效率	Slope efficiency
θ_B	布鲁斯特角 布拉格角	Brewster angle Bragg angle
θ_c	全反射临界角	Critical angle for total internal reflection
θ_i	入射角	Incident angle
θ_r	反射角	Reflection angle
κ	热导率 模耦合系数	Thermal conductivity Mode coupling coefficient
λ	光波波长	Optical wavelength
λ_c	截止波长	Cutoff wavelength
λ_g	带隙波长	Bandgap wavelength
λ_m	平均自由程	Mean free path
Λ	光栅周期	Grating period
μ	迁移率 化学势	Mobility Chemical potential
μ_E	有效磁导率	Effective magnetic permeability
μ_r 或 $\boldsymbol{\mu}_r$	相对磁导率 相对磁导率张量	Relative magnetic permeability Relative magnetic permeability tensor
ν	光子频率	Photon frequency
ν_c	截止频率	Cutoff frequency
ν_F	模式间隔	Mode spacing
ν_g	带隙频率	Bandgap frequency

（续）

物理量	含义	英文含义
ρ	密度 电荷密度 电阻率	Density Charge density Electrical resistivity
$\rho(\nu)$	光学联合态密度	Optical joint density of states
σ	电导率 标准差	Electrical conductivity Standard deviation
σ_{abs}	吸收截面	Absorption cross-section
σ_s	散射截面	Scattering cross-section
τ	寿命 时间常数	Lifetime Time constant
τ_m	平均自由时间	Mean free time
τ_n 或 τ_p	少子电子或空穴的寿命	Lifetime for electrons and holes
τ_{nr}	非辐射复合寿命	Non-radiative recombination lifetime
τ_{ph}	谐振腔内光子寿命	Photon lifetime in a resonant cavity
τ_r	自发辐射寿命	Spontaneous emission lifetime
ϕ	相位 功函数 静电势 量子产率	Phase Work function Electrostatic potential Quantum yield
ϕ_B	势垒高度	Barrier height
ϕ_ν	光子通量密度	Photon flux density
χ	极化率 亲合能	Susceptibility Affinity energy
$\chi^{(n)}$	n 阶极化率	nth-order susceptibility
$\phi\varphi$	波函数	Wave function
ω	光波/光子的角频率	Angular frequency of light wave/photon
ω_c	载波的角频率	Angular frequency of a carrier wave
ω_m	调制角频率	Modulation frequency
ω_p	等离子共振角频率	Plasma resonance frequency

参 考 文 献

[1] KASAP S O. 光电子学与光子学：原理与实践 ［M］. 罗风光，译. 北京：电子工业出版社，2015.
[2] 庄顺连. 光子器件物理 ［M］. 2 版. 贾东方，王肇颖，桑梅，等译. 北京：电子工业出版社，2013.
[3] 刘恩科，朱秉升，罗晋生. 半导体物理 ［M］. 7 版. 北京：电子工业出版社，2008.
[4] 施敏，伍国钰. 半导体器件物理 ［M］. 耿莉，张瑞智，译. 西安：西安交通大学出版社，2008.
[5] 沈学础. 半导体光谱和光学性质 ［M］. 2 版. 北京：科学出版社，2020.
[6] 张源涛，杨树人，徐颖. 半导体材料 ［M］. 4 版. 北京：科学出版社，2020.
[7] 郭光灿，周祥发. 量子光学 ［M］. 北京：科学出版社，2022.
[8] 朱京平. 光电子技术基础 ［M］. 2 版. 北京：科学出版社，2009.
[9] 侯宏录. 光电子材料与器件 ［M］. 北京：北京航空航天大学出版社，2018.
[10] 韩涛，曹仕秀，杨鑫. 光电材料与器件 ［M］. 北京：科学出版社，2017.
[11] 周忠祥，田浩，孟庆鑫，等. 光电功能材料与器件 ［M］. 北京：高等教育出版社，2017.
[12] 黄德修，黄黎蓉，洪伟. 半导体光电子学 ［M］. 2 版. 北京：电子工业出版社，2018.
[13] 陈纲，廖理几，郝伟. 晶体物理学基础 ［M］. 2 版. 北京：科学出版社，2007.
[14] 陈家壁，彭润玲. 激光原理及应用 ［M］. 4 版. 北京：电子工业出版社，2019.
[15] 杨建荣. 半导体材料物理与技术 ［M］. 北京：科学出版社，2020.
[16] 李祥高，王世荣，等. 有机光电功能材料 ［M］. 北京：化学工业出版社，2012.
[17] 周文，陈秀峰，杨冬晓. 光子学基础 ［M］. 杭州：浙江大学出版社，2000.
[18] 安毓英，刘继芳，李庆辉. 光电子技术 ［M］. 北京：电子工业出版社，2002.
[19] 蓝信钜，等. 激光技术 ［M］. 3 版. 北京：科学出版社，2009.
[20] 夏珉. 激光原理与技术 ［M］. 北京：科学出版社，2016.
[21] 俞宽新. 激光原理与激光技术 ［M］. 北京：北京工业大学出版社，2008.
[22] 宋贵才，全薇. 光波导原理与器件 ［M］. 3 版. 北京：清华大学出版社，2022.
[23] 王玥，李刚，李彩霞. 光电子技术与新型材料 ［M］. 哈尔滨：哈尔滨工业大学出版社，2013.
[24] 程强，崔铁军. 电磁超材料 ［M］. 南京：东南大学出版社，2022.
[25] 贾秀丽. 人工超材料设计与应用 ［M］. 北京：科学出版社，2020.
[26] 杨德仁，等. 半导体材料测试与分析 ［M］. 北京：科学出版社，2010.
[27] 杜宝勋. 半导体激光器理论基础 ［M］. 北京：科学出版社，2011.
[28] 王筱梅，叶常青. 有机光电材料与器件 ［M］. 北京：化学工业出版社，2013.
[29] 陈治明，雷天民，马剑平. 半导体物理学简明教程 ［M］. 北京：机械工业出版社，2011.
[30] 虞丽生. 半导体异质结物理 ［M］. 北京：科学出版社，2006.
[31] 于军胜，黄维. OLED 显示技术 ［M］. 北京：电子工业出版社，2020.
[32] 妮萨·卡恩. 精通 LED 照明 ［M］. 郑晓东，金如翔，吕玮阁，等译. 北京：机械工业出版社，2017.
[33] 李言荣，恽正中，等. 电子材料导论 ［M］. 北京：清华大学出版社，2001.
[34] 陈鸣. 电子材料 ［M］. 北京：北京邮电大学出版社，2006.
[35] 贾德昌. 电子材料 ［M］. 哈尔滨：哈尔滨工业大学出版社，2000.
[36] 张玉龙，苏君红，等. 光纤材料技术 ［M］. 杭州：浙江科学技术出版社，2009.
[37] 魏忠诚. 光纤材料制备技术 ［M］. 北京：北京邮电大学出版社，2016.
[38] 赵连城，国凤云. 信息功能材料学 ［M］. 哈尔滨：哈尔滨工业大学出版社，2005.

[39] 周忠祥. 光电功能材料与器件 [M]. 北京：高等教育出版社，2017.

[40] 田永君，曹茂盛，曹传宝，等. 先进材料导论 [M]. 哈尔滨：哈尔滨工业大学出版社，2005.

[41] 焦宝祥. 功能与信息材料 [M]. 上海：华东理工大学出版社，2011.

[42] 樊美公，姚建年. 光功能材料科学 [M]. 北京：科学出版社，2013.

[43] 李振，李倩倩. 有机二阶非线性光学材料 [M]. 北京：科学出版社，2020.

[44] 胡赓祥，蔡珣. 材料科学基础 [M]. 上海：上海交通大学出版社，2000.

[45] 杨德仁. 太阳电池材料 [M]. 北京：化学工业出版社，2007.

[46] 介万奇. 晶体生长原理与技术 [M]. 2 版. 北京：科学出版社，2019.

[47] 叶志镇，吕建国，吕斌，等. 半导体薄膜技术与物理 [M]. 2 版. 杭州：浙江大学出版社，2014.

[48] 施敏. 半导体器件物理与工艺 [M]. 2 版. 赵鹤鸣，等译. 苏州：苏州大学出版社，2002.

[49] SALEH B E A, TEICH M C. Fundamentals of photonics [M]. 2nd ed. Hoboken：Wiley, 2019.

[50] YACOBI B G. Semiconductor materials：an introduction to basic principles [M]. New York：Kluwer Academic Publishers, 2004.

[51] KASAP S O. Optoelectronics & photonics：principles & practices [M]. Harlow：Pearson, Education Limited, 2013.

[52] NEAMEN D A. Semiconductor physics and devices：basic principles [M]. New York：McGraw-Hill, 2011.

[53] MADELUNG O. Semiconductors：data handbook [M]. New York：Springer-Verlag, 2004.

[54] PELANT I, VALENTA J. Luminescence spectroscopy of semiconductors [M]. Oxford：Oxford University Press, 2012.

[55] HUMMEL R E. Electronic properties of materials [M]. 4th ed. New York：Springer-Verlag, 2011.

[56] PANKOVES J. Optical processes in semiconductors [M]. New York：Dover, 1971.

[57] LI X. Optoelectronic devices：design, modeling, and simulation [M]. Cambridge：Cambridge University Press, 2009.

[58] KNIGHT P, ALLEN L. Concepts of quantum optics [M]. Oxford：Pergamon Press, 1983.

[59] REZENDE S M. Introduction to electronic materials and devices [M]. Cham：Springer, 2022.

[60] ZSCHECH E, WHELAN C, MIKOLAJICK T. Materials for information technology：devices, interconnects and packaging [M]. London：Springer, 2005.

[61] SHOCKLEY W. Electrons and holes in semiconductors with applications to transistor electronics [M]. Toronto：Van Nostrand Company, 1950.

[62] DRAGOMAN M, DRAGOMAN D. 2D Nanoelectronics：physics and devices of atomically thin materials [M]. Cham：Springer, 2017.

[63] FOX M. Quantum optics：an introduction [M]. Oxford：Oxford University Press, 2006.

[64] MIGDALL A, POLYAKOV S V, FAN J, et al. Single-photon generation and detection：physics and applications：experimental methods in the physical sciences [M]. Amsterdam：Elsevier Academic Press, 2013.

[65] YU P Y, CARDONA M. Fundamentals of semiconductors：Physics and materials properties [M]. Heidelberg：Springer, 2010.

[66] PIPREK J. Handbook of optoelectronic device modeling and simulation [M]. Boca Raton：CRC Press, 2017.

[67] TRÜGLER A. Optical properties of metallic nanoparticles [M]. Cham：Springer, 2016.

[68] ENOCH S, BONOD N. Plasmonics：from basics to advanced topics [M]. Berlin：Springer, 2012.

[69] HOSHIKAWA K. Vertical bridgman growth method [M]//Gallium oxidel：Materials properties, crystal growth, and devices. Cham：Springer, 2020：37-55.

[70] SESHAN K, SCHEPIS D. Handbook of thin film deposition [M]. 4th ed. Amsterdam：Elsevier, 2018.

[71] PALA N, KARABIYIK M, BHUSHAN B. Electron beam lithography [M]//Encyclopedia of microfluidics

and nanofluidics. Dordrecht：Springer，2016.

［72］ KWAK M K，GUO L J. Phase-shift lithography［M］//Encyclopedia of Microfluidics and Nanofluidics，Boston：Springer，2014.

［73］ RUDAN M，et al. Handbook of semiconductor devices［M］. Cham：Springer，2023.

［74］ 邓云洲，金一政. 量子点电致发光的黎明［J］. 物理，2020，49（12）：852-857.

［75］ 周述，母云城，谢钰豪，等. 半导体纳米晶体的冷等离子体合成：原理、进展和展望［J］. 科学通报，2024，69：3000-3023.

［76］ 田文超，谢昊伦，陈源明，等. 人工智能芯片先进封装技术［J］. 电子与封装，2024，24（1）：010204.

［77］ 胡超，王兴平，尤春，等. 高精度电子束光刻技术在微纳加工中的应用［J］. 电子与封装，2017，17（5）：28 -32.

［78］ XIAO D，LIU G，FENG W，et al. Coupled spin and valley physics in monolayers of MoS2 and other group-vi dichalcogenides［J］. Physical Review Letters，2012，108（19）：196802.

［79］ OXBORROW M，SINCLAIR A G. Single-photon sources［J］. Contemporary Physics，2005，46（3）：173-206.

［80］ ZOU X T，MANDEL L. Photon-antibunching and sub-poissonian photon statistics［J］. Physical Review A，1990，41（1）：475-476.

［81］ HONG C K，OU Z Y，MANDEL L. Measurement of subpicosecond time intervals between two photons by interference［J］. Physical Review Letters，1987，59（18）：2044-2046.

［82］ DEGEN C L，REINHARD F，CAPPELLARO P. Quantum sensing［J］. Reviews of Modern Physics，2017，89（3）：35002.

［83］ LODAHL P，MAHMOODIAN S，STOBBLE S. Interfacing single photons and single quantum dots with photonic nanostructures［J］. Reviews of Modern Physics，2015，87（2）：347-400.

［84］ MITTAL S，GOLDSCHMIDT E A，HAFEIZI M. A topological source of quantum light［J］. Nature，2018，561（7724）：502-506.

［85］ BARIK S，KARASAHIN A，FLOWER C，et al. A topological quantum optics interface［J］. Science，2018，359（6376）：666-668.

［86］ ELSHAARI A W，PERNICE W，SRINIVASAN K，et al. Hybrid integrated quantum photonic circuits［J］. Nature Photonics，2020，14（5）：285-298.

［87］ RICCIARDULLI A G，YANG S，SMET J H，et al. Emerging perovskite monolayers［J］. Nature Materials，2021，20（10）：1325-1336.

［88］ GREINER M T，LU Z. Thin-film metal oxides in organic semiconductor devices：their electronic structures，work functions and interfaces［J］. NPG Asia Materials，2013，5（7）：e55.

［89］ KOVALENKO M V，PROTESESCU L，BODNARCHUK M I. Properties and potential optoelectronic applications of lead halide perovskite nanocrystals［J］. Science，2017，358（6364）：745-750.

［90］ UECKER R. The historical development of the Czochralski method［J］. Journal of Crystal Growth，2014，401：7-24.

［91］ JOHNSON R W，HULTQVIST A，BENT S F. A brief review of atomic layer deposition：from fundamentals to applications［J］. Materials Today，2014，17（5）：236-246.

［92］ LEI Y，CHEN Y，ZHANG R，et al. A fabrication process for flexible single-crystal perovskite devices［J］. Nature，2020，583（7818）：790-795.

［93］ KELSO M V，MAHENDERKAR N K，CHEN Q，et al. Spin coating epitaxial films［J］. Science，2019，364（6436）：166-169.

［94］ MINEMAWARI H, YAMADA T, MATSUI H, et al. Inkjet printing of single-crystal films ［J］. Nature, 2011, 475 (7356): 364-367.

［95］ GU X, SHAW L, GU K, et al. The meniscus-guided deposition of semiconducting polymers ［J］. Nature Communications, 2018, 9 (1): 534.

［96］ THANH N T K, MACLEAN N, MAHIDDINE S. Mechanisms of nucleation and growth of nanoparticles in solution ［J］. Chemical Reviews, 2014, 114 (15): 7610-7630.

［97］ KIANFAR E, SUKSATAN W. Nanomaterial by Sol-gel method: synthesis and application ［J］. Advances in Materials Science and Engineering, 2021, 2021: 1-21.

［98］ MANGOLINI L, KORTSHAGEN U. Plasma-assisted synthesis of silicon nanocrystal inks ［J］. Advanced Materials, 2007, 19 (18): 2513-2519.

［99］ HUNTER K I, HELD J T, MKHOYAN K A, et al. Nonthermal plasma synthesis of core/shell quantum dots: strained Ge/Si nanocrystals ［J］. ACS Appl Mater Interfaces, 2017, 9 (9): 8263-8270.

［100］ SVETLICHNYI V A, SHABALINA A V, LAPIN I N, et al. Study of iron oxide magnetic nanoparticles obtained via pulsed laser ablation of iron in air ［J］. Applied Surface Science, 2018, 462: 226-236.

［101］ MORALES A M, LIEBER C M. A laser ablation method for the synthesis of crystalline semiconductor nanowires ［J］. Science, 1998, 279 (5348): 208-211.

［102］ HUANG Y, PAN Y H, YANG R, et al. Universal mechanical exfoliation of large-area 2D crystals ［J］. Nature Communications, 2020, 11 (1): 2453.

［103］ YANG R, FAN Y, MEI L, et al. Synthesis of atomically thin sheets by the intercalation-based exfoliation of layered materials ［J］. Nature Synthesis, 2023, 2 (2): 101-118.

［104］ SUN L, YUAN G, GAO L, et al. Chemical vapour deposition ［J］. Nature Reviews Methods Primers, 2021, 1 (1): 5.

［105］ CASTELLANOS-GOMEZ A, DUAN X, FEI Z, et al. Van der waals heterostructures ［J］. Nature Reviews Methods Primers, 2022, 2 (1): 58.

［106］ CECIL T, PENG D, ABRAMS D, et al. Advances in inverse lithography ［J］. ACS Photonics, 2022, 10 (4): 910-918.